ティンバーレイク 教養の化学

Karen Timberlake・William Timberlake 著
渡辺 正・尾中 篤 訳

東京化学同人

Authorized translation from the English language edition, entitled BASIC CHEMISTRY, 3rd Edition, ISBN: 0321663101 by Karen Timberlake, William Timberlake published by Pearson Education, Inc., publishing as Prentice Hall, Copyright © 2011 Pearson Education, Inc., publishing as Prentice Hall.

All rights reserved. No part of this book may be reproduced or transmitted in any from or by any means, electronic or mechanical, including photocopying, recording or by any information storage retrieval system, without permission from Pearson Education, Inc.

JAPANESE language edition published by TOKYO KAGAKU DOZIN CO., LTD., Copyright © 2013.

本書はPearson Education, Inc. からPrentica Hall社の出版物として出版された英語版 Karen Timberlake, William Timberlake 著 BASIC CHEMISTRY, 3rd Edition, ISBN: 0321663101 の同社との契約に基づく日本語版である。Copyright © 2011 Pearson Education, Inc., publishing as Prentica Hall.

全権利を権利者が保有し，本書のいかなる部分も，フォトコピー，データバンクへの取込みを含む一切の電子的，機械的複製および送信を，Pearson Education, Inc. の許可なしに行ってはならない。

本書の日本語版は株式会社東京化学同人から発行された。Copyright © 2013.

PEARSON

まえがき

　第3版となる本書は，初学者を思い浮かべながら書き進めた．化学系に進み，化学のほか栄養学や医療，環境，農芸化学関係の職業を選ぶときにも役立つだろう．物質のつくりと性質が暮らしや産業に深くかかわっていると知れば，学習にもきっと身が入る．旧版の改訂にあたっては，復習問題の一部を更新し，総合問題を設けるなどした．

　化学の力がしっかりと身につくよう，つぎのような素材を充実させてある．
- 化学を楽しく学べる素材
- 化学系に進んだあとの高度な学習につながる素材
- 就職後の活躍と成果にもつながる素材

第3版の改良点

　全巻にわたり，以下のような手直しをした．
- 初出の用語や考えかたを定着させる復習問題の充実．
- 物質のつくりや化学反応を明快かつ視覚的につかめる写真や図の補強．
- 写真や図の意味を伝える説明文の改善．
- 5章の題名を"電子配置と周期性"に変更．
- 6章の題名を"無機化合物と有機化合物—名称と化学式"に変更．"有機化合物"，"飽和炭化水素（アルカン）の名称と化学式"という2節を新設．
- 8章の題名を"反応の表記と分類"に変更．"有機化合物の官能基"，"有機化合物の反応"という2節を新設．
- [健康と化学]，[環境と化学] コラムの追加．
- 陰極線管を使う実験で電子を発見した J. J. Thomson の仕事を紹介（4章）．
- "アルコールの酸化"を15章"酸化と還元"に移動．
- 数章分を振り返る"総合問題"の新設．

章の構成

　化学の教科書は，理論を現実世界（健康・環境など）に結びつけたものが望ましい．授業時間数によっては全部を扱えないだろうけれど，各章の話は完結しているため，一部の章を飛ばしても，学習順序を変えてもかまわない．第3版では，17章（有機化学），18章（生化学）にあった素材の一部を前の章に移し，基礎事項に有機化学の話も組込んだ．

　1章（暮らしと化学）では，身近な物質の用途と性質を眺め，化学を含めた自然科学全体に通じる考えかたを紹介する．また，科学研究の成果を振り返り，本書を利用した学習プランも考える．
- "化学の分類"を追加した．
- 表1・2"科学の発明発見・法則・理論・技術革新の例"を充実させた．

　2章（測定）では，測定値の意味と数値・単位系を学ぶ．表2・6を書き直し，単位の接頭語と，単位どうしの関係をわかりやすくした．指数表記と電卓の利用にも触れる．
- キログラム原器など数点の写真を新しく加えた．
- 表2・7"1日の栄養成分推奨摂取量"を追加した．
- [環境と化学] コラム"原油の密度"を加え，原油流出事故にも触れた．
- 単位の接頭語などに復習問題を加えた．
- [健康と化学] コラム"骨の密度"を本章に移した．
- 例題2・14"密度の計算"では高密度リポタンパク質（HDL）も扱う．

　3章（物質とエネルギー）では，物質の分類，物質の状態，温度測定，エネルギーとその測定法を学ぶ．物理変化と化学変化，物理的性質と化学的性質の説明を充実させた．エネルギーの形態を解説する節は削った．1章～3章の総合問題を章末に置いた．
- [健康と化学] コラム"ダイバー用の空気"を加えた．
- 純物質・単体・化合物をビジュアルにつかむマクロ～ミクロ世界の図解を加えた．
- 混合物の分離，沪過，クロマトグラフィーの説明と写真を充実させた．
- §3・2"物質の三態と性質"では，原子配列を表すマクロ～ミクロ世界のイラストを増やして説明を充実させた．
- 位置エネルギーと運動エネルギー，比熱容量，物理的性質と化学的性質について復習問題を加えた．
- "食品のエネルギー"（§3・6）を独立させた．

　4章（元素と原子）では，元素，原子，原子の構成粒子，原子番号，質量数などを学ぶ．天然の同位体比から原子量（相対原子質量）を計算する．炭素化合物のさまざまなタイプを眺める．116番・118番元素も加えた1～18族式の周期表を学ぶ．旧版の§4・6"電子エネルギー準位"は削った．
- [産業と化学] コラムに"炭素のいろいろな姿"を加えた．

- [健康と化学]コラムに"ヒトの必須元素"を加えた．
- 陰極線管を使う電子の発見（J. J. Thomson）を紹介した．
- 同位体，安定同位体の存在比，原子量（相対原子質量）につき，マクロ〜ミクロ世界のイラストを充実させた．
- 周期表，原子の構成粒子，原子量の計算について復習問題を加えた．

5章（電子配置と周期性）では，電磁波と原子スペクトルをもとに，エネルギー準位と副準位の考えかたを学ぶ．軌道ダイヤグラムと電子配置を手がかりに，電子殻と副殻の準位を理解する．価電子に注目し，原子半径やイオン化エネルギーの周期性をつかむ．§5・3のタイトルを"エネルギーの副準位と軌道"に変えた．

- 旧版の9章を本章とした．
- §5・1（旧§9・1）にあった"振動数と波長の換算"を削った．
- 副殻の準位図を描き直し，電子が副殻に入る順序をわかりやすくした．
- 電磁波，軌道図と電子配置，原子半径について復習問題を加えた．

6章（無機化合物と有機化合物—名称と化学式）では，まずイオン結合と共有結合ができる仕組みを学ぶ．化学式の書きかたや，多原子イオンも含めたイオン化合物と共有結合化合物の命名法をつかむ．有機化合物や生体物質の形を知るのに欠かせない炭素化合物の立体構造を眺める．

- イオン化合物と共有結合化合物をビジュアルにつかむ図解を増やした．
- 新設の§6・6"有機化合物"では，有機化合物の性質，炭素化合物の立体構造，アルカンの構造式を学ぶ．
- 新設の§6・7"飽和炭化水素（アルカン）の名称と化学式"では，構造式の描きかたと，炭素数1〜10のアルカンの命名法を学ぶ．
- イオン化合物・共有結合化合物の命名法と化学式，有機化合物の性質について復習問題を加えた．

7章（物質の量）では，アボガドロ数，モル，モル質量を学ぶ．以上を使い，一定量の物質につき，質量と構成粒子数を計算する．化合物をつくる元素の質量パーセントを計算し，化合物の実験式と分子式を求める．4章〜7章の総合問題を章末に置いた．

- "原子質量と式量"の節は削った．
- 化合物中で元素が占める質量パーセントをつかむための手順を加えた．
- 構成粒子の数，モル質量，実験式について復習問題を加えた．

8章（反応の表記と分類）では，原子や分子の働き合いと化学反応の関係を学ぶ．結合・分解・置換に注目し，化学反応式の書きかたをつかむ．新設の節"有機化合物の官能基"で，構造をもとに化合物を分類し，反応や性質の予測もできるようにする．

- 物理変化の説明は削った．
- §8・4"有機化合物の官能基"を新設した．
- §8・4に有機化合物の分子モデルを加えた．
- §8・5"有機化合物の反応"を新設し，アルコールなどの燃焼もそこで扱う．
- 生体有機物質の官能基を新たに解説した．
- [健康と化学]コラム"生体アミン，医薬のアミン"と"脂肪酸"，[産業と化学]コラム"不飽和脂肪酸の水素添加"は本章に組入れた．
- 反応式の係数合わせ，有機化合物と生体化合物の官能基特定について復習問題を加えた．

9章（量でみる化学反応）では，反応物・生成物の量（モル数）と質量の関係を調べ，反応収率，制限試薬なども学ぶ．吸熱反応・発熱反応の節と，新しい節"生体内反応とエネルギー"を最後に置いた．

- 反応物・生成物の当量関係をもとに，反応収率と制限試薬を説明した．
- [健康と化学]コラム"筋収縮に必須のATPとCa^{2+}"と"体脂肪と肥満"は本章に組入れた．
- §9・5"熱の出入り"は8章から本章に移した．
- §9・6"生体内反応とエネルギー"を新設した．
- 反応物・生成物の質量と収率，制限試薬について復習問題を加えた．

10章（分子やイオンの形と引き合い）では，単結合や多重結合をもつ分子・イオンのルイス構造と，共鳴構造について学ぶ．元素の電気陰性度を手がかりに，結合の極性と分子の極性をつかむ．ルイス構造とVSEPR（原子価殻電子対反発）理論を使い，共有結合と，分子・イオンの立体構造を考える．粒子の引き合いが物質の状態と状態変化に及ぼす影響を調べる．8章〜10章の総合問題を章末に置いた．

- 分子モデルの図解を改良し，立体構造をつかみやすくした．
- "イオン化合物の電子配置"の節は削った．
- [健康と化学]コラム"生体分子が引き合う力"を新設した．
- 共鳴構造，VSEPR理論でみた分子・多原子イオン

の形，結合の極性について復習問題を加えた．

11章（気体）では，気体の法則と状態方程式をもとに，気体の性質を学ぶ．気体反応で消失・生成する成分の量を計算する．
- 気体の性質と，気体に関係する法則の類を，わかりやすく書き直した．
- 気体の性質，気体の法則と応用について復習問題を加えた．

12章（溶液）では，溶液，飽和濃度と溶解度，濃度，束一的性質（粒子の数だけで決まる性質）を学ぶ．溶液の体積とモル濃度をもとに，反応物・生成物の量，希釈，滴定をつかむ．
- 溶液の調製と電解質にからむ節は，わかりやすく書き直した．
- 新設の§12・7"溶液の性質"では，溶液の性質を調べ，溶液を分類し，粒子の濃度が沸点・融点・浸透圧に及ぼす影響を眺める．
- ［健康と化学］コラム"腎臓透析"を新設した．
- 電解質と非電解質，溶解度，希釈について復習問題を加えた．

13章（化学平衡）では，まず反応速度を学んだあと，正反応と逆反応の速度がつり合う平衡状態を調べる．化学平衡の表式をもとに平衡定数を計算する．平衡定数を使い，平衡のかたより度合いと，成分の平衡濃度を計算する．ルシャトリエの法則をもとに，平衡系が乱されたとき成分の濃度がどう変わるかを調べる．溶解度積を使い，飽和溶液中での溶解と結晶化をつかむ．
- 説明図やイラストを更新した．
- 反応速度，平衡定数，ルシャトリエの法則，溶解度積について復習問題を加えた．

14章（酸と塩基）では，酸・塩基の性質，酸・塩基の強弱，共役酸/共役塩基の対，弱酸・弱塩基の電離，pHとpOH，緩衝液などを学ぶ．酸塩基滴定をもとに，試料が含む酸や塩基の量を計算する．11章～14章の総合問題を章末に置いた．
- §14・1では，有機酸の構造式と名称も紹介した．
- 有機弱塩基についての問いを新設した．
- §14・6"pH"を改訂し，pHと水素イオン濃度の計算をわかりやすくした．
- ［環境と化学］コラム"酸性雨"を改訂した．
- 酸・塩基の名称，共役酸と共役塩基，pH，酸解離定数，緩衝液について復習問題を加えた．

15章（酸化と還元）では，酸化反応と還元反応の特徴を学ぶ．単体・分子・イオンの各原子に酸化数を割り振り，酸化される（電子を失う）物質と還元される（電子を得る）物質を見抜く．酸化数の変化と半電池反応に注目し，酸化還元反応の係数合わせをする．半電池反応をもとに，ボルタ電池の発生電気エネルギーと，電解に必要な電気エネルギーを図解でつかむ．電子授受能の序列から，酸化還元反応の自発的な向きを知る．
- §15・4"アルコールの酸化"を新設した．
- 表15・1"酸化数の決めかた"をわかりやすくした．
- "酸化剤と還元剤"の説明をわかりやすくした．
- 酸化還元反応する化合物のイメージをわかりやすく伝える写真を入れた．
- ［健康と化学］コラム"体内で進むエタノールの酸化"を本章に移した．
- 塩基性溶液中で進む酸化還元反応につき，係数合わせの素材を更新した．
- 電子授受，酸化数，アルコールの分類，電池，自発変化について復習問題を加えた．

16章（放射能の化学）では，まず放射性原子核が出す放射線（粒子）の種類を学ぶ．天然放射能と人工放射能について核反応式を書く．同位体の半減期から崩壊時間を計算する．核医学に使う放射性同位体も眺める．15章，16章の総合問題を章末に置いた．
- §16・1"放射線"と§16・2"核反応式"の説明をわかりやすくした．
- X線断層撮影と磁気共鳴断層撮影（MRI）の説明を加えた．
- ［健康と化学］コラム"近接照射療法"を加えた．
- 放射性粒子，α壊変，原子核の変換，核反応式，放射能の単位，半減期について復習問題を加えた．

謝　　辞

　二人だけで教科書はとうてい書けない．今回も多くの人の助けと激励を頂戴したからこそ，いい教科書ができたと思う．

　まずは Pearson 社の編集部に深謝する．Nicole Folchetti 編集長は新版の構想，有機化学素材の分散収容，復習問題，コラム，総合問題などの加筆に同意し，担当編集者 Terry Haugen が万全な作業を進めてくれた．副編集長 Jessica Neumann は査読意見や挿入図などを手際よくまとめてくれた．執筆の進行管理に当たった制作部長 Ray Mullaney，原稿の整理担当 Beth Sweeten と Simone Lukashov にもお礼申し上げる．査読者のうち Mark Quirie は，第一稿から最終稿までを入念に読み，文章や設問のミスをなくしてくれた．

　本書の美点は，なによりもきれいな図版だろう．カバーと本文のデザインは，美術担当 Maureen Eide，デザイナー Mark Ong，写真編集者 Travis Amos による．Eric Schrader が選んだ本文中の写真群は，読者に化学の美をよく伝えると思う．物質の化学構造は，Bio-Rad Laboratories 社提供のソフト KnowItAll ChemWindows で描いた．物体の原子・分子構造をビジュアルに伝えるミクロ構造図は，Production Solutions and Precision Graphics 社がデザインしてくれた．図版を校正した Donna Mulder と，部長 Erin Gardner 率いる営業部の皆さまにも感謝する．

　何人もの同僚たちが全巻の構成を検討し，補足・訂正・変更・削除などの助言をくれた．写真の一部は，同僚の研究室で撮影させてもらった．心から感謝を捧げたい．

　本書の内容については，忌憚のないご質問・ご意見をお待ちしている．

Karen Timberlake
William Timberlake

本書の査読者：

Maher Atteya
　(Georgia Perimeter College)

Pamela Goodman
　(Moraine Valley Community College)

David Nachman
　(Mesa Community College)

MaryKay Orgill
　(University of Nevada, Las Vegas)

Mark Quirie
　(Algonquin College)

Ben Rutherford
　(Washington State Community College)

旧版の査読者：

Michelle Driessen
　(University of Minnesota)

Wesley Fritz
　(College of DuPage)

Amy Waldman Grant
　(El Camino College)

Richard Lavallee
　(Santa Monica College)

MaryKay Orgill
　(University of Nevada, Las Vegas)

Cyriacus Chris Uzomba
　(Austin Community College)

訳者まえがき

　化学ほど暮らしに密着した教科はありません．そう実感させる教科書で学べば，化学が好きな国民も，化学に強い国民も増えるはず．同じ感覚なのでしょう，教養化学教育に経験豊かな原著者夫妻は，内容の大半を健康や暮らしと結びつけ，演習問題類の一部にも身近な現象を織りこみながら，化学を"わからせる"本に仕上げました．

　きれいな写真と図版が，全巻にたっぷりとちりばめてあります．写真・図版の多くに添えてある原子・分子レベルの図解は，化学の習得に欠かせない"ミクロ世界への想像力"をかきたてるでしょう．

　新しいことを学ぶたびに設けてある"復習問題"と"例題＋類題"も，節末に置かれた"練習問題"も，入試問題などとは違ってごくやさしいものばかりだから，自学自習に好適です．

　復習問題が107題，例題・類題が170題ずつ，練習問題（半数に解答）が836題，総合問題（半数に解答）が34題にのぼります．番号つきの図115点に添えてある"考えてみよう"も合わせた1400題ほどの問いに（全部でなくても）答えつつ読み進めれば，着実に化学の力がつくと思います．

　健康・環境・産業・歴史と化学のかかわりを伝える計51点のコラムも貴重です．潜水用ボンベは深度ごとに別の混合気体を詰める理由とか，ヒトの必須元素は何種類あってそれぞれどんな役目をするとか，同じ量なら熱湯より水蒸気のほうがひどい火傷をする理由とか，スモッグが生じる仕組み，埋設管の腐食を防ぐ方法…などなど，化学と暮らしの深くて太い関係をくっきりと教えてくれます．

　そんな本書は，日本なら，従来の区分でいう高校『化学Ⅰ・Ⅱ』に，専門化学への"つなぎ"を加えたような教科書です．高校で化学を選択しなかった大学生が一から学び直すのにぴったりですし，大学の化学教員が講義のヒントを得る素材にもなりましょう．むろん高校の先生がたや意欲ある高校生にもお薦めします．

＊　＊　＊

　ただし以上は，原著の"まえがき"と"本書の特徴"に少し補足しただけの内容紹介です．米国の本なので，解説に"米国の常識"は特記しません．本書を斜め読みした人や，目次をざっと見た人なら，扱ってある素材も，全体構成も記述順序も，『化学Ⅰ・Ⅱ』とはかなり違うのがおわかりのはず．米国－日本の"常識"差を以下で眺めましょう．

　まず，化学を"わかる"には，"原子たちはなぜ，どのようにつながり合うのか"を納得するのが第一歩です．原子どうしを結びつける電子は"量子世界の住人"だから，元素の周期性や結合形成の背後にも，"飛び飛びのエネルギー"や"電子スピン"がひそんでいます．そのため原著者は，日本の高校でも学ぶ"肩ならし"の1章～4章につづく5章で，初歩の量子論を提示したあと電子配置や周期表を解剖し，つぎの6章でイオン結合や共有結合を解き明かしました．

　高校生に初歩の量子論を教えるのは，米国にかぎった話ではありません．日本の高校カリキュラムが，海外にやや後れをとっているのです．つまり本書は，"海外の初等化学"を教えてくれる本でもあります．

　あまり後ろには回せない"量（モル）"のことを7章～9章に述べたあと，10章で初歩

の量子論に立ち戻り，分子・イオンの形や極性，相互作用，状態変化が説かれます．気体（11章）や溶液（12章）の本質に分け入る準備として，"原子核まわりの量子世界に電子がどう分布しているか"を眺め直すわけです．

　初歩の量子論を使うこうした流れが，日本の高校化学にはない第一の特徴だといえましょう．

　第二の特徴は，化学平衡（13章）を押さえてから酸・塩基（14章）と酸化還元（15章）に進むところです．日本は高校の化学平衡を，個別入試向けの『化学II』に追いやりました．けれど酸・塩基も酸化還元も，平衡のイメージをつかまないと本当の理解はできません．平衡を先行させる流れも，海外の初等化学にほぼ共通しています．

　そして第三に，原子核そのものの変身（16章"放射能の化学"）もきちんと扱うのが，やはり海外によくあるやりかたです．2011年の3.11以降に飛び交う放射線の話を正しくつかみ，MRIや放射線療法などの仕組みも知って無用なおびえを捨てるためにも，きっと役立つことでしょう．

　このように本書は，使う素材も記述の流れも，いわば国際標準の初等化学・教養化学を反映し，しかもたいへん"面倒見"のよい構成になっています．そんな本書を道連れに，日本と海外の差も感じつつ化学力をつけていただけるなら，訳者としてそれ以上の喜びはありません．

　末筆ながら，本書出版にあたって訳者の注文あれこれに応じていただき，編集作業を手際よく進めてくださった東京化学同人の池尾久美子さんと井野未央子さんに深謝いたします．

　　2013年2月

渡　辺　　　正
尾　中　　　篤

原著者の紹介

Karen Timberlake ロサンゼルス・バレー・カレッジ化学科名誉教授．36年間，医療関連化学と初等化学を教えてきた．学部(化学科)はワシントン大学，修士課程(生化学)はカリフォルニア大学ロサンゼルス校．

約33年間，夫Williamと書いてきた化学の教科書は，学びやすく，実生活と化学のかかわりをよく伝えると評価が高い．夫妻の教科書と付属教材で学んだ学生は100万人を超す．Karenは本書のほか，"学習ガイド"，"解法マニュアル"つき"General, Organic, and Biological Chemistry: Structure of Life(第3版)"と，"学習ガイド"，"解法マニュアル"，"実験マニュアル"つき"Chemistry: An Introduction to General, Organic, and Biological Chemistry(第10版)"も刊行している．

夫妻は米国化学会や全米科学教師協会など多くの科学・教育関連学協会に所属．1987年にKarenは米国化学品製造業者協会の西部地区カレッジ化学教育優秀賞を受賞．2004年には"Chemistry: An Introduction to General, Organic, and Biological Chemistry(第8版)"出版で教科書著者協会の物理科学部門マガフィー賞を受賞し，2006年には本書(初版)出版で同協会から優秀賞を受賞．ロサンゼルス優秀共同教育賞や勤務校の奨励賞など科学教育関係の助成金審査員も務めるカレンは，学生を主役とする化学教育法の工夫につき，研究会や教育関連集会で講演を重ねる．

William Timberlake ロサンゼルス・ハーバー・カレッジ化学科名誉教授．妻と同じく36年間，初等化学と有機化学を教えてきた．学部(化学)はカーネギーメロン大学，修士課程(有機化学)はカリフォルニア大学ロサンゼルス校．夫妻の趣味は，ハイキングやメキシコ・欧州・アジア旅行，レストラン探訪，料理，テニスなど．

本書の特徴

　学校で化学をなぜ学ぶのか，わかっていない人がいる．化学はただの暗記科目だと言う人も多い．そんな誤解を解きたくて私たちはまず，健康や環境と化学の深いかかわりを紹介した．学校を終えたあとの暮らしと職業選択にも役立つだろう．さらには問題演習を充実させ，化学の知識や考えかたが身につきやすくした．

　また，高度な有機化学と生化学は個別の章とせず，2分野のやさしい素材を関連の章にちりばめた．下記の工夫とも合わせ，学びやすい本になったのではと思っている．

[**暮らしに密着したコラム群**]（計51項目）

　健康と化学（34項目）　ヒトの必須元素にはどんなものがあるか，体内ではどんなイオンが活躍するか，体脂肪と肥満はどう関係するか，血圧はどんな原理で測れるのか，腎臓結石とは何か，血液のpHはどんな仕組みで一定なのか，アルコールはどのように検知するのかなど，健康・医療と化学の深いかかわりを紹介する．

　環境と化学（12項目）　物質の毒性はどう表すのか，スモッグはなぜ発生するのか，車の触媒は何をするのか，"酸性雨"とは何だったのか，放射線処理した食品はなぜ安全なのか，遺物の年代はどう測定するのかなど，環境にからむ化学現象を解剖する．

体脂肪と肥満　　　　　　　　　　　健康と化学

　多くの動物は，体脂肪を生き残り戦略に使う．冬眠動物は，大量の体内脂肪を数カ月分のエネルギー源にできる．こぶに脂肪を蓄えたラクダは，餌や水なしに何カ月も生きる．渡り鳥は体脂肪をたっぷり蓄えてから長旅に出る．クジラは厚み60 cmほどの皮下脂肪で，体温の維持とエネルギー源に使う．ペンギンの厚い皮下脂肪は，氷点下のなか餌も食べずに抱卵するときのエネルギー源になる．

　いまや快適な環境に生きるヒトにも，脂肪の備蓄能力は残っている．菜食主義者も，総カロリーの約2割を脂肪

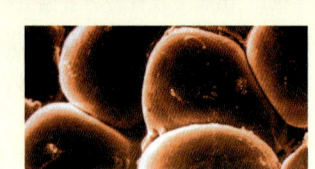

脂肪を際限なく蓄える脂肪細胞

圧，脳卒中，胆石，がん，関節炎の引き金になる．

過ぎだといわれたが，1995年いうホルモンをつくるとわかっレプチンが，脳に"食べるな"減ると，低濃度のレプチンが．肥満症の人では，高濃度の指令を出せないらしい．
テーマだ．レプチンの生成速度どんな個人差があるのかの研究るとレプチンが減る結果，空腹，食べる量が増えて体重がリバチンを投与してリバウンドを防性が研究課題の一つだという．

肥　料　　　　　　　　　　　環境と化学

　春になると庭の芝にも畑の作物にも肥料をやる．植物がほしがる養分のうち，特に窒素とリン，カリウムが不足しやすい．窒素分は緑を濃くし，リンは根を強くして花づきを促し，カリウムは病害虫や乾燥に強くする．肥料の包装

窒素(N) 30%
リン(P) 3%
カリウム(K) 4%

肥料袋の成分表示

に"30-3-4"と書いてあれば，窒素を30%，リンを3%，カリウムを4%の質量百分率で含む．

　最も大事な養分となる窒素は，N_2の形で空気の79%も占めるけれど，植物はN_2を吸収できない．土壌中の窒素固定菌がN_2を化合物にしてくれるが，量はとうてい足りない．だから窒素肥料（アンモニア，硝酸塩，アンモニウム塩など）をやる．硝酸塩は根からそのまま吸収され，アンモニアとアンモニウムイオンは，土壌細菌が硝酸塩に変える．

　窒素Nの含有量は肥料ごとに違い，質量百分率はつぎの値になる（確かめよう）．NH_3: 82.27%，NH_4NO_3: 35.00%，$(NH_4)_2SO_4$: 21.20%，$(NH_4)_2HPO_4$: 21.22%．肥料には粒状，粉末，液体，気体（アンモニア）のものがあり，用途に合わせて適したものを選ぶ．水溶性のアンモニアやアンモニウム塩は即効性がある．アンモニウム塩を薄い樹脂で包んだ粒状の肥料は，成分がゆっくりと土に出るので長く効く．吸収されやすさと，窒素含有量が多いことから，硝酸アンモニウムが肥料として最も一般的に用いられる．

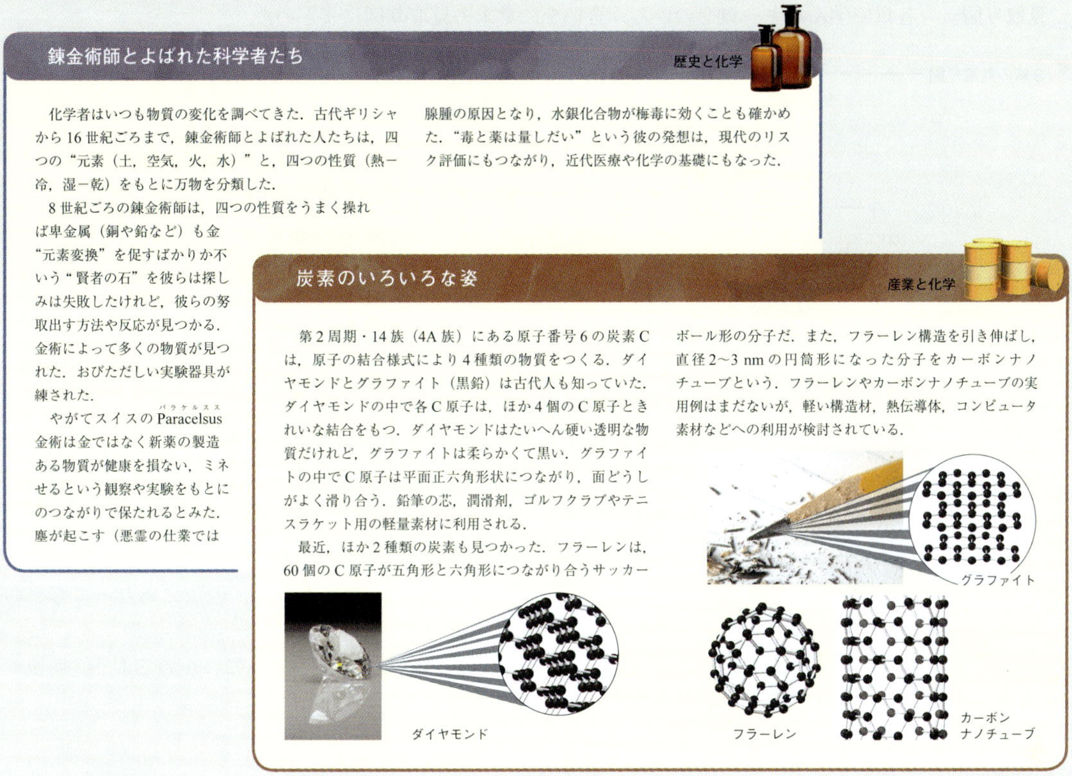

錬金術師とよばれた科学者たち 〔歴史と化学〕

　化学者はいつも物質の変化を調べてきた．古代ギリシャから16世紀ごろまで，錬金術師とよばれた人たちは，四つの"元素（土，空気，火，水）"と，四つの性質（熱－冷，湿－乾）をもとに万物を分類した．
　8世紀ごろの錬金術師は，四つの性質をうまく操れば卑金属（銅や鉛など）も金"元素変換"を促すばかりか不老不死をもたらすという"賢者の石"を彼らは探した．試みは失敗したけれど，彼らの努力で新しい物質の取出す方法や反応が見つかる．錬金術によって多くの物質が見つかった．おびただしい実験器具が練成された．
　やがてスイスのParacelsus（パラケルスス）は金術は金ではなく新薬の製造，ある物質が健康を損ない，ミネラルせるという観察や実験をもとに，薬とのつながりで保たれるとみた．病気が起こす（悪霊の仕業では

腺腫の原因となり，水銀化合物が梅毒に効くことも確かめた．"毒と薬は量しだい"という彼の発想は，現代のリスク評価にもつながり，近代医療や化学の基礎にもなった．

炭素のいろいろな姿 〔産業と化学〕

　第2周期・14族（4A族）にある原子番号6の炭素Cは，原子の結合様式により4種類の物質をつくる．ダイヤモンドとグラファイト（黒鉛）は古代人も知っていた．ダイヤモンドの中で各C原子は，ほか4個のC原子ときれいな結合をもつ．ダイヤモンドはたいへん硬い透明な物質だけれど，グラファイトは柔らかくて黒い．グラファイトの中でC原子は平面正六角形状につながり，面どうしがよく滑り合う．鉛筆の芯，潤滑剤，ゴルフクラブやテニスラケット用の軽量素材に利用される．
　最近，ほか2種類の炭素も見つかった．フラーレンは，60個のC原子が五角形と六角形につながり合うサッカーボール形の分子だ．また，フラーレン構造を引き伸ばし，直径2〜3 nmの円筒形になった分子をカーボンナノチューブという．フラーレンやカーボンナノチューブの実用例はまだないが，軽い構造材，熱伝導体，コンピュータ素材などへの利用が検討されている．

ダイヤモンド　グラファイト　フラーレン　カーボンナノチューブ

歴史と化学（1項目）　錬金術師の行いが現代化学にどうつながるかを考える．
産業と化学（4項目）　原油はどうやって成分に分けるのか，マーガリンやショートニングはどのように製造するのかなど，産業と化学のかかわりを眺める．

［学びやすさの追求］

　読者がなるべく学びやすいよう，つぎの工夫もしてある．
　明快な記述　学習の進度に合わせ，化学の考えかたを平易・簡潔に述べた．用語はなるべく厳密に定義し，節の中身をつかみやすくしてある．ときには適切な"たとえ"を使い，化学のキー概念を理解しやすくした．
　学習目標　章の冒頭に置いた学習目標は，各節の中身を凝縮したものだから，学習を進めるうえでロードマップになるだろう．

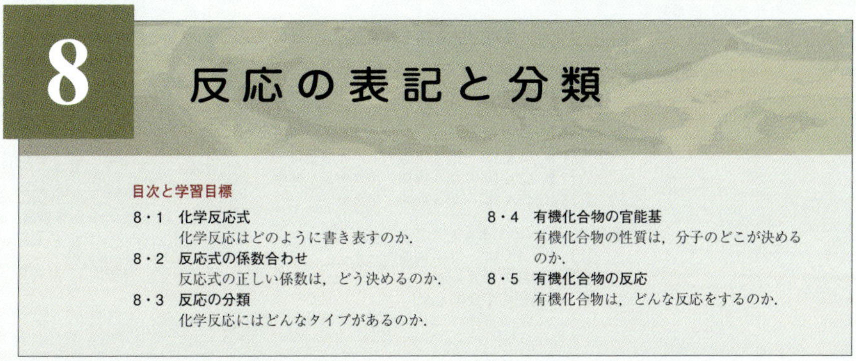

8　反応の表記と分類

目次と学習目標

8・1　化学反応式
　　　化学反応はどのように書き表すのか．
8・2　反応式の係数合わせ
　　　反応式の正しい係数は，どう決めるのか．
8・3　反応の分類
　　　化学反応にはどんなタイプがあるのか．
8・4　有機化合物の官能基
　　　有機化合物の性質は，分子のどこが決めるのか．
8・5　有機化合物の反応
　　　有機化合物は，どんな反応をするのか．

見取り図 各章で学んだキー概念のからみ合いを，章末の見取り図にまとめた．

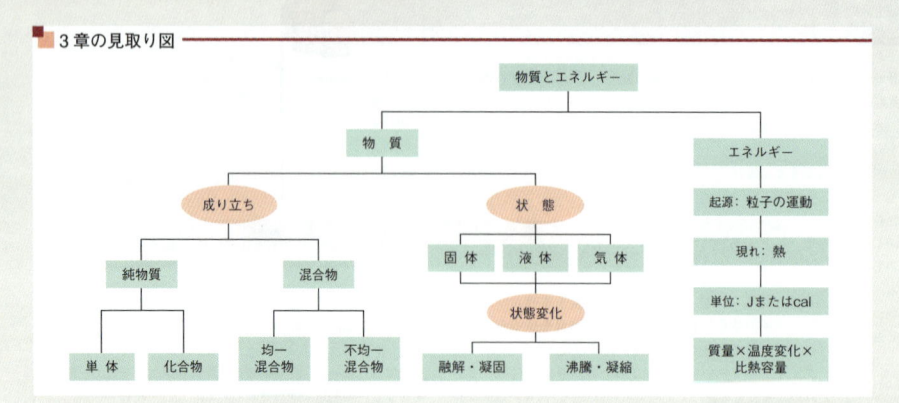

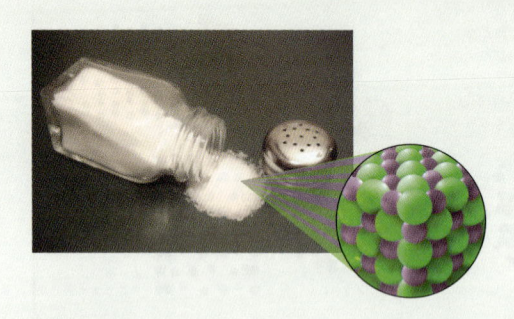

◆ 3章の見取り図

```
                         物質とエネルギー
                        ／            ＼
                      物 質            エネルギー
                   ／      ＼              │
                成り立ち    状 態      起源：粒子の運動
                ／  ＼    ／  │  ＼         │
             純物質  混合物 固体 液体 気体    現れ：熱
             ／＼   ／＼      ＼│／         │
           単体 化合物 均一 不均一  状態変化   単位：Jまたはcal
                    混合物 混合物  ／   ＼        │
                              融解・凝固 沸騰・凝縮  質量×温度変化×
                                                  比熱容量
```

写真と図解 挿入写真の一部には，原子モデルの図解を加えた．マクロ世界とミクロ世界のつながりを想像しつつ，"化学の眼"を養おう．番号つきの図すべてに添えた"考えてみよう"にも挑戦しよう．改版にあたって写真の多くを更新した．

明確な図解 化学をビジュアルにつかめるよう，明快できれいな図を多用した．

[問題演習]

問題演習にはつぎのような工夫をしてある．

復習問題 初出の用語や概念を振り返る多くの復習は，理解度チェックにきっと役立つ．

例題と類題 何かを学んだ直後には，必ず例題を置いた．一部には段階を追った解法を添え，計算法もていねいに説明してある．例題に続く類題も解き，学習内容の理解を深めよう．

練習問題 節末の練習問題にも挑戦し，学んだ内容を定着させてほしい．奇数・偶数番の問題は"そっくりペア"なので，解答（巻末）は奇数番だけにつけた．

総合問題 3・7・10・14・16章の末尾には，そこまで数章分の総合問題を載せた．ぜひ挑戦し，総合力のチェックをしよう．

復習 4・2 周期表の周期と族

アルミニウム Al，ケイ素 Si，リン P について答えよ．
① それぞれの族番号
② 金属・半金属・非

[答] ① すべて第 3 周期の は 14 族 (4A 族), P
② Al は金属, Si は半金

例題 4・4 金属・半金属・非金属

つぎの元素の族番号，周期番号，(あれば) 総半金属・非金属の区別を書け．
① ナトリウム Na ② ヨウ素 I ③ アン

[答] ① 1 族 (1A 族)・第 3 周期・アルカリ金属・
② 17 族 (7A 族)・第 5 周期・ハロゲン・非金
③ 15 族 (5A 族)・第 5 周期・半金属

● **類題** つぎの元素を元素記号で書け．
① 15 族 (5A 族)・第 4 周期の元素
② 第 6 周期の貴ガス元素
③ 第 2 周期の半金属元素

[答] ① As, ② Rn, ③ B

練習問題 周 期 表

4・7 下記は，どの族番号または周期番号を表すか．
① C, N, O を含む ② 冒頭がヘリウム
③ アルカリ金属   ④ 末尾がネオン

4・8 下記は，どの族番号または周期番号を表すか．
① Na, K, Rb を含む ② 冒頭が Li
③ 貴ガス   ④ F, Cl, Br, I を含む

4・9 以下はアルカリ金属，アルカリ土類金属，遷移元素，ハロゲン，貴ガスのどれか．
① Ca ② Fe ③ Xe ④ K ⑤ Cl

4・10 以下はアルカリ金属，アルカリ土類金属，遷移元素，ハロゲン，貴ガスのどれか．
① Ne ② Mg ③ Cu ④ Br ⑤ Ba

主 要 目 次

- 1章 暮らしと化学
- 2章 測　　定
- 3章 物質とエネルギー
- 4章 元 素 と 原 子
- 5章 電子配置と周期性
- 6章 無機化合物と有機化合物－名称と化学式
- 7章 物 質 の 量
- 8章 反応の表記と分類
- 9章 量でみる化学反応
- 10章 分子やイオンの形と引き合い
- 11章 気　　体
- 12章 溶　　液
- 13章 化 学 平 衡
- 14章 酸 と 塩 基
- 15章 酸 化 と 還 元
- 16章 放 射 能 の 化学

目　次

1章　暮らしと化学 …………………………… 1
1・1　化学と物質 ……………………………… 2
1・2　科学の方法 ― ものの見かた …………… 3
1・3　本書を使う化学の学習 ………………… 5
■ 歴史と化学　錬金術師とよばれた科学者たち …… 2
■ 環境と化学　DDTの光と影 ……………………… 6

2章　測　　定 …………………………………… 8
2・1　測定と単位 ……………………………… 8
2・2　指数表記（科学的記数法）…………… 10
2・3　測定値と有効数字 …………………… 12
2・4　有効数字と計算の答え ……………… 13
2・5　桁を表す接頭語 ……………………… 15
2・6　換算係数 ……………………………… 16
2・7　計算問題と換算係数 ………………… 18
2・8　密　　度 ……………………………… 20
■ 環境と化学　物質の毒性 ………………………… 17
■ 環境と化学　原油の密度 ………………………… 20
■ 健康と化学　骨の密度 …………………………… 23

3章　物質とエネルギー ……………………… 24
3・1　物質の分類 …………………………… 24
3・2　物質の三態と性質 …………………… 28
3・3　温　　度 ……………………………… 30
3・4　エネルギー …………………………… 32
3・5　比熱容量 ……………………………… 33
3・6　食品のエネルギー …………………… 36
■ 健康と化学　ダイバー用の空気 ………………… 26
■ 健康と化学　体温の変動 ………………………… 31

1章〜3章の総合問題 …………………………… 39

4章　元素と原子 ……………………………… 40
4・1　元素と元素記号 ……………………… 40
4・2　周期表 ………………………………… 41
4・3　原　　子 ……………………………… 47
4・4　原子番号と質量数 …………………… 49
4・5　同位体と原子量 ……………………… 51
■ 健康と化学　水　　銀 …………………………… 43
■ 産業と化学　炭素のいろいろな姿 ……………… 44
■ 健康と化学　ヒトの必須元素 …………………… 46

5章　電子配置と周期性 ……………………… 54
5・1　電磁波 ………………………………… 54
5・2　原子スペクトルとエネルギー準位 … 56
5・3　エネルギーの副準位と軌道 ………… 58
5・4　軌道図と電子配置 …………………… 61
5・5　電子配置と周期表 …………………… 64
5・6　元素の性質にみる周期性 …………… 66
■ 健康と化学　紫外線の人体影響 ………………… 57

6章　無機化合物と有機化合物 ― 名称と化学式 …… 72
6・1　オクテット則とイオン ……………… 72
6・2　イオン化合物 ………………………… 75
6・3　イオン化合物の名称と化学式 ……… 77
6・4　多原子イオン ………………………… 79
6・5　共有結合化合物 ……………………… 81
6・6　有機化合物 …………………………… 83
6・7　飽和炭化水素（アルカン）の名称と化学式 … 85
■ 産業と化学　貴ガスの活躍 ……………………… 73
■ 健康と化学　体内で活躍するイオン …………… 75
■ 産業と化学　原　　油 …………………………… 86
■ 健康と化学　脂質・石鹸・細胞膜が含む脂肪酸 … 87

7章　物質の量 ………………………………… 89
7・1　モ　　ル ……………………………… 89
7・2　モル質量 ……………………………… 91
7・3　モルと質量の換算 …………………… 93
7・4　元素組成と実験式 …………………… 94
7・5　分子式 ………………………………… 96
■ 環境と化学　肥　　料 …………………………… 95

4章〜7章の総合問題 …………………………… 99

8章　反応の表記と分類 ……………………… 101
8・1　化学反応式 …………………………… 101
8・2　反応式の係数合わせ ………………… 103
8・3　反応の分類 …………………………… 105
8・4　有機化合物の官能基 ………………… 107
8・5　有機化合物の反応 …………………… 114
■ 健康と化学　スモッグの害 ……………………… 108
■ 健康と化学　脂肪酸 ……………………………… 109
■ 健康と化学　生体アミン, 医薬のアミン ……… 111
■ 健康と化学　危ない不完全燃焼 ………………… 114
■ 産業と化学　不飽和脂肪酸の水素添加 ………… 115

9章　量でみる化学反応 … 117
- 9・1　モルの関係 … 117
- 9・2　質量の関係 … 119
- 9・3　制限試薬 … 120
- 9・4　反応の収率 … 122
- 9・5　熱の出入り … 123
- 9・6　生体内反応とエネルギー … 124
- ■健康と化学　コールドパックとホットパック … 124
- ■健康と化学　筋収縮に必須のATPとCa^{2+} … 126
- ■健康と化学　体脂肪と肥満 … 127

10章　分子やイオンの形と引き合い … 128
- 10・1　ルイス構造で描く化学式 … 128
- 10・2　分子やイオンの形 … 132
- 10・3　電気陰性度と極性 … 134
- 10・4　分子の引き合い … 137
- 10・5　状態変化 … 139
- ■健康と化学　生体分子が引き合う力 … 140
- ■健康と化学　蒸気やけど … 143

8章～10章の総合問題 … 146

11章　気体 … 148
- 11・1　気体の性質 … 148
- 11・2　気体の圧力 … 150
- 11・3　圧力と体積の関係（ボイルの法則）… 151
- 11・4　温度と体積の関係（シャルルの法則）… 153
- 11・5　温度と圧力の関係（ゲーリュサックの法則）… 154
- 11・6　圧力・体積・温度の関係 … 156
- 11・7　気体の量と体積（アボガドロの法則）… 157
- 11・8　理想気体の状態方程式 … 158
- 11・9　化学反応と気体の法則 … 159
- 11・10　気体の分圧（ドルトンの法則）… 160
- ■健康と化学　血圧測定 … 150
- ■健康と化学　ボイルの法則と呼吸 … 152
- ■健康と化学　呼吸と分圧 … 161
- ■健康と化学　高圧治療室 … 162

12章　溶液 … 164
- 12・1　溶体 … 164
- 12・2　電解質と非電解質 … 167
- 12・3　溶解度 … 169
- 12・4　パーセント濃度 … 173
- 12・5　モル濃度と希釈 … 174
- 12・6　溶液中の化学反応 … 176
- 12・7　溶液の性質 … 177
- ■健康と化学　体内の水 … 165
- ■健康と化学　痛風と腎臓結石 … 172
- ■健康と化学　腎臓透析 … 181

13章　化学平衡 … 183
- 13・1　反応の速度 … 183
- 13・2　化学平衡 … 185
- 13・3　平衡定数 … 187
- 13・4　平衡定数の利用 … 190
- 13・5　平衡の移動 … 192
- 13・6　固体の溶解平衡 … 197
- ■環境と化学　車の触媒コンバーター … 186
- ■健康と化学　酸素-ヘモグロビン間の平衡と低酸素症 … 194
- ■健康と化学　ホメオスタシス—体温の調節 … 196

14章　酸と塩基 … 200
- 14・1　アレニウスの酸・塩基 … 200
- 14・2　ブレンステッドの酸・塩基 … 203
- 14・3　酸と塩基の強さ … 205
- 14・4　解離定数 … 207
- 14・5　水の自己解離 … 209
- 14・6　pH … 210
- 14・7　酸と塩基の反応 … 213
- 14・8　中和滴定 … 215
- 14・9　塩の水溶液の酸性・塩基性 … 216
- 14・10　緩衝液 … 217
- ■健康と化学　サリチル酸とアスピリン … 202
- ■健康と化学　胃酸（HCl）… 211
- ■環境と化学　"酸性雨" … 213
- ■健康と化学　制酸剤 … 214
- ■健康と化学　血液は緩衝液 … 219

11章～14章の総合問題 … 221

15章　酸化と還元 … 223
- 15・1　酸化還元反応 … 223
- 15・2　酸化数 … 224
- 15・3　酸化還元の半反応 … 227
- 15・4　アルコールの酸化 … 228
- 15・5　電気エネルギーを生む反応 … 231
- 15・6　電気エネルギーで進む反応 … 235
- ■健康と化学　メタノールの毒性 … 229
- ■健康と化学　体内で進むエタノールの酸化 … 230
- ■環境と化学　腐食の化学 … 232
- ■環境と化学　燃料電池 … 235

16章　放射能の化学 ……………………… **239**

- 16・1　放 射 線 ……………………………… 239
- 16・2　核反応式 …………………………… 242
- 16・3　放射能の単位 ……………………… 245
- 16・4　放射能の半減期 …………………… 247
- 16・5　放射線医療 ………………………… 250
- 16・6　核分裂と核融合 …………………… 252
- ■ 健康と化学　放射線の生体影響 …………………… 241
- ■ 環境と化学　屋内のラドン ………………………… 243
- ■ 環境と化学　食品の放射線処理 …………………… 246
- ■ 環境と化学　放射性同位体を使う年代測定 ……… 249
- ■ 健康と化学　近接照射療法 ………………………… 251
- ■ 環境と化学　原子力発電 …………………………… 252

15章，16章の総合問題 …………………………… **255**

練習問題の解答 ……………………………… 257
写真出典 ……………………………………… 269
索　　引 ……………………………………… 273

1 暮らしと化学

目次と学習目標

1・1 **化学と物質**
化学とはどのような学問なのか．
物質とは何か．

1・2 **科学の方法 — ものの見かた**
どんな手順で，何をどう明らかにするのか．

1・3 **本書を使う化学の学習**
化学はどのように学ぶのか．

化学では何を学ぶのか？ かつて理科を学習したとき，つぎのようなことを知りたいと思った読者もいるだろう．スモッグはどうやってできるのか，オゾン層はなぜ壊れるのか，釘はどうしてさびるのか，アスピリンはなぜ頭痛に効くのか…と．諸君と同じく，化学者たちも身近な謎を解こうとしてきた．謎解きの一部を紹介しよう．

● **スモッグは車の排ガスからどう生じる？** 排ガスは，高温のエンジン内で窒素 N_2 と酸素 O_2 が反応してできた一酸化窒素 NO を含む．NO の生成反応はつぎのように書ける．

$$N_2(g) + O_2(g) \longrightarrow 2NO(g) *1$$

できた NO は，空気中の酸素とたちまち反応して赤褐色の二酸化窒素（NO_2）になる．だからスモッグは，特有のくすんだ色をもつ．

$$2NO(g) + O_2(g) \longrightarrow 2NO_2(g)$$

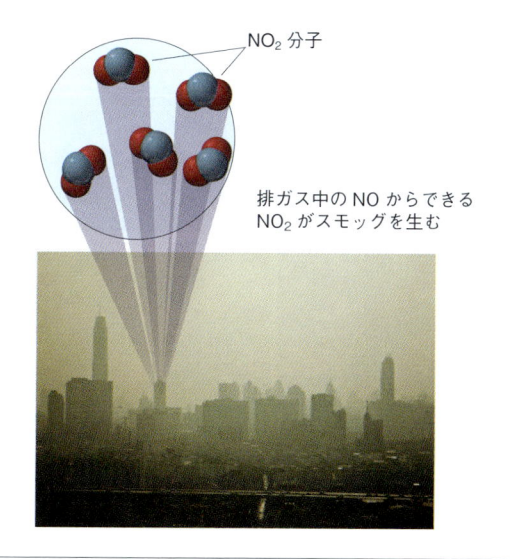

排ガス中の NO からできる NO_2 がスモッグを生む

● **成層圏のオゾン層はなぜ壊れる？** 犯人はクロロフルオロカーボン*2 らしいと 1970 年代にわかった．成層圏にのぼったクロロフルオロカーボンは紫外線を吸って分解し，塩素原子 Cl を出す．Cl はすぐにオゾン O_3 と反応し，酸化塩素ラジカル ClO と O_2 になる．

$$Cl(g) + O_3(g) \longrightarrow ClO(g) + O_2(g)$$

この反応がオゾンを減らし，危ない紫外線が地上に届いて皮膚がんを増やす，と心配する人もいる．

● **湿った釘はなぜさびる？** さび（主成分 Fe_2O_3）は，つぎの反応で生じる．

$$4Fe(s) + 3O_2(g) \longrightarrow 2Fe_2O_3(s)$$

この反応は，水分があると進みやすい．

釘がさびるのも化学反応の結果

● **アスピリンはなぜ頭痛に効く？** 体の炎症や痛みは，プロスタグランジンという物質がひき起こす．アスピリンは，プロスタグランジンの生成を抑えるので頭痛を和らげる．

化学者はさまざまな研究をしている．新しい燃料の開発と効率的利用法を考える人や，糖尿病や遺伝病，がん，エイズの治療法を考える人がいる．人間活動が環境に及ぼす

---

*1 訳注：化学反応式中の (g) は気体，(s) は固体を示す．8 章の表 8・2 も参照．
*2 訳注：日本での呼び名はフロン．

影響や，環境汚染の防止法を考える人もいる．実験室の研究者，透析施設の医師，環境化学者，農芸化学者にとっては，課題をつかみ，解決法を見つけて実行するとき，たいていは化学の考えかたがコアになる．

1・1 化学と物質

万物は**物質**からなり，**化学者**は物質の組成，構造，性質，反応を調べる．実験室で保護眼鏡をかけた白衣の人物だけが化学者ではない．化学変化はいつも身近で起こっている．食材の調理も衣服の漂白も，エンジンの始動も，銀製品の表面が曇るのも，水に入れた制酸剤が泡立つのも，みな化学反応の結果だ．植物は，太陽光エネルギーを使って二酸化炭素と水から炭水化物をつくる化学反応（光合成）のおかげで育つ．食物の消化も化学変化にほかならず，物質を小さな物質群に分解したあと，エネルギー源や体の素材にする．

化学の分類

化学はふつう，有機化学，無機化学，一般化学に大別する．有機化学はおもに炭素原子を主役とした物質を調べ，無機化学はそれ以外の物質を扱う．一般化学では，物質の組成や性質，反応性を調べる．

化学は地質学や生物学，物理学も取込んで，地球化学，生化学，物理化学という分野にも広がった．地球化学者は地球や惑星表面にある鉱石，鉱物，土を調べ，生化学者は生物体内の化学反応を調べる．また物理化学者は，エネルギー変化を伴う化学現象を物理の目で解き明かす．

物　質

どんなものも，1種類または複数の物質からできている．ある**物質**は，一定の元素組成と性質をもつ．物質が化学変化すると，組成も性質もガラリと違う物質ができる．化学

水中で化学変化する制酸剤

錬金術師とよばれた科学者たち　　　歴史と化学

化学者はいつも物質の変化を調べてきた．古代ギリシャから16世紀ごろまで，錬金術師とよばれた人たちは，四つの"元素（土，空気，火，水）"と，四つの性質（熱－冷，湿－乾）をもとに万物を分類した．

8世紀ごろの錬金術師は，四つの性質をうまく操れば卑金属（銅や鉛など）も金や銀に変わると信じた．"元素変換"を促すばかりか不老不死の薬にもなるという"賢者の石"を彼らは探し求めた．むろんその試みは失敗したけれど，彼らの努力で，鉱石から金属を取出す方法や反応が見つかる．何世紀間も普及した錬金術によって多くの物質が見つかり，性質の特定もされた．おびただしい実験器具が生まれ，実験手法も洗練された．

やがてスイスのParacelsus（パラケルスス）（1493～1541）が，錬金術は金ではなく新薬の製造に使うべきだと考える．ある物質が健康を損ない，ミネラルや薬が体を回復させるという観察や実験をもとに彼は，健康は化学反応のつながりで保たれるとみた．鉱夫の肺病は吸った粉塵が起こす（悪霊の仕業ではない）．不潔な水が甲状腺腫の原因となり，水銀化合物が梅毒に効くことも確かめた．"毒と薬は量しだい"という彼の発想は，現代のリスク評価にもつながり，近代医療や化学の基礎にもなった．

化学実験法を洗練した中世の錬金術師たち 　　物質あれこれの性質をつきとめたParacelsus

変化は，学校の実験室や企業の研究室，化学工場ばかりか，自然界や私たちの体内でも進んでいる．なお物質はときに試薬または薬品ともいう．

たいていの日用品は，化学者がつくった物質を含む．石鹸やシャンプーには，皮膚や頭皮の油をとらえて除く成分が入っている．練り歯磨きの成分（表1・1）は，歯をきれいに保ち，歯垢を減らして虫歯を防ぐ．

表 1・1　練り歯磨きに入れてある物質

物　質	働　き
炭酸カルシウム	研磨剤として歯垢を取除く．
ソルビトール	水分を保ち，硬くなるのを防ぐ．
カラギーナン	練り歯磨きの硬化と成分の分離を防ぐ．
グリセリン	口中での泡立ちをよくする．
ラウリル硫酸ナトリウム	界面活性剤として歯垢を取れやすくする．
酸化チタン	練り歯磨きを不透明な白色にする．
トリクロサン	抗菌剤として歯垢の発生と歯周病を抑える．
フルオロリン酸ナトリウム	エナメル質を強くして虫歯を防ぐ．
サリチル酸メチル	さわやかな香りをつける．

化粧クリームやローションには，肌の保水性を上げ，製品の劣化を抑え，抗菌作用を示す物質が入れてある．衣服は，綿など天然素材のほか，ナイロンやポリエステルといった合成繊維からもつくられる．金，銀，白金など貴金属を使った指輪や腕時計を見たこともあるだろう．朝食のシリアルには鉄やカルシウム，リンを加え，牛乳はビタミンAやDが強化してある．食品に添加した抗酸化剤は食品を腐りにくくする．台所で出合う物質をいくつか図1・1にあげた．

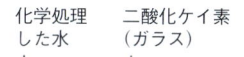

図 1・1　台所にある物質たち
［考えてみよう］台所には，ほかにどんな物質があるだろうか．

復習 1・1　物　質

銅線は物質だけれど，日光は物質ではない．なぜか？

［答］銅線の銅は組成と性質が決まっているから物質．かたや日光は，太陽が放射するエネルギーだから物質ではない．

例題 1・1　身近な物質

つぎの文章中では，どれが物質名か．
　① 飲料水の缶はアルミニウムでつくる．
　② 食塩は肉や魚の腐敗を抑える．
　③ 砂糖（スクロース）は甘味料に使う．

［答］① アルミニウム，② 食塩（塩化ナトリウム），③ 砂糖（スクロース）

● 類題　つぎのうち，物質はどれか．
　① 鉄　　② スズ　　③ 低温　　④ 水
　　　　　　　　　　　　　　　　［答］①，②，④

練習問題　化学と物質

（練習問題のうち，奇数番号の答えが巻末にある）

1・1　つぎの用語を一文で説明せよ．
　① 化学　　② 物質

1・2　問 1・1 の答えを，友達の答えと比べてみよう．

1・3　ビタミン剤の瓶に表示された成分を四つあげよ．そのうち，どれが物質名か．

1・4　シリアルの箱に表示された成分を四つあげよ．そのうち，どれが物質名か．

1・5　家にある医薬品のいくつかの成分表を見て，どれが物質名か指摘せよ．

1・6　自動車用洗剤に表示された成分のうち，どれが物質名か指摘せよ．

1・7　"ケミカル・フリー"（化学物質を含まず）と表示されたシャンプーは，水とグリセリン，クエン酸を含む．本当に"ケミカル・フリー"といえるのか．

1・8　"ケミカル・フリー"と表示された日焼け止めクリームは，酸化チタンとビタミンE，ビタミンCを含む．本当に"ケミカル・フリー"といえるのか．

1・9　さまざまな物質を含む農薬の長所と短所を一つずつあげてみよ．

1・10　砂糖（スクロース）という物質の長所と短所を一つずつあげてみよ．

1・2　科学の方法 ── ものの見かた

幼児はそばにある何にでも興味を示し，いじったり口に入れたりする．大きくなると，まわりのことに疑問をもち始める．雷とは何？ 虹はどこからくる？ 水はなぜ青い？…など．大人になれば，抗生物質やビタミンの作用が気にかかる．疑問を抱くたびに答えをつかみ，世界と折り合いをつ

ノーベル賞学者の Linus Pauling（1901～94）は，オレゴン州の学生だったころ，化学や鉱物学，物理学の本を読みあさったという．"物質の性質について考え抜きました．なぜ有色の物質と無色の物質があるのか？ なぜ硬い無機物（鉱物など）と軟らかい物質があるのか？" "学ぶたび，新しい疑問が必ず湧いてきましたね"．Pauling はノーベル賞を二つ得た．化学結合の性質と複雑な物質の構造を解き明かした化学賞（1954年）と平和賞（1962年）だ．

Linus Pauling

科学の方法

自然を理解するやりかたは人それぞれでも，共通した**科学の方法**はある．

1. **観 察**: まず，身のまわりや自然界で進む現象を観察・記録・測定する．測定結果をデータとよぶ．
2. **仮 説**: データ群をうまく説明できそうな仮説を立てる．その仮説は，実験で検証できなければいけない．
3. **実 験**: 仮説が正しいかどうか確かめるため，実験を重ねて十分なデータを集める．仮説に合わない結果が一つでも出たら仮説を修正し，さらに実験する．
4. **理 論**: 誰が実験しても同じ結果になるとき，仮説は理論とよんでよい．ただし，追試でそれに合わない結果が出たら，理論を修正（最悪の場合は撤回）する．また別の仮説を立てて，上記の手順を繰返す．

科学の方法と暮らし

私たちは暮らしのなかで，そうと気づかないまま科学の方法を使っている．たとえば友達の家に行ってすぐ眼がかゆくなり，くしゃみが出た．友達は近ごろ猫を飼い始めている．すると，くしゃみの原因は自分の猫アレルギーではないか（仮説）．友達の家を出てくしゃみが止まれば，仮説は正しい．猫がいる別の家に行ってもくしゃみが出るなら，やはり猫アレルギーのせいだろう（追試で確認）．けれど，友達の家を出てもくしゃみが止まらなければ，仮説は正しくない．そのときは"風邪のひき始め"が新しい仮説になる．

復習 1・2　科学の方法

つぎのことは，観察・仮説・実験のどれか．
① 夜中にコーヒーを飲むと眠れなくなる．
② 午後にコーヒーを飲まなければ，よく眠れるだろう．
③ コーヒーを飲むのは朝だけにしてみる．

［答］① 飲んだ結果だから観察．② 予測だから仮説．③ 試す行為だから実験．

例題 1・2　科学の方法

つぎのことは，観察・仮説・実験のどれか．
① 銀のトレイを置いておくと，表面がしだいにくすむ．
② 北半球では冬より夏のほうが暖かい．
③ 氷は，水よりも密度が小さいから水に浮く．

［答］① 観察，② 観察，③ 仮説

● **類題**　つぎのことは，観察・仮説・実験のどれか．
① トマトの苗を，庭とクローゼットの中に植えた．以後，両方に同じ量の水と肥料を与える．
② 50日後，庭のトマトは約1mにまで育ち，葉は緑だ．クローゼットのトマトは約20cmしかなく，葉は黄色い．
③ トマトが育つには日光が必要．

［答］① 実験，② 観察，③ 仮説

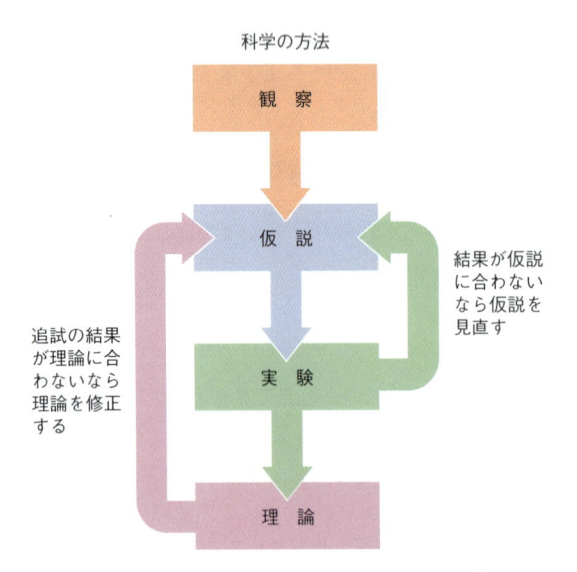

科学の方法——観察・仮説・実験・理論のループ

科学と技術

科学知識を製品や商品づくりに応用したものを技術という．化学技術もその例で，どの国でも化学技術は大きな産業になっている．技術の発展が，エネルギー生産量を増やし，治療法を進め，農産物の収穫を増やし，新しい材料や方法を生み出した．過去300年に及ぶ重要な科学の発明発見・法則・理論・技術革新の例を表1・2にまと

めた.

ただし，科学の発見がどれも有益だったわけではない．環境を汚した合成物質もある．新物質をつくるのに必要なエネルギーや，新物質が海や大気に及ぼす影響も考えよう．リサイクルできるのか，分解しやすいか，もっと安全な物質はないのかも知りたい．科学の成果は，大なり小なり地球と社会に影響する．私たちは，正しい科学知識をもとに判断しなければいけない．

表 1・2 科学の発明発見・法則・理論・技術革新の例

発明発見・法則・理論・技術革新	年	人　物（国）
万有引力の法則	1687	Isaac Newton（英）
酸　素	1774	Josepf Priestley（英）
電　池	1800	Alessandro Volta（伊）
原子説	1803	John Dalton（英）
麻酔作用，ジエチルエーテル	1842	Crawford Long（米）
ニトログリセリン	1847	Ascanio Sobrero（伊）
細菌説	1865	Louis Pasteur（仏）
滅菌手術	1865	Joseph Lister（英）
核酸の発見	1869	Friedrich Miescher（スイス）
放射能	1896	Henri Becquerel（仏）
ラジウムの発見	1898	Marie Curie, Pierre Curie（ポーランド, 仏）
量子論	1900	Max Planck（独）
相対性理論	1905	Albert Einstein（独）
RNA，DNA の基本要素特定	1909	Phoebus Theodore Levene（米）
インスリン	1922	Fredrick Banting, Charles Best, John Macleod（カナダ）
ペニシリン（抗生物質）	1928	Alexander Fleming（英）
ナイロン	1937	Wallace Carothers（米）
遺伝子の実体（DNA）確認	1944	Oswald Avey（米）
超ウラン元素の発見	1944	Glenn Seaborg, Arthur Wahl, Joseph Kennedy, Albert Ghiorso（米）
DNA の構造決定	1953	Francis Crick, Rosalind Franklin, James Watson（英，米）
ポリオワクチン	1954	Jonas Salk（米）
	1957	Albert Sabin（米）
レーザー	1958	Charles Townes（米）
	1960	Theodore Maiman（米）
携帯電話	1973	Martin Cooper（米）
磁気共鳴断層撮影（MRI）	1980	Paul Lauterbur（米）
プロザック（抗うつ剤）	1988	Ray Fuller（米）
インターネットの民生化	1993	Tim Bernes-Lee（スイス）
HIV プロテアーゼ阻害剤	1995	Joseph Martin, Sally Redshaw（米）
DVD	1996	多数（日本）
ヒトゲノム解析	2007	Craig Venter（米）

> **練習問題　科学の方法・ものの見かた**
>
> **1・11** つぎの用語は，科学の方法に関係する．それぞれ何を意味するか．
> ① 仮説　② 実験　③ 理論　④ 観察
>
> **1・12** つぎのことは，観察・仮説・実験・理論のどれか．
> ① 実験結果を合理的に説明する．
> ② 実験データを集める．
> ③ 問題解決に向けて実験の計画を立てる．
> ④ 実験結果のまとめを書く．
>
> **1・13** 有名レストランのシェフの言動を表す ①〜⑥ は，観察・仮説・実験・理論のどれにあたるか．
> ① 特製サラダの注文が減ってきたようだ．
> ② 特製サラダのドレッシングを変える必要がありそうだ．
> ③ 4種のドレッシング（ごま入り，オリーブ油とバルサミコ酢入り，クリーミーなイタリアンタイプ，ブルーチーズ入り）をレタスにかけ，試食してもらった．
> ④ 試食会では，ごま入りドレッシングの評判が最高だった．
> ⑤ 2週間後，ごま入りドレッシング特製サラダの注文が倍増した．
> ⑥ ごま入りドレッシングが特製サラダの味をよくし，注文が増えたのだろう．
>
> **1・14** 洗濯のとき色落ちしないシャツの染色法を考えた．①〜⑥ は，観察・仮説・実験・理論のどれにあたるか．
> ① シャツを洗うと色落ちするようだ．
> ② 染料をシャツの繊維に結合しやすくしなければいけない．
> ③ 染料を染みこませたシャツ4枚を，それぞれ4種の液（真水，塩水，薄い酢，重曹水）に浸した．
> ④ 浸して1時間後，シャツ4枚を洗濯した．
> ⑤ 薄い酢に浸したシャツだけは色落ちしなかった．
> ⑥ 酢が染料と結合すれば，洗っても色落ちしなくなるのだろう．

1・3 本書を使う化学の学習

本書を使い，化学を初めて学ぶ読者もいるだろう．化学を学ぶ動機が何であれ，読者の行く手には，胸躍らせることがいくつも待ち受けている．

本書の特徴

学習に役立つよういくつか工夫をした．表紙の見返しには元素の周期表を，裏表紙の見返しには，単位，単位の換算，単位の接頭語，簡単な化合物とイオンの化学式などをまとめてある．各章の冒頭には，章の目次（学習項目）と学習目標を簡潔に書いた．

章の冒頭にある学習項目，たとえば1章§1・1"化学と物質"を見て，いったい何を学ぶのかと疑問が湧くだろう．化学とは？ 物質とは？…と，章を読み進めるにつれ，答えがわかってくるはずだ．

章内に散りばめた"復習"問題で，各節のポイントがつかめたかどうか確かめよう．"例題"と"類題"も解きたい．節末の"練習問題"にも必ず挑戦しよう．奇数番の"練習問題"は，答えが巻末にある．間違えたら本文の該当箇所を読み返そう．

数章分の内容にかかわる多彩な題材からなる"総合問題"を，3章，7章，10章，14章，16章の末尾に置いたので，ぜひ挑戦して理解度を深めよう．

化学の学習と現実世界とのかかわりを示すコラム群，"健康と化学"，"歴史と化学"，"産業と化学"，"環境と化学"を設けた．身近なものの原子レベル拡大図も多用する．そんなミクロ世界を思い浮かべつつ，本文を読み進もう．章末には章全体の図解"見取り図"を置き，"キーワード"をまとめてある．

自発的な学習

何かを習得したいなら，とにかく進んでやることだ．本書を使う化学の学習では，どうすればいいのだろう．

まずは本文を読み，手を動かして問題を解き，知識を定着させよう．それが，つづく内容の理解につながる．疑問が出たら，教室や実験室で先生に質問しよう．自発的な学習の流れを表1・3に示す．授業の予習をして疑問点をまとめ，授業中にしっかり聞こう．それでも解決しないなら，遠慮せず先生に質問する．

表1・3 自発的な学習の進め方

1. 章のはじめにある学習目標を読む．
2. 節それぞれの題目を見て，疑問に思うことを書き出す．
3. 節の中身を読み，疑問点を解消する．
4. "復習"，"例題"，"類題"をやってみる．
5. 節末の"練習問題"に挑戦し，答え（奇数番）の正誤をチェックする．
6. つぎの節に進み，1～5を繰返す．

グループ学習は大いに役立つ．お互いに刺激し合い，共通理解を得て誤解をなくせる．独りよがりになりがちな独習よりは，グループ学習のほうが理解も深まる．新しい知識を定着させるには，一気に多くを詰め込まず，少しずつ進むのがいい．

DDTの光と影

環境と化学

殺虫剤のDDT（dichlorodiphenyltrichloroethane，化学式：$(p\text{-}Cl\text{-}C_6H_4)_2CHCCl_3$）は，かつて大量に使われた．分子の骨格が，炭素Cと水素Hからなる炭化水素だから水に溶けにくく，分解性も低い．

1874年に合成され，1939年から殺虫剤として脚光を浴びる．当時，カやシラミ，ダニが媒介するマラリアや発疹チフスが世界中に蔓延していた．DDTの殺虫力を確認し，多くの人命を救ったPaul Müllerが，1948年のノーベル生理学・医学賞を受賞する．DDTは昆虫に目覚ましい殺虫作用を示しながら哺乳類への害は少なく，合成も安価にできた．

たちまち，世界中の家庭でも，綿花や大豆栽培の農家でもDDTを使った．環境中ですぐ分解はしないため，頻繁に使わなくてもすむ．作物の収量が増え，マラリアや発疹チフスの発生も減った．いいことずくめの物質だった．

だが1950年代のはじめに問題が浮上する．DDT耐性をもつ昆虫が出てきた．また長く残留するため，環境影響が心配された．ヒトや動物はDDTを分解できないし，脂溶性のDDTは体の脂肪組織にたまる．耕地にまくDDTはわずかでも，雨水に少し溶けたDDTが水路と川を経て海に行き，魚の体内にたまっていった．

フロリダやカリフォルニアのペリカンなどがDDTに汚染された魚を食べると，卵殻のカルシウム量が減る．その結果，卵が割れやすくなって雛が孵化できず，ペリカンの個体数が減ったようだった．

米国は1972年に（日本もほぼ同時期に）DDTの製造と使用を禁じた．以後ペリカンは増えているらしい．いまはDDTに代え，水溶性が高く分解もしやすい殺虫剤を使う．しかし半面，DDTの代替品はヒトへの毒性が高い．

DDTの広告（1947年）

■ 1章の見取り図

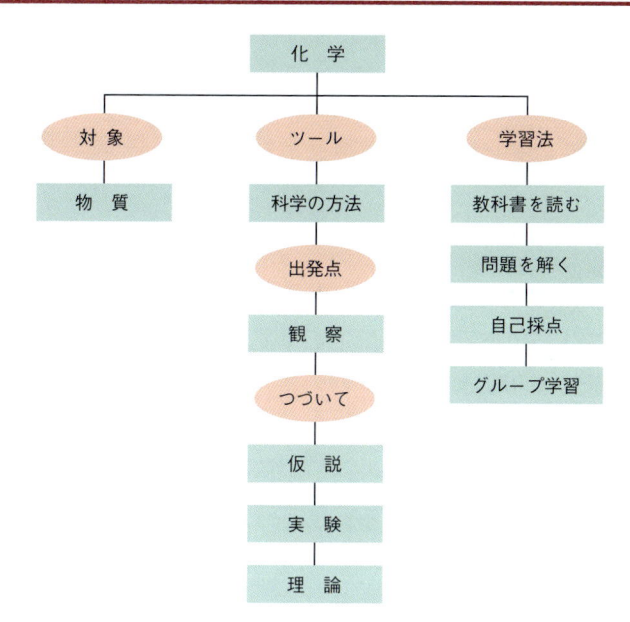

```
                          化　学
            ┌───────────────┼───────────────┐
          対　象           ツール           学習法
            │               │               │
          物　質         科学の方法      教科書を読む
                            │               │
                          出発点          問題を解く
                            │               │
                          観　察          自己採点
                            │               │
                          つづいて        グループ学習
                            │
                          仮　説
                            │
                          実　験
                            │
                          理　論
```

■ キーワード

化学（chemistry）　　　　　　観察（observation）　　　　物質（chemical, substance）
科学の方法（scientific method）　実験（experiment）　　　　　理論（theory）
仮説（hypothesis）

2 測　　定

目次と学習目標

2・1 測定と単位
　長さ，体積，質量，温度，時間などを表す国際単位系 (SI) とは何か．

2・2 指数表記 (科学的記数法)
　大きい数や小さい数はどう書き表すのか．

2・3 測定値と有効数字
　測定値と"正確な数"の関係はどうなっているのか．有効数字とは何か．

2・4 有効数字と計算の答え
　計算の答えは，有効数字を何桁にするのか．

2・5 桁を表す接頭語
　接頭語のそれぞれの意味は何か．

2・6 換算係数
　単位どうしの関係はどう考えるのか．

2・7 計算問題と換算係数
　換算係数を使う計算はどのように進めるのか．

2・8 密　度
　物質の密度はどのように計算し，どのように利用できるのか．

　化学も化学の測定も，暮らしに深く関係する．大気や土，水の汚染度はよくメディアをにぎわす．屋内のラドン濃度，オゾンホール，食品のトランス脂肪酸，DNA 鑑定の記事も多い．記事を正しく判断するには，化学測定の意味を知らなければいけない．

　私たちも暮らしのなかで，さまざまな測定をしている．たとえば体重を測る．ご飯は米 180 mL＋水 200 mL で炊く．体調が悪ければ体温を測る．そんな測定に使う体重計や計量カップ，体温計の読みかたは，経験で知っているだろう．

　科学ではいろいろなものの成分を測る．技術者は合金の組成や淡水化装置を通る海水の量を測る．医師は血中のグルコースやコレステロールを検査技師に測らせ，環境化学者は土の鉛濃度や大気の一酸化炭素濃度を測定する．

　本章では測定のことを学び，数値の扱いかたと計算のしかたをつかもう．健康・環境問題を読み解くにも，測定の理解が欠かせない．

　科学では**メートル法**を使い，大半の国は暮らしでもメートル法を使う．1960 年には，メートル法を基に国際単位系 (Système International d'Unités: SI) が合意された．化学でも，長さ，体積，質量 (重さ)，温度，時間は SI 単位で表す．

暮らしのなかで出合ういろいろな量

2・1 測定と単位

　朝の 8 時 30 分．写真の女性は 3 kg のリュックを背負い，2.1 km 歩いて大学に着いた．気温は 22 °C．体重は 58.2 kg で身長は 165 cm．以上を米国の常用単位に直せば，リュックは 6.6 ポンド (lb) で歩行距離は 1.3 マイル (mi)，気温は 72 °F，体重は 128 ポンド (lb)，身長は 65 インチ (in.)[*1]となる．

長　さ

　メートル法も SI も，長さの単位には**メートル (m)** を使う．1 m は光が真空中を 1 / 299,792,458 秒間に進む長さで，39.37 インチ (in.) または 1.094 ヤード (yd) に等しい．ほぼ小指の幅にあたる**センチメートル (cm)** も化学では多用し，2.54 cm が 1 in. に等しい (図 2・1)．

　　1 m = 1.094 yd　　 1 m = 39.37 in.
　　1 m = 100 cm　　 2.54 cm = 1 in.

---

*1 訳注: インチ "in." だけピリオドを付けるのは，英文中で "in" と区別するため．

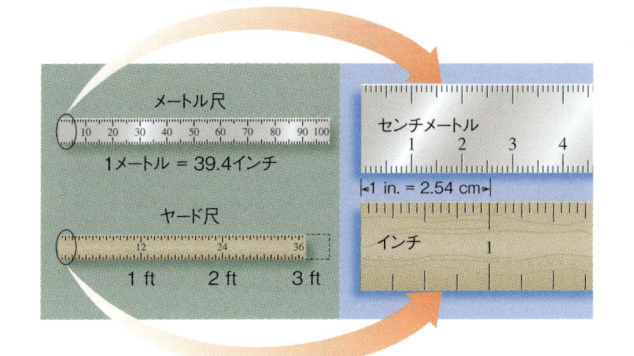

図 2・1 SI 単位で使う長さの基本単位メートル．1 m は 1 yd より少し長い．
[考えてみよう] 1 インチは何センチメートルか．

体　積

体積は，物質が空間中に占める大きさだ．SI 単位では**立方メートル**（**m³**）を使う．1 m³ は辺長 1 m の立方体の体積に等しい．実験や医療現場で 1 m³ は大きすぎるため，**リットル**（**L**）や**ミリリットル**（**mL**）をよく使う．1 m³ は 1000 L，1 L は 1000 mL に等しい（図 2・2）．

$$1\ m^3 = 1000\ L \qquad 1\ L = 1000\ mL$$

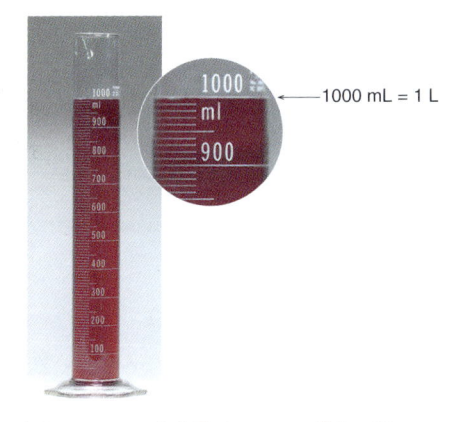

図 2・2 ふつう体積は L や mL 単位で測る．
[考えてみよう] 180 mL は何 L か．

質　量

質量は，物体をつくる物質の量を表す．SI 単位は**キログラム**（**kg**）．大きなものの質量（体重など）は kg のまま使えるが，小さなものには**グラム**（**g**）単位を使う．1 kg は 1000 g に等しい．

暮らしのなかで使う"重さ（重量）"は"質量"ではない．重さは，物体を置いた場所の重力で変わる．質量 75.0 kg の宇宙飛行士は，地球表面なら 75.0 kg の体重（重さ）を示すけれど，重力が 6 分の 1 しかない月面だと（質量は 75.0 kg のままなのに）体重は 12.5 kg に減る．

だから科学では，重力の大きさに関係しない質量を使う．実験室の天秤は，重さではなく質量を測るものだ（図 2・3）．

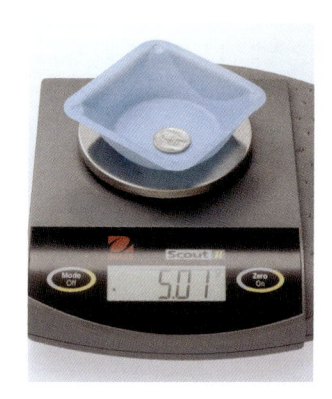

図 2・3 容器の分を差し引いた 5 セント硬貨の質量は 5.01 g．
[考えてみよう] 5 セント硬貨 10 枚の質量は何 g か．

1 kg は 2.205 ポンドに等しい．ポンドの記号 lb はラテン語 *libra*（秤）にちなみ，"平衡"を表す英語 equilibrium は，（日本語でも）文字どおり"天秤が左右つり合った姿"をいう．なお 1 lb は 453.6 g に等しい．

$$1\ kg = 1000\ g \qquad 1\ kg = 2.205\ lb \qquad 453.6\ g = 1\ lb$$

温　度

気温は寒暖を教え（図 2・4），体温は体調を教える．実験室では，水銀温度計やアルコール温度計（ただしあの液体はアルコールではなく灯油）で**温度**を測る．

メートル法で使う摂氏温度（単位 °C）は，常圧で水が凍る温度を 0 °C，沸騰する温度を 100 °C とした．華氏温度（単位 °F）では，氷点が 32 °F，沸点が 212 °F になる[*2]．SI 単位では絶対温度（単位ケルビン K）を使う．到達できる最低温度を 0 K とした尺度で，0 °C は 273 K，100

---

*2 訳注: 華氏温度の"華"は，水銀温度計の発明者 Fahrenheit が中国語で"華倫海"と音訳されたことに由来する．同様に摂氏温度の"摂"は提案者 Celsius の音訳"摂爾思"に由来する．摂氏温度と華氏温度の関係について，詳しくは 3 章 p.30 を参照．

2. 測　定

°C は 373 K にあたる（単位 K には "°" 記号をつけない）．

図 2・4　温度計
[考えてみよう] ここ数日のうちに，どんなものの温度を測ったか．

時　間

暮らしのなかで時間の長さを表すには，年，日，時間，分，秒を使うが，SI 単位とメートル法では**秒（s）**を使う．1 秒はセシウム原子時計を基に決める．5 種類の量について，メートル法と SI の単位を表 2・1 にまとめた．

表 2・1　測定に使う単位

量	メートル法[†]	SI 単位
長　さ	メートル（m）	メートル（m）
体　積	リットル（L）	立方メートル（m³）
質　量	グラム（g）	キログラム（kg）
温　度	摂氏度（°C）	ケルビン度（K）
時　間	秒（s）	秒（s）

[†] 訳注: この "メートル法" は，"科学の常用単位" とみてもよい．

復習 2・1　測定と単位

つぎの単位は，何を測定するためのものか．
① グラム　　　② リットル
③ センチメートル　④ 摂氏温度

[答] ① 質量，② 体積，③ 長さ，④ 温度

例題 2・1　測定と単位

以下は，どんな量を測定した値か．
① 45.6 kg　② 1.895 m³　③ 14 s
④ 45 m　　⑤ 315 K

[答] ① 質量，② 体積，③ 時間，④ 長さ，⑤ 温度

● **類題**　以下を測るのに使う SI 単位と単位記号は何か．
① サッカー場の広さ　② 日中の気温
③ 容器に入っている食塩の質量
[答] ① メートル(m)，② ケルビン(K)，③ キログラム(kg)

練習問題　測定と単位

2・1　以下はどんな量を測った結果か．また，単位はどう読むか．
① 4.8 m　　② 325 g　　③ 1.5 L
④ 480 s　　⑤ 28 °C

2・2　以下はどんな量を測った結果か．また，単位はどう読むか．
① 0.8 L　　② 3.6 m　　③ 14 kg
④ 35 g　　⑤ 373 K

2・3　以下の量につけた単位は，SI 単位か，メートル法の単位（科学の常用単位）か，両方に共通か．あるいは，どちらでもない単位か．
① 5.5 m　　② 45 kg　　③ 16 in.
④ 25 s　　⑤ 22 °C

2・4　以下の量につけた単位は，SI 単位か，メートル法の単位（科学の常用単位）か，両方に共通か．あるいは，どちらでもない単位か．
① 8 m³　　② 245 K　　③ 45 °F
④ 125 L　　⑤ 125 g

2・5　以下の量につけた単位は，SI 単位か，メートル法の単位（科学の常用単位）か，両方に共通か．あるいは，どちらでもない単位か．
① 25.2 g　　② 1.5 L　　③ 15 °F
④ 8.2 lb　　⑤ 15 s

2・6　以下の量につけた単位は，SI 単位か，メートル法の単位（科学の常用単位）か，両方に共通か．あるいは，どちらでもない単位か（qt は "クオート"．1 qt＝946.3 mL）
① 24 °C　　② 268 K　　③ 0.48 qt
④ 28.6 m　　⑤ 4.2 m³

2・2　指数表記（科学的記数法）

化学ではたいへん小さい数やたいへん大きい数を扱う．ヒトの髪は，太さが 0.000 008 m で総数が平均約 100,000 本である（図 2・5）．本書では，大きさをつかみやすくするため，3 桁ごとにコンマかスペースを入れて数を書く．とはいえ，小さい数も大きい数も，**指数**を使って書いたほ

$8×10^{-6}$ m

図 2・5　ヒトの髪，太さ $8×10^{-6}$ m，本数 $1×10^5$ 本ほど．
[考えてみよう] 大きい数や小さい数は，なぜ指数を使って書くのか．

うがわかりやすい．

指数表記の方法

指数表記（科学的記数法）で書いた量は，係数・10 のべき乗・単位の三つからなる．たとえば 2400 m は 2.4×10^3 m と書き*3，2.4 が係数，10^3 が 1000，m が単位を表す．係数部分は，1 以上 10 未満の小数か整数にする．小数点を 2400 から左側へ 3 回ずらしたため 10 の指数は 3 となり，10^3 と書く．1 より大きい数なら，10 の指数は正の整数になる．1 より小さい数だと，10 の指数は負の整数になる．たとえば 0.00086 は，小数点を右へ 4 回ずらし，係数を 8.6，10 の指数を -4 として 8.6×10^{-4} と書く．

指数表記の例を表 2・2 に，現実の量いくつかを表 2・3 にまとめた．

表 2・2 指数表記の例

数 値	10 のべき乗	指数表記
10,000	$10 \times 10 \times 10 \times 10$	1×10^4
1000	$10 \times 10 \times 10$	1×10^3
100	10×10	1×10^2
10	10	1×10^1
1	0	1×10^0
0.1	$\dfrac{1}{10}$	1×10^{-1}
0.01	$\dfrac{1}{10} \times \dfrac{1}{10} = \dfrac{1}{100}$	1×10^{-2}
0.001	$\dfrac{1}{10} \times \dfrac{1}{10} \times \dfrac{1}{10} = \dfrac{1}{1000}$	1×10^{-3}
0.0001	$\dfrac{1}{10} \times \dfrac{1}{10} \times \dfrac{1}{10} \times \dfrac{1}{10} = \dfrac{1}{10,000}$	1×10^{-4}

復習 2・2　指数表記

つぎの量を指数表記にせよ．
① 75,000 m　② 0.0092 g　③ 143 mL

[答] ① 小数点を左に 4 回送って係数 7.5 をつくり，指数 4 を使って 7.5×10^4 m．
② 小数点を右に 3 回送って係数 9.2 をつくり，指数 -3 を使って 9.2×10^{-3} m．
③ 同様の操作をして 1.43×10^2 mL．

例題 2・2　指数表記

1. つぎの量を指数表記にせよ．
   ① 350 g　② 0.00016 L　③ 5,220,000 m
2. つぎの量をふつうの表記にせよ．
   ① 2.85×10^2 L　② 7.2×10^{-3} m　③ 2.4×10^5 g

[答] 1. ① 3.5×10^2 g，② 1.6×10^{-4} L，
　　　③ 5.22×10^6 m
2. ① 285 L，② 0.0072 m，③ 240,000 g

● 類題　つぎの量を指数表記にせよ．
① 425 000 m　② 0.000 000 8 g
　　　　　　　[答] ① 4.25×10^5 m，② 8×10^{-7} g

練習問題　指数表記

2・7　つぎの量を指数表記で書け．
① 55,000 m　② 480 g　③ 0.000005 cm
④ 0.00014 s　⑤ 0.00785 L　⑥ 670,000 kg

2・8　つぎの量を指数表記で書け．
① 180,000,000 g　② 0.00006 cm　③ 750,000 g
④ 0.15 mL　⑤ 0.024 s　⑥ 1500 m³

2・9　つぎの量はどちらが大きいか．
① 7.2×10^3 cm と 8.2×10^2 cm
② 4.5×10^{-4} kg と 3.2×10^{-2} kg
③ 1×10^4 L と 1×10^{-4} L
④ 0.00052 m と 6.8×10^{-2} m

2・10　つぎの量はどちらが小さいか．
① 4.9×10^{-3} s と 5.5×10^{-9} s
② 1250 kg と 3.4×10^2 kg
③ 0.0000004 m と 5.0×10^2 m
④ 2.50×10^2 g と 4×10^5 g

2・11　つぎの量をふつうの表記に直せ．
① 1.2×10^4 s　② 8.25×10^{-2} kg
③ 4×10^6 g　④ 5.8×10^{-3} m³

2・12　つぎの量をふつうの表記に直せ．
① 3.6×10^{-5} L　② 8.75×10^4 cm
③ 3×10^{-2} mL　④ 2.12×10^5 kg

表 2・3　大きい量と小さい量

量	ふつうの表記	指数表記
米国の年間ガソリン消費量	550,000,000,000 L	5.5×10^{11} L
地球の直径	12,800,000 m	1.28×10^7 m
太陽光が地球に届くまでの時間	500 s	5×10^2 s
ヒトの標準体重	68 kg	6.8×10^1 kg
ハチドリの体重	0.002 kg	2×10^{-3} kg
水痘帯状疱疹ウイルスの直径	0.0000003 m	3×10^{-7} m
細菌（マイコプラズマ）の質量	0.000 000 000 000 000 000 1 kg	1×10^{-19} kg

---

*3　訳注：数値と単位の間は必ず少しあける．

2・3 測定値と有効数字

測定には何か器具を使う．身長はメートル尺，体重は体重計，体温は体温計で測る．測定で得た値を**測定値**という．

測 定 値

定規を使い，何かの長さを測るとしよう（図2・6）．定規の目盛が物体の長さを教える．定規(a)は1 cm刻み，(b)は0.1 cm刻みだ．まず目盛の値を読み，つぎに最小目盛間を目で等分し，つづく桁を推定する．このように決めた値が測定値だ．

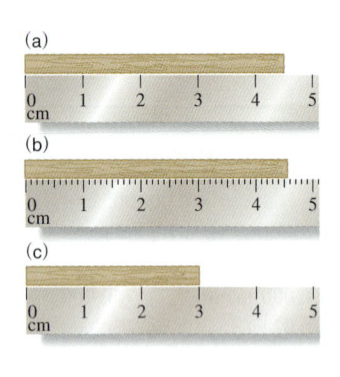

図2・6 測定値は(a)なら4.5 cm, (b)なら4.55 cmとする．
[考えてみよう] (c)の測定値はどうするか．

定規(a)だと，物体の端が目盛線4 cmと5 cmの間にくるため，物体の長さは4 cm + 1 cm = 5 cmより短い．物体の端が4 cmと5 cmのちょうど真ん中と読めば4.5 cmだが，別の人は4.6 cmと読むかもしれない．つまり測定値の最小桁は，測定者ごとに変わりうる．定規(b)は0.1 cm刻みだから，目視で0.01 cmの桁まで読む．4.55 cmと読む人も4.56 cmと読む人も，間違いとはいえない．

つまり，どんな測定値も誤差を伴う．定規(c)のように物体の端がぴったり目盛上にきたら，最小の桁を0にして（3 cmではなく）3.0 cmとし，小数点第1位に誤差があると示す．

有 効 数 字

測定値では，誤差を含む最終桁までの数字すべてを**有効数字**という．0以外はどれも有効数字だが，0がどうなるかは表2・4のルールに従う．

有効数字の0を含む大きい数字は指数表記で書く．500 mの場合，最初の0だけが有効数字なら 5.0×10^2 mとする．どの0も有効数字なら 5.00×10^2 mと書く．大きい整数の右端に並ぶ0は有効数字ではなく，400,000 gは有効数字が1桁だから 4×10^5 gと書く．

> **復習2・3 有効数字の0**
>
> つぎの量が含んでいる0は有効数字か，有効数字ではないか．
>
> ① 0.000 250 m   ② 70.040 g   ③ 102,000 L
>
> [答] ① 2の左に並ぶ0はみな有効数字でない．5の右側の0は有効数字．② どの0も有効数字．③ 102部分の0は有効数字．ほかはみな有効数字でない．

正 確 な 数

ものの個数や，単位の変換に使う係数などは"**正確な数**"という．1分は正確に60秒だ．測定値ではなく，有効数字もないため（"有効数字が無限に多い"とみてもよい），計算結果の有効数字には影響しない．例をいくつか表2・5にあげた．

表2・5 正確な数の例

個　数	ドーナツ8個，ボール2個 カップ5個，ボールペン3本
定義で決まる数値 （メートル法）	1 L = 1000 mL, 1 mL = 1000 μL 1 m = 100 cm, 1 cm = 10 mm 1 kg = 1000 g, 1 g = 1000 mg

> **例題2・3 有 効 数 字**
>
> つぎの量は測定値か，正確な数か．測定値なら有効数字は何桁か．
>
> ① 42.2 g   ② 卵3個   ③ 5.0×10^{-4} m
> ④ 450,000 kg   ⑤ 3.500×10^5 s
>
> [答] ① 測定値, 3桁, ② 正確な数, ③ 測定値, 2桁,
> ④ 測定値, 2桁, ⑤ 測定値, 4桁
>
> ● **類題** つぎの測定値の有効数字は何桁か．
> ① 0.000 35 g   ② 2000 m   ③ 2.0045 L
> [答] ① 2桁, ② 1桁, ③ 5桁

表2・4 測定値の有効数字

ルール	測定値の例	有効数字の桁数
有効数字になる数字		
0以外	4.5 g 122.35 m	2 5
0以外の数字に挟まれた0	205 m 5.082 kg	3 4
小数の右端に並ぶ0	25.0 ℃ 16.00 g	3 4
指数表記の係数部分	5.5×10^{-9} kg 3.00×10^2 m³	2 3
有効数字ではない0		
小数の左端に並ぶ0	0.0004 s 0.075 cm	1 2
整数の右端に並ぶ0	850,000 m 125,000 g	2 3

| 練習問題 | 測定値と有効数字 |

2・13 つぎの測定値では，どの桁が誤差を含むか．
① 8.6 m ② 45.25 g ③ 25.0 °C

2・14 つぎの測定値では，どの桁が誤差を含むか．
① 125.04 g ② 5.057 m ③ 525.8 °C

2・15 つぎの量は測定値か，正確な数か．
① 体重 155 ポンド
② リンゴ 8 個
③ 1 kg = 1000 g
④ デンバーからヒューストンの距離 1720 km

2・16 つぎの量は測定値か，正確な数か．
① 31 名
② 12×10^8 年前の化石
③ 石の質量 104 kg
④ コレステロール値 184 mg dL^{-1}

2・17 つぎのうち，測定値はどれか．
① 3 個のハンバーガーと 6 オンスのハンバーガー
② 机 1 台と椅子 4 脚
③ ブドウ 0.75 ポンドとバター 350 g
④ 60 s = 1 min

2・18 つぎのうち，正確な数はどれか．
① 5 個のピザと 50.0 g のチーズ
② 6 個の 5 セント硬貨と 16 g のニッケル
③ 3 個のタマネギと 3 ポンドのタマネギ
④ 5 マイルと 5 台の自動車

2・19 以下の測定値中，0 は有効数字か．
① 0.0038 m ② 5.04 cm ③ 805 L
④ 3.0×10^{-3} kg ⑤ 85,000 g

2・20 以下の測定値中，0 は有効数字か．
① 20.05 °C ② 5.00 m ③ 0.000 02 L
④ 120,000 年 ⑤ 8.05×10^2 g

2・21 つぎの測定値の有効数字は何桁か．
① 11.005 kg ② 0.000 32 m^3 ③ 36,000,000 m
④ 1.80×10^4 g ⑤ 0.8250 L ⑥ 30.0 °C

2・22 つぎの測定値の有効数字は何桁か．
① 20.60 mL ② 1036.48 g ③ 4.00 m
④ 20.88 °C ⑤ 60,800,000 kg ⑥ 5.0×10^{-3} L

2・23 つぎのうち，有効数字の桁数が同じ量を並べたものはどれか．
① 11.0 m と 11.00 m
② 405 K と 504.0 K
③ 0.000 12 s と 12,000 s
④ 250.0 L と 2.500×10^{-2} L

2・24 つぎのうち，有効数字の桁数が同じ量を並べたものはどれか．
① 0.005 75 g と 5.75×10^{-3} g
② 0.0250 m と 0.205 m
③ 150,000 s と 1.50×10^4 s
④ 3.8×10^{-2} L と 7.5×10^5 L

2・25 つぎの量を有効数字 2 桁で指数表示せよ．
① 5000 L ② 30 000 g
③ 100,000 m ④ 0.000 25 cm

2・26 つぎの量を有効数字 2 桁で指数表示せよ．
① 5,100,000 g ② 26,000 s
③ 40,000 m ④ 0.000 820 kg

2・4 有効数字と計算の答え

科学の研究では，細菌のサイズ，気体の体積，反応混合物の温度，試料が含む鉄の質量などを測る．そういう測定値を使う計算結果の有効数字は，測定値の有効数字の桁数が決める．

電卓は速くて便利だけれど，電卓はものを考えない．数値を正しく打ち，何か機能キーをたたいて得た結果の有効数字を正しく決めるのは人間だ．

四 捨 五 入

長さ 5.5 m，幅 3.5 m のカーペットの面積は掛け算で 5.5 m × 3.5 m = 19.25 m^2 となるが，19.25 m^2 は正しい答えではない．長さも幅も有効数字が 2 桁だから，積の有効数字も 2 桁になるよう四捨五入し，19 m^2 としなければいけない．電卓の計算結果は，つぎのルールに従って四捨五入する．

[有効数字を n 桁とした四捨五入のルール]

1. 数値の左端から $n+1$ 桁目の数字が 4 以下なら，以降の数字をみな捨てる．

2. 数値の左端から $n+1$ 桁目の数字が 5 以上なら，以降の数字をみな捨てて，n 桁目の数字を 1 だけ大きくする．

	有効数字 3 桁に四捨五入	有効数字 2 桁に四捨五入
例1: 8.4234	8.42	8.4
例2: 14.780	14.8	15
例3: 3256	3260 (3.26×10^3)	3300 (3.3×10^3)

大きい数字の場合，捨てた数字の部分は 0 に置き換える．

| 復習 2・4 | 四 捨 五 入 |

2.8456 m をつぎの有効数字に四捨五入したとき，正しい結果はどれか．
① 有効数字 3 桁: 2.84 m, 2.85 m, 2.8 m, 2.90 m
② 有効数字 2 桁: 2.80 m, 2.85 m, 2.8 m, 2.90 m

[答] ① 4 桁目を四捨五入した 2.85 m，② 3 桁目を四捨五入した 2.8 m

例題 2・4　四捨五入

つぎの量を四捨五入し，有効数字 3 桁にせよ．
① 35.7823 m　　② 0.002 627 L
③ 3.8268×10^3 g　　④ 1.2836 kg

[答] ① 35.8 m, ② 0.002 63 L, ③ 3.83×10^3 g, ④ 1.28 kg

● 類題　上記の量を四捨五入し，有効数字 2 桁にせよ．
[答] ① 36 m, ② 0.0026 L, ③ 3.8×10^3 g, ④ 1.3 kg

掛け算と割り算

乗除計算をした結果の有効数字は，**桁数が最も少ない測定値に合わせる**．

● 例 1：24.65×0.67 の答え

電卓をたたけば 16.5155 となるが，有効数字の桁数が最も少ない 0.67 (2 桁) に合わせ，四捨五入で答えを 17 とする．

● 例 2：$2.85 \times 67.4 \div 4.39$ の答え

電卓をたたけば 43.756264 となるが，どの測定値も有効数字が 3 桁だから，四捨五入で答えを 43.8 とする．

有効数字の 0 の追加

測定値 8.00 を測定値 2.00 で割る場合，電卓の表示は整数の 4 だが，有効数字の桁数 (3 桁) に合うよう 0 を加え，答えは 4.00 としなければいけない．

例題 2・5　乗除計算の有効数字

つぎの計算の答えを，正しい有効数字で示せ．
① 56.8×0.37
② $71.4 \div 11.0$
③ $(2.075 \times 0.585) \div (8.42 \times 0.0045)$
④ $25.0 \div 5.00$

[答] ① 21, ② 6.49, ③ 32, ④ 5.00

● 類題　つぎの計算の答えを，正しい有効数字で示せ．
① 45.26×0.01188　　② $2.60 \div 324$
③ $4.0 \times 8.00 \div 16$
[答] ① 0.4924, ② 0.008 02 または 8.02×10^{-3}, ③ 2.0

足し算と引き算

加減計算をした結果の有効数字は，小数点以下の桁数を，**桁数が最も少ない測定値に合わせる**．

● 例 3：$2.045 + 34.1$ の答え

電卓をたたけば 36.145 となるが，小数点以下の桁数が最も少ない 34.1 (1 桁) に合わせ，四捨五入で答えを 36.1 とする．

● 例 4：$255 - 175.65$ の答え

電卓をたたけば 79.35 となるが，小数点以下の桁数が最も少ない (0 桁の) 255 に合わせ，四捨五入で答えを整数の 79 とする．

加減計算の結果，小数点以下が 0 になれば，電卓には表示されない．たとえば 14.5 g−2.5 g の答え (12.0 g) も，電卓の表示は 12 になる．そのような場合，正しい答えは小数第 1 位に 0 を加えて 12.0 としなければいけない．

● 例 5：$14.56 - 4.16$ の答え

電卓をたたけば 10.4 となるが，小数点以下の桁数を 14.56 と 4.16 に共通の 2 桁にし，答えは 10.40 とする．

例題 2・6　加減計算の有効数字

つぎの計算の答えを，正しい形で示せ．
① 27.8 cm + 0.235 cm
② 104.45 mL + 0.838 mL + 46 mL
③ 153.247 g − 14.82 g

[答] ① 28.0 cm, ② 151 mL, ③ 138.43 g

● 類題　つぎの計算の答えを，正しい形で示せ．
① 82.45 g + 1.245 g + 0.000 56 g　　② 4.259 L − 3.8 L
[答] ① 83.70 g, ② 0.5 L

練習問題　計算と有効数字

2・27　測定値を使う計算では，なぜ四捨五入が必要なのか．

2・28　電卓の表示値に 0 を追加する場合があるのはなぜか．

2・29　つぎの量を四捨五入し，有効数字を 3 桁にせよ．
① 1.854 kg
② 88.0238 L
③ 0.004 738 265 cm
④ 8807 m
⑤ 1.8329×10^3 s

2・30　前問の量を四捨五入し，有効数字を 2 桁にせよ．

2・31　四捨五入するか 0 を加えて，つぎの量を有効数字 3 桁にせよ．
① 56.855 m　　② 0.002 2825 g
③ 11,527 s　　④ 8.1 L

2・32　四捨五入するか 0 を加えて，つぎの量を有効数字 2 桁にせよ．
① 3.2805 m　　② 1.855×10^2 g
③ 0.002 341 mL　　④ 2 L

2・33　つぎの計算結果を，有効数字に注意して書け．
① 45.7×0.034

② 0.00278×5
③ $34.56 \div 1.25$
④ $(0.2465 \times 25) \div 1.78$
⑤ $(2.8 \times 10^4) \times (5.05 \times 10^{-6})$
⑥ $\{(3.45 \times 10^{-2}) \times (1.8 \times 10^5)\} \div (8 \times 10^3)$

2・34 つぎの計算結果を，有効数字に注意して書け．
① 400×185
② $2.40 \div (4 \times 125)$
③ $0.825 \times 3.6 \times 5.1$
④ $(3.5 \times 0.261) \div (8.24 \times 20.0)$
⑤ $\{(5 \times 10^{-5}) \times (1.05 \times 10^4)\} \div (8.24 \times 10^{-8})$
⑥ $\{(4.25 \times 10^2) \times (2.56 \times 10^{-3})\} \div \{(2.245 \times 10^{-3}) \times 56.5\}$

2・35 つぎの計算結果を正しく書け．
① $45.48 \text{ cm} + 8.057 \text{ cm}$
② $23.45 \text{ g} + 104.1 \text{ g} + 0.025 \text{ g}$
③ $145.675 \text{ mL} - 24.2 \text{ mL}$
④ $1.08 \text{ L} - 0.585 \text{ L}$

2・36 つぎの計算結果を正しく書け．
① $5.08 \text{ g} + 25.1 \text{ g}$
② $85.66 \text{ cm} + 104.10 \text{ cm} + 0.025 \text{ cm}$
③ $24.568 \text{ mL} - 14.25 \text{ mL}$
④ $0.2654 \text{ L} - 0.2585 \text{ L}$

2・5 桁を表す接頭語

指数表記ではない形で大きい数や小さい数を書くため，たとえば，ミリやマイクロなど，桁を表す**接頭語**を単位記号の前につけることが多い（表2・6）．

米国食品医薬品局（FDA）が推奨する1日の栄養成分摂取量（表2・7）にも，血液成分の正常範囲を示す表（表2・8）にも，桁を表す接頭語が使われている．

表2・7 1日の栄養成分推奨摂取量

栄養成分	量
タンパク質	44 g
ビタミン C	60 mg
ビタミン B_{12}	6 μg
ビタミン B_6	2 mg
カルシウム	1000 mg
鉄	18 mg
ヨウ素	150 μg
マグネシウム	400 mg
ニコチン酸（ナイアシン，ビタミン B_3）	20 mg
カリウム	3500 mg
ナトリウム	2400 mg
亜鉛	15 mg

表2・8 血液成分の正常範囲（1 dL 当たり）

成分	正常範囲
アルブミン	3.5〜5.0 g
アンモニア	20〜150 μg
カルシウム	8.5〜10.5 mg
コレステロール	105〜250 mg
鉄	80〜160 μg（男性）
総タンパク質	6.0〜8.0 g

表2・6 桁を表す接頭語

	接頭語	記号	数	意味	等価関係
大きい数を表す接頭語	ペタ peta	P	1 000 000 000 000 000	10^{15}	1 Pg = 1×10^{15} g 1 g = 1×10^{-15} Pg
	テラ tera	T	1 000 000 000 000	10^{12}	1 Ts = 1×10^{12} s 1 s = 1×10^{-12} Ts
	ギガ giga	G	1 000 000 000	10^9	1 Gm = 1×10^9 m 1 m = 1×10^{-9} Gm
	メガ mega	M	1 000 000	10^6	1 Mg = 1×10^6 g 1 g = 1×10^{-6} Mg
	キロ kilo	k	1 000	10^3	1 km = 1×10^3 m 1 m = 1×10^{-3} km
	ヘクト hecto	h	100	10^2	1 hPa = 1×10^2 Pa 1 Pa = 1×10^{-2} hPa
小さい数を表す接頭語	デシ deci	d	0.1	10^{-1}	1 dL = 1×10^{-1} L 1 L = 10 dL
	センチ centi	c	0.01	10^{-2}	1 cm = 1×10^{-2} m 1 m = 100 cm
	ミリ milli	m	0.001	10^{-3}	1 ms = 1×10^{-3} s 1 s = 10^3 ms
	マイクロ micro	μ	0.000 001	10^{-6}	1 μg = 1×10^{-6} g 1 g = 10^6 μg
	ナノ nano	n	0.000 000 001	10^{-9}	1 nm = 1×10^{-9} m 1 m = 10^9 nm
	ピコ pico	p	0.000 000 000 001	10^{-12}	1 ps = 1×10^{-12} s 1 s = 10^{12} ps
	フェムト femto	f	0.000 000 000 000 001	10^{-15}	1 fs = 1×10^{-15} s 1 s = 10^{15} fs

復習 2・5　桁を表す接頭語

パソコン用ハードディスクの記憶容量は，メガバイト（MB）やギガバイト（GB），テラバイト（TB）単位で表示する．つぎの容量をバイト数で表せ．容量をギガバイトやテラバイトで表す理由は何か．
① 5 MB　　② 2 GB　　③ 1 TB

[答] ① 5 MB = 5,000,000（$5×10^6$）バイト
② 2 GB = 2 000,000,000（$2×10^9$）バイト
③ 1 TB = 1000,000,000,000（$1×10^{12}$）バイト．容量値が非常に大きいため，接頭語を使うと簡単な数字で表せるから．

例題 2・7　桁を表す接頭語

つぎの空欄に入る接頭語は何か．
① 1000 g = 1 ___ g　　② $1×10^{-9}$ m = 1 ___ m
③ $1×10^6$ L = 1 ___ L

[答] ① k, ② n, ③ M

● 類題　つぎの空欄に入る接頭語は何か．
① 1 000 000 000 s = 1 ___ s　　② 0.01 m = 1 ___ m
[答] ① G, ② c

例題 2・8　単位の大小関係と換算

1. つぎのペアで，より大きい量を表す単位はどちらか．
① cm と km　② L と dL　③ mg と μg
2. つぎの空欄に入る数字は何か．
① 1 L = ___ dL　② 1 km = ___ m
③ 1 cm = ___ m　④ 1 cm³ = ___ mL

[答] 1. ① km, ② L, ③ mg
2. ① 10, ② 1000, ③ 0.01, ④ 1

● 類題　① 1 kg = ___ g　② 1 mL = ___ L
[答] ① 1000, ② 0.001

練習問題　桁を表す接頭語

2・37　車の速度計に書いてある km h⁻¹ と mph は，それぞれ何を意味するか．

2・38　日本を走る車の走行距離計が 2250 になっている．その単位は何か．米国を走る車なら走行距離計の単位は何か．

2・39　グラムに接頭語キロをつけたら，数値の大きさはどう変わるか．

2・40　メートルに接頭語センチをつけたら，数値の大きさはどう変わるか．

2・41　つぎの単位を表す記号は何か．
① ミリグラム　　② デシリットル，
③ キロメートル　④ フェムトグラム
⑤ マイクロリットル　⑥ ナノ秒

2・42　つぎの単位はどう読むか．
① cm　　② kg　　③ ms
④ Gm　　⑤ μg　　⑥ pg

2・43　つぎの接頭語は，何を意味するか．
① センチ　② テラ　③ ミリ
④ デシ　　⑤ メガ　⑥ ナノ

2・44　つぎの量を「1 xY（x：接頭語, Y：単位）」の形に表せ．
① 0.10 g　② 10^{-6} g　③ 1000 g
④ 0.01 g　⑤ 0.001 g　⑥ 10^{-12} g

2・45　つぎの空欄を埋めよ．
① 1 m = ___ cm　② 1 nm = ___ m
③ 1 mm = ___ m　④ 1 L = ___ mL

2・46　つぎの空欄を埋めよ．
① 1 Mg = ___ g　② 1 μL = ___ L
③ 1 g = ___ kg　④ 1 g = ___ mg

2・47　つぎのペアで，より大きい量を表す単位はどちらか．
① ミリグラムとキログラム
② ミリリットルとマイクロリットル
③ cm と pm
④ kL と dL
⑤ ナノメートルとピコメートル

2・48　つぎのペアで，より小さい量を表す単位はどちらか．
① mg と g　② センチメートルとミリメートル
③ mm と μm　④ mL と dL　⑤ mg と Mg

2・6　換 算 係 数

科学の計算では，単位を変える場面が多い．たとえば 2.0 h（時間）は何 min（分）だろう？　1 h は 60 min なので，2.0 h×60 min h⁻¹ = 120 min だとわかる．時間の長さは一定のまま，単位だけが変わった．

こうした計算は，分数の形に書いた"換算係数"を使って進めるとわかりやすい．そのとき分子の数値にも分母の数値にも，必ず単位をつける．

等価な関係を表す換算係数

等式 1 h = 60 min から，つぎのように 2 通りの換算係数（分数）がつくれる．

$$\frac{60\ \text{min}}{1\ \text{h}} \quad \text{または} \quad \frac{1\ \text{h}}{60\ \text{min}}$$

体積だと，等式 1 L = 1000 mL はつぎの換算係数に対応する．

$$\frac{1000\ \text{mL}}{1\ \text{L}} \quad \text{または} \quad \frac{1\ \text{L}}{1000\ \text{mL}}$$

どちらの形を使うかは，問題に応じて決める．

復習 2・6　換算係数の表現

つぎのうち，ギガグラムとグラムの関係を表す換算係数はどれか．

① $\dfrac{1\ \text{Gg}}{1\times 10^9\ \text{g}}$　　② $\dfrac{1\times 10^{-9}\ \text{g}}{1\ \text{Gg}}$

③ $\dfrac{1\times 10^9\ \text{g}}{1\ \text{g}}$　　④ $\dfrac{1\times 10^9\ \text{g}}{1\ \text{Gg}}$

[答] ギガグラムとグラムの等価関係は $1\ \text{Gg}=1\times 10^9\ \text{g}$ だから，正しいのは ① と ④．

例題 2・9　換算係数の表現

ミリグラムとグラムの関係を換算係数で表せ．

[答] $1\ \text{g}=1000\ \text{mg}$ だから，換算係数はつぎの形に表せる．

$$\dfrac{1000\ \text{mg}}{1\ \text{g}}\ \text{または}\ \dfrac{1\ \text{g}}{1000\ \text{mg}}$$

● 類題　ごく短い時間はゼプト秒(zs)で表す（$1\ \text{zs}=1\times 10^{-21}\ \text{s}$）．換算係数を書け．

[答] 等価関係: $1\ \text{zs}=1\times 10^{-21}\ \text{s}$

換算係数: $\dfrac{1\ \text{zs}}{1\times 10^{-21}\ \text{s}}$, $\dfrac{1\times 10^{-21}\ \text{s}}{1\ \text{zs}}$

複合単位を表す換算係数

車の時速が $85\ \text{km}$（$85\ \text{km}\ \text{h}^{-1}$）なら，その状況はつぎの換算係数で表せる．

$$\dfrac{85\ \text{km}}{1\ \text{h}}\ \text{または}\ \dfrac{1\ \text{h}}{85\ \text{km}}$$

割合を表す換算係数

何かの割合はふつう，100 当たりの数を意味する百分率（パーセント，%）で表す．さらに小さな割合を示すには，百万分率（ppm）や十億分率（ppb）を使う．百万分率は 1 キログラム当たりのミリグラム数（$\text{mg}\ \text{kg}^{-1}$），十億万分率は 1 キログラム当たりのマイクログラム数（$\mu\text{g}\ \text{kg}^{-1}$）にあたる．

たとえば米国は，陶器のうわぐすり（釉薬）が含む鉛の許容濃度を 5 ppm（$5\ \text{mg}\ \text{kg}^{-1}$）に規制している．換算係数ではつぎのように表せる．

$$\dfrac{\text{鉛 5 mg}}{\text{うわぐすり 1 kg}}\ \text{または}\ \dfrac{\text{うわぐすり 1 kg}}{\text{鉛 5 mg}}$$

例題 2・10　割合を表す換算係数

つぎの文章を換算係数で表せ．
① 1 錠のアスピリン含有量は 325 mg
② マグロの許容水銀濃度は 0.1 ppm

[答] ① $\dfrac{\text{アスピリン 325 mg}}{\text{1 錠}}$, $\dfrac{\text{1 錠}}{\text{アスピリン 325 mg}}$

② $\dfrac{\text{水銀 0.1 mg}}{\text{マグロ 1 kg}}$, $\dfrac{\text{マグロ 1 kg}}{\text{水銀 0.1 mg}}$

● 類題　つぎの文章を換算係数で表せ．
① 自転車レースで参加選手の平均走行速度は $62.2\ \text{km}\ \text{h}^{-1}$
② 飲料水の許容ヒ素濃度は 10 ppb

[答] ① $\dfrac{1\ \text{h}}{62.2\ \text{km}}$, $\dfrac{62.2\ \text{km}}{1\ \text{h}}$

② $\dfrac{10\ \mu\text{g のヒ素}}{1\ \text{kg の水}}$, $\dfrac{1\ \text{kg の水}}{10\ \mu\text{g のヒ素}}$

物質の毒性

環境と化学

喫煙が発がん率を高め，信号機のない交差点で交通事故が起こりやすいと知ってはいても，日々の行動や飲食では通常，リスク（危険性）をあまり気にしない．

Paracelsus が言ったとおり，ある物質が毒になるか薬になるかは量しだいだ．天然物も合成物質も，物質の毒性は動物実験で見積る．実験動物には，日ごろヒトが摂取する量よりずっと多い物質を与える．

物質の毒性は半数致死量（LD_{50}, LD: lethal dose）で決める．LD_{50} 値は実験動物の半数が死ぬ投与量をいい，動物の体重 1 kg 当たりに投与した物質のミリグラム数やマイクログラム数で表す．

投与量	単　位
ppm の桁	$\text{mg}\ \text{kg}^{-1}$
ppb の桁	$\mu\text{g}\ \text{kg}^{-1}$

殺虫剤のパラチオンは LD_{50} 値が $3\ \text{mg}\ \text{kg}^{-1}$ という猛毒だ．つまり体重 1 kg 当たり 3 mg のパラチオンで実験動物の半数が死ぬ．かたや食塩（NaCl）は LD_{50} 値が $3000\ \text{mg}\ \text{kg}^{-1}$ と大きく，毒性はずっと低いけれど，日ごろ食塩の摂取が多いと腎疾患や高血圧になる．動物実験の結果（表 2・9）は 1 回だけ大量投与したときのもので，長期摂取の影響も同じとは限らないため，現実の影響をきちんと予測するのは難しい．

表 2・9　LD_{50} 値の例

物　質	LD_{50} 値（$\text{mg}\ \text{kg}^{-1}$）
砂糖（スクロース）	29,700
重　曹	4220
食　塩	3000
エタノール	2080
アスピリン	1100
カフェイン	192
DDT（殺虫剤）	113
シアン化ナトリウム（青酸ソーダ）	6
パラチオン（殺虫剤）	3

練習問題　換算係数

2·49 一つの等式 1 m＝100 cm を，2 種類の換算係数で表すのはなぜか．

2·50 ある等式を基に書いた換算係数が正しいかは，どう判定するのか．

2·51 つぎの換算係数に対応する等式を書け．
$$\frac{1000\ g}{1\ kg}$$

2·52 つぎの換算係数に対応する等式を書け．
$$\frac{1\ L}{1\times 10^{-6}\ \mu L}$$

2·53 つぎの関係を換算係数で表せ．
① 1 ヤードは 3 ft
② 1 リットルは 1000 mL
③ 1 分は 60 s
④ 車が 1 gal のガソリンで走る距離は 27 マイル

2·54 つぎの関係を換算係数で表せ．
① 1 ガロンは 4 クオート
② 1 ポンドのレモンは 1.29 ドル
③ 1 週間は 7 日
④ 25 セント硬貨 4 枚で 1 ドル

2·55 つぎの単位どうしの関係を換算係数で表せ．
① センチメートルとメートル
② グラムとナノグラム
③ キロリットルとリットル
④ キログラムとミリグラム
⑤ 立方メートルと立方センチメートル

2·56 つぎの単位どうしの関係を換算係数で表せ．
① センチメートルとインチ
② ポンドとキログラム
③ ポンドとグラム
④ クオートとミリリットル
⑤ 平方センチメートルと平方インチ

2·57 つぎの内容を換算係数で表せ．
① ハチの平均飛行速度は 3.5 m s^{-1}
② ガソリン 1 ミリリットルは 0.74 g
③ ガソリン 1.0 gal で走る車の走行距離は 46.0 km
④ スターリングシルバーの純度は 93 質量%[*4]
⑤ プラムの農薬濃度は 29 ppb

2·58 つぎの内容を換算係数で表せ．
① 車の燃費は 28 mi gal^{-1}
② 水は 20 滴が 1 mL
③ 井戸水の硝酸イオン濃度は 32 ppm
④ DVD の 1 枚は記憶容量が 17 GB
⑤ ガソリン 1 ガロンは $2.29

2·7　計算問題と換算係数

問題を解くときは，換算係数を 1 回（または数回）使って別の単位に直すことが多い．

［与えられた単位］×［換算係数（群）］＝［求める単位］

165 ポンド（165 lb）をキログラム（kg）単位に換算する問題なら，与えられた単位が lb，求める単位が kg だ．解答は，つぎのような手順を経て進める．

手順 1：与えられた量は 165 lb．答えに使う単位は kg．
手順 2：lb を kg に換算するにはどうするか，という手順を確かめる．
手順 3：換算係数を書く．lb 単位の量に換算係数をかけ，kg 単位に直すので，つぎの換算係数を使えばよい．

$$換算係数：\frac{1\ kg}{2.205\ lb}$$

手順 4：計算式を組立てる．つぎのように計算すれば lb 単位が消去できる．

$$165\ \cancel{lb} \times \frac{1\ kg}{2.205\ \cancel{lb}} = 74.8\ kg$$

電卓をたたくと，165÷2.205＝74.829932 となるが，有効数字を 165 lb（3 桁）に合わせ，上記のようにした．

復習 2·7　単位の消去

つぎの計算をしたとき，残る単位は何か．

$$3.5\ L \times \frac{1\times 10^3\ mL}{1\ L} \times \frac{0.48\ g}{1\ mL} \times \frac{1\times 10^3\ mg}{1\ g} =$$

［答］分子と分母で共通の単位が消去され，残る単位は mg になる．

$$3.5\ \cancel{L} \times \frac{1\times 10^3\ \cancel{mL}}{1\ \cancel{L}} \times \frac{0.48\ \cancel{g}}{1\ \cancel{mL}} \times \frac{1\times 10^3\ mg}{1\ \cancel{g}}$$
$$= 1.7\times 10^6\ mg$$

例題 2·11　単位の換算

カリウムの 1 日推奨摂取量（3500 mg）をグラム単位に換算せよ．

［答］本文と同じ段階を踏み，つぎの結果を得る．

$$3500\ \cancel{mg} \times \frac{1\ g}{1000\ \cancel{mg}} = 3.5\ g$$

● **類題**　1890 mL のオレンジジュースは何 L か．
［答］1.89 L

---

*4 訳注："重量%"ともいう．

複数の換算係数を使う計算

ときには複数の換算係数を使って計算を進める．求める単位が残るように計算式を書き上げたら，電卓を一気にたたき，出た結果を有効数字の桁に注意して四捨五入する．こうした計算の手順に慣れよう．

なお，途中の結果も出しながら計算を進める場合，最後に必要な有効数字より1〜2桁だけ多くなるよう四捨五入し，最終段階で有効数字の桁数に合わせる．

例題 2·12　二つの換算係数を使う計算

ハワイ島のマウナロア山が噴火し，溶岩が速度 33 m min^{-1} で流れ出した．同じ速度を保つとき，45 分後に溶岩が達する距離は何キロメートルか．

[答]　**手順1**: 情報は 45 分と 33 m min^{-1}．求める答えは km 単位．
手順2: 速度と時間の関係から m 単位の距離を出した後，m を km に換算する．
手順3: 換算係数を書く．45 min を距離（m）に換算し，m を km に換算するので，以下二つの換算係数を使えばよい．

$$\frac{33 \text{ m}}{1 \text{ min}}, \quad \frac{1 \text{ km}}{1000 \text{ m}}$$

手順4: 計算式を組立てる．つぎのように計算すれば，km 単位の距離が出る．

$$45 \text{ min} \times \frac{33 \text{ m}}{1 \text{ min}} \times \frac{1 \text{ km}}{1000 \text{ m}} =$$

電卓をたたけば 45×33÷1000=1.485 となるが，測定値が有効数字 2 桁だから，最終の答えも有効桁数を 2 桁にして 1.5 km とする．

● **類題**　溶岩が 5.0 km 進むのに必要な時間はいくらか．
[答] 2.5 h

例題 2·13　百分率の換算係数を使う計算

青銅は，80.0 質量% の銅と 20.0 質量% のスズを含む．重さ 1.75 ポンド（lb）の青銅像をつくるには，何キログラム（kg）の銅が必要か．

[答]　lb → kg の換算（1 kg=2.205 lb）と，銅の比率に注目した換算を行う．単位の消去を考え，計算式はつぎのようになる．

$$\text{青銅 } 1.75 \text{ lb} \times \frac{1 \text{ kg}}{2.205 \text{ lb}} \times \frac{\text{銅 } 80.0 \text{ kg}}{\text{青銅 } 100 \text{ kg}} = \text{銅 } 0.635 \text{ kg}$$

測定値の最も小さい有効数字が 3 桁だから，答えの有効桁も 3 桁でよい．

● **類題**　牛挽肉は 22 質量% の脂肪を含む．牛挽肉 0.25 ポンドは何グラムの脂肪を含むか．
[答] 25 g

練習問題　計算問題と換算係数

2·59　単位 A を単位 B に変換するとき，どちらの単位を換算係数の分母に置くか．

2·60　単位 A を単位 B に変換するとき，どちらの単位を換算係数の分子に置くか．

2·61　換算係数を使い，つぎの問いに答えよ．
① 身長 175 cm は何メートルか．
② 保冷庫の容積 5500 mL は何リットルか．
③ ハチドリの体重 0.0055 kg は何グラムか．
④ 風船の体積 350 cm^3 は何立方メートルか．

2·62　換算係数を使い，つぎの問いに答えよ．
① リンの 1 日の所要量 800 mg は何グラムか．
② グラス 1 杯のジュース 0.85 dL は何ミリリットルか．
③ プリン 1 カップが含むナトリウム 2840 mg は何グラムか．
④ 公園の面積 150,000 m^2 は何平方キロメートルか．

2·63　換算係数を使い，つぎの問いに答えよ（以下の換算を使う．1 qt=946.3 mL，1 lb=453.6 g，1 ft=12 in.，1 in.=2.54 cm）．
① 容積 0.750 qt の容器に入るレモネードは何ミリリットルか．
② 英国の古い単位ストーンは，1 ストーン=14.0 lb の関係にある．体重 11.8 ストーンは何キログラムか．
③ 大腿骨の長さ 19.5 in. は何ミリメートルか．
④ 動脈壁の厚み 0.50 μm は何インチか．

2·64　換算係数を使い，つぎの問いに答えよ（前問の付記に加え，以下の換算を使う．1 qt=2 pints，1 mi=5280 ft，1 gal=4 qt）．
① 軟膏 4.0 オンスは何グラムか．ただし 16 オンスは 1 ポンドに等しい．
② 外科手術に使う 5.0 パイント（pint）の血漿は何ミリリットルか．
③ 太陽のフレアが立ち昇る距離 120,000 マイルは何キロメートルか．
④ 18.5 gal のガソリンを詰めた車が燃料 46 L を使った．残量は何ガロンか．

2·65　テニスコートの大きさを，縦 78.0 ft，横 27.0 ft とする．
① コートの縦は何メートルか．
② コートの広さは何平方メートルか．
③ サービスの球速 185 km h^{-1} のボールは何秒でコートの縦を通過するか．
④ ペンキ 1 gal で 150 ft^2 を塗れる．コート全体を塗るのに使うペンキは何リットルか．

2·66　フットボール場の大きさを，縦 300 ft，横 160 ft とする（有効数字 3 桁）．
① 自陣のゴールラインでボールを受取った選手は，タッチダウンするのに何メートル走ることになるか．
② その選手が 45 yd 走ったら，何メートルのゲインになるか．
③ 球技場をすっかり覆うのに要する人工芝は何平方メートルか．

④ 36 km h^{-1} で走る選手は，50 yd ラインから 20 yd ラインまで何秒で走るか．

2・67 ① 地殻の 46.7 質量％は酸素 O が占める．地殻試料 325 g は何グラムの酸素を含むか．
② 地殻の 2.1 質量％はマグネシウム Mg が占める．地殻試料 1.25 g は何グラムのマグネシウムを含むか．
③ 窒素 N を 15 質量％で含む化学肥料 10.0 oz は，何グラムの窒素を含むか（1 lb＝16 oz）．
④ 22.0 質量％のナッツ入りチョコバーをつくりたい．5.0 kg のナッツから何ポンドのチョコバーができるか．

2・68 ① 水の 11.2 質量％は水素 H が占める．水素 5.0 g を含む水は何キログラムか．
② 水の 88.8 質量％は酸素 O が占める．酸素 2.25 kg を含む水は何グラムか．
③ 51 質量％で食物繊維を含むケーキがある．ケーキ 6 個が 12 oz なら，ケーキ 1 個は何グラムの食物繊維を含むか．
④ 1.43 kg のピーナツバター入り瓶がある．うち 8.0 質量％を使ってサンドイッチをつくるには，何オンスのピーナツバターを取出せばよいか．

1.00 cm^3 が 10.3 g なら，純銀ではなく不純物が混ざっている．

密度から，その物質でできた物体が液体や空気中で浮くか沈むかもわかる．ある液体より物体の密度のほうが小さければ，物体はその液体に浮く．水に比べて密度がずっと大きい鉛は沈み，密度がだいぶ小さいコルクは浮く（図 2・7）．

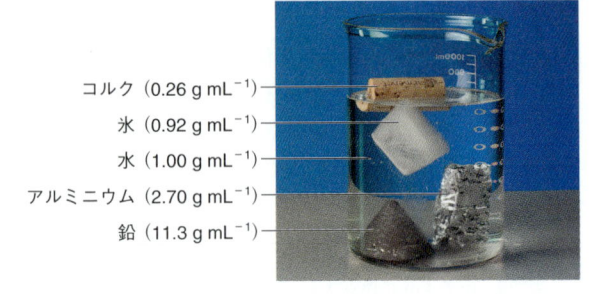

図 2・7 水よりも密度が大きい物体は沈み，小さい物体は浮く．（ ）内は密度を示す．
［考えてみよう］氷は水に浮き，アルミニウムの塊は水に沈む．なぜか．

コルク（0.26 g mL^{-1}）
氷（0.92 g mL^{-1}）
水（1.00 g mL^{-1}）
アルミニウム（2.70 g mL^{-1}）
鉛（11.3 g mL^{-1}）

2・8 密　度

物質の質量を体積で割った値を**密度**という．物質に固有の値なので，密度は物質の特定に役立つ．たとえば銀の密度は 10.5 g cm^{-3}，アルミニウムは 2.70 g cm^{-3} だから，金属 1.00 cm^3 の質量は，銀が 10.5 g，アルミニウムが 2.70 g となる．また密度は物質の純度を教える．銀製品

密度の計算

密度はつぎのように表せる．

$$\text{密　度} = \frac{\text{質　量}}{\text{体　積}}$$

金や鉛など高密度の物質には構成粒子がぎっしり詰まっている．低密度の物質は粒子どうしが離れている．気体は

原油の密度　　　　　　　　　　　　　　　　　　　　　　　環境と化学

採掘したままの石油を原油という．さまざまな長さの炭素鎖と水素からできた炭化水素を主成分とする．

原油はトラックやパイプライン，船で精油所に運び，蒸留して成分に分ける．炭素数 1〜4 の炭化水素（メタン，エタン，プロパン，ブタン）は常温で気体だから，暖房や台所の燃料に使う．炭素数 5 以上なら（炭素数 8 のオクタンのように）液体で，ガソリンやディーゼル油，ジェット燃料など液体燃料にする．炭素数 25 以上の成分はワックスやアスファルト用タールに使う．

タンカーの原油流出事故は海洋汚染をひき起こす．0.74 g mL^{-1} のガソリンから 0.85 g mL^{-1} のディーゼル油まで密度に幅があるものの，みな水（1.00 g mL^{-1}）よりは軽い．水に混ざらない流出原油は，海面上に厚み 1 mm の膜をつくり，広い範囲に拡散する．

1989 年のエクソン・バルディーズ号の座礁事故では，4000 万 L の原油がアラスカ プリンスウィリアム湾の約 25,000 km^2 を覆った．そのほか，オーストラリアのクイーンズランド（2009 年），英国のウェールズ沖（1996 年）とシェトランド諸島（1993 年）でも流出事故が起きた．原油が海岸や入江に達すると，魚や鳥の生息環境を傷つける．鳥が油をついばんで摂取すると命を落とす危険があるため，油まみれの鳥からはすぐに油を除かないといけない．

流出原油の除去には，機械的回収，化学的吸着，微生物分解などを使う．機械法では流出油を囲むオイルフェンスを張って油をすくい取る．化学法では，吸着剤をまいて油を吸着させる．微生物法は，油を取込む細菌に油を分解させ無害化させる．

分子どうしがずいぶん遠いため密度が小さい．通常，固体と液体の密度は立方センチメートル（ミリリットル）当たりのグラム数（$g\,cm^{-3}$, $g\,mL^{-1}$）で表し，気体の密度はリットル当たりのグラム数（$g\,L^{-1}$）で表す．いろいろな物質の密度を表 2・10 にあげた．

固体の密度

固体の密度は，質量と体積からわかる．固体を完全に水没させると，同じ体積分の水が排除される．図 2・8 では，亜鉛の棒を水に沈めたとき，メスシリンダー内の水面が 35.5 mL から 45.0 mL まで上がった．その差 9.5 mL が亜鉛の体積だから，密度はつぎのように計算できる．

$$密度 = 68.60\,g \div 9.5\,mL = 7.2\,g\,mL^{-1}$$

復習 2・8 密度

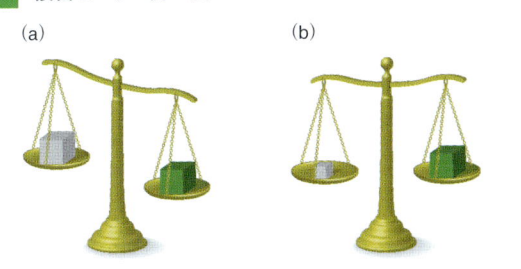

(a)　　　　　　(b)

① (a)で，灰色の立方体は $4.5\,g\,cm^{-3}$ の密度をもつ．緑色の立方体の密度は，灰色の立方体より大きいか，同じか，小さいか．
② (b)で，灰色の立方体は $4.5\,g\,cm^{-3}$ の密度をもつ．緑色の立方体の密度は，灰色の立方体より大きいか，同じか，小さいか．

[答] ① どちらも同じ体積だから，緑色の立方体のほうが密度は大きい．② どちらも同じ質量だから，体積が小さい灰色の立方体のほうが密度は小さい．

復習 2・9 密度の計算

骨董の指輪にはまった宝石がダイヤモンドかどうか確かめたい．宝石を外して質量を測ると 1.65 g．水入りのメスシリンダーに宝石を入れたら，水面が 3.50 mL から 3.97 mL に上がった．ダイヤモンド，立方晶ジルコニア（ZrO_2，模造ダイヤ），ガラスの密度をそれぞれ $3.5\,g\,cm^{-3}$, $4.6\,g\,cm^{-3}$, $2.5\,g\,cm^{-3}$ とする．

① 宝石の密度はいくらか．　② 宝石の物質は何か．
③ 宝石は何カラットか（5 カラットが 1.00 g に等しい）．

[答] ① 宝石の体積は $3.97\,mL - 3.50\,mL = 0.47\,mL = 0.47\,cm^3$．すると密度は $1.65\,g \div 0.47\,cm^3 = 3.5\,g\,cm^{-3}$ になる．② 密度 $3.5\,g\,mL^{-1}$ より，ダイヤモンドだとわかる．③ 換算係数を使う計算でつぎの結果を得る．

$$1.65\,g \times \frac{5.00\,カラット}{1.00\,g} = 8.25\,カラット$$

表 2・10　いろいろな物質の密度

固体 (25 ℃)	密度 ($g\,cm^{-3}$, $g\,mL^{-1}$)	液体 (25 ℃)	密度 ($g\,mL^{-1}$)	気体 (0 ℃)	密度 ($g\,L^{-1}$)
コルク	0.26	ガソリン	0.74	水　素	0.090
氷 (0 ℃)	0.92	エタノール	0.785	ヘリウム	0.179
砂　糖	1.59	オリーブ油	0.92	メタン	0.714
食塩 NaCl	2.16	水 (4 ℃)	1.00	ネオン	0.90
アルミニウム	2.70	脱脂粉乳	1.04	窒　素	1.25
ダイヤモンド	3.52	水　銀	13.6	乾燥空気	1.29
銅	8.92			酸　素	1.43
銀	10.5			二酸化炭素	1.96
鉛	11.3				
金	19.3				

亜鉛棒の質量

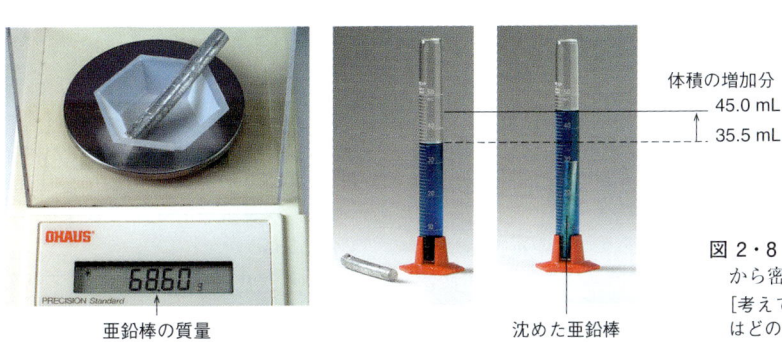

沈めた亜鉛棒

体積の増加分
45.0 mL
35.5 mL

図 2・8　亜鉛棒の質量と体積から密度を求める．
[考えてみよう] 亜鉛棒の体積はどのように見積ったか．

例題 2·14　密度の計算

高密度リポタンパク質（HDL）というタンパク質は，少量のコレステロールを含む．このタンパク質 0.258 g の体積が 0.215 cm^3 だった．密度はいくらか．

[答] つぎの計算で，1.20 g cm^{-3} だとわかる．

$$\text{密度} = \frac{0.258 \text{ g}}{0.215 \text{ cm}^3} = \frac{1.20 \text{ g}}{1 \text{ cm}^3} = 1.20 \text{ g cm}^{-3}$$

● 類題　低密度リポタンパク質（LDL）0.380 g の体積は 0.362 cm^3 だった．密度はいくらか．
　　　　　　　　　　　　　　　　　　　[答] 1.05 g cm^{-3}

例題 2·15　密度の計算

潜水夫がベルトにつける鉛の重りは 226 g だった．200.0 cm^3 の水を入れたメスシリンダーに重りを入れると，水面が 220.0 cm^3 まで上がった．重りの密度を求めよ．

[答] 質量 226 g を体積（220.0 cm^3 − 200.0 cm^3 = 20.0 cm^3）で割り，密度は 11.3 g cm^{-3} だとわかる．

● 類題　230 g のガラス玉を 425 mL の水に入れたら，水面が 528 mL まで上がった．ガラス玉の密度は何 g cm^{-3} か．
　　　　　　　　　　　　　　　　　　　[答] 2.2 g cm^{-3}

密度を使う計算問題

体積と密度がわかれば，質量が計算できる．

例題 2·16　密度を使う計算問題

密度 1.04 g mL^{-1} の脱脂粉乳 0.50 qt は何グラムか．

[答] 手順1: わかっている量と，求める量を書く．
　　わかっている量: 密度 1.04 g mL^{-1} の脱脂粉乳 0.50 qt
　　求める量: 脱脂粉乳の質量

手順2: 計算手順

$$\text{qt} \xrightarrow{\text{換算係数}} \text{L} \xrightarrow{\text{換算係数}} \text{mL} \xrightarrow{\text{換算係数}} \text{g}$$

手順3: 必要な換算係数をそろえる．

$$\text{順に} \quad \frac{1 \text{ L}}{1.057 \text{ qt}}, \quad \frac{1000 \text{ mL}}{1 \text{ L}}, \quad \frac{1.04 \text{ g}}{1 \text{ mL}}$$

手順4: 計算する．

$$0.50 \text{ qt} \times \frac{1 \text{ L}}{1.057 \text{ qt}} \times \frac{1000 \text{ mL}}{1 \text{ L}} \times \frac{1.04 \text{ g}}{1 \text{ mL}}$$
$$= 490 \text{ g} \quad (4.9 \times 10^2 \text{ g})$$

● 類題　水銀 20.4 g の入った温度計がある．水銀の体積は何 mL か（密度は 13.6 g mL^{-1}）．
　　　　　　　　　　　　　　　　　　　[答] 1.50 mL

練習問題　密　度

2·69　古い箱から金属のかたまりが見つかった．アルミニウム，銀，鉛のどれからしい．質量は 217 g，体積は 19.2 cm^3 だった．表 2·10 のデータを使って，この金属は何か求めよ．

2·70　40.0 mL の水を入れた 100 mL メスシリンダーが 2 本ある．鉛とアルミニウムの立方体（1 辺 2.0 cm）を各メスシリンダーに入れた．水面の目盛はそれぞれどうなるか．

2·71　以下の値を計算せよ．
① 質量 24.0 g，体積 20.0 mL の食塩水の密度
② 質量 113.3 g，体積 130.3 mL のバターの密度
③ 宝石の密度（質量 4.50 g の宝石を 2.00 mL の水入りメスシリンダーに入れたところ，水面は 3.45 mL に上昇）
④ チタンの密度（チタン製ゴルフクラブヘッドは，体積 114 cm^3，質量 485.6 g）
⑤ シロップの密度（質量 115.25 g の容器に 47.3 mL のシロップを注いだところ，総質量が 182.48 g に増加）．

2·72　以下の値を計算せよ．
① 質量 1.20 kg，体積 3.5 L のプラスチックの密度
② 体積が 125 mL，質量 155 g の自動車バッテリー用液体の密度
③ 糖尿病患者の尿の密度（体積 5.00 mL，質量 5.025 g）
④ 黒檀像の密度（質量 275 g，体積が 207 cm^3）
⑤ 酸素の密度（体積 10.00 L の質量は 0.014 kg）

2·73　表 2·10 のデータを使い，つぎの計算をせよ．
① エタノール 1.50 kg の体積は何リットルか．
② 圧力計に入れてある水銀 6.5 mL は何グラムか．
③ 体積 225 mL の青銅像をつくる金型がある．青銅の密度が 7.8 g mL^{-1} なら，像の鋳造には青銅が何キログラム必要か．
④ 74.1 cm^3 の銅は何グラムか．
⑤ 46.2 L のタンクを満杯にするのに必要なガソリンは何キログラムか．

2·74　表 2·10 のデータを使い，つぎの計算をせよ．
① 水 28.0 mL を入れたメスシリンダーに銀 35.6 g を入れると，水面はどうなるか．
② 水銀 8.3 g を入れた温度計が折れたとき，飛び散る水銀は何 mL か．
③ 水槽に入れた水 132 L は何キログラムか．
④ 質量 88.25 g の容器に密度 0.758 g mL^{-1} の液体を入れたら，総質量が 150.50 g になった．容器に入れた液体は何 mL か．
⑤ 体積 115 cm^3 の鉄は何キログラムか（鉄の密度は 7.86 g cm^{-3}）．

骨の密度

健康と化学

　骨の密度は，骨の健康状態や強さを教える．骨は毎日，カルシウムやマグネシウム，リン酸のイオンを吸収・排出しながら新陳代謝する．幼児期は骨の形成が優先し，加齢とともに壊れるほうが増す．イオンを失うほど骨は細くなって質量も密度も下がり，強度が落ちて折れやすい．ホルモンの分泌不足や病気，薬剤も骨を細くする．特に細くなった症状を骨粗鬆症とよぶ．

　走査電子顕微鏡で調べた健康な骨(a)と骨粗鬆症の骨(b)の写真から，そんな違いがわかるだろう．骨密度は，高齢者が骨折しやすい腰〜背骨部分のX線撮影で調べる．高密度の骨は，スカスカな骨よりX線を通しにくい．

　骨を強くするには，カルシウムやビタミンD剤を投与する．速足のウォーキングやウェイトを使った筋トレで筋力を鍛えても骨は強くなる．

(a) 健康な骨

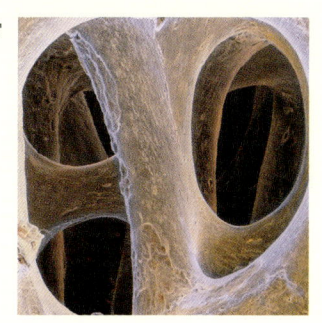

(b) 骨粗鬆症の骨

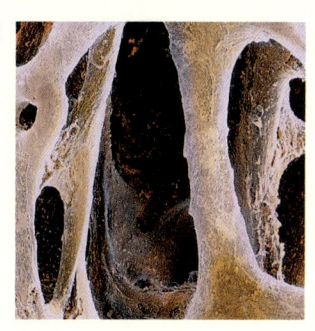

2章の見取り図

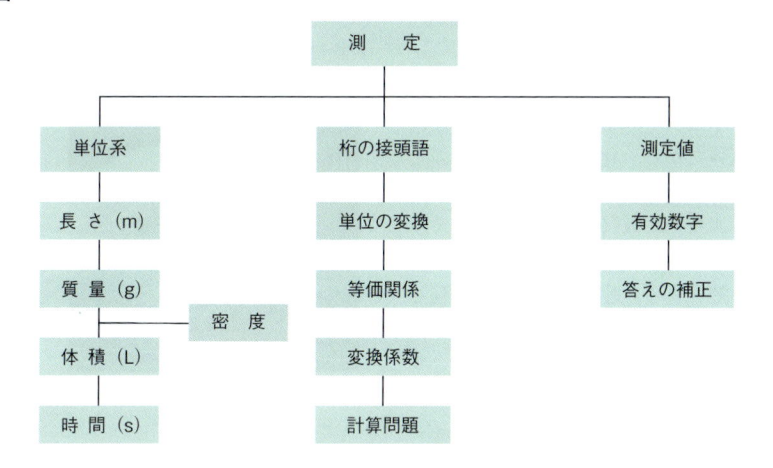

```
                    測　定
        ┌─────────────┼─────────────┐
      単位系         桁の接頭語        測定値
        │             │             │
      長さ (m)       単位の変換      有効数字
        │             │             │
      質量 (g)───┐   等価関係       答えの補正
        │      密度
      体積 (L)───┘   変換係数
        │             │
      時間 (s)        計算問題
```

キーワード

SI（国際）単位系
　（Système International d'Unité）
温度（temperature）
科学的記数法（scientific notation）
換算係数（conversion factor）
キログラム（kilogram, kg）
グラム（gram, g）
ケルビン温度
　（Kelvin temperature scale, K）
質量（mass）

正確な数（exact number）
摂氏温度
　（Celsius temperature scale, ℃）
接頭語（prefix）
センチメートル（centimeter, cm）
測定値（measured number）
体積（volume）
等価関係（equality）
秒（second, s）

密度（density）
ミリリットル（milliliter, mL）
メートル（meter, m）
メートル法（metric system）
有効数字（significant figures）
リットル（liter, L）
立方センチメートル
　（cubic centimeter, cm^3, cc）
立方メートル（cubic meter, m^3）

3 物質とエネルギー

目次と学習目標

3・1 物質の分類
　純物質と混合物はどう違うのか.
3・2 物質の三態と性質
　三態それぞれの特徴は何か.
3・3 温　度
　3種類の温度目盛は, どう換算できるのか.
3・4 エネルギー
　運動エネルギーと位置エネルギーはどう違うのか. また, エネルギーの単位はどう換算するのか.
3・5 比熱容量
　加熱・冷却時の温度変化は, なぜ物質ごとに違うのか.
3・6 食品のエネルギー
　食品それぞれのカロリー値は, どう計算できるのか.

　身近にはさまざまな形態の**もの**がある. 自然科学では, ものを**物質**という. 朝食のとき飲むオレンジジュースも, コーヒーメーカーに入れる水, サンドイッチの包装, 歯ブラシや歯磨き粉, 呼吸で出入りする酸素や二酸化炭素も, みな物質だ.

　よく見ると, 物質には固体・液体・気体がある. とりわけ水は, 氷や雪が固体, 水道水が液体, 火にかけた鍋や洗濯物から飛び出すのが気体だから, 身近で三態のすべてをとる. 三態の変化はエネルギーの出入りがもたらす. 氷の融解や水の沸騰ではエネルギーが吸収され, 水の凍結や水蒸気の結露ではエネルギーが放出される.

　歩く, テニスをする, 勉強する, 呼吸する…など, 何をするにもエネルギーを使う. 湯を沸かす, 料理する, 明かりをつける, コンピューターを動かす, 洗濯機を使う, 車を走らせるときも同じ. そのエネルギーは, どこからくるのか？ 体内では食物が, 暖房では石油などがエネルギーの源になる. 屋外のプールの水は, 太陽の熱エネルギーが温める.

3・1 物質の分類

　水も木も, 皿, レジ袋, 服, 靴も**物質**からできている. 物質の違いは, 成分 (組成) の違いだといってよい.

純 物 質

　組成の決まった物質を**純物質**という. 純物質には**単体**と化合物がある. 単体は, 銀 Ag, 鉄 Fe, アルミニウム Al, 水素 H_2, 窒素 N_2, 酸素 O_2 など, 1種類の元素でできたものをいう. 単体を分解すると1種類の小さな原子 (Ag 原子, Fe 原子, Al 原子など) になる[*1]. 元素の周期表を表紙裏見返しに載せてある.

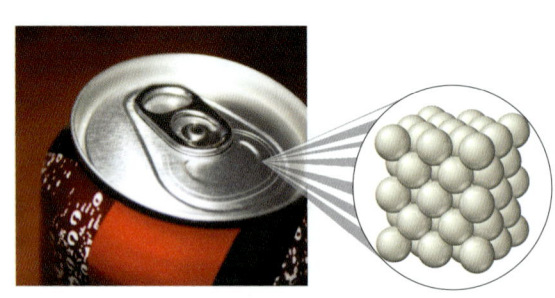

無数の Al 原子からできたアルミ缶

　かたや**化合物**は, 2種類以上の原子が一定の割合で結合した物質をいう. 化合物には, 原子が結合し合った分子からできているものが多い. たとえば水分子は, 酸素原子1個と水素原子2個が結合してでき, 化学式を H_2O と書く. 同じ O 原子と H 原子からできた過酸化水素は, O–O にそれぞれ H 原子が結合した分子で, H_2O_2 と書く. 水と過酸化水素はまったく別の化合物だから, 化学的な性質もまったく違う.

　単体はもう分解できないが, 化合物は化学的手段 (化学変化) で単体に分解できる. たとえば化合物の食卓塩 (塩

[*1] 訳注: 日本語では, 陽子数に応じた原子の種類を"元素", 同一元素の具体的な物質 (鉄 Fe, 水素 H_2 など) を"単体"と区別するが, 英語ではどちらも element という.

化ナトリウム NaCl) は，化学変化で金属ナトリウム Na と塩素 Cl_2 になる（図 3・1）．ただし，物理的手段（加熱や濾過）では単体に分解できない．

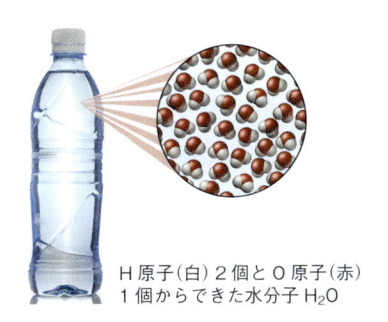

H 原子(白) 2 個と O 原子(赤) 1 個からできた水分子 H_2O

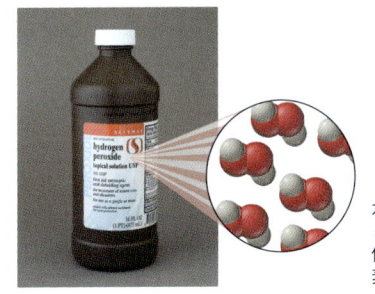

水素 H の原子（白）2 個と酸素 O の原子（赤）2 個からできた過酸化水素分子 H_2O_2

混 合 物

2 種類以上の物質が物理的に混ざったものを**混合物**という．身近な物質はほとんどが混合物だといえる．空気はおもに窒素 N_2 と酸素 O_2 の混合物，建物や線路に使う鋼は鉄，ニッケル，炭素，クロムなどの混合物，真ちゅうは亜鉛と銅の混合物だし，紅茶やコーヒー，海水も混合物だ．混合物の組成は変えやすい．たとえば見かけの同じ砂糖水

塩化ナトリウム

ナトリウム ＋ 塩素

図 3・1 NaCl は化学変化で単体（金属ナトリウムと塩素）に変わる．
[考えてみよう] 単体と化合物はどのように違うか．

も，砂糖が多いものほど甘い．真ちゅうも，銅と亜鉛の比率で色や強度といった性質が変わる（図 3・2）．

混合物は，成分が化学的に結びついていないため，物理的方法で分けられる．1 円，10 円，500 円玉は大きさで分離でき，砂に混ざった鉄粉は磁石で分け取れる．ゆでたスパゲティをざるにあげれば，麺と湯（水）が分かれる

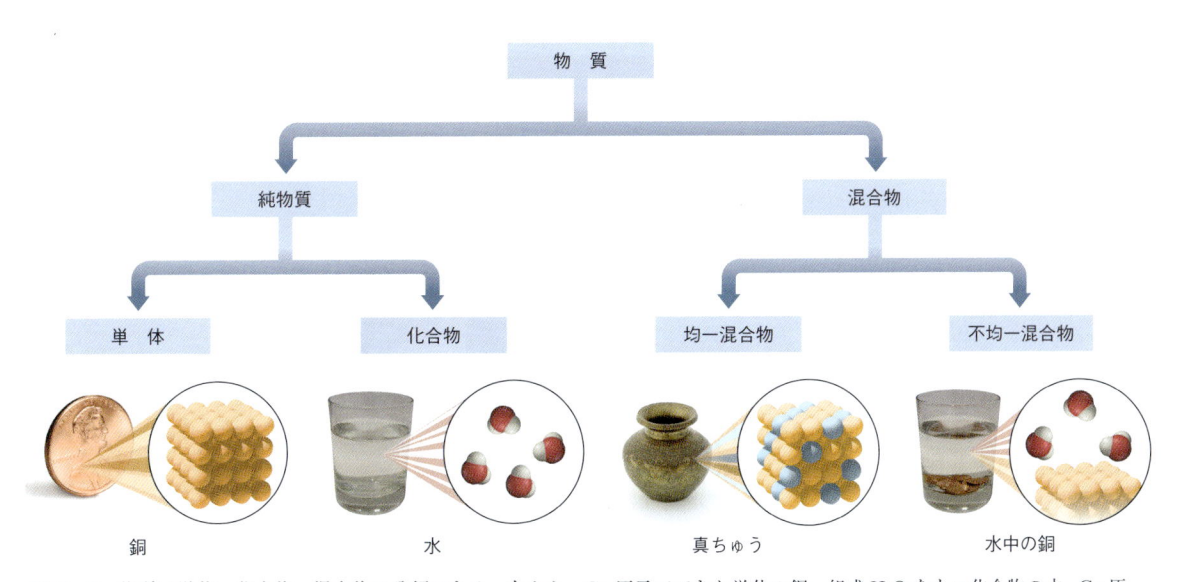

```
                物質
              /      \
          純物質      混合物
          /    \      /    \
        単体  化合物 均一混合物 不均一混合物
```

銅　　　水　　　真ちゅう　　水中の銅

図 3・2 物質は単体・化合物・混合物に分類できる．左から，Cu 原子でできた単体の銅，組成 H_2O をもつ化合物の水，Cu 原子と Zn 原子が均一に混ざった混合物の真ちゅう，Cu 原子と H_2O 分子が不均一に混ざった混合物（水中の銅）．
[考えてみよう] なぜ銅や水は純物質，真ちゅうは混合物だといえるのか．

(図 3・3).

化学の実験では混合物を分ける場面が多い．たとえば沪紙で固体と液体を分ける．液体どうしの混合物や溶液（固体が液体に溶けたもの）は，蒸留で成分に分かれる（沸点の低い成分を優先的に気化させ，冷却管で液化する）．成分それぞれが沪紙上を動く速さの違いを利用した分離法を，ペーパークロマトグラフィーという．

図 3・3 ざるを使ったスパゲティと水の物理的分離.
[考えてみよう] 物理的方法だと, 混合物は分離できても化合物は分離できない. なぜか.

液体と固体の混合物を分ける 沪過

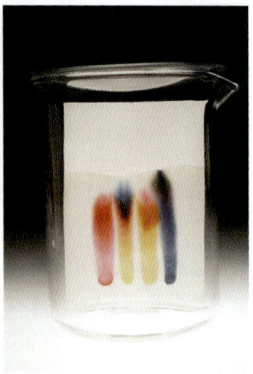

沪紙上の移動速度差を利用する分離

復習 3・1 　純物質と混合物

つぎの ①〜④ を純物質と混合物に分類せよ．
① 食卓上の砂糖
② 貯金箱に入れた 10 円玉と 100 円玉
③ 牛乳と砂糖を入れたコーヒー
④ アルミ缶のアルミニウム

[答] ① 1 種類の化合物だから純物質．②・③ 化学的な結合はなく，物理的に混ざっているだけだから混合物．④ 単体だから純物質．

ダイバー用の空気

健康と化学

　ふつうの空気は約 21％ の酸素と 78％ の窒素が大半を占める．しかしダイバー用ボンベに詰める気体は，潜る深さに応じて組成を変える．たとえば Nitrox は，酸素の比率が空気より高い（最大 32％ の）$O_2 + N_2$ 混合ガスだ．空気より N_2 を減らして，窒素酔い（窒素を高圧で吸うと起こる精神的・肉体的疲労）を防ぐ．

　別の気体 Heliox は，潜水深さ 60 m 以上で使う O_2 と He の混合ガス（N_2 の代わりに He を使い，窒素酔いを抑える）．ただし深さが 90 m 以上になると，He が激しい震えと体温の低下をひき起こす．深さ 120 m 以上では Trimix（少量の N_2 を含む O_2 と He の混合ガス）にする（高濃度の He が起こす全身の震えを N_2 が和らげる）．なお，Heliox と Trimix は，プロまたは軍のダイバーだけが利用する．

ダイバー用ボンベに詰める気体は潜る深さに応じて組成を変える

3・1 物質の分類

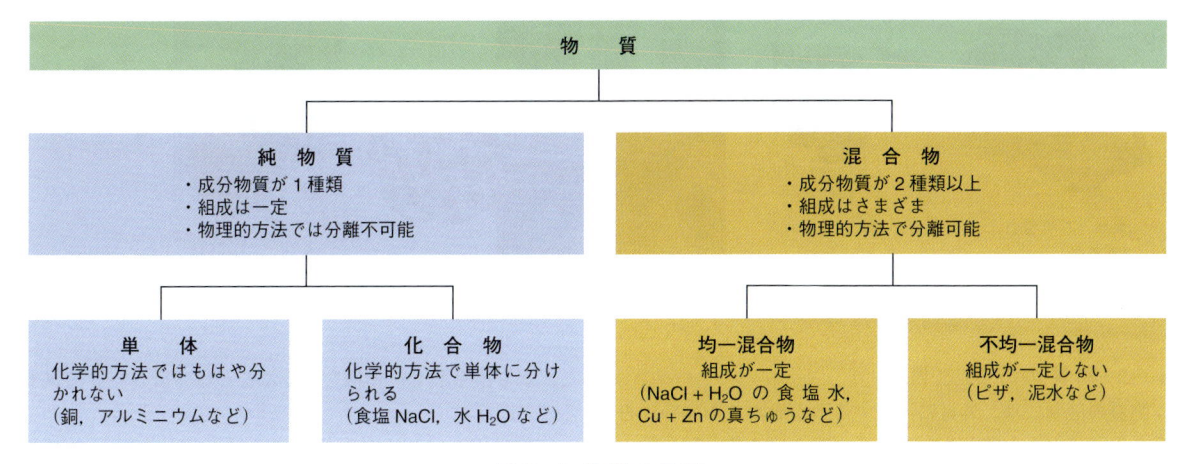

```
                    物質
         ┌───────────┴───────────┐
       純物質                   混合物
・成分物質が1種類          ・成分物質が2種類以上
・組成は一定              ・組成はさまざま
・物理的方法では分離不可能    ・物理的方法で分離可能
    ┌──┴──┐              ┌──┴──┐
  単体     化合物        均一混合物    不均一混合物
化学的方法では  化学的方法で  組成が一定    組成が一定しない
もはや分かれ   単体に分け   (NaCl+H₂O の食塩水, (ピザ,泥水など)
ない       られる     Cu+Zn の真ちゅうなど)
(銅,アルミ   (食塩 NaCl,
ニウムなど)  水 H₂O など)
```

図 3・4 物質の分類

混合物のタイプ

混合物には均一なものと不均一なものがある．溶液は**均一混合物**で，どの部分も同じ組成を示す．空気は酸素と窒素が主体の均一混合物，海水は食塩と水の混合物だ．

不均一混合物の組成は，試料の場所ごとに違う．たとえば水と油は，水の表面に油が浮いた不均一混合物をつくる．レーズン入りクッキーや，気泡混じりのソーダ水も不均一混合物の例になる．図3・4に物質の分類をまとめた．

不均一混合物になる水と油

例題 3・1　混合物の分類

つぎの ①〜④ を純物質（単体，化合物）と混合物（均一，不均一）に分類せよ．
① 電線の銅　　② チョコチップクッキー
③ 潜水に使う酸素と窒素の混合気体
④ 二酸化炭素

[答] ① 単体だから純物質．② 組成が一定ではないから不均一混合物．③ 酸素と窒素の混合割合が一定だから均一混合物．④ 元素組成の決まった分子だから純物質．

● **類題**　油，酢，ブルーチーズを混ぜたドレッシングは，均一混合物か不均一混合物か．
[答] 組成が一定ではないため，不均一混合物

練習問題　物質の分類

3・1　つぎの ①〜⑤ を純物質と混合物に分類せよ．
① ふくらし粉 $NaHCO_3$
② ブルーベリーマフィン
③ 氷 H_2O　　④ 亜鉛板 Zn
⑤ 潜水ボンベ用 Trimix(O_2+He+N_2)

3・2　つぎの ①〜⑤ を純物質と混合物に分類せよ．
① 清涼飲料　　② プロパン C_3H_8
③ チーズサンド　　④ 鉄釘
⑤ 代用食塩 KCl

3・3　つぎの純物質を単体と化合物に分類せよ．
① シリコン(Si)チップ　　② 過酸化水素 H_2O_2
③ 酸素 O_2　　④ 鉄さび Fe_2O_3
⑤ 天然ガスの主成分メタン CH_4

3・4　つぎの純物質を単体と化合物に分類せよ．
① ヘリウム(He)ガス　　② 温度計の水銀 Hg
③ スクロース $C_{12}H_{22}O_{11}$　　④ 硫黄 S
⑤ 苛性ソーダ NaOH

3・5　つぎの ①〜⑤ を均一混合物と不均一混合物に分類せよ．
① 野菜スープ　　② 海水
③ 紅茶　　④ アイスレモンティー
⑤ フルーツサラダ

3・6　つぎの ①〜⑤ を均一混合物と不均一混合物に分類せよ．
① 脱脂粉乳
② チョコチップアイスクリーム
③ ガソリン
④ ピーナツバターとイチゴジャム入りサンドイッチ
⑤ クランベリージュース

水晶（石英 SiO_2）が着色したアメジスト（紫水晶）

液体は容器の形に身を合わせる

気体は形も体積も容器で決まる

3・2 物質の三態と性質

物質の区別には，外見に注目するのがわかりやすい．自分の特徴は何かと問われたら，まず眼や肌の色，髪の色と長さ，ストレートかくせ毛かなどをあげるだろう．

物理的性質

物理的性質とは，物質そのものを変えずに観察・測定できる特徴をいう．化学では，物質の形や色，融点・沸点，状態などに注目する．たとえば10円玉は，赤褐色に輝く円形の固体…という物理的性質をもつ．硬貨や電線，銅鍋に使われる銅の物理的性質を表3・1にまとめた．

表3・1 銅の物理的性質

色	赤銅色	25 ℃での状態	固 体
におい	無 臭	光 沢	ある
融 点	1083 ℃	電気伝導性	高 い
沸 点	2567 ℃	熱伝導性	高 い

熱伝導性が高い銅は鍋などの調理器具にする

物質の三態

物質は，三態（固体，液体，気体）のどれかにある．石や野球のボールなど**固体**は，決まった形と体積をもつ．机の上には本や鉛筆，コンピューターのマウスといった固体が載っている．固体の中では，微粒子（原子や分子）が強く引き合う．固体をつくる原子・分子は，たえず振動しながらも，決まった位置に並んでいる．微粒子が規則正しく並んだ固体は，アメジスト（紫水晶）のような結晶になる．

決まった体積をもちながら，形は決まっていない状態が**液体**だ．液体中では分子も原子も，四方八方に動き回っている．固有の体積は，引き合う力で決まる．器を変えると，水も油も酢も，体積を変えることなく新しい器に収まる．

気体は固有の形も体積も示さない．気体の分子や原子は，互いに遠く離れ，ほとんど引き合わず，高速で飛び回り，容器の形と体積に従う．自転車のタイヤに入れた空気は，タイヤ内部を隅々まで満たす．プロパンガスもボンベの隅々まで満ちている．表3・2に物質の三態を比べた．

表3・2 固体・液体・気体の比較

性 質	固 体	液 体	気 体
形	一 定	容器に従う	容器に従う
体 積	一 定	一 定	容器に従う
粒子の並び	近接・固定	近接・乱雑	遠隔・乱雑
粒子間の引力	最 強	中程度	微 弱
粒子の動き	きわめて遅い	中程度	きわめて速い
例	氷, 食塩, 鉄	水, 油, 酢	水蒸気, 空気

物理変化

水は，固体・液体・気体のすべてが身近にある．物質が**物理変化**すると，組成は変わらないけれど状態（見た目）

図3・5 水の三態．固体の氷，液体の水，気体の水蒸気．水分子の密度がそれぞれ違う．

［考えてみよう］決まった体積を占め，一定の形をもたない水は，三態のどれか．

が変わる．固体の水（雪や氷）は，液体や気体の水とは似ても似つかないが，成分の H_2O 分子は変わっていない（図 3・5）．

$$\text{氷（固体）} \underset{\text{凝固}}{\overset{\text{融解}}{\rightleftarrows}} \text{水（液体）} \underset{\text{凝縮}}{\overset{\text{沸騰}}{\rightleftarrows}} \text{水蒸気（気体）}$$

物質の見た目は，ほかの手段でも変わる．水に溶かした食塩は見えなくなってしまうが，食塩水を熱して水を飛ばせば，また食塩の結晶が現れる．つまり物理変化は，新しい物質を生まない．三態変化以外も含めた物理変化の例を表 3・3 に示す．

表 3・3 物理変化の例

変化のありさま	例
三態変化	水を沸騰させる．水を凍らせる．
外観の変化	砂糖の結晶を水に溶かす．
形の変化	金のインゴットを叩いて箔にする．銅を引っ張って線にする．
サイズの変化	紙を細かく切って紙吹雪をつくる．胡椒の粉をすりつぶす．

叩いた金塊が箔になるのは物理変化の例

復習 3・2 物質の三態変化

つぎに説明する状態は三態のどれか．
① 体積が容器に応じて変わらない．
② 密度が非常に小さい．
③ 形が容器に従う．
④ 固有の形と体積を示す．

[答] ① 体積が容器によらないのは固体と液体．② 粒子どうしが大きく離れ，体積当たりの質量（密度）が最小になるのは気体．③ 容器に従うのは液体と気体．④ 原子や分子の位置が固定され，固有の形と体積を示すのは固体．

化学的性質・化学変化

物質の**化学的性質**とは，別の物質に変われる性質をいう．物質が**化学変化**すると，物理的・化学的性質の違う物質になる．たとえば天然ガスの主成分メタン CH_4 は燃えやすい．酸素 O_2 中で燃えると，性質が似ても似つかない水 H_2O と二酸化炭素 CO_2 に変わる．

鉄はさびやすい（腐食しやすい）．雨に当たった鉄釘は，空気中の酸素と化学反応し，性質のまったく違う Fe_2O_3（鉄さびの主成分）になる．化学変化の例を表 3・4 に，化学的性質と化学変化の特徴を表 3・5 にまとめた．

表 3・4 化学変化の例

化学変化	化学的性質の変化
銀製品の表面が黒ずむ	空気中で，光沢のある金属銀の上に，ざらついた黒っぽい皮膜ができる．
メタンが燃える	メタンが酸素と反応し，水蒸気と二酸化炭素になる．
砂糖がカラメルになる	高温にすると，白いグラニュー糖が，粘っこい褐色の物質に変わる．
鉄がさびる	灰色の光沢をもつ鉄が酸素と反応し，茶褐色のさびになる．

表 3・5 物理的性質・化学的性質と物理変化・化学変化

	物理(的)	化学(的)
性 質	物質が示す色，形，におい，大きさ，融点，密度など	物質が別の物質に変わる能力
変 化	物質そのものは変わらない（三態変化，サイズ変化，形状変化，など）	物質が別の物質に変わる（紙が燃える．鉄がさびる．銀の表面が黒ずむ，など）

復習 3・3 物理的性質と化学的性質

つぎの記述 ①～③ は，物理的性質と化学的性質のどちらを表すか．
① 水が室温で液体の姿をとる．
② ガソリンが空気中で燃える．
③ アルミニウム箔の表面が光沢をもつ．

[答] ① 液体は三態の一つだから物理的性質．② ガソリンが燃えると性質の違う物質ができるから化学的性質．③ 物質の光沢は物質の種類を表すわけではないから物理的性質．

例題 3・2 物理変化と化学変化

つぎの現象は物理変化か，化学変化か．
① 氷が溶けて水になる．
② 漂白剤で染みを落とす．
③ 酵素が牛乳のラクトースを分解する．
④ ニンニクをみじん切りにする．

[答] ① 氷が固体から液体になるので物理変化．② 染みの成分が分解するので化学変化．③ 酵素がラクトースを小さな物質に分解するので化学変化．④ 大きさが変わるだけなので物理変化．

● 類題 つぎのうち化学変化はどれか．
① 池の水が凍る．
② 酢にベーキングパウダーを入れると泡が出る．
③ 材木を切って薪にする．
④ 暖炉で薪が燃える．

[答] ② と ④

練習問題　物質の三態と性質

3・7 つぎの①～③は三態のどれを表すか．
① 物質の体積も形も決まっていない．
② 物質内で粒子がほとんど作用し合わない．
③ 物質中で粒子が決まった位置に並んでいる．

3・8 つぎの①～③は三態のどれを表すか．
① 物質の体積は決まっているが，形は容器に従う．
② 物質内で粒子どうしが大きく離れている．
③ 物質が容器いっぱいに広がっている．

3・9 つぎの①～⑤は物理的性質か，化学的性質か．
① クロムは鋼色の固体状態にある．
② 水素は酸素と反応しやすい．
③ 窒素が-210 ℃で固体になる．
④ 温かい部屋に置いた牛乳が酸っぱくなる．
⑤ ライターに入れたブタンが酸素中で燃える．

3・10 つぎの①～⑤は物理的性質か，化学的性質か．
① ネオンは室温で無色の気体状態を示す．
② リンゴの切り口が空気中で褐変する．
③ リンが空気中で発火する．
④ 室温で水銀は液体状態を示す．
⑤ プロパンは圧縮・液化してボンベに詰める．

3・11 つぎの①～⑤は物理変化か，化学変化か．
① 水蒸気が凝縮して水滴になる．
② 金属セシウムが水と爆発的に反応する．
③ 金が1064 ℃で融解する．
④ 絵を1000ピースに分けてパズルにする．
⑤ 砂糖を水に溶かす．

3・12 つぎの①～⑤は物理変化か，化学変化か．
① 金塊を叩くと箔になる．
② 銀のブローチが空気中で黒ずむ．
③ 製材所で材木を板に加工する．
④ 食物が消化される．
⑤ チョコレートが融ける．

3・13 つぎの①～⑤はフッ素の物理的性質か，化学的性質か．
① 反応性が高い．
② 室温で気体になる．
③ 淡黄色に見える．
④ 水素に触れると爆発する．
⑤ 融点-220 ℃を示す．

3・14 つぎの①～⑤はジルコニウムの物理的性質か，化学的性質か．
① 1852 ℃で融ける．
② きわめて腐食しにくい．
③ 灰白色に見える．
④ 粉末は空気中でたちまち発火する．
⑤ 光沢をもつ．

3・3 温　　度

ふつう科学では，温度を摂氏温度[*2]または絶対温度で表す（米国では，ほかに °F 単位の華氏温度[*3]も使う）．

摂氏温度と華氏温度

ご存じのように摂氏温度は，純水が氷になる温度を0 ℃，沸騰する温度を100 ℃とみたものだ．また古いほうの華氏温度は，Fahrenheit が，居住地の最低気温を0 °F，自分の平熱を100 °F として決めた．摂氏温度（℃単位）に換算すると，前者はほぼ氷点下18 ℃，後者は約37 ℃だから，°F 単位の間隔100度が，℃単位の間隔およそ55 ℃にあたる．現在では，"°F 単位の間隔180度＝℃単位の間隔100度"とみる．

次項の絶対温度（ケルビンK単位）と合わせ，3種の温度目盛（K，℃，°F）で水の凝固点と沸点を図3・6にまとめた．上記のことと図からわかるように，華氏温度 t_F と摂氏温度 t_C の間には，つぎの関係が成り立つ．

$$t_F = 1.8 \times t_C + 32$$

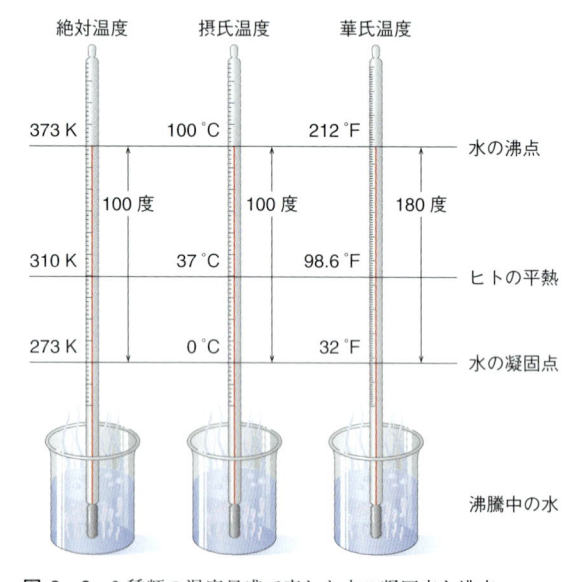

図3・6　3種類の温度目盛で表した水の凝固点と沸点．
[考えてみよう] 摂氏温度と華氏温度で，水の凝固点は何度だけ違うか．

華氏温度 → 摂氏温度の換算には，先ほどの $t_F = 1.8 \times t_C + 32$ を変形した次式を使う．

$$t_C = \frac{(t_F - 32)}{1.8} \quad \text{または} \quad t_C = (t_F - 32) \times \frac{5}{9}$$

[*2] 訳注：スウェーデンの天文学者 A. Celsius（1701～44）が1742年に提案．
[*3] 訳注：ドイツの物理学者 D. Fahrenheit（1688～1736）が1724年に提案．

例題 3・3　摂氏温度から華氏温度への換算

部屋の暖房温度を 22 ℃ にしてある．設定温度を 1 ℃ だけ下げれば，何% かの省エネになる．華氏温度のエアコンなら，何 ℉ に設定すればよいか．

[答]　設定温度は摂氏で 22 ℃ − 1 ℃ = 21 ℃．本文の式 $t_F = 1.8 \times t_C + 32$ に $t_C = 21$ ℃ を代入し，$t_F = 38 + 32 = 70$ ℉ となる．

● 類題　アイスクリームをつくるとき，砕いた氷に塩を混ぜると氷の温度が −11 ℃ に下がった．華氏温度なら何 ℉ か．
　　　　　　　　　　　　　　　　　　　　　　[答] 12 ℉

例題 3・4　華氏温度から摂氏温度への換算

がんの温熱療法では，113 ℉ でがん細胞を殺す．摂氏温度なら何 ℃ か．

[答]　本文の式を使い $t_C = (113 − 32)/1.8 = 81 ÷ 1.8 = 45$ ℃ となる．

● 類題　子どもの体温が 103.6 ℉ だった．摂氏では何 ℃ か．
　　　　　　　　　　　　　　　　　　　　　　[答] 39.8 ℃

絶対温度

理論上，到達できる最低の温度は −273 ℃（正確には −273.15 ℃）だとわかっている．それを **絶対零度** といい，0 K と表す．絶対温度はケルビン（K）単位で表し，K の左肩に度の記号（°）をつけない．絶対零度は最低の温度だから，絶対温度に負の値はない．K 単位の目盛と ℃ 単位の目盛は等間隔なので，純水の凝固点と沸点は 100 K だけ違う．

絶対温度 T_K は，摂氏温度 t_C に 273 を足した値になる．
$$T_K = t_C + 273$$
むろん，絶対温度から 273 を引けば摂氏温度になる．
$$t_C = T_K - 273$$
いろいろな温度を，摂氏温度と絶対温度で表 3・6 にまとめた．

表 3・6　いろいろなものや場所の温度

	摂氏温度（℃）	絶対温度（K）
太陽の表面	5503	5776
熱いオーブン	230	503
砂漠の気温	49	322
ヒトの高熱	40	313
室温	20	293
水の凝固点（氷の融点）	0	273
冬期アラスカの気温	−54	219
ヘリウムの沸点	−269	4
絶対零度	−273	0

体温の変動　　　　　　　　　　　　　　　健康と化学

平熱は，個人ごとに，また時間帯でも変わるが，ふつう 37.0 ℃ とみる．朝が 36.1 ℃ だった口腔内も，午後 6〜10 時には 37.2 ℃ まで上がる．安静時の体温が 37.2 ℃ 以上なら，病気を疑うのがよい．運動も体温を上げ，マラソン選手の体温は練習時 39〜41 ℃ にもなる．運動による発熱量が，体の放熱能力を超えるからだ．

体温の変動幅が 3.5 ℃ を超えると体の調子が狂う．41 ℃ 以上だと発汗が止まって脈が速まり，呼吸は弱く速くなる（熱中症）．成人が熱中症にかかると体がだるく，最悪の場合は昏睡状態となる．子どもならひきつけを起こし，ひどいときは脳に障害が残る．内臓への障害もありうるため，氷風呂に入れるなどの応急処置をする．

体温が 28.5 ℃ まで下がると低体温症になる．症状は顔色蒼白，不整脈など．26.7 ℃ 以下なら意識喪失に陥って呼吸が遅く浅くなり，細胞への酸素供給が落ちる．救急処置として酸素吸入し，ブドウ糖と生理食塩水の点滴をする．ときには 37 ℃ の温水で腹腔内を洗い，体内の温度を上げる．

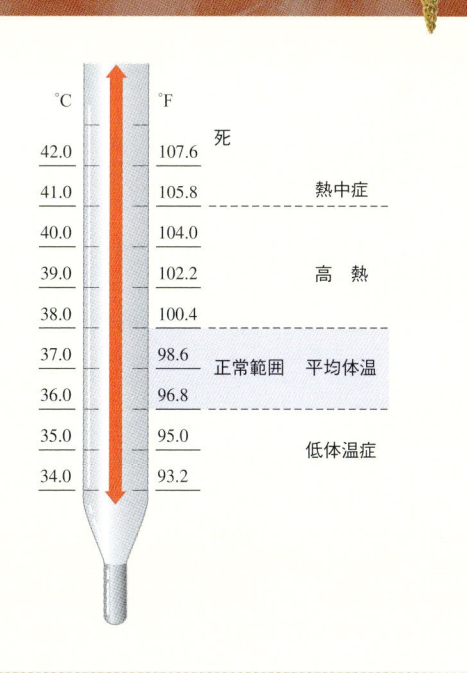

℃	℉	
42.0	107.6	死
41.0	105.8	熱中症
40.0	104.0	
39.0	102.2	高熱
38.0	100.4	
37.0	98.6	正常範囲　平均体温
36.0	96.8	
35.0	95.0	低体温症
34.0	93.2	

例題 3・5　摂氏温度から絶対温度への変換

皮膚科では，いぼや腫瘍を除くのに，−196 °C の液体窒素を使う．−196 °C は何 K か．

[答] $T_K = t_C + 273 = -196 + 273 = 77$ K

● 類題　水星の平均気温は，夜間が 13 K，昼間が 683 K となる．それぞれ何 °C か．
[答] 夜間は −260 °C，昼間は 410 °C

練習問題　温度

3・15 米国旅行中に体温を測ったら，体温計の読みが 99.8 で驚いた．現実の体温はどうだったのか．

3・16 米国人が，外国の料理書を見ながらオーブンを 175 °F にセットした．たぶん調理はうまくいかない．なぜか．

3・17 つぎの温度換算をせよ．
① 37.0 °C = ＿＿＿ °F　② 65.3 °F = ＿＿＿ °C，
③ −27 °C = ＿＿＿ K　④ 62 °C = ＿＿＿ K，
⑤ 114 °F = ＿＿＿ °C　⑥ 72 °F = ＿＿＿ K

3・18 つぎの温度換算をせよ．
① 25 °C = ＿＿＿ °F　② 155 °C = ＿＿＿ °F，
③ −25 °F = ＿＿＿ °C　④ 224 K = ＿＿＿ °C，
⑤ 145 °C = ＿＿＿ K　⑥ 875 K = ＿＿＿ °F

3・19 ① 熱中症患者の体温が 106 °F だった．摂氏では何 °C か．
② ふつう，子どもの体温が 40.0 °C を超えたら病院に行く．103 °F ならどうするか．

3・20 ① お湯の温度が 145 °F だった．摂氏では何 °C か．
② 低体温症患者の体温が 20.6 °C だった．華氏では何 °F か．

3・4　エネルギー

走る，歩く，踊る，考える…ときは，エネルギーを使って**仕事**をしている．エネルギーは，仕事をする能力とみてよい．急な山を登るときにバテるのは，エネルギーが欠乏したからだ．休んで食事をすれば，食物からのエネルギーが生む活力で，また登れるようになる（図 3・7）．

運動エネルギーと位置エネルギー

エネルギーは，**運動エネルギー**と**位置エネルギー**（ポテンシャルエネルギー）に大別できる．運動エネルギーは "動き" のエネルギー，かたや位置エネルギーは，物体の位置や物質の化学組成で決まるエネルギーをいう．

山頂の岩は，高い位置にあるから位置エネルギーが大きい．岩が転がり落ちるとき，岩の位置エネルギーは運動エネルギーに変わっていく．ダムの水は位置エネルギーをもち，ダムから放流されるとき水の位置エネルギーは運動エネルギーに変わる．

食物や化石燃料は，構成分子が位置エネルギーをもつと思えばよい．食物の消化やガソリンの燃焼では物質の位置エネルギーが運動エネルギーに変わり，さまざまな活動の源になる．

図 3・7　登山者はエネルギーを使って仕事をする．山頂に立つ人は，ふもとにいたときより位置エネルギーが大きい．
[考えてみよう] 下山の途上で，登山者の位置エネルギーはどう変わるか．

復習 3・4　位置エネルギーと運動エネルギー

以下は，位置エネルギーと運動エネルギーのどちらに関係するか．
① ガソリン　② スケート　③ チョコバー

[答] ① ガソリンの構成分子が燃えてエネルギーと熱を出すため位置エネルギー．② 滑るときエネルギーを使うため運動エネルギー．③ チョコバーが消化されると体の活動エネルギーになるため位置エネルギー．

熱とエネルギーの単位

熱は物体や粒子が運動する勢いを表す．冷凍庫に入れておいたピザを触ると冷たいのは，熱が皮膚からピザに移るからだ．粒子の運動が激しいほど，熱（熱エネルギー）は大きい．冷たいピザの構成粒子は動きが遅い．ピザを温めると粒子の動きが増す．動きが十分な勢いを得たとき，ピザは食べごろの温かさになる．

[エネルギーの単位]　エネルギーや仕事は，国際単位系（SI）の**ジュール**（J）単位で測る．1 J は小さすぎるため，ふつうはキロジュール（kJ, 1 kJ=1000 J）を使う．カップ 1 杯の紅茶をいれるには約 75 kJ（75,000 J）のエネルギーを要する．おもなエネルギー源の大きさを表 3・7 に示す．

日常の暮らしでは，ラテン語 caloric（熱）にちなむ**カロリー**（**cal**）を単位にすることが多い．1 カロリーは，水 1 g の温度を 1 ℃ だけ上げるエネルギー（熱量）をいう．両者は 1 cal＝4.184 J の関係で結びつく．

表 3・7 エネルギーの大きさ比較

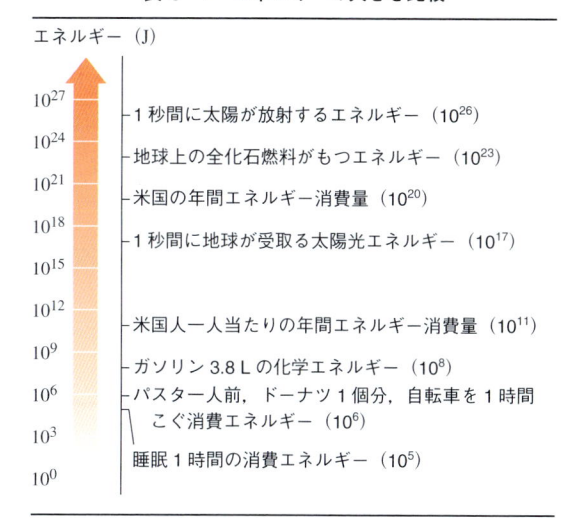

エネルギー（J）	
10^{27}	
10^{24}	― 1 秒間に太陽が放射するエネルギー（10^{26}）
10^{21}	― 地球上の全化石燃料がもつエネルギー（10^{23}）
10^{18}	― 米国の年間エネルギー消費量（10^{20}）
10^{15}	― 1 秒間に地球が受取る太陽光エネルギー（10^{17}）
10^{12}	
10^{9}	― 米国人一人当たりの年間エネルギー消費量（10^{11}）
10^{6}	― ガソリン 3.8 L の化学エネルギー（10^{8}）
10^{3}	― パスタ一人前，ドーナツ 1 個分，自転車を 1 時間こぐ消費エネルギー（10^{6}）
10^{0}	― 睡眠 1 時間の消費エネルギー（10^{5}）

例題 3・6　エネルギーの単位

ガソリン成分のオクタン 1.0 g が出す熱（48,000 J）を，kJ 単位と cal 単位で表せ．

［答］48 kJ，11,000 cal

● **類題**　石炭 1 g の燃焼熱（35,000 J）を kcal 単位で表せ．
［答］8.4 kcal

練習問題　エネルギー

3・21　ローラーコースターが上昇・下降を繰返すとき，位置エネルギーと運動エネルギーはどのように変わるか．

3・22　スキーでジャンプ台を滑り下りるとき，位置エネルギーと運動エネルギーはどのように変わるか．

3・23　つぎの ①～④ は，位置エネルギーと運動エネルギーのどちらに関係するか．
① 滝の上にある水
② 蹴ったボール
③ 石炭のエネルギー
④ 滑降寸前のスキーヤー

3・24　つぎの ①～④ は，位置エネルギーと運動エネルギーのどちらに関係するか．

① 食品のエネルギー　② きつく巻いたばね
③ 地震　④ 高速道路で減速中の車

3・25　マッチ 1 本を燃やすと 1.1×10^3 J の熱が出る．マッチ 20 本が出す熱量を，つぎの単位で表せ．
① kJ　② cal　③ kcal

3・26　徒競走 1 回分の消費エネルギー（750 kcal）をつぎの単位で表せ．
① cal　② J　③ kJ

3・27　つぎのエネルギー換算をせよ．
① 3500 cal を kcal 単位に．
② 415 J を cal 単位に．
③ 28 cal を J 単位に．
④ 4.5 kJ を cal 単位に．

3・28　つぎのエネルギー換算をせよ．
① 8.1 kcal を cal 単位に．
② 325 J を kJ 単位に．
③ 2550 cal を kJ 単位に．
④ 2.50 kcal を J 単位に．

3・5　比 熱 容 量

どんな物質も，熱を吸収・放出すれば温度が変わる．芋は熱いコンロに載せて焼く．パスタは熱湯でゆでる．ある幅だけ温度を上げるのに必要な熱は，物質ごとに違う．その物理的性質を**比熱容量**（C）[*4] とよぶ．

比熱容量は，物質 1 g の温度を 1 ℃（または 1 K）だけ上げるのに必要な熱量 q をいう．温度変化を ΔT（記号 Δ は変化分の意味）と書き，比熱容量を以下のように表す．

$$比熱容量\ C = \frac{熱量\ q}{質量\ m \times 温度変化\ \Delta T}$$
$$= \mathrm{J}\ (または\ \mathrm{cal})\ \mathrm{g}^{-1}\ \mathrm{℃}^{-1}$$

表 3・8　比熱容量 C の例

	物　質	C (J g^{-1} ℃$^{-1}$)
単体	アルミニウム Al (s)	0.897
	チタン Ti (s)	0.523
	鉄 Fe (s)	0.452
	銅 Cu (s)	0.385
	銀 Ag (s)	0.235
	金 Au (s)	0.129
化合物	水 H$_2$O (l)	4.184
	エタノール C$_2$H$_5$OH (l)	2.46
	アンモニア NH$_3$ (g)	2.04
	水 H$_2$O (s)	2.03
	塩化ナトリウム NaCl (s)	0.864

[*4]　訳注：原著は "比熱（specific heat）" だが，比熱は "比熱容量（specific heat capacity）の単位を外した数" をさし，昨今は使わない傾向にあるため，日本語訳でも "比熱" は使わない．

そのため水の比熱容量は，cal 単位と J 単位でつぎのように書ける．

$$水の比熱容量 C = 4.184 \text{ J g}^{-1} \text{ °C}^{-1}$$
$$= 1.00 \text{ cal g}^{-1} \text{ °C}^{-1}$$

比熱容量の例を表 3・8 に示す．液体の水の値（4.184）はアルミニウムの 5 倍に近い．銅の値はアルミニウムの半分以下しかない．

つまり，水 1 g の温度を 1 °C 上げる熱量 4.184 J（1 cal）は，同じ 1 g のアルミニウムなら 5 °C，銅なら 11 °C も上げる．水の比熱容量が大きいからこそ，体の吸収・発散する熱が多くても，体温がほぼ一定に保たれる．かたや比熱容量の小さいアルミニウムや銅は熱を伝えやすいため，調理器具の素材によく使う．

復習 3・5　比熱容量

21 °C の鉄 1.0 g に 4.184 J の熱を与えたら，最終温度は何 °C になるか．表 3・8 を参照して答えよ．

[答] 表 3・8 より，1.0 g の鉄は 0.452 J の熱を受取って温度が 1 °C 上がるため，4.184 J なら昇温は 4.184÷0.452 = 9.26 °C となる．つまり最終温度は約 30 °C．

例題 3・7　比熱容量の計算

鉛 35.6 g に 57.0 J の熱を与えたら，温度が 12.5 °C 上がった．鉛の比熱容量はいくらか．

[答] 比熱容量の単位は "J g^{-1} °C^{-1}" だから，57.0 J を "35.6 g×12.5 °C" で割り，比熱容量は 0.128 J g^{-1} °C^{-1} となる．

● 類題　金属ナトリウム 4.00 g に 123 J の熱を与えたら，温度が 25.0 °C 上がった．ナトリウムの比熱容量はいくらか．
[答] 1.23 J g^{-1}°C^{-1}

[熱量・質量・温度変化・比熱容量の関係]　上記のことからわかるように，四つの量はつぎの関係式で結びつく．

$$熱量 q = 質量 m \times 温度変化 \Delta T \times 比熱容量 C$$
（単位）　　J　　　g　　　　　°C　　　　J g^{-1} °C^{-1}

温度変化 ΔT は，終点の温度 $T_終$ から始点の温度 $T_始$ を引いた値だった．

$$\Delta T = T_終 - T_始$$

物質がエネルギーを吸収すると，温度が上がるため ΔT は正の値をもち，物質にとって熱量 q は正の値になる．反対にエネルギーを失うと，温度が下がって ΔT は負，熱量 q も負になる．以上を頭に置きながら，つぎの例題 3・8〜例題 3・10 に挑戦しよう．

例題 3・8　投入熱量の計算

表 3・8 のデータを使い，アルミニウム 45.2 g を 12.5 °C から 76.8 °C へ温めるのに必要な熱量を J 単位で計算せよ．

[答] わかっていること：
　アルミニウムの質量 $m = 45.2$ g
　温度変化 $\Delta T = T_終 - T_始 = 76.8 \text{ °C} - 12.5 \text{ °C}$
　　　　　　$= 64.3$ °C
　アルミニウムの比熱容量 $C = 0.897$ J g^{-1} °C^{-1}
　求めたいもの：ジュール（J）単位の熱量 q
　使う式：$q = m \times \Delta T \times C$
　計算：（答えは四捨五入で有効数字 3 桁にする）

$$熱量 q = 45.2 \text{ g} \times 64.3 \text{ °C} \times \frac{0.897 \text{ J}}{\text{g} \cdot \text{°C}} = 2607 \text{ J}$$
$$= 2.61 \times 10^3 \text{ J}$$

● 類題　銅 125 g を 22 °C から 325 °C へ温めるのに必要な熱量は何 kJ か．
[答] 14.6 kJ

例題 3・9　失う熱量の計算

熱い紅茶 225 g が 74.6 °C から 22.4 °C に冷めたとき，失われた熱量は何 kJ か．紅茶の比熱容量は水と同じとみてよい．

[答] $m=225$ g，$\Delta T=22.4-74.6=-52.2$ °C，$C=4.184$ J g^{-1} °C^{-1} を本文中の式に入れて計算し，$q=-49.1\times10^3$ J $=-49.1$ kJ を得る．

● 類題　金 15.5 g を 215 °C から 35 °C に冷やすとき，失われる熱量は何 J か．
[答] −360 J

例題 3・10　質量の計算

ある量のエタノールに 655 J の熱量を与えたところ，温度が 18.2 °C から 32.8 °C に上がった．エタノールは何 g だったか．

[答] $q=655$ J，$\Delta T=32.8-18.2=14.6$ °C，$C=2.46$ J g^{-1} °C^{-1} を本文中の式に代入して計算し，質量＝18.2 g を得る．

● 類題　熱量 8.81 kJ を吸収した鉄が 15 °C から 122 °C になった．鉄は何 g だったか．
[答] 182 g

熱の出入りの測定

温度の違う試料を水に入れ，水の温度変化を測る装置を**熱量計**という．2 個の発泡スチロール製カップを重ねると，簡単な熱量計ができる（次頁の図参照）．まず，内側のカップに一定量の水を入れて温度を測る．つぎに，質量と温度のわかっている熱い試料を水に入れ，温度が一定にな

るまで待つ．温度が一定になったとき，試料が失った熱量 q は，水が得た熱量 q に等しい．

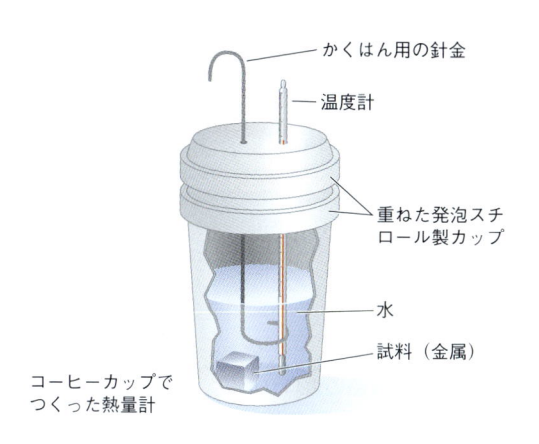

かくはん用の針金
温度計
重ねた発泡スチロール製カップ
水
試料（金属）
コーヒーカップでつくった熱量計

例題 3・11　熱量計を使う比熱容量の決定

熱量計に入れた水 42.5 g の温度は 19.2 ℃ だった．100.0 ℃ に熱した金属 35.2 g を入れ，十分な時間がたったとき，水温は 29.5 ℃ になっていた．金属の比熱容量を計算せよ．

[答] 試料（金属）と水で，温度変化 ΔT はこうなる．
　　水の $\Delta T = 29.5\ ℃ − 19.2\ ℃ = 10.3\ ℃$
　　試料の $\Delta T = 29.5\ ℃ − 100.0\ ℃ = −70.5\ ℃$
水が得た熱量 q は，$m = 42.5$ g，$\Delta T = 10.3\ ℃$，$C = 4.184\ \mathrm{J\,g^{-1}\,℃^{-1}}$ より，つぎのように計算できる．
$$q = 42.5\ \mathrm{g} \times 10.3\ ℃ \times 4.184\ \mathrm{J\,g^{-1}\,℃^{-1}} = 1830\ \mathrm{J}$$
この q は，試料が失った熱量に等しい．試料の温度変化 ΔT は絶対値が 70.5 ℃ だから，つぎの関係が成り立つ．
$$1830\ \mathrm{J} = 35.2\ \mathrm{g} \times 70.5\ ℃ \times C_{金属}$$
簡単な計算で $C_{金属} = 0.737\ \mathrm{J\,g^{-1}\,℃^{-1}}$ だとわかる．

● 類題　水 400.0 g を入れた熱量計に 100.0 ℃ の石 250.0 g を加えたら，水温が 20.0 ℃ から 28.5 ℃ に上がった．石の比熱容量を計算せよ．

[答] $0.794\ \mathrm{J\,g^{-1}\,℃^{-1}}$

練習問題　比熱容量

（計算には表 3・8 のデータを使うこと）

3・29　15.0 ℃ のアルミニウム・鉄・銅が 10.0 g ずつある．どれにも同じ熱量を与えたとき，最も高温になる金属はどれか．

3・30　温度と質量が共通の物質 A と B に同じ熱量を与えたところ，A は 75 ℃，B は 35 ℃ になった．A と B の比熱容量について，何がわかるか．

3・31　下記 ① の亜鉛，② の金属について比熱容量を計算せよ．
① 24.2 ℃ の亜鉛 13.5 g が 312 J の熱を吸収し，83.6 ℃ になった．
② 35.0 ℃ の金属 48.2 g が 345 J の熱を吸収し，57.9 ℃ になった．

3・32　下記 ① のスズ，② の金属について比熱容量を計算せよ．
① 35.0 ℃ のスズ 18.5 g が 183 J の熱を吸収し，78.6 ℃ になった．
② 36.2 ℃ の金属 22.5 g が 645 J の熱を吸収し，92.0 ℃ になった．

3・33　つぎの操作で出入りするエネルギーを J 単位と cal 単位で計算せよ．
① 12.5 ℃ の水 25.0 g を 25.7 ℃ に温める．
② 122 ℃ の銅 38.0 g を 246 ℃ に加熱する．
③ 60.5 ℃ のエタノール C_2H_5OH 15.0 g を −42.0 ℃ に冷やす．
④ 118 ℃ の鉄 125 g を 55 ℃ に冷やす．

3・34　つぎの操作で出入りするエネルギーを J 単位と cal 単位で計算せよ．
① 5.5 ℃ の水 5.25 g を 64.8 ℃ に温める．
② 86.4 ℃ の水 75.0 g を 2.1 ℃ に冷やす．
③ 112 ℃ の銀 10.0 g を 275 ℃ に熱する．
④ 224 ℃ の金 18.0 g を 118 ℃ に冷やす．

3・35　つぎの実験 ①〜④ に使った金属はそれぞれ何 g か．
① 15.0 ℃ の金が 225 J の熱を吸収し，47.0 ℃ になった．
② 168.0 ℃ の鉄が 8.40 kJ の熱を失い，82.0 ℃ になった．
③ 12.5 ℃ のアルミニウムが 8.80 kJ の熱を吸収し，26.8 ℃ になった．
④ 185 ℃ のチタンが 14,200 J の熱を失い，42 ℃ になった．

3・36　つぎの実験 ①〜④ に使った金属はそれぞれ何 g か．
① 18.4 ℃ の水が 8250 J の熱を吸収し，92.6 ℃ になった．
② 145 ℃ の銀が 3.22 kJ の熱を失い，24 ℃ になった．
③ 65 ℃ のアルミニウムが 1.65 kJ の熱を吸収し，187 ℃ になった．
④ 252 ℃ の鉄が 2.52 kJ の熱を失い，75 ℃ になった．

3・37　つぎの ①〜④ で，物質の温度はそれぞれ何 ℃ 上がるか．
① 鉄 20.0 g が 1580 J の熱を吸収する．
② 水 150.0 g が 7.10 kJ の熱を吸収する．
③ 金 85.0 g が 7680 J の熱を吸収する．
④ 銅 50.0 g が 6.75 kJ の熱を吸収する．

3・38　つぎの ①〜④ で，物質の温度はそれぞれ何 ℃ 下がるか．
① 銅 115 g が 2.45 kJ の熱を失う．
② 銀 22.0 g が 625 J の熱を失う．
③ 水 650 g が 5.48 kJ の熱を失う．
④ 銀 35.0 g が 472 J の熱を失う．

3・6 食品のエネルギー

食物を消化したときに出てくるエネルギーは，体温の維持，筋肉の動き，成長，細胞の修復など，さまざまな生命活動を支える．エネルギー源になる物質の筆頭は炭水化物で，炭水化物を使い果たしたら脂肪やタンパク質を使う．

栄養学では長らく，食品が含む（消化のとき放出する）エネルギーの量（食品の**カロリー値**）を cal や kcal 単位で表した*5．いまはもっぱら kJ を単位に使う．1 kcal = 4.184 kJ の関係により，1日の所要カロリーはほぼ 2000 kcal ≒ 8400 kJ となる．

食品のカロリー値は，右図のような熱量計で測れる．食品を入れたスチール製の燃焼室に酸素を満たし，断熱容器内の水中に沈める．食品に点火すると，燃焼で生じる熱が水温を上げる．食品と水の質量，温度の上昇幅からカロリー量をはじき出す（熱量計の容器などが吸収した熱は無視する）．

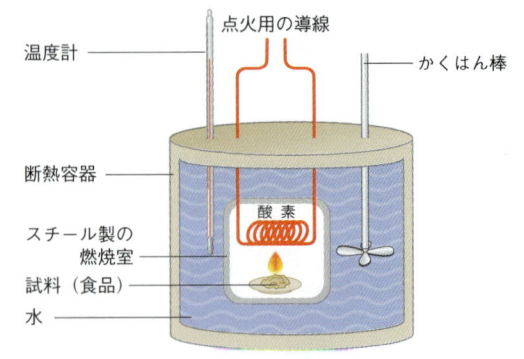

食品の燃焼熱からカロリー値を求めるのに使う熱量計

例題 3・12 食品のカロリー値

熱量計を使い，バター 2.3 g を 17 ℃ の水 1900 g に入れて完全燃焼させたところ，水温が 28 ℃ に上がった．バターのカロリー値を kcal g^{-1} 単位と kJ g^{-1} 単位で求めよ．熱量計が吸収する熱は無視する．

[答] 熱量 q = 質量 m × 温度変化 ΔT × 比熱容量 C の式に m = 1900 g, ΔT = 28 − 17 = 11 ℃, C = 1.00 cal g^{-1} ℃$^{-1}$ = 4.184 J g^{-1} ℃$^{-1}$ を入れて計算し，q = 21 kcal = 87 kJ となる．それをバターの質量 2.3 g で割り，9.1 kcal g^{-1} = 38 kJ g^{-1} を得る．

● 類題　熱量計を使い，スクロース 4.5 g を 15 ℃ の水 1500 g に入れて完全燃焼させたところ，水温が 27 ℃ に上がった．スクロースのカロリー値を kcal g^{-1} 単位と kJ g^{-1} 単位で求めよ．

[答] 4.0 kcal g^{-1}, 17 kJ g^{-1}

復習 3・6 食品のカロリー値

パスタ 50 g のカロリー値は 210 kcal だった．1 g 当たりの kJ 値ではいくらか．

[答] 210 kcal × 4.184 kJ kcal^{-1} ÷ 50 g ≒ 17.6 kJ g^{-1}

食品のカロリー値――具体例

食品の**カロリー値**とは，炭水化物や脂質，タンパク質 1 g の完全燃焼で出る熱（kcal または kJ 単位）をいう．炭水化物も脂質もタンパク質も種類ごとにカロリー値が違うため，ふつうは平均値で表す（表 3・9）．

表 3・9　三大栄養素の典型的なカロリー値

物質	kJ g^{-1}	kcal g^{-1}
炭水化物	17	4
脂質	38	9
タンパク質	17	4

表 3・10　代表的な食品のカロリー値

食物	炭水化物 (g)	脂質 (g)	タンパク質 (g)	カロリー値
バナナ（中）1本	26	0	1	460 kJ (110 kcal)
牛挽肉 85 g	0	14	22	910 kJ (220 kcal)
ニンジン（生）1カップ	11	0	1	200 kJ (50 kcal)
鶏肉 85 g（皮なし）	0	3	20	460 kJ (110 kcal)
卵（大）1個	0	6	6	330 kJ (80 kcal)
牛乳（脂肪4%）1カップ	12	9	9	700 kJ (170 kcal)
脱脂乳 1カップ	12	0	9	360 kJ (86 kcal)
焼きジャガイモ 1皿	23	0	3	440 kJ (110 kcal)
鮭 85 g	0	5	16	460 kJ (110 kcal)
ビーフステーキ 85 g	0	27	19	1350 kJ (320 kcal)

名称	スナック菓子
原材料名	じゃがいも，バターオイル，ブドウ糖，塩，香辛料，酵母エキスパウダー，乳糖，調味料，（原材料の一部に小麦を含む）
内容量	70 g

栄養成分表　1袋（標準 70 g）当たり

エネルギー	431 cal	炭水化物	23.5 g
たんぱく質	7.8 g	ナトリウム	270.3 mg
脂質	32.8 g		

食品パッケージのカロリー値表示例

---

*5　訳注: かつては 1 kcal = 1000 cal を "Cal" と表記したが，いま Cal はほとんど使わない．

3・6 食品のエネルギー

たいていの食品パッケージには，1食分のカロリー値が表示してある．三大栄養素に分け，代表的な食品のカロリー値を表3・10にまとめた．

例題 3・13　食品のカロリー値

チョコレートケーキ1切れは，炭水化物 34 g，脂質 10 g，タンパク質 5 g を含む．総カロリー値はいくらか．

[答] 表3・10のデータを使い，つぎのように計算できる．
炭水化物　　34 g×17 kJ (4 kcal) g^{-1} = 580 kJ (140 kcal)
脂　　質　　10 g×38 kJ (9 kcal) g^{-1} = 380 kJ (90 kcal)
タンパク質　5 g×17 kJ (4 kcal) g^{-1} = 90 kJ (20 kcal)
　　　　　　　　　　　　　　　　合計 1050 kJ (250 kcal)

● 類　題　半カップの牛乳を入れた朝食用オート麦シリアル（一人前）28 g は，炭水化物 22 g，脂肪 7 g，タンパク質 10 g を含む．二人前のカロリー値は何 kcal か．
　　　　　　　　　　　　　　　　　　　　　[答] 380 kcal

体重の増減

成人の1日の所要エネルギーは，性別や年齢，運動をする度合いで変わる．平均的な値を表3・11に示す．

体内の養分蓄積量は食物の摂取量にだいたい比例するから，摂取エネルギーが消費エネルギーを上回れば体重が増す．食欲は脳の視床下部にある空腹中枢がつかさどり，蓄積量が不足ぎみになると空腹を覚え，十分なら満腹を感じる．

むろん，摂取エネルギーが消費エネルギーより少ないと体重は減る．ダイエット食品の多くは，カロリー値0のセルロース（増量材）を入れ，その体積で満腹感を覚えさせる．ダイエット薬は空腹中枢を抑えるが，神経系を興奮させて血圧を高める副作用があるため，服用には注意したい．運動は体内エネルギーを消費するから，日ごろよく運動すれば体重を減らせる．いろいろな運動の消費エネルギーを表3・12にまとめた．

表3・11　成人の1日の所要エネルギー [kcal (kJ)]

性　別	年　齢	適度に運動する人	よく運動する人
男	19〜30	2700 (11,000)	3000 (13,000)
	31〜50	2500 (10,500)	2900 (12,100)
女	19〜30	2100 (8800)	2400 (10,000)
	31〜50	2000 (8400)	2200 (9200)

表3・12　1時間の消費エネルギー（体重70 kgの成人）

運　動	消費エネルギー (kcal h^{-1})	消費エネルギー (kJ h^{-1})
睡　眠	60	250
座　位	100	420
歩　行	200	840
水　泳	500	2100
ランニング	750	3100

練習問題　食品のエネルギー

3・39 つぎの実験結果から，食品のカロリー値を kJ 単位と kcal 単位で求めよ．
① 熱量計中でセロリ1本を燃やしたら，25.2 ℃ の水 505 g が 35.7 ℃ になった．
② 熱量計中でワッフル1個を燃やしたら，20.6 ℃ の水 4980 g が 62.4 ℃ になった．

3・40 つぎの実験結果から，食品のカロリー値を kJ 単位と kcal 単位で求めよ．
① 熱量計中でポップコーン1カップを燃やしたら，25.5 ℃ の水 1250 g が 50.8 ℃ になった．
② 熱量計中でバター1切れを燃やしたら，22.7 ℃ の水 357 g が 38.8 ℃ になった．

3・41 表3・9のデータを使い，つぎの計算をせよ（答えは四捨五入して 10 の位までにする）．
① オレンジジュース1カップは炭水化物 26 g とタンパク質 2 g を含み，脂肪は含まない．総カロリー値は kJ 単位と kcal 単位でいくらか．
② リンゴは炭水化物だけを含むとする．カロリー値 72 kcal のリンゴ1個は，何 g の炭水化物を含むか．
③ 食用油は脂肪（脂質）だけを含むとする．大さじ1杯（14 g）の食用油のカロリー値は，kJ 単位と kcal 単位でいくらか．
④ 炭水化物 68 g，タンパク質 150 g，脂肪 9.0 g を含む食品の総カロリー値は，kJ 単位と kcal 単位でいくらか．

3・42 表3・9のデータを使い，つぎの計算をせよ（答えは四捨五入して 10 の位までにする）．
① 大さじ2杯のピーナツバターは，炭水化物 6 g，脂肪 16 g，タンパク質 7 g を含む．総カロリー値は kJ 単位と kcal 単位でいくらか．
② スープ1カップは脂肪 6 g と炭水化物 9 g を含み，カロリー値 110 kcal を示す．スープの重さは何 g か．
③ コーラ1缶は，脂肪やタンパク質は含まず，カロリー値 680 kJ を示す．コーラが含む炭水化物（砂糖）は何 g か．
④ 炭水化物 16 g，タンパク質 9 g，脂肪 12 g を含むクラムチャウダー1カップのカロリー値はいくらか．

3. 物質とエネルギー

■ 3章の見取り図

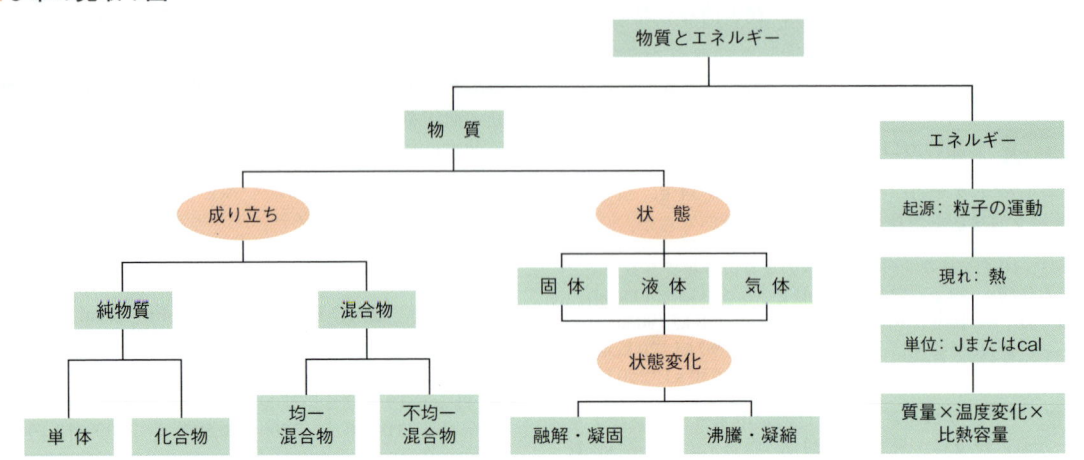

```
                物質とエネルギー
                ┌──────────┴──────────┐
              物 質                  エネルギー
        ┌──────┴──────┐              │
      成り立ち          状 態         起源：粒子の運動
     ┌──┴──┐      ┌────┼────┐        │
   純物質  混合物   固体 液体 気体     現れ：熱
   ┌─┴─┐   ┌─┴─┐       │            │
  単体 化合物 均一 不均一  状態変化    単位：JまたはCal
            混合物 混合物 ┌───┴───┐     │
                      融解・凝固 沸騰・凝縮  質量×温度変化×
                                          比熱容量
```

■ キーワード

位置（ポテンシャル）エネルギー　　カロリー（calorie, cal）　　純物質（pure substance）
　　（potential energy）　　　　カロリー値　　　　　　　　　単体（element）
運動エネルギー（kinetic energy）　　　（energy value, caloric value）　熱（heat）
液体（liquid）　　　　　　　　　気体（gas）　　　　　　　　　比熱容量（specific heat capacity）
エネルギー（energy）　　　　　　固体（solid）　　　　　　　　物質（matter）
化学的性質（chemical properties）　混合物（mixture）　　　　　物質の三態（states of matter）
化学変化（chemical change）　　　仕事（work）　　　　　　　　物理的性質（physical properties）
化合物（compound）　　　　　　　ジュール（joule, J）　　　　　物理変化（physical change）

1章～3章の総合問題

総合問題1 人を魅了してやまない金は，密度 19.3 g cm^{-3}，融点 1064 °C，比熱容量 0.129 J g^{-1} °C^{-1} の金属だ．1998 年にアラスカのルビー村で，質量 294.10 トロイオンス（1 トロイオンス＝31.1035 g）もの金塊（自然金）が見つかった．つぎの問いに答えよ．

川や鉱山で採れる自然金

① 質量の測定値 "294.10" の有効数字は何桁か．
② 金塊は何 g か．何 kg か．
③ 純金なら，金塊の体積は何 cm^3 か．
④ 金塊を叩いて厚み 0.0035 in.（1 in.＝2.54 cm）の箔にすれば，面積は何 m^2 か．
⑤ 金の融点は何 °F か．何 K か．
⑥ 金塊を 63 °F から 85 °F に温めたい．何 kJ のエネルギーが必要か．

総合問題2 満タン 22 L のバイクの燃費を 35 mi gal^{-1} としよう（1 mi＝1.609 km, 1 gal＝3.785 L）．ガソリンの密度を 0.74 g mL^{-1} として，つぎの問いに答えよ．

① 満タンで何 km 走れるか．
② 1 gal（ガロン）が 2.67 ドルなら，満タン分は何ドルか．
③ 平均速度が 44 mi h^{-1} なら，満タンで何時間走れるか．
④ 満タン分のガソリンは何 g か．
⑤ ガソリン 1.0 g は燃えて 47 kJ のエネルギーを出す．満タン分は何 kJ か．

総合問題3 水の試料 A と B がある（図）．つぎの問いに答えよ．

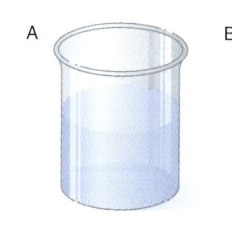

A　　B

① 決まった形をもつ試料はどちらか．
② それぞれを別の容器に移したとき，試料の形と体積はどうなるか．
③ 試料 A と B のイメージは右段の図 1～3 のどれか．
④ 右段の図 1～3 は，三態のどれか．

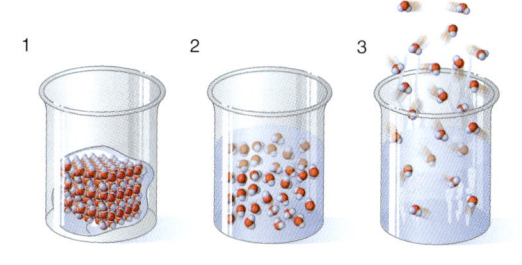

1　2　3

⑤ 試料 A は［化学，物理］変化で B に変わる．

総合問題4 栄養補助食品に，脂質 4 g，炭水化物 23 g，タンパク質 10 g と表示してある．つぎの問いに答えよ．

① 栄養のカロリー値（表 3・9）より，栄養補助食品のエネルギー価値は何 kcal か（一の位を四捨五入せよ）．
② エネルギー価値は何 kJ か．
③ 何 g で 160 kJ のエネルギーが得られるか．
④ 食品 2 個で歩ける時間は何分か（歩行の消費エネルギーを 840 kJ h^{-1} とせよ）．

総合問題5 釘箱に 75 本（総質量 0.250 lb，1 lb＝453.6 g）の鉄釘が入っている．鉄の密度を 7.86 g cm^{-3}，比熱容量を 0.452 J g^{-1} °C^{-1} として，つぎの問いに答えよ．

① 鉄釘の総体積は何 cm^3 か．
② 水 17.6 mL 入りのメスシリンダーに釘 30 本を入れると，水面は何 mL まで上がるか．
③ 釘 75 本を 16 °C から 125 °C へ温めるのに必要なエネルギーは何 J か．
④ 55.0 °C の釘 75 本を 4.0 °C の水 325 g に入れた．水と釘の温度は何 °C になるか．

総合問題6 面積 25 ft^2 のバスタブに深さ 28 in. まで水を入れた（1 in.＝2.54 cm）．つぎの問いに答えよ．

① バスタブ内の水は何 L か（1 ft＝30.48 cm）．
② バスタブ内の水は何 kg か．
③ 水を 62 °F から 105 °F に温めるためのエネルギーは何 kJ か．
④ 能力 5900 kJ min^{-1} のヒーターを使うと，何時間で 62 °F から 105 °F に温まるか．

［答］
総合問題1 ① 5 桁，② 9147.5 g, 9.1475 kg，③ 474 cm^3，④ 5.3 m^2，⑤ 1947 °F, 1337 K，⑥ 14 kJ

総合問題3 ① B，② 試料 A は容器に合わせて形を変えるが，体積は変わらない．試料 B は形も体積も変わらない．③ 試料 A は 2，試料 B は 1．④（順に）固体，液体，気体．⑤ 物理．

総合問題5 ① 14.4 cm^3，② 23.4 mL，③ 5590 J，④ 5.9 °C

4 元素と原子

目次と学習目標

4・1 元素と元素記号
元素はどのようによび，どんな記号で書くのか．

4・2 周期表
金属，半金属，非金属は周期表の上にどう並んでいるのか．

4・3 原子
陽子，中性子，電子は，原子の中でどこにあるのか．

4・4 原子番号と質量数
原子番号と質量数は，構成粒子の数とどう関係するのか．

4・5 同位体と原子量
原子量とは何だろう．

万物は**元素**からできている．周期表に記載の元素118種のうち約90種が天然にある．アルミ箔やジュースの缶はアルミニウムという元素，指輪やネックレスは金，銀，白金などの元素，テニスラケットやゴルフクラブはチタンや炭素という元素でできている．体の中だと，骨と歯にはカルシウムやリンが，赤血球には鉄が，甲状腺の機能にはヨウ素が欠かせない．

決まった元素を適量ずつ摂取するから，体の成長も健康も維持できる．鉄分の不足は貧血につながり，ヨウ素の不足は甲状腺機能低下症や甲状腺腫をひき起こす．体内の鉄や銅，亜鉛，ヨウ素の量が正常範囲かどうかは，血液検査などでわかる．

4・1 元素と元素記号

元素とは，万物をつくる原子の種類をいう．たいていの元素は，惑星，神話の神々，色，鉱物名，場所，名高い研究者にちなむ名前をもつ．いくつかの例を表4・1にあげ，全元素の名前と記号は表紙の見返しに示す．

元素記号

元素記号は，欧米語の元素名からとった1文字か2文字で書く．2文字の場合は1文字目を大文字，2文字目を小文字とする．2文字とも大文字なら元素記号ではなく，元素2個が結合した物質を表す（Coはコバルトの元素記

1文字		2文字	
C	炭素	Co	コバルト
S	硫黄	Si	ケイ素
N	窒素	Ne	ネオン
I	ヨウ素	Ni	ニッケル

表4・1 元素名の由来（例）

元素	由来
ウラン	天王星（Uranus）
チタン	ギリシャ神話のティタン神族（Titans）
塩素	ギリシャ語 *chloros*（黄緑色）
ヨウ素	ギリシャ語 *ioeides*（紫色）
マグネシウム	鉱物名（Magnesia）
カリホルニウム	カリフォルニア州
キュリウム	キュリー夫妻

号．COは炭素Cと酸素Oが結合した一酸化炭素）．

元素記号の多くは現代欧米語のつづりからとった姿をしているが，一部は古い呼び名にちなむ．たとえばナトリウムNaはラテン語 *natrium* から，鉄Feはラテン語 *ferrum* からきた．よく知られた元素について，記号の由来を表4・2に示す．元素の名前や記号になじむのが，化学を学ぶ第一歩となる．

> **復習4・1 元素記号**
>
> セシウムはCsと書き，CSとは書かない．なぜか．
>
> [答] CSと書けば，別々の元素（炭素Cと硫黄S）が結合した物質になるから．

> **例題4・1 元素記号の書き方**
>
> つぎの元素を元素記号で書け．
> ① ニッケル ② 窒素 ③ ニオブ ④ ネオン
>
> [答] ① Ni, ② N, ③ Nb, ④ Ne
>
> ● **類題** ケイ素，セレン，銀を元素記号で書け．
> [答] Si, Se, Ag

4・2 周 期 表

例題 4・2　元素の呼び名

つぎの記号で表す元素は何か．
① Zn　② K　③ H　④ Fe

[答] ① 亜鉛，② カリウム，③ 水素，④ 鉄

● 類題　記号 Mg, Al, F で表す元素はそれぞれ何か．
　　　　　　[答] マグネシウム，アルミニウム，フッ素

練習問題　元素と元素記号

4・1　つぎの元素を元素記号で書け．
① 銅　② 白金
③ カルシウム　④ マンガン
⑤ 鉄　⑥ バリウム
⑦ 鉛　⑧ ストロンチウム

4・2　つぎの元素を元素記号で書け．
① 酸素　② リチウム
③ ウラン　④ チタン
⑤ 水素　⑥ クロム
⑦ スズ　⑧ 金

4・3　つぎの記号で表す元素は何か．
① C　② Cl　③ I
④ Hg　⑤ Ag　⑥ Ar
⑦ B　⑧ Ni

4・4　つぎの記号で表す元素は何か．
① He　② P　③ Na
④ As　⑤ Ca　⑥ Br
⑦ Cd　⑧ Si

4・5　つぎの物質はどんな元素を含むか．
① 食塩 NaCl
② セッコウ $CaSO_4$
③ 鎮痛剤デメロール $C_{15}H_{22}ClNO_2$
④ 制酸剤 $CaCO_3$

4・6　つぎの物質はどんな元素を含むか．
① 水 H_2O
② 重曹 $NaHCO_3$
③ 苛性ソーダ NaOH
④ 砂糖 $C_{12}H_{22}O_{11}$

4・2　周 期 表

元素がいくつも見つかってくると，分類してみたくなる．1800 年代の後半，単体の外見や反応性の似た元素があると科学者が気づいた．やがて 1872 年，ロシアの Dmitri Mendeleev は，当時知られていた元素 60 種類を原子の質量順に並べたところ，似た性質が周期的に現れることに気づく．現在，ほぼ同じ順[*1] に 118 種の元素を並べたものを**周期表**とよぶ（図 4・1）．

表 4・2　元素名と元素記号の例

元素名	記号	元素名	記号	元素名	記号	元素名	記号
亜 鉛	Zn	クロム	Cr	窒 素	N	ヘリウム	He
アルゴン	Ar	ケイ素	Si	鉄 (*ferrum*)	Fe	ホウ素	B
アルミニウム	Al	コバルト	Co	銅 (*cuprum*)	Cu	マグネシウム	Mg
硫 黄	S	酸 素	O	ナトリウム (*natrium*)	Na	マンガン	Mn
ウラン	U	臭 素	Br	鉛 (*plumbum*)	Pb	ヨウ素	I
塩 素	Cl	水銀 (*hydrargyrum*)	Hg	ニッケル	Ni	ラジウム	Ra
カドミウム	Cd	水 素	H	ネオン	Ne	リチウム	Li
カリウム (*kalium*)	K	スズ (*stannum*)	Sn	白 金	Pt	リ ン	P
カルシウム	Ca	ストロンチウム	Sr	バリウム	Ba		
金 (*aurum*)	Au	炭 素	C	ヒ 素	As		
銀 (*argentum*)	Ag	チタン	Ti	フッ素	F		

元素記号の由来がラテン語やギリシャ語だった元素だけを取上げた．ラテン語やギリシャ語名を（ ）内に示す．

アルミニウム　炭 素　銀　金　硫 黄

[*1] 訳注: 正しくは，原子核にある陽子の数（原子番号）の順．

4. 元素と原子

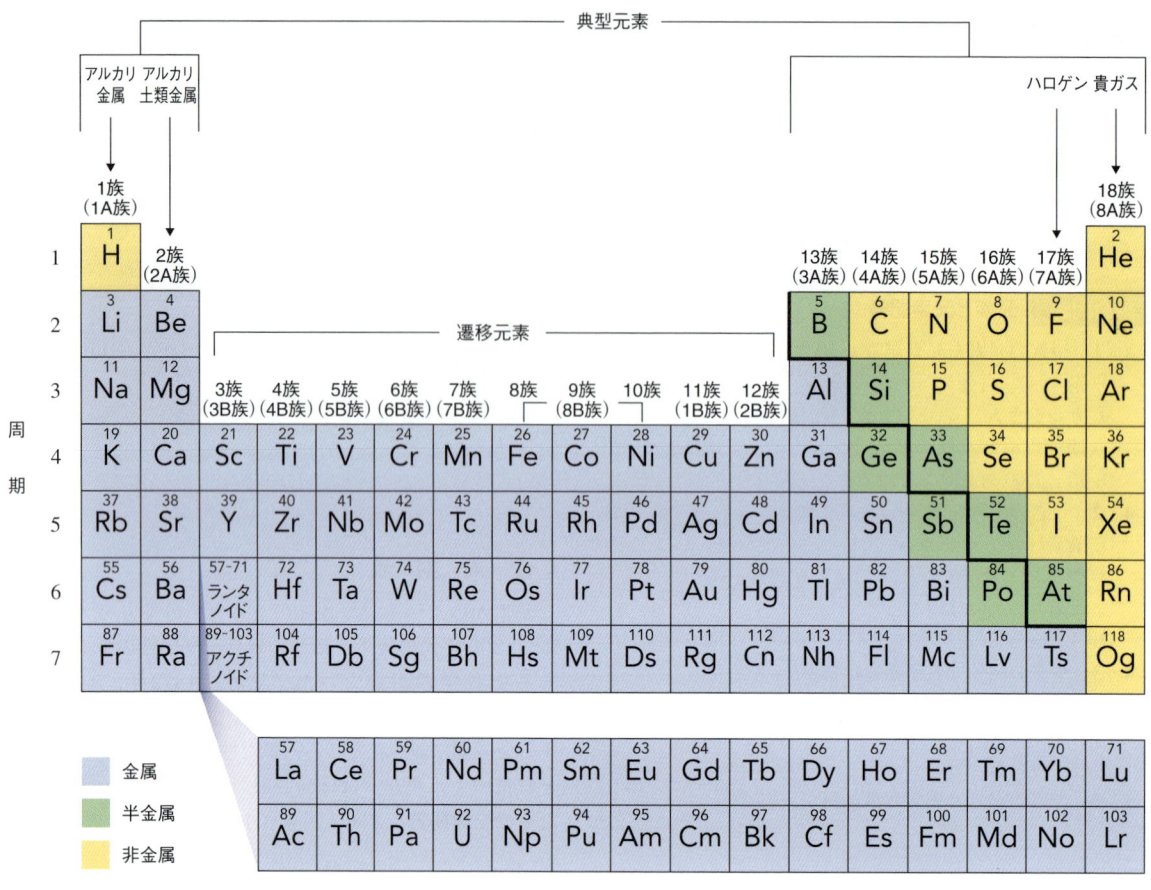

	1族 (1A族)	2族 (2A族)	3族 (3B族)	4族 (4B族)	5族 (5B族)	6族 (6B族)	7族 (7B族)	8族 (8B族)	9族 (8B族)	10族 (8B族)	11族 (1B族)	12族 (2B族)	13族 (3A族)	14族 (4A族)	15族 (5A族)	16族 (6A族)	17族 (7A族)	18族 (8A族)
1	1 H																	2 He
2	3 Li	4 Be											5 B	6 C	7 N	8 O	9 F	10 Ne
3	11 Na	12 Mg											13 Al	14 Si	15 P	16 S	17 Cl	18 Ar
4	19 K	20 Ca	21 Sc	22 Ti	23 V	24 Cr	25 Mn	26 Fe	27 Co	28 Ni	29 Cu	30 Zn	31 Ga	32 Ge	33 As	34 Se	35 Br	36 Kr
5	37 Rb	38 Sr	39 Y	40 Zr	41 Nb	42 Mo	43 Tc	44 Ru	45 Rh	46 Pd	47 Ag	48 Cd	49 In	50 Sn	51 Sb	52 Te	53 I	54 Xe
6	55 Cs	56 Ba	57-71 ランタノイド	72 Hf	73 Ta	74 W	75 Re	76 Os	77 Ir	78 Pt	79 Au	80 Hg	81 Tl	82 Pb	83 Bi	84 Po	85 At	86 Rn
7	87 Fr	88 Ra	89-103 アクチノイド	104 Rf	105 Db	106 Sg	107 Bh	108 Hs	109 Mt	110 Ds	111 Rg	112 Cn	113 Nh	114 Fl	115 Mc	116 Lv	117 Ts	118 Og

57 La	58 Ce	59 Pr	60 Nd	61 Pm	62 Sm	63 Eu	64 Gd	65 Tb	66 Dy	67 Ho	68 Er	69 Tm	70 Yb	71 Lu
89 Ac	90 Th	91 Pa	92 U	93 Np	94 Pu	95 Am	96 Cm	97 Bk	98 Cf	99 Es	100 Fm	101 Md	102 No	103 Lr

■ 金属　■ 半金属　■ 非金属

図 4・1　元素の周期表．[考えてみよう] 第 3 周期にあるアルカリ金属を元素記号で書け．

周期と族

周期表の行（横方向）を**周期**といい，上から第 1 周期，第 2 周期，…，第 7 周期とよぶ（図 4・2）．第 1 周期には水素 H とヘリウム He の 2 個が，第 2 周期にはリチウム Li，ベリリウム Be，ホウ素 B，炭素 C，窒素 N，酸素 O，フッ素 F，ネオン Ne の計 8 個が入る．第 3 周期もナトリウム Na～アルゴン Ar の 8 個だ．第 4 周期はカリウム K から，第 5 周期はルビジウム Rb から始まり，どちらも 18 個の元素を含む．また，セシウム Cs から始まる第 6 周期と，フランシウム Fr から始まる第 7 周期には，32 個の元素がある．

周期表の列（縦方向）を**族**といい，左端から 1 族～18 族とよぶ（図 4・2）．同族の元素は性質が似ている．左の 2 列と右の 6 列は，族番号とともに性質がくっきり変わるため，**典型元素**という．また中央部（3～12 族）の元素は，典型元素から典型元素への"つなぎ（遷移）部分"だから，**遷移元素**とよぶ．

以前は，振舞いの違う典型元素と遷移元素を区別すると同時に，価電子（後述）の数がそのまま族番号となるよう，典型元素を 1A～8A 族，遷移元素を 1B～8B 族とよんだ．その便利さはいまも変わらないので，本書では 2 種類の族番号を併用する．

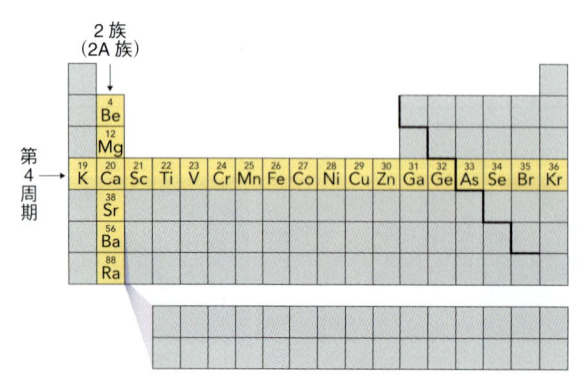

図 4・2　縦の列は同族元素，横の行は同周期の元素を表す．
[考えてみよう] Si，P，S は同族元素か，同周期の元素か．

族 の 分 類

一部の族には特別な総称がついている（図4・3）．たとえば，1族（1A族）の縦に並ぶリチウム Li，ナトリウム Na，カリウム K，ルビジウム Rb，セシウム Cs，フランシウム Fr の6個を**アルカリ金属**[*2] という（図4・4）．

1族元素（アルカリ金属）はみな光沢のある軟らかい金属で，熱伝導性と電気伝導性が高く，融点はかなり低い．水と激しく反応し，酸素と反応すれば白い物質（酸化物や水酸化物）になる．

1族（1A族）の頂点には水素 H を置くが，この族の元素とは性質が大きく違うので，H はアルカリ金属とはよばない．17族（7A族）元素に似た性質もあるため，H を1族と17族の頂点に（つまり2ヵ所に）置いた周期表もある．

2族（2A族）のベリリウム Be，マグネシウム Mg，カルシウム Ca，ストロンチウム Sr，バリウム Ba，ラジウム Ra は**アルカリ土類金属**[*3] とよぶ．単体が光沢をもつと

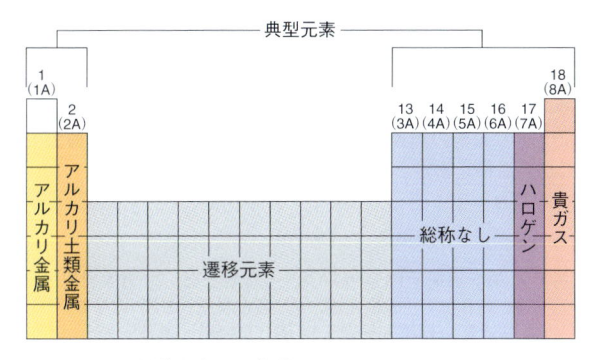

図4・3 総称をもつ元素群．
［考えてみよう］ヘリウム，アルゴンを含む族の総称は何か．

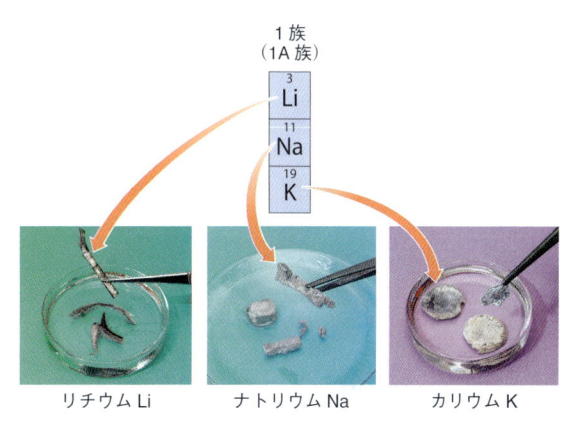

図4・4 アルカリ金属のリチウム Li，ナトリウム Na，カリウム K．
［考えてみよう］アルカリ金属元素が共通に示す特徴は何か．

水 銀　　　　　　　　　　　　　　　　　　　　　　　　　　　　　　　　　　健康と化学

　水銀は周期表の12族，第6周期にある．室温で液体の金属は水銀しかない．水銀に触れたり蒸気を吸ったり，水銀入りの食品や水を誤ってとったりすると水銀が体内に入る．体内の水銀はタンパク質と結合し，細胞の機能に悪影響を及ぼす．長期の摂取は脳や腎臓を傷め，知能の発達や体の成長を遅らせる．体内の水銀濃度は，血液や尿，毛髪の分析でわかる．

　淡水や海水に棲む一部の細菌は水銀をメチル水銀に変え，そのメチル水銀は中枢神経をおかす．メチル水銀は魚の体に蓄積し，そんな魚を食べ続けると体内に水銀がたまる．魚からの水銀摂取を心配した米国食品医薬品局（FDA）は，最大許容量を 1 ppm（魚 1 g 当たり 1 μg）に決めた．食物連鎖の上流にいるメカジキやサメは水銀濃度が高いため，環境保護局（EPA）も，食べるのはせいぜい週1回にするよう勧告している．

　史上最悪の水銀中毒が1950年代に日本の水俣と新潟で起きた．当時の海は，高濃度の水銀を含む工場排水で汚染されていた．魚をよく食べる住民2000人以上が水銀中毒になり，神経系をおかされ，死亡者も出た．米国政府は塗料や殺虫剤への水銀使用を禁じ，1988〜97年に水銀の使用量を75%も減らした．

1937年のパリ万国博覧会に展示された"水銀の泉"

[*2] 訳注: 化合物（塩(えん)）が水によく溶け，アルカリ性の水溶液をつくるからこのようによばれる．
[*3] 訳注: 土に含まれ，化合物が水に溶けてアルカリ性の水溶液をつくりやすいのでこのようによばれる．

ころは 1 族元素と同じでも，反応性はさほど高くない．

周期表の右側，17 族（7A 族）のフッ素 F，塩素 Cl，臭素 Br，ヨウ素 I，アスタチン At を **ハロゲン***4 という

（図 4・5）．フッ素と塩素は反応性がとりわけ高く，ほとんどの元素と化合物をつくる．

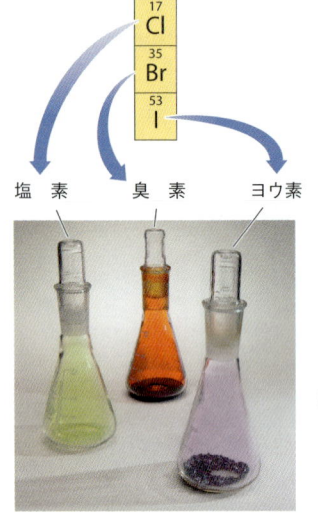

18 族（8A 族）のヘリウム He，ネオン Ne，アルゴン Ar，クリプトン Kr，キセノン Xe，ラドン Rn を **貴ガス***5 という．貴ガスは反応性がたいへん低いため，ほかの元素と結合した物質は天然にほとんどない．

例題 4・3　周期と族

つぎの元素の周期番号と族番号は何か．それぞれ典型元素か，遷移元素か．
　① ヨウ素 I　　　　② マンガン Mn
　③ バリウム Ba　　④ 金 Au

[答] ① 第 5 周期・17 族（7A 族）・典型元素，② 第 4 周期・7 族（7B 族）・遷移元素，③ 第 6 周期・2 族（2A 族）・典型元素，④ 第 6 周期・11 族（1B 族）・遷移元素

● **類題**　ストロンチウム Sr は花火の鮮やかな赤をつくる．
　① Sr は何族の元素か．　　② その族は何と総称するか．
　③ Sr の周期番号はいくつか．
　④ 同族で第 3 周期の元素は何か．
　⑤ 同周期のアルカリ金属，ハロゲン，貴ガスは何か．
　　　　［答］① 2 族（2A 族），② アルカリ土類金属，
　　　　　　③ 第 5 周期，④ Mg，⑤ アルカリ金属は Rb，
　　　　　　ハロゲンは I，貴ガスは Xe．

図 4・5　ハロゲンの塩素 Cl_2，臭素 Br_2，ヨウ素 I_2．
[考えてみよう] ハロゲンには，ほかにどのような元素があるか．

炭素のいろいろな姿　　　　　　　　　　産業と化学

第 2 周期・14 族（4A 族）にある原子番号 6 の炭素 C は，原子の結合様式により 4 種類の物質をつくる．ダイヤモンドとグラファイト（黒鉛）は古代人も知っていた．ダイヤモンドの中で各 C 原子は，ほか 4 個の C 原子ときれいな結合をもつ．ダイヤモンドはたいへん硬い透明な物質だけれど，グラファイトは柔らかくて黒い．グラファイトの中で C 原子は平面正六角形状につながり，面どうしがよく滑り合う．鉛筆の芯，潤滑剤，ゴルフクラブやテニスラケット用の軽量素材に利用される．

最近，ほか 2 種類の炭素も見つかった．フラーレンは，60 個の C 原子が五角形と六角形につながり合うサッカーボール形の分子だ．また，フラーレン構造を引き伸ばし，直径 2〜3 nm の円筒形になった分子をカーボンナノチューブという．フラーレンやカーボンナノチューブの実用例はまだないが，軽い構造材，熱伝導体，コンピュータ素材などへの利用が検討されている．

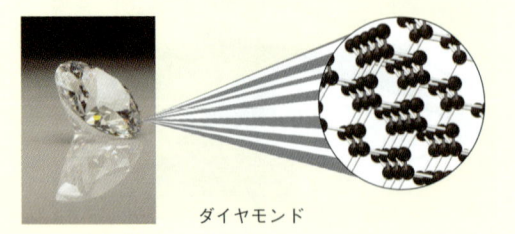

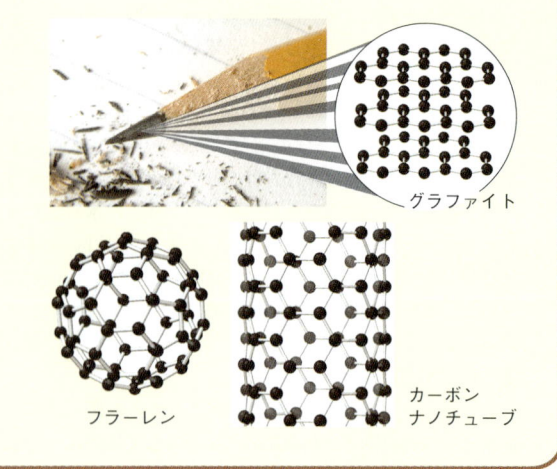

ダイヤモンド　　　フラーレン　　グラファイト　　カーボンナノチューブ

---

*4　訳注：意味は"塩のもと"．多くの金属と塩をつくるからこのようによばれる．
*5　訳注：ほかの元素と反応しにくく，なにか高貴な存在を思わせるためこのようによばれる．

金属・半金属・非金属

ふつう周期表には，金属と非金属を仕切る太いジグザグ線が引いてある．ジグザグ線の左側が（水素を除き）金属元素，右側が非金属元素になる（図4・6）．

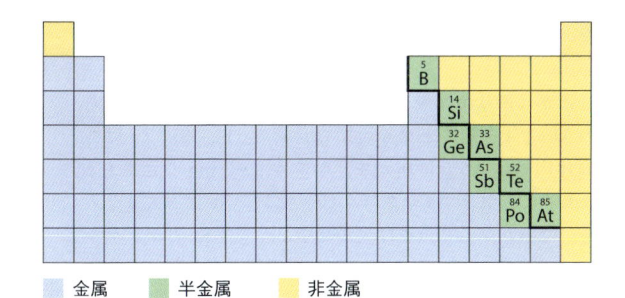

図4・6 太いジグザグ線が金属と非金属を仕切り，ジグザグ線の近くに半金属がある．
[考えてみよう] 非金属元素は，ジグザグ線の右にあるか，左にあるか．

金属の単体は光沢をもつ固体で（水銀だけは液体），線状に延びる性質＝延性と，たたいて薄くできる性質＝展性がある．熱も電気もよく伝え，一般に非金属よりは融点が高い．液体の水銀を除き，室温では固体状態をとる．金属にはナトリウム Na，マグネシウム Mg，銅 Cu，金 Au，銀 Ag，鉄 Fe，スズ Sn などがある．

かたや**非金属**は，特別な光沢も展性，延性もなく，一般に熱や電気を伝えにくい*6．融点が低く，密度が小さい．非金属には，水素 H，炭素 C，窒素 N，酸素 O，塩素 Cl，イオウ S などがある．

アルミニウムを除き，ジグザグ線に沿う元素（B，Si，Ge，As，Sb，Te，Po，At）を**半金属**という．半金属は金属と非金属の中間的な性質を示す．熱や電気の伝導性は金属より低く，非金属よりは高い．そのため半金属元素は半導体になる．銀（金属），アンチモン（半金属），硫黄（非金属）を例として，それぞれの特徴を表4・3にまとめた．

復習4・2 周期表の周期と族

アルミニウム Al，ケイ素 Si，リン P について答えよ．
① それぞれの族番号と周期番号は何か
② 金属・半金属・非金属の区別を書け

[答] ① すべて第3周期の元素で，Al は 13 族（3A 族），Si は 14 族（4A 族），P は 15 族（5A 族）
② Al は金属，Si は半金属，P は非金属

例題4・4 金属・半金属・非金属

つぎの元素の族番号，周期番号，（あれば）総称，金属・半金属・非金属の区別を書け．
① ナトリウム Na　② ヨウ素 I　③ アンチモン Sb

[答] ① 1 族（1A 族）・第 3 周期・アルカリ金属・金属
② 17 族（7A 族）・第 5 周期・ハロゲン・非金属
③ 15 族（5A 族）・第 5 周期・半金属

● **類題** つぎの元素を元素記号で書け．
① 15 族（5A 族）・第 4 周期の元素
② 第 6 周期の貴ガス元素
③ 第 2 周期の半金属元素

[答] ① As，② Rn，③ B

練習問題　周期表

4・7 下記は，どの族番号または周期番号を表すか．
① C, N, O を含む　② 冒頭がヘリウム
③ アルカリ金属　④ 末尾がネオン

4・8 下記は，どの族番号または周期番号を表すか．
① Na, K, Rb を含む　② 冒頭が Li
③ 貴ガス　④ F, Cl, Br, I を含む

4・9 以下はアルカリ金属，アルカリ土類金属，遷移元素，ハロゲン，貴ガスのどれか．
① Ca　② Fe　③ Xe　④ K　⑤ Cl

4・10 以下はアルカリ金属，アルカリ土類金属，遷移元素，ハロゲン，貴ガスのどれか．
① Ne　② Mg　③ Cu　④ Br　⑤ Ba

4・11 つぎの元素を元素記号で書け．
① 14 族（4A 族）・第 2 周期
② 第 1 周期の貴ガス
③ 第 3 周期のアルカリ金属
④ 2 族（2A 族）・第 4 周期
⑤ 13 族（3A 族）・第 3 周期

表4・3 金属・半金属・非金属元素の比較

金属 （銀 Ag）	半金属 （アンチモン Sb）	非金属 （硫黄 S）
光沢あり．青灰色	光沢なし	黄色
延性がある．	もろい	もろい
叩くと広がる（展性）．	叩くと割れる．	叩くと割れる．
熱・電気伝導性が高い．	熱・電気伝導性が劣る．	熱・電気伝導性が劣る．
硬貨，装飾品，食器に利用	鉛の硬化，ガラスやプラスチックの着色に利用	火薬，ゴム，抗菌剤に利用
密度 10.5 g cm^{-3}	密度 6.7 g cm^{-3}	密度 2.1 g cm^{-3}
融点 962 ℃	融点 630 ℃	融点 113 ℃

---

*6 訳注: 例外としてダイヤモンド（炭素の結晶）は，熱伝導性が抜群に高い．

ヒトの必須元素

健康と化学

110種類以上ある元素のうち，人体に必須なのは20あまりしかない．うち第1・第2周期の酸素O，炭素C，水素H，窒素N（主要4元素）が体重の96％までを占める．4元素はほとんどの食品に含まれ，糖質のグルコース$C_6H_{12}O_6$や，脂質分子のステアリン酸$C_{18}H_{36}O_2$などの合成素材になる．筋肉も酵素も，バソプレッシン$C_{46}H_{65}N_{15}O_{12}S_2$などホルモンとなるタンパク質も，核酸DNAやRNAも，おもに4元素からできる．体内のHとOは多くが水H_2Oの姿をとり，その水は体重の55～60％を占める．

第3・第4周期の必須7元素（量の順にCa, P, K, Cl, S, Na, Mg）をマクロミネラルという．大半は陰陽のイオンとして，骨や歯をつくったり，心臓や血管の機能維持，筋肉の収縮，神経伝達，体液中の酸塩基平衡，細胞代謝の調節などに働く．体内量は主要4元素より少ないとはいえ，日ごろ適量を食品からとらなければいけない．

ほかは微量ミネラルとよぶ．第3周期のSi，第5周期のMoとIを除くと第4周期の元素で，Fe, Si, Zn以外の体内量は0.5 gに届かず，わずか2～3 mgの元素も5種類ある．ヒ素Asやクロム Cr，セレン Seは，大量なら毒になるが，ごく微量は欠かせない．スズ Snとニッケル Niも必須元素かもしれないが，機能はまだわかっていない．必須元素の体内量と働きを表4・4にまとめた．

表 4・4 必須元素の体内量と機能（体重60 kgの場合）

	元　素	体内量	機　能
主要4元素	酸素 O	39 kg	生体分子と水の素材
	炭素 C	11 kg	有機分子と生体分子の素材
	水素 H	6 kg	生体分子，水の素材．体液のpH調節，胃酸（HCl）
	窒素 N	1.5 kg	タンパク質，核酸の素材
マクロミネラル（7種）	カルシウム Ca	1000 g	骨と歯の素材，筋収縮，神経刺激
	リン P	600 g	骨と歯，核酸，ATPの素材
	カリウム K	120 g	筋収縮，神経伝達．細胞内に最も多い陽イオン（K^+）
	塩素 Cl	100 g	細胞外に最も多い陰イオン（Cl^-），胃酸（HCl）の素材
	イオウ S	86 g	タンパク質，肝臓，ビタミンB_1，インスリンの素材
	ナトリウム Na	60 g	細胞外に最も多い陽イオン（Na^+），水バランス，筋収縮，神経伝達
	マグネシウム Mg	36 g	骨，代謝反応に必須
微量ミネラル（12種）	鉄 Fe	3600 mg	酸素を運ぶヘモグロビンの素材
	ケイ素 Si	3000 mg	骨，歯，腱，靱帯，髪，皮膚の形成・維持
	亜鉛 Zn	2000 mg	代謝，DNA合成，骨・歯・結合組織・免疫系の保全
	銅 Cu	240 mg	血管，血圧，免疫系
	マンガン Mn	60 mg	骨の形成，血栓，代謝
	ヨウ素 I	20 mg	甲状腺ホルモンの素材
	モリブデン Mo	12 mg	食物成分FeやNの化学変換
	ヒ素 As	3 mg	成長，生殖
	クロム Cr	3 mg	血糖値の保持，生体分子の合成
	コバルト Co	3 mg	ビタミンB_{12}の素材，赤血球
	セレン Se	2 mg	免疫系，心臓と膵臓の機能維持
	バナジウム V	2 mg	骨と歯の形成，エネルギー産生

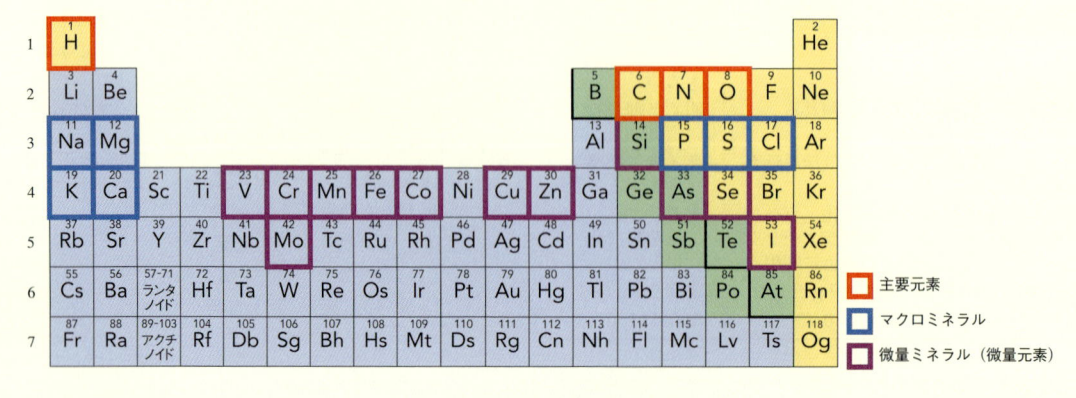

4・12 つぎの元素を元素記号で書け．
① 第2周期のアルカリ土類金属
② 15族（5A族）・第3周期
③ 第4周期の貴ガス
④ 第5周期のハロゲン
⑤ 14族（4A族）・第4周期

4・13 つぎの元素を金属，半金属，非金属に分類せよ．
① カルシウム　② 硫黄　③ 光沢のある元素
④ 室温で気体の元素　⑤ 18族（8A族）元素
⑥ 臭素　⑦ ホウ素　⑧ 銀

4・14 つぎの元素を金属，半金属，非金属に分類せよ．
① 2族（2A族）元素　② 高い電気伝導性
③ 塩素　④ ヒ素　⑤ 光沢のない元素
⑥ 酸素　⑦ 窒素　⑧ スズ

4・3　原　子

周期表中の元素はみな原子からできている．**原子**は単体の性質を示す最小の粒子だ．アルミ箔をどんどん分けていくとき，もはや分けられないものがアルミニウムの原子にあたる．

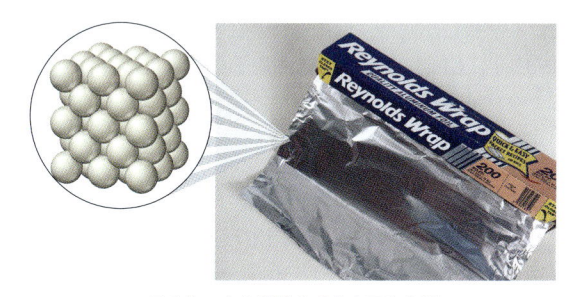

アルミニウム原子でできたアルミ箔

原子概念の確立はさほど古くない．紀元前500年ごろのギリシャ人も，万物が微小な粒（*atomos* = 分割できないもの）からなると考えたが，いまに通じる原子概念は，ようやく1808年にできた．John Dalton（1766～1844，英国）の功績だった．

ドルトンの原子説
1. 万物はごく小さい粒子（原子）からできている．
2. 原子のありようは，元素ごとに決まっている．
3. 2種類以上の原子が，決まった数どうし結合して化合物になる．
4. 化学反応では原子の組替えが進む．反応のとき原子は生成も消滅もしない．

ドルトンの原子説以後，同じ元素にも多様な原子があり，原子にはさらに成分があるなど，新しいことがわかったものの，彼の原子説はいまの原子概念を基礎づけた．いずれにせよ，元素（単体）の性質を示す最小の粒子が原子だという点に変わりはない．

原子は物質の構成単位だが，1個どころか数十億個が集まっても肉眼では見えない．ただし最新の技術を使えば，原子の姿が観測できる．例として，走査トンネル顕微鏡（STM）で見たニッケル原子の並びを図4・7にあげた．

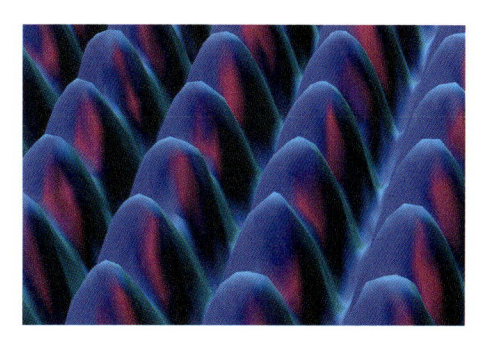

図 4・7　数百万倍の倍率をもつ走査トンネル顕微鏡で"見た"ニッケル原子の配列像．
［考えてみよう］原子の観察には，なぜ高倍率の顕微鏡が必要なのか．

原子内の電荷

原子はただの球体ではなく，さらに小さい粒子（**陽子，中性子，電子**）からできていると19世紀の末ごろわかった．原子の構成粒子3種のうち，2種が電荷をもつ．

電荷には正電荷と負電荷があって，同じ電荷は反発し合う．乾いた日に髪をブラシですくと，同じ電荷がブラシと髪に生じる結果，髪はブラシから逃げる．かたや異種電荷どうしは引き合う．乾燥機から出した衣服がパチパチ音を立てるのがそれだ．その衣服が体にぴたっと貼りつくのも，異種電荷どうしの引き合いによる（図4・8）．

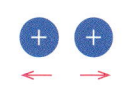

正電荷どうしの反発　　負電荷どうしの反発　　異種電荷の引き合い

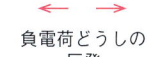

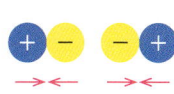

図 4・8　同種の電荷は反発し合い，異種の電荷は引き合う．
［考えてみよう］電子は原子核内の陽子に引かれている．なぜか．

原子のつくり

英国の物理学者 J. J. Thomson は1897年，陰極線という線が走っているガラス管に電場をかけた．線は陽極に引かれたため，負電荷をもつとわかる．以後の研究で陰極線は電子の流れ（電子線）だとわかり，原子に比べて電子は大きさも質量もずっと小さいことも判明した．原子全体は電気的に中性だから，正電荷をもち，電子よりずっと重い

粒子（陽子）が，原子内になければいけない．

そこで Thomson は，原子内に電子と陽子がまんべんなく分布するというモデル（"プラム–プリンモデル"）を提唱した．やがて 1911 年に E. Rutherford が，Thomson と一緒にそのモデルを確かめようと，正電荷をもつ粒子（α 粒子＝He の原子核）を薄い金箔に当てた（図 4・9）．トムソンモデルが正しければ，粒子は金箔をまっすぐ通り抜けるはずだ．ところが金箔を通り抜けた粒子には，ごく一部ながら，経路が少し曲がったものや，通り抜けずに大きく跳ね返ったものもある．ティッシュペーパーに当てた砲弾が跳ね返るようなものだから仰天した…と Rutherford が回想している．

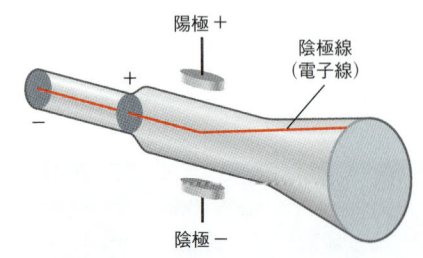

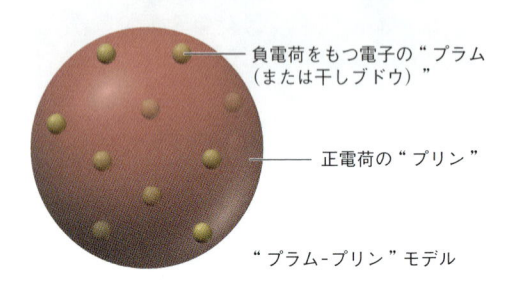

原子の中心，ごく微小な領域に正電荷の陽子があるに違いない，と Rutherford は考え，その微小領域を**原子核**と名づけた．原子核は小さいので，ほとんどの正電荷粒子はまっすぐに原子を通過する．原子核の作用を受けるごく一部の粒子だけが曲がる．原子を野球場とみれば，二塁ベースあたりに置いたサイズ数ミリメートルの砂粒が原子核になる．

やがて，原子核が陽子より重いとわかり，陽子以外の構成粒子を探した結果，電荷ゼロの粒子＝**中性子**が見つかる（1932 年，Chadwick）．つまり原子核の質量は，陽子と中性子の質量を足したものだった（図 4・10）．

原子の質量

原子をつくる陽子も中性子も電子も，身近な物体よりずっと小さい．陽子の質量は 1.673×10^{-24} g で，中性子もほぼ同じ．電子（9.110×10^{-28} g）はさらに何桁も軽い．こうした小さい質量は扱いにくいため，化学では**原子質量単位（amu）**という相対値を使う．1 amu は，陽子 6 個と中性子 6 個をもつ炭素原子の質量の 12 分の 1 とす

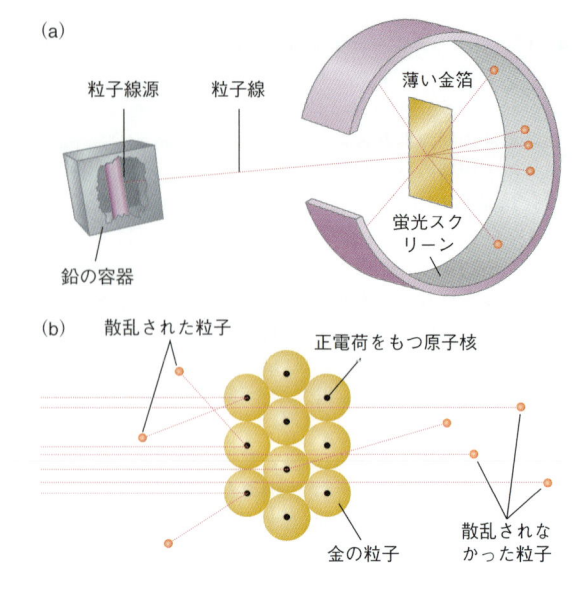

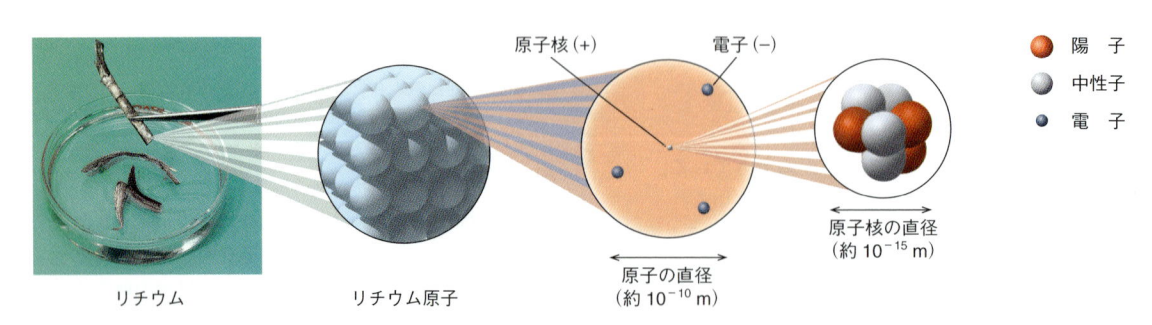

図 4・9 （a）正電荷の粒子を金箔に当てる．（b）原子核の作用で粒子の飛行経路が曲がる．
［考えてみよう］一部の粒子だけ曲がり，ほとんどの粒子が金箔中を直進するのはなぜか．

図 4・10 原子の姿．陽子（正電荷）と中性子（電荷ゼロ）が微小な原子核をつくり，原子の質量のほとんどを担う．ただし原子の実質的なサイズは，広い空間を高速で飛び回る電子（負電荷）が決める．
［考えてみよう］原子の内部はスカスカ（ほとんどが真空）とみてよい．なぜか．

る．生物学分野では，Dalton の功績を讃え，1 amu を 1 ドルトン（表記：1 Da）とよぶことが多い．

原子質量単位だと，陽子と中性子の質量はほぼ 1 amu になる．そのとき電子は約 1800 分の 1 amu でしかない．このように電子はたいへん軽いから，原子の質量を考えるときは無視してよい．原子をつくる粒子の性質を表 4・5 にまとめた．

表 4・5 原子の構成粒子

粒子	記号	電荷	質量 (g)	原子質量 (amu)	存在場所
陽子	p (p^+)	+1	1.673×10^{-24}	1.007	原子核内
中性子	n (n^0)	0	1.675×10^{-24}	1.008	原子核内
電子	e^-	−1	9.110×10^{-28}	0.00055	原子核のまわり

復習 4・3　原子の構成粒子

つぎの記述は正しいか，誤りか．
① 陽子は電子より重い．
② 陽子は中性子と電気的に引き合う
③ 電子はたいへん小さいため，電荷をもたない
④ 陽子も中性子も，原子核の中にある

[答] ① 正，② 誤（陽子が引き合う相手は電子）
③ 誤（電子は−1 の電荷をもつ），④ 正

例題 4・5　原子の構成粒子

つぎの特徴をもつ粒子は何か．
① 電荷がゼロ　　② 原子質量が 0.00055 amu
③ 質量が中性子とほぼ同じ

[答] ① 中性子，② 電子，③ 陽子

● 類題　陽子の記号，電荷量，存在場所をいえ．
[答] 記号：p または p^+，電荷量：+1，存在場所：原子核内

練習問題　原 子

4・15　つぎの性質は，陽子，中性子，電子のどれを表すか．
① 質量が最も小さい．　② +1 の電荷をもつ．
③ 原子核の外部にある．　④ 電荷がない．

4・16　つぎの性質は，陽子，中性子，電子のどれを表すか．
① 質量が陽子とほぼ同じ．　② 原子核の中にある．
③ 陽子と電気的に引き合う．　④ −1 の電荷をもつ．

4・17　Rutherford は金箔の実験から，原子の構造について何を見つけたか．

4・18　どんな原子の原子核も正電荷をもつ．なぜか．

4・19　つぎの記述は正しいか，誤りか．
① 陽子と電子は逆符号の電荷をもつ．
② 原子核は，原子の質量のほぼ全部を占める．
③ 電子と電子は反発し合う．
④ 陽子と中性子は電気的に引き合う．

4・20　つぎの記述は正しいか，誤りか．
① 陽子と電子は引き合う．
② 中性子は質量が陽子の 2 倍ある．
③ 中性子と中性子は反発し合う．
④ 電子と中性子は逆符号の電荷をもつ．

4・21　乾燥した日にすいた髪はまとまりにくい．なぜか．

4・22　乾燥機から出した衣類は，ときにくっつき合う．衣類にはどんな電荷が生じるか．

4・4　原子番号と質量数

ある元素の原子は，決まった数の陽子をもつ．その性質で元素どうしを区別する．

原子番号

原子核がもつ陽子の数を**原子番号**という．元素の種類は原子番号が決める．

原子番号 = 原子核内の陽子数

周期表は，元素を（原子の質量ではなく）原子番号の順に並べたものだ．元素記号の上に原子番号が書いてある．原子番号は水素が 1（陽子 1 個），リチウムが 3（陽子 3 個），炭素が 6（陽子 6 個），金が 79（陽子 79 個）…というように．

原子は正味の電荷をもたないため，陽子と電子の数は等しい．つまり原子番号は，原子がもつ電子の数でもある．

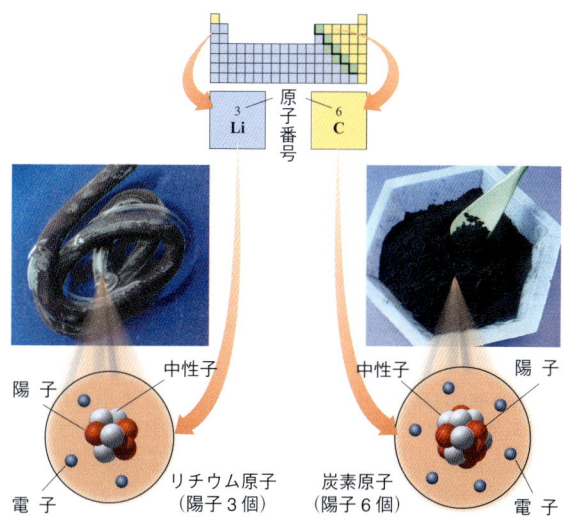

陽子 3 個のリチウム原子（左）と，陽子 6 個の炭素原子（右）

| 例題 4・6 | 原子番号と陽子数・電子数 |

周期表を見て，つぎの元素の原子番号，陽子数，電子数をいえ．
① 窒素　　② マグネシウム　　③ 臭素

[答] ① 原子番号 7，陽子数 7，電子数 7．
　　② 原子番号 12，陽子数 12，電子数 12．
　　③ 原子番号 35，陽子数 35，電子数 35．

● 類題　電子を 79 個もつ原子で，つぎのものはどうなるか．
① 陽子数　　② 原子番号　　③ 元素名と元素記号
[答] ① 79 個，② 79，③ 金 Au

質量数

原子核の質量（≒原子の質量）は，陽子数と中性子数の総和が決める（前節）．陽子数と中性子数の和を**質量数**という．

$$質量数 = 陽子数 + 中性子数$$

陽子 8 個で中性子 8 個の酸素原子 O は質量数が 16，陽子 26 個で中性子 30 個の鉄原子 Fe は質量数が 56 となる．おなじみの元素 5 種類について，原子番号，質量数，陽子数，中性子数，電子数を表 4・6 にまとめた．

表 4・6　5 種類の元素に属する原子の組成

元素	元素記号	原子番号	質量数	陽子数	中性子数	電子数
水素	H	1	1	1	0	1
窒素	N	7	14	7	7	7
塩素	Cl	17	35	17	18	17
鉄	Fe	26	56	26	30	26
金	Au	79	197	79	118	79

| 復習 4・4 | 原子を構成する粒子の数 |

質量数 109 の銀原子について，以下に答えよ．
① 陽子は何個か．　② 中性子は何個か．
③ 電子は何個か．

[答] ① 銀は第 5 周期・原子番号 47 だから陽子は 47 個
② 中性子は質量数(109) − 陽子数(47) = 62 個
③ 電子数と陽子数は等しいから，電子も 47 個

| 例題 4・7 | 原子を構成する粒子の数 |

質量数 68 の亜鉛原子は，つぎの粒子を何個もつか．
① 陽子　　② 中性子　　③ 電子

[答] ① 亜鉛は原子番号 30 だから陽子は 30 個．② 中性子は，質量数(68) − 陽子数(30) = 38 個．③ 電子数と陽子数は等しいから，陽子 30 個の亜鉛原子は電子を 30 個もつ

● 類題　質量数 80 の臭素原子は中性子を何個もつか．
[答] 45 個

| 練習問題 | 原子番号と質量数 |

4・23 つぎの個数を出すのに必要なのは，原子番号だけか，質量数だけか，両方か．
① 陽子数
② 中性子数
③ 原子核を構成する粒子の総数
④ 電子数

4・24 以下の情報は，原子の構成粒子について何を教えるか．
① 原子番号
② 質量数
③ 質量数 − 原子番号
④ 質量数 + 原子番号

4・25 つぎの原子番号をもつ元素の名前と元素記号を書け．
① 3　　② 9　　③ 20　　④ 30
⑤ 10　　⑥ 14　　⑦ 53　　⑧ 8

4・26 つぎの原子番号をもつ元素の名前と元素記号を書け．
① 1　　② 11　　③ 19　　④ 82
⑤ 35　　⑥ 47　　⑦ 15　　⑧ 2

4・27 つぎの元素の中性原子は，陽子と電子をそれぞれ何個もつか．
① アルゴン　　② 亜鉛
③ ヨウ素　　　④ カリウム

4・28 つぎの元素の中性原子は，陽子と電子をそれぞれ何個もつか．
① 炭素　　　② フッ素
③ カルシウム　④ 硫黄

4・29 つぎの表を完成せよ（原子は電気的に中性）．

元素	元素記号	原子番号	質量数	陽子数	中性子数	電子数
	Al		27			
		12			12	
カリウム					20	
				16	15	
			56			26

4・30 つぎの表を完成せよ（原子は電気的に中性）．

元素	元素記号	原子番号	質量数	陽子数	中性子数	電子数
	N		15			
カルシウム			42			
				38	50	
			14		16	
			56	138		

4・5 同位体と原子量

どんな元素の原子でも，陽子数と電子数は等しい．けれど同じ元素でも，中性子数の違う原子があるため，それぞれを区別しなければいけない．

同 位 体

同じ元素で，中性子数の違う原子を互いに**同位体**[*7]という．たとえばマグネシウム Mg の原子はみな陽子を 12 個もつのだが，天然の Mg 原子には，中性子が 12 個，13 個，14 個のものがある．それぞれ化学的な性質は同じでも，原子の質量数が異なる．

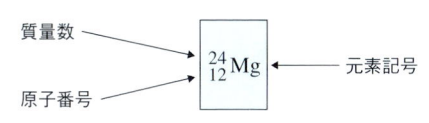

マグネシウムの同位体を表す原子表記

同位体どうしを区別するには，元素記号の左下に原子番号を，左上に質量数を添えた原子表記を使う．

口頭で同位体を指定するときは，元素名や元素記号のあとに質量数を添え，"マグネシウム 24" とか "Mg–24" といえばよい．天然のマグネシウムは同位体を 3 種類もつ（表 4・7）．

表 4・7　マグネシウムの同位体

原子表記	$^{24}_{12}Mg$	$^{25}_{12}Mg$	$^{26}_{12}Mg$
陽子数	12	12	12
電子数	12	12	12
質量数	**24**	**25**	**26**
中性子数	**12**	**13**	**14**
原子質量（amu）	**23.99**	**24.99**	**25.98**
天然の存在比（%）	78.70	10.13	11.17

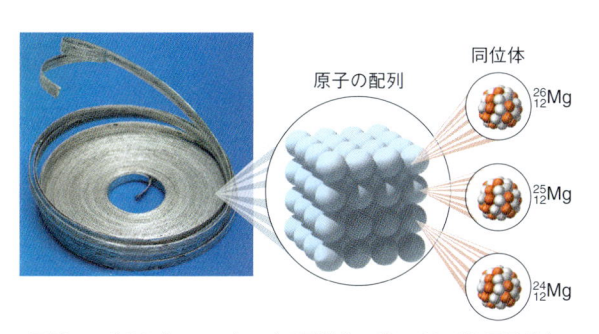

天然のマグネシウム Mg をつくる同位体 3 種．それぞれ原子核内の中性子数が違う

例題 4・8　同位体の陽子数と中性子数

つぎのネオン同位体は，陽子と中性子をそれぞれ何個もつか．
① $^{20}_{10}Ne$　　② $^{21}_{10}Ne$　　③ $^{22}_{10}Ne$

[答] Ne は原子番号 10 だから，どれも陽子を 10 個もつ．中性子数は，質量数から原子番号 10 を引いた値になる．
① 陽子 10 個，中性子 10 個（= 20 個 − 10 個），
② 陽子 10 個，中性子 11 個，
③ 陽子 10 個，中性子 12 個

● **類題**　つぎの同位体を原子表記せよ．
① 中性子 8 個の窒素
② 陽子 20 個，中性子 22 個の原子
③ 質量数 27，中性子 14 個の原子

[答] ① $^{15}_{7}N$，② $^{42}_{20}Ca$，③ $^{27}_{13}Al$

原 子 量

ふつう実験に使う試薬の元素は，複数の同位体からなる．同じ元素でも，同位体ごとに原子の質量は違うため，同位体原子の質量の加重平均値を，元素の**相対質量**（**原子量**）と見なす．原子量は，"amu" を外した "単位のない数" とする．表紙の見返しの周期表では，元素記号の下に原子量を添えた．

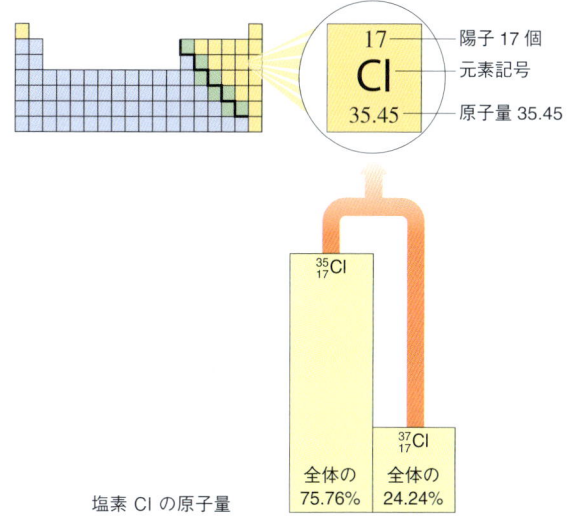

多くの元素は複数の同位体をもつので，たいていの元素は原子量が整数ではない．たとえば塩素には，$^{35}_{17}Cl$ と $^{37}_{17}Cl$ の同位体がある．塩素の原子量は 35.45 だから，$^{35}_{17}Cl$ の存在比は $^{37}_{17}Cl$ より多い（およその存在比は $^{35}_{17}Cl : ^{37}_{17}Cl = 3 : 1$）．

塩素 Cl の原子量

[*7] 訳注: 周期表の上で "同・じ・位置を占める" 原子を意味する．

原子量の計算

元素の原子量は，同位体それぞれの存在比と相対質量から計算する．塩素 Cl の場合，存在比は $^{35}_{17}\text{Cl}$ が 75.76%，$^{37}_{17}\text{Cl}$ が 24.24%，相対質量はそれぞれ 34.97，36.97 なので，原子量はつぎのように計算できる．

同位体	相対質量	×	存在比	=	相対質量への寄与分
$^{35}_{17}\text{Cl}$	34.97	×	$\frac{75.76}{100}$	=	26.49
$^{37}_{17}\text{Cl}$	36.97	×	$\frac{24.24}{100}$	=	8.962
			塩素 Cl の原子量	=	35.45

原子量 35.45 は同位体の加重平均値だから，"相対質量 35.45 の塩素原子は存在しない" ことに注意しよう．

6 種類の元素について，天然同位体の種類と原子量を表 4・8 にまとめた．

表 4・8 元素 6 種の原子量

元素	天然同位体	原子量
リチウム	$^{6}_{3}\text{Li}$, $^{7}_{3}\text{Li}$	6.94
炭素	$^{12}_{6}\text{C}$, $^{13}_{6}\text{C}$, $^{14}_{6}\text{C}$	12.01
酸素	$^{16}_{8}\text{O}$, $^{17}_{8}\text{O}$, $^{18}_{8}\text{O}$	16.00
フッ素	$^{19}_{9}\text{F}$	19.00
硫黄	$^{32}_{16}\text{S}$, $^{33}_{16}\text{S}$, $^{34}_{16}\text{S}$, $^{36}_{16}\text{S}$	32.07
銅	$^{63}_{29}\text{Cu}$, $^{65}_{29}\text{Cu}$	63.55

復習 4・5 原子量

炭素には 3 種類の天然同位体 $^{12}_{6}\text{C}$, $^{13}_{6}\text{C}$, $^{14}_{6}\text{C}$ がある．周期表の原子量を見て，存在比が最も多い同位体は何か推定せよ．

[答] 原子量は 12.01 だから，同位体 $^{12}_{6}\text{C}$ が最も多い．

例題 4・9 原子量の計算

表 4・7 のデータを使い，マグネシウムの原子量を計算せよ．

[答]
$^{24}_{12}\text{Mg}$	23.99	×	$\frac{78.70}{100}$	=	18.88
$^{25}_{12}\text{Mg}$	24.99	×	$\frac{10.13}{100}$	=	2.531
$^{26}_{12}\text{Mg}$	25.98	×	$\frac{11.17}{100}$	=	2.902
			マグネシウム Mg の原子量	=	24.31

● **類題** ホウ素 B は，相対質量 10.01 で存在比 19.80% の $^{10}_{5}\text{B}$ と，相対質量 11.01 で存在比 80.20% の $^{11}_{5}\text{B}$ からなる．ホウ素の原子量を計算せよ．

[答] 10.81

練習問題　同位体と原子量

4・31 つぎの原子の陽子・中性子・電子はそれぞれ何個か．
① $^{27}_{13}\text{Al}$　② $^{52}_{24}\text{Cr}$　③ $^{34}_{16}\text{S}$　④ $^{81}_{35}\text{Br}$

4・32 つぎの原子で，陽子・中性子・電子はそれぞれ何個か．
① $^{2}_{1}\text{H}$　② $^{14}_{7}\text{N}$　③ $^{26}_{14}\text{Si}$　④ $^{70}_{30}\text{Zn}$

4・33 つぎの同位体を原子表記せよ．
① 陽子数 15, 中性子数 16　② 陽子数 35, 中性子数 45
③ 電子数 50, 中性子数 72　④ 中性子数 18 の塩素
⑤ 中性子数 122 の水銀

4・34 つぎの同位体を原子表記せよ．
① 中性子数 10 の酸素
② 陽子数 4, 中性子数 5
③ 電子数 25, 中性子数 28
④ 質量数 24, 中性子数 13
⑤ 中性子数 32 のニッケル

4・35 アルゴン Ar には，質量数 36, 38, 40 の天然同位体がある．
① 同位体それぞれを原子表記せよ．
② 同位体どうしの共通点は何か．
③ 同位体どうしの相違点は何か．
④ アルゴンの原子量は整数ではない．なぜか．
⑤ 存在比が最も高い同位体はどれか．

4・36 ストロンチウム Sr には，質量数 84, 86, 87, 88 の天然同位体がある．
① 同位体それぞれを原子表記せよ．
② 同位体どうしの共通点は何か．
③ 同位体どうしの相違点は何か．
④ ストロンチウムの原子量は整数ではない．なぜか．
⑤ 存在比が最も高い同位体はどれか．

4・37 同位体の相対質量と元素の原子量は，どのように違うか．

4・38 質量数と元素の原子量は，どのように違うか．

4・39 銅 Cu には $^{63}_{29}\text{Cu}$ と $^{65}_{29}\text{Cu}$ の天然同位体がある．Cu の原子量 63.55 を見て，どちらの同位体が天然により多いと考えられるか．

4・40 フッ素 F には相対質量 19.00 の $^{19}_{9}\text{F}$ しかない．その値と周期表の原子量を比べたとき，何がいえるか．

4・41 ネオン Ne には $^{20}_{10}\text{Ne}$, $^{21}_{10}\text{Ne}$, $^{22}_{10}\text{Ne}$ の天然同位体がある．周期表の原子量を見て，どの同位体が最も多いと考えられるか．

4・42 亜鉛には $^{64}_{30}\text{Zn}$, $^{66}_{30}\text{Zn}$, $^{67}_{30}\text{Zn}$, $^{68}_{30}\text{Zn}$, $^{70}_{30}\text{Zn}$ の天然同位体がある．どの同位体の相対質量も，周期表の原子量 (65.38) とは違う．なぜか．

4・43 天然のガリウム Ga は，60.11% の $^{69}_{31}\text{Ga}$ (相対質量 68.93) と 39.89% の $^{71}_{31}\text{Ga}$ (相対質量 70.92) からなる．ガリウムの原子量を計算せよ．

4・44 天然の銅 Cu は，69.09% の $^{63}_{29}\text{Cu}$ (相対質量 62.93) と 30.91% の $^{65}_{29}\text{Cu}$ (相対質量 64.93) からなる．銅の原子量を計算せよ．

4章の見取り図

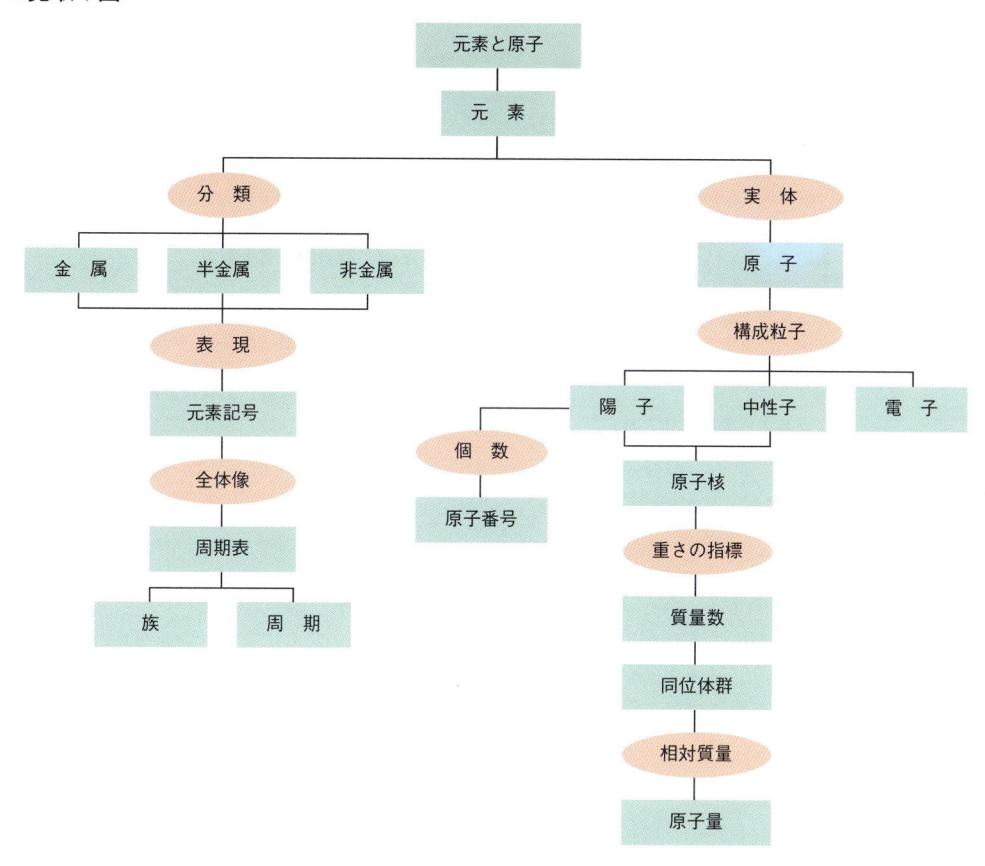

```
元素と原子
    │
   元素
    │
┌───┴───┐
分類    実体
│       │
│      原子
│       │
│     構成粒子
│       │
│   ┌───┼───┐
│   陽子 中性子 電子
│   │
│  個数
│   │
│  原子番号
│
├─金属
├─半金属
└─非金属
    │
   表現
    │
  元素記号
    │
  全体像
    │
  周期表
    │
 ┌──┴──┐
 族    周期

陽子・中性子
    │
  原子核
    │
 重さの指標
    │
  質量数
    │
  同位体群
    │
  相対質量
    │
  原子量
```

キーワード

アルカリ金属（alkali metal）
アルカリ土類金属
　（alkaline earth metal）
貴ガス（noble gas）
金属（metal）
原子（atom）
原子核（nucleus）
原子質量単位
　（atomic mass unit：amu）

原子の構成粒子（subatomic particle）
原子番号（atomic number）
原子表記（atomic symbol）
原子量（atomic mass）
元素記号（chemical symbol）
質量数（mass number）
周期（period）
周期表（periodic table）
遷移元素（transition element）

族（group）
中性子（neutron）
典型元素（representative element）
電子（electron）
同位体（isotope）
ハロゲン（halogen）
半金属（metalloid）
非金属（nonmetal）
陽子（proton）

5 電子配置と周期性

目次と学習目標

5・1 電磁波
　電磁波の波長とエネルギーの関係はどうなっているのか.

5・2 原子スペクトルとエネルギー準位
　原子の発光スペクトルは, 何を意味するのか.

5・3 エネルギーの副準位と軌道
　原子内の電子は, どのような副準位や軌道にあるのか.

5・4 軌道図と電子配置
　電子のエネルギー準位は, どういう順に高くなるのか.

5・5 電子配置と周期表
　周期表の独特な形は, どこからくるのか.

5・6 元素の性質にみる周期性
　元素の性質が示す周期性は, 電子配置とどう関係するのか.

　プリズムや水滴を通った太陽の光は, いくつかの色に分かれて見える. 虹も同じようにして生まれるし, 高温できれいな色を出す元素は花火に使う. リチウムやストロンチウムは赤, ナトリウムは黄, バリウムは緑, 銅は青, ストロンチウムと銅の混合物は紫の色を出し, マグネシウムはまぶしい白に輝く.

空気中の水滴が太陽光を屈折してできる虹

　原子がもつ電子の性質は, 光や色の研究からわかった. 本章ではまずそのことを学ぶ. つぎに, 原子内で電子がどのような状態にあるのか調べ, 元素の性質と周期表上の位置との関係をみよう. 同族元素の類似性も, 元素の反応性も, 電子配置が決める.

　ちっぽけな原子核と, 原子核のまわりに電子が飛び交う真空の大空間——それが原子の姿だとRutherfordが見抜くや, 電子の運動を多くの研究者たちが調べた. それぞれの電子は, 極微の空間をきちんと住み分け, 居場所=軌道のエネルギーが違う. そうした事実の背後には, 電子が波でもあり粒子でもあると突き止めた量子論がある.

5・1 電 磁 波

　ラジオを聞いたり, 電子レンジを使ったり, 電気をつけたり, 虹を眺めたり, X線撮影をしたりするとき, 私たちはさまざまな**電磁波**に出合っている. 電磁波は, エネルギーを運ぶ波でもあり, エネルギーをもつ粒=光子の集まりでもある.

波長と振動数

　浜辺に打ち寄せる波は, 高くなったり低くなったりを繰返す. 波には山と谷がある. 山と山の間隔は, 穏やかな海では長く, 荒れた海ではだいぶ短い.

　電磁波という波にも, 山と谷がある. 山(谷)からつぎの山(谷)までの距離を**波長**(記号 λ ラムダ) という(図5・1). 山〜山の距離が長い電磁波も, 短い電磁波もある. 波長の違う波どうしは, 振動数も違う.

　定点を1秒間に通過する波の数を**振動数**(記号 ν ニュー, 単位 s^{-1}) という. どのような電磁波も光速($c = 3.00 \times 10^8$ m s^{-1}) で進む. 光速は, 波長と振動数の積に等しい. 光速は音速のおよそ100万倍にもなるから, 雷雨のとき, 雷鳴を聞く前に稲光が見える.

$$\text{光速 } c = 3.00 \times 10^8 \text{ m s}^{-1} = \text{波長 } \lambda \times \text{振動数 } \nu$$

電磁波スペクトル

　波長や振動数を基にした電磁波の配置を, **電磁波スペクトル**という. 図5・2では, 左から右に波長が短く(振動数が高く)なるようにした. なお, マイクロ波を含め, それより波長の長い電磁波(電波)では, "振動数"を"周波数"ともよぶ.

　左端に位置する波長の長いラジオ波は, AM・FM放送や携帯電話, テレビ用の電波に使う. AMラジオ波の波長

は，サッカー場なみの長さになる．ラジオ波より波長が短い（振動数が高い）マイクロ波は，レーダーや電子レンジに利用する．つぎに波長の短い赤外線（IR）は，日光や白熱電球の出す熱線のこと．テレビ用のリモコンも赤外線を出す．

波長 700〜400 nm の電磁波は，ヒトの網膜にある物質が吸収するため，特に可視光とよぶ．およその波長で，赤い光が 700 nm，橙色が 600 nm，緑が 500 nm，紫が 400 nm に当たる．可視光の一部を吸収する物体は，吸収しなかった色（補色）がついて見える．電球や蛍光灯の光は，可視光のほぼ全域を出すので白色（透明）に見える．

可視光より波長の短い（振動数の高い）電磁波は，紫外線（UV）という呼び名になる．太陽の紫外線は日焼けをひき起こし，ときに皮膚がんをもたらす．紫外線の一部は成層圏のオゾン層が吸収してくれるが，紫外線から皮膚を守るには，紫外線の吸収を防ぐ日焼け止めクリームを塗るとよい．

X 線や γ 線は波長が紫外光より短く，振動数が高い．金属や骨を透過しにくい X 線は，空港の荷物検査や，骨や歯の撮像に役立つ．波長が最も短い γ 線は，放射性原子の壊変（崩壊）や，太陽や恒星内部の核反応から生まれる．生体分子を壊す γ 線は危険だけれど，その性質を利用して腫瘍やがん治療などに活用できる．

復習 5・1　電磁波

1. X 線，紫外線，FM ラジオ波，マイクロ波を，波長の長いものから順に並べよ．
2. 可視光は，赤から紫の光まで及ぶ．つぎの問いに答えよ．
   ① 波長が最も短い光は何色か．
   ② 振動数が最も低い光は何色か．

[答] 1. FM ラジオ波 ＞ マイクロ波 ＞ 紫外線 ＞ X 線．
2. 図 5・2 を見て考える．① 紫，② 赤．

振動数の計算

FM ラジオ波の振動数は，"周波数 81.3 メガヘルツ"などという．ヘルツ（Hz）は，定点を 1 秒間に通る波の数をいい，1 メガヘルツ（MHz）は 1×10^6 Hz にあたる．

例題 5・1　周波数

電子レンジが出すマイクロ波の周波数 2.5×10^9 Hz は，何 MHz か．

[答] $2.5 \times 10^9 \text{ Hz} \times \dfrac{1 \text{ MHz}}{1 \times 10^6 \text{ Hz}} = 2.5 \times 10^3$ MHz （2500 MHz）

● 類題　ラジオ放送に使う 6055 kHz の短波は何 MHz か．
[答] 6.055 MHz

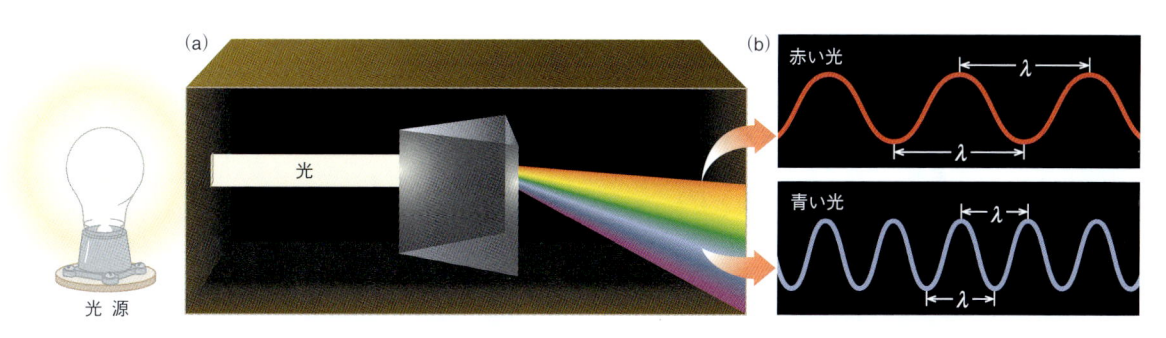

図 5・1 （a）プリズムを通った白色光は，虹と同じ色に分かれる．（b）ピークからピークまでの距離が波長 λ にあたる．
[考えてみよう] 赤い光と青い光は，何が違うのか．

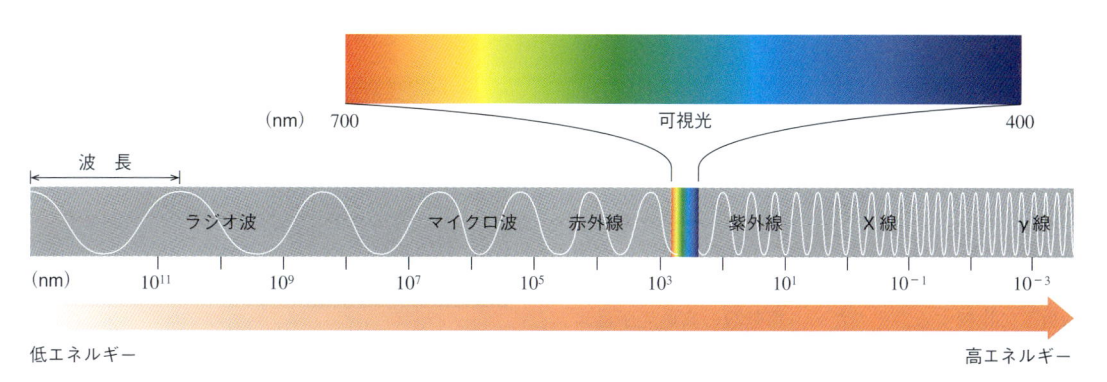

図 5・2　波長で描いた電磁波スペクトル．波長 700〜400 nm の範囲が可視光．
[考えてみよう] 紫外線とマイクロ波で，波長は何桁ほど違うか．

> **練習問題　電磁波**
>
> 5・1　紫外線の波長とは何か．
> 5・2　光の振動数と波長には，どのような関係があるか．
> 5・3　白色光は，青い光や赤い光とどのように違うか．
> 5・4　骨や歯の画像は，ラジオ波やマイクロ波ではなくX線を使って得る．なぜか．
> 5・5　594 kHz の AM 放送を聞いている．放送の周波数は何 Hz か．
> 5・6　82.5 MHz の FM 放送を聞いている．放送の周波数は何 Hz か．
> 5・7　橙色光の波長 6.3×10^{-5} cm は何メートルか，また何ナノメートルか．
> 5・8　光ファイバー通信には，波長 850 nm の光を使う．波長は何メートルか．
> 5・9　紫外線，マイクロ波，X線のうち，波長が最も長い電磁波はどれか．
> 5・10　ラジオ波，赤外光，紫外線のうち，波長が最も短い電磁波はどれか．
> 5・11　虹の青色，X線，電子レンジのマイクロ波，白熱電球から出る赤外線を，波長の短いものから順に並べてみよ．
> 5・12　AM ラジオ波，太陽の紫外線，警察が使うレーダーを，周波数の高いものから順に並べてみよ．

5・2　原子スペクトルとエネルギー準位

太陽や電球の白色光をプリズムに通すと，虹と同じ連続スペクトルができる．虹の場合は，小さな水滴がプリズムの役目をする．高温に熱した原子も光を出す．黄色に光るトンネル内のナトリウム灯や，赤や緑に輝くネオンサインがそれだ．

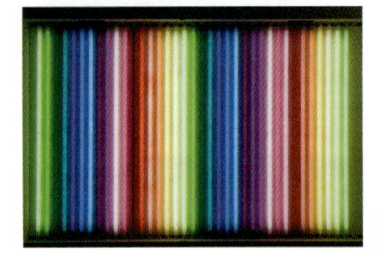

貴ガス原子の発光を利用したネオンサイン

光子

原子が出す光は，**光子**という粒の集まりとみてよい．光子は波と粒子の性質をもち，光速で空間を飛ぶ"エネルギーを運ぶ波"だ．光子のエネルギーは，"波とみたときの振動数"に比例する．そのため，振動数の高い光子はエネルギーが大きく，波長が短い．逆に振動数が低いほど，光子のエネルギーは小さく，波長は長い．

光子はレーザー技術の主役になる．光子の振動数が一つに決まったレーザーを，CD や DVD の情報記録，食品包装のバーコード読み取りに使う．レーザーの波長は，CD 用が 780 nm，DVD 用が 640 nm だ．レーザーの波長が短いほど，ディスク面のこまかい凹凸が読み取れるから，記録容量を増やせる．医療分野では，周囲の組織を傷つけることなく，内臓の腫瘍を焼き切る治療に高エネルギーのレーザー光が使われている．

CD や DVD は，表面の微細な凹凸をレーザー光で読む

> **復習 5・2　光子のエネルギー・振動数・波長**
>
> γ線と緑色光の光子で，エネルギー，振動数，波長はどう違うか．
>
> ［答］光子のエネルギーは振動数に比例し，波長に反比例する．つまり緑色光に比べて γ 線の光子は，エネルギーが大きく，振動数が高く，波長が短い．

原子スペクトル

高温の原子が出す光をプリズムに通すと，連続スペクトルではなく，飛び飛びの細い色帯（**原子スペクトル**）になる（図 5・3）．高温の原子は，決まった波長の光だけを出

ストロンチウム

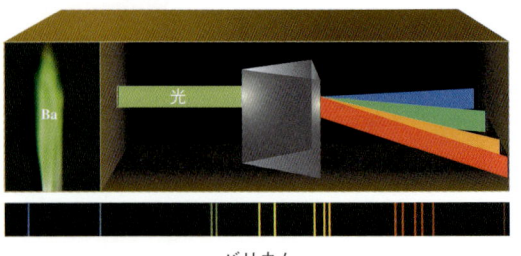

バリウム

図 5・3　元素に固有の原子スペクトル．
［考えてみよう］原子スペクトルは，なぜ連続スペクトルではないのか．

す．つまりそれぞれの原子は固有の原子スペクトルをもつ，といってよい．

電子のエネルギー準位

原子スペクトルに見える細い帯は，電子のエネルギー変化を表す．原子の中で電子は決まったエネルギー状態（エネルギー準位）にあり，どの準位にあるかは，**主量子数**（記号 n）という正の整数で指定する．

低い準位の電子ほど原子核に近く，高い準位の電子ほど原子核から遠い．電子のエネルギーは飛び飛びの値をとり，中間の値はとれない．その事実を，"電子のエネルギーが**量子化**されている"という．

主量子数 n（大きいほどエネルギーが高い）
$1 < 2 < 3 < 4 < 5 < 6 < 7$

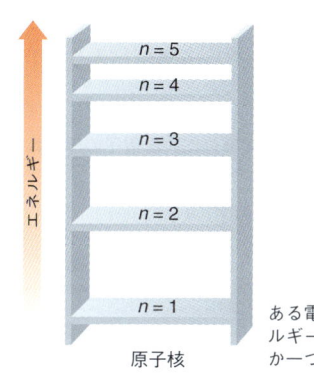

電子のエネルギー準位は，本棚に似ている．最低の準位は最下段の棚，2番目は2段目の棚だ．床に積んだ本は最下段から順々と棚に入れるが，棚と棚の間に浮かせることはできない．ただし本棚とは違って電子エネルギーの段々は，$n=1$ 準位と $n=2$ 準位の差が最も広く，準位が上がるほど狭まっていく．

準位間の遷移

電子が最低エネルギー準位にある状態を，原子の"**基底状態**"という．準位間の差に等しいエネルギーを外から与えると，電子は高い準位（**励起状態**）に移る（電子遷移）．高い準位から低い準位に移る電子はエネルギーを失い，そのエネルギーに相当する光子を出す（図 5・4）．波長が可視光の範囲にある光子なら，特有の色が見えることになる．

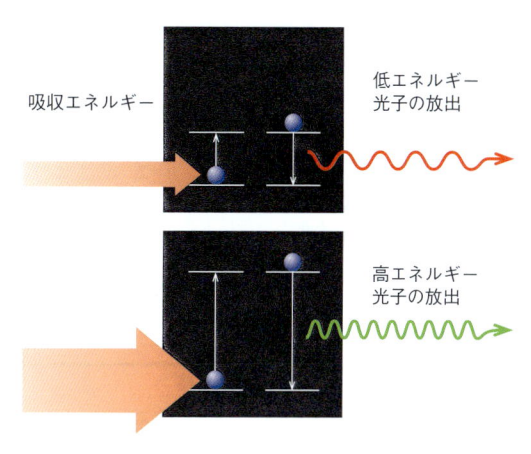

図 5・4 準位間差のエネルギーを吸収した電子は，高い準位に移る．逆に低い準位へ移るときは，準位間差に等しいエネルギーの光を出す．
[考えてみよう] 緑の光と赤い光で，光子エネルギーはどちらが大きいか．

紫外線の人体影響

健康と化学

生命活動の源は太陽光のエネルギーだが，太陽光はときに細胞を傷つけ，浴びすぎると危ない．ことにエネルギーの高い紫外線は，有害な化学変化の引き金になり，日焼けや皮膚の老化，DNA分子の変性を通じた皮膚がん，眼の炎症や白内障につながる．ニキビ薬や抗生物質，利尿剤，スルホンアミド系抗菌剤，女性ホルモンなどを服用している人は，皮膚が光にとりわけ過敏になる．

生物に有害な紫外線は，大部分が表皮で吸収される．吸収の度合いは，表皮の厚さや保水力，色素とタンパク質の量，血管が皮膚の表面からどれほど深いところにあるかで変わる．表皮の紫外線吸収率は，白い肌が85～90％，黒い肌が90～95％になる．

その一方で光は治療にも役立ち，乾癬や湿疹，皮膚炎といった疾患に効く．乾癬の場合，経口薬で皮膚を光過敏にしてから紫外線を当てる．新生児の黄疸には，可視光を当てて血中のビリルビンを壊す．また光には，免疫系を活性化する力もある．

T細胞の異常増殖でがん化が進む病気，T細胞リンパ腫の治療にも光を使う．患者を光過敏にする薬を投与したのち，体から血液を抜いて紫外線を当ててまた体内に戻す．活性化したT細胞が免疫系を刺激し，がん細胞を壊すのだ．

季節性感情障害という病気の患者は，寒い時期に情緒不安定になる．日照時間の短い冬場，セロトニン不足やメラトニン過多になるのが原因といわれる．日に30～60分ほど強い光を浴びれば，症状を緩和できる．

一般に紫外線は，電子が高い準位から $n=1$ 準位へ落ちるときに出る．落ちる先が $n=2$ 準位なら可視光が出て，$n=3$ 準位に落ちれば赤外線が出る（図 5・5）．

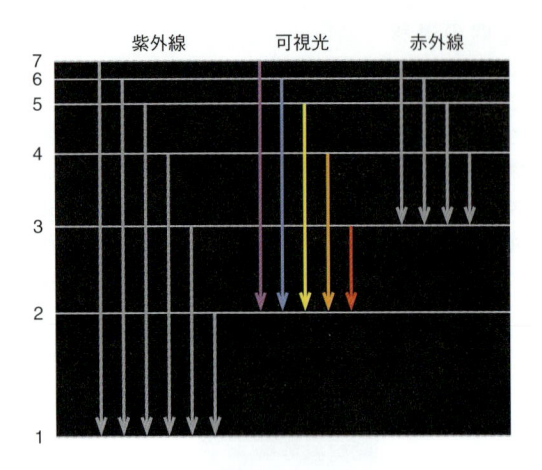

図 5・5 電子が高い準位から $n=1$, $n=2$, $n=3$ 準位へ落ちるとき，それぞれ紫外線，可視光，赤外線が出る（準位間のエネルギー差は大まかに描いた）．
[考えてみよう] 電子が $n=5$ 準位から $n=3$ 準位に落ちるときと，$n=4$ 準位から $n=2$ 準位に落ちるときで，出る電磁波は違う．なぜか．

例題 5・2　エネルギー準位間の遷移
① 電子を高い準位へ移すには，どうすればよいか．
② 電子が低い準位に移るとき，準位間差のエネルギーはどうなるか．

[答] ① 準位間の差に等しいエネルギーを吸収させる．
② エネルギー差に相当する波長の光（電磁波）が出る．

● **類題**　電子が飛び飛びの準位にあることは，どのような観測事実からわかったか．
[答] 原子の発光スペクトルが連続ではなく，飛び飛びの線になる事実．

練習問題　原子スペクトルとエネルギー準位

5・13　原子スペクトルが連続光でないことは，どのようにしてわかるか．
5・14　原子スペクトルに現れる特有の細い帯は，どのようにして生まれるか．
5・15　つぎの [ ] 内はどちらが正しいか．
光を [吸収・放射] した電子は，高い準位に上がる．
5・16　つぎの [ ] 内はどちらが正しいか．
光を [吸収・放射] した電子は，低い準位に落ちる．

5・17　赤外線は，励起電子がどのような準位に落ちるとき出るか．
5・18　赤い光は，励起電子がどのような準位に落ちるとき出るか．
5・19　つぎのペアでは，どちらのエネルギーが大きいか．
① 緑の光と黄色の光　　② 赤い光と青い光
5・20　つぎのペアでは，どちらのエネルギーが大きいか．
① 橙色の光と紫の光　　② 紫外線と赤外線

5・3　エネルギーの副準位と軌道

各準位に入る電子の数は決まっている．低い準位では少なく，高い準位ほど多い．主量子数 n の準位には，最大で $2n^2$ 個の電子が入る．$n=1 \sim 4$ 準位に入る電子の最大数を表 5・1 にまとめた．

表 5・1　$n=1 \sim 4$ 準位に入る電子の最大数

準位（主量子数 n）	$n=1$	$n=2$	$n=3$	$n=4$
入る電子の最大数	2×1^2 $=2$ 個	2×2^2 $=8$ 個	2×3^2 $=18$ 個	2×4^2 $=32$ 個

副 準 位

主量子数 n の準位は，n 個の**副準位**[*1]を伴う．副準位は記号で s, p, d, f と書く[*2]．同じ副準位に入った電子のエネルギーは等しく，副準位の数（種類）は主量子数 n に等しい．つまり，$n=1$ 準位には 1s 副準位だけがあり，$n=2$ 準位には副準位 2s, 2p が，$n=3$ 準位には副準位 3s, 3p, 3d が，$n=4$ 準位には副準位 4s, 4p, 4d, 4f がある（図 5・6）．

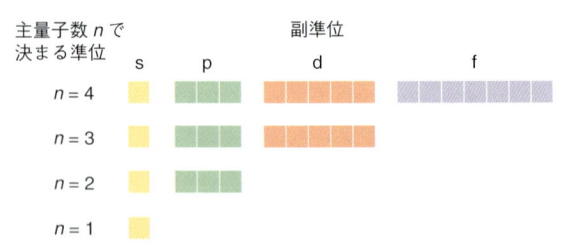

図 5・6　n 番目の準位には，n 個（n 種類）の副準位がある．
[考えてみよう] $n=5$ 準位には副準位が何個あるか．

[*1] 訳注：主量子数 n で決まるものを，エネルギー（準位）ではなく存在場所（殻＝シェル）とみたとき，"副準位（sublevel）" は "副殻（subshell）" とよぶ．

[*2] 訳注：もともとは線スペクトルの特徴を表す sharp（鋭い），principal（おもな），diffuse（ぼやけた），fundamental（基本的な）の頭文字だった．もはやあまり意味のない表記だけれど，伝統を重くみていまもなお使っている．

5・3 エネルギーの副準位と軌道

$n=5$ 以上の準位にも副準位は n 個ある（$n=5$ の副準位 s・p・d・f・g，$n=6$ の副準位 s・p・d・f・g・h）．ただし，副準位 g や h をもつ安定な元素は存在しない．

どの準位でも，s 副準位のエネルギーが最も低く，p 副準位，d 副準位，f 副準位……とエネルギーが上がっていく．

同じ準位の副準位がもつエネルギーの序列
s＜p＜d＜f

■ 復習5・3　エネルギーの準位と副準位

つぎの表の空欄を埋めよ．

準位 n	副準位			
	s	p	d	f
			4d	
1				
	2s			
		3p		

［答］副準位の数は主量子数 n に等しい．副準位は s, p, d, f と続く．$n=1$ には 1s だけ，$n=2$ には 2s・2p，$n=3$ には 3s・3p・3d，$n=4$ には 4s・4p・4d・4f が入る．

準位 n	副準位			
	s	p	d	f
4	4s	4p	4d	4f
1	1s			
2	2s	2p		
3	3s	3p	3d	

軌　道

電子の存在場所は確定できない（量子世界の特徴）．そのため，電子の位置は"確率密度"で表し，確率ほぼ 90% で電子が見つかる領域を"**軌道**"とよぶ．

たとえば教室を円で囲んだとしよう．化学の授業中，受講生が円内にいる確率は高いけれど，たまたま病欠した学生は円内にいない．軌道もそれに似ている．原子のまわりの軌道は三次元に広がり，電子の存在確率が最も高くなる空間をさす．

軌道の形

ある準位がもつ副準位に"軌道"を対応させ，s 副準位は s 軌道，p 副準位は p 軌道，d 副準位は d 軌道，f 副準位は f 軌道をつくるとみてもよい．

各軌道は特有の形をもち，たとえば s 軌道は球形をしている．1秒に1枚ずつ，s 軌道の電子を撮影したとしよう．1時間後にスナップショットの全部を重ねると，図 5・7 のような球になる．それを電子の確率密度といい，原子核まわりで s 電子が見つかる確率の高い領域を表す．以後はこうした領域を"s 軌道"とよぶ．

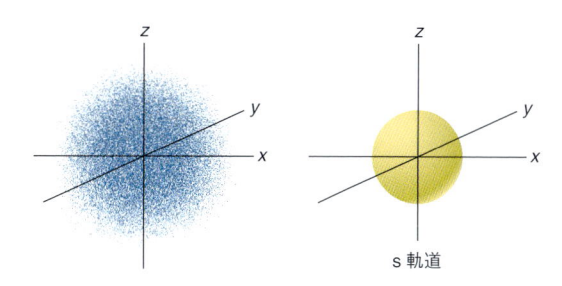

図 5・7　球形の s 軌道は，原子核のまわりで s 電子が見つかる確率の高い領域を表す．
［考えてみよう］s 軌道の外側に s 電子が見つかる確率は高いか，低いか．

どの s 軌道も球形だが，準位の高い s 軌道ほど広がりが大きい（図 5・8）．

図 5・8　s 軌道の形はどれも同じだが，準位が高いほど，s 軌道の広がりは大きい．
［考えてみよう］1s, 2s, 3s 軌道の電子がもつエネルギーの高低はどういう順になるか．

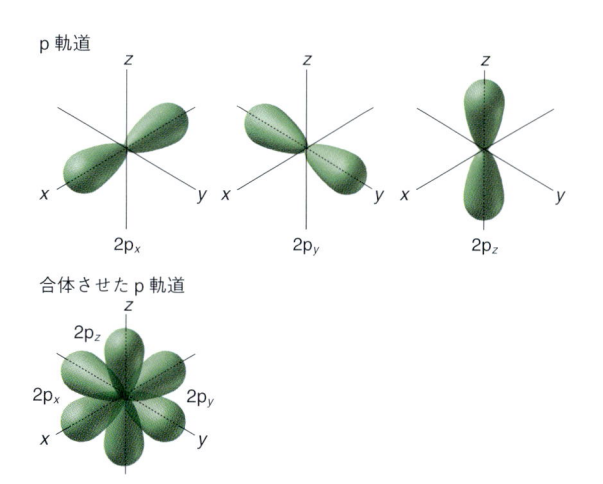

図 5・9　x 軸，y 軸，z 軸方向に伸びた3種の p 軌道．
［考えてみよう］$n=3$ 準位に属す p 軌道のそれぞれで，類似点と相違点は何か．

p副準位にはp軌道が3種類ある．それぞれが2本のローブ*3をもち，原子核を中心にして引いたx軸，y軸，z軸の方向を向く（図5・9）．準位が高いほど軌道の広がりは増すけれど，形そのものは変わらない．

$n=2$準位を考えよう．$n=2$準位にはs副準位とp副準位があり，それぞれ1個のs軌道と3個のp軌道からなる．

2s軌道1個と2p軌道3個からなる$n=2$準位

$n=3$準位は副準位s, p, dをもち，d副準位は5個のd軌道に分かれる．$n=4$準位だと s, p, d, f の副準位があり，f副準位は7個のf軌道に分かれる．d軌道とf軌道の形は複雑だから，本書では扱わない．

例題 5・3 副準位と軌道

つぎの準位や副準位には，どのような軌道が何個ずつあるか．

① 3p 副準位　② $n=2$ 準位
③ $n=3$ 準位　④ 4d 副準位

[答] ① 3p 軌道が3個
② 2s 軌道が1個と，2p 軌道が3個
③ 3s 軌道が1個，3p 軌道が3個，3d 軌道が5個
④ 4d 軌道が5個

● 類題　1s, 2s, 3s 軌道の類似点と相違点は何か．
　　　[答] 1s, 2s, 3s 軌道はどれも球体だが，番号が大きいほど原子核から遠い(高エネルギーの)準位を占めるため，この順にサイズが増す．

軌道に入る電子の最大数とスピン

軌道1個には2個の電子が入れる（**パウリの排他律**）．量子論のモデルによると，電子は自転（**スピン**）しているとみてよい．負電荷をもつ粒子の自転は磁場を生む．2個の電子が**逆スピン***4 なら，互いに引き合う（安定化する）力が働き，負電荷どうしの反発を減らす．そのため，ある軌道に入る電子2個は，逆スピン状態にある．

ある軌道には逆スピンの電子2個が入る

副準位の電子数

副準位それぞれに入る電子の最大数は決まっている．1個のs軌道をもつs副準位には2個まで，3個のp軌道をもつp副準位には$2\times3=6$個まで，5個のd軌道をもつd副準位には$2\times5=10$個まで，7個のf軌道をもつf副準位には$2\times7=14$個まで入る．$n=5, 6, 7, \cdots$の準位は5, 6, 7, $\cdots$個の副準位をもつが，fより上の副準位に電子が入る安定な原子はない．

副準位それぞれに属する電子の総数が，各準位に入れる電子の最大数となる．副準位の数，軌道の数，$n=1\sim4$準位に入る電子の最大数を表5・2にまとめた．

表 5・2　$n=1\sim4$ 準位に入れる電子の最大数

準位 n	副準位の数	副準位の種類	軌道の数	副準位に入る電子数	総電子数 ($2n^2$)
4	4	4f	7	$2\times7=14$	32
		4d	5	$2\times5=10$	
		4p	3	$2\times3=6$	
		4s	1	$2\times1=2$	
3	3	3d	5	$2\times5=10$	18
		3p	3	$2\times3=6$	
		3s	1	$2\times1=2$	
2	2	2p	3	$2\times3=6$	8
		2s	1	$2\times1=2$	
1	1	1s	1	$2\times1=2$	2

練習問題　副準位と軌道

5・21　つぎの軌道は，どのような形をしているか．
① 1s　② 2p　③ 5s

5・22　つぎの軌道は，どのような形をしているか．
① 3p　② 6s　③ 4p

5・23　つぎのペアは，どういう点が似ているか．
① 1s 軌道と 2s 軌道
② 3s 副準位と 3p 副準位
③ 3p 副準位と 4p 副準位
④ 3 種類の 3p 軌道

5・24　つぎのペアは，どのような点が似ているか．
① 5s 軌道と 6s 軌道　② 3p 軌道と 4p 軌道
③ 3s 副準位と 4s 副準位　④ 2s 軌道と 2p 軌道

5・25　以下の数はそれぞれいくつか．
① 3d 副準位にある軌道の数
② $n=1$ 準位にある副準位の数
③ 6s 副準位にある軌道の数
④ $n=3$ 準位にある軌道の数

---

*3 訳注：ダンベル形にふくらんだ部分をローブ（lobe）という．
*4 訳注：電子のスピンを矢印で表す．逆スピンの状態は逆向きの矢印で表される．

5・26 以下の数はそれぞれいくつか．
① $n=2$ 準位にある軌道の数
② $n=4$ 準位にある副準位の数
③ 5f 副準位にある軌道の数
④ 6p 副準位にある軌道の数

5・27 つぎの準位，副準位，軌道に入る電子の最大数はいくつか．
① 2p 軌道の一つ　② 3p 副準位
③ $n=4$ 準位　　　④ 5d 副準位

5・28 つぎの準位，副準位，軌道に入る電子の最大数はいくつか．
① 3s 副準位　　　② 4p 軌道の一つ
③ $n=3$ 準位　　　④ 4f 副準位

5・4 軌道図と電子配置

軌道それぞれに，電子はどのように入っていくのだろう？ 図 5・10 に描いた**軌道図**では，箱（または箱の集団）が各軌道を表す．1s 軌道の電子は 2s 軌道の電子よりエネルギーが低いため，原子がもつ最初の電子 2 個は 1s 軌道に入る．それで 1s 軌道は満杯だから，つぎの電子はエネルギーがより高い 2s 軌道に入っていく．

こうして原子内の電子たちは，低エネルギーのほうから軌道を埋める（例外もある，後述）．たとえば，原子番号 6 の炭素 C は電子を 6 個もつ．まず 2 個が 1s 軌道に入り，つぎの 2 個は 2s 軌道に入る．軌道図には，1s 軌道の電子 2 個も 2s 軌道の電子 2 個も，互いに逆向きのスピン（矢印）で描く．残る電子 2 個は 2p 軌道に入るけれど，2p 軌道には等エネルギーの軌道が三つある．そのとき，負電荷をもつ電子どうしの反発がなるべく減るよう，スピンの向きを揃え，別々の 2p 軌道に入れる*5．

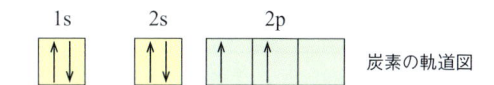

炭素の軌道図

電 子 配 置

軌道を表す記号の右肩に電子数を添え，エネルギーが高まる順に軌道を並べた表記を，**電子配置**という．炭素の電子配置は，最低エネルギーの軌道（1s）と，つぎに低いエ

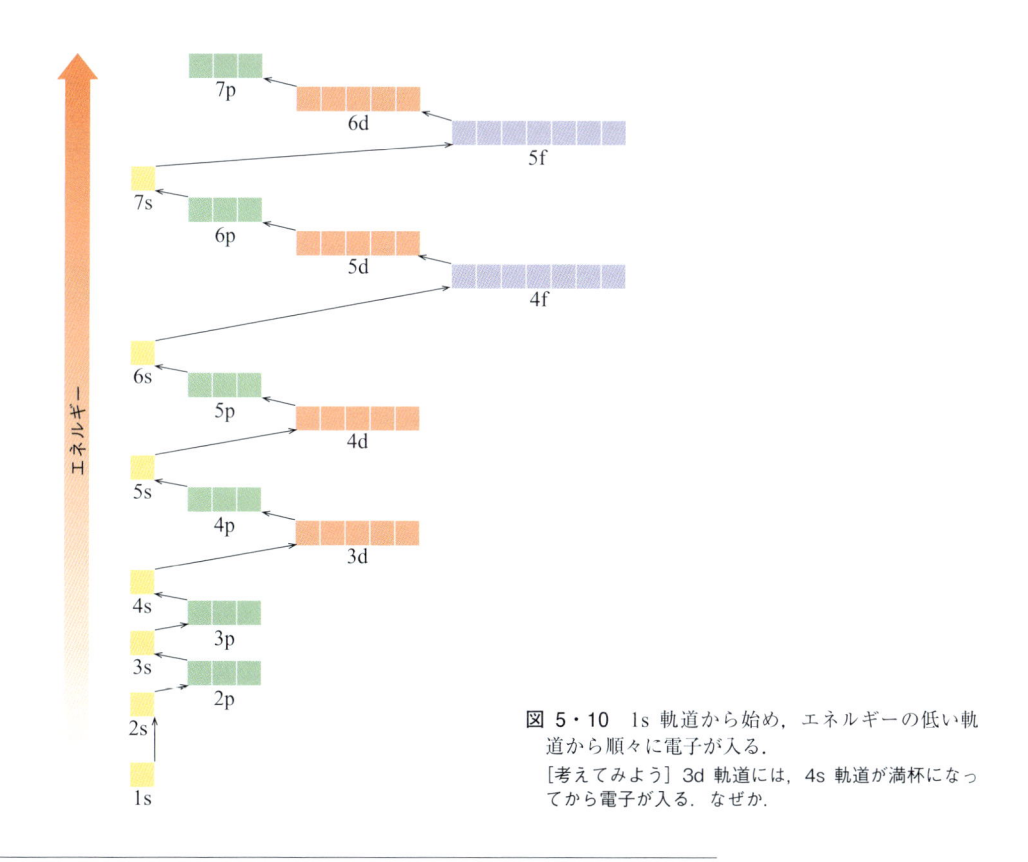

図 5・10 1s 軌道から始め，エネルギーの低い軌道から順々に電子が入る．
[考えてみよう] 3d 軌道には，4s 軌道が満杯になってから電子が入る．なぜか．

---

*5 訳注: 等エネルギーの軌道が複数あるとき，同じスピンの電子が別々の軌道に入ると（**フントの規則**），負電荷どうしの反発が減って安定化する．

ネルギーの軌道（2s, 2p）に電子が入るため，つぎのように書く．

軌道の種類　電子の数
$1s^2 2s^2 2p^2$

第1周期：水素HとヘリウムHe

第1周期の水素HとヘリウムHeで，軌道図と電子配置を書いてみよう．まず最低エネルギーの1s軌道を書く．水素では電子1個が，ヘリウムでは2個が入る．むろんヘリウムの軌道図で，2個の電子は逆スピンに書く．

原子番号	元 素	軌道図	電子配置
		1s	
1	H	↑	$1s^1$
2	He	↑↓	$1s^2$

第2周期：リチウムLi〜ネオンNe

冒頭のリチウムLiだと，電子は2個までが1s軌道に，3個目はすぐ上の2s軌道に入る．ベリリウムBeでは4個目も2s軌道に入る．5〜10個目は2p軌道に入るけれど，ホウ素B〜窒素Nでは，別々の2p軌道に1個ずつ入れる（復習：別々の軌道に入るほうが，負電荷どうしの反発が少ない）．酸素O〜ネオンNeになると，半分だけ空席の2p軌道に逆スピンの電子が入る．第2周期元素の電子配置は，1s→2s→2pの順に書く．

電子配置には，先行周期にあった貴ガスの電子配置を，カッコつき元素記号で表す簡略形もある．たとえばリチウムの電子配置は，満杯の$1s^2$を[He]とし，[He]$2s^1$と表す．

> **復習5・4　軌道図と電子配置**
>
> 窒素原子について，つぎのものを書け．
> ① 軌道図　② 電子配置　③ 簡略形の電子配置
>
> [答] 原子番号が7だから，電子を7個もつ．
> ① 1s, 2s, 2p軌道の箱を描き，1sと2s軌道に逆スピンの電子を2個ずつ入れる．残る電子3個を三つの2p軌道に1個ずつ，平行スピンで入れる．
>
> 　1s　2s　　2p
> ↑↓　↑↓　↑ ↑ ↑
>
> ② 低エネルギー軌道から順に書く．$1s^2 2s^2 2p^3$
> ③ $1s^2$部分を[He]として書く．[He]$2s^2 2p^3$

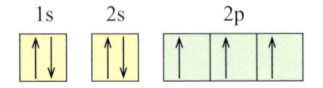

リチウムLi〜ネオンNeの軌道図と電子配置

原子番号	元素	軌道図	電子配置	簡略形の電子配置
3	Li	1s ↑↓　2s ↑	$1s^2 2s^1$	[He]$2s^1$
4	Be	↑↓　↑↓	$1s^2 2s^2$	[He]$2s^2$
5	B	↑↓　↑↓　2p ↑ □ □	$1s^2 2s^2 2p^1$	[He]$2s^2 2p^1$
6	C	↑↓　↑↓　↑ ↑ □	$1s^2 2s^2 2p^2$	[He]$2s^2 2p^2$
7	N	↑↓　↑↓　↑ ↑ ↑ （不対電子）	$1s^2 2s^2 2p^3$	[He]$2s^2 2p^3$
8	O	↑↓　↑↓　↑↓ ↑ ↑	$1s^2 2s^2 2p^4$	[He]$2s^2 2p^4$
9	F	↑↓　↑↓　↑↓ ↑↓ ↑	$1s^2 2s^2 2p^5$	[He]$2s^2 2p^5$
10	Ne	↑↓　↑↓　↑↓ ↑↓ ↑↓	$1s^2 2s^2 2p^6$	[He]$2s^2 2p^6$

第3周期: ナトリウム Na～アルゴン Ar

　第3周期になると, 電子は 3s 軌道と 3p 軌道を埋めていくが, エネルギーの高すぎる 3d 軌道には入れない. そのため第2周期の Li～Ne と同様, Na～Ar の電子は s・p 軌道に入る. まずは 3s 軌道に, ナトリウム Na では1個, マグネシウム Mg だと2個が入る. つづくアルミニウム Al, ケイ素 Si, リン P では別々の 3p 軌道に1個ずつ入る. リンの軌道図はつぎのようになる.

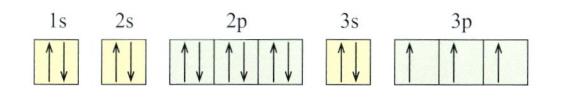

　前周期の貴ガス記号を使い, 簡略形の軌道図はこう書く.

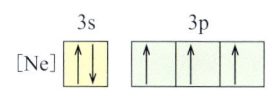

　つづく硫黄 S, 塩素 Cl, アルゴン Ar では, 箱それぞれに逆スピンの電子が対をなして入る. 以上をまとめ, 第3周期の電子配置は下表のように書ける. 簡略形の軌道図で, [Ne]は $1s^2\,2s^2\,2p^6$ を表す.

例題 5・4　軌道図と電子配置

ケイ素 Si の原子について, つぎのものを書け.
① 軌道図　　② 簡略形の軌道図
③ 電子配置　④ 簡略形の電子配置

[答] ① Si は原子番号14だから, 電子を14個もつ. そこで 1s～3p 軌道の箱を描き, 1s～3s 軌道の箱に逆スピンの電子対を入れる. 残る2個は, 平行スピンで別々の 3p 軌道に入る.

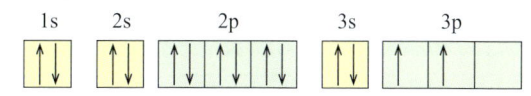

② 前周期にあった貴ガスのネオンを使い, 1s, 2s, 2p が満杯の状態を[Ne]として, 簡略形の軌道図はこうなる.

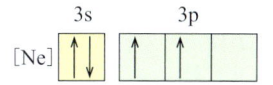

③ エネルギーが増す順に軌道を並べ, 電子を詰めていく. 最初の10個は第1・2周期の軌道に入れ, $1s^2\,2s^2\,2p^6$ と書く. つづく 3s 軌道に電子2個を入れ, 残った電子2個は 3p 軌道に回す.
$$1s^2\,2s^2\,2p^6\,3s^2\,3p^2$$

④ 前周期にある貴ガスのネオンを使い, 簡略形の電子配置はこうなる.
$$[Ne]3s^2\,3p^2$$

● 類題　硫黄原子の電子配置と, 簡略形の電子配置を書け.
[答] 電子配置: $1s^2\,2s^2\,2p^6\,3s^2\,3p^4$
簡略形の電子配置: $[Ne]3s^2\,3p^4$

ナトリウム Na～アルゴン Ar の軌道図と電子配置

原子番号	元素	軌道図	電子配置	簡略形の電子配置
11	Na	[Ne] 3s↑ 3p□□□	$1s^2\,2s^2\,2p^6\,3s^1$	$[Ne]3s^1$
12	Mg	[Ne] 3s↑↓ 3p□□□	$1s^2\,2s^2\,2p^6\,3s^2$	$[Ne]3s^2$
13	Al	[Ne] 3s↑↓ 3p↑□□	$1s^2\,2s^2\,2p^6\,3s^2\,3p^1$	$[Ne]3s^2\,3p^1$
14	Si	[Ne] 3s↑↓ 3p↑↑□	$1s^2\,2s^2\,2p^6\,3s^2\,3p^2$	$[Ne]3s^2\,3p^2$
15	P	[Ne] 3s↑↓ 3p↑↑↑	$1s^2\,2s^2\,2p^6\,3s^2\,3p^3$	$[Ne]3s^2\,3p^3$
16	S	[Ne] 3s↑↓ 3p↑↓ ↑ ↑	$1s^2\,2s^2\,2p^6\,3s^2\,3p^4$	$[Ne]3s^2\,3p^4$
17	Cl	[Ne] 3s↑↓ 3p↑↓ ↑↓ ↑	$1s^2\,2s^2\,2p^6\,3s^2\,3p^5$	$[Ne]3s^2\,3p^5$
18	Ar	[Ne] 3s↑↓ 3p↑↓ ↑↓ ↑↓	$1s^2\,2s^2\,2p^6\,3s^2\,3p^6$	$[Ne]3s^2\,3p^6$

| 練習問題 | 軌道図と電子配置 |

5・29 電子配置と簡略形の電子配置は，どのように違うか．

5・30 軌道図と電子配置は，どのように違うか．

5・31 つぎの元素について，簡略形の軌道図を書け．
① ホウ素　　② アルミニウム
③ リン　　　④ アルゴン

5・32 つぎの元素について，簡略形の軌道図を書け．
① フッ素　　　② カリウム
③ マグネシウム　④ バリウム

5・33 つぎの元素の電子配置を書け．
① 窒素　② ナトリウム
③ 臭素　④ ニッケル

5・34 つぎの元素の電子配置を書け．
① 炭素　② 鉄
③ 酸素　④ ヒ素

5・35 つぎの元素について，簡略形の電子配置を書け．
① カルシウム　② ストロンチウム
③ ガリウム　　④ 亜鉛

5・36 つぎの元素について，簡略形の電子配置を書け．
① 鉛　　　　② カドミウム
③ アンチモン　④ ヨウ素

5・37 つぎの電子配置をもつ元素を元素記号で書け．
① $1s^2 2s^1$　　② $1s^2 2s^2 2p^6 3s^2 3p^4$
③ $[Ne]3s^2 3p^2$　④ $[He]2s^2 2p^5$

5・38 つぎの電子配置をもつ元素を元素記号で書け．
① $1s^2 2s^2 2p^4$　　② $[Ne]3s^2$
③ $1s^2 2s^2 2p^6 3s^2 3p^6$　④ $[Ne]3s^2 3p^1$

5・39 つぎのようになる元素を元素記号で書け．
① $n=3$ 準位に電子を3個もつ．
② 2p 電子を2個もつ．
③ 3p 軌道が満杯になっている．
④ 2s 軌道が満杯になっている．

5・40 つぎのようになる元素を元素記号で書け．
① 3p 軌道に電子を5個もつ．
② 2p 電子を3個もつ．
③ 3s 軌道が満杯になっている．
④ 3s 軌道に電子を1個もつ．

5・5 電子配置と周期表

エネルギー準位図を基に電子配置を書く手続きは，準位が高いほど，副準位も多くて面倒になる．そこで，元素の電子配置と周期表の位置との対応に注目しよう．周期表上の4領域（**ブロック**）をs・p・d・f副準位に対応させて（図5・11），周期表をたどれば元素の電子配置がわかるようにする．

元素のブロック

1. 図5・11の**s ブロック**（黄）には，H, He と1族（1A族）・2族（2A族）元素がある．つまりsブロック元素はどれも，最高エネルギーのs副準位に1個か2個の電子が入っている．また周期番号は，電子の入ったs副準位の番号（1sの1, 4sの4など）を表す．

2. **p ブロック**（緑）は13族（3A族）〜18族（8A族）元素からなる．どの周期でも p副準位に電子が6個まで入るため，6個の元素が並ぶ．また周期番号は，最高エネルギーの電子をもつ p副準位の番号（2pの2, 5pの5など）を表す．

3. **d ブロック**（橙）には，原子番号21のスカンジウム Sc から始まる遷移元素が10個ある（d副準位には，電子が10個まで入る）．最高エネルギーの電子は，周期番号より1だけ小さい番号のd副準位に入る．つまり第4周期のdブロック元素では3d副準位を，第5周期のdブロック元素では4d副準位を，それぞれ電子が埋めていく．

4. **f ブロック**（紫）には，周期表の下方にまとめた2列の元素がある．七つのf副準位に，計14個の電子が入る．原子番号57のランタン La から，4f軌道に電子をもつ元素が現れ，周期番号より2だけ小さい番号のf副準位に電子が入っていく．第6周期が4f軌道，第7周期が5f軌道となる．

	sブロック												pブロック					
1	H	He																
2	2s												2p					
3	3s			dブロック									3p					
4	4s			3d									4p					
5	5s			4d									5p					
6	6s			5d									6p					
7	7s			6d									7p					

| fブロック |
| 4f |
| 5f |

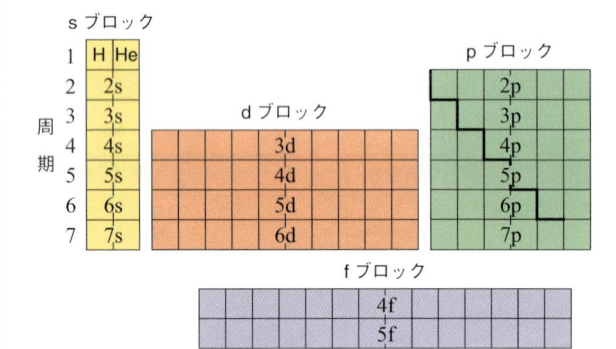

図5・11 周期表上の元素の位置と電子配置の関係．
［考えてみよう］第2周期18族（8A族）のネオン Ne は，1s, 2s, 2p副準位に何個ずつ電子をもつか．

ブロックを使う電子配置の決定

元素のブロックに注目すれば，元素の電子配置をつかみやすい．水素 H から出発し，各周期で左から右に，ブロックをたどる．原子番号17の塩素 Cl を例に考えよう．

手順1：元素の位置を確かめる．17番の塩素は第3周期・17族（7A族）にある．

手順2：周期それぞれにつき，電子が満杯の副準位を順に書き出す．

5・5 電子配置と周期表

周　期	副準位	満杯の副準位
1	1s 副準位（H ⟶ He）	$1s^2$
2	2s 副準位（Li ⟶ Be）	$2s^2$
	2p 副準位（B ⟶ Ne）	$2p^6$
3	3s 副準位（Na ⟶ Mg）	$3s^2$

手順3: 目的の電子数となるまで副準位に電子を入れ，元素の電子配置を完成する．

塩素は 3p ブロックの 5 番目だから，3p 副準位に 5 個の電子をもつ．

周　期	副準位	最外殻の副準位
3	3p 副準位（Al ⟶ Cl）	$3p^5$

電子が満杯の副準位と，まだ満杯になっていない副準位をエネルギー順に並べれば，求める電子配置ができる．つまり塩素の電子配置は $1s^2 2s^2 2p^6 3s^2 3p^5$ となる．

第 4 周期: カリウム K ～ クリプトン Kr

第 4 周期の元素は，4s ブロック ⟶ 3d ブロックと続く．3d 副準位よりも 4s 副準位のほうがエネルギーが低いからそうなる．同様な逆転現象は，第 5 周期（5s ⟶ 4d）と第 6 周期（6s ⟶ 5d）でも起きる．

カリウム K（19 番）とカルシウム Ca（20 番）では，4s 副準位を電子が満たす．つづくスカンジウム Sc から 3d 副準位に入り，30 番の亜鉛 Zn で 3d 軌道が満杯（10 電子）だ．ガリウム Ga 以降，電子は 4p ブロックに入り，6 個目の電子が入るクリプトン Kr で満杯になる（下表）．

変則的な電子配置

3d 副準位に電子が満ちた状態と，半分だけ満ちた状態は，電子と原子核との引き合いが強まる結果（理由の説明は本書の範囲を超す），その分だけ安定になる．第 4 周期で 3d 副準位に 1 個ずつ入るなら，クロム Cr は d 電子 4 個，銅 Cu は d 電子 9 個となるはず．けれど Cr は，4s 電子 2 個のうち 1 個を 3d 副準位に上げ，$3d^5$ の姿になって少し安定化する．その様子は，簡略形の軌道図でつぎのように書ける．

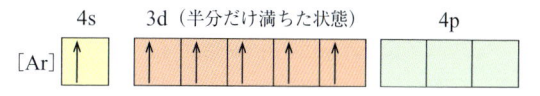

同様な変則配置は銅 Cu でも起こり，4s 軌道の電子 1 個を 3d 副準位に上げて $3d^{10}$ になる．

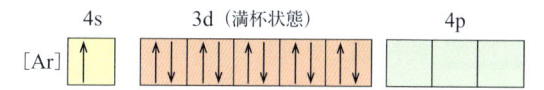

カリウム K ～ クリプトン Kr の電子配置

原子番号	元素記号	電子配置	簡略形の電子配置
4s ブロック			
19	K	$1s^2 2s^2 2p^6 3s^2 3p^6 4s^1$	$[Ar]4s^1$
20	Ca	$1s^2 2s^2 2p^6 3s^2 3p^6 4s^2$	$[Ar]4s^2$
3d ブロック			
21	Sc	$1s^2 2s^2 2p^6 3s^2 3p^6 4s^2 3d^1$	$[Ar]4s^2 3d^1$
22	Ti	$1s^2 2s^2 2p^6 3s^2 3p^6 4s^2 3d^2$	$[Ar]4s^2 3d^2$
23	V	$1s^2 2s^2 2p^6 3s^2 3p^6 4s^2 3d^3$	$[Ar]4s^2 3d^3$
24	Cr†	$1s^2 2s^2 2p^6 3s^2 3p^6 4s^1 3d^5$	$[Ar]4s^1 3d^5$ （半分詰まった d 副準位は安定）
25	Mn	$1s^2 2s^2 2p^6 3s^2 3p^6 4s^2 3d^5$	$[Ar]4s^2 3d^5$
26	Fe	$1s^2 2s^2 2p^6 3s^2 3p^6 4s^2 3d^6$	$[Ar]4s^2 3d^6$
27	Co	$1s^2 2s^2 2p^6 3s^2 3p^6 4s^2 3d^7$	$[Ar]4s^2 3d^7$
28	Ni	$1s^2 2s^2 2p^6 3s^2 3p^6 4s^2 3d^8$	$[Ar]4s^2 3d^8$
29	Cu†	$1s^2 2s^2 2p^6 3s^2 3p^6 4s^1 3d^{10}$	$[Ar]4s^1 3d^{10}$ （満ちた d 副準位は安定）
30	Zn	$1s^2 2s^2 2p^6 3s^2 3p^6 4s^2 3d^{10}$	$[Ar]4s^2 3d^{10}$
4p ブロック			
31	Ga	$1s^2 2s^2 2p^6 3s^2 3p^6 4s^2 3d^{10} 4p^1$	$[Ar]4s^2 3d^{10} 4p^1$
32	Ge	$1s^2 2s^2 2p^6 3s^2 3p^6 4s^2 3d^{10} 4p^2$	$[Ar]4s^2 3d^{10} 4p^2$
33	As	$1s^2 2s^2 2p^6 3s^2 3p^6 4s^2 3d^{10} 4p^3$	$[Ar]4s^2 3d^{10} 4p^3$
34	Se	$1s^2 2s^2 2p^6 3s^2 3p^6 4s^2 3d^{10} 4p^4$	$[Ar]4s^2 3d^{10} 4p^4$
35	Br	$1s^2 2s^2 2p^6 3s^2 3p^6 4s^2 3d^{10} 4p^5$	$[Ar]4s^2 3d^{10} 4p^5$
36	Kr	$1s^2 2s^2 2p^6 3s^2 3p^6 4s^2 3d^{10} 4p^6$	$[Ar]4s^2 3d^{10} 4p^6$

† 電子の入りかたが変則的な元素．

4s と 3d 副準位が満ちたあとは，4p 副準位に電子が 1 個ずつ入り，ガリウム Ga～クリプトン Kr ができる．もっと上の d 副準位と f 副準位でも，変則的な電子配置がときどきできる．副準位の半分が満ちて安定化する場合もあるけれど，また説明しきれないケースもある．

例題 5・5　副準位ブロックと電子配置

副準位ブロックの図（図 5・11）を参照し，セレン Se の電子配置を書け．

[答] **手順 1**: Se の位置を確かめる．第 4 周期・16 族（6A 族）で，p ブロックにある．
手順 2: 周期を追い，1s から順に，電子が満ちた副準位を書き出す．
第 1 周期: $1s^2$ 　　第 2 周期: $2s^2\,2p^6$
第 3 周期: $3s^2\,3p^6$ 　第 4 周期: $4s^2\,3d^{10}$
手順 3: 以上に加わる電子 4 個を，つづく 4p 軌道に入れ，Se の電子配置が完成する．
$$1s^2\,2s^2\,2p^6\,3s^2\,3p^6\,4s^2\,3d^{10}\,4p^4$$

● **類題**　図 5・11 を参照し，スズ Sn の電子配置を書け．
　　　[答] $1s^2\,2s^2\,2p^6\,3s^2\,3p^6\,3d^{10}\,4s^2\,4p^6\,4d^{10}\,5s^2\,5p^2$

練習問題　電子配置と周期表

5・41 つぎの元素の電子配置を書け．
① ヒ素　② 鉄　③ パラジウム　④ ヨウ素

5・42 つぎの元素の電子配置を書け．
① カルシウム　② コバルト
③ ガリウム　　④ カドミウム

5・43 つぎの元素につき，簡略形の電子配置を書け．
① チタン　　② ストロンチウム
③ バリウム　④ 鉛

5・44 つぎの元素につき，簡略形の電子配置を書け．
① ニッケル　② ヒ素
③ スズ　　　④ アンチモン

5・45 つぎの電子配置をもつ元素は何か．元素記号で書け．
① $1s^2\,2s^2\,2p^6\,3s^2\,3p^3$
② $1s^2\,2s^2\,2p^6\,3s^2\,3p^6\,4s^2\,3d^7$
③ $[Ar]4s^2\,3d^{10}$
④ $[Ar]4s^2\,3d^{10}\,4p^5$

5・46 つぎの電子配置をもつ元素は何か．元素記号で書け．
① $1s^2\,2s^2\,2p^6\,3s^2\,3p^6\,4s^2\,3d^8$
② $[Kr]5s^2\,4d^4$
③ $1s^2\,2s^2\,2p^6\,3s^2\,3p^6\,4s^2\,3d^{10}\,4p^2$
④ $[Xe]6s^2\,4f^{14}\,5d^{10}\,6p^3$

5・47 つぎの条件に合う元素を元素記号で書け．
① $n=4$ 準位に電子を 3 個もつ．
② 2p 電子を 3 個もつ．
③ 5p 副準位が満杯．
④ 4d 副準位に電子を 2 個もつ．

5・48 つぎの条件に合う元素を元素記号で書け．
① $n=3$ 準位に電子を 5 個もつ．
② 6p 副準位に電子を 1 個もつ．
③ 7s 副準位が満杯．
④ 5p 電子を 4 個もつ．

5・49 つぎの副準位には，何個の電子が入っているか．
① 亜鉛の 3d　　② ナトリウムの 2p
③ ヒ素の 4p　　④ ルビジウムの 5s

5・50 つぎの副準位には，何個の電子が入っているか．
① マンガンの 3d　② アンチモンの 5p
③ 鉛の 6p　　　　④ マグネシウムの 3s

5・6　元素の性質にみる周期性

電子配置は，元素の物理的・化学的性質や，その元素を含む化合物の性質を決める．以下では，原子の価電子，原子のサイズ，イオン化エネルギーに注目しよう．同じ周期を左から右にたどると，こうした性質が周期的に変わる．

族番号と価電子

エネルギーでいえば最も高い準位，空間分布でいえば最も外側（最外殻）にある電子を**価電子**という．典型元素の化学的な性質は，おもに価電子が決める．

典型元素の価電子は，主量子数 n が最大の s・p 副準位に入り，AB 方式の族番号が価電子の数に等しい．たとえば，リチウム Li，ナトリウム Na，カリウム K など 1 族（1A 族）のアルカリ金属元素は，s 軌道に電子を 1 個もち，価電子は ns^1 となる．同様に，2 族（2A 族＝アルカリ土類金属）元素は 2 個の価電子 ns^2 を，17 族（7A 族＝ハロゲン）元素は 7 個の価電子 $ns^2\,np^5$ をもつ．

表 5・3 を眺めよう．第 1～4 周期の典型元素はどれも，最外殻の s・p 軌道に価電子をもつ．18 族（8A 族）にある貴ガス元素のヘリウム He は，最外殻に価電子を（規則どおりなら 8 個のところ）2 個しかもたない．

例題 5・6　周期表と電子配置

周期表を参照し，つぎの元素の族番号と周期番号，価電子の電子配置を書け．
① カルシウム　② セレン　③ 鉛

[答] ① Ca は 2 族（2A 族）・第 4 周期だから，価電子は $4s^2$
② Se は 16 族（6A 族）・第 4 周期だから，価電子は $4s^2\,4p^4$
③ Pb は 14 族（4A 族）・第 6 周期だから，価電子は $6s^2\,6p^2$（5d・4f 電子が価電子ではないことに注意）

● **類題**　硫黄 S とストロンチウム Sr の族番号と周期番号，価電子の電子配置を書け．
[答] S は 16 族（6A 族）・第 3 周期だから価電子は $3s^2\,3p^4$
Sr は 2 族（2A 族）・第 5 周期だから価電子は $5s^2$

ルイス構造

元素記号の上下左右に価電子を点（・）で書けば，元素の性質をつかみやすい．そういう表記を**ルイス構造**[*6]（またはルイス構造式）という（表5・4）．価電子が1〜4個なら四辺（のどこか）に1個ずつ，5〜8個なら点の対を混ぜて書く．マグネシウムの価電子2個は，つぎのどれかに書けばよい．

Mgのルイス構造6種類

Ṁg・　Ṁg　・Ṁg　・Mg・　Mg・　・Mg

原子半径

原子核まわりで電子が占める領域（電子雲）には明確な境界がないため，原子の大きさは，電子の確率密度をもとに考える．**原子半径**は，原子核の中心から，最外殻の価電子がつくる軌道の果てまでとみる．価電子の準位が高いほど，原子核から遠くなる．$n=3$ 準位に入るアルゴン Ar の価電子は，$n=1$ 準位に入るヘリウム He の価電子に比べ，原子核からだいぶ遠い（図5・12）．

例題5・7　ルイス構造

つぎの元素につき，原子のルイス構造を描け．
① 臭素　② アルミニウム

[答] ① 臭素は17族（7A族）だから，価電子を7個もつ．

:Br̈:

② アルミニウムは13族（3A族）だから，価電子を3個もつ．

・Äl・

● **類題**　リン P のルイス構造を描け．

[答] ・P̈・

典型元素なら，周期表の下にある元素ほど原子半径が大きい．たとえばアルカリ金属の場合，1個の価電子がある準位は，リチウム Li が $n=2$，ナトリウム Na が $n=3$，カリウム K が $n=4$，ルビジウム Rb が $n=5$ と，原子核から遠ざかっていくからだ．

典型元素の原子半径は，原子核の正電荷（陽子）と価電

表5・3　第1〜4周期にある典型元素の価電子配置

1族 (1A族)	2族 (2A族)	13族 (3A族)	14族 (4A族)	15族 (5A族)	16族 (6A族)	17族 (7A族)	18族 (8A族)
1 H $1s^1$							2 He $1s^2$
3 Li $2s^1$	4 Be $2s^2$	5 B $2s^2 2p^1$	6 C $2s^2 2p^2$	7 N $2s^2 2p^3$	8 O $2s^2 2p^4$	9 F $2s^2 2p^5$	10 Ne $2s^2 2p^6$
11 Na $3s^1$	12 Mg $3s^2$	13 Al $3s^2 3p^1$	14 Si $3s^2 3p^2$	15 P $3s^2 3p^3$	16 S $3s^2 3p^4$	17 Cl $3s^2 3p^5$	18 Ar $3s^2 3p^6$
19 K $4s^1$	20 Ca $4s^2$	31 Ga $4s^2 4p^1$	32 Ge $4s^2 4p^2$	33 As $4s^2 4p^3$	34 Se $4s^2 4p^4$	35 Br $4s^2 4p^5$	36 Kr $4s^2 4p^6$

表5・4　第1〜4周期にある元素のルイス構造

族番号	1族 (1A族)	2族 (2A族)	13族 (3A族)	14族 (4A族)	15族 (5A族)	16族 (6A族)	17族 (7A族)	18族 (8A族)
価電子数	1	2	3	4	5	6	7	8
ルイス構造	H・							He:
	Li・	Be・	・B・	・C・	・N̈・	・Ö・	・F̈:	:N̈e:
	Na・	Mg・	・Al・	・Si・	・P̈・	・S̈・	・C̈l:	:Är:
	K・	Ca・	・Ga・	・Ge・	・Äs・	・S̈e・	・B̈r:	:K̈r:

[*6]　訳注：日本の高校化学では"電子式"とよぶ．

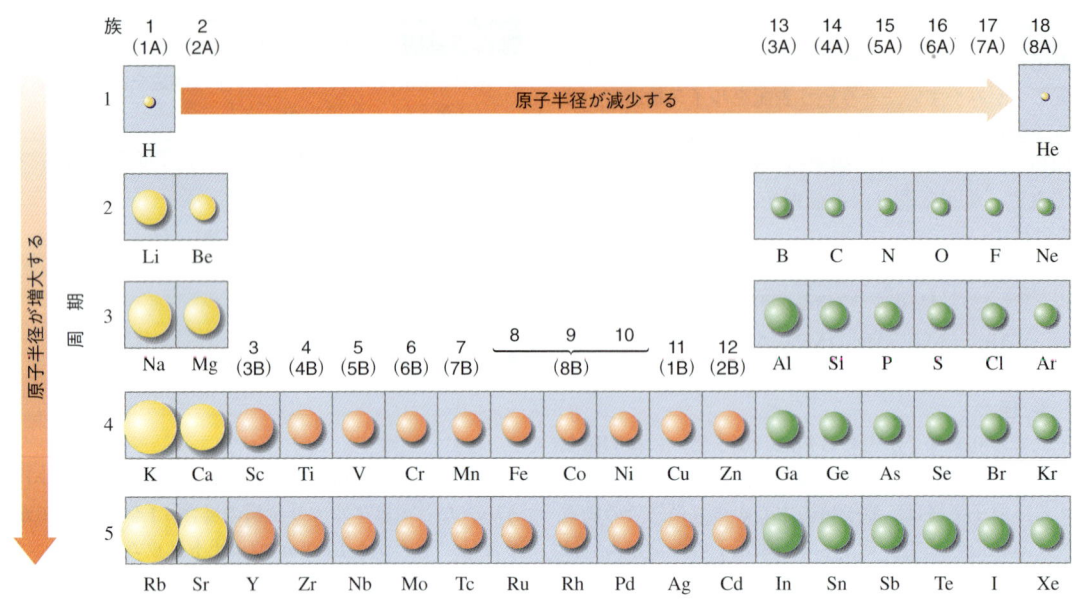

図 5・12 原子半径は，同族なら周期表の上 → 下で増え，同周期なら左 → 右で減る．
[考えてみよう] 周期表の上 → 下で原子半径が増すのはなぜか．

子が引き合う力で変わる．同じ周期内だと，周期表の右にいくほど陽子が多い．そのため静電引力が強まり，原子核が価電子を強く引き寄せる結果，原子半径が小さくなる．

かたや遷移元素の原子半径は，同一周期内ならあまり変わらない．最外殻の軌道ではなく，内殻のd副準位に電子が詰まっていくからだ．増える陽子（正電荷）の引力を，内殻に増えるd電子が相殺し，最外殻電子が原子核から受ける引力はあまり変わらないため，原子半径もほとんど変化しない．

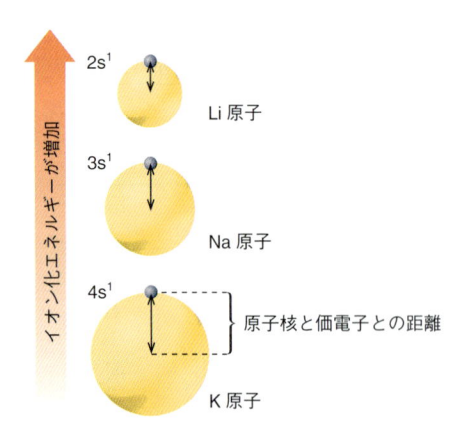

復習 5・5 原子半径

リン P の原子半径は窒素 N より大きく，ケイ素 Si より小さい．なぜか．

[答] 第 2 周期の N に比べ，第 3 周期の P は原子核から遠い高準位に価電子をもつため，原子半径が大きい．また，14 族（4A 族）の Si に比べ，15 族（5A 族）の P は陽子が 1 個だけ多く，価電子が原子核に強く引き寄せられるため，原子半径が小さい．

イオン化エネルギー

電子は静電引力で原子核に引かれているので，原子から電子を引き離すにはエネルギーがいる．気体原子の価電子を引き離すエネルギーを，**イオン化エネルギー**という．電気的に中性な原子から電子1個を除くと，＋1の電荷をもつ陽イオンができる．

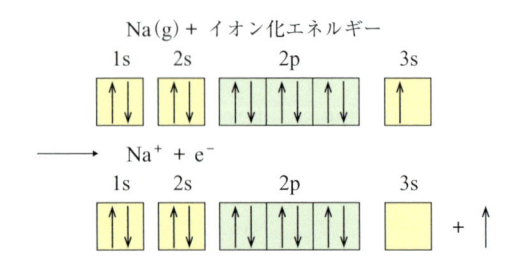

図 5・13 リチウム → ナトリウム → カリウムで，原子核が価電子を引く力が弱まっていくため，イオン化エネルギーは小さくなる．
[考えてみよう] セシウムはカリウムよりイオン化エネルギーが小さい．なぜか．

同じ族では，周期表上で下にある元素ほどイオン化エネルギーが小さい．原子核から遠い電子ほど原子核の引力が弱く，少ないエネルギーで引き離せるからだ（図 5・13）．

5・6 元素の性質にみる周期性

同じ周期だと，右手にある元素ほど価電子の感じる引力が強く，引き離すエネルギーが増すため，イオン化エネルギーが大きい．一般に金属元素のイオン化エネルギーは小さく，非金属元素は大きいけれど，電子配置の変則性（p.65）がここでも効き，イオン化エネルギーも変則的に変わる箇所がある．

第1周期元素の価電子は原子核に近く，感じる引力も強い．そのため，水素HとヘリウムHeのイオン化エネルギーは大きい．ことにHeは，全元素中で最大のイオン化エネルギーを示す．電子1個を失うと，1s軌道が満杯の安定な状態が不安定化するからだ．安定な電子配置をもつ貴ガス元素は，イオン化エネルギーが大きい（図5・14）．

| 例題 5・8 | イオン化エネルギー |

以下のペアで，イオン化エネルギーが大きいのはどちらか．理由も述べよ．
① カリウムとナトリウム　② マグネシウムと塩素
③ フッ素と窒素

[答] ① ナトリウム．価電子-原子核の距離が近いから．
② 塩素．同一周期内では，原子核の陽子が多いほど価電子を強く引くから．
③ フッ素．窒素より陽子が多く，イオン化エネルギーが大きいから．

● 類題　スズ，ストロンチウム，ヨウ素をイオン化エネルギーの大きい順に並べよ．
　[答] 同周期では周期表の右にある元素ほどイオン化エネルギーは大きい．ヨウ素＞スズ＞ストロンチウム．

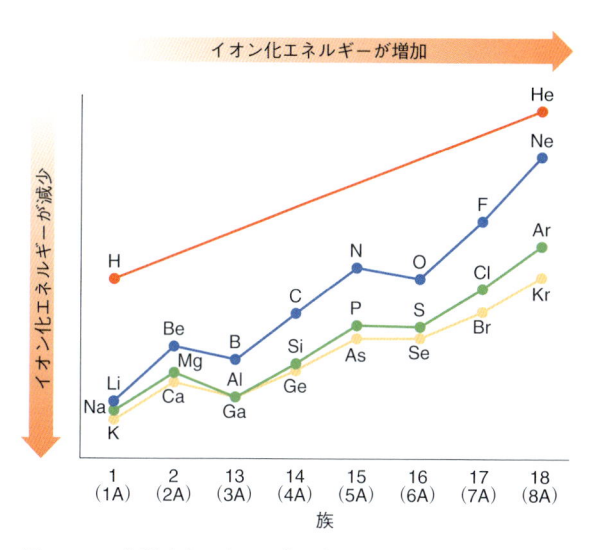

図 5・14 典型元素のイオン化エネルギー．同族では下方にある元素ほど小さく，同周期では右にいくほど大きくなる．
[考えてみよう] リチウムは酸素よりイオン化エネルギーが小さい．なぜか．

第2周期だと，2族（2A族）のベリリウムBe → 3族（3A族）のホウ素Bで，イオン化エネルギーが減る．2s副準位より2p副準位のエネルギーが高く，電子が原子核から遠ざかるため引き離しやすく，満杯の安定な2s副準位をあとに残すからだ．

14族（4A族）のケイ素Si → 15族（5A族）のリンPでは，原子核の陽子が増え，2p電子を引く力が強まるから，イオン化エネルギーが増す．15族（5A族）のリンP → 16族（6A族）の硫黄Sで，イオン化エネルギーは少し減る．硫黄の2p電子が1個失われると，半分だけ詰まった安定な2p副準位ができるからだ．17族（7A族）の塩素Cl → 18族（8A族）のアルゴンArでは，陽子が増えてイオン化エネルギーが増す．貴ガスは，電子を失うと安定な ns^2np^6 電子配置が壊れるため，イオン化エネルギーが特に大きい．

原子とイオンのサイズ

金属と非金属につき，原子とイオンのサイズを比べてみよう（図5・15）．1族（1A族）のアルカリ金属では，価電子が電子1個を失って陽イオンになるため，原子より陽イオンのほうが小さい．たとえばNa原子は，$n=3$準位のs電子雲を失い，小さくまとまった$n=2$準位の電子8個を残す（次頁の図）．

非金属元素では，電子が増えると，電子どうしの反発が高まってサイズが増す．たとえばフッ化物イオンF^-は，F原子の$n=2$準位に電子1個を受け入れた状態だから，F原子よりもサイズが大きい（次頁の図）．

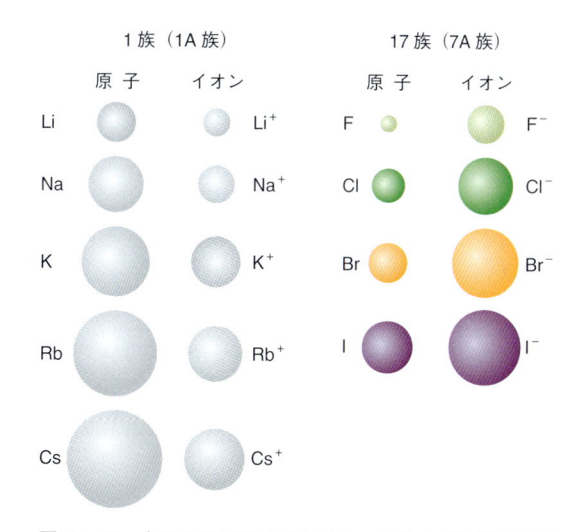

図 5・15 金属原子は陽イオンになってサイズがほぼ半減し，非金属原子は陰イオンになってサイズがほぼ倍増する．
[考えてみよう] 同族元素を周期表の下へたどるとき，陽イオンのサイズは増えるか，減るか．

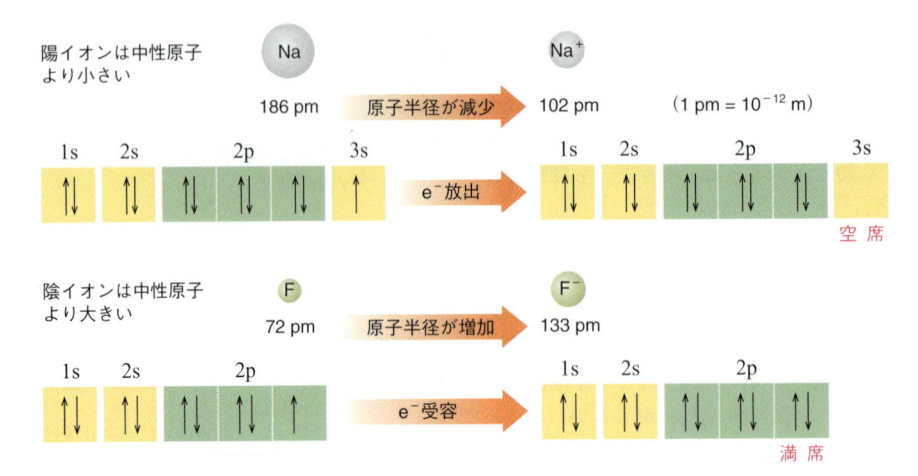

練習問題　元素の性質にみる周期性

5・51 元素の族番号は，電子配置の何を表すか．

5・52 同族の原子で，価電子の類似点と相違点は何か．

5・53 外側の電子配置がつぎのようになる元素の族番号を，1〜18族方式とAB方式で書け．
① $2s^2$　② $3s^2\,3p^3$　③ $4s^2\,3d^5$　④ $5s^2\,4d^{10}\,5p^4$

5・54 外側の電子配置がつぎのようになる元素の族番号を，1〜18族方式とAB方式で書け．
① $4s^2\,4p^5$　② $4s^1$　③ $4s^2\,3d^8$　④ $5s^2\,4d^{10}\,5p^2$

5・55 つぎの元素について，価電子を "$ns^2\,np^4$" のような形に書け．
① アルカリ金属　② 4A族　③ 13族　④ 5A族

5・56 つぎの元素について，価電子を "$ns^2\,np^4$" のような形に書け．
① ハロゲン　② 6A族　③ 10族　④ アルカリ土類金属

5・57 つぎの元素は価電子を何個もつか．
① アルミニウム　② 5A族　③ ニッケル　④ F, Cl, Br, I

5・58 つぎの元素は価電子を何個もつか．
① Li, Na, K, Rb, Cs　② 亜鉛，カドミウム　③ C, Si, Ge, Sn, Pb　④ 8A族

5・59 つぎの元素の族番号はいくつか．また，原子のルイス構造を描け．
① 硫黄　② 窒素　③ カルシウム　④ ナトリウム　⑤ ガリウム

5・60 つぎの元素の族番号はいくつか．また，原子のルイス構造を描け．
① 炭素　② 酸素　③ アルゴン　④ リチウム　⑤ 塩素

5・61 つぎの元素を，原子半径が減る順に並べよ．
① Mg, Al, Si　② Cl, Br, I　③ I, Sb, Sr　④ P, Si, Na

5・62 つぎの元素を，原子半径が減る順に並べよ．
① Cl, S, P　② Ge, Si, C　③ Ba, Ca, Sr　④ O, S, Se

5・63 つぎのペアでは，どちらの原子が大きいか．
① NaとO　② NaとRb　③ NaとMg　④ NaとCl

5・64 つぎのペアでは，どちらの原子が大きいか．
① SとCl　② SとO　③ SとSe　④ SとAl

5・65 つぎの元素を，イオン化エネルギーが増す順に並べよ．
① F, Cl, Br　② Na, Cl, Al　③ Na, K, Cs　④ As, Sb, Sn

5・66 つぎの元素を，イオン化エネルギーが増す順に並べよ．
① O, N, C　② S, P, Cl　③ As, P, N　④ Al, Si, P

5・67 つぎのペアでは，どちらのイオン化エネルギーが大きいか．
① BrとI　② MgとAl　③ SとP　④ IとXe

5・68 つぎのペアでは，どちらのイオン化エネルギーが大きいか．
① OとNe　② KとBr　③ CaとBr　④ NとO

5・69 カリウムイオンはカリウム原子より小さい．なぜか．

5・70 臭化物イオンは臭素原子より大きい．なぜか．

5・71 つぎのペアでは，どちらの半径が大きいか．
① NaとNa^+　② ClとCl^-　③ SとS^{2-}

5・72 つぎのペアでは，どちらの半径が小さいか．
① IとI^-　② CaとCa^{2+}　③ RbとRb^+

5章の見取り図

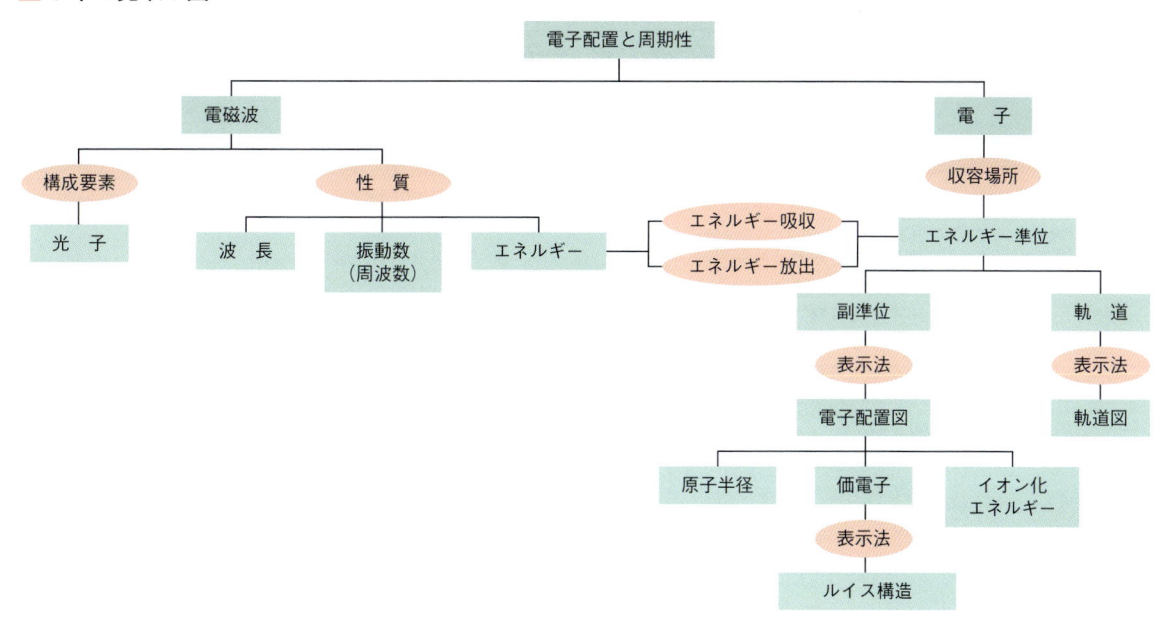

```
電子配置と周期性
├── 電磁波
│   ├── 構成要素 ─ 光子
│   └── 性質
│       ├── 波長
│       └── 振動数（周波数）
│           └── エネルギー
│               ├── エネルギー吸収
│               └── エネルギー放出
└── 電子
    └── 収容場所 ─ エネルギー準位
        ├── 副準位
        │   └── 表示法 ─ 電子配置図
        │       ├── 原子半径
        │       ├── 価電子
        │       │   └── 表示法 ─ ルイス構造
        │       └── イオン化エネルギー
        └── 軌道
            └── 表示法 ─ 軌道図
```

キーワード

- イオン化エネルギー（ionization energy）
- sブロック（s block）
- fブロック（f block）
- 価電子（valence electron）
- 基底状態（ground state）
- 軌道（orbital）
- 軌道図（orbital diagram）
- 原子スペクトル（atomic spectrum）
- 原子半径（atomic radius）
- 光子（photon）
- 主量子数（principal quantum number）
- 振動数（frequency）
- dブロック（d block）
- 電磁波（electromagnetic radiation）
- 電子配置（electron configuration）
- 電磁波スペクトル（electromagnetic spectrum）
- 波長（wavelength）
- pブロック（p block）
- 副準位（sublevel）
- ルイス構造（Lewis structure）
- 励起状態（excited state）

6 無機化合物と有機化合物
——名称と化学式

目次と学習目標

- 6・1 オクテット則とイオン
  単原子イオンはなぜできるのか.
- 6・2 イオン化合物
  イオン化合物は,どのようにしてできるのか.
- 6・3 イオン化合物の名称と化学式
  イオン化合物はどう命名し,化学式はどう書くのか.
- 6・4 多原子イオン
  多原子イオンはなぜ生じ,どう名づけるのか.
- 6・5 共有結合化合物
  共有結合化合物の名称と化学式は,どう関連するのか.
- 6・6 有機化合物
  有機化合物は,無機化合物とどう違うのか.
- 6・7 飽和炭化水素(アルカン)の名称と化学式
  アルカンはどう名づけ,化学式はどう書くのか.

自然界では,ほとんどの原子が別の原子と結合している.原子のままで安定な元素は,貴ガス(He, Ne, Ar, Kr, Xe, Rn)以外にあまりない.2種類以上の元素の原子が一定の割合で結合し合った純物質を,化合物というのだった(3章).

金属原子から非金属原子に電子が移ると,正負のイオンが生まれる.イオン間に働く電気力(イオン結合)が,イオン化合物を生む.イオン化合物は身近にもおびただしい.食塩 NaCl や重曹 $NaHCO_3$ は調理に使い,胃酸過多なら錠剤の水酸化マグネシウム $Mg(OH)_2$ や炭酸カルシウム $CaCO_3$ を飲む.鉄分のサプリメントは $FeSO_4$ が主剤だ.酸化亜鉛 ZnO は日焼け防止クリームに入れ,フッ化スズ(II) SnF_2 は虫歯予防のため練り歯磨きに入れる.

宝石の多くもイオン結晶で,透明な酸化アルミニウム Al_2O_3 に混じった微量の Cr^{3+} がルビーを赤に,Fe^{2+} や Ti^{4+} がサファイアを青にする.

微量の金属イオンがきれいな色をつける宝石

かたや非金属元素は,原子どうしが価電子を共有する共有結合をつくりやすい.共有結合で原子がつながり合うと分子ができる.酸素分子は O 原子2個,水分子は H 原子2個と O 原子1個からなる.共有結合化合物の数は,イオン化合物よりずっと多い.C と H が主体の共有結合化合物を有機化合物という.身近なプロパン C_3H_8 もブタン C_4H_{10} も,エタノール C_2H_5OH も有機化合物だ.

食物の炭水化物も有機化合物で,おもに C・H・O 原子が共有結合してできる.炭水化物の分解(消化)でできるグルコース $C_6H_{12}O_6$ は体のエネルギー源になる.コーヒーに入れる砂糖(スクロース)$C_{12}H_{22}O_{11}$,抗生物質アモキシシリン $C_{16}H_{19}N_3O_5S$,抗うつ剤プロザック $C_{17}H_{18}F_3NO$ といった複雑な有機化合物も,原子たちの共有結合から生まれる.

6・1 オクテット則とイオン

貴ガスを除き,たいていの原子は結合して化合物をつくる.貴ガスの原子は安定だから,特殊な条件でないと結合しない.貴ガス原子が安定なのは最外殻電子(価電子)を8個(ヘリウムは2個)もつからで,その状況をオクテット(八つ組)という.

どの原子も,オクテット(またはヘリウム型)になって安定化したい.それが原子間結合の本質だ.おもな原子間結合には,電子を授受してできたイオンが引き合うイオン結合(NaCl など)と,非金属原子が価電子を共有する共有結合(NCl_3 など)がある.電子の授受も,価電子の共有も,原子のオクテット化(水素 H はヘリウム化)を目指して起こる.

このように,原子が貴ガス原子の電子配置になろうとする傾向を**オクテット則**という.原子どうしの結合を考えるときは,いつもオクテット則を思い起こそう.

陽イオン（カチオン）

オクテット電子配置を目指す電子の授受が**イオン**をつくる。1族（1A族），2族（2A族），13族（3A族）の金属はイオン化エネルギーが小さいから（4章），価電子を非金属原子に渡してオクテット化（水素だけは価電子ゼロ化）し，正電荷のイオンになりやすい。

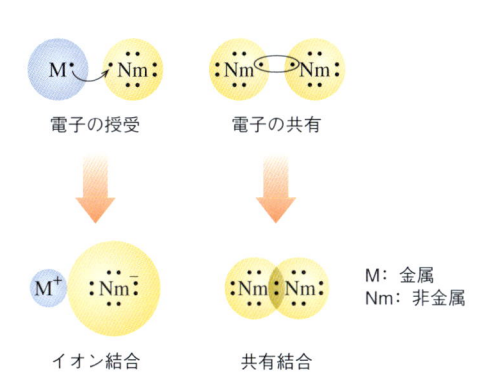

ナトリウムNaの原子が価電子1個を失えば，貴ガスのネオンNeと同じ電子配置になる。そのとき電子は11個から10個に減り，原子核は陽子11個をもつため，もはや中性ではなく，+1の**電荷**をもつイオンNa^+に変わる。電荷数はイオン記号の右肩に添えるが，+1や−1なら"1"は書かない。

イオン化合物の金属原子は，価電子を失った結果，正電荷の**陽イオン**になっている。2族（2A族）のマグネシウムは，価電子2個を失ってネオンと同じ電子配置になった陽イオンだ。単原子陽イオンの名称は元素名に"イオン"をつければよく，Mg^{2+}はマグネシウムイオンとよぶ。

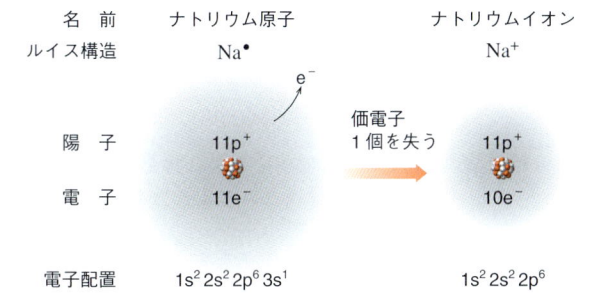

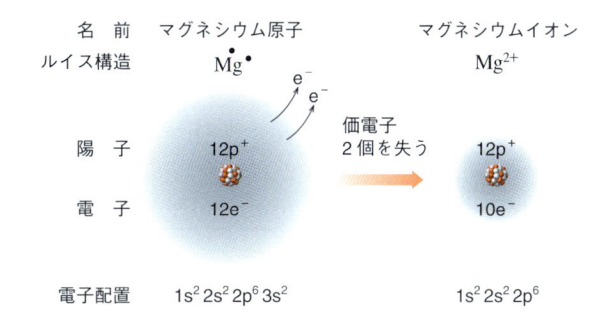

陰イオン（アニオン）

15族（5A族），16族（6A族），17族（7A族）の非金属元素はイオン化エネルギーが大きい（5章）。そのためイオン化合物中の非金属原子は，電子をもらって負電荷の**陰イオン**になっている。価電子7個の塩素は，電子1個をもらってアルゴン原子と同じオクテット状態にある。その陰イオンCl^-は塩化物イオンとよぶ。

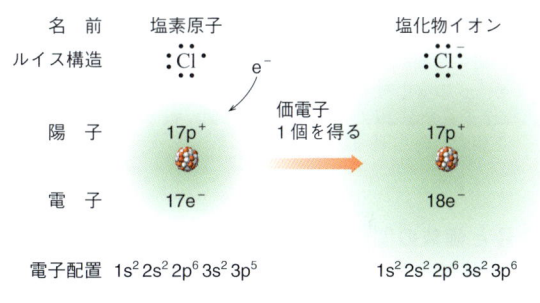

単原子の陰イオンは，元素名の語尾を変えた"○○化物"イオンとよぶ。金属イオンと非金属イオンのいくつかを表6・1にまとめた。

貴ガスの活躍　　　　　　　　　　　　　　　産業と化学

　貴ガスは，不活性さが役に立つ。潜水用のボンベには，ふつう高圧の窒素と酸素を入れる。しかし深海まで潜ると，高い水圧のせいで窒素が血液に溶け，"窒素酔い"になる。それを避けるため，深海では酸素とヘリウムの混合ガスを使う（p.26，"ダイバー用の空気"参照）。たとえ血液に溶けても，安定なヘリウムは害がない。ただしヘリウムを吸うと，密度の小さいヘリウムが声帯の振動数を変え，ドナルドダックのような声になるけれど。

　ヘリウムは飛行船や風船の充填ガスにも使う。初期の飛行船は水素を入れたため，火花などが空気（酸素）と水素を激しく反応させ，たびたび爆発事故が起こった。安定なヘリウムにその心配はない。電球にもアルゴンやクリプトンを詰め，フィラメントの焼け切れを防ぐ。

表 6・1 単原子イオンの化学式と名称

金属			非金属		
族番号	化学式	陽イオン名	族番号	化学式	陰イオン名
1 (1A)	Li^+	リチウムイオン	15 (5A)	N^{3-}	窒化物イオン
	Na^+	ナトリウムイオン		P^{3-}	リン化物イオン
	K^+	カリウムイオン	16 (6A)	O^{2-}	酸化物イオン
2 (2A)	Mg^{2+}	マグネシウムイオン		S^{2-}	硫化物イオン
	Ca^{2+}	カルシウムイオン	17 (7A)	F^-	フッ化物イオン
	Ba^{2+}	バリウムイオン		Cl^-	塩化物イオン
13 (3A)	Al^{3+}	アルミニウムイオン		Br^-	臭化物イオン
				I^-	ヨウ化物イオン

復習 6・1 イオン

① 陽子7個と電子10個をもつイオンの化学式と名称を書け.
② カルシウムイオン Ca^{2+} は,陽子と電子をそれぞれ何個もつか.

[答] ① 陽子7個の元素は窒素.電子10個のイオンは,電荷が -3 の窒化物イオン N^{3-}.
② 原子番号が20だから陽子は20個,電子は20個から2個を引いた18個.

族番号と価数の関係

原子と比べて余分にもつ電荷を**イオンの価数**とよび,陽イオンは $+1$ 価,$+2$ 価,$+3$ 価,…,陰イオンは -1 価,-2 価,-3 価…という.

典型元素の金属なら,1族 (1A族) は $+1$ 価,2族 (2A族) は $+2$ 価,13族 (3A族) は $+3$ 価…というようにイオンの価数は,AB方式の族番号に等しい.

典型元素の非金属だと,15族 (5A族),16族 (6A族),17族 (7A族) の元素はそれぞれ3個,2個,1個の電子をもらい,-3 価,-2 価,-1 価のイオンになる.ただし通常,14族 (4A族) 元素はイオンにならない.典型元素のイオンの価数を表 6・2 に示す.

表 6・2 単原子イオンの価数と直近の貴ガス元素

貴ガス		陽イオンになる金属			陰イオンになる非金属				貴ガス
		1 (1A)	2 (2A)	13 (3A)	15 (5A)	16 (6A)	17 (7A)		
He	←	Li^+							
Ne	←	Na^+	Mg^{2+}	Al^{3+}	N^{3-}	O^{2-}	F^-	→	Ne
Ar	←	K^+	Ca^{2+}	Ga^{3+}	P^{3-}	S^{2-}	Cl^-	→	Ar
Kr	←	Rb^+	Sr^{2+}				Br^-	→	Kr
Xe	←	Cs^+	Ba^{2+}				I^-	→	Xe

例題 6・1 原子とイオン

アルミニウム原子 Al と酸素原子 O について,以下の問いに答えよ.
① 金属元素か,非金属元素か.
② 価電子を何個もつか.
③ 何個の電子を失う (得る) とオクテットになるか.
④ 生じる単原子イオンの化学式と名称を書け.

[答] アルミニウム   酸素
① 金属   非金属
② 3個   6個
③ 3個を失う   2個を得る
④ Al^{3+} O^{2-}
  (アルミニウムイオン) (酸化物イオン)

● 類題 カリウムと硫黄の単原子イオンを化学式で書け.
[答] K^+ と S^{2-}

練習問題 オクテット則とイオン

6・1 ① ナトリウムイオンの生成は,オクテット則でどう説明できるか.
② 1族 (1A族)・2族 (2A族) 元素は多くの化合物をつくるが,18族 (8A族) 元素はほとんど化合物をつくらない.なぜか.

6・2 ① 塩化物イオンの生成は,オクテット則でどう説明できるか.
② 17族 (7A族) 元素は多くの化合物をつくるが,18族 (8A族) 元素はほとんど化合物をつくらない.なぜか.

6・3 つぎの原子は,何個の電子を失うと貴ガスの電子配置になるか.
① Li ② Mg ③ Al ④ Cs ⑤ Ba

6・4 つぎの原子は,何個の電子をもらうと貴ガスの電子配置になるか.
① Cl ② S ③ N ④ I ⑤ P

6・5 つぎのイオンと同じ電子配置の貴ガスは何か.
① Li^+ ② Mg^{2+} ③ K^+ ④ O^{2-} ⑤ Br^-

6・6 つぎのイオンと同じ電子配置の貴ガスは何か.
① Na^+ ② Sr^{2+} ③ S^{2-} ④ Al^{3+} ⑤ I^-

6・7 つぎの原子は,何個の電子を授受してイオンになるか.
① Sr ② P ③ 17族(7A族) ④ Na ⑤ Ga

6・8 つぎの原子は,何個の電子を授受してイオンになるか.

① O　②2族(2A族)　③F　④Rb　⑤N

6・9 つぎの陽子数・電子数のイオンを化学式で書け．
① 陽子3個・電子2個　② 陽子9個・電子10個
③ 陽子12個・電子10個　④ 陽子26個・電子23個
⑤ 陽子30個・電子28個

6・10 つぎのイオンは，陽子と電子をそれぞれ何個もつか．
① O^{2-}　② K^+　③ Br^-　④ S^{2-}　⑤ Sr^{2+}

6・2 イオン化合物

イオン化合物は，陽イオンと陰イオンが強い静電力で引き合うから生じる．イオンどうしの引き合いによる結合を**イオン結合**という．

イオン化合物の性質

イオン化合物の物理的・化学的性質は，単体とは大きく違う．NaCl の場合，ナトリウムの単体は光沢のある軟らかい金属，塩素の単体 Cl_2 は黄緑色の猛毒ガスだ．しかし Na^+ と Cl^- のつくる NaCl は，白くて硬い結晶で，食事に必須の食塩でもある．

陽イオンどうし，陰イオンどうしは反発するから，イオン化合物の中で各イオンは，正味の静電力が引力となるように並ぶ．NaCl の結晶だと，まず大きい Cl^- がぎっしり並び，小さい Na^+ がすき間を埋めると考えればよい（図6・1）．どの Na^+ も 6個の Cl^- に囲まれ，どの Cl^- も 6個の Na^+ に囲まれる．イオン間の静電引力が強いため，イオン化合物は融点が 500 ℃ 以上と一般に高く（NaCl は 801 ℃），室温では固体となる．

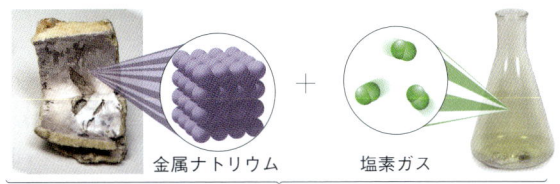

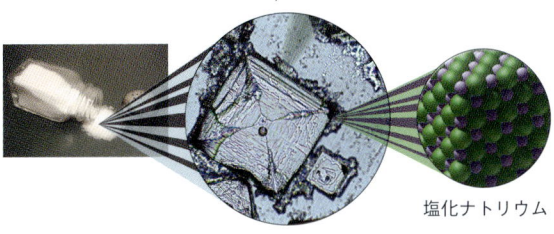

図 6・1 Na と Cl_2 からできたイオン化合物 NaCl．結晶の拡大図に，陽イオンと陰イオンの配列を示す．
[考えてみよう] Na^+–Cl^- 間の結合を何というか．

体内で活躍するイオン　　健康と化学

体液中のイオンは，生理作用や代謝に深くかかわる．代表的なイオンを表6・3にあげた．

表 6・3 人体の中で働くイオン

イオン	所 在	働 き	食 品	欠乏症	過多症
Na^+	細胞外に多い．	体液の調節，神経の信号伝達	食塩	低ナトリウム血症，不安症，下痢，循環器障害，体液減少	高ナトリウム血症，尿量減少，のどの渇き，浮腫
K^+	細胞内に多い．	体液と細胞活動の調節，神経の信号伝達	バナナ，オレンジ，牛乳，ジャガイモ	低カリウム血症，倦怠感，筋力低下，神経伝達障害	高カリウム血症，被刺激性，吐き気，尿量減少，心不全
Ca^{2+}	細胞外に多い．90%までが骨の $Ca_3(PO_4)_2$ や $CaCO_3$	骨の主成分．筋収縮に関与	牛乳，ヨーグルト，チーズ，ホウレンソウ	低カルシウム血症，指先のしびれ，筋痙攣，骨粗鬆症	高カルシウム血症，筋弛緩，腎臓結石，骨の痛み
Mg^{2+}	細胞外に多い．70%までが骨に存在	酵素，筋肉，神経の制御に必須	緑色野菜，ナッツ，全粒穀物	見当識障害，高血圧，震え，徐脈	眠気
Cl^-	細胞外に多い．	胃液，体液の調節	食塩	Na^+ に同じ．	Na^+ に同じ．

組成式とイオンの価数

分子の集まりではないイオン化合物の化学式は，（分子式ではなく）**組成式**という．組成式中で，正電荷と負電荷の数は互いに等しい．組成式 NaCl は，量比 $Na^+ : Cl^-$ が 1：1 だということを表す．どのイオンも電荷をもつが，組成式にイオンの電荷は付記しない．

マグネシウム Mg と塩素 Cl_2 の化合物を考えよう．Mg が価電子 2 個を失った Mg^{2+} も，電子 1 個を得た Cl^- も，オクテットの電子配置をとる．Cl^- が 2 個で，Mg^{2+} の正電荷とつり合う．そうやって，電気的に中性なイオン化合物の塩化マグネシウム $MgCl_2$ ができる．

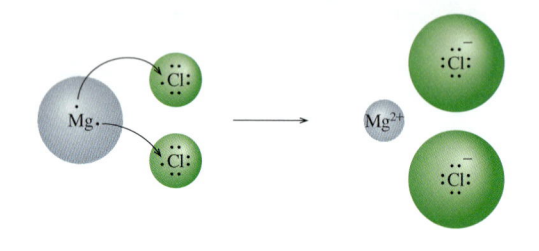

復習 6・2　イオン化合物の組成式

フッ化アルミニウム AlF_3 は，どのようにして生じるか．

[答] 価電子は，Al が 3 個で F が 7 個．そのため Al 原子が電子 3 個を出し，3 個の F 原子が電子を 1 個ずつ受取って，Al^{3+} と Cl^- の引き合う AlF_3 が生じる．

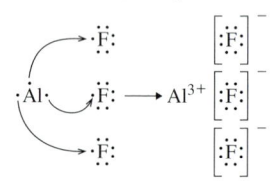

イオン化合物で陽イオンの電荷と陰イオンの電荷は正味ゼロだから，各イオンの電荷数を基にイオン化合物の組成式がわかる．組成式は陽イオン・陰イオンの順に書く．たとえば Na^+ と S^{2-} がつくるイオン化合物は，$Na^+ : S^{2-} =$ 2：1 なので，Na に下つき 2 を添えた Na_2S となる．なお，下つき数字の 1 は書かない．

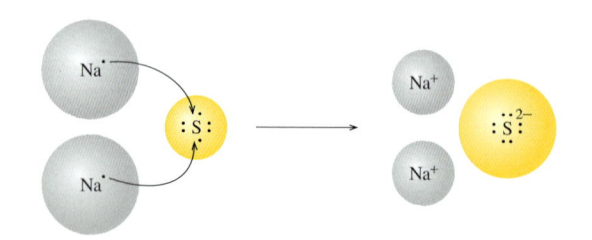

復習 6・3　組成式とイオンの価数

リチウムと窒素がつくるイオン化合物について，イオンの価数を決め，組成式を書け．

[答] 1 族（1A 族）の Li は＋1 価（Li^+），15 族（5A 族）の N は－3 価（N^{3-}）となる．個数 3：1 で電荷がつり合い，陽イオン・陰イオンの順に組成式を Li_3N と書く．

練習問題　イオン化合物

6・11 つぎのうち，イオン化合物ができるのはどの組合せか．
① リチウムと塩素　② 酸素と臭素
③ カリウムと酸素　④ ナトリウムとネオン
⑤ ナトリウムとマグネシウム　⑥ 窒素とフッ素

6・12 つぎのうち，イオン化合物ができるのはどの組合せか．
① ヘリウムと酸素　② マグネシウムと塩素
③ 塩素と臭素　④ カリウムと硫黄
⑤ ナトリウムとカリウム　⑥ 窒素とヨウ素

6・13 例にならい，つぎのイオン化合物の生成を図示せよ．

例：$Na \cdot \ \ \cdot \ddot{Cl} : \longrightarrow Na^+ \ [: \ddot{Cl} :]^- \longrightarrow NaCl$

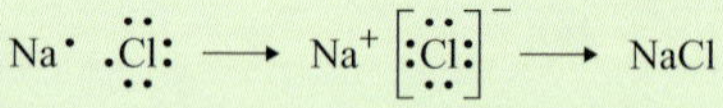

① KF　② $BaCl_2$　③ Na_3N

6・14 6・13 の例にならい，つぎのイオン化合物の生成を図示せよ．
① MgS　② $GaCl_3$　③ Li_2O

6・15 つぎのイオンからできる化合物の組成式を書け．
① Na^+ と O^{2-}　② Al^{3+} と Br^-
③ Ba^{2+} と N^{3-}　④ Mg^{2+} と F^-
⑤ Al^{3+} と S^{2-}

6・16 つぎのイオンからできる化合物の組成式を書け．
① Al^{3+} と Cl^-　② Ca^{2+} と S^{2-}
③ Li^+ と S^{2-}　④ Rb^+ と P^{3-}
⑤ Cs^+ と I^-

6・17 つぎの元素ペアからできるイオンを述べ，生じるイオン化合物の組成式を書け．
① ナトリウムと硫黄　② カリウムと窒素
③ アルミニウムとヨウ素　④ ガリウムと酸素

6・18 つぎの元素ペアからできるイオンを述べ，生じるイオン化合物の組成式を書け．
① カルシウムと塩素　② バリウムと臭素
③ ナトリウムとリン　④ マグネシウムと酸素

6・3 イオン化合物の名称と化学式

単原子陽イオンは，元素名そのままでよぶ（§6・1）．また単原子陰イオンは，元素名の語尾1文字を（"塩素"→"塩"，"硫黄"→"硫"のように）除き，残る文字○○を使って"○○化物"イオンとよぶ（リンやセレンは元素名そのままで"リン化物"などとする）[*1]．

2種類の元素からなる単純なイオン化合物の名称

価数が一つしかない元素2種類のイオン化合物は，陰イオン・陽イオンの順によび，下つき数字は読まない．正負の電荷がつり合う組成は，ひとりでに決まるからだ．

化合物	陽イオン	陰イオン	名 称
KI	K^+ カリウムイオン	I^- ヨウ化物イオン	ヨウ化カリウム
$MgBr_2$	Mg^{2+} マグネシウムイオン	Br^- 臭化物イオン	臭化マグネシウム
Al_2O_3	Al^{3+} アルミニウムイオン	O^{2-} 酸化物イオン	酸化アルミニウム

例題6・2　イオン化合物の名称

イオン化合物 Mg_3N_2 は何とよぶか．

［答］2族（2A族）のMgが陽イオン（Mg^{2+}）に，15族（5A族）のNが陰イオン（N^{3-}）になる．窒素の陰イオンは"窒化物"イオンだから，窒化マグネシウムとよぶ．

● 類 題　Ga_2S_3 は何とよぶか．
［答］硫化ガリウム

複数の価数をとる金属のイオン化合物

ふつう遷移金属は，イオンの価数を複数とる．最外殻電子のほか，ときにエネルギーの低い内殻電子も失うからだ．鉄は Fe^{2+} と Fe^{3+} に，銅は Cu^+ と Cu^{2+} になる．つまり，元素名や族番号だけでイオンの価数はわからない．

そんな場合は，鉄(II)，鉄(III)など，元素名にローマ数字の価数を添える．複数の価数をとる金属イオンの一部を表6・4にまとめた．

表6・4　複数の価数をとる金属イオン

元 素	陽イオンとイオン名
金	Au^+ = 金(I)イオン，Au^{3+} = 金(III)イオン
クロム	Cr^{2+} = クロム(II)イオン，Cr^{3+} = クロム(III)イオン，Cr^{6+} = クロム(VI)イオン
コバルト	Co^{2+} = コバルト(II)イオン，Co^{3+} = コバルト(III)イオン
水 銀	Hg_2^{2+}[†] = 水銀(I)イオン，Hg^{2+} = 水銀(II)イオン
ス ズ	Sn^{2+} = スズ(II)イオン，Sn^{4+} = スズ(IV)イオン
鉄	Fe^{2+} = 鉄(II)イオン，Fe^{3+} = 鉄(III)イオン
銅	Cu^+ = 銅(I)イオン，Cu^{2+} = 銅(II)イオン
鉛	Pb^{2+} = 鉛(II)イオン，Pb^{4+} = 鉛(IV)イオン
ニッケル	Ni^{2+} = ニッケル(II)イオン，Ni^{3+} = ニッケル(III)イオン
マンガン	Mn^{2+} = マンガン(II)イオン，Mn^{3+} = マンガン(III)イオン，Mn^{7+} = マンガン(VII)イオン

† Hg_2^{2+} は $^+Hg-Hg^+$ の形をしている．

よく出合うイオンを周期表上で眺めよう（図6・2）．同じ遷移金属でも，亜鉛（Zn^{2+}）やカドミウム（Cd^{2+}），銀（Ag^+）は価数が1種類しかなく，元素名だけで価数がわかる．なお，典型元素の14族（4A族）元素も，陽

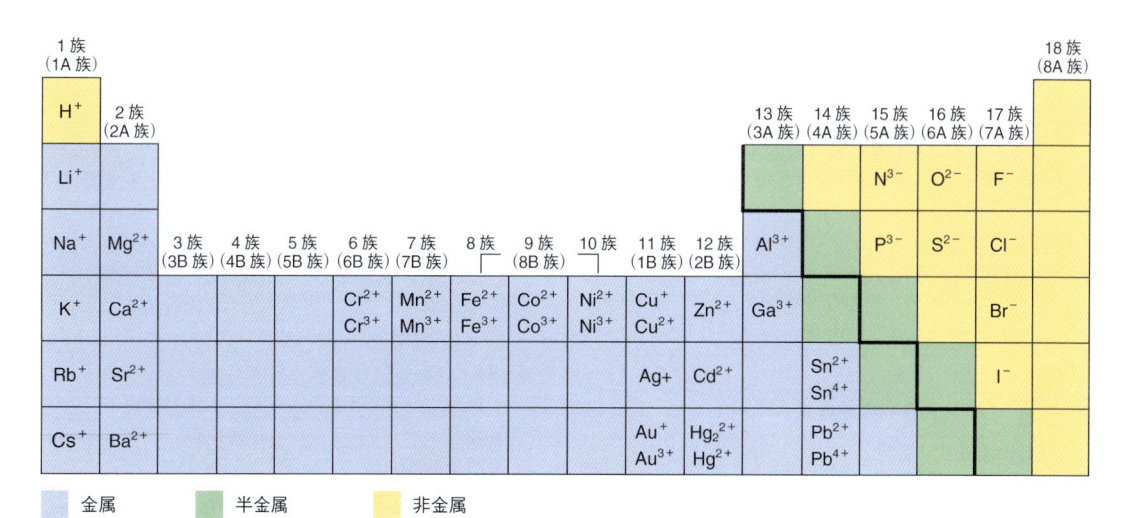

図6・2　単原子の陽イオンは金属元素，陰イオンは非金属元素．
［考えてみよう］カルシウム，銅，酸素の単原子イオンは，それぞれ何か．

[*1] 訳注：H^- も水素化物イオンとよぶ．

イオンは複数の価数をとり，スズと鉛には+2価と+4価がある．

$CuCl_2$ の銅イオンが示す価数は，電荷のつり合いからわかる．-1価の Cl^- が2個で負電荷は合計-2だから，銅イオンの電荷は+2と決まる．つまり Cu^{2+} を銅(II)と書き，$CuCl_2$ の名称は塩化銅(II)となる．

金属イオンが複数の価数をとる化合物の例を表6・5にあげた．

表6・5 複数の価数をとる金属の化合物

化合物	名 称	化合物	名 称
$FeCl_2$	塩化鉄(II)	$CuBr_2$	臭化銅(II)
Fe_2O_3	酸化鉄(III)	$SnCl_2$	塩化スズ(II)
Cu_3P	リン化銅(I)	PbS_2	硫化鉛(IV)

例題6・3　複数の価数をとる金属の化合物

フジツボや藻類の付着を防ぐ船底塗料は Cu_2O を含む．Cu_2O は何とよぶか．

[答] 酸素 O は-2価だから，銅 Cu は+1価．陰イオン O^{2-} の名称 "酸化物イオン" より，Cu_2O の名称は酸化銅(I)となる．

● 類題　$AuCl_3$ は何とよぶか．
　　　　　　　　　　　　　　　　　　　　　　[答] 塩化金(III)

化合物名から組成式の決定

イオン化合物は，陰イオン・陽イオンの順によぶのだった．正味の電荷がゼロとなるよう，必要なら下つき数字を使う．組成式の決め方を例題6・4で学ぶ．

例題6・4　イオン化合物の組成式決定

硫化アルミニウムの化学式を書け．

[答] アルミニウムは+3価の Al^{3+}，陰イオンは-2価の S^{2-}．Al×2個+S×3個で正味の電荷がゼロになるから，組成式は Al_2S_3．

● 類題　つぎの化合物が含むイオンと，化合物の組成式を書け．
① 臭化マグネシウム　　② 酸化リチウム
　　　[答] ① Mg^{2+} と Br^-，$MgBr_2$　② Li^+ と O^{2-}，Li_2O

例題6・5　イオン化合物の組成式

塩化鉄(III)の組成式を書け．

[答] 塩化物イオンは-1価 (Cl^-) で，鉄イオンは+3価 (Fe^{3+}) だから，正味の電荷がゼロになる組成式は $FeCl_3$．

● 類題　酸化クロム(III)の組成式を書け．
　　　　　　　　　　　　　　　　　　　　　　[答] Cr_2O_3

練習問題　イオン化合物の名称と組成式

6・19 つぎの元素の単原子イオンを化学式で書け．
① 塩素　　② カリウム
③ 酸素　　④ アルミニウム

6・20 つぎの元素の単原子イオンを化学式で書け．
① フッ素　　② ストロンチウム
③ ナトリウム　　④ リチウム

6・21 つぎのイオンは何とよぶか．
① Li^+　② S^{2-}　③ Ca^{2+}　④ N^{3-}

6・22 つぎのイオンは何とよぶか．
① Mg^{2+}　② Ba^{2+}　③ I^-　④ Br^-

6・23 つぎのイオン化合物は何とよぶか．
① Al_2O_3　② $CaCl_2$　③ Na_2O
④ Mg_3P_2　⑤ KI　⑥ BaF_2

6・24 つぎのイオン化合物は何とよぶか．
① $MgCl_2$　② K_3P　③ Li_2S
④ CsF　⑤ MgO　⑥ $SrBr_2$

6・25 ふつう遷移金属のイオン化合物名は，末尾にローマ数字を添える．なぜか．

6・26 $CaCl_2$ は "塩化カルシウム" だが，$CuCl_2$ は "塩化銅(II)" と書く．なぜか．

6・27 つぎのイオンは何とよぶか．
① Fe^{2+}　② Cu^{2+}　③ Zn^{2+}
④ Pb^{4+}　⑤ Cr^{3+}　⑥ Mn^{2+}

6・28 つぎのイオンは何とよぶか．
① Ag^+　② Cu^+　③ Fe^{3+}
④ Sn^{2+}　⑤ Au^{3+}　⑥ Ni^{2+}

6・29 つぎのイオン化合物は何とよぶか．
① $SnCl_2$　② FeO　③ Cu_2S
④ CuS　⑤ $CdBr_2$　⑥ $HgCl_2$

6・30 つぎのイオン化合物は何とよぶか．
① Ag_3P　② PbS　③ SnO_2
④ $MnCl_3$　⑤ Cr_2O_3　⑥ CoS

6・31 つぎの化合物が含む陽イオンを化学式で書け．
① $AuCl_3$　② Fe_2O_3
③ PbI_4　④ $SnCl_2$

6・32 つぎの化合物が含む陽イオンを化学式で書け．
① $FeCl_2$　② CrO　③ Mn_2S_3　④ AlP

6・33 つぎの化合物を組成式で書け．
① 塩化マグネシウム　② 硫化ナトリウム
③ 酸化銅(I)　④ リン化亜鉛
⑤ 窒化金(III)

6・34 つぎの化合物を組成式で書け．
① 酸化ニッケル(III)　② フッ化バリウム
③ 塩化スズ(IV)　④ 硫化銀
⑤ ヨウ化銅(II)

6・35 つぎの化合物を組成式で書け．
① 塩化コバルト(III)　② 酸化鉛(IV)
③ ヨウ化銀　④ 窒化カルシウム
⑤ リン化銅(I)　⑥ 塩化クロム(II)

6・36 つぎの化合物を組成式で書け.
① 臭化亜鉛　　　② 硫化鉄(III)
③ 酸化マンガン(IV)　④ ヨウ化クロム(III)
⑤ 窒化リチウム　⑥ 酸化金(I)

6・4 多原子イオン

複数種の原子からできたイオンを**多原子イオン**という.多原子イオンには,O原子と非金属原子(P, S, C, N, Clなど)が結合した-1～-3価の陰イオンが多い.初歩の化学に出てくる正電荷の多原子陽イオンはアンモニウムイオンNH_4^+しかない.多原子イオンを含む物質の例を図6・3に示す.

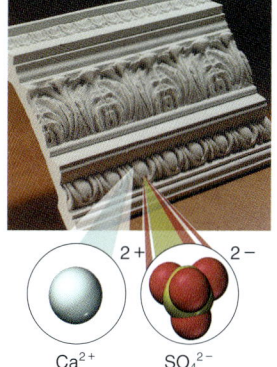

表6・6 おもな多原子イオンの化学式と名称

中心原子	化学式	イオンの名称
水素	OH^-	水酸化物イオン
窒素	NH_4^+	アンモニウムイオン
	NO_3^-	**硝酸イオン**
	NO_2^-	亜硝酸イオン
塩素	ClO_4^-	過塩素酸イオン
	ClO_3^-	**塩素酸イオン**
	ClO_2^-	亜塩素酸イオン
	ClO^-	次亜塩素酸イオン
炭素	CO_3^{2-}	**炭酸イオン**
	HCO_3^-	炭酸水素イオン
	CN^-	シアン化物イオン
	CH_3COO^-	酢酸イオン
	SCN^-	チオシアン酸イオン
硫黄	SO_4^{2-}	**硫酸イオン**
	HSO_4^-	硫酸水素イオン
	SO_3^{2-}	亜硫酸イオン
	HSO_3^-	亜硫酸水素イオン
リン	PO_4^{3-}	**リン酸イオン**
	HPO_4^{2-}	リン酸水素イオン
	$H_2PO_4^-$	リン酸二水素イオン
	PO_3^{3-}	亜リン酸イオン
クロム	CrO_4^{2-}	クロム酸イオン
	$Cr_2O_7^{2-}$	二クロム酸イオン
マンガン	MnO_4^-	過マンガン酸イオン

セッコウ製品 $CaSO_4$
肥料 NH_4NO_3

Ca^{2+}　SO_4^{2-} 硫酸イオン　NH_4^+ アンモニウムイオン　NO_3^- 硝酸イオン

図6・3 多原子イオンを含む製品.
[考えてみよう] 硫酸イオンは何価のイオンか.

多原子イオンの名称

酸素Oを含む多原子陰イオンは,中心原子(Cl, Sなど)の元素名を基に"○○酸"イオンとよぶ.O原子が1個少ないものは"亜○○酸"イオンになる.ただし例外に,水酸化物イオンOH^-とシアン化物イオンCN^-がある.

よく出合う多原子イオンを表6・6にまとめた.緑色の四角で示したイオンの化学式と名称を覚えれば,関連イオンも覚えやすい.硫酸イオンSO_4^{2-}も亜硫酸イオンSO_3^{2-}も-2価,リン酸イオンPO_4^{3-}も亜リン酸イオンPO_3^{3-}も-3価…というように,"○○酸"イオンと"亜○○酸"イオンの価数は等しい.

-2価の炭酸イオンCO_3^{2-}が炭酸水素イオンHCO_3^-になるときは,+1価のH^+が結合するため,負電荷が1だけ減って-1価になる.

$$CO_3^{2-} + H^+ \longrightarrow HCO_3^-$$

17族(7A族)のハロゲンXは,O原子の数が違う陰イオン群をつくる.お互いを区別するのに,XO_3^-を"○○酸"イオン(基準)と決め,O原子が1個多いものを"過○○酸"イオン,1個少ないものを"亜○○酸"イオン,さらに1個少ないものを"次亜○○酸"イオンとよぶ.X = Clの例を下にまとめた.

ClO_4^-	過塩素酸イオン	O原子が1個多い
ClO_3^-	塩素酸イオン(基準)	
ClO_2^-	亜塩素酸イオン	O原子が1個少ない
ClO^-	次亜塩素酸イオン	O原子が2個少ない

多原子イオン化合物の組成式

単原子イオンと同じく多原子イオンも,逆電荷のイオンと静電的な引き合い(イオン結合)をしている.たとえば硫酸ナトリウムNa_2SO_4は,ナトリウムイオンNa^+と硫酸イオンSO_4^{2-}がイオン結合した化合物だ.

多原子イオン化合物の組成式も,正味の電荷がゼロとなるように書く.カルシウムイオンCa^{2+}と炭酸イオンCO_3^{2-}

の化合物を考えよう．Ca^{2+}が+2価，CO_3^{2-}が-2価だから，量比1:1の化合物（炭酸カルシウム $CaCO_3$）になる．

マグネシウムイオン Mg^{2+} と硝酸イオン NO_3^- の化合物なら，1個の Mg^{2+} あたり2個の NO_3^- が必要なため，NO_3^- を（ ）に入れて添え字2をつけ，$Mg(NO_3)_2$ と書く．名称は"硝酸マグネシウム"になる．

例題 6・6　多原子イオン化合物の組成式

炭酸水素アルミニウムの組成式を書け．

[答] 陽イオンは+3価の Al^{3+} で，陰イオンは-1価の炭酸水素イオン HCO_3^- だから，$Al^{3+} : HCO_3^- = 1:3$ の化合物になる．つまり組成式は $Al(HCO_3)_3$．

● 類題　アンモニウムイオンとリン酸イオンからできる化合物の組成式を書け．

[答] $(NH_4)_3PO_4$

復習 6・4　骨と歯をつくる多原子イオン

骨と歯は，ヒドロキシアパタイトという複雑なイオン化合物 $Ca_{10}(PO_4)_6(OH)_2$ を主成分にしている．多原子イオンはどれか．

[答] リン酸イオン PO_4^{3-} と水酸化物イオン OH^-

多原子イオン化合物の名称

多原子イオン化合物も，陰イオン・陽イオン（多くは金属イオン）の順によぶ．まずは組成式中の多原子陰イオンを見分け，名称を正しくつける．たとえば Na_2SO_4 は硫酸ナトリウム，$FePO_4$ はリン酸鉄(III)，$Al_2(CO_3)_3$ は炭酸アルミニウムとよぶ．多原子陰イオンを含む化合物の組成式，名称，用途を表6・7に示す．

例題 6・7　多原子陰イオン化合物の名称

つぎのイオン化合物は何とよぶか．
① $Cu(NO_2)_2$　② $KClO_3$　③ $Mn(OH)_2$

[答] 陽イオンと多原子陰イオンを特定し，陰イオン・陽イオンの順によぶ．① 亜硝酸銅(II)，② 塩素酸カリウム，③ 水酸化マンガン(II)．

● 類題　カルシウム補給剤に使う $Ca_3(PO_4)_2$ は何とよぶか．

[答] リン酸カルシウム

例題 6・8　イオン化合物の名称

つぎの化合物は何とよぶか．
① Na_3P　② $CuSO_4$　③ $Cr(ClO)_3$

[答] 陽イオンと多原子陰イオンを特定し，陰イオン・陽イオンの順によぶ．一部の金属イオンは価数を指定．① リン化ナトリウム，② 硫酸銅(II)，③ 次亜塩素酸クロム(III)．

● 類題　$Fe(NO_3)_2$ は何とよぶか．

[答] 硝酸鉄(II)

練習問題　多原子イオン

6・37 つぎの多原子イオンを化学式で書け．
① 炭酸水素イオン
② アンモニウムイオン
③ リン酸イオン
④ 硫酸水素イオン
⑤ 次亜塩素酸イオン

6・38 つぎの多原子イオンを化学式で書け．
① 亜硝酸イオン
② 亜硫酸イオン
③ 水酸化物イオン
④ 亜リン酸イオン
⑤ 酢酸イオン

6・39 つぎの多原子イオンは何とよぶか．
① SO_4^{2-}　② CO_3^{2-}　③ PO_4^{3-}
④ NO_3^-　⑤ ClO_4^-

6・40 つぎの多原子イオンは何とよぶか．
① OH^-　② HSO_3^-　③ CN^-
④ NO_2^-　⑤ CrO_4^{2-}

6・41 表の2種類のイオンが結合した化合物の組成式と名称を書け．

	NO_2^-	CO_3^{2-}	HSO_4^-	PO_4^{3-}
Li^+				
Cu^{2+}				
Ba^{2+}				

表 6・7　多原子陰イオンを含む化合物の例

組成式	名　称	用　途
$BaSO_4$	硫酸バリウム	X線撮影の造影剤
$CaCO_3$	炭酸カルシウム	制酸剤，カルシウムサプリメント
$CaSO_3$	亜硫酸カルシウム	果汁飲料の酸化防止剤
$CaSO_4$	硫酸カルシウム	ギプス，塑像
$AgNO_3$	硝酸銀	抗菌・殺菌剤
$NaHCO_3$	炭酸水素ナトリウム	制酸剤，ベーキングパウダー
$Zn_3(PO_4)_2$	リン酸亜鉛	歯科用セメント
$FePO_4$	リン酸鉄(III)	食品やパンの栄養強化剤
K_2CO_3	炭酸カリウム	アルカリ化剤，利尿薬
$Al_2(SO_4)_3$	硫酸アルミニウム	制汗剤，抗菌・殺菌剤，浄水用の凝集剤
$AlPO_4$	リン酸アルミニウム	制酸剤
$MgSO_4$	硫酸マグネシウム	下剤

6・42 表の2種類のイオンが結合した化合物の組成式と名称を書け.

	NO_3^-	HCO_3^-	SO_3^{2-}	HPO_4^{2-}
NH_4^+				
Al^{3+}				
Pb^{4+}				

6・43 つぎの化合物が含む多原子イオンの化学式と名称を書け.
① Na_2CO_3　② NH_4Cl　③ Na_3PO_4
④ $Mn(NO_2)_2$　⑤ $FeSO_3$　⑥ $K(CH_3COO)$

6・44 つぎの化合物が含む多原子イオンの化学式と名称を書け.
① KOH　② $NaNO_3$　③ Au_2CO_3
④ $NaHCO_3$　⑤ $BaSO_4$　⑥ $Ca(ClO)_2$

以下6・45〜6・48は,単原子イオンも含めた復習問題

6・45 つぎの化合物の組成式を書け
① 水酸化バリウム　② 硫酸ナトリウム
③ 硝酸鉄(II)　④ リン酸亜鉛
⑤ 炭酸鉄(III)

6・46 つぎの化合物の組成式を書け.
① 塩化アルミニウム　② 酸化アンモニウム
③ 炭酸水素マグネシウム　④ 亜硝酸ナトリウム
⑤ 硫酸銅(I)

6・47 つぎの化合物は何とよぶか.
① 制汗剤の $Al_2(SO_4)_3$　② 制酸剤の $CaCO_3$
③ 緑色顔料(クロムグリーン)の Cr_2O_3
④ 下剤の Na_3PO_4　⑤ 肥料の $(NH_4)_2SO_4$
⑥ 赤色顔料(ベンガラ)の Fe_2O_3

6・48 つぎの化合物は何とよぶか.
① 紫色顔料の $Co_3(PO_4)_2$　② 制酸剤の $Mg_3(PO_4)_2$
③ 鉄分サプリメントの $FeSO_4$　④ 下剤の $MgSO_4$
⑤ 抗菌剤の Cu_2O　⑥ 虫歯予防剤の SnF_2

6・5 共有結合化合物

非金属元素の原子2個が電子2個を共有すると,**共有結合化合物**ができる.非金属元素はイオン化エネルギーが大きく,電子を完全には授受できないため,原子間で共有して安定化を目指す(**共有結合**).原子2個以上が電子を共有すると**分子**ができる.

水素分子

遠く離れた2個のH原子は引き合わない.しかし互いに近づくと,陽子の正電荷が,相手原子の価電子を引きつける.その引力が,共有結合の舞台をつくる.

2個の電子は,同じ1s軌道に,逆向きのスピンで入る(5章, p.60). "逆向き磁石"の引き合いにより負電荷どうしの反発が減る分だけ,2個の電子は近くに存在できる.そんな電子ペアが原子核のすき間を占め,"糊"として陽子2個の反発を弱める結果,H_2分子ができると考えればよい(図6・4).

H_2分子の中で各H原子は,価電子2個の安定なヘリウム(貴ガス)と同じ電子配置をもつ.貴ガスの電子配置を目指すところは,イオンの生成と共通している.

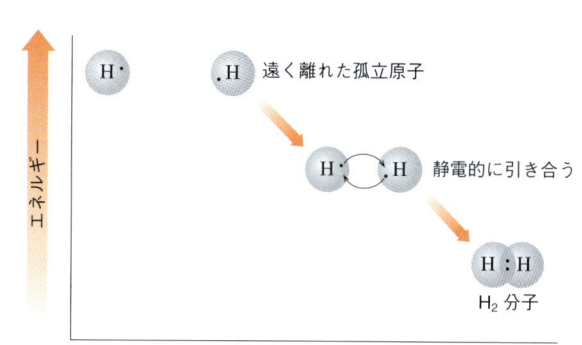

図6・4 共有結合による水素分子の生成.
[考えてみよう] 水素原子どうしは,なぜ引き合うのか.

共有結合化合物のルイス構造

共有結合はルイス構造で考えるとわかりやすい.共有される電子対(**結合電子対**)は,点2個または線1本で表す.非結合電子対(**孤立電子対**,ローンペア)は,元素記号のまわりに点2個で描く.たとえばフッ素分子F_2は,価電子7個のF原子からできる.F原子が不対電子を共有し,貴ガスのネオンと同じオクテットの電子配置になる.

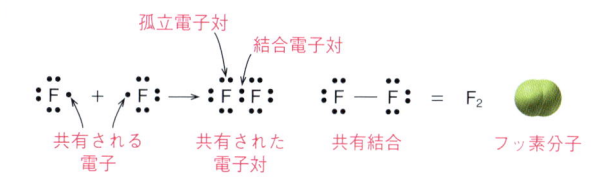

水素分子H_2やフッ素分子F_2のように,同じ元素がつくる分子を等核二原子分子という.例をいくつか表6・8にあげた.

異種元素間の共有結合

ある原子がもらう電子の数と,原子がつくる共有結合の数は,その原子が貴ガスの電子配置となるのに必要な電子数に等しい.たとえばC原子は,H原子と共有結合しておびただしい種類の有機化合物をつくる.価電子4個のC原子は,あと4個もらうとオクテットになる.そのためH原子4個の価電子を受入れて4本の共有結合をつくり,メタンCH_4となる.

メタン分子（CH$_4$，天然ガスの主成分）のルイス構造では，C 原子の上下左右に H 原子を 1 個ずつ描く．簡単な共有結合分子 3 種の構造を表 6・9 にまとめた．

メタン分子 CH$_4$

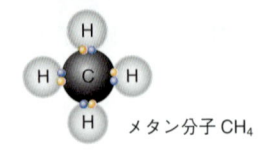

表 6・8 共有結合でできる等核二原子分子

元素	分子	名称
H	H$_2$	水素
N	N$_2$	窒素
O	O$_2$	酸素
F	F$_2$	フッ素
Cl	Cl$_2$	塩素
Br	Br$_2$	臭素
I	I$_2$	ヨウ素

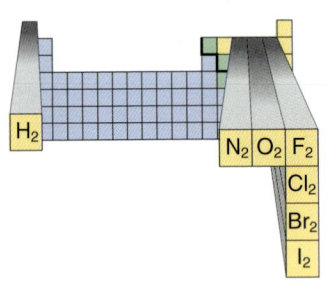

表 6・9 共有結合化合物の描きかた

CH$_4$	NH$_3$	H$_2$O

ルイス構造

結合線とルイス構造の併用

分子の立体モデル

メタン分子　アンモニア分子　水分子

共有結合化合物の名称と化学式

共有結合化合物の名称は，化学式中で末尾にある非金属原子の陰イオン名 "○○化物イオン" から "物イオン" を外した名前を書いたのち，冒頭の非金属元素名をそのまま添える．同じ元素を何個か含むなら，個数を表す接頭語（表 6・10）を元素名の前につける（日本語名では一，二，三…の漢数字を使う）．接頭語は，2 種類の元素がつくる別々の共有結合化合物を区別するのにも使う．一酸化炭素 CO と二酸化炭素 CO$_2$ がその例になる．共有結合化合物の例を表 6・11 に示す．

表 6・10 化合物の命名に使う "個数を表す接頭語"

1 個	モノ（一）	6 個	ヘキサ（六）
2 個	ジ（二）	7 個	ヘプタ（七）
3 個	トリ（三）	8 個	オクタ（八）
4 個	テトラ（四）	9 個	ノナ（九）
5 個	ペンタ（五）	10 個	デカ（十）

表 6・11 共有結合化合物の例

化学式	名称	用途
CS$_2$	二硫化炭素	レーヨンの製造
CO$_2$	二酸化炭素	炭酸飲料，消火器，スプレー用加圧ガス，ドライアイス
NO	一酸化窒素	保存剤，肉製品の着色剤
N$_2$O	一酸化二窒素	吸入麻酔剤（笑気）
SO$_2$	二酸化硫黄	食品やワインの抗菌・酸化防止剤，紙や衣料の漂白剤
SO$_3$	三酸化硫黄	爆薬の製造
SF$_6$	六フッ化硫黄	電気回路の絶縁材

復習 6・5　共有結合化合物の名称

BrCl の名称は "塩化臭素" でよいが，二塩化硫黄 SCl$_2$ には "二" がついている．なぜか．

[答] 原子が 1 個ずつの化合物 BrCl なら，"1 個" を表す接頭語は不要．けれど塩素原子が 2 個の二塩化硫黄 SCl$_2$ は，四塩化硫黄 SCl$_4$ などと区別するために接頭語を使う．

例題 6・9　共有結合化合物の名称

共有結合化合物 P$_4$O$_6$ は何とよぶか．

[答] 原子の個数に目をつぶれば "酸化リン" だが，O 原子 6 個，P 原子 4 個が共有結合した分子なので "六酸化四リン" となる．

● 類題　つぎの共有結合化合物は何とよぶか．
① SiBr$_4$　② Br$_2$O
[答] ① 四臭化ケイ素，② 酸化二臭素

共有結合化合物名から化学式の決定

2 種類の非金属元素がつくる共有結合化合物の名称は，原子数の情報も含む．同じ原子が 2 個以上あるときは，その数字を元素記号の右下に添える．

例題 6・10　共有結合化合物の化学式

三酸化二ホウ素の化学式を書け．

[答] 化学式は "ホウ素 B・酸素 O" の順．原子が 2 個と 3 個だから，B$_2$O$_3$ と書く．

● 類題　五フッ化ヨウ素の化学式を書け．
[答] IF$_5$

無機化合物の命名――まとめ

イオン化合物と共有結合化合物の命名法を学んできた．イオン化合物は，陰イオン（○）・陽イオン（●）の順を守り，単原子陰イオンの場合は"○化●"とよび，O原子を含む多原子陰イオンの場合は"○酸●"とよぶ．また，複数の価数をとる金属が陽イオンのときは，化合物名の末尾にローマ数字で価数を添える．

共有結合化合物は，"化学式で2番目の元素（○）・1番目の元素（●）"の順に，"○化●"とよぶ．同じ2元素が複数の化合物をつくるときは，原子の個数を接頭語で示す．

CH_4 や C_2H_6 など有機化合物の命名は，以上とは違うルールに従う（次節）．

復習 6・6　無機化合物の命名

つぎの物質はイオン化合物か，共有結合化合物か．また，それぞれは何とよぶか．
① Ca_3N_2　　② Cu_3PO_4　　③ SO_3

[答]　①"金属元素＋非金属元素"のイオン化合物．典型金属の Ca が陽イオン，窒化物イオンが陰イオンだから，名称は窒化カルシウム．
②"金属元素＋非金属元素（多原子イオン）"のイオン化合物．リン酸イオン PO_4^{3-} の電荷は -3 だから，陽イオンの Cu は $+1$ 価．$+2$ 価の Cu と区別し，名称はリン酸銅(I)．
③ 2種類の非金属元素の共有結合化合物．S 原子は 1 個だが，O 原子は 3 個だから，名称は三酸化硫黄．

練習問題　共有結合化合物と名称

6・49　共有結合化合物をつくりやすいのは金属元素か非金属元素か．

6・50　Na–Cl の結合と，N–Cl の結合はどう違うか．

6・51　つぎのルイス構造に描く分子は，価電子，結合電子対，孤立電子対をいくつもつか．
① H:H　　② H:Br:　　③ :Br:Br:

6・52　つぎのルイス構造に描く分子は，価電子，結合電子対，孤立電子対をいくつもつか．
① H:O:H　　② H:N:H（H）　　③ :Br:O:Br:

6・53　つぎの化合物は何とよぶか．
① PBr_3　② CBr_4　③ SiO_2　④ HF　⑤ NI_3

6・54　つぎの化合物は何とよぶか．
① CS_2　② P_2O_5　③ Cl_2O　④ PCl_3　⑤ CO

6・55　つぎの化合物は何とよぶか．
① N_2O_3　② NCl_3　③ $SiBr_4$
④ PCl_5　⑤ N_2S_3

6・56　つぎの化合物は何とよぶか．
① SiF_4　② IBr_3　③ CO_2
④ SO_2　⑤ N_2O

6・57　つぎの化合物の化学式を書け．
① 四塩化炭素　② 一酸化炭素
③ 三塩化リン　④ 四酸化二窒素

6・58　つぎの化合物の化学式を書け．
① 二酸化硫黄　② 四塩化ケイ素
③ 三塩化ヨウ素　④ 酸化二窒素

6・59　つぎの化合物の化学式を書け．
① 二フッ化酸素　② 三フッ化ホウ素
③ 三酸化二窒素　④ 六フッ化硫黄

6・60　つぎの化合物の化学式を書け．
① 二臭化硫黄　② 二硫化炭素
③ 六酸化四リン　④ 五酸化二窒素

6・61　つぎの化合物は何とよぶか．
① $AlCl_3$　② B_2O_3　③ N_2O_4
④ $Sn(NO_3)_2$　⑤ $Cu(ClO_2)_2$

6・62　つぎの化合物は何とよぶか．
① N_2　② $Mg(BrO)_2$　③ SiI_4
④ $NiSO_4$　⑤ Fe_2S_3

6・6　有機化合物

有機化学では，炭素と水素の共有結合化合物をおもに扱う．C 原子がつながり合った多彩な分子を，私たちは暮らしのなかでガソリンや医薬品，シャンプー，プラスチック容器，香水などに使う．体の素材やエネルギー源になるいろいろな食品も，有機化合物の集まりとみてよい．つまり生き物の体も働きも，炭素原子が支えている．

有機化合物には天然物と合成物がある．綿や羊毛，絹は天然物で，ポリエステルやナイロン，プラスチックは合成物．有機化合物の構造や反応をつかめば，複雑な生体分子の働きもみえてくる．

有機化合物は必ず C と H の原子を含み，ときに O, S, N, P, ハロゲンの原子も含む．有機化合物の化学式は，C・H・他元素の順に書く．一般に有機化合物は融点や沸点が低く，水に溶けにくく，密度が水よりも小さい．だから有機化合物が混ざり合った植物油は水に混ざらず，水面に浮く．また，たいていの有機化合物は空気中でよく燃える．

有機化合物と比べて無機化合物は，C・H 以外の元素が主役になり，イオン的な性質をもち，融点も沸点も高い．イオン性の無機化合物は多くが水に溶け，空気中で燃えない．代表例にプロパン C_3H_8 と塩化ナトリウム NaCl を選び，有機化合物と無機化合物の特徴を表 6・12 に比べた．

復習 6・7　有機化合物の性質

つぎの性質を示す物質は有機化合物か，無機化合物か．
① 水に溶けない　② 融点が高い　③ 空気中で燃える

[答]　① 有機化合物，② 無機化合物，③ 有機化合物

6. 無機化合物と有機化合物

表 6・12 有機化合物と無機化合物の特徴

特 徴	有機化合物	例) C_3H_8	無機化合物	例) NaCl
元 素	C と H (ときに O, N, S, P, ハロゲンも)	C と H	ほとんどの金属と非金属	Na と Cl
結合型	ほとんどは共有結合	共有結合 (C 原子は 4 本)	イオン結合か共有結合	イオン結合
融 点	一般に低い	$-188\,°C$	一般に高い	$801\,°C$
沸 点	一般に低い	$-42\,°C$	一般に高い	$1413\,°C$
可燃性	高 い	空気中で燃える	低 い	不 燃
水溶性	きわめて低い	不 溶	一般に高い	可 溶

有機化合物をつくる結合

炭化水素は文字どおり炭素と水素からできている．最も単純な炭化水素のメタン CH_4 では，C 原子が 4 個の H 原子と電子を共有してオクテットの電子配置をとる．ルイス構造の共有電子対は，共有結合の 1 本線で書く．有機化合物中の C 原子は結合を 4 本もつ．分子の**展開形構造式**（平面構造式）には，すべての原子間結合を描く．

炭素の四面体構造

メタン分子 CH_4 がもつ結合 4 本は，正四面体の頂点に向かう．そのとき H 原子（の電子雲）どうしの静電反発が最小になるからだ．メタンの立体構造は，図 6・5 の球-棒モデルや空間充填モデルでよくわかる．平面の展開形構造式だと，立体構造はわかりにくい．

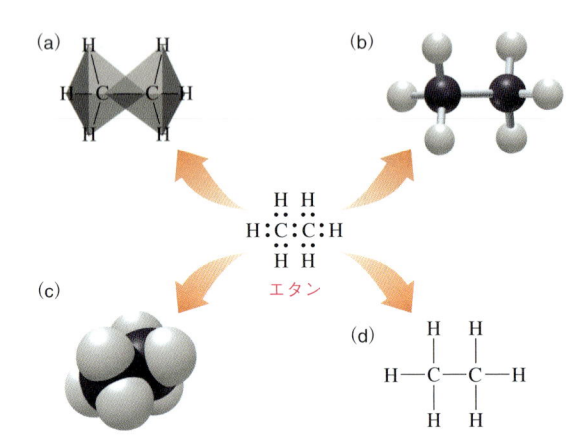

図 6・6 エタン分子 C_2H_6 の表示法．(a) 四面体モデル，(b) 球-棒モデル，(c) 空間充填モデル，(d) 展開形（平面）構造式．
［考えてみよう］C 原子が 2 個の分子で，炭素の四面体構造はどう保たれるのか．

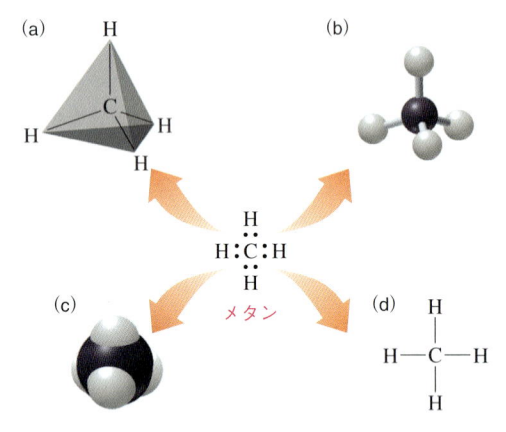

図 6・5 メタン分子 CH_4 の表示法．(a) 四面体モデル，(b) 球-棒モデル，(c) 空間充填モデル，(d) 展開形（平面）構造式．
［考えてみよう］メタン分子はなぜ平面ではなく四面体形なのか．

エタン分子 C_2H_6 では，それぞれの C 原子に，C 原子 1 個と H 原子 3 個が結合する．どちらの C 原子も四面体構造をとるため，エタンは四面体 2 個をつなげた形になる（図 6・6）．

練習問題　有機化合物

6・63 つぎの物質は有機化合物か，無機化合物か．
① KCl　② C_4H_{10}　③ C_2H_6O
④ H_2SO_4　⑤ $CaCl_2$　⑥ C_2H_5Cl

6・64 つぎの物質は有機化合物か，無機化合物か．
① $C_6H_{12}O_6$　② Na_2SO_4　③ I_2
④ C_4H_9Br　⑤ $C_{10}H_{22}$　⑥ CH_4

6・65 つぎの性質は，有機化合物と無機化合物のどちらに当てはまるか．
① 水に溶ける．　② 沸点が低い．
③ 空気中で燃える．　④ 融点が高い．

6・66 つぎの性質は，有機化合物と無機化合物のどちらに当てはまるか．
① Na を含む．　② 室温で気体．
③ 共有結合を含む．　④ 水中でイオンをつくる．

6・67 つぎの性質は，エタン C_2H_6 と臭化ナトリウム NaBr のどちらに当てはまるか．
① $-89\,°C$ で沸騰する．　② 激しく燃える．
③ $250\,°C$ で固体．　④ 水に溶ける．

6・68 つぎの性質は，シクロヘキサン C_6H_{12} と硝酸カルシウム $Ca(NO_3)_2$ のどちらに当てはまるか．

① 500 °C で融ける.　② 水に溶けない.
③ 空気中で燃えない.　④ 室温で液体.

6・69 メタン分子の中で,水素原子はどんな配置をとっているか.

6・70 プロパンは 3 個の C 原子を含む.各 C 原子はどんな配置をとっているか.

6・7 飽和炭化水素(アルカン)の名称と化学式

いま知られる物質の 90% 以上を有機化合物が占める.C 原子が安定で多彩な鎖をつくれるからだ.有機化合物は,構造の似たグループごとに調べると,性質をつかみやすい.

炭素と水素だけが共有結合した炭化水素を**アルカン**(飽和炭化水素)という.アルカンは燃料によく使い,炭素 1 個のメタンはストーブやコンロの燃料だ.エタン,プロパン,ブタンは,それぞれ 2, 3, 4 個の C 原子がつながった分子.有機化合物の名称は,**IUPAC 命名法**[*2] に従ってつける.アルカンの英名(日本名)は接尾語 -ane(アン)を共通にもつ[*3].5 個以上の C 原子か鎖状につながったアルカンは,数を表す接頭語(表 6・13)を使って名づける.イオン化合物と共有結合化合物の命名規則を図 6・7 にまとめた.

例題 6・11　アルカンの命名

つぎの化合物の IUPAC 名は何か.
① $CH_3-CH_2-CH_3$　② C_6H_{14}

[答] ① C 原子 3 個のアルカンはプロパン
② C 原子 6 個のアルカンはヘキサン

● 類題　C_8H_{18} の IUPAC 名は何か.

[答] オクタン

示性式

C 原子と H 原子のつながり方を示す構造式には,前に紹介した展開形のほか,略記形もある.略記形は**示性式**といい,H 原子の数を下つきにする.C_6H_{14} のような化学式は,分子をつくる元素の原子数しか示さないため,原子のつながりかたはわからない.

$$H-\underset{H}{\overset{H}{C}}- = CH_3- \qquad -\underset{H}{\overset{H}{C}}- = -CH_2-$$

展開　略記形　　　　展開　略記形
(平面)形　(示性式)　(平面)形　(示性式)

C 原子が 3 個以上の分子だと,C 原子は(直線ではなく)ジグザグ状につながっている.ヘキサンの球-棒モデルでそれがよくわかるだろう.

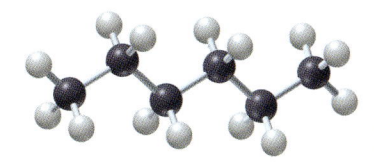

ヘキサンの分子モデル

復習 6・8　アルカンの展開形構造式と示性式

C 原子 4 個のブタン分子を,展開形(平面)構造式と示性式で描け.

[答] 展開形は H 原子をすべて描く.示性式は,C 原子に結合した H 原子をまとめ,CH_3- や $-CH_2-$ のように描く.

$$H-\underset{H}{\overset{H}{C}}-\underset{H}{\overset{H}{C}}-\underset{H}{\overset{H}{C}}-\underset{H}{\overset{H}{C}}-H \quad \text{展開形構造式}$$

$$CH_3-CH_2-CH_2-CH_3 \quad \text{示性式}$$

表 6・13　$C_1 \sim C_{10}$ アルカンの IUPAC 名

炭素数	名　称	分子式	示　性　式
1	メタン	CH_4	CH_4
2	エタン	C_2H_6	CH_3-CH_3
3	プロパン	C_3H_8	$CH_3-CH_2-CH_3$
4	ブタン	C_4H_{10}	$CH_3-CH_2-CH_2-CH_3$
5	ペンタン	C_5H_{12}	$CH_3-CH_2-CH_2-CH_2-CH_3$
6	ヘキサン	C_6H_{14}	$CH_3-CH_2-CH_2-CH_2-CH_2-CH_3$
7	ヘプタン	C_7H_{16}	$CH_3-CH_2-CH_2-CH_2-CH_2-CH_2-CH_3$
8	オクタン	C_8H_{18}	$CH_3-CH_2-CH_2-CH_2-CH_2-CH_2-CH_2-CH_3$
9	ノナン	C_9H_{20}	$CH_3-CH_2-CH_2-CH_2-CH_2-CH_2-CH_2-CH_2-CH_3$
10	デカン	$C_{10}H_{22}$	$CH_3-CH_2-CH_2-CH_2-CH_2-CH_2-CH_2-CH_2-CH_2-CH_3$

[*2] 訳注:化合物を体系的に命名するため,国際純正・応用化学連合(International Union of Pure and Applied Chemistry: IUPAC)が決めた規則.日本語の命名には,さらに日本化学会が定めた規則に従い,IUPAC 名を日本名に変える.

[*3] 訳注:物質のカタカナ名称はドイツ語読みに従うため,英語読みとは一致しない.接尾語もドイツ語の"-an(アン)"を使うし,ドイツ語読みの"ブタン"は,英語読みなら"ビューテイン"になる.

化合物命名の流れ

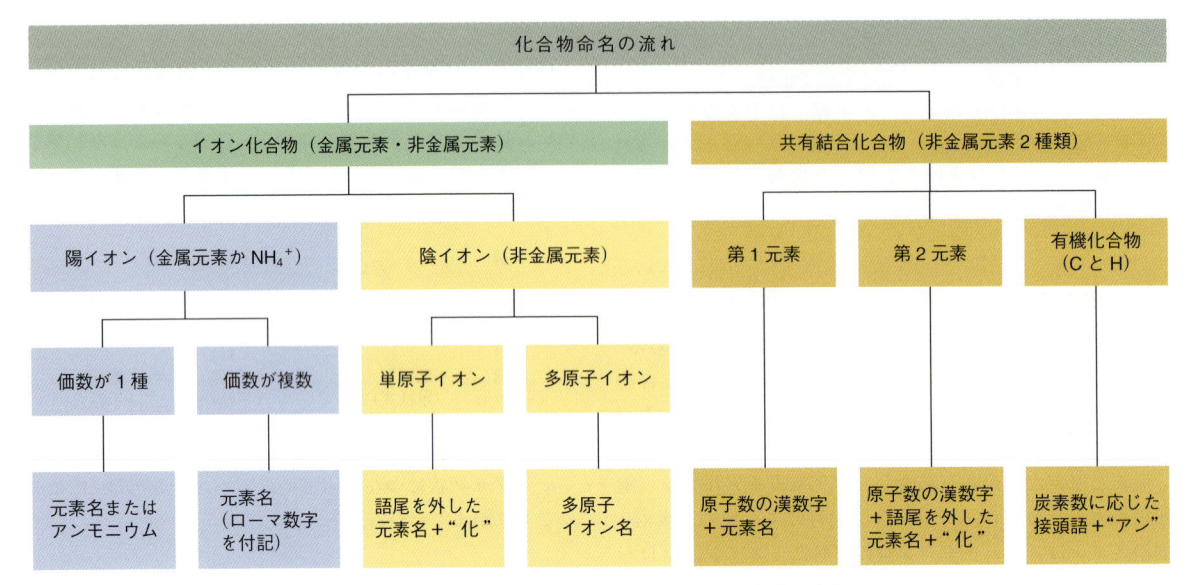

イオン化合物（金属元素・非金属元素）
- 陽イオン（金属元素かNH$_4^+$）
  - 価数が1種 → 元素名またはアンモニウム
  - 価数が複数 → 元素名（ローマ数字を付記）
- 陰イオン（非金属元素）
  - 単原子イオン → 語尾を外した元素名+"化"
  - 多原子イオン → 多原子イオン名

共有結合化合物（非金属元素2種類）
- 第1元素 → 原子数の漢数字+元素名
- 第2元素 → 原子数の漢数字+語尾を外した元素名+"化"
- 有機化合物（CとH） → 炭素数に応じた接頭語+"アン"

図6・7 無機のイオン化合物と共有結合化合物，有機化合物の命名ガイド．
[考えてみよう] なぜ六フッ化硫黄は無機化合物で，ヘキサンは有機化合物なのか．

アルカンの用途

炭素数が小さく，常温で気体のメタン，エタン，プロパン，ブタンは燃料に使う（ブタンはライターの燃料）．常温で液体のアルカン（炭素数5〜8: ペンタン，ヘキサン，ヘプタン，オクタン）は，もっぱらガソリンなどの燃料に用いる．沸点がもっと高い炭素数9〜17の液体アルカンは，灯油やディーゼル油，ジェット燃料にする．

自動車エンジンのピストンを滑らかに動かすエンジンオイルは，液体アルカンをいくつか混ぜてつくる．下剤や潤滑油にする鉱油も液体アルカンの混合物だ．

炭素数が18以上のアルカンは，常温でロウ状の固体になる．水分の蒸発やカビの発生を抑え，見た目がよくなるようパラフィンという炭化水素を果物や野菜の表面に塗る．低沸点の液体アルカンを含む固体アルカンのワセリンは，軟膏や化粧品に混ぜたり，潤滑剤に使ったりする．

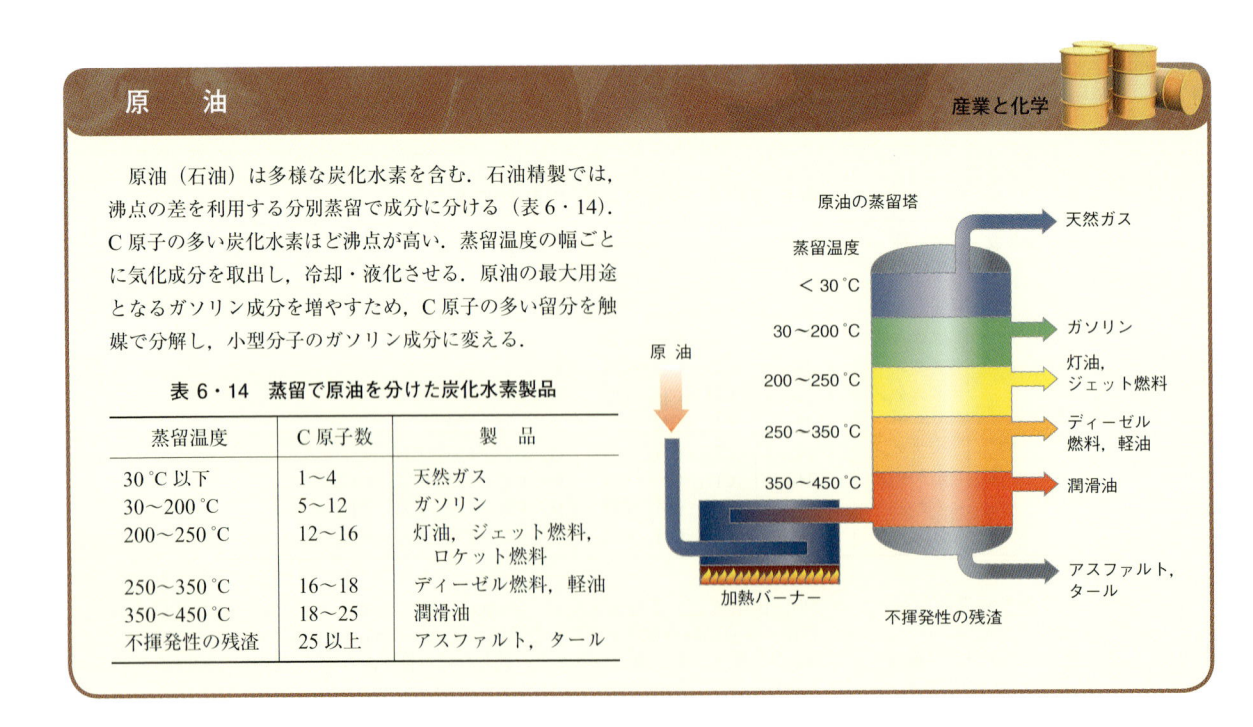

原油　　　　　　　　　　　　　　　　　産業と化学

原油（石油）は多様な炭化水素を含む．石油精製では，沸点の差を利用する分別蒸留で成分に分ける（表6・14）．C原子の多い炭化水素ほど沸点が高い．蒸留温度の幅ごとに気化成分を取出し，冷却・液化させる．原油の最大用途となるガソリン成分を増やすため，C原子の多い留分を触媒で分解し，小型分子のガソリン成分に変える．

表6・14 蒸留で原油を分けた炭化水素製品

蒸留温度	C原子数	製品
30 ℃以下	1〜4	天然ガス
30〜200 ℃	5〜12	ガソリン
200〜250 ℃	12〜16	灯油，ジェット燃料，ロケット燃料
250〜350 ℃	16〜18	ディーゼル燃料，軽油
350〜450 ℃	18〜25	潤滑油
不揮発性の残渣	25以上	アスファルト，タール

原油の蒸留塔：
- 蒸留温度 <30 ℃ → 天然ガス
- 30〜200 ℃ → ガソリン
- 200〜250 ℃ → 灯油，ジェット燃料
- 250〜350 ℃ → ディーゼル燃料，軽油
- 350〜450 ℃ → 潤滑油
- 不揮発性の残渣 → アスファルト，タール

原油→加熱バーナー

6・7 飽和炭化水素（アルカン）の名称と化学式

練習問題　アルカンの名称と化学式

6・71 つぎの化合物の IUPAC 名を書け．
① $CH_3-CH_2-CH_2-CH_2-CH_3$
② CH_3-CH_3
③ $CH_3-CH_2-CH_2-CH_2-CH_2-CH_3$

6・72 つぎの化合物の IUPAC 名を書け．
① CH_4
② $CH_3-CH_2-CH_2-CH_3$
③ $CH_3-CH_2-CH_3$

6・73 つぎの化合物の示性式を描け．
① メタン　②エタン　③ペンタン

6・74 つぎの化合物の示性式を描け．
① プロパン　②ヘキサン　③オクタン

6・75 密度 $0.68\ g\ mL^{-1}$ のヘプタン C_7H_{16} について，つぎの問いに答えよ．
① 示性式を描け．
② 常温では固体か，液体か，気体か．
③ 水に溶けるか．
④ 水に浮くか，沈むか．

6・76 密度 $0.79\ g\ mL^{-1}$ のノナン C_9H_{20} について，つぎの問いに答えよ．
① 示性式を描け．
② 常温では固体か，液体か，気体か．
③ 水に溶けるか．
④ 水に浮くか，沈むか．

脂質・石鹸・細胞膜が含む脂肪酸　　〈健康と化学〉

§6・6 と §6・7 の内容は，多くが生体中の物質にも当てはまる．有機分子は"生命の分子"でもあり，生化学分野の研究対象になる．生体分子のうち，有機溶媒には溶けても水に溶けない"脂質"の仕事を眺めよう．

脂肪酸（脂質の一種）とグリセロール（正式名グリセリン．アルコールの一種）が結合すると油脂になる．体脂肪（中性脂肪）もその仲間だ．脂肪酸は，長い炭素鎖の末端に解離型のカルボキシ基 $-COO^-$ をもつ．その一つパルミチン酸は，C 原子 16 個がつながったカルボン酸で，パーム油などいろいろな油脂に含まれる．

$$CH_3-(CH_2)_{14}-COO^-$$

脂肪酸の分子はおもに C と H からでき，炭素鎖の部分はアルカンに似た性質（水に溶けにくいなど）を示す．かたや，負電荷をもつ末端の解離型カルボキシ基は，水 H_2O によくなじむ．

石鹸はココナツ油などの油脂からつくる．その分子（"セッケン"）は長い炭素鎖のカルボン酸塩だ．炭素鎖の"尾"と，カルボン酸イオンの"頭"，Na^+ や K^+ の陽イオンが，それぞれの役目を果たす．末端のカルボン酸イオン部分は水になじみ（親水性），油を嫌う．長い炭化水素部分は水になじまず（疎水性，脂溶性），油との相性がいい．

その性質を利用して，汚れの脂肪分や油分に炭化水素の尾がとりつき，外側に並ぶカルボン酸イオン部分が水と引き合う．この構造体を"ミセル"という．セッケン分子に囲まれた脂肪や油の小滴はやがて水中に移り，洗い流されることになる．

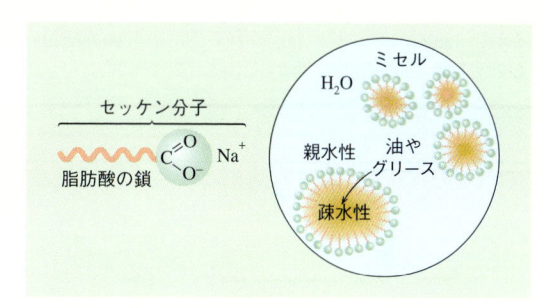

脂肪酸の"尾"はグリースや油にとりついてミセルをつくる．ミセルの水溶性の"頭"が水に引き寄せられる結果，油分が水のほうに移っていく．

細胞膜や，脂溶性ビタミン類（ビタミン A・D・E・K），ステロイドホルモンも脂質からできる．水っぽい外部環境と細胞内部を仕切る細胞膜は，炭素鎖の長い脂肪酸分子の"二重膜"からなる．疎水性の炭化水素部分が二重膜の"芯材"となり，イオン部分が膜の両面に出ているため，細胞膜は内外の液体と接しつつ機能を果たす．

$CH_3CH_2CH_2CH_2CH_2CH_2CH_2CH_2CH_2CH_2CH_2CH_2CH_2CH_2CH_2CH_2CH_2-C(=O)-O^-Na^+$

炭化水素の"尾"（疎水性）　　イオン性の"頭"（親水性）

セッケン分子の一種・長鎖ステアリン酸のナトリウム塩

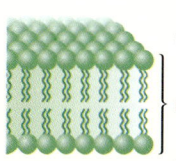

脂質が2層に重なってできる細胞膜

6. 無機化合物と有機化合物

■ 6章の見取り図

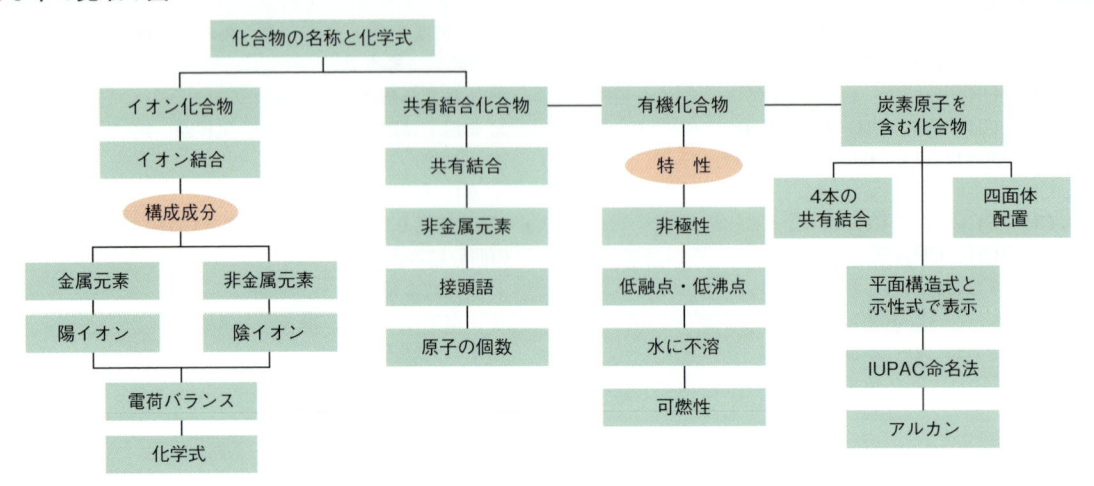

```
                        化合物の名称と化学式
        ┌──────────────┬──────────────┬──────────────┐
    イオン化合物      共有結合化合物 ── 有機化合物      炭素原子を
        │                 │              │           含む化合物
    イオン結合         共有結合          特 性            │
        │                 │              │         ┌────┴────┐
     構成成分          非金属元素        非極性      4本の      四面体
    ┌───┴───┐            │              │        共有結合      配置
 金属元素 非金属元素     接頭語       低融点・低沸点    │
    │       │            │              │         平面構造式と
  陽イオン 陰イオン     原子の個数      水に不溶      示性式で表示
    └───┬───┘                           │             │
     電荷バランス                       可燃性        IUPAC命名法
        │                                              │
      化学式                                         アルカン
```

■ キーワード

IUPAC 命名法（IUPAC system）
アルカン（alkane）
イオン（ion）
イオン化合物（ionic compound）
イオン結合（ionic bond）
イオンの価数（ion charge）
陰イオン（anion）
オクテット則（octet rule）

化学式（formula）
共有結合（covalent bond）
共有結合化合物（covalent compound）
結合電子対（bonding pair）
孤立電子対（ローンペア）(lone pair)
示性式
　　（condensed structural formula）

多原子イオン（polyatomic ion）
炭化水素（hydrocarbon）
展開形（平面）構造式
　　（expanded structural formula）
分子（molecule）
有機化合物（organic compound）
陽イオン（cation）

7 物質の量

目次と学習目標

7・1 モル
化学の本質となる"粒子の数"は,どんな単位で測るのか.

7・2 モル質量
物質 1 mol の質量は,化学式からどう決まるのか.

7・3 モルと質量の換算
モルを使うと,なぜ物質の量をつかみやすいのか.

7・4 元素組成と実験式
化学式と元素組成は,どう結びつくのか.

7・5 分子式
分子式と実験式は,どのように違うのか.

化学実験では,試薬の必要量を見積って測りとる.何かの量を測るのは,化学実験に限らない.台所では,なるべく過不足がないよう食材や調味料を使う.給油所では決まった量のガソリンを入れる.部屋を塗るなら,壁の面積を見積ったうえ,必要な量だけペンキを買う.アスピリンなど薬を飲むときは,ラベル表示を見て服用量を決める.食品の栄養表示は,炭水化物や脂質,ナトリウム,鉄,亜鉛の量を教える.

実験の試薬はぴったりの量だけ使う.物質の化学式から,ある元素の質量や原子の個数がわかり,逆に元素の組成比から物質の化学式がわかる.

7・1 モル

個数のまとまりを示す単位は多い.卵はダース(12個),鉛筆もダースやグロス(12ダース),紙なら"連"(1000枚)を単位に使う.レストランはケース単位で炭酸水やミネラル水を注文する.

化学変化は粒子(原子・分子・イオン)1個ずつが作用し合って進むから,物質の量は,質量ではなく,粒子数がそろうように測るとわかりやすい.そのために使う単位を**モル**[*1](単位記号 mol)という.

1 mol は,約 6×10^{23} 個の粒子集団をいう.その莫大な数を,イタリアの物理学者 Amedeo Avogadro(1776〜1856)にちなんで**アボガドロ数**[*2]とよぶ.アボガドロ数を有効数字4桁で書くと

602 200 000 000 000 000 000 000 = 6.022×10^{23}

になる.

炭素,アルミニウム,鉄,硫黄…と,どの元素 1 mol も 6.022×10^{23} 個の原子を含む.

元素 1 mol = 原子 6.022×10^{23} 個

物質 1 mol は,最小単位 6.022×10^{23} 個の集まりだ.二酸化炭素 1 mol は 6.022×10^{23} 個の CO_2 分子からなり,1 mol の NaCl は Na^+ と Cl^- を 6.022×10^{23} 個ずつ含む.物質 1 mol の粒子数を表7・1に示す.

表 7・1 物質 1 mol の粒子数

物 質	粒子の種類・個数
アルミニウム 1 mol	Al 原子・6.022×10^{23} 個
鉄 1 mol	Fe 原子・6.022×10^{23} 個
水 1 mol	H_2O 分子・6.022×10^{23} 個
ビタミン C($C_6H_8O_6$) 1 mol	ビタミン C 分子・6.022×10^{23} 個
塩化ナトリウム 1 mol	NaCl 単位・6.022×10^{23} 個

鉄 4.00 mol が含む Fe 原子数は,こう計算できる.

$$\text{鉄 } 4.00 \text{ mol} \times \frac{\text{Fe 原子}\cdot 6.022 \times 10^{23} \text{ 個}}{\text{鉄 } 1 \text{ mol}}$$
$$= \text{Fe 原子 } 2.41 \times 10^{24} \text{ 個}$$

また,3.01×10^{24} 個の CO_2 分子が何 mol かは,つぎの計算でわかる.

$$CO_2 \text{分子 } 3.01 \times 10^{24} \text{ 個} \times \frac{1 \text{ mol } CO_2}{CO_2 \text{分子 } 6.022 \times 10^{23} \text{ 個}}$$
$$= 5.00 \text{ mol } CO_2$$

mol 単位の小さな数値が,莫大な粒子数になるのを確かめよう.

[*1] 訳注: ラテン語の *moles*(盛り土)にちなむ.
[*2] 訳注: 単位つきの定数(アボガドロ定数)とみる場合は,6.022×10^{23} mol^{-1} と書く.2019年5月より,アボガドロ定数を厳密に 6.022 140 76 mol^{-1} として mol を定義することになった.

7. 物質の量

復習 7・1　モルと粒子数

アルミニウム 0.20 mol の数値 0.20 は小さいが，Al 原子数は $1.2×10^{23}$ 個にもなる．なぜか．

[答] 1 mol は $6.022×10^{23}$ 個もの粒子をまとめた単位だから．

例題 7・1　化合物 1 mol の分子数

天然ガスの主成分メタン CH_4 の 1.75 mol は，何個の CH_4 分子を含むか．

[答] どんな物質 1 mol も $6.022×10^{23}$ 個の単位粒子を含むから，メタン 1.75 mol の分子数は $1.75×6.022×10^{23}=1.05×10^{24}$ 個になる．

● 類題　水分子 $2.60×10^{23}$ 個は何 mol か．
　　　　　　　　　　　　　　　　　　　[答] 0.432 mol

物質の構成原子数

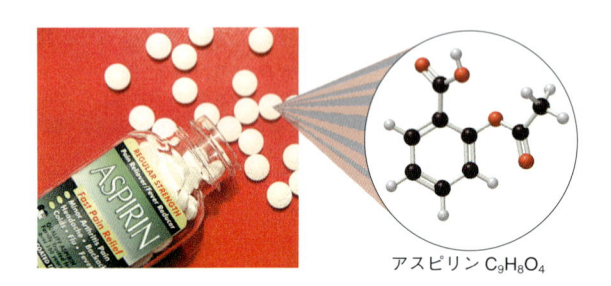

1 個のアンモニア分子 NH_3 は，窒素原子 1 個と水素原子 3 個からなるため，アンモニア 1 mol（$6.022×10^{23}$ 個）は，1 mol（$6.022×10^{23}$ 個）の N 原子と，3 mol（$3×6.022×10^{23}$ 個）の H 原子を含む．つまり化学式 NH_3 の下つき係数（"1"は書かない）は，"アンモニア 1 分子をつくる N と H の原子数"と，"アンモニア 1 mol が含む N と H のモル数"を表す．

アスピリン $C_9H_8O_4$

炭素(C)　水素(H)　酸素(O)

1 分子中の原子数

鎮痛・解熱・抗炎症薬になるアスピリン（アセチルサリチル酸）の化学式 $C_9H_8O_4$ は，つぎのことを表す．

● アスピリン 1 分子は，C 原子 9 個，H 原子 8 個，O 原子 4 個からなる．
● アスピリン 1 mol は，C 原子 9 mol，H 原子 8 mol，O 原子 4 mol を含む．

復習 7・2　化合物の構成原子数

つぎの化合物 1 mol は，各原子を何 mol ずつ含むか．
① 鎮痛・解熱剤タイレノールの主成分アセトアミノフェン $C_8H_9NO_2$
② 亜鉛サプリメントにする $Zn(C_2H_3O_2)_2$

[答] ① C 原子 8 mol，H 原子 9 mol，N 原子 1 mol，O 原子 2 mol．　② Zn 原子 1 mol，C 原子 2×2 mol＝4 mol，H 原子 2×3 mol＝6 mol，O 原子 2×2 mol＝4 mol．

例題 7・2　化合物の構成原子数

1.50 mol のアスピリン $C_9H_8O_4$ は，何 mol の炭素原子を含むか．

[答] アスピリン 1 mol 当たり炭素原子は 9 mol だから，1.50 mol は 1.50×9 mol＝13.5 mol の炭素原子を含む．

● 類題　酸素原子 0.480 mol を含むアスピリンは何 mol か．
　　　　　　　　　　　　　　　　　　[答] 0.120 mol

例題 7・3　化合物の構成原子数

3.00 mol の Na_2O は何個の Na^+ を含むか．

[答] Na_2O の 1 mol 当たり Na^+ は 2 mol だから，3.00 mol の Na_2O が含む Na^+ は 2×3.00＝6.00 mol．アボガドロ数をかけ，$6.00×6.022×10^{23}=3.61×10^{24}$ 個となる．

● 類題　水の浄化に使う $Fe_2(SO_4)_3$ の 2.50 mol は，何個の SO_4^{2-} を含むか．
　　　　　　　　　　　　　　　　[答] $4.52×10^{24}$ 個

練習問題　モル

7・1 つぎの量を計算せよ．
① 銀 0.200 mol が含む Ag 原子の数
② 0.750 mol の C_3H_8O が含む C_3H_8O 分子の数
③ 金の原子 $2.88×10^{23}$ 個のモル数

7・2 つぎの量を計算せよ．
① ニッケル 3.4 mol が含む Ni 原子の数
② 1.20 mol の $Mg(OH)_2$ が含む $Mg(OH)_2$ 単位の数
③ Zn 原子 $5.6×10^{24}$ 個のモル数

7・3 キニーネ $C_{20}H_{24}N_2O_2$ はトニックウォーターなどに入れる．
① キニーネ 1.0 mol が含む H 原子は何 mol か．
② キニーネ 5.0 mol が含む C 原子は何 mol か．
③ キニーネ 0.020 mol が含む N 原子は何 mol か．

7・4 硫酸アルミニウム $Al_2(SO_4)_3$ は，制汗剤や凝集沈殿剤に使う．
① 3.0 mol の $Al_2(SO_4)_3$ は何 mol の硫黄原子を含むか．

② 0.40 mol の $Al_2(SO_4)_3$ は何 mol のアルミニウムイオンを含むか．
③ 1.5 mol の $Al_2(SO_4)_3$ は何 mol の硫酸イオン SO_4^{2-} を含むか．

7・5 つぎの量を計算せよ．
① 炭素 0.500 mol が含む C 原子の数
② 1.28 mol の SO_2 が含む SO_2 分子の数
③ 鉄原子 5.22×10^{22} 個のモル数
④ C_2H_5OH 分子 8.50×10^{24} 個のモル数

7・6 つぎの量を計算せよ．
① リチウム 4.5 mol が含む Li 原子の数
② 0.0180 mol の CO_2 が含む CO_2 分子の数
③ 銅原子 7.8×10^{21} 個のモル数
④ C_2H_6 分子 3.754×10^{23} 個のモル数

7・7 2.00 mol の H_3PO_4 について，つぎの量を計算せよ．
① H 原子は何 mol か
② O 原子は何 mol か
③ P 原子の個数
④ O 原子の個数

7・8 0.185 mol のジプロピルエーテル $(C_3H_7)_2O$ について，つぎの量を計算せよ．
① C 原子のモル数
② O 原子のモル数
③ H 原子の個数
④ C 原子の個数

7・2 モル質量

どれほど高性能の秤でも，原子1個や分子1個の質量は測れない．莫大な数の原子や分子が集まって，ようやく物質を実感できる．わずか 18 g＝1 mol の水も，6.022×10^{23} 個の H_2O 分子からなる．つまり物質は，mol 単位で扱うと量をつかみやすい[*3]．

周期表上の原子量に "$g\ mol^{-1}$" をつけた量を，元素の**モル質量**[*4] という．原子量 12.01 の炭素は，モル質量が 12.01 $g\ mol^{-1}$ となる．つまり 1 mol の炭素がほしければ，12.01 g を測りとる．硫黄のモル質量は 32.07 $g\ mol^{-1}$，銀のモル質量は 107.9 $g\ mol^{-1}$ になる．

化合物 1 mol の質量

化合物 1 mol の質量は，元素のモル質量を（係数をかけて）足し合わせた値になる．三酸化硫黄 SO_3 でどうなるか，つぎの"復習"で考えよう．

> **復習 7・3 モル質量**
>
> 大気汚染の原因になる SO_3 の 1 mol は何 g か．
>
> [答] 1 mol の SO_3 は，1 mol の S 原子と 3 mol の O 原子を含む．周期表より，硫黄 S の原子量は 32.07，酸素 O の原子量は 16.00 だから，S 原子 1 mol の質量は 32.07 g，O 原子 1 mol の質量は 16.00 g になる．つまり，1 mol の SO_3 は，$32.07\ g + 3 \times 16.00\ g = 80.07\ g$ だとわかる．

---

*3 訳注: 物質 1 mol は，質量がおよそ 1〜1000 g となるため，サイズの見当をつけやすい．
*4 訳注: モル質量（単位 $g\ mol^{-1}$）に "1 mol" をかけると，"物質 1 mol の質量 (g)" になる．以下ではもっぱら後者を使う．

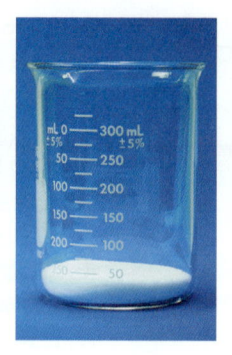

図 7・1 物質 5 種類の 1 mol. 左から硫黄 (32.07 g),鉄 (55.85 g),塩化ナトリウム (58.44 g),二クロム酸カリウム (294.2 g),スクロース (342.3 g).

[考えてみよう] $K_2Cr_2O_7$ の 1 mol が何 g かは,どのようにしてわかるか.

物質 5 種類の試料 1 mol を図 7・1 に,別の物質 (6 種類) 1 mol の質量を表 7・2 にあげた.

表 7・2 元素と化合物 1 mol の質量

物 質	質 量 (g)
炭素 C	12.01
ナトリウム Na	22.99
鉄 Fe	55.85
フッ化ナトリウム NaF	41.99
グルコース $C_6H_{12}O_6$	180.16
カフェイン $C_8H_{10}N_4O_2$	194.20

例題 7・4　化合物 1 mol の質量

花火の赤色を出す炭酸リチウム Li_2CO_3 の 1 mol は何 g か.

[答] 1 mol の Li_2CO_3 は,Li 原子 2 mol,C 原子 1 mol,O 原子 3 mol からできる.周期表の原子量より各原子 1 mol の質量は,それぞれ 6.94 g,12.01 g,16.00 g.
すると 1 mol の Li_2CO_3 は,2×6.94 g+1×12.01 g + 3×16.00 g＝73.89 g になる.

花火の赤は炭酸リチウムがつける

● 類 題　アスピリンの原料にするサリチル酸 $C_7H_6O_3$ 1 mol は何 g か.

[答] 138.12 g

練習問題　1 mol の質量

7・9 つぎの物質 1 mol は何 g か.
① 食塩 NaCl
② 鉄さび Fe_2O_3
③ 抗うつ剤パキシル $C_{19}H_{20}FNO_3$
④ 制汗剤 $Al_2(SO_4)_3$
⑤ 酒石英（酒石酸水素カリウム）$KC_4H_5O_6$
⑥ 抗生物質アモキシシリン $C_{16}H_{19}N_3O_5S$

7・10 つぎの物質 1 mol は何 g か.
① 鉄のサプリメント $FeSO_4$
② 研磨材・ルビーやサファイアの母材 Al_2O_3
③ サッカリン $C_7H_5NO_3S$
④ イソプロピルアルコール C_3H_8O
⑤ ベーキングパウダー $(NH_4)_2CO_3$
⑥ 亜鉛のサプリメント $Zn(C_2H_3O_2)_2$

7・11 つぎの物質 1 mol は何 g か.
① Cl_2
② $C_3H_6O_3$
③ $Mg_3(PO_4)_2$
④ AlF_3
⑤ $C_2H_4Cl_2$
⑥ SnF_2

7・12 つぎの物質 1 mol は何 g か.
① O_2
② KH_2PO_4
③ $Fe(ClO_4)_3$
④ $C_4H_8O_4$
⑤ $Ga_2(CO_3)_3$
⑥ $KBrO_4$

7・3 モルと質量の換算

元素や化合物のモル質量を使えば，あるモル数の物質が何 g なのかも，ある質量の物質が何 mol なのかも計算できる．

例題 7・5　モルから質量の計算

食器や鏡，宝飾品，歯科用合金に使う銀 0.750 mol は何 g か．

[答] 銀の原子量 107.9 より，銀 1 mol は 107.9 g だから，0.750 mol は 0.750×107.9 g＝80.9 g になる．

● 類題　金 0.124 mol は何 g か．
[答] 24.4 g

復習 7・4　質量・モル・原子数の換算

フロン[*5] はかつてスプレー缶の噴射剤や冷蔵庫の冷媒に使った．しかし成層圏のオゾンを壊すといわれたため，いまは使用禁止になっている．フロン-13（分子式 $CClF_3$）に関するつぎの問いに答えよ．

① フロン-13 が含む元素のうち，原子数が最も多いのは何か．
② フロン-13 中の塩素とフッ素で，モル数が大きいのはどちらか．
③ フロン-13 中の塩素とフッ素で，質量が大きいのはどちらか．
④ 炭素のモル数は，炭素の原子数より大きいか，小さいか．

[答] ① $CClF_3$ 分子 1 個は，C 原子 1 個，Cl 原子 1 個，F 原子 3 個からなる．F 原子が最多．
② 1 mol の $CClF_3$ は Cl 原子 1 mol と F 原子 3 mol を含むから，フッ素のほうが大きい．
③ 分子 1 mol 当たり，塩素は 35.45 g mol^{-1}×1 mol＝35.45 g，フッ素は 19.00 g mol^{-1}×3 mol＝57.00 g だから，質量はフッ素のほうが大きい．
④ 1 mol は約 $6×10^{23}$ 個の原子を含むため，原子数のほうがずっと大きい．

例題 7・6　質量からモルの計算

737 g の食塩 NaCl は何 mol か．

[答] Na と Cl の原子量より 1 mol の NaCl は 58.44 g だから，737 g の NaCl は，737 g÷58.44 g mol^{-1}＝12.6 mol になる．

● 類題　ある制酸剤のカプセル 1 個は，311 mg の $CaCO_3$ と 232 mg の $MgCO_3$ を含む．2 カプセルを飲むと，何 mol の $CaCO_3$ と $MgCO_3$ を摂取することになるか．
[答] $6.21×10^{-3}$ mol の $CaCO_3$ と $5.50×10^{-3}$ mol の $MgCO_3$

つぎの例題では，物質の質量から分子数を求める．

例題 7・7　質量から分子数の計算

スクロース $C_{12}H_{22}O_{11}$ 4536 g は，何個のスクロース分子を含むか．

[答] 手順 1: まずスクロースが何 mol かを計算する．C 原子 12 mol，H 原子 22 mol，O 原子 11 mol を含むスクロース 1 mol は，各元素の原子量を使う計算で，342.3 g だとわかる．
手順 2: すると 4536 g は，4536 g÷342.3 g mol^{-1}＝13.25 mol になる．
手順 3: 1 mol の分子数 $6.022×10^{23}$ をかけ，スクロースの分子数は $7.979×10^{24}$ 個だとわかる．

● 類題　興奮・利尿作用をもつカフェイン $C_8H_{10}N_4O_2$ 2.50 g は何 mol の窒素原子を含むか．
[答] 0.0515 mol

構成元素と化合物について，モル・質量・粒子数の関係を図 7・2 にまとめた．

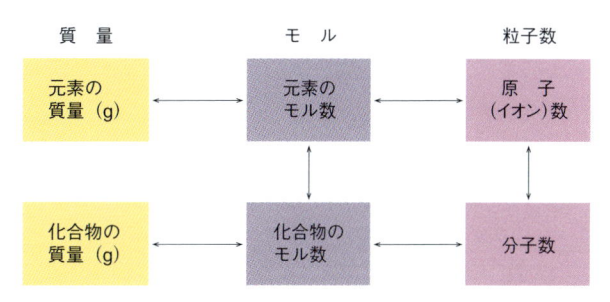

図 7・2　モル質量とアボガドロ数を仲立ちにした量の関係．
[考えてみよう] メタン 5.00 g は何個の H 原子を含むか．

練習問題　質量・モル・粒子数の換算

7・13　つぎの物質は何 g か．
① 1.50 mol の Na
② 2.80 mol の Ca
③ 0.125 mol の CO_2
④ 0.0485 mol の Na_2CO_3
⑤ $7.14×10^2$ mol の PCl_3

7・14　つぎの物質は何 g か．
① 5.12 mol の Al
② 0.75 mol の Cu
③ 3.52 mol の $MgBr_2$
④ 0.145 mol の C_2H_6O
⑤ 2.08 mol の $(NH_4)_2SO_4$

7・15　つぎの物質 0.150 mol は何 g か．
① Ne　　② I_2
③ Na_2O　④ $Ca(NO_3)_2$

[*5]　訳注："フロン"は日本だけで通じる俗称．正式名はクロロフルオロカーボン類（chlorofluorocarbons: CFCs）．

⑤ C_6H_{14}

7・16 つぎの物質 2.28 mol は何 g か．
① N_2 ② SO_3
③ $C_3H_6O_3$ ④ $Mg(HCO_3)_2$
⑤ SF_6

7・17 つぎの物質は何 mol か．
① 銀 82.0 g
② 炭素 0.288 g
③ アンモニア NH_3 15.0 g
④ プロパン C_3H_8 7.25 g
⑤ 酸化鉄(III) Fe_2O_3 245 g

7・18 つぎの物質は何 mol か．
① ニッケル 85.2 g
② カリウム 144 g
③ 水 6.4 g
④ 硫酸バリウム $BaSO_4$ 308 g
⑤ フルクトース $C_6H_{12}O_6$ 252.8 g

7・19 つぎの物質 25.0 g は何 mol か．
① He ② O_2
③ $Al(OH)_3$ ④ Ga_2S_3
⑤ ブタン C_4H_{10}

7・20 つぎの物質 4.00 g は何 mol か．
① Au
② SnO_2
③ $Cr(OH)_3$
④ Ca_3N_2
⑤ ビタミン C $C_6H_8O_6$

7・21 つぎの物質は何個の C 原子を含むか．
① 25.0 g の炭素
② 0.688 mol の CO_2
③ 275 g の C_3H_8
④ 1.84 mol の C_2H_6O
⑤ $7.5×10^{24}$ 個の CH_4 分子

7・22 つぎの物質は何個の N 原子を含むか．
① 0.755 mol の窒素
② 0.82 g の $NaNO_3$
③ 40.0 g の N_2O
④ $6.24×10^{23}$ 個の NH_3 分子
⑤ $1.4×10^{22}$ 個の N_2O_4 分子

7・23 プロパン C_3H_8 はバーベキューの燃料に使う．
① プロパン 1.50 mol は何 g か．
② プロパン 34.0 g は何 mol か．
③ プロパン 34.0 g は何 g の C 原子を含むか．
④ プロパン 0.254 g は何個の H 原子を含むか．

7・24 ニンニクやタマネギの匂いはジアリルスルフィド $(C_3H_5)_2S$ が生む．
① 23.2 g の $(C_3H_5)_2S$ は何 mol の硫黄を含むか．
② 0.75 mol の $(C_3H_5)_2S$ は何個の H 原子を含むか．
③ $(C_3H_5)_2S$ 分子 $4.20×10^{23}$ 個は，何 g の C 原子を含むか．
④ 15.0 g の $(C_3H_5)_2S$ は，何個の C 原子を含むか．

7・4 元素組成と実験式

化合物は決まった元素組成をもち，化合物の質量は，各原子の質量を足し合わせた値になる．化合物をつくる**成分元素の質量百分率**（質量%）を次式で表す．

$$成分元素の質量\% = \frac{元素の質量}{化合物の質量} × 100\%$$

例として，麻酔薬として名高い一酸化二窒素（通称：亜酸化窒素，俗称：笑気）N_2O について，成分元素の質量百分率を求めよう．

手順1：1 mol の N_2O を考える．N 原子は 2 mol だから $2×14.01$ g=28.02 g，O 原子は 1 mol だから 16.00 g あり，足した 44.02 g が N_2O の質量になる．

手順2：すると成分元素の質量百分率は，窒素 N が 28.02 g÷44.02 g×100%=63.65%，酸素 O が 16.00 g÷44.02 g×100%=36.35% になる（足し合わせると 100.00%）．

例題7・8 成分元素の質量百分率

洋ナシの香りを出す酢酸プロピル $C_5H_{10}O_2$ について，成分元素の質量百分率を計算せよ．

[答] **手順1**：1 mol の $C_5H_{10}O_2$ を考える．C 原子は 5 mol だから $5×12.01$ g=60.05 g，H 原子は 10 mol だから $10×1.008$ g=10.08 g，O 原子は 2 mol だから $2×16.00$=32.00 g あり，以上を足し合わせた 102.13 g が N_2O の質量になる．

手順2：すると元素の質量百分率は，炭素 C が 60.05 g÷102.13 g×100%=58.80%，水素 H が 10.08 g÷102.13 g×100%=9.870%，酸素 O が 32.00 g÷102.13 g×100%=31.33% になる（足し合わせると 100.00%）．

● **類題** 不凍液として車のラジエーターに入れるエチレングリコール $C_2H_6O_2$ について，成分元素の質量百分率を計算せよ．
[答] C=38.70%，H=9.750%，O=51.55%

実 験 式

いままで見た**分子式**は，化合物をつくる実際の原子数を表していた．かたや，原子数比を最も簡単な整数で表したものを**実験式**という．たとえば分子式 C_6H_6 のベンゼンは，実験式が CH となる．例をいくつか表 7・3 にあげた．

表 7・3 分子式と実験式

化合物	分子式	実験式	化合物	分子式	実験式
アセチレン	C_2H_2	CH	ヒドラジン	N_2H_4	NH_2
ベンゼン	C_6H_6	CH	リボース	$C_5H_{10}O_5$	CH_2O
アンモニア	NH_3	NH_3	グルコース	$C_6H_{12}O_6$	CH_2O

実験式は，各原子のモル数を最小の整数比にして書く．つぎの例題で確かめよう．

例題 7·9　実験式

水処理に使う化合物は，鉄 6.87 g と塩素 13.1 g からできていた．実験式を求めよ．

[答] **手順 1**: まず質量をモルに直す．原子量を使い，鉄 Fe は 6.87 g ÷ 55.85 g mol^{-1} = 0.123 mol，塩素 Cl は 13.1 g ÷ 35.45 g mol^{-1} = 0.370 mol になる．
手順 2: それぞれを，小さいほうの数値 (Fe の 0.123) で割る．鉄はむろん 1.00 mol となり，塩素は 0.370 mol ÷ 0.123 = 3.01 mol となる．モル比は個数比だから，とりあえず組成を Fe$_{1.00}$Cl$_{3.01}$ と書く．
手順 3: 最も近い整数比は 1:3 なので，実験式は FeCl$_3$ と決まる．

● **類題**　害虫やネズミの駆除に使うホスフィンは，リン 0.456 g と水素 0.0440 g からできていた．実験式を求めよ．

[答] PH$_3$

化合物の成分元素百分率は，化合物が何 g でも何トンでも変わらない．たとえばメタン CH$_4$ は，どんな量を測りとっても，必ず炭素 74.9%，水素 25.1% の元素組成を示す．

例題 7·10　実験式

フライパン表面のコートに使うテフロンは，四フッ化エチレンの重合でつくる．質量% で炭素 24.0% とフッ素 76.0% からなる四フッ化エチレンの実験式を求めよ．

[答] **手順 1**: 試料が 100 g なら，炭素 C は 24.0 g，フッ素 F は 76.0 g となる．つぎに質量をモルに直す．原子量を使い，C は 24.0 g ÷ 12.01 g mol^{-1} = 2.00 mol，F は 76.0 g ÷ 19.00 g mol^{-1} = 4.00 mol になる．
手順 2: それぞれを小さいほうの数値 (C の 2.00) で割る．炭素はむろん 1.00 mol となり，フッ素は 4.00 mol ÷ 2.00 = 2.00 mol だから，実験式は CF$_2$ と書ける．

● **類題**　カリウムと硫黄の肥料になる硫酸カリウムは，カリウム 44.9%，硫黄 18.4%，酸素 36.7% からできていた．実験式を求めよ．

[答] K$_2$SO$_4$

小数の整数化

実験式を最終的に決める前，元素の係数はふつう小数になる．そのときは，2.04 なら 2，6.98 なら 7 と，四捨五入して整数にする．しかし小数部分が 0.1〜0.9 の範囲なら四捨五入せず，整数倍でなるべく小さい整数にする．例をいくつか表 7·4 に示す．

肥 料

環境と化学

春になると庭の芝にも畑の作物にも肥料をやる．植物がほしがる養分のうち，特に窒素とリン，カリウムが不足しやすい．窒素分は緑を濃くし，リンは根を強くして花づきを促し，カリウムは病害虫や乾燥に強くする．肥料の包装に "30-3-4" と書いてあれば，窒素を 30%，リンを 3%，カリウムを 4% の質量百分率で含む．

最も大事な養分となる窒素は，N$_2$ の形で空気の 79% も占めるけれど，植物は N$_2$ を吸収できない．土壌中の窒素固定菌が N$_2$ を化合物にしてくれるが，量はとうてい足りない．だから窒素肥料 (アンモニア，硝酸塩，アンモニウム塩など) をやる．硝酸塩は根からそのまま吸収され，アンモニアとアンモニウムイオンは，土壌細菌が硝酸塩に変える．

窒素 N の含有量は肥料ごとに違い，質量百分率はつぎの値になる (確かめよう)．NH$_3$: 82.27%，NH$_4$NO$_3$: 35.00%，(NH$_4$)$_2$SO$_4$: 21.20%，(NH$_4$)$_2$HPO$_4$: 21.22%．

肥料には粒状，粉末，液体，気体 (アンモニア) のものがあり，用途に合わせて適したものを選ぶ．水溶性のアンモニアやアンモニウム塩は即効性がある．アンモニウム塩を薄い樹脂で包んだ粒状の肥料は，成分がゆっくりと土に出るので長く効く．吸収されやすさと，窒素含有量が多いことから，硝酸アンモニウムが肥料として最も一般的に用いられる．

窒素 (N) 30%
リン (P) 3%
カリウム (K) 4%

肥料袋の成分表示

表 7・4 小数を整数倍して整数にする例

小数	乗数	例
0.20	5	$1.20 \times 5 = 6$
0.25	4	$2.25 \times 4 = 9$
0.33	3	$1.33 \times 3 = 4$
0.50	2	$2.50 \times 2 = 5$
0.67	3	$1.67 \times 3 = 5$

例題 7・11　実験式

柑橘類や野菜に多く，代謝（コラーゲン合成 = 壊血病の予防）に必須のアスコルビン酸（ビタミン C）は，炭素 40.9%，水素 4.58%，酸素 54.5% からなる．実験式を求めよ．

[答] 手順1： 質量%の値を"100 g 中のグラム数"とみて，質量比をモル比に直す．原子量を使い，炭素 C は 40.9 g÷12.01 g mol^{-1}=3.41 mol，水素 H は 4.58 g÷1.008 g mol^{-1}=4.54 mol，酸素 O は 54.5 g÷16.00 g mol^{-1}=3.41 mol になる．

手順2： それぞれを，最小の値（C や O の 3.41）で割る．C と O はむろん 1.00 mol になり，H は 4.54 mol÷3.41=1.33 mol になる．とりあえず組成を $C_{1.00}H_{1.33}O_{1.00}$ と書く．

手順3： 1.33 は 3 倍で 3.99（ほぼ 4）になるため，どの係数も 3 倍し，実験式 $C_3H_4O_3$ を得る．

● 類題　植物や細菌の体内で"脂肪 → グルコース"の変換を支えるグリオキシル酸は，炭素 32.5%，水素 2.70%，酸素 64.8% からなる．実験式を求めよ．

[答] $C_2H_2O_3$

練習問題　元素組成と実験式

7・25 つぎの化合物について，各原子の質量百分率を計算せよ．
① フッ化マグネシウム MgF_2
② 水酸化カルシウム $Ca(OH)_2$
③ エリトロース $C_4H_8O_4$
④ リン酸アンモニウム $(NH_4)_3PO_4$
⑤ モルヒネ $C_{17}H_{19}NO_3$

7・26 つぎの化合物について，各原子の質量百分率を計算せよ．
① 塩化カルシウム $CaCl_2$
② 二クロム酸ナトリウム $Na_2Cr_2O_7$
③ クリーニング溶剤のトリクロロエタン $C_2H_3Cl_3$
④ 骨や歯の主成分となるリン酸カルシウム $Ca_3(PO_4)_2$
⑤ ステアリン酸 $C_{18}H_{36}O_2$

7・27 つぎの化合物は，何質量% の N 原子を含むか．
① 五酸化二窒素 N_2O_5
② 肥料の硝酸アンモニウム NH_4NO_3
③ ロケット燃料のジメチルヒドラジン $C_2H_8N_2$
④ 発毛剤のロゲイン $C_9H_{15}N_5O$
⑤ 局所麻酔薬のリドカイン $C_{14}H_{22}N_2O$

7・28 つぎの化合物は，何質量% の S 原子を含むか．
① 硫酸ナトリウム Na_2SO_4
② 硫化アルミニウム Al_2S_3
③ 三酸化硫黄 SO_3
④ 局所消炎剤のジメチルスルホキシド C_2H_6SO
⑤ 抗菌剤のスルファジアジン $C_{10}H_{10}N_4O_2S$

7・29 つぎの元素組成をもつ化合物の実験式を求めよ．
① 窒素 3.57 g，酸素 2.04 g
② 炭素 7.00 g，水素 1.75 g
③ 水素 0.175 g，窒素 2.44 g，酸素 8.38 g
④ カルシウム 2.06 g，クロム 2.66 g，酸素 3.28 g

7・30 つぎの元素組成をもつ化合物の実験式を求めよ．
① 銀 2.90 g，硫黄 0.430 g
② ナトリウム 2.22 g，酸素 0.774 g
③ ナトリウム 2.11 g，水素 0.0900 g，硫黄 2.94 g，酸素 5.86 g
④ カリウム 5.52 g，リン 1.45 g，酸素 3.00 g

7・31 硫黄 2.51 g がフッ素と反応してフッ化物 11.44 g ができた．その実験式を求めよ．

7・32 鉄 1.26 g が酸素と反応して酸化物 1.80 g ができた．その実験式を求めよ．

7・33 つぎの組成をもつ化合物の実験式を求めよ．
① カリウム 70.9%，硫黄 29.1%
② ガリウム 55.0%，フッ素 45.0%
③ ホウ素 31.0%，酸素 69.0%
④ リチウム 18.8%，炭素 16.3%，酸素 64.9%
⑤ 炭素 51.7%，水素 6.95%，酸素 41.3%

7・34 つぎの組成をもつ化合物の実験式を求めよ．
① カルシウム 55.5%，硫黄 44.5%
② バリウム 78.3%，フッ素 21.7%
③ 亜鉛 76.0%，リン 24.0%
④ ナトリウム 29.1%，硫黄 40.6%，酸素 30.3%
⑤ 炭素 19.8%，水素 2.20%，塩素 78.0%

7・5　分　子　式

実験式は元素の最小整数比だけを表し，分子をつくり上げる現実の原子数を表すとは限らない．ふつう，実験式を 1〜5 倍したものが**分子式**になる．

$$\text{分子式} = (1〜5) \times \text{実験式}$$

例として，同じ実験式 CH_2O の化合物 5 種類を表 7・5 に示す．モル質量も，実験式の質量 30.03 g に 1〜5 をかけた値になる．

復習 7・5　実験式と分子式

実験式 CH_2O の化合物がある．分子式はつぎのうちどれか．
① CH_2O　② C_2H_4O　③ $C_2H_4O_2$
④ $C_5H_{10}O_5$　⑤ $C_6H_{12}O$

[答] CH_2O の整数倍になっている ①，③，④ が正しい．

7・5 分 子 式

分子式の決定

アスコルビン酸の実験式は $C_3H_4O_3$ だった（例題7・11）．別に決めた1 mol の質量（176.12 g）を使い，分子式はつぎのように求められる．

1 mol の質量（176.12 g）を実験式 $C_3H_4O_3$ の質量 88.06 g で割れば 176.12 g ÷ 88.06 g = 2 だから，分子式は $C_3H_4O_3$ を2倍した $C_6H_8O_6$ になる．

例題 7・12　分子式の決定

重合してプラスチック皿やおもちゃにするメラミンは，炭素 28.56%，水素 4.79%，窒素 66.64% からなる．1 mol の質量（126 g）を使い，メラミンの分子式を求めよ．

[答] 手順1: まず実験式を求める．メラミン 100 g は，28.56 g の C, 4.79 g の H, 66.64 g の N を含む．モル質量を使って mol 単位の量にすると，C は 28.56 g ÷ 12.01 g mol^{-1} = 2.38 mol, H は 4.79 g ÷ 1.008 g mol^{-1} = 4.75 mol, N は 66.64 g ÷ 14.01 g mol^{-1} = 4.76 mol になる．

手順2: それぞれを最小値（C の 2.38）で割る．C はむろん 1.00 mol となり，H は 4.75 mol ÷ 2.38 = 2.00 mol, N も 4.75 mol ÷ 2.38 = 2.00 mol だから，実験式は $C_{1.00}H_{2.00}N_{2.00} = CH_2N_2$ だとわかる．

手順3: 1 mol の CH_2N_2 は 42.05 g，メラミン 1 mol は 126 g だから，126 ÷ 42.05 = 3 を使い，分子式は CH_2N_2 を3倍した $C_3H_6N_6$ となる．

● 類題　殺虫剤のリンデンは，炭素 24.78%，水素 2.08%，塩素 73.14% からなる．1 mol の質量 291 g を使い，リンデンの分子式を求めよ．

[答] $C_6H_6Cl_6$

表 7・5　実験式 CH_2O の化合物5種類

化合物	実験式	分子式	実験式 × n	モル質量
ホルムアルデヒド	CH_2O	CH_2O	$(CH_2O)_1$	30.03 g = 1 × 30.03 g
酢 酸	CH_2O	$C_2H_4O_2$	$(CH_2O)_2$	60.06 g = 2 × 30.03 g
乳 酸	CH_2O	$C_3H_6O_3$	$(CH_2O)_3$	90.09 g = 3 × 30.03 g
エリトロース	CH_2O	$C_4H_8O_4$	$(CH_2O)_4$	120.12 g = 4 × 30.03 g
リボース	CH_2O	$C_5H_{10}O_5$	$(CH_2O)_5$	150.15 g = 5 × 30.03 g

練習問題　分子式

7・35　つぎの物質の実験式を求めよ．
① 過酸化水素 H_2O_2
② 染料の原料になるクリセン $C_{18}H_{12}$
③ 除虫菊が含む菊酸（蚊取り線香に使うピレスロイドの共通構造）$C_{10}H_{16}O_2$
④ 抗がん剤のアルトレタミン $C_9H_{18}N_6$
⑤ 肥料のオキサミド $C_2H_4N_2O_2$

7・36　つぎの物質の実験式を求めよ．
① 写真の現像に使うピロガロール $C_6H_6O_3$
② 単糖のガラクトース $C_6H_{12}O_6$
③ プラスチックボトルの合成原料にするテレフタル酸 $C_8H_6O_4$
④ 殺菌剤のヘキサクロロベンゼン C_6Cl_6
⑤ 赤色染料のラッカイン酸 $C_{24}H_{16}O_{12}$

7・37　蜂蜜や果物が含むフルクトースの実験式 CH_2O とモル質量 180 g mol^{-1} から，分子式を求めよ．

7・38　カフェインの実験式 $C_4H_5N_2O$ とモル質量 194 g mol^{-1} から，分子式を求めよ．

7・39　同じ実験式 CH をもつベンゼンとアセチレンは，モル質量がそれぞれ 78 g mol^{-1}，26 g mol^{-1} となる．2物質の分子式を求めよ．

7・40　同じ実験式 CHO をもつグリオキサール（繊維処理剤），マレイン酸（抗酸化剤），アコニット酸（可塑剤）は，モル質量がそれぞれ 58 g mol^{-1}，117 g mol^{-1}，174 g mol^{-1} となる．3物質の分子式を求めよ．

7・41　コレステロール生合成の中間体となるメバロン酸は，炭素 48.64%，水素 8.16%，酸素 43.20% からなる．モル質量を 148 g mol^{-1} として，分子式を求めよ．

7・42　鎮痛剤の抱水クロラールは，炭素 14.52%，水素 1.83%，塩素 64.30%，酸素 19.35% からなる．モル質量 165 g mol^{-1} として，分子式を求めよ．

7・43　茶カテキンの代謝産物バニリン酸は，炭素 57.14%，水素 4.80%，酸素 38.06% からなる．モル質量を 168 g mol^{-1} として，分子式を求めよ．

7・44　運動すると筋肉にたまる乳酸は，炭素 40.0%，水素 6.71%，酸素 53.29% からなる．モル質量を 90 g mol^{-1} として，分子式を求めよ．

7・45　タバコが含むニコチンは，炭素 74.0%，水素 8.7%，窒素 17.3% からなる．モル質量を 162 g mol^{-1} として，分子式を求めよ．

7・46　DNA や RNA の構成分子アデニンは，炭素 44.5%，水素 3.70%，窒素 51.8% からなる．モル質量を 135 g mol^{-1} として，分子式を求めよ．

7. 物質の量

■ 7章の見取り図

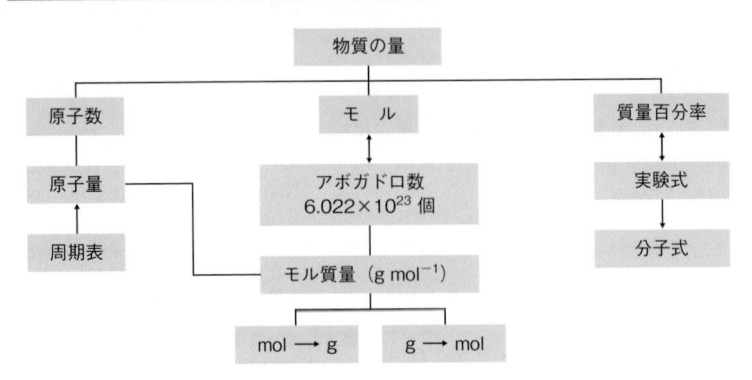

```
                        物質の量
         ┌─────────────┼─────────────┐
       原子数          モル         質量百分率
         │              ↑              ↓
       原子量───┐  アボガドロ数        実験式
         │     │  6.022×10²³ 個        ↕
       周期表  └──モル質量 (g mol⁻¹)   分子式
                    ┌──┴──┐
                 mol→g  g→mol
```

■ キーワード

アボガドロ数（Avogadro's number） 実験式（empirical formula）   モル（mole）
元素組成の質量百分率   分子式（molecular formula）   モル質量（molar mass）
　（percent composition）

4章～7章の総合問題

総合問題7 2族（2A族）第3周期の元素Xが電子を失い，17族（7A族）第3周期の元素Yが電子を得る変化を図に描いた．つぎの問いに答えよ．

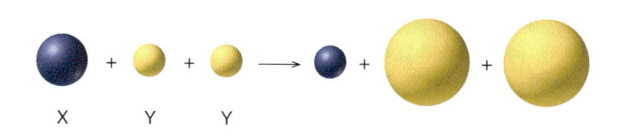

① 金属原子を表す球はどれか．理由も述べよ．
② 非金属原子を表す球はどれか．理由も述べよ．
③ XとYのイオンは，それぞれ価数いくつか．
④ 原子XとYの電子配置を書け．
⑤ イオンになったXとYの電子配置を書け．
⑥ XとYがつくるイオン化合物の化学式と名称を書け．

総合問題8 スターリング銀（英国法定銀）の腕輪に925と刻印してあれば，純度92.5質量%の銀を表す（残る7.5%は銅など）．腕輪の体積は25.6 cm³，密度は10.2 g cm⁻³として，つぎの問いに答えよ．

シュウ酸の多いルバーブ

① 腕輪は何kgか．
② 腕輪を構成する銀原子は何個か．
③ つぎの天然同位体の原子は，それぞれ何個の陽子と中性子を含むか．
　　　$^{107}_{47}Ag$　　　$^{109}_{47}Ag$
④ 銀は酸素と反応し，93.10質量%の銀を含む酸化物になる．酸化物の名称と化学式を書け（化学式＝実験式とする）．

総合問題9 ルバーブ（大黄）などに多いシュウ酸は，質量でCが26.7%，Hが2.24%，Oが71.1%の組成をもつ．シュウ酸は呼吸系を傷め，腎臓や膀胱の結石を生みやすい．ルバーブの葉は約0.5質量%のシュウ酸を含み，大量摂取は中毒につながる．ラット実験の結果，シュウ酸のLD_{50}（半数致死量）は体重1 kg当たり375 mgだった．つぎの問いに答えよ．

① シュウ酸の実験式を書け．
② 分子量を約90として，シュウ酸の分子式を書け．
③ ラットのLD_{50}値をヒトに当てはめたとき，体重160 lb（1 lb＝453.6 g）の成人で，LD_{50}値相当の毒性が出るシュウ酸の摂取量は何gか．
④ 前問の中毒症状は，何kgのルバーブを食べたら出るか．

総合問題10 ある制酸剤は，質量でCaが40.0%，Cが12.0%，Oが48.0%の物質を主剤にしている．つぎの問いに答えよ．

① 実験式＝化学式とみて，主剤の化学式を書け．
② 主剤の物質名は何か．
③ 制酸剤1錠が主剤$5.00×10^2$ mgを含み，日に2錠飲む場合，合計で何個のカルシウムイオンをとることになるか．

総合問題11 インフルエンザ薬タミフルの分子式は$C_{16}H_{28}N_2O_4$と書ける．タミフルは，中国産香辛料スターアニス（八角）から抽出したシキミ酸を化学変化させて得る．八角2.6 gからシキミ酸0.13 gが抽出でき，タミフル1カプセル（内容物75 mg）になる．成人は日に2カプセル，5日間にわたって飲む．つぎの問いに答えよ．

シキミ酸の抽出源となる八角 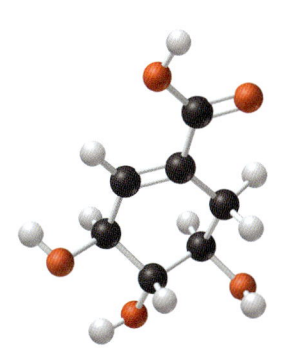　　　シキミ酸

① タミフルの実験式を書け．
② タミフルの元素組成（質量%）を書け．
③ シキミ酸の分子式を書け（模型の球：黒＝C，白＝H，赤＝O）．
④ シキミ酸 1.3 g は何 mol か．
⑤ 八角 155 g から何カプセルのタミフル（75 mg）がつくれるか．
⑥ タミフル 75 mg は何 g の炭素を含むか．
⑦ 50 万人の治療に必要なタミフルは何 kg か．

総合問題 12 腐敗しかかったバターの悪臭は酪酸が生む．つぎの問いに答えよ．

酪酸

① 酪酸の分子式を書け（模型の球：黒＝C，白＝H，赤＝O）．
② 酪酸の実験式を書け．
③ 酪酸の元素組成（質量%）を書け．
④ 酪酸 0.850 g は何 g の炭素を含むか．
⑤ O 原子 $3.28×10^{23}$ 個を含む酪酸は何 g か．
⑥ 酪酸の密度を 0.959 g mL^{-1} として，酪酸 0.565 mL が何 mol か計算せよ．

[答]
総合問題 7 ① X（電子を失って陽イオンになるとサイズが減るから），② Y（電子を得て陰イオンになるとサイズが増すから），③ X^{2+}，Y^-，④ $X=1s^22s^22p^63s^2$，$Y=1s^22s^22p^63s^23p^5$，⑤ $X^{2+}=1s^22s^22p^6$，$Y^-=1s^22s^22p^63s^23p^6$，⑥ $MgCl_2$，塩化マグネシウム
総合問題 9 ① CHO_2，② $C_2H_2O_4$，③ 27 g，④ 5 kg
総合問題 11 ① $C_8H_{14}NO_2$，② C＝61.51%，H＝9.03%，N＝8.97%，O＝20.49%，③ $C_7H_{10}O_5$，④ $7.5×10^{-3}$ mol，⑤ 59 カプセル，⑥ 0.046 g，⑦ $4×10^2$ kg

8 反応の表記と分類

目次と学習目標

8・1 化学反応式
　化学反応はどのように書き表すのか.

8・2 反応式の係数合わせ
　反応式の正しい係数は，どう決めるのか.

8・3 反応の分類
　化学反応にはどんなタイプがあるのか.

8・4 有機化合物の官能基
　有機化合物の性質は，分子のどこが決めるのか.

8・5 有機化合物の反応
　有機化合物は，どんな反応をするのか.

　車を走らせ，車内のエアコンを動かすエネルギーは，ガソリンと酸素の化学反応から出る．食材の調理でも毛髪の脱色でも，化学反応が進む．食品成分から筋肉がつくり出されるのも，その筋肉が動くのも，化学反応のおかげだ．植物の光合成では，太陽の光エネルギーが二酸化炭素と水の化学反応を進め，炭水化物ができる．

　単純な反応も複雑な反応も，反応式（化学反応式）に書ける．どんな反応も安定な状態を目指して起こり，反応物が結合を組替えて生成物になる．

　まずは正しい反応式の書き方を学ぼう．パンやケーキを焼くときも，レシピどおりにしないと失敗する．自動車の整備工は，エンジンの燃焼系を調節し，燃料と酸素の量を最適化する．呼吸器系の疾患を治すには，二酸化炭素と酸素の血中濃度がカギになる．

8・1 化学反応式

　§3・2で見たとおり，化学変化では物質そのものが変わる．キラキラ輝く銀Agの表面は，空気中の硫黄分Sと反応し，黒っぽい硫化銀Ag_2Sになる（図8・1）．

　化学反応では，反応物の原子が結合を組替え，まるで性質の違う生成物になる．クエン酸$C_6H_8O_7$の水溶液に，炭酸水素ナトリウム$NaHCO_3$を含む制酸剤の錠剤を入れると，CO_2の泡が出る（図8・2）．見た目の変化（表8・1）で進

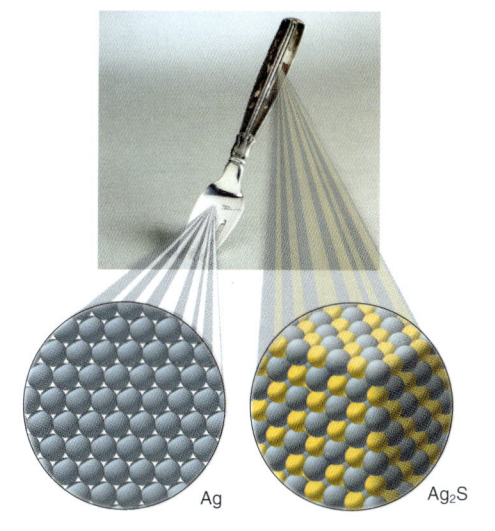

図8・1 物質が変身する化学変化．
　[考えてみよう] 銀の黒ずみは，なぜ化学変化の結果だといえるのか．

図8・2 制酸剤の$NaHCO_3$が化学変化して出るCO_2の泡．
　[考えてみよう] この現象は，なぜ化学反応だとわかるのか．

表8・1 化学反応の表れ

1. 色の変化	2. 気体（泡）の発生
3. 固体（沈殿）の生成	4. 発熱（または炎）・吸熱

8. 反応の表記と分類

> **復習 8・1 化学反応の表れ**
> つぎの現象は，なぜ化学反応だとわかるのか．
> ① プロパンが燃える．
> ② 過酸化水素を使って髪を染める．
>
> [答] ① 熱が出るから． ② 髪が変色するから．

表 8・2 反応式に使う記号

記号	意味
+	物質群
⟶	変化の向き
(s)	固体（**s**olid）
(l)	液体（**l**iquid）
(g)	気体（**g**as）
(aq)	水中の溶質（**aq**ueous）

みがわかる化学反応は多い．
　模型づくりも料理も，薬の処方も，説明書やレシピに従う．説明書には，何をどれくらい使えばどうなるかが書いてある．化学では**反応式**（化学反応式）が説明書になる．反応式を見るだけで，どんな材料（**反応物**）から何（**生成物**）ができるのかわかる．

反応式の書き方

車輪とフレームから自転車を組立てる作業は，つぎの"反応式"に書ける．

"反応式"： 車輪 2 個 ＋ フレーム 1 個 ⟶ 自転車 1 台
　　　　　　　　　 "反応物"　　　　　　　　　 "生成物"

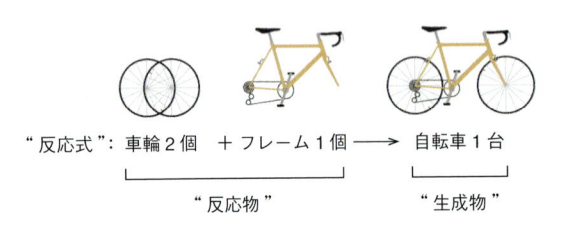

グリルで炭を燃やしたときは，炭素が酸素と反応して二酸化炭素になる．その現象はつぎの反応式に書ける．

反応式： $C(s) + O_2(g) \longrightarrow CO_2(g)$

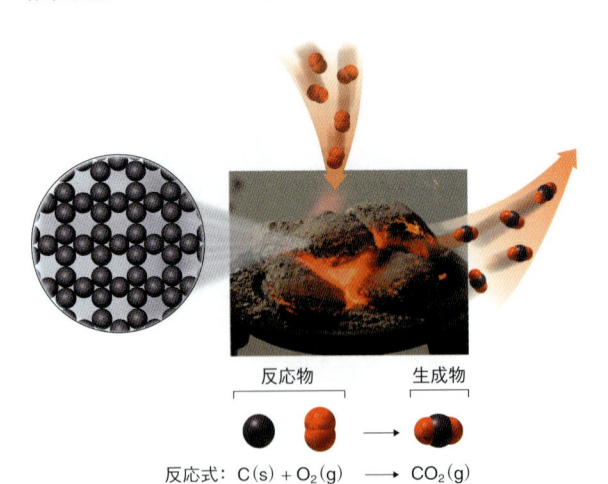

反応式は，矢印の左に**反応物**，右に**生成物**を化学式で書く．反応物や生成物が複数あるときは，すべてをプラス記号で結ぶ．
　物質の状態を指定するため，固体は(s)，液体は(l)，気体は(g)，水中の溶質は(aq)と，化学式のあとに( )で添える．反応式を書くのに使う記号を表 8・2 にまとめた．

係数の正しい反応式

原子は生成も消滅もしないから，結合が組替わっても原子の数は変わらない．つまり反応式の右辺と左辺で，どの原子も数がつり合う．炭の燃焼では，C 原子も O 原子も数が変わっていない．

$$C(s) + O_2(g) \longrightarrow CO_2(g)$$

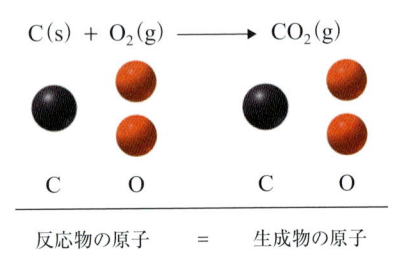

反応物の原子　＝　生成物の原子

水素と酸素から水ができる反応はどうか．とりあえず反応式をこう書く．

$$H_2(g) + O_2(g) \longrightarrow H_2O(g)$$

左右で O 原子の数が合っていない．合わせるため，化学式に**係数**をつける．O 原子は 2 個だから，右辺を $2H_2O$ にしよう．係数は全原子を 2 倍するため，左辺の H 原子も 4 個でなければいけない．そこで H_2 を 2 倍し，原子数の合う反応式にする．

$$2H_2(g) + O_2(g) \longrightarrow 2H_2O(g)$$

> **例題 8・1 化学反応式**
> 水素と窒素が反応するとアンモニア NH_3 ができる．
> $$3H_2(g) + N_2(g) \longrightarrow 2NH_3(g)$$
> ① 係数はそれぞれいくつか．
> ② 反応物と生成物は，各原子を何個ずつ含むか．
>
> [答] ① 水素が 3，窒素が 1（書かない），アンモニアが 2．
> ② 反応物も生成物も，H 原子 6 個と，N 原子 2 個を含む．
>
> ● **類題** エタン C_2H_6 が酸素中で燃えると，二酸化炭素と水ができる．
> $$2C_2H_6(g) + 7O_2(g) \longrightarrow 4CO_2(g) + 6H_2O(g)$$
> 反応物と生成物は，各原子を何個ずつ含むか．
> 　　[答] 反応物も生成物も C 原子 4 個，H 原子 12 個，O 原子 14 個を含む．

練習問題　化学反応式

8・1 つぎの反応式で，反応物と生成物は各原子を何個ずつ含むか．
① $2NO(g) + O_2(g) \longrightarrow 2NO_2(g)$
② $5C(s) + 2SO_2(g) \longrightarrow CS_2(g) + 4CO(g)$
③ $2C_2H_2(g) + 5O_2(g) \longrightarrow 4CO_2(g) + 2H_2O(g)$
④ $N_2H_4(g) + 2H_2O_2(g) \longrightarrow N_2(g) + 4H_2O(g)$

8・2 つぎの反応式で，反応物と生成物は各原子を何個ずつ含むか．
① $CH_4(g) + 2O_2(g) \longrightarrow CO_2(g) + 2H_2O(g)$
② $4P(s) + 5O_2(g) \longrightarrow P_4O_{10}(s)$
③ $4NH_3(g) + 6NO(g) \longrightarrow 5N_2(g) + 6H_2O(g)$
④ $6CO_2(g) + 6H_2O(l) \longrightarrow C_6H_{12}O_6(aq) + 6O_2(g)$

8・3 つぎのうち，両辺で各原子数がつり合う反応式はどれか．
① $S(s) + O_2(g) \longrightarrow SO_3(g)$
② $2Al(s) + 3Cl_2(g) \longrightarrow 2AlCl_3(s)$
③ $2NaOH(aq) + H_2SO_4(aq) \longrightarrow Na_2SO_4(aq) + H_2O(l)$
④ $C_3H_8(g) + 5O_2(g) \longrightarrow 3CO_2(g) + 4H_2O(g)$

8・4 つぎのうち，両辺で各原子数がつり合う反応式はどれか．
① $PCl_3(l) + Cl_2(g) \longrightarrow PCl_5(s)$
② $CO(g) + 2H_2(g) \longrightarrow CH_3OH(l)$
③ $2KClO_3(s) \longrightarrow 2KCl(s) + O_2(g)$
④ $Mg(s) + N_2(g) \longrightarrow Mg_3N_2(s)$

8・5 つぎの反応式はどれも係数が正しい．反応物と生成物は，各原子を何個ずつ含むか．
① $2Na(s) + Cl_2(g) \longrightarrow 2NaCl(s)$
② $PCl_3(l) + 3H_2(g) \longrightarrow PH_3(g) + 3HCl(g)$
③ $P_4O_{10}(s) + 6H_2O(l) \longrightarrow 4H_3PO_4(aq)$

8・6 つぎの反応式はどれも係数が正しい．反応物と生成物は，各原子を何個ずつ含むか．
① $2N_2(g) + 3O_2(g) \longrightarrow 2N_2O_3(g)$
② $Al_2O_3(s) + 6HCl(aq) \longrightarrow 2AlCl_3(aq) + 3H_2O(l)$
③ $C_5H_{12}(l) + 8O_2(g) \longrightarrow 5CO_2(g) + 6H_2O(l)$

8・2　反応式の係数合わせ

改めて，正しい反応式の書き方を身につけよう．メタン CH_4 と酸素から二酸化炭素と水ができる反応（都市ガスの燃焼）を例にする．

手順1: 係数はとりあえず1とし，化学式で書いた反応物と生成物を矢印で結ぶ．

$$CH_4(g) + O_2(g) \longrightarrow CO_2(g) + H_2O(g)$$

手順2: 反応物と生成物の原子を数える．上の式は，どの物質の係数も（明記しない）1だが，そのまま両辺の原子を数えると，H原子は反応物に多く，O原子は生成物に多い．

$$CH_4(g) + O_2(g) \longrightarrow CO_2(g) + H_2O(g)$$

C 1個	1個	一致
H 4個	2個	不一致
O 2個	3個	不一致

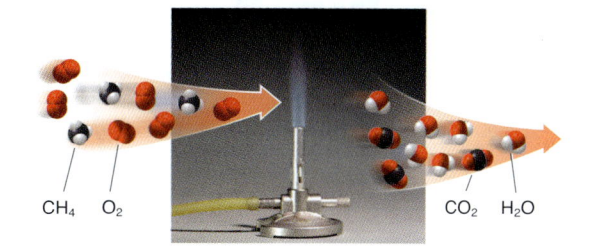

手順3: 左右で原子数が合うように係数をつける．まず，最も多いHの数を合わせるため，生成物の H_2O を2倍する．

$$CH_4(g) + O_2(g) \longrightarrow CO_2(g) + 2H_2O(g)$$

そのとき右辺のOが4個になるから，反応物の酸素 O_2 を2倍する．

$$CH_4(g) + 2O_2(g) \longrightarrow CO_2(g) + 2H_2O(g)$$

手順4: 全原子の数を確かめる．左辺も右辺もC原子1個，H原子4個，O原子4個だから，つぎの反応式は正しい．

$$CH_4(g) + 2O_2(g) \longrightarrow CO_2(g) + 2H_2O(g)$$

全体をさらに2倍した "$2CH_4(g) + 4O_2(g) \longrightarrow 2CO_2(g) + 4H_2O(g)$" も両辺の原子数が合うけれど，反応式の係数は，上記のように "最小の整数" とする．

復習 8・2　反応式の係数合わせ

つぎの反応式について，表の空欄を埋めよ．
$Fe_2S_3(s) + 6HCl(aq) \longrightarrow 2FeCl_3(aq) + 3H_2S(g)$

	反応物	生成物
Cl 原子の数	①	②
S 原子の数	③	④
Fe 原子の数	⑤	⑥
H_2S 分子の数	⑦	⑧

[答] つぎのようになる．
①・② 6個，③・④ 3個，⑤・⑥ 2個，⑦ 0個，⑧ 3個

例題 8・2　反応式の係数合わせ

化学式に正しい係数をつけ，つぎの反応式を完成せよ．
$Na_3PO_4(aq) + MgCl_2(aq) \longrightarrow Mg_3(PO_4)_2(s) + NaCl(aq)$

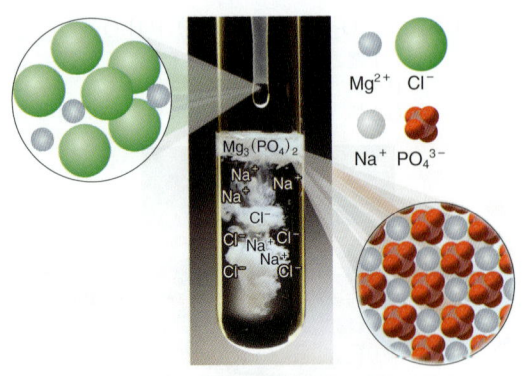

[答] 手順1: 両辺の原子やイオンを数える. どのイオンも数が合わない.

	反応物	生成物	
Na^+ の数	3個	1個	不一致
PO_4^{3-} の数	1個	2個	不一致
Mg^{2+} の数	1個	3個	不一致
Cl^- の数	2個	1個	不一致

手順2: 係数をつけ, イオンの数を合わせる. イオン数の多い右辺の $Mg_3(PO_4)_2$ に注目し, 左辺の $MgCl_2$ を3倍, Na_3PO_4 を2倍すれば, Mg^{2+} と PO_4^{3-} の数は合う.
$$2Na_3PO_4(aq) + 3MgCl_2(aq) \longrightarrow Mg_3(PO_4)_2(s) + NaCl(aq)$$
つぎに NaCl を6倍すると, 両辺で Na^+ の数が合う.
$$2Na_3PO_4(aq) + 3MgCl_2(aq) \longrightarrow Mg_3(PO_4)_2(s) + 6NaCl(aq)$$

手順3: 最終結果を確認する. どのイオンも両辺で数が合う.

	反応物	生成物
Na^+ の数	6個	6個
PO_4^{3-} の数	2個	2個
Mg^{2+} の数	3個	3個
Cl^- の数	6個	6個

$$2Na_3PO_4(aq) + 3MgCl_2(aq) \longrightarrow Mg_3(PO_4)_2(s) + 6NaCl(aq)$$

● 類題 化学式に正しい係数をつけ, 反応式を完成せよ.
$$Fe(s) + O_2(g) \longrightarrow Fe_3O_4(s)$$
[答] $3Fe(s) + 2O_2(g) \longrightarrow Fe_3O_4(s)$

練習問題 反応式の係数合わせ

8・7 化学式に正しい係数をつけ, つぎの反応式を完成せよ.
① $N_2(g) + O_2(g) \longrightarrow NO(g)$
② $HgO(s) \longrightarrow Hg(l) + O_2(g)$
③ $Fe(s) + O_2(g) \longrightarrow Fe_2O_3(s)$
④ $Na(s) + Cl_2(g) \longrightarrow NaCl(s)$
⑤ $Cu_2O(s) + O_2(g) \longrightarrow CuO(s)$

8・8 化学式に正しい係数をつけ, つぎの反応式を完成せよ.
① $Ca(s) + Br_2(l) \longrightarrow CaBr_2(s)$
② $P_4(s) + O_2(g) \longrightarrow P_4O_{10}(s)$
③ $C_4H_8(g) + O_2(g) \longrightarrow CO_2(g) + H_2O(g)$
④ $Sb_2S_3(s) + HCl(aq) \longrightarrow SbCl_3(s) + H_2S(g)$
⑤ $Fe_2O_3(s) + C(s) \longrightarrow Fe(s) + CO(g)$

8・9 化学式に正しい係数をつけ, つぎの反応式を完成せよ.
① $Mg(s) + AgNO_3(aq) \longrightarrow Mg(NO_3)_2(aq) + Ag(s)$
② $CuCO_3(s) + CuO(s) \longrightarrow CO_2(g)$
③ $Al(s) + CuSO_4(aq) \longrightarrow Cu(s) + Al_2(SO_4)_3(aq)$
④ $Pb(NO_3)_2(aq) + NaCl(aq) \longrightarrow PbCl_2(s) + NaNO_3(aq)$
⑤ $Al(s) + HCl(aq) \longrightarrow AlCl_3(aq) + H_2(g)$

8・10 化学式に正しい係数をつけ, つぎの反応式を完成せよ.
① $Zn(s) + H_2SO_4(aq) \longrightarrow ZnSO_4(aq) + H_2(g)$
② $Al(s) + H_2SO_4(aq) \longrightarrow Al_2(SO_4)_3(aq) + H_2(g)$
③ $K_2SO_4(aq) + BaCl_2(aq) \longrightarrow BaSO_4(s) + KCl(aq)$
④ $CaCO_3(s) \longrightarrow CaO(s) + CO_2(g)$
⑤ $Al_2(SO_4)_3(aq) + KOH(aq) \longrightarrow Al(OH)_3(s) + K_2SO_4(aq)$

8・11 化学式に正しい係数をつけ, つぎの反応式を完成せよ.
① $Fe_2O_3(s) + CO(g) \longrightarrow Fe(s) + CO_2(g)$
② $Li_3N(s) \longrightarrow Li(s) + N_2(g)$
③ $Al(s) + HBr(aq) \longrightarrow AlBr_3(aq) + H_2(g)$
④ $Ba(OH)_2(aq) + Na_3PO_4(aq) \longrightarrow Ba_3(PO_4)_2(s) + NaOH(aq)$
⑤ $As_4S_6(s) + O_2(g) \longrightarrow As_4O_6(s) + SO_2(g)$

8・12 化学式に正しい係数をつけ, つぎの反応式を完成せよ.
① $K(s) + H_2O(l) \longrightarrow KOH(aq) + H_2(g)$
② $Cr(s) + S_8(s) \longrightarrow Cr_2S_3(s)$
③ $BCl_3(s) + H_2O(l) \longrightarrow H_3BO_3(aq) + HCl(aq)$
④ $Fe(OH)_3(s) + H_2SO_4(aq) \longrightarrow Fe_2(SO_4)_3(aq) + H_2O(l)$
⑤ $BaCl_2(aq) + Na_3PO_4(aq) \longrightarrow Ba_3(PO_4)_2(s) + NaCl(aq)$

8・13 つぎの反応を, 正しい反応式で書け.
① リチウムと水が反応すると, 水素が発生し, 水酸化リチウムの水溶液ができる.
② 白リン P_4 と塩素が反応すると, 液体の三塩化リンができる.
③ 酸化鉄(II) と一酸化炭素が反応すると, 鉄と二酸化炭素ができる.
④ ペンテン C_5H_{10} が燃えると, 二酸化炭素と水 (気体) ができる.
⑤ 塩化鉄(III) と硫化水素 H_2S が反応すると, 硫化鉄(III) と塩化水素 (気体) ができる.

8・14 つぎの反応を, 正しい反応式で書け.
① 炭酸カルシウムが分解すると, 酸化カルシウムと二酸化炭素になる.
② 一酸化窒素と一酸化炭素が反応すると, 窒素と二酸化炭素ができる.

③ 鉄粉と硫黄が反応すると，硫化鉄(II)ができる．
④ カルシウムと窒素が反応すると，窒化カルシウム（固体）ができる．
⑤ ヒドラジン N_2H_4（気体）と四酸化二窒素が反応すると，窒素と水蒸気ができる．

8・3 反応の分類

化学の実験室ではもちろんのこと，自然界や生体内でも，無数の化学反応がたえず起こっている．無機物質を主体に，反応をざっと分類してみよう．

結合反応

単体や化合物が結合（合体）し，単一の生成物になる反応を**結合反応**という．

$$\boxed{A} + \boxed{B} \longrightarrow \boxed{AB}$$

たとえば単体の硫黄と酸素は，結合反応で二酸化硫黄になる．

$$S(s) + O_2(g) \longrightarrow SO_2(g)$$

マグネシウムと酸素は，結合反応で酸化マグネシウムになる（図8・3）．

$$2Mg(s) + O_2(g) \longrightarrow 2MgO(s)$$

つぎの反応三つも結合反応の例になる．

$$N_2(g) + 3H_2(g) \longrightarrow 2NH_3(g) \quad \text{（アンモニアの合成）}$$

$$Cu(s) + S(s) \longrightarrow CuS(s)$$
$$MgO(s) + CO_2(g) \longrightarrow MgCO_3(s)$$

分解反応

一つの物質が複数の物質に分かれる反応を**分解反応**という．

$$\boxed{AB} \longrightarrow \boxed{A} + \boxed{B}$$

酸化水銀(II)を熱すれば，分解反応で水銀と酸素ができる（図8・4）．

$$2HgO(s) \longrightarrow 2Hg(l) + O_2(g)$$

加熱した炭酸カルシウムは，分解反応で酸化カルシウムと二酸化炭素になる．

$$CaCO_3(s) \longrightarrow CaO(s) + CO_2(g)$$

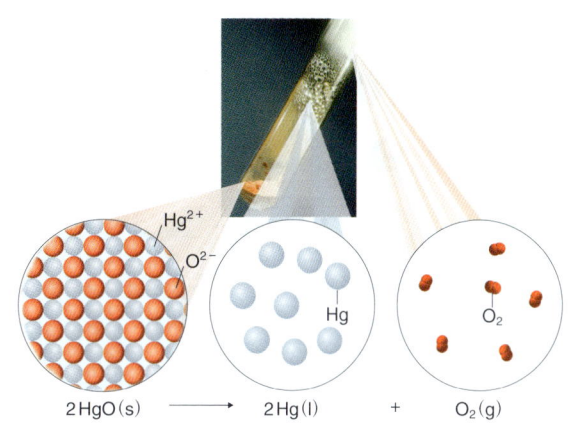

図8・4 物質が複数の物質に分かれる分解反応．
[考えてみよう] 図8・4の変化は分解反応とみる．なぜか．

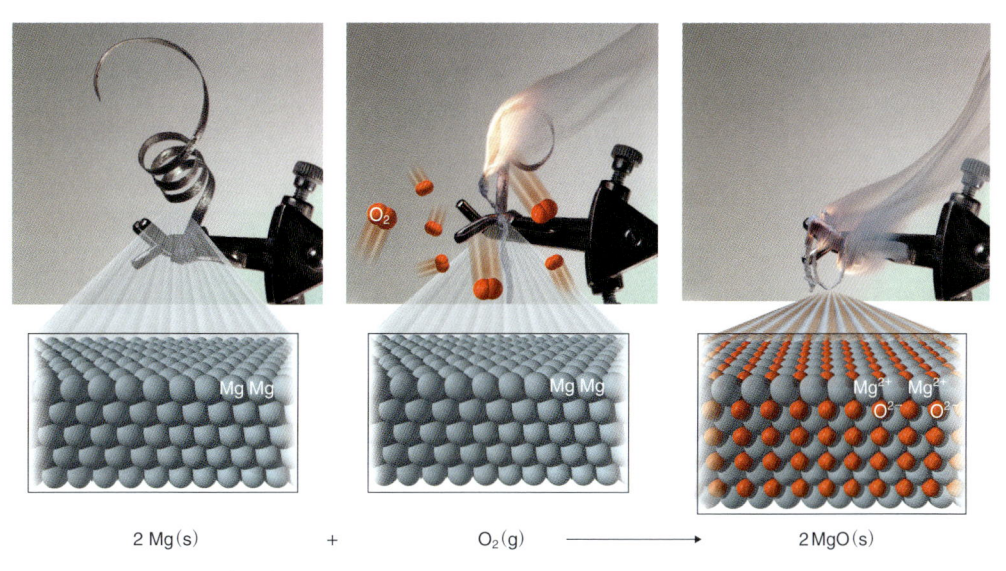

図8・3 結合反応の例．[考えてみよう] 結合反応が進むと，反応物の原子はどうなるか．

置換反応

原子が結合の相手を変える形の反応を，置換反応という．**単置換反応**では，単体の原子が，化合物の原子と入れ替わる．

A + BC ⟶ AC + B

図8・5の例では，単体の亜鉛が塩酸 HCl 中の H 原子と置換する．

$$Zn(s) + 2HCl(aq) \longrightarrow ZnCl_2(aq) + H_2(g)$$

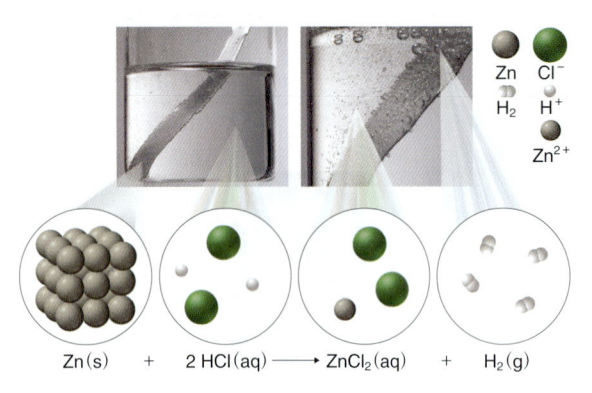

図8・5 亜鉛と塩酸の単置換反応．

[考えてみよう] 図8・5の変化は単置換反応とみる．なぜか．

塩素と臭化カリウムの反応も，単置換反応の例になる．

$$Cl_2(g) + 2KBr(s) \longrightarrow 2KCl(s) + Br_2(l)$$

一方，2種類のイオン化合物が陽イオンを交換する形の変化を，**二重置換反応**とよぶ．

AB + CD ⟶ AD + CB

図8・6の反応では Ba^{2+} と Na^+ が入れ替わり，$BaSO_4$ の沈殿と NaCl ができる．

$$Na_2SO_4(aq) + BaCl_2(aq) \longrightarrow BaSO_4(s) + 2NaCl(aq)$$

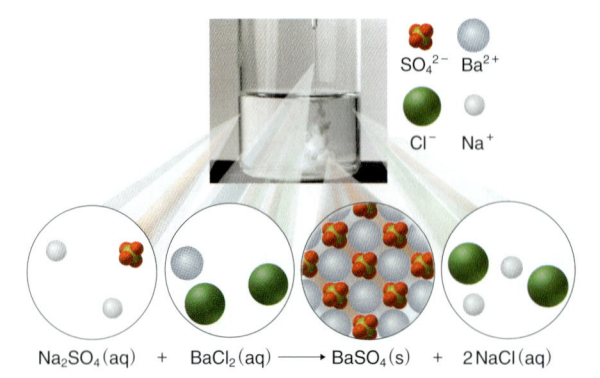

図8・6 Na_2SO_4 と $BaCl_2$ の二重置換反応．

[考えてみよう] この変化は二重置換反応とみる．なぜか．

つぎの変化も，水 H_2O を HOH とみれば，二重置換反応の例になる．

$$NaOH(aq) + HCl(aq) \longrightarrow NaCl(aq) + H_2O(l)$$

結合反応，分解反応，単置換反応，二重置換反応の例を表8・3に示す．

表8・3 反応の分類

反応のタイプ	例
結　合 A + B ⟶ AB	$Ca(s) + Cl_2(g) \longrightarrow CaCl_2(s)$
分　解 AB ⟶ A + B	$Fe_2S_3(s) \longrightarrow 2Fe(s) + 3S(s)$
単置換 A + BC ⟶ AC + B	$Cu(s) + 2AgNO_3(aq) \longrightarrow Cu(NO_3)_2(aq) + 2Ag(s)$
二重置換 AB + CD ⟶ AD + CB	$BaCl_2(aq) + K_2SO_4(aq) \longrightarrow BaSO_4(s) + 2KCl(aq)$

例題8・3　反応の分類と生成物の予想

1. つぎの反応は，結合・分解・単置換・二重置換のどれか．
   ① $2H_2O_2(aq) \longrightarrow 2H_2O(l) + O_2(g)$
   ② $2K_3PO_4(aq) + 3CuCl_2(aq) \longrightarrow Cu_3(PO_4)_2(s) + 6KCl(aq)$

2. つぎの反応の生成物を予想し，反応式を完成せよ．
   ① 単置換反応　$Al(s) + CuCl_2(aq) \longrightarrow$ ＿＿ + ＿＿
   ② 結合反応　$K(s) + Cl_2(g) \longrightarrow$ ＿＿

[答] 1. ① 反応物1種類が生成物2種類になる分解反応．
② 反応物の K^+ と Cu^{2+} が入れ替わる二重置換反応．
2. ① $CuCl_2$ の Cu^{2+} が Al^{3+} に置換する．係数を合わせ，次式に書ける．
$2Al(s) + 3CuCl_2(aq) \longrightarrow 2AlCl_3(aq) + 3Cu(s)$
② カリウム K と塩素 Cl_2 から塩化カリウムができる．係数を合わせ，次式に書ける．
$2K(s) + Cl_2(g) \longrightarrow 2KCl(s)$

● 類題　窒素と酸素から二酸化窒素ができる変化を反応式で書け．反応のタイプは何か．
[答] $N_2(g) + 2O_2(g) \longrightarrow 2NO_2(g)$，結合反応

練習問題　反応の分類

8・15 ①つぎの変化は分解反応とみる．なぜか．
$2Al_2O_3(s) \longrightarrow 4Al(s) + 3O_2(g)$
②つぎの変化は単置換反応とみる．なぜか．
$Br_2(g) + BaI_2(s) \longrightarrow BaBr_2(s) + I_2(g)$

8・16 ①つぎの変化は結合反応とみる．なぜか．
$H_2(g) + Br_2(g) \longrightarrow 2HBr(g)$
②つぎの変化は二重置換反応とみる．なぜか．
$AgNO_3(aq) + NaCl(aq) \longrightarrow AgCl(s) + NaNO_3(aq)$

8・17 つぎの反応を，結合・分解・単置換・二重置換に分類せよ．

① $4Fe(s) + 3O_2(g) \longrightarrow 2Fe_2O_3(s)$
② $Mg(s) + 2AgNO_3(aq) \longrightarrow Mg(NO_3)_2(aq) + 2Ag(s)$
③ $CuCO_3(s) \longrightarrow CuO(s) + CO_2(g)$
④ $NaOH(aq) + HCl(aq) \longrightarrow NaCl(aq) + H_2O(l)$
⑤ $ZnCO_3(s) \longrightarrow CO_2(g) + ZnO(s)$
⑥ $Al_2(SO_4)_3(aq) + 6KOH(aq) \longrightarrow 2Al(OH)_3(s) + 3K_2SO_4(aq)$
⑦ $Pb(s) + O_2(g) \longrightarrow PbO_2(s)$

8・18 つぎの反応を，結合・分解・単置換・二重置換に分類せよ．
① $CuO(s) + 2HCl(aq) \longrightarrow CuCl_2(aq) + H_2O(l)$
② $2Al(s) + 3Br_2(g) \longrightarrow 2AlBr_3(s)$
③ $Pb(NO_3)_2(aq) + 2NaCl(aq) \longrightarrow PbCl_2(s) + 2NaNO_3(aq)$
④ $2Mg(s) + O_2(g) \longrightarrow 2MgO(s)$
⑤ $Fe_2O_3(s) + 3C(s) \longrightarrow 2Fe(s) + 3CO(g)$
⑥ $C_6H_{12}O_6(aq) \longrightarrow 2C_2H_6O(aq) + 2CO_2(g)$
⑦ $BaCl_2(aq) + K_2CO_3(aq) \longrightarrow BaCO_3(s) + 2KCl(aq)$

8・19 つぎの反応生成物を予想し，反応式を完成せよ．
① 結合反応　$Mg(s) + Cl_2(g) \longrightarrow \underline{\quad}$
② 分解反応　$HBr(g) \longrightarrow \underline{\quad} + \underline{\quad}$
③ 単置換反応　$Mg(s) + Zn(NO_3)_2(aq) \longrightarrow \underline{\quad} + \underline{\quad}$
④ 二重置換反応　$K_2S(aq) + Pb(NO_3)_2(aq) \longrightarrow \underline{\quad} + \underline{\quad}$

8・20 つぎの反応生成物を予想し，反応式を完成せよ．
① 結合反応　$Ca(s) + S(s) \longrightarrow \underline{\quad}$
② 分解反応　$PbO_2(s) \longrightarrow \underline{\quad} + \underline{\quad}$
③ 単置換反応　$KI(s) + Cl_2(g) \longrightarrow \underline{\quad} + \underline{\quad}$
④ 二重置換反応　$CuCl_2(aq) + Na_2S(aq) \longrightarrow \underline{\quad} + \underline{\quad}$

表 8・4　原子がつくる共有結合（単結合）

原子	元素の族	共有結合の数	結合の形
H	1族（1A族）	1本	H—
C	14族（4A族）	4本	—C—
N	15族（5A族）	3本	—N—
O	16族（6A族）	2本	—O—

8・4　有機化合物の官能基

炭素Cと水素Hだけの炭化水素（アルカン）は6章で紹介した．以下，酸素Oや窒素Nを含む分子も合わせ，有機化合物の性格を調べよう．そのとき，共有結合のできかたがコアになる．Cは4本，Hは1本，Nは3本，Oは2本の結合をつくる（表8・4）．

数千万種類にものぼる有機化合物は，**官能基**という原子団に注目して分類するとわかりやすい．同じ官能基をもつ化合物は性質が似ているからだ．慣れてくると，官能基を見ただけで化合物の性質と反応性が予想できるようになる．

アルケン，アルキン，芳香族化合物

二重結合がある炭化水素を**アルケン**という．最も単純なエテン（慣用名エチレン）は $CH_2=CH_2$ と書く．アルケンのIUPAC名は，アルカンの英名（日本名）の接尾語 -ane（アン）を -ene（エン）に変えたものとなる．二重結合ができても，C原子（模型の黒い球[*1]）はむろん計4本の結合をもつ．

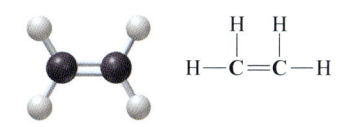

アルケン（エチレン）

エチレンは植物ホルモンの一つで，果実の成熟を促す．アボカドやバナナ，トマトは青いうちに収穫しておき，エチレン中で熟させたものを出荷する．またエチレンはセルロースの分解を促すため，エチレンをかけた花は，しおれて下に落ちやすい．

エチレンを重合させたポリエチレンは，レジ袋やフィルム，絶縁材になる．プロピレンの重合物ポリプロピレン，スチレンの重合物ポリスチレンも暮らしに欠かせない．

アルキンは，炭素-炭素の三重結合をもつ．最も単純なエチン（慣用名アセチレン）は，$H-C\equiv C-H$ と書く．アルキンのIUPAC名は，アルカンの英名（日本名）の接尾語 -ane（アン）を -yne（イン）に変えたものになる．アルケンとアルキンを不飽和炭化水素と総称する．

アルキン（アセチレン）

1825年に英国のMichael Faradayが，分子式 C_6H_6 のベンゼンを発見した．ベンゼン環をもつ化合物は，特有の（必ずしも芳香とはいえないが）匂いをもつため，**芳香族**

[*1] 訳注：分子模型の球には，炭素は黒（炭の色），塩素は黄緑（気体 Cl_2 の色），酸素は赤（ヘモグロビン＝血の色），窒素は青（N_2 が多い空の色），水素は白（無色）…と，単体にふさわしい色をつける．

化合物という．この発見から約40年後，ベンゼン分子は，C原子の単結合と二重結合が交互にある構造と推定された．やがて，C–C結合6本の長さはどれも等しく，単結合と二重結合の中間だとわかる．そのためベンゼンは，1本線の六角形の中心に円を置いて描く方が実体をよく表す．

芳香族化合物（ベンゼン）

復習 8・3　炭化水素

つぎの化合物は，アルカン，アルケン，アルキンのどれか．
① $CH_3-C≡C-CH_3$
② $CH_3-CH_2-CH_3$
③ $CH_3-CH_2-CH_2-CH=CH_2$

[答] ① 三重結合をもつアルキン，② 単結合だけのアルカン，③ 二重結合をもつアルケン

アルコールとエーテル

炭化水素のHにヒドロキシ基（–OH）が置換した化合物を，**アルコール**とよぶ．

CH_3-CH_2-OH

アルコール（エタノール）

エタノール（エチルアルコール，CH_3-CH_2-OH）は，果物や穀物が含む糖の発酵で生じ，酒の主成分として遅くとも6000年前から知られていた．単にアルコールともよぶエタノールは，香料やニス，ヨードチンキなどの溶剤に使う．

$$C_6H_{12}O_6 \xrightarrow{発酵} 2CH_3-CH_2-OH + 2CO_2$$

O原子がC原子2個と単結合した化合物を**エーテル**という．

CH_3-O-CH_3

エーテル（ジメチルエーテル）

スモッグの害

健康と化学

スモッグには，新しい型の光化学スモッグと，古いロンドン型スモッグがある．

光化学スモッグは車が起こす．2000～2500 °Cの高温になるエンジン内で，常温なら安定な窒素 N_2 と O_2 も反応し，一酸化窒素 NO ができる．

$$N_2(g) + O_2(g) \longrightarrow 2NO(g)$$

排ガスに出たNOは空気中の酸素とたちまち反応し，褐色の二酸化窒素 NO_2 になる．

$$2NO(g) + O_2(g) \longrightarrow 2NO_2(g)$$

褐色の NO_2 は太陽の光エネルギーを吸収して，NOとO原子に分解する．

$$NO_2(g) + 光エネルギー \longrightarrow NO(g) + O(g)$$

O原子は反応性がたいへん高く，空気中の分子 O_2 分子と結合してオゾン O_3 を生む．

$$O(g) + O_2(g) \longrightarrow O_3(g)$$

成層圏（高度10～50 km）のオゾンなら，太陽の有害な紫外線を吸収して地表の生物を守る．けれど大気底層のオゾン（光化学オキシダント）は，ヒトの眼や呼吸器を痛め，繊維の劣化やゴムのひび割れを促し，作物や草木を傷つける．

古いロンドン型スモッグは，燃やす石炭の硫黄分Sが酸素と反応して生じる二酸化硫黄 SO_2 が起こした（途上国ではいまも進行形）．

$$S(s) + O_2(g) \longrightarrow SO_2(g)$$

SO_2 は呼吸器系を傷つけ（1950～60年代の四日市喘息など），鉄の表面を腐食し，植物を枯らす（1980年代まで"酸性雨"のせいにされた森林枯死の主因は SO_2 の直接吸収．栃木県・足尾銅山付近の森林枯死も同様）．

スモッグの茶色は二酸化窒素 NO_2 の色

単に"エーテル"といえばジエチルエーテルをさす．もう100年以上，ジエチルエーテルは麻酔剤に使われたため，"エーテル"で麻酔を連想する人が多い．

$$CH_3-CH_2-O-CH_2-CH_3$$
ジエチルエーテル

揮発性のジエチルエーテルは引火性が高く，爆発事故につながりやすい．だから1950年代以降，麻酔には引火性のないイソフルランやハロタンを使う．

復習 8・4 官能基の特定

官能基に注目したとき，アルコールとエーテルはどう違うか．

[答] O原子と結合するC原子の数が，アルコールは1個，エーテルは2個．

脂 肪 酸

健康と化学

油脂は，長い炭素鎖の端にカルボキシ基をもつ脂肪酸でできている．ココナツ油に多いラウリン酸（炭素12個のカルボン酸）を，3種類のやりかたで描いた（下）．

ラウリン酸など，C原子がみな単結合でつながった"飽和脂肪酸"は，ふつう室温で固体になる．かたや，C鎖中に二重結合を何個かもつ"不飽和脂肪酸"は，室温で液体のものが多い．脂肪酸の例を表8・5にあげた．

魚油中のオメガ-3脂肪酸

脂肪は動脈硬化や心臓病につながると主張する研究者がいて，近ごろ米国人は脂肪の摂取を控えるようになった．アラスカのイヌイットは不飽和脂肪酸とコレステロールの多い食事をするのに，心臓病が少ないという疫学データがある．イヌイットは，獣ではなく魚の不飽和脂肪酸をとり，その魚油にはオメガ-3脂肪酸[*2]が多い（植物油に多いのはオメガ-6脂肪酸）．

動脈硬化や心臓病の人は，血管の壁に沈着したコレステロールが血流を妨げ，高血圧になりやすい．血栓は心筋梗塞にもつながる．オメガ-3脂肪酸は，血栓の生成を防ぐのだという（ただし，過剰摂取すると出血が止まりにくくなる）．オメガ-3脂肪酸の多いサケやマグロ，ニシンは，心臓病の予防にいいといわれる．

＜オメガ-6脂肪酸＞
● リノール酸
  $CH_3-(CH_2)_4-CH=CH-CH_2-CH=CH-(CH_2)_7-COOH$
● アラキドン酸
  $CH_3-(CH_2)_4-(CH=CH-CH_2)_4-(CH_2)_2-COOH$

＜オメガ-3脂肪酸＞
● リノレン酸
  $CH_3-CH_2-(CH=CH-CH_2)_3-(CH_2)_6-COOH$
● エイコサペンタエン酸（EPA）
  $CH_3-CH_2-(CH=CH-CH_2)_5-(CH_2)_2-COOH$
● ドコサヘキサエン酸（DHA）
  $CH_3-CH_2-(CH=CH-CH_2)_6-CH_2-COOH$

$$CH_3-(CH_2)_{10}-\overset{\overset{O}{\|}}{C}-OH \qquad CH_3-(CH_2)_{10}-COOH$$

$$CH_3-CH_2-CH_2-CH_2-CH_2-CH_2-CH_2-CH_2-CH_2-CH_2-CH_2-C\overset{O}{\underset{OH}{}}$$

表8・5 よく出合う脂肪酸の構造と所在

名 前	炭素	二重結合	示性式	所 在
飽和脂肪酸				
パルミチン酸	16個	0個	$CH_3-(CH_2)_{14}-COOH$	ヤ シ
ステアリン酸	18個	0個	$CH_3-(CH_2)_{16}-COOH$	動物油脂
不飽和脂肪酸				
オレイン酸	18個	1個	$CH_3-(CH_2)_7-CH=CH-(CH_2)_7-COOH$	オリーブ，トウモロコシ
リノール酸	18個	2個	$CH_3-(CH_2)_4-CH=CH-CH_2-CH=CH-(CH_2)_7-COOH$	大豆，紅花，ヒマワリ

[*2] 訳注：カルボキシ基と反対側の末端炭素を，ギリシャ語アルファベットの最終文字にちなんで，オメガ（ω）位の炭素という．ω位から数えてn番目の結合がC=C二重結合になった分子を，"オメガ-n（ω-n）脂肪酸"とよぶ．

アルデヒドとケトン

アルデヒドとケトンは，炭素-酸素間が二重結合のカルボニル基 C=O をもつ．

アルデヒドのカルボニル炭素は，H 原子 1 個と結合している（ホルムアルデヒド CH_2O だけは例外）．**ケトン**では，カルボニル炭素が 2 個の C 原子と結合している．

アルデヒド（アセトアルデヒド）

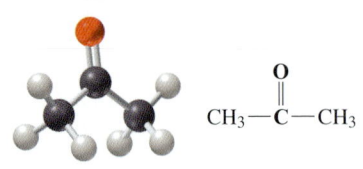

ケトン（アセトン）

ケトンやアルデヒド化合物はいろいろなものに含まれる．たとえば，植物（バニラ，シナモン，スペアミントなど）の香り分子には，ケトンやアルデヒドが多い．水に溶けにくいアルデヒドやケトンは，アルコールに溶かして香料液にする．

アルデヒドのうち最小のホルムアルデヒド HCHO は，無色で刺激臭をもつ沸点 −19.5 ℃ の気体だ．布や絶縁材，カーペット，合板，デコラ材などの合成原料になる．ホルマリン（HCHO の 40% 水溶液）は殺菌作用を示すため，生体標本の保存用防腐剤に使う．何かを燃やした煙が含むホルムアルデヒドは，タンパク質分子を攻撃し（殺菌作用の本質），眼をチカチカさせたり，鼻や上気道上部を刺激したり，皮膚炎や頭痛，めまい，全身疲労を起こしたりする．

最も小さいケトンのアセトン（別名 2-プロパノン，ジメチルケトン）は，特有の匂いをもつ無色の液体で，クリーニング剤や塗料，マニキュア落とし，接着剤などによく使う．引火性が高いため，取扱いには注意する．

糖質（炭水化物*3）は，炭素，水素，酸素からできた化合物をいい，基本単位を単糖とよぶ．代表的な単糖には，6 個の C 原子にヒドロキシ基 −OH が何個か結合し，端の C 原子がアルデヒド基（ホルミル基）−CHO のものと，端から 2 番目の C がカルボニル基 C=O のものがある．なじみ深い単糖に，グルコース（ブドウ糖），フルクトース（果糖），ガラクトースがある．みな分子式 $C_6H_{12}O_6$ は同じでも，置換基の位置など，構造が少しずつ違う．

アルデヒド基をもつグルコースは，二糖類のマルトース（麦芽糖）・ラクトース（乳糖）・スクロース（ショ糖）や，多糖類のデンプン・セルロース・グリコーゲンの構成単位になる．甘みが最強の単糖フルクトースはケトン基をもつ．蜂蜜の成分にはグルコースとフルクトースが多い．

グルコース　　フルクトース

グルコースとフルクトースを含む蜂蜜

復習 8・5　単糖の官能基

牛乳や乳製品は，単糖のガラクトースを含んでいる．
① ガラクトースの化学式を書け．
② ガラクトースはどんな官能基をもつか．

ガラクトース

[答] ① $C_6H_{12}O_6$，② 炭素 1 のアルデヒド基と，炭素 2〜6 のヒドロキシ基．

---

*3 訳注：組成式 $C_n(H_2O)_m$ を，"炭素 C に水 H_2O が結合した物質" と解釈した用語だから，"炭・水化物" と切る気分で読む．

カルボン酸とエステル

カルボン酸は，カルボニル基とヒドロキシ基が結合した官能基（カルボキシ基）をもつ．

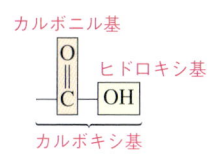

サイズ最小のギ酸（H 原子と結合）を除き，カルボン酸のカルボキシ基は，別の C 原子と結合している．

天然にはカルボン酸（有機酸）が多い．アリやハチは，人や動物を攻撃するとき，皮膚にギ酸 HCOOH を注入する．酢酸 CH_3COOH は，ワインやシードル（リンゴ酒）のエタノールが酸化されて生じる．酢酸の水溶液（酢）は調理やドレッシングに使う．

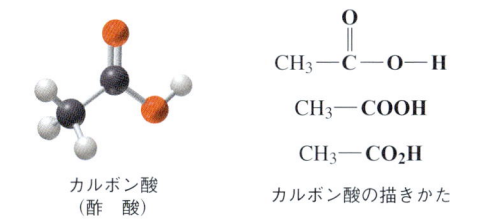

カルボキシ基の単結合 O 原子が（H ではなく）C と結合した分子を，**エステル**という．エステルは，カルボン酸とアルコールが"脱水縮合（水分子が脱離して結合）"した分子だといえる．

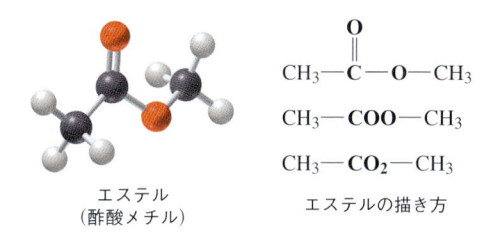

香水や花の香り，果実の匂い分子にはエステルが多い．小分子のエステルは，揮発性なので匂いやすい．オレンジやバナナ，ナシ，パイナップル，ストロベリーの香りはみなエステルが出す．

パイナップルの香り物質はブタン酸エチル（酪酸エチル）

生体アミン，医薬のアミン

健康と化学

アミン化合物の一つヒスタミンは，細胞が傷ついたりアレルギー刺激を受けたりすると，体内で合成される．ヒスタミンは血管を拡張させ，局部を赤く腫らす（一例がサバ中毒）．抗ヒスタミン剤を飲むとヒスタミンの作用が治まる．

生体アミンと総称するホルモン分子は，神経伝達に活躍する．興奮すると副腎髄質から放出されるアドレナリン（エピネフリン）やノルアドレナリン（ノルエピネフリン）が，血糖値を上げ，筋肉に血液を送りこむ．風邪や花粉症，喘息の薬に使うアンフェタミン（ベンゼドリン）やフェニレフリン，ノルアドレナリンは，気道粘膜の毛細血管を収縮させる．アンフェタミンは覚醒剤にもなる．パーキンソン病は，ドーパミンというアミン化合物の不足が一因だといわれる．

アンフェタミンは，アドレナリンと同じく中枢神経を興奮させるけれど，心血管の機能を高め，食欲を抑えて減量にも効く（ただし中毒性がある）．鬱病に使うメテドリンは，通称を"クランク"という覚醒剤でもある．

アドレナリン（エピネフリン）　アンフェタミン（ベンゼドリン）　メタンフェタミン（メテドリン）

例題 8・4　有機化合物の分類

官能基に注目し，つぎの化合物を分類せよ．
① $CH_3-CH_2-CH_2-OH$
② $CH_3-CH=CH-CH_3$
③ $CH_3-CH_2-CH_2-COOH$

[答] ① アルコール，② アルケン，③ カルボン酸

● 類題　官能基に注目したとき，$CH_3-CH_2-O-CH_3$ は何に分類するか．

[答] エーテル

アミンとアミド

アンモニア NH_3 の H 原子 1～3 個が C 原子に変わった化合物を**アミン**という．

アミン
（ジメチルアミン）

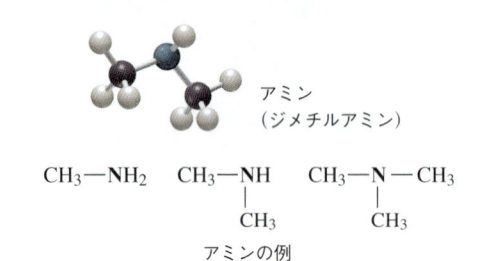

CH_3-NH_2　　CH_3-NH　　CH_3-N-CH_3
　　　　　　　　　　　$|$　　　　　　$|$
　　　　　　　　　　CH_3　　　　　CH_3

アミンの例

魚の生臭い匂いは，タンパク質の分解で生じるプトレッシンやカダベリンといったアミン類が出す．

プトレッシン　　$H_2N-CH_2-CH_2-CH_2-CH_2-NH_2$
カダベリン　　　$H_2N-CH_2-CH_2-CH_2-CH_2-CH_2-NH_2$

カルボニル基 C=O の C 原子にアミノ基が結合した化合物を，**アミド**という．カルボン酸の C に N が結合したものはカルボン酸アミドとよぶ．

最も小さい天然アミドの尿素は，タンパク質の代謝で最終生成物となる．尿素は腎臓で血液から分離され，尿に排泄される．産業では尿素を窒素肥料に使う．

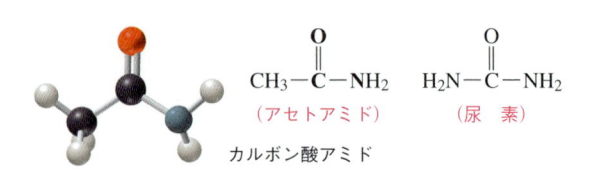

$CH_3-\overset{O}{\underset{}{C}}-NH_2$　　$H_2N-\overset{O}{\underset{}{C}}-NH_2$
（アセトアミド）　　　（尿　素）

カルボン酸アミド

アスパルテームという合成アミドは，アスパラギン酸とフェニルアラニンメチルエステルを縮合させてつくる．スクロースの 180 倍も甘い人工甘味料（商品名：パルスイートなど）だから，コーヒーなどによく入れる．カロリーはあるが，ほんの少しだけ使えばすむ．ただし，分解生成物のフェニルアラニンを代謝できない"フェニルケトン尿症"の人は，摂取を控えたほうがよい．

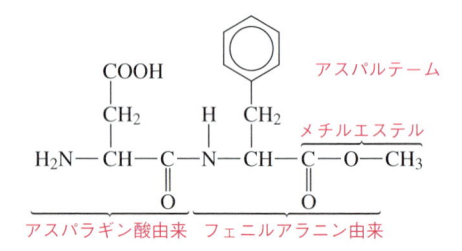

アスパルテーム
メチルエステル

アスパラギン酸由来　　フェニルアラニン由来

アミノ酸

タンパク質の部品となる**アミノ酸**は，共通の C 原子に，H 原子，アミノ基（$-NH_2$），カルボキシ基（$-COOH$），"側鎖" R の四つが結合した分子だ．R の種類でアミノ酸の呼び名が決まる．体内では通常，アミノ基もカルボキシ基もイオン型になっている．

タンパク質中に多いアミノ酸 7 種類の構造と名前，略号を表 8・6 に示す．

表 8・6　アミノ酸の例

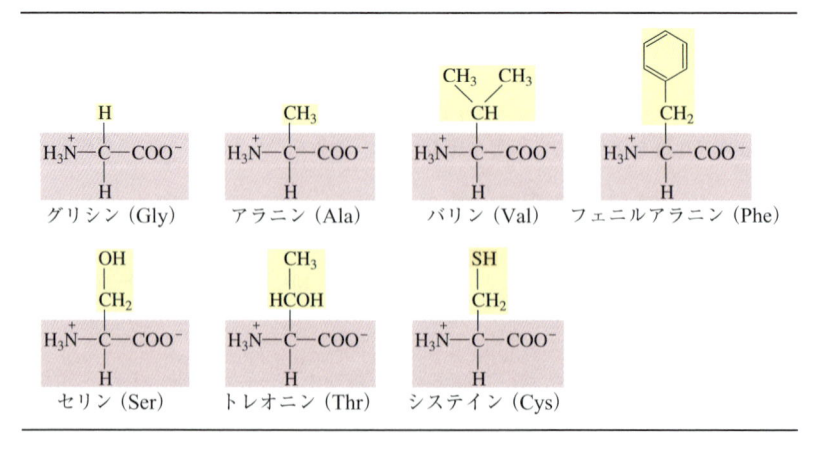

グリシン (Gly)　　アラニン (Ala)　　バリン (Val)　　フェニルアラニン (Phe)

セリン (Ser)　　トレオニン (Thr)　　システイン (Cys)

8・4 有機化合物の官能基

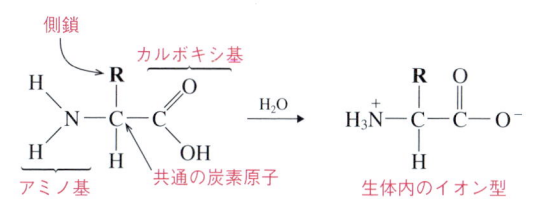

α-アミノ酸*4の一般式

有機化合物の官能基を表 8・7 にまとめた．

表 8・7 官能基に注目した有機化合物の分類

分類	官能基	例
アルケン	$\diagdown$C=C$\diagup$	$H_2C=CH_2$
アルキン	$-C≡C-$	$HC≡CH$
アルコール	$-OH$	CH_3-CH_2-OH
エーテル	$-O-$	CH_3-O-CH_3
アルデヒド	$-\underset{\underset{}{}}{\overset{\overset{O}{\|\|}}{C}}-H$	$CH_3-\overset{\overset{O}{\|\|}}{C}-H$
ケトン	$-\overset{\overset{O}{\|\|}}{C}-$	$CH_3-\overset{\overset{O}{\|\|}}{C}-CH_3$
カルボン酸	$-\overset{\overset{O}{\|\|}}{C}-O-H$	$CH_3-\overset{\overset{O}{\|\|}}{C}-O-H$
エステル	$-\overset{\overset{O}{\|\|}}{C}-O-$	$CH_3-\overset{\overset{O}{\|\|}}{C}-O-CH_3$
アミン	$-N-$	CH_3-NH_2
アミド	$-\overset{\overset{O}{\|\|}}{C}-N-$	$CH_3-\overset{\overset{O}{\|\|}}{C}-NH_2$

ペプチド

アミノ酸がつながり合った分子をペプチドという．アミノ酸の$-COO^-$と，別のアミノ酸の$-NH_3^+$が脱水縮合し，アミド結合（ペプチド結合ともよぶ）でつながる．

グリシン Gly とアラニン Ala からは，ジペプチド Gly-Ala ができる．ペプチド分子は，左端のアミノ酸が$-NH_3^+$基，右端のアミノ酸が$-COO^-$基をもつように描く*5．

復習 8・6 ジペプチドの表記

ジペプチド Val-Ser を示性式で描け．

[答] Val-Ser では，左側のバリンが$-NH_3^+$基をもち，右側のセリンが$-COO^-$基をもつ．示性式はつぎのようになる．

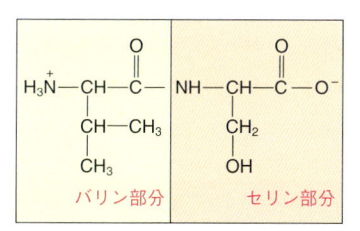

復習 8・7 有機化合物の分類

官能基に注目し，つぎの化合物を分類せよ．
① $CH_3-CH_2-NH-CH_3$　② $HC≡C-CH_3$
③ CH_3-COOH

[答] ① アミン，② アルキン，③ カルボン酸

例題 8・5 有機化合物の分類

官能基に注目し，つぎの化合物を分類せよ．
① $CH_3-CH_2-O-CH_3$　② $CH_3-CH=CH-CH_2-CH_3$
③ CH_3-CH_2-COOH　④ $CH_3-CH_2-CH_2-CH_2-OH$

[答] ① エーテル，② アルケン，③ カルボン酸，④ アルコール

● 類題　カルボン酸とエステルは，どのように違うか．
[答] カルボン酸ではカルボニル基に OH が結合し，エステルではカルボニル基に OC が結合している．

練習問題　有機化合物の官能基

8・21 つぎの官能基を含む化合物は何か．
① 炭素鎖に結合したヒドロキシ基
② C=C 二重結合
③ H に結合したカルボニル基
④ カルボン酸の H が C に置換したもの

8・22 つぎの官能基を含む化合物は何か．
① 1 個または複数の C に結合した N
② カルボキシ基
③ 2 個の C に結合した O
④ アルデヒドの H が C に置換したもの

---

*4 訳注: 共通の炭素 C 原子（α 炭素）に，アミノ基とカルボキシ基が結合したアミノ酸を特に α-アミノ酸とよぶ．
*5 訳注: そのため，Gly-Ala と Ala-Gly はまったく別の分子を表す．

8・23
つぎの化合物は、アルコール、エーテル、ケトン、カルボン酸、アミンのどれか。
① $CH_3-CH_2-O-CH_2-CH_3$
② $CH_3-\underset{\underset{OH}{|}}{CH}-CH_3$
③ $CH_3-\underset{\underset{O}{\|}}{C}-CH_2-CH_3$
④ $CH_3-CH_2-CH_2-CH_2-CH_2-COOH$
⑤ $CH_3-CH_2-NH_2$

8・24
つぎの化合物は、アルケン、アルデヒド、カルボン酸、エステル、アミンのどれか。
① $CH_3-\underset{\underset{O}{\|}}{C}-O-CH_2-CH_3$
② $CH_3-\underset{\underset{CH_3}{|}}{N}-CH_3$
③ $CH_3-CH_2-CH_2-\underset{\underset{O}{\|}}{C}-H$
④ CH_3-CH_2-COOH
⑤ $CH_3-CH=CH-CH_2-CH_2-CH_3$

8・5 有機化合物の反応

有機化合物の代表的な反応に、おなじみの燃焼がある。車のエンジンでは、有機化合物のガソリンが燃えて動力を生む。

燃焼反応

燃焼反応では、有機化合物が酸素と反応し、二酸化炭素と水に変わる(そのとき熱エネルギーが出る)。そんな性質をもつ天然ガスの主成分メタン CH_4 を、ガスレンジや暖房機に使う。メタンの完全燃焼はこう書く。

$$CH_4(g) + 2O_2(g) \longrightarrow CO_2(g) + 2H_2O(g)$$

プロパンは、溶接トーチやバーベキュー用の燃料になる。ガソリンは、車や芝刈り機、除雪車の燃料に使う。プロパン C_3H_8 はつぎのように完全燃焼する。

$$C_3H_8(g) + 5O_2(g) \longrightarrow 3CO_2(g) + 4H_2O(g)$$

燃焼で 3300 °C 以上の炎(酸素アセチレン炎)を生むアセチレン $H-C\equiv C-H$ は、鉄などの溶接に使う。アセチレンの完全燃焼はこう書ける。

$$2C_2H_2(g) + 5O_2(g) \longrightarrow 4CO_2(g) + 2H_2O(g)$$

生物がさまざまな活動や体温維持に使うエネルギーは、食品成分の燃焼反応から出る。たとえば、グルコース $C_6H_{12}O_6$ の完全燃焼はつぎの反応式に書ける。

$$C_6H_{12}O_6(aq) + 6O_2(g) \longrightarrow 6CO_2(g) + 6H_2O(l)$$

例題 8・6 燃焼

ペンタン C_5H_{12} の完全燃焼を反応式に書け。

[答] ひとまず係数を無視し、反応物(ペンタン、O_2)と生成物(CO_2、H_2O)を結ぶ。

$$C_5H_{12}(g) + O_2(g) \longrightarrow CO_2(g) + H_2O(g)$$

右辺にある C と H の原子数を C_5H_{12} に合わせ、$5CO_2 + 6H_2O$ とする。

$$C_5H_{12}(g) + O_2(g) \longrightarrow 5CO_2(g) + 6H_2O(g)$$

右辺の O 原子は 16 個だから、左辺の酸素を $8O_2$ として反応式が完成する。

$$C_5H_{12}(g) + 8O_2(g) \longrightarrow 5CO_2(g) + 6H_2O(g)$$

● **類題** 果実を熟させるエチレン C_2H_4 の完全燃焼を反応式に書け。

[答] $C_2H_4(g) + 3O_2(g) \longrightarrow 2CO_2(g) + 2H_2O(g)$

アルコールの燃焼

炭水化物と同様、アルコールもよく燃える。アルコール濃度の高いお酒に火がつくのはご存じだろう。レストランでは、果物やアイスクリームにアルコール濃度の高いリカーを振りかけて火をつけ、デザートを温める。エタノールの完全燃焼は、つぎの反応式に書ける。

$$C_2H_5OH(g) + 3O_2(g) \longrightarrow 2CO_2(g) + 3H_2O(g)$$

危ない不完全燃焼 — 健康と化学

部屋で何かを燃やすときは、よく換気しよう。酸素の供給が足りないと燃料は不完全燃焼し、無色・猛毒の一酸化炭素 CO ができる。メタンの不完全燃焼はこう書ける。

$$2CH_4(g) + 3O_2(g) \longrightarrow 2CO(g) + 4H_2O(g)$$

吸った CO は肺から血液に入り、ヘモグロビンの鉄イオンに強く結合する。そうなるとヘモグロビンに酸素 O_2 が結合できなくなるせいで体の組織に酸素が運ばれなくなる結果、知覚や視覚に障害が出たり、手先が利かなくなったりする。

CO の結合したヘモグロビン(HbCO)が約 10% になると、息切れや軽い頭痛、眠気に見舞われる(愛煙家は HbCO 型が約 9%)。HbCO が 30% にもなれば、めまいや錯乱、猛烈な頭痛、吐き気などを覚え、50% を超えると昏睡を経て死に至る。だから中毒者には、すぐ酸素吸入などの手当をする。

水素添加

アルケンの二重結合やアルキンの三重結合をつくるC原子には，いろいろな原子が付加する（付加反応）．付加反応が起こると，二重結合や三重結合はなくなって，新しい単結合ができる[*6]．

アルケンやアルキンに水素 H_2 が付加し，飽和炭化水素になる反応を**水素添加**（水添）という．水素添加は，白金 Pt，ニッケル Ni，パラジウム Pd などの金属を触媒にして進ませる．アルケンの水素添加はつぎのように書ける．

$$CH_3-CH=CH-CH_3 + H-H \xrightarrow{Pt} CH_3-\underset{H}{\overset{H}{C}}-\underset{H}{\overset{H}{C}}-CH_3$$
2-ブテン　　　　　　　　　　　　　ブタン

アルキンの水素添加では，アルキン1分子に水素2分子が付加する．

$$CH_3-C\equiv C-CH_3 + 2H-H \xrightarrow{Pt} CH_3-\underset{H}{\overset{H}{C}}-\underset{H}{\overset{H}{C}}-CH_3$$
2-ブチン

例題 8・7　水素添加の反応式

つぎの水素添加反応の生成物を示性式で書け．
① $CH_3-CH=CH_2 + H_2 \xrightarrow{Ni}$
② $HC\equiv CH + 2H_2 \xrightarrow{Ni}$

[答] H 分子が二重結合や三重結合に付加し，単結合（飽和結合）に変える．
① $CH_3-CH_2-CH_3$，② H_3C-CH_3

● **類題**　$HC\equiv C-CH_2-CH_3$ の水素添加で生じる化合物を示性式で書け．

[答] $CH_3-CH_2-CH_2-CH_3$

練習問題　有機化合物の反応

8・25 つぎの化合物の完全燃焼を反応式で書け．
① プロパン　② オクタン
③ $CH_3-CH_2-O-CH_3$　④ C_6H_{12}

8・26 つぎの化合物の完全燃焼を反応式で書け．
① エタン　② ヘプタン
③ $CH_3-CH_2-CH_2-CH_2-OH$　④ C_3H_6O

8・27 つぎの反応の生成物を示性式で書け．
① $CH_3-CH_2-CH_2-CH=CH_2 + H_2 \xrightarrow{Pt}$
② $CH_3-CH=CH-CH_3 + H_2 \xrightarrow{Ni}$
③ $CH_3-CH_2-CH_2-CH_2-CH=CH_2 + H_2 \xrightarrow{Pt}$

8・28 つぎの反応の生成物を示性式で書け．
① $CH_3-CH_2-CH=CH_2 + H_2 \xrightarrow{Pt}$
② $CH_3-\underset{\underset{CH_3}{|}}{C}=CH-CH_2-CH_3 + H_2 \xrightarrow{Pt}$
③ $CH_3-\underset{\underset{CH_3}{|}}{CH}-C\equiv CH + 2H_2 \xrightarrow{Pt}$

不飽和脂肪酸の水素添加

産業と化学

液体のコーン油やベニバナ油には，二重結合をもつ不飽和脂肪酸が多く含まれる．二重結合の一部に水素添加し，飽和脂肪酸を増やせば固体のマーガリンができる．

不飽和脂肪酸の水素添加を途中で止めると，軟らかい半固体ができる（完全に水素化すれば，もろい固体になってしまう）．水素化の度合を調節し，ソフトマーガリン，硬めの棒状マーガリン，固形ショートニング（パンや焼き菓子の製造用）をつくり分ける．元の植物油より飽和脂肪酸が増えるけれど，動物油のバターやラードと違い，コレステロールを含まないのが長所だと思われていた．

オリーブ油のオレイン酸を水素化すると，ステアリン酸に変わる．

天然の不飽和脂肪酸には，シス形（二重結合の両側でC原子2個が同じ側にある構造）の二重結合をもつものが

$$CH_3-(CH_2)_7-CH=CH-(CH_2)_7-COOH + H_2 \xrightarrow{Pt}$$
オレイン酸（不飽和脂肪酸）

$$CH_3-(CH_2)_{16}-COOH$$
ステアリン酸（飽和脂肪酸）

多い．水素添加のとき，シス形の一部がトランス形に変わる（二重結合の異性化）．"トランス脂肪酸を含む"と表示した食品も多い．なぜか？

"トランス脂肪酸は有害"と言う人がいるからだ．血管に沈着して心疾患のリスクを高める低密度リポタンパク質（LDL，"悪玉コレステロール"）を，トランス脂肪酸が増やすという研究報告がある．どれほど危ないかの最終結論は出ていないが，米国は2006年から，一食当たりのトランス脂肪酸量の表示を義務づけた．

[*6] 訳注: 二重結合も三重結合も，1本だけは（結合電子がきわめて安定な）強い単結合だが，残る1～2本の結合電子は，相対的に不安定な状態にある．付加反応は，その"ゆるい"電子を使う形で進む．

8. 反応の表記と分類

8章の見取り図

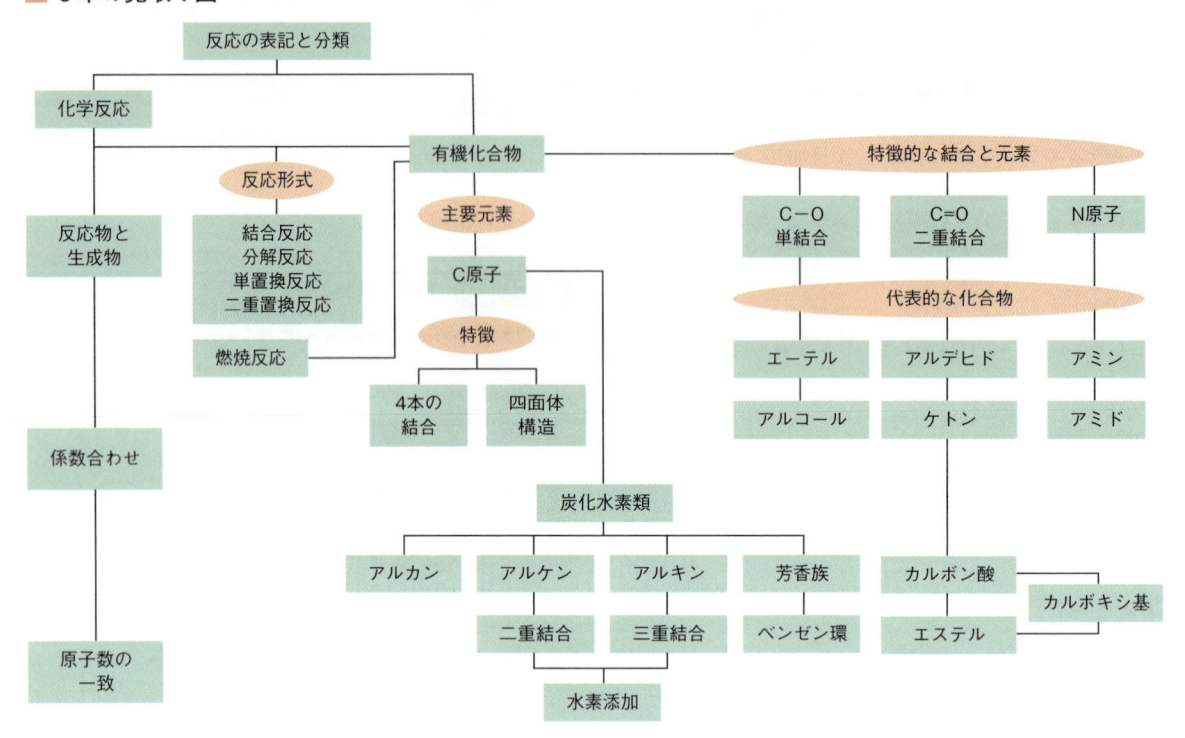

```
反応の表記と分類
├── 化学反応
│   ├── 反応物と生成物
│   └── 係数合わせ
│       └── 原子数の一致
├── 有機化合物
│   ├── 反応形式
│   │   ├── 結合反応
│   │   ├── 分解反応
│   │   ├── 単置換反応
│   │   ├── 二重置換反応
│   │   └── 燃焼反応
│   ├── 主要元素
│   │   └── C原子
│   │       └── 特徴
│   │           ├── 4本の結合
│   │           └── 四面体構造
│   └── 炭化水素類
│       ├── アルカン
│       ├── アルケン ── 二重結合
│       ├── アルキン ── 三重結合
│       ├── 芳香族 ── ベンゼン環
│       └── 水素添加
└── 特徴的な結合と元素
    ├── C−O 単結合
    ├── C=O 二重結合
    └── N原子
        └── 代表的な化合物
            ├── エーテル / アルコール
            ├── アルデヒド / ケトン
            ├── アミン / アミド
            └── カルボン酸 / エステル ── カルボキシ基
```

キーワード

- アミド（amide）
- アミノ酸（amino acid）
- アミン（amine）
- アルキン（alkyne）
- アルケン（alkene）
- アルコール（alcohol）
- アルデヒド（aldehyde）
- エステル（ester）
- エーテル（ether）
- 化学反応（chemical reaction）
- 化学反応式（chemical equation）
- カルボン酸（carboxylic acid）
- 官能基（functional group）
- 係数（coefficient）
- 結合反応（combination reaction）
- ケトン（ketone）
- 水素添加（hydrogenation）
- 生成物（product）
- 単置換反応（single replacement reaction）
- 二重置換反応（double replacement reaction）
- 燃焼反応（combustion reaction）
- 反応物（reactant）
- 分解反応（decomposition reaction）
- 芳香族化合物（aromatic compound）

9 量でみる化学反応

目次と学習目標

9・1 モルの関係
モルに注目すると,何がわかりやすいのか.

9・2 質量の関係
反応物や生成物の質量は,どのように計算するのか.

9・3 制限試薬
生成物は,反応式どおりの量ができるのか.

9・4 反応の収率
反応の効率はどのように表すのか.

9・5 熱の出入り
反応で出入りする熱はどう表すのか.

9・6 生体内反応とエネルギー
体のエネルギー利用は,どんな反応が担うのか.

ケーキを焼いたりスープをつくったりするときに使うレシピは,反応式に似ている.正しい反応式は,反応物と生成物のモル関係を教える.物質のモル質量も使うと,反応物と生成物の質量がわかる.何かを合成する場合,余計な副反応が起こると,ほしい物質の量が減る.化学者も技術者も,薬剤師や医師も,どの物質がどれだけ変化するのかを,数値できちんとつかみたい.

物質の量ばかりか,反応に伴う熱の出入り(エネルギー変化)も押さえたい.熱を出しながら進む反応と,吸収しながら進む反応がある.生物はエネルギーを使い,小さい分子から巨大なタンパク質やグリコーゲンの分子をつくる.また,発熱反応で出るエネルギーは,特別な化合物がもつ結合に蓄える.

9・1 モルの関係

係数の正しい反応式は,原子の数が両辺でつり合う(8章).学校の実験に使う試薬も,製薬会社がつくる薬も,構成原子や分子の個数は,多すぎて数えきれない.けれど質量なら天秤で測れるし,モル質量を使うと質量を粒子数に換算できる.つまり質量を測れば,原子・分子の粒子数やモル数がわかる.

質量の保存

原子は消滅も生成もしないから,どんな化学反応でも,反応物と生成物の総質量は等しい(**質量保存則**).

銀はつぎのように硫黄と反応し,くすんだ色の硫化銀になる.

$$2\,Ag(s) + S(s) \longrightarrow Ag_2S(s)$$

反応する銀の原子数は硫黄の2倍なので,銀原子200個は硫黄原子100個と反応する.しかしそれより,"銀2 mol が硫黄 1 mol と反応する"と言い表すほうがわかりやすい.モル質量を使って質量に直せば,銀 215.8 g と硫黄 32.1 g が反応し,硫化銀 247.9 g ができる.むろん反応物の総質量(247.9 g)は,生成物の質量(247.9 g)に等しい.

$2\,Ag(s)$ + $S(s)$ ⟶ $Ag_2S(s)$

反応物の質量 = 生成物の質量

原子数のつり合った反応式は，表9・1のことを教える．

復習9・1　質量保存則

メタン CH_4 は酸素と反応し，二酸化炭素と水になる（メタンの燃焼）．メタン1 mol が燃えるとき，反応物と生成物の総質量はそれぞれいくらか．

$$CH_4(g) + 2O_2(g) \longrightarrow CO_2(g) + 2H_2O(g)$$

[答] モルを仲立ちに考え，つぎのようになる．

	反応物	生成物
反応式	$CH_4(g) + 2O_2(g) \longrightarrow$	$CO_2(g) + 2H_2O(g)$
モル数	1 mol + 2 mol $\longrightarrow$	1 mol + 2 mol
質量	16.04 g + 64.00 g $\longrightarrow$	44.01 g + 36.03 g
総質量	80.04 g $\longrightarrow$	80.04 g

モル比を使う量の計算

鉄は硫黄と反応して硫化鉄(III)になる．

$$2Fe(s) + 3S(s) \longrightarrow Fe_2S_3(s)$$

鉄2 mol と硫黄3 mol から，1 mol の硫化鉄(III)ができる．そのことを，鉄：硫黄：硫化鉄(III)のモル比が2：3：1だという．

復習9・2　モル比

ナトリウムと酸素はつぎのように反応する．

$$4Na(s) + O_2(g) \longrightarrow 2Na_2O(s)$$

① Na と O_2 のモル比はいくらか．
② Na と Na_2O のモル比はいくらか．

[答] ① モル比 Na：O_2 = 4：1，② モル比 Na：Na_2O = 4：2 = 2：1

例題9・1　反応物の量

つぎの反応で，鉄1.42 mol と反応する硫黄は何 mol か．

$$2Fe(s) + 3S(s) \longrightarrow Fe_2S_3(s)$$

[答] 硫黄を x mol とし，モル比"Fe：S"の比例式 2：3 = 1.42：x から x を求める．モル比は"正確な数"なので，答えの有効数字は1.42と同じ3桁にし，$x = 2.13$ を得る．つまり反応する硫黄は2.13 mol．

● 類題　この反応で，硫黄2.75 mol と反応する鉄は何 mol か．

[答] 1.83 mol

例題9・2　生成物の量

つぎの燃焼反応で，2.25 mol のプロパン C_3H_8 から何 mol の CO_2 が生じるか．

$$C_3H_8(g) + 5O_2(g) \longrightarrow 3CO_2(g) + 4H_2O(g)$$

[答] CO_2 を x mol とし，モル比"C_3H_8：CO_2"の比例式 1：3 = 2.25：x から，$x = 6.75$ を得る．つまり 6.75 mol の CO_2 が生じる．

● 類題　この反応で水0.756 mol ができるとき，なくなる酸素は何 mol か．

[答] 0.945 mol

表9・1　反応式からわかること

	反応物		生成物
反応式	2 Ag(s)	+ S(s)	$\longrightarrow$ Ag$_2$S(s)
	2 個	+ 1 個	Ag$_2$S 単位 1 個
原子数	200 個	+ 100 個	Ag$_2$S 単位 100 個
	2×6.022×10^{23} 個	+ 6.022×10^{23} 個	Ag$_2$S 単位 6.022×10^{23} 個
モル数	2 mol	+ 1 mol	1 mol
質量	2×107.9 g	+ 32.1 g	247.9 g
総質量	247.9 g		247.9 g

2 Fe(s)　+　3 S(s)　$\longrightarrow$　Fe$_2$S$_3$(s)

練習問題　モルの関係

9・1 つぎの反応の量関係を，(1) 粒子数と (2) モル数に注目して説明せよ．
① $2SO_2(g) + O_2(g) \longrightarrow 2SO_3(g)$
② $4P(s) + 5O_2(g) \longrightarrow P_4O_{10}(s)$

9・2 つぎの反応の量関係を，粒子数とモル数に注目して説明せよ．
① $2Al(s) + 3Cl_2(g) \longrightarrow 2AlCl_3(s)$
② $4HCl(g) + O_2(g) \longrightarrow 2Cl_2(g) + 2H_2O(g)$

9・3 問 9・1 の各反応で，係数 1 の物質が 1 mol のとき，反応物と生成物の総質量は何 g か．

9・4 問 9・2 の各反応で，係数 2 の物質が 1 mol のとき，反応物と生成物の総質量は何 g か．

9・5 問 9・1 の各反応で，3 物質のモル比はどうなるか．

9・6 問 9・2 の各反応で，3 物質ないし 4 物質のモル比はどうなるか．

9・7 つぎの反応につき，下の問いに答えよ．
$$2H_2(g) + O_2(g) \longrightarrow 2H_2O(g)$$
① 2.0 mol の H_2 は何 mol の O_2 と反応するか．
② 5.0 mol の O_2 は何 mol の H_2 と反応するか．
③ 2.5 mol の O_2 が反応すると，何 mol の H_2O が生じるか．

9・8 つぎの反応につき，下の問いに答えよ．
$$N_2(g) + 3H_2(g) \longrightarrow 2NH_3(g)$$
① 1.0 mol の N_2 は何 mol の H_2 と反応するか．
② 0.60 mol の NH_3 が生じたとき，N_2 は何 mol 反応したか．
③ 1.4 mol の H_2 が反応すると，何 mol の NH_3 が生じるか．

9・9 炭素と二酸化硫黄の混合物を熱すると，二硫化炭素と一酸化炭素が生じる．
$$5C(s) + 2SO_2(g) \longrightarrow CS_2(l) + 4CO(g)$$
① 0.500 mol の SO_2 は何 mol の C と反応するか．
② 1.2 mol の C が反応すると，何 mol の CO が生じるか．
③ 0.50 mol の CS_2 をつくるには，何 mol の SO_2 が必要か．
④ 2.5 mol の C が反応すると，何 mol の CS_2 が生じるか．

9・10 アセチレンバーナーではアセチレン C_2H_2 が燃え，二酸化炭素と水が生じる．
$$2C_2H_2(g) + 5O_2(g) \longrightarrow 4CO_2(g) + 2H_2O(g)$$
① 2.00 mol の C_2H_2 は何 mol の O_2 と反応するか．
② 3.5 mol の C_2H_2 が反応すると，何 mol の CO_2 が生じるか．
③ 0.50 mol の H_2O をつくるには，何 mol の C_2H_2 が必要か．
④ 0.100 mol の O_2 が反応すると，何 mol の CO_2 が生じるか．

9・2　質量の関係

モル質量を使えば，モルの関係を質量の関係に直せる．

復習 9・3　生成物の質量

高温のエンジン内では窒素と酸素が反応し，光化学スモッグの原因となる一酸化窒素ができる．酸素 2.15 mol が反応するとき，できる NO は何 g か．
$$N_2(g) + O_2(g) \longrightarrow 2NO(g)$$

[答] O_2 と NO のモル比 (1:2) より，生じる NO は 2×2.15 mol = 4.30 mol．NO のモル質量 30.01 g mol^{-1} を使い，NO の質量は 4.30 mol × 30.01 g mol^{-1} = 129 g になる．

例題 9・3　生成物の質量

アセチレンバーナーでは，つぎの燃焼反応が進む．
$$2C_2H_2(g) + 5O_2(g) \longrightarrow 4CO_2(g) + 2H_2O(g)$$
54.6 g の C_2H_2 が燃えるとき，生じる二酸化炭素は何 g か．

高温の炎を出すアセチレンバーナー

[答] **手順 1**: C_2H_2 のモル質量 (26.04 g mol^{-1}) から，54.6 g の C_2H_2 は 2.10 mol．
手順 2: C_2H_2 と CO_2 のモル比 (2:4 = 1:2) より，1 mol の C_2H_2 から 2 mol の CO_2 が生じるため，2.10 mol の C_2H_2 からは 2 × 2.10 mol = 4.20 mol の CO_2 が生じる．
手順 3: CO_2 のモル質量 44.01 g mol^{-1} を使い，質量は 4.20 mol × 44.01 g mol^{-1} = 185 g になる．

● **類題**　この反応で 25.0 g の O_2 が反応すると，何 g の CO_2 が生じるか．

[答] 27.5 g

例題 9・4　反応物の質量

オクタン価 0 のヘプタン C_7H_{16} は，燃焼が速すぎてエンジンのノッキングを起こすため，車の燃料には適さない．22.50 g の C_7H_{16} が燃えるのに必要な O_2 は何 g か．
$$C_7H_{16}(g) + 11O_2(g) \longrightarrow 7CO_2(g) + 8H_2O(g)$$

[答] **手順 1**: C_7H_{16} のモル質量 (100.20 g mol^{-1}) から，22.50 g の C_7H_{16} は 0.2246 mol．
手順 2: C_7H_{16} と O_2 のモル比 (1:11) より，1 mol の C_7H_{16} と 11 mol の O_2 が反応するため，0.2246 mol の

C_7H_{16} と反応する O_2 は 11×0.2246 mol $= 2.471$ mol.
手順3: O_2 のモル質量 32.00 g mol^{-1} を使い，質量は 2.471 mol $\times 32.00$ g mol$^{-1} = 79.07$ g になる.

● **類題** この反応で 15.0 g の H_2O が生じたとき，反応した C_7H_{16} は何gか.

［答］ 10.4 g

練習問題　質量の関係

9・11 ナトリウムは酸素と反応して酸化ナトリウムになる.

$$4Na(s) + O_2(g) \longrightarrow 2Na_2O(s)$$

① ナトリウム 2.50 mol から生じる酸化ナトリウムは何gか.
② ナトリウム 18.0 g は，何gの酸素と反応するか.
③ 酸化ナトリウム 75.0 g を得るには，何gの酸素が必要か.

9・12 アンモニアは，つぎの反応で合成する.

$$N_2(g) + 3H_2(g) \longrightarrow 2NH_3(g)$$

① 水素 1.80 mol から生じるアンモニアは何gか.
② 窒素 2.80 g は，何gの水素と反応するか.
③ 水素 12.0 g から生じるアンモニアは何gか.

9・13 アンモニアの燃焼では二酸化窒素と水が生じる.

$$4NH_3(g) + 7O_2(g) \longrightarrow 4NO_2(g) + 6H_2O(g)$$

① アンモニア 8.00 mol を燃やすには，何gの酸素が必要か.
② 酸素 6.50 g が反応すると，何gの二酸化窒素が生じるか.
③ アンモニア 34.0 g から生じる水は何gか.

9・14 酸化鉄(III)は炭素と反応し，鉄と一酸化炭素になる（製鉄の基礎反応）.

$$Fe_2O_3(s) + 3C(s) \longrightarrow 2Fe(s) + 3CO(g)$$

① 2.50 mol の酸化鉄(III)と反応する炭素は何gか.
② 炭素 36.0 g が反応すると，何gの一酸化炭素が生じるか.
③ 6.00 g の酸化鉄(III)から生じる鉄は何gか.

9・15 硝酸 HNO_3 は，二酸化窒素と水の反応で生じる（硝酸製造の基礎反応）.

$$3NO_2(g) + H_2O(l) \longrightarrow 2HNO_3(aq) + NO(g)$$

① 二酸化窒素 28.0 g と反応する水は何gか.
② 二酸化窒素 15.8 g から生じる一酸化窒素は何gか.
③ 二酸化窒素 8.25 g から生じる硝酸は何gか.

9・16 カルシウムシアナミド $CaCN_2$ (Ca^{2+} と $^-N=C=N^-$ の塩) は水と反応し，炭酸カルシウムとアンモニアになる（$CaCN_2$ は窒素肥料"石灰窒素"の主成分）.

$$CaCN_2(s) + 3H_2O(l) \longrightarrow CaCO_3(s) + 2NH_3(g)$$

① カルシウムシアナミド 75.0 g は，何gの水と反応するか.
② カルシウムシアナミド 5.24 g から生じるアンモニアは何gか.
③ 水 155 g が反応すると，何gの炭酸カルシウムが生じるか.

9・17 鉱石の硫化鉛(II)を酸素中で焼くと，酸化鉛(II)と二酸化硫黄が生じる.

① 係数の正しい反応式を書け.
② 0.125 g の硫化鉛(II)を反応させるのに必要な酸素は何gか.
③ 65.0 g の硫化鉛(II)から生じる二酸化硫黄は何gか.
④ 128 g の酸化鉛(II)をつくるには，何gの硫化鉛(II)が必要か.

9・18 硫化水素を燃やすと，二酸化硫黄と水蒸気が生じる.

① 係数の正しい反応式を書け.
② 硫化水素 2.50 g を燃やすのに必要な酸素は何gか.
③ 酸素 38.5 g から生じる二酸化硫黄は何gか.
④ 水蒸気 55.8 g が生じたとき，消費された酸素は何gか.

9・3　制限試薬

ピーナツバター入りサンド（サンドイッチ）をつくるには，食パン2枚と，さじ1杯のピーナツバターを使う.それをつぎの"反応式"に書こう.

パン2枚 + ピーナツバター1さじ ⟶ ピーナツバターサンド1個

パン8枚と瓶入りのピーナツバターがあれば，サンド4個をつくれる.ピーナツバターは十分にあってもパンが全部なくなったから，もはやサンドはつくれない.つまり，パンの数がサンドの数を決める.

かたや，パンは同じ8枚でもピーナツバターが1さじ分しかないなら，サンドは1個しかできず，パン6枚が余る.つまり，ピーナツバターの量がサンドの数を決める.

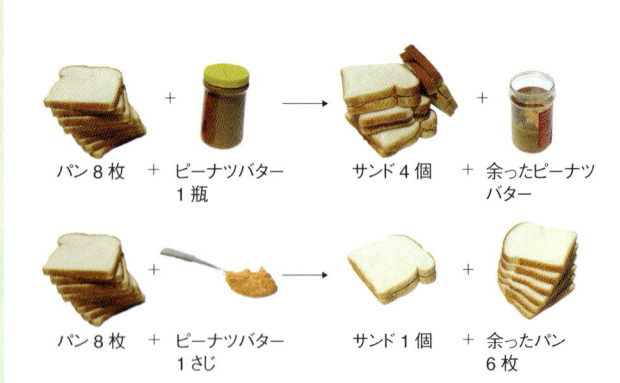

パン8枚 + ピーナツバター1瓶 → サンド4個 + 余ったピーナツバター

パン8枚 + ピーナツバター1さじ → サンド1個 + 余ったパン6枚

化学反応でも，生成物の量は反応物の量が決めるけれど，反応物をぴったりの量ずつ混ぜて進める反応は珍しい.ふつうは，ある反応物（**制限試薬**）がすっかり消費され，余分な反応物（**過剰試薬**）が残る.

9・3 制限試薬

パン	ピーナツバター	完成サンド	"制限試薬"	"過剰試薬"
20 枚	1 さじ	1 個	ピーナツバター	パン
4 枚	1 瓶	2 個	パン	ピーナツバター
8 枚	1 瓶	4 個	パン	ピーナツバター

復習 9・4　制限試薬

スプーン 10 本,フォーク 8 本,ナイフ 6 本がある.1 名が 1 本ずつ使うなら,何名が食事できるか.

[答] ナイフが "制限試薬" になるため,6 名.

制限試薬が決める生成物の量

水素と塩素から塩化水素ができる反応を考えよう.
$$H_2(g) + Cl_2(g) \longrightarrow 2HCl(g)$$

水素 2 mol と塩素 5 mol を混ぜた.水素 1 mol と塩素 1 mol から塩化水素 2 mol ができる.水素が 2 mol なら,必要な塩素も 2 mol なので,塩素の 5 mol − 2 mol = 3 mol が反応せずに残り,2×2 mol = 4 mol の塩化水素ができる.つまり H_2 が制限試薬になり,過剰試薬 Cl_2 の一部が残る.

復習 9・5　制限試薬と生成物の量

一酸化炭素と水素が反応すると,メタノール CH_3OH ができる.
$$CO(g) + 2H_2(g) \longrightarrow CH_3OH(g)$$

一酸化炭素 3.00 mol と水素 5.00 mol を混ぜて反応させた.つぎの問いに答えよ.
① 制限試薬は何か.
② 反応が終わったとき,できたメタノールは何 mol か.

[答] ① 反応するモル比は $CO:H_2 = 1:2$ だから,3 mol の CO を反応させるには 6 mol の H_2 が必要.だが H_2 は 5.00 mol しかないため,H_2 が制限試薬になる.
② 2.50 mol の CO と 5.00 mol の H_2 が反応し,2.50 mol のメタノールが生じる.

例題 9・5　制限試薬と生成物の質量

二酸化ケイ素(砂)と炭素(黒鉛)を混ぜて熱すると,炭化ケイ素 SiC と一酸化炭素ができる.硬くて耐熱性があり安定なセラミックス材料の SiC は,研磨材や車のブレーキ材に使う.二酸化ケイ素 70.0 g と炭素 50.0 g からできる一酸化炭素は何 g か.
$$SiO_2(s) + 3C(s) \longrightarrow SiC(s) + 2CO(g)$$

[答] 手順 1: 各反応物は何 mol か.SiO_2 のモル質量は 60.09 g mol^{-1} だから,その 70.0 g は,70.0 g ÷ 60.09 g mol^{-1} = 1.16 mol.また,C のモル質量は 12.01 g mol^{-1} だから,その 50.0 g は,50.0 g ÷ 12.01 g mol^{-1} = 4.16 mol.
手順 2: 制限試薬は何か.反応するモル比は $SiO_2:C = 1:3$ で,混ぜたモル比は $SiO_2:C = 1.16:4.16 = 1:3.59$ だから,炭素 C が過剰試薬,SiO_2 が制限試薬になる.
手順 3: 生成物のモル数を計算.1 mol の SiO_2 から 2 mol の CO ができるため,実際に使った 1.16 mol の SiO_2 からできる CO は,2×1.16 mol = 2.32 mol となる.
手順 4: モル数を質量に換算.CO のモル質量は 28.01 g mol^{-1} だから,2.32 mol の質量は,2.32 mol × 28.01 g mol^{-1} = 65.0 g になる.

● 類題　硫化水素を燃やせば,二酸化硫黄と水ができる.硫化水素 0.250 mol と酸素 0.300 mol からできる二酸化硫黄は何 g か.
$$2H_2S(g) + 3O_2(g) \longrightarrow 2SO_2(g) + 2H_2O(g)$$
[答] 12.8 g

練習問題　制限試薬

9・19 あるタクシー会社には車が 10 台ある.
① 運転手 8 名が出社した.何台が営業できるか.
② 運転手 10 名が出社したが,車 3 台は修理中だった.何台が営業できるか.

9・20 時計屋に文字盤が 15 枚ある.時計 1 個は文字盤 1 枚と針 2 本でつくる.
① 針の在庫が 42 本なら,時計は何個つくれるか.
② 針の在庫が 8 本なら,時計は何個つくれるか.

9・21 窒素は水素と反応してアンモニアになる.
$$N_2(g) + 3H_2(g) \longrightarrow 2NH_3(g)$$
つぎの混合物で,制限試薬になるのは窒素か水素か.
① 窒素 3.0 mol と水素 5.0 mol
② 窒素 8.0 mol と水素 4.0 mol
③ 窒素 3.0 mol と水素 12.0 mol

9・22 鉄は酸素と反応して酸化鉄(III)になる.
$$4Fe(s) + 3O_2(g) \longrightarrow 2Fe_2O_3(s)$$
つぎの混合物で,制限試薬になるのは鉄か酸素か.
① 鉄 2.0 mol と酸素 6.0 mol
② 鉄 5.0 mol と酸素 4.0 mol
③ 鉄 16.0 mol と酸素 20.0 mol

9・23 つぎの反応で,反応物がみな 2.00 mol のとき,( )内の物質は何 mol できるか.
① $2SO_2(g) + O_2(g) \longrightarrow 2SO_3(g)$　(SO_3)
② $3Fe(s) + 4H_2O(l) \longrightarrow Fe_3O_4(s) + 4H_2(g)$　(Fe_3O_4)
③ $C_7H_{16}(g) + 11O_2(g) \longrightarrow 7CO_2(g) + 8H_2O(g)$　(CO_2)

9・24 つぎの反応で,反応物がみな 3.00 mol のとき,( )内の物質は何 mol できるか.
① $4Li(s) + O_2(g) \longrightarrow 2Li_2O(s)$　(Li_2O)
② $Fe_2O_3(s) + 3H_2(g) \longrightarrow 2Fe(s) + 3H_2O(l)$　(Fe)
③ $Al_2S_3(s) + 6H_2O(l) \longrightarrow 2Al(OH)_3(aq) + 3H_2S(g)$　(H_2S)

9・25 つぎの反応で，反応物がみな 20.0 g のとき，（　）内の物質は何 g できるか．
① $2Al(s) + 3Cl_2(g) \longrightarrow 2AlCl_3(s)$　（$AlCl_3$）
② $4NH_3(g) + 5O_2(g) \longrightarrow 4NO(g) + 6H_2O(g)$　（H_2O）
③ $CS_2(g) + 3O_2(g) \longrightarrow CO_2(g) + 2SO_2(g)$　（SO_2）

9・26 つぎの反応で，反応物がみな 20.0 g のとき，（　）内の物質は何 g できるか．
① $4Al(s) + 3O_2(g) \longrightarrow 2Al_2O_3(s)$　（Al_2O_3）
② $3NO_2(g) + H_2O(l) \longrightarrow 2HNO_3(aq) + NO(g)$　（HNO_3）
③ $C_2H_5OH(l) + 3O_2(g) \longrightarrow 2CO_2(g) + 3H_2O(g)$　（H_2O）

9・4 反応の収率

いままでは，反応は反応式どおりに進み，反応物がそっくり生成物になるとみた．しかし現実は違う．反応のあと生成物を別の容器に移せば，必ず多少のロスが出る．反応物は純度 100 % ではないし，副生成物ができる反応も多い．そのため，ぴったり理論どおりの生成物ができる反応はほとんどない．

実験では，所定量の反応物を容器内で反応させる．反応物がそっくり目的物になるとしたときの生成量を**理論収量**という．現実の生成量（**実収量**）は必ず理論収量より少ない．実収量と理論収量の比を**収率**といい，百分率で表す．

$$収率(\%) = \frac{実収量}{理論収量} \times 100\%$$

復習 9・6　収　率

クッキー 5 ダース分の生地をつくり，まず 1 ダース分の生地を焼いたところ，時間を間違えて失敗した．残りの生地はうまく焼けた．クッキーの収率は何 % か．

[答] 理論収量は 5 ダース，実収量は 4 ダースだから，収率は $4 \div 5 \times 100\% = 80\%$

例題 9・6　反応の収率

スペースシャトルでは，乗員の吐く CO_2 を LiOH に吸収させ，$LiHCO_3$ にする．
$$LiOH(s) + CO_2(g) \longrightarrow LiHCO_3(s)$$
50.0 g の LiOH から 72.8 g の $LiHCO_3$ ができた．収率は何 % か．

[答] 1 mol の質量は LiOH が 23.95 g，$LiHCO_3$ が 67.96 g だから，LiOH が CO_2 を完全に吸収すると，質量は 67.94 g $\div$ 23.95 g $= 2.838$ 倍になる．そのとき 50.0 g の LiOH は，50.0 g $\times 2.838 = 142$ g（理論収量）の $LiHCO_3$ に変わる．
実収量が 72.8 g だったので，収率は 72.8 g $\div$ 142 g $\times 100\% = 51.3\%$ となる．

スペースシャトルでは CO_2 を LiOH に吸収させて除く

● **類題**　同じ反応で，8.00 g の CO_2 から 10.5 g の $LiHCO_3$ が生じた．収率は何 % か．
［答］85.0 %

練習問題　反応の収率

9・27 炭素と二酸化硫黄が反応すると，二硫化炭素と一酸化炭素ができる．
$$5C(s) + 2SO_2(g) \longrightarrow CS_2(g) + 4CO(g)$$
① 炭素 40.0 g から二硫化炭素 36.0 g ができた．収率は何 % か．
② 二酸化硫黄 32.0 g から二硫化炭素 12.0 g ができた．収率は何 % か．

9・28 酸化鉄(III)は一酸化炭素と反応し，鉄と二酸化炭素を生じる．
$$Fe_2O_3(s) + 3CO(g) \longrightarrow 2Fe(s) + 3CO_2(g)$$
① 65.0 g の酸化鉄(III)から鉄 15.0 g が生じた．収率は何 % か．
② 一酸化炭素 75.0 g から二酸化炭素 85.0 g が生じた．収率は何 % か．

9・29 アルミニウムは酸素と反応し，酸化アルミニウムになる．
$$4Al(s) + 3O_2(g) \longrightarrow 2Al_2O_3(s)$$
50.0 g の Al が過剰の酸素と反応し，収率 75.0 % で Al_2O_3 になった．Al_2O_3 は何 g か．

9・30 プロパン C_3H_8 は空気中で燃え，二酸化炭素と水を生じる．
$$C_3H_8(g) + 5O_2(g) \longrightarrow 3CO_2(g) + 4H_2O(g)$$
プロパン 45.0 g が過剰の酸素と反応し，収率 60.0 % で CO_2 を生じた．CO_2 は何 g か．

9・31 炭素 30.0 g を過剰の二酸化ケイ素と混ぜて熱したところ，一酸化炭素 28.2 g が生じた．反応の収率は何 % か．
$$SiO_2(s) + 3C(s) \longrightarrow SiC(s) + 2CO(g)$$

9・32 カルシウムと窒素は反応して窒化カルシウムになる．
$$3Ca(s) + N_2(g) \longrightarrow Ca_3N_2(s)$$
カルシウム 56.6 g を過剰の窒素と反応させたところ，窒化カルシウム 32.4 g が生じた．反応の収率は何 % か．

9・5 熱の出入り

ほとんどの化学反応は熱 (エネルギー) の出入りを伴う. 熱の出入りは, "反応系" (反応物＋生成物) の全体で考える. 反応系を囲む環境 (フラスコ, 空気など) は "外界" とよぶ.

反応熱 (エンタルピー変化)

一定圧力のもとで反応が進むとき, 出入りする熱を**反応熱**という. 結合を切るにはエネルギーを使う (熱が吸収される). 結合ができるときは, 安定化分だけのエネルギーが余る (熱が放出される). どちらの値が大きいかで, 反応熱の符号が変わる.

反応熱はエンタルピー変化とよび, 記号 ΔH で表す[*1].

$$\Delta H = H_\text{生成物} - H_\text{反応物}$$

差し引きで熱の放出分より吸収分のほうが多ければ, **吸熱反応**になる. そのとき生成物は, 反応物よりエネルギーが高いため, 吸熱反応を起こすには, 外界から反応系に熱を与えなければいけない.

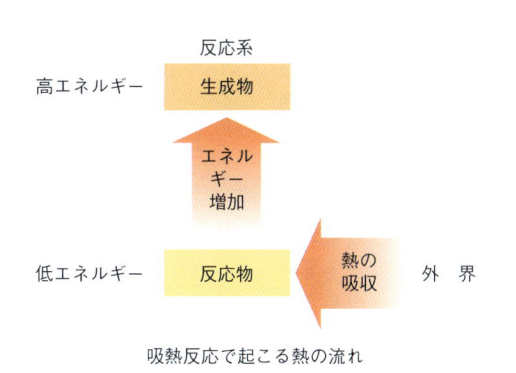

大量の熱を出すテルミット反応

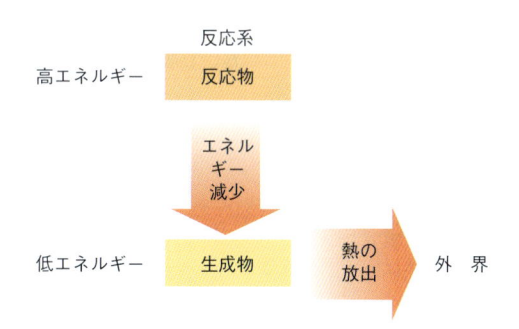

発熱反応で起こる熱の流れ

吸熱反応で起こる熱の流れ

反応の種類	エネルギー変化	エネルギーの高低	ΔH の符号
吸熱反応	熱を吸収	反応物＜生成物	＋
発熱反応	熱を放出	反応物＞生成物	－

吸熱反応は, "⟶" を使って書いた反応式に続け, ΔH の値を書いて表す. 値が正のときも, "＋" 記号を省かないほうがよい.

二酸化炭素が一酸化炭素と酸素に分解する吸熱反応は, つぎのように書く[*2].

$$2\,CO_2(g) \longrightarrow 2\,CO(g) + O_2(g) \qquad \Delta H = +570\text{ kJ}$$

生成物より反応物のほうが高エネルギーなら**発熱反応**となり, 反応系は外界に熱を放出する. アルミニウムと酸化鉄(III)の反応 (テルミット反応) は大量の熱を出し, 2500 °C にもなって鉄を融かすため, レールの切断や溶接に使う.

$$2\,Al(s) + Fe_2O_3(s) \longrightarrow$$
$$\qquad 2\,Fe(s) + Al_2O_3(s) \qquad \Delta H = -850\text{ kJ}$$

> **復習 9・7 発熱反応と吸熱反応**
>
> 炭素 1 mol が過剰の酸素と反応すれば, 反応物より 393 kJ だけエネルギーの低い二酸化炭素ができる.
> ① これは発熱反応か, 吸熱反応化か.
> ② 反応熱も含めた反応式を書け.
>
> [答] ① エネルギーが下がるので発熱反応.
> ② $C(s) + O_2(g) \longrightarrow CO_2(g) \quad \Delta H = -393\text{ kJ}$

反応熱の計算

つぎの反応で水 9.00 g を分解するには, 何 kJ の熱が必要か.

$$2\,H_2O(l) \longrightarrow 2\,H_2(g) + O_2(g) \qquad \Delta H = +572\text{ kJ}$$

水 2 mol (36.04 g) が 572 kJ の熱を吸収して進む反応だから, 水 9.00 g 当たりでは, 572 kJ ÷ 36.04 g × 9.00 g ＝ 143 kJ となる.

[*1] 訳注: 記号 Δ は, "行き先から出発点を引く" 操作を表す.
[*2] 訳注: 反応熱の値は, 係数 1 (明記なし) の物質 1 mol 当たりで表す.

例題 9・7　反応熱の計算

アンモニア合成はつぎの反応式に書ける．
$$N_2(g) + 3H_2(g) \longrightarrow 2NH_3(g) \quad \Delta H = -92.2 \text{ kJ}$$
アンモニア 50.0 g が生じるときに出る熱は何 kJ か．

[答] アンモニア 2 mol ($17.03 \times 2 = 34.06$ g) 当たり 92.2 kJ の熱が出るため，アンモニア 50.0 g 当たりでは，92.2 kJ ÷ 34.06 g × 50.0 g = 135 kJ が出る．

● **類題**　酸化水銀(II)はつぎのように分解し，金属水銀と酸素になる．
$$2HgO(s) \longrightarrow 2Hg(l) + O_2(g) \quad \Delta H = +182 \text{ kJ}$$
① これは発熱反応か，吸熱反応か．
② 25.0 g の酸化水銀(II)を分解するのに必要な熱は何 kJ か．

[答] ① 吸熱反応，② 10.5 kJ

練習問題　熱の出入り

9・33 発熱反応で，生成物のエネルギーは反応物より高いか低いか．

9・34 吸熱反応で，生成物のエネルギーは反応物より高いか低いか．

9・35 つぎの反応は，発熱か吸熱か．
① 550 kJ の熱を出す．
② 生成物のエネルギーが反応物より高い．
③ グルコースの代謝は体にエネルギーを供給する．

9・36 つぎの反応は，発熱か吸熱か．
① 生成物のエネルギーが反応物より低い．
② タンパク質の生合成はエネルギーを消費する．
③ 550 kJ の熱を吸収する．

9・37 つぎの反応は，発熱か吸熱か．
① バーナーの燃焼
$$CH_4(g) + 2O_2(g) \longrightarrow CO_2(g) + 2H_2O(g) \quad \Delta H = -890 \text{ kJ}$$
② 消石灰の脱水
$$Ca(OH)_2(s) \longrightarrow CaO(s) + H_2O(l) \quad \Delta H = +65.3 \text{ kJ}$$
③ 酸化鉄(III)の還元
$$2Al(s) + Fe_2O_3(s) \longrightarrow Al_2O_3(s) + 2Fe(s) \quad \Delta H = -850 \text{ kJ}$$

9・38 つぎの反応は，発熱か吸熱か．
① プロパンの燃焼
$$C_3H_8(g) + 5O_2(g) \longrightarrow 3CO_2(g) + 4H_2O(g) \quad \Delta H = -2220 \text{ kJ}$$
② 食塩の生成
$$2Na(s) + Cl_2(g) \longrightarrow 2NaCl(s) \quad \Delta H = -819 \text{ kJ}$$
③ 五塩化リンの分解
$$PCl_5(g) \longrightarrow PCl_3(g) + Cl_2(g) \quad \Delta H = +67 \text{ kJ}$$

9・39 ケイ素は塩素と反応し，四塩化ケイ素になる．
$$Si(s) + 2Cl_2(g) \longrightarrow SiCl_4(g) \quad \Delta H = -657 \text{ kJ}$$
塩素 125 g がケイ素と反応するときの発熱は何 kJ か．

9・40 メタノール CH_3OH が燃えると，二酸化炭素と水ができる．
$$2CH_3OH(l) + 3O_2(g) \longrightarrow 2CO_2(g) + 4H_2O(l) \quad \Delta H = -726 \text{ kJ}$$
メタノール 75.0 g が燃えるときの発熱は何 kJ か．

9・6　生体内反応とエネルギー

体内にある"高エネルギー化合物"のうち，重要さではアデノシン三リン酸（**ATP**）が群を抜く．食品の代謝（酸化）で出るエネルギーは，ATP 分子の高エネルギー結

コールドパックとホットパック　　　　健康と化学

病院や救護所，競技会場で使うコールドパック（冷湿布の類）は，けがの腫れや炎症の発熱を抑え，毛細血管を収縮させて出血を止める．パックには硝酸アンモニウム NH_4NO_3 と水が別々に入れてある．袋を押すと 2 つの物質が混ざり，硝酸アンモニウム 1 g が水から 330 J の熱を奪って水が冷える．モル当たりだと，コールドパックの吸熱反応は次式のように書ける．

$$NH_4NO_3(s) \xrightarrow{H_2O} NH_4NO_3(aq) \quad \Delta H = +26 \text{ kJ}$$

かたやホットパック（温湿布の類）は，筋肉を弛緩させて痛みや痙攣を和らげ，毛細血管を拡げて血のめぐりをよくする．パックに入れてある塩化カルシウム $CaCl_2$ 1 g が水に溶けるとき，670 J の発熱が起こる．ホットパックの発熱反応は次式のように書ける．

$$CaCl_2(s) \xrightarrow{H_2O} CaCl_2(aq) \quad \Delta H = -75 \text{ kJ}$$

吸熱反応を利用するコールドパック

9・6 生体内反応とエネルギー

合に蓄えられる．ATP分子は，アデニン，リボース，3分子のリン酸からなる（下図）．なおアデニンとリボースの分子は，五角形や六角形の角にあるC原子を略して描いた．

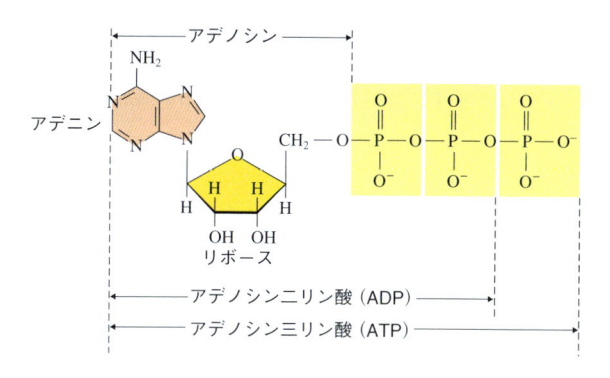

このように生体反応は，吸熱と発熱を巧みに組合わせて進む．神経の伝達，物質の膜輸送，筋肉の収縮なども，同様な仕組みで起こる．

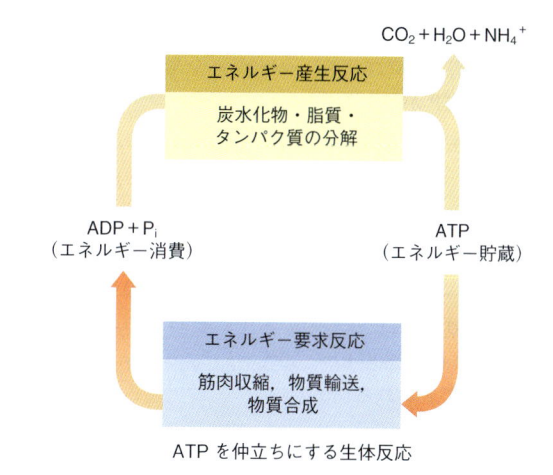

細胞内では，巨大分子を小分子に分解するときに出るエネルギーで，ATPを合成する．逆に，小分子から巨大分子を合成するときは，ATPのエネルギーを使う．1 molのATPが水との反応で分解（加水分解）し，**ADP**（アデノシン二リン酸）と無機リン酸（P_i）に変わる際，31 kJのエネルギーが出る．

$$ATP \longrightarrow ADP + P_i \quad \Delta H = -31 \text{ kJ}$$

筋肉が収縮するときも，物質が細胞膜を通るときも，神経信号が伝わるときも，ATPの分解で出るエネルギーを使う．

細胞内では毎秒200万分子ほどのATPが活躍する．ある瞬間，体内にあるATPはせいぜい1gだけれど，1日に合成・分解を繰返すATPは数十kgにものぼる．

食品成分の炭水化物や脂質，タンパク質の代謝で出るエネルギーは，ATPの合成に使われる．ADPと無機リン酸からATPをつくる反応は，+31 kJの吸熱となる．

$$ADP + P_i \longrightarrow ATP \quad \Delta H = +31 \text{ kJ}$$

ATPのエネルギーを使う反応

生体内の吸熱反応は，ほとんどがATPのもつエネルギーで進む．たとえば，グルコースを何かの反応に使うときは，あらかじめリン酸と結合したグルコース6-リン酸にしなければいけない．しかしリン酸化反応は+14 kJの吸熱だから，自発的には進まない．そこで，ATP ⟶ ADP + P_i の反応が出すエネルギーを使う．2反応を組合わせると，正味で発熱反応になるため，グルコースのリン酸化も進む*3．

ATP ⟶ ADP + P_i	$\Delta H = -31$ kJ
グルコース + P_i ⟶ グルコース6-リン酸	$\Delta H = +14$ kJ
ATP + グルコース ⟶ ADP + グルコース6-リン酸	$\Delta H = -17$ kJ

ATPを仲立ちにする生体反応

復習9・8 ATPとADP

ATPとADPは，どんな分子からできているか．

[答] ATPもADPも，アデニンとリボースを含む．ATPではアデニンが三つのリン酸基と，ADPではアデニンが二つのリン酸基と結合している．

例題9・8 ATPとADP

ATPの三リン酸結合の分解を，反応熱を添えた反応式で書け．

[答] ATP ⟶ ADP + P_i　　$\Delta H = -31$ kJ

● 類題　ADPとP_iからATPができる反応を，反応熱を添えた反応式で書け．
　　　　[答] ADP + P_i ⟶ ATP　　$\Delta H = +31$ kJ

体のエネルギー源 ―― グルコース

ATP合成用のエネルギーは，おもに，炭水化物の分解（消化）で生じるグルコース $C_6H_{12}O_6$ の酸化反応から供給する．グルコースが底をついたら，脂質やタンパク質を酸化してエネルギーを生み出す．

炭水化物をとりすぎると，体の維持に必要な量を超えるグルコースができる．余分なグルコースは重合してグリコーゲンに変え，肝臓や筋肉に蓄える．グリコーゲンが過剰になったら，今度は脂肪に変えて蓄える（肥満のもと）．

---

*3　訳注: 反応が自発的に進むかどうかは，発熱・吸熱量（エンタルピー変化）に"エントロピー変化"を加えた"ギブズエネルギー変化"の符号が決める（本書の範囲外）．

ATP合成の収率

グルコース1 molを完全燃焼させると，2800 kJの熱が出る．

$$C_6H_{12}O_6(aq) + 6O_2(g) \longrightarrow 6CO_2(g) + 6H_2O(g) \qquad \Delta H = -2800 \text{ kJ}$$

体内では，グルコース1 molが完全酸化されるとき，36 molのATPができる．

$$C_6H_{12}O_6 + 6O_2 + 36ADP + 36P_i \longrightarrow 6CO_2 + 6H_2O + 36ATP$$

1 molのATP → ADP変換で出るエネルギーは31 kJだから，36 molだと約1100 kJになる．つまり，グルコース1 molの完全燃焼で出るエネルギー2800 kJのうち，1100 kJだけがATPのエネルギーに変わり，エネルギー収率は1100 kJ÷2800 kJ×100％＝39％となる．残る61％は，熱の形で失われる．

脂肪酸（脂質）のエネルギー

グルコースと脂肪酸のエネルギー値を比べよう．脂肪酸の一つミリスチン酸$C_{14}H_{28}O_2$ 1 molの代謝では，112 molのATPができる．ミリスチン酸1 molの質量228.4 gより，ミリスチン酸1 gからできるATPは，112 mol×1 g÷228.4 g＝0.490 molになる．

グルコース1 molの代謝で生じるATPは36 molだった．グルコース1 molの質量180.20 gより，グルコース1 gからできるATPは，36 mol×1 g÷180.2 g＝0.200 molとなる．そのため，同じ質量のミリスチン酸は，グルコースに比べ2倍以上のATPをつくれる．

練習問題　生体内反応とエネルギー

- 9・41　ATPは何の略号か．
- 9・42　ADPは何の略号か．
- 9・43　体内でおもなエネルギー源となる物質は何か．
- 9・44　ATP分子はどんな部品からできているか．
- 9・45　なぜATPの分解は発熱反応になるのか．
- 9・46　なぜATPの生成は吸熱反応になるのか．
- 9・47　ATPは高エネルギー物質とみる．なぜか．
- 9・48　ATPの分解から出るエネルギーを使って"反応を駆動する"とは，どういう意味か．
- 9・49　動物組織の脂肪は"備蓄エネルギー"とみる．なぜか．
- 9・50　体がアミノ酸をエネルギー源に使うのは，どんな場合か．

筋収縮に必須のATPとCa²⁺　　　健康と化学

筋肉は無数の筋繊維がからみ合ってできる．その筋繊維は，2種類のタンパク質でできたフィラメント（小繊維）からなる．太いミオシンフィラメントは，細いアクチンフィラメントと平行に重なり合う．筋収縮の際，細いアクチンが太いミオシンにもぐりこむ結果，筋繊維が縮む．

筋収縮ではCa^{2+}とATPが活躍する．筋線維は，Ca^{2+}が増えれば動き，減れば止まる．神経の興奮が筋肉に届くとCa^{2+}チャネルが開き，フィラメント周囲の水溶液にCa^{2+}が出る．その濃度変化がミオシンをアクチンに結合させ，アクチンが引きずりこまれて筋収縮が起きる．筋収縮のエネルギーは，ATP → ADP + P_iの分解でまかなう．

フィラメント周囲のATPとCa^{2+}が高濃度のうちは筋収縮が続く．神経の興奮が収まるとCa^{2+}チャネルが閉じ，ATPのエネルギーでCa^{2+}がフィラメントから抜け，筋肉が弛緩する．死後硬直とは，筋繊維中のCa^{2+}濃度が高く，筋肉が硬直したままになる現象をいう．24時間ほどたてば細胞が死に，Ca^{2+}濃度が下がるので弛緩状態になる．

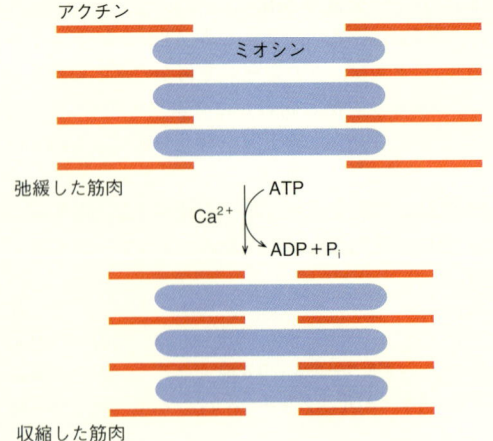

ミオシンとアクチンの協働で起こる筋収縮

体脂肪と肥満

健康と化学

多くの動物は，体脂肪を生き残り戦略に使う．冬眠動物は，大量の体内脂肪を数カ月分のエネルギー源にできる．こぶに脂肪を蓄えたラクダは，餌や水なしに何カ月も生きる．渡り鳥は体脂肪をたっぷり蓄えてから長旅に出る．クジラは厚み 60 cm ほどの皮下脂肪を，体温の維持とエネルギー源に使う．ペンギンの厚い皮下脂肪は，氷点下のなか餌も食べずに抱卵するときのエネルギー源になる．

いまや快適な環境に生きるヒトにも，脂肪の備蓄能力は残っている．菜食主義者も，総カロリーの約 2 割を脂肪からとっている．いま食卓には高脂肪の乳製品などが多いから，脂肪は摂取カロリーの 6 割も占める．米国公衆衛生局によると，成人の 3 分の 1 が肥満（体重が標準値の 1.2 倍以上）だという．肥満は，糖尿病や心疾患，高血圧，脳卒中，胆石，がん，関節炎の引き金になる．

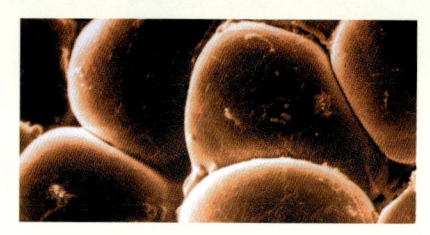

脂肪を際限なく蓄える脂肪細胞

かつて肥満の原因は食べ過ぎだといわれたが，1995 年に，脂肪組織がレプチンというホルモンをつくるとわかった．脂肪がたまると増えるレプチンが，脳に"食べるな"と指令する．逆に体脂肪が減ると，低濃度のレプチンが"食べろ"という指令を出す．肥満症の人では，高濃度のレプチンも"食べるな"の指令を出せないらしい．

肥満は現代の大きな研究テーマだ．レプチンの生成速度やレプチンへの抵抗力に，どんな個人差があるのかの研究が続く．少食にして減量するとレプチンが減る結果，空腹感を覚え，代謝速度が落ち，食べる量が増えて体重がリバウンドする．減量後にレプチンを投与してリバウンドを防ぐ治療法があり，その安全性が研究課題の一つだという．

脂肪を断熱とエネルギー備蓄に使う動物

9 章の見取り図

量でみる化学反応

- 係数の正しい反応式
  - モル比 ↔ モル質量
    - 反応物と生成物の質量
  - 制限試薬・過剰試薬 → 理論収量 ← 実収量
    - 収率
- 反応熱 ΔH
  - 発熱反応：$\Delta H < 0$
    - 発熱量
    - 生体内
    - ADP + P$_i$ ⟶ ATP
  - 吸熱反応：$\Delta H > 0$
    - 吸熱量
    - 生体内
    - ATP ⟶ ADP + P$_i$

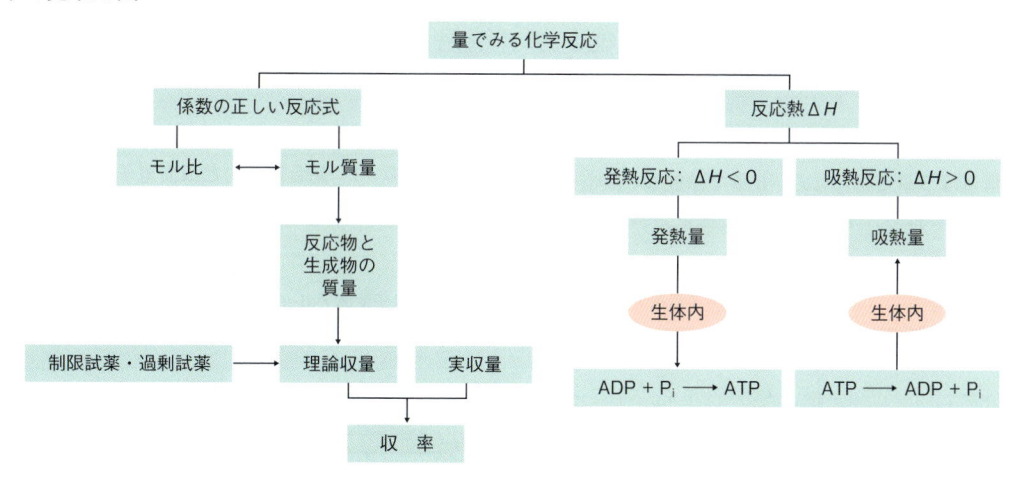

キーワード

- アデノシン三リン酸（adenosine triphosphate：ATP）
- アデノシン二リン酸（adenosine diphosphate：ADP）
- 過剰試薬（excess reagent）
- 吸熱反応（endothermic reaction）
- 実収量（actual yield）
- 質量保存則（law of conservation of mass）
- 収率（yield）
- 制限試薬（limiting reagent）
- 発熱反応（exothermic reaction）
- 反応熱（heat of reaction）
- モル比（molar ratio）
- 理論収量（theoretical yield）

10 分子やイオンの形と引き合い

目次と学習目標

10・1 ルイス構造で描く化学式
　結合の特徴は，どう表現すればわかりやすいのか．

10・2 分子やイオンの形
　分子やイオンの立体構造は，どのようにして決まるのか．

10・3 電気陰性度と極性
　結合の極性と分子全体の極性は，何が決めるのか．

10・4 分子の引き合い
　分子どうしは，なぜ，どのように引き合うのか．

10・5 状態変化
　固体・液体・気体の移り変わりは，なぜ起こるのか．

　イオン化合物と共有結合化合物のことは，6章でざっと学んだ．本章では，やや複雑な結合も扱い，まずは原子のつながりかたと，分子や多原子イオンの形との関係を調べよう．分子やイオンの形は，物質の性質と反応性を大きく左右する．

　原子のつながりかたも，化合物の共鳴構造も，ルイス構造からわかる．ルイス構造を描けば，原子間結合の極性も，分子の形（立体構造）と極性も予想できる．

　物質の融点や沸点は，分子やイオンの引き合いが決める．以上をもとに3章で学んだ物質の三態（固体，液体，気体）を見直し，状態変化とエネルギーの出入りも考えよう．

10・1 ルイス構造で描く化学式

　ルイス構造は5章で紹介した．6章では簡単な共有結合のルイス構造を描き，結合（共有）電子と孤立電子対（ローンペア＝非結合電子対）を区別した．

　第1〜4周期にある典型元素のルイス構造を表10・1に示す．価電子が1〜4個の原子は，元素記号の上下左右に1個ずつ点を置く．価電子が5個以上なら，電子を対にしていく．

　まず，共有結合化合物と多原子イオンのルイス構造を描けるようになろう．

ルイス構造の描きかた

　ルイス構造は，原子どうしのつながりと，原子が共有する結合電子対と，結合に参加しない孤立電子対を確かめながら描く．

▌復習 10・1 結合電子対と孤立電子対

　つぎのルイス構造で，価電子，結合電子対，孤立電子対

表 10・1 原子番号が若い典型元素の価電子（電子配置とルイス構造）

	族番号							
	1 (1A)	2 (2A)	13 (3A)	14 (4A)	15 (5A)	16 (6A)	17 (7A)	18 (8A)
価電子数	1	2	3	4	5	6	7	8
価電子の電子配置	ns^1	ns^2	$ns^2 np^1$	$ns^2 np^2$	$ns^2 np^3$	$ns^2 np^4$	$ns^2 np^5$	$ns^2 np^6$
ルイス構造	H·							He: ($1s^2$)
	Li·	Be·	·Ḃ·	·C̈·	·N̈·	·Ö·	·F̈·	:N̈e:
	Na·	Mg·	·Al·	·Si·	·P̈·	·S̈·	·C̈l·	:Är:
	K·	Ca·	·Ga·	·Ge·	·Äs·	·S̈e·	·B̈r·	:K̈r:

10・1 ルイス構造で描く化学式   129

はそれぞれ何個あるか．

① H:Ö:H   ② :Br̈:Ö:Br̈:

[答] ① 価電子は8個（Hの計2個と，Oの6個）．結合電子対は（H-O間の）2対．孤立電子対は2個（O原子上）．
② 価電子は20個（Brの計14個と，Oの6個）．結合電子対は（Br-O間の）2対．孤立電子対は8個（O原子上の2個と，Br原子上の6個）．

また，H_2S 分子のSはオクテットでも，SF_6 分子のSは，価電子12個を共有して6本の結合をつくる．

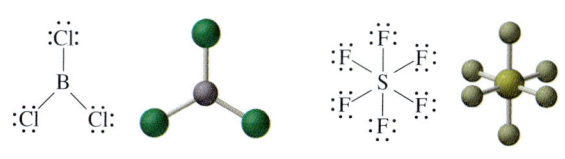

単結合が3本の BCl_3 分子   単結合が6本の SF_6 分子

例題 10・1　化合物のルイス構造

殺虫剤の合成原料や難燃剤に使う三塩化リン PCl_3 のルイス構造を描け．

[答] 手順1：原子の配置を決める．中心の原子はリンP．

　　　Cl P Cl
　　　　Cl

手順2：価電子の数を確かめる．15族（5A族）のPは価電子5個．17族（7A族）のClは，1個当たり価電子7個だから計 $3×7$ 個＝21個．以上の総計で，$5+21=26$ 個となる．

手順3：結合電子対を描く．P-Cl間に1対（電子2個）ずつだから，電子を点にしたルイス構造と，結合線を使う方法で，つぎの2種類に描ける．

　　Cl:P:Cl   Cl-P-Cl
　　　Cl　　　　Cl

手順4：孤立電子対も描く．価電子26個のうち，結合に6個使ったため，非結合電子は20個（10対．1対はP原子上．$3×3$ 対＝9対はCl原子上）．

　以上から，電子を点にしたルイス構造と，結合線を使う方法で，PCl_3 分子はつぎのように描ける．P原子もCl原子も価電子が8個となり，オクテット則に合う．

:C̈l:P̈:C̈l:　　:C̈l-P̈-C̈l:
　:C̈l:　　　　:C̈l:

PCl_3 分子の模型

● 類題　Cl_2O 分子のルイス構造を描け．

[答] :C̈l:Ö:C̈l:　　:C̈l-Ö-C̈l:

例題 10・2　多原子イオンのルイス構造

繊維や紙，パルプの漂白に使う亜塩素酸ナトリウム $NaClO_2$ は，亜塩素酸イオン ClO_2^- を含む．ClO_2^- のルイス構造を描け．

[答] 手順1：原子の配置を決める．中心原子は塩素Cl．

　　[O Cl O]$^-$

手順2：価電子の数を確かめる．16族（6A族）のO原子は価電子6個だから，計 $2×6$ 個＝12個．17族（7A族）のCl原子は価電子7個．イオンの電荷（-1）を"価電子1個"とみて足し合わせ，合計は $12+7+1=20$ 個になる．

手順3：結合電子対を描く．O-Cl間に1対（電子2個）ずつだから，電子を点にしたルイス構造と，結合線を使う方法で，つぎのように描ける．

　[O:Cl:O]$^-$　　[O—Cl—O]$^-$

手順4：孤立電子対も描く．価電子20個のうち，結合に4個を使ったため，非結合電子は16個（8対．2対はCl原子上，$2×3$ 対＝6対はO原子上）．

　以上より，ルイス構造と，結合線を使う方法で，ClO_2^- はつぎのように描ける．Cl原子もO原子も価電子が8個となり，オクテット則に合う．

[:Ö:C̈l:Ö:]$^-$　　[:Ö-C̈l-Ö:]$^-$

ClO_2^- の模型

● 類題　アミドイオン（アミノイオン）NH_2^- のルイス構造を描け．

[答] [H:N̈:H]$^-$　　[H-N̈-H]$^-$

オクテット則の例外

オクテット則は多くの化合物で成り立つけれど，H原子の価電子が2個にしかならない H_2 分子のほか，例外もいくつかある．その一つが三塩化ホウ素分子 BCl_3 だ．13族（3A族）で価電子3個のB原子は，あと3個の電子を相手原子から受取り，価電子を6個にして共有結合をつくる．

リンP，硫黄S，塩素Cl，臭素Br，ヨウ素Iの化合物は通常オクテットになるが，10個や12個，14個の価電子を使う結合もある．PCl_3 分子のPはオクテットでも（例題10・1），PCl_5 分子のPは，価電子10個を共有して5本の結合をつくる．

多重結合と共鳴構造

いままでは単結合だけ調べたが，アルケン（エチレン系炭化水素）は2対の電子を共有する**二重結合**をつくり，アルキン（アセチレン系炭化水素）は3対の電子を共有する**三重結合**をつくる．多重結合は，炭素C，酸素O，窒素N，硫黄Sの原子がつくりやすい．H原子とハロゲンは多重結合をつくらない．

二重結合や三重結合は，分子内の原子すべてがオクテットとなるよう，孤立電子も動員したときにできる結合だ．

復習 10・2　共有結合分子の多重結合

N_2 分子の N-N 間は三重結合になる．三重結合でオクテットができるのはなぜか．

[答] 15族（5A族）の N 原子は価電子が 5 個なので，各原子をとりまく電子は，結合電子が 1 対（単結合）なら 6 個，結合電子が 2 対（二重結合）なら 7 個となり，オクテットにならない．しかし結合電子を 3 対（三重結合）にすればオクテットができる．

:N･･N: ⟶ :N⋮⋮N:　:N≡N:　N_2
　　　　　　　オクテット
　　　　　電子3対を　三重結合　　　窒素分子
　　　　　　共有

例題 10・3　多重結合のルイス構造

二酸化炭素 CO_2 のルイス構造を描け（中心原子は炭素 C）．

[答] **手順 1**: 原子の配置を決める．
　　　　　　　O C O

手順 2: 価電子の数を確かめる．14族（4A族）の C 原子は価電子が 4 個，16族（6A族）の O 原子 2 個は価電子が 2×6＝12 個だから，合計 4＋12＝16 個．

手順 3: まずは単結合とみて，結合電子対を描く．単結合はつぎのように描ける．
　　　　　O:C:O　　O-C-O

手順 4: 残る電子を使い，オクテットを完成させる．単結合に 4 個を使ったため，電子 12 個が残る．6 個（3 対）ずつ O 原子 2 個に割り振ると，O はオクテットになるが，C はオクテットにならない．

　　　　　:Ö:C:Ö:　:Ö—C—Ö:

左右の O 原子が 2 個（1 対）ずつ電子を供出すれば，中心の C 原子もオクテットになる．

孤立電子対を結合電子対にする
:Ö:C:Ö:　　:Ö—C—Ö:
↓二重結合　　↓二重結合
:Ö::C::Ö:　　:O＝C＝O:　　CO_2 分子

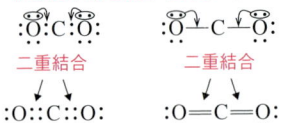

● **類題**　HCN 分子のルイス構造を描け（原子配列は H C N）．
　　　　[答] H:C⋮⋮N:　　H-C≡N:

共鳴構造

多重結合をもつ分子や多原子イオンは，複数のルイス構造に描ける．太陽の危険な紫外線から地表の生物を守るオゾン O_3 を考えよう．

手順 1: 原子の配置を決める．O の 1 個が中心原子になる．
　　　　　O O O

手順 2: 価電子の数を確かめる．16族（6A族）の O 原子は価電子 6 個だから，3 倍の 18 個．

手順 3: まずは単結合とみて結合の線を描く．単結合はつぎのように描ける．
　　　　　O-O-O

手順 4: 残る電子を使い，オクテットを完成させる．電子 4 個を単結合に使ったため，14 個が残る．6 個（3 対）ずつ左右の O 原子に，残る 2 個（1 対）を中心の O 原子に割り振ると，左右の O はオクテットになる．しかし中心の O はオクテットにならない．

　　　　:Ö—Ö—Ö:

左端か右端の O が電子 2 個（1 対）を供出すれば，中心の O もオクテットになる．

　　:Ö—Ö—Ö:　　:Ö—Ö—Ö:

複数のルイス構造が描けるとき，互いに**共鳴構造**という．共鳴構造は両向き矢印で結ぶ．

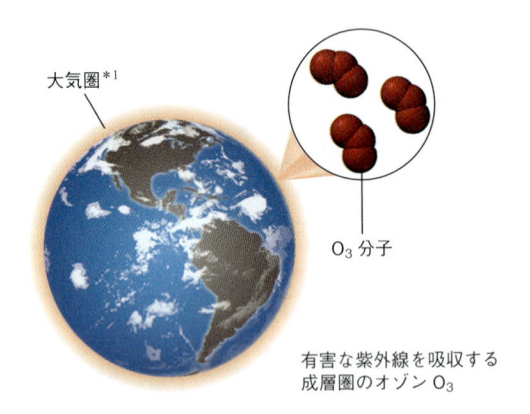

　　:Ö＝Ö—Ö:　⟷　:Ö—Ö＝Ö:
　　　　　　　共鳴構造

大気圏[*1]

　　　　　　　　　　　O_3 分子

有害な紫外線を吸収する
成層圏のオゾン O_3

結合の長さを実測すると，単結合 O-O と二重結合 O＝O のちょうど中間になる．O_3 分子の中で，原子 3 個に電子が等しく分布しているからだ．共鳴構造を描いたとき，現実の構造は，共鳴構造それぞれの"平均"だと心得よう．

例題 10・4　共鳴構造

二酸化硫黄 SO_2 は，古代ギリシャから現在までワインの保存剤に使われてきた．SO_2 分子の共鳴構造を描け．

[答] **手順 1**: 原子の配置を決める．S が中心原子になる．
　　　　　O S O

手順 2: 価電子の数を確かめる．S も O も 16族（6A族）だから，価電子は 3×6＝18 個．

手順 3: まずは単結合とみて結合の線を描く．単結合はつぎのように描ける．
　　　　　O-S-O

[*1] 訳注: 大気圏は地表から近い順に，対流圏，成層圏，中間圏，熱圏と区別される．

手順 4: 残る電子を使い，つぎのようにオクテットを完成させる．手順 3 で結合に電子 4 個を使ったため，14 個が残る．6 個（3 対）ずつ O 原子に，残る 2 個（1 対）を S 原子に割り振ると，O はオクテットになるが，S はオクテットにならない．

$$:\ddot{\text{O}}—\ddot{\text{S}}—\ddot{\text{O}}:$$

そこでオゾン分子 O_3 と同様に，一方の O 原子から電子 2 個（1 対）を供出すれば中心の S 原子もオクテットとなり，つぎの共鳴構造が描ける．

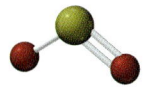

$$:\ddot{\text{O}}—\ddot{\text{S}}=\ddot{\text{O}}: \longleftrightarrow :\ddot{\text{O}}=\ddot{\text{S}}—\ddot{\text{O}}:$$

SO_2 分子の模型

● **類題** 三酸化硫黄 SO_3 の共鳴構造を描け．

[答] 省略（3つの共鳴構造）

復習 10・3　共鳴構造

SO_2 は共鳴構造に描けるが，SCl_2 は共鳴構造に描けない．なぜか．

[答] SO_2 分子で中心の S は，どちらかの O 原子と二重結合してオクテットになるため，2 種類の共鳴構造に描ける．しかし SCl_2 分子の S は，各 Cl 原子と電子を共有するだけでオクテットになるから，ルイス構造は一つに決まる．

若干の分子とイオンについて，ルイス構造の描きかたを表 10・2 にまとめた．

練習問題　ルイス構造

10・1 つぎの分子やイオンは，価電子を何個もつか．
① H_2S 　② I_2
③ CCl_4 　④ OH^-

10・2 つぎの分子やイオンは，価電子を何個もつか．
① SBr_2 　② NBr_3
③ CH_3OH 　④ NH_4^+

10・3 つぎの分子やイオンのルイス構造を描け．
① HF 　② SF_2 　③ NBr_3
④ BH_4^- 　⑤ CH_3OH 　⑥ N_2H_4（$H_2N–NH_2$）

10・4 つぎの分子やイオンのルイス構造を描け．
① H_2O 　② CCl_4 　③ H_3O^+
④ SiF_4 　⑤ CF_2Cl_2 　⑥ C_2H_6

10・5 多重結合は，どんな場合にできるのか．

10・6 孤立電子対を使わないと全原子がオクテットにならない場合，どんな結合ができるか．

10・7 共鳴構造とは何か．

10・8 どのような共有結合化合物が共鳴構造をもつか．

10・9 つぎの分子やイオンのルイス構造を描け．
① CO 　② エチレン H_2CCH_2
③ H_2CO（C が中心原子）

10・10 つぎの分子やイオンのルイス構造を描け．
① アセチレン HCCH
② CS_2（C が中心原子）　③ NO^+

10・11 つぎの分子やイオンのルイス構造を描け．
① $ClNO_2$（N が中心原子）　② OCN^-

10・12 つぎの分子やイオンのルイス構造を描け．
① HCO_2^-（C が中心原子）
② N_2O（原子配置は N N O）

表 10・2　価電子とルイス構造

分子・イオン	価電子の総数	単結合の構造	残る電子	完成オクテット
Cl_2	2×7 = 14 個	Cl—Cl（2 電子）	14−2 = 12 個	$:\ddot{\text{Cl}}—\ddot{\text{Cl}}:$
HCl	1+7 = 8 個	H—Cl（2 電子）	8−2 = 6 個	$H—\ddot{\text{Cl}}:$
H_2O	2×1+6 = 8 個	H—O—H（4 電子）	8−4 = 4 個	$H—\ddot{\text{O}}—H$
PCl_3	5+3×7 = 26 個	Cl—P(—Cl)—Cl（6 電子）	26−6 = 20 個	$:\ddot{\text{Cl}}—\ddot{\text{P}}(—\ddot{\text{Cl}}:)—\ddot{\text{Cl}}:$
ClO_3^-	7+3×6+1 = 26 個	[O—Cl(—O)—O]$^-$（6 電子）	26−6 = 20 個	$[:\ddot{\text{O}}—\ddot{\text{Cl}}(—\ddot{\text{O}}:)—\ddot{\text{O}}:]^-$
NO_2^-	5+2×6+1 = 18 個	[O—N—O]$^-$（4 電子）	18−4 = 14 個	$[:\ddot{\text{O}}—\ddot{\text{N}}=\ddot{\text{O}}:]^- \leftrightarrow [:\ddot{\text{O}}=\ddot{\text{N}}—\ddot{\text{O}}:]^-$

10・2 分子やイオンの形

ルイス構造を描くと，分子や多原子イオンの形（立体構造）が予想できる．化合物の形は，酵素や抗生物質の働きや，味覚や嗅覚の仕組みに深くからむ．

立体構造は，中心原子のまわりに電子群[*2]（電子対）が何個あるかで決まる．孤立電子対も，単結合・多重結合をつくる電子群も，互いにできるだけ遠ざかって反発を減らす．その発想を，**原子価殻電子対反発（VSEPR）理論**という．

電子群の数はルイス構造からわかる．分子やイオンの形は，孤立電子対を無視したとき，複数の原子がどうつながり合っているかで決まる．

電子群が 2 個の場合

塩化ベリリウム $BeCl_2$ は，中心の Be 原子に 2 個の Cl 原子が結合してできる．Be 原子は価電子をそれなりに強く引くため，Be の電子が Cl に移ったイオン化合物ではなく，共有結合化合物ができる．Be 上の電子群（結合電子対）は 2 個だから，$BeCl_2$ 分子はオクテット則の例外だといえる．静電反発を最小化するには，電子群が Be 原子の反対側にくればよい．つまり分子は，結合角 Cl–Be–Cl が 180° の**直線**になる．

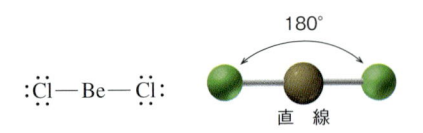

CO_2 分子も似ている．分子の形を考えるときは，二重結合（電子対 2 個）も三重結合（電子対 3 個）も"電子群 1 個"とみる．2 個の二重結合が C 原子の反対側にくると静電反発が最小だから，CO_2 分子も結合角 O–C–O が 180° の直線になる．

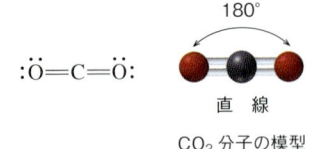

電子群が 3 個の場合

三フッ化ホウ素 BF_3 では，3 個の電子対を使い，B 原子に 3 個の F 原子が結合する（これもオクテット則の例外）．電子群 3 個が互いに最も遠ざかる配置は，結合角 F–B–F が 120° の**三角形**だ．むろん，どの原子も同じ平面上にある．

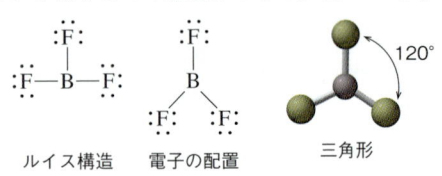

二酸化硫黄 SO_2 はどうか．S 原子のまわりに電子群は 3 個ある．O 原子との単結合が 1 本と，別の O 原子との二重結合が 1 本と，孤立電子対が 1 個．電子群 3 個の反発が最小の配置は，やはり三角形になる．ただし分子の形は原子 S と O の配置が決め，O–S=O は**折れ線**になる．孤立電子対が結合電子を押しやるため，結合角 O–S–O は 120° よりほんの少しだけ小さい．

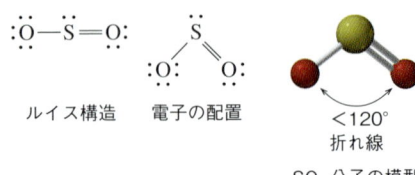

電子群が 4 個の場合

以上はどれも平面の分子だった．電子群が 4 個になると，静電反発が最小の配置は，注目原子を中心にした四面体の頂点となる．

メタン CH_4 では，中心の C に H 原子 4 個が結合している．ルイス構造は結合角 90° の平面に描くしかないが，電子群の反発が最小の原子配置は**四面体**になる．H 原子 4 個はみな同じだから"正四面体"の頂点を占め，結合角 H–C–H が 109.5° となる．

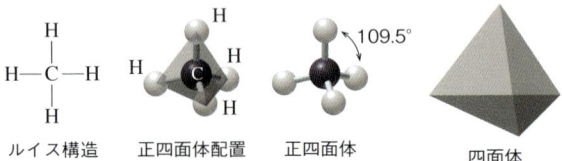

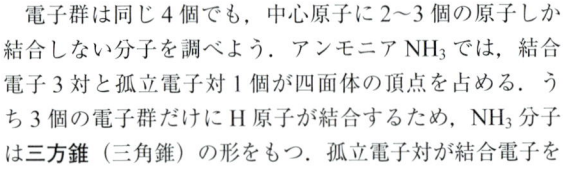

電子群は同じ 4 個でも，中心原子に 2〜3 個の原子しか結合しない分子を調べよう．アンモニア NH_3 では，結合電子 3 対と孤立電子対 1 個が四面体の頂点を占める．うち 3 個の電子群だけに H 原子が結合するため，NH_3 分子は**三方錐（三角錐）**の形をもつ．孤立電子対が結合電子を

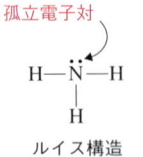

[*2] 訳注：電子群は"電子ドメイン"ともよぶ．

押しやる結果，結合角 H–N–H は，正四面体より小さい約 107° になる．

水分子 H_2O はどうか．O 原子上には結合電子 2 対と孤立電子対 2 個がある．以上 4 個の電子群は，反発が最小の四面体配置をとる．しかし H 原子と結合する電子対は 2 個だから，分子は折れ線になる．2 個の孤立電子対が結合電子を押しやる結果，結合角 H–O–H は，アンモニアのときより少し減って約 105° になる．

孤立電子対 2 個

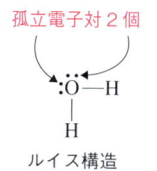

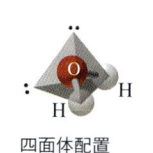

ルイス構造　　四面体配置　　折れ線

中心原子が 2～4 個の原子と結合した分子の立体構造を表 10・3 にまとめた．

復習 10・4　分子の形

ホスフィン（リン化水素または水素化リン）PH_3 の立体構造はどうなるか．

[答] **手順 1**: ルイス構造．P 原子は 5 個の価電子をもつ．P–H 結合は線で描き，孤立電子対だけを点にするとこうなる．

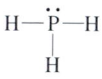

H–P–H
　|
　H

手順 2: 電子群の配置．孤立電子対を含む電子群 4 個は，P 原子を中心にした四面体をつくる．
手順 3: 分子の形．3 個の H 原子が四面体の 3 頂点を占めた三方錐になる．

例題 10・5　分子とイオンの形

つぎの分子と多原子イオンの立体構造はどうなるか．
① H_2Se　　② NO_3^-

[答] ① Se は酸素 O と同じ 16 族（6A 族）で，O と同じ 6 個の価電子をもつから，ルイス構造と電子群の配置は水 H_2O と同じ．分子の形も，H_2O と同じ折れ線になる．
② **手順 1**: ルイス構造．価電子数は N 原子が 5 個，O 原子が 6 個ずつの計 18 個となり，負電荷（−1）も加え，価電子は総計 24 個とみる．N–O 結合の 1 本は二重結合になるので，つぎのように三つの共鳴構造が書ける．

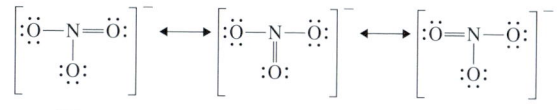

[:Ö–N=Ö:]⁻ ↔ [:Ö–N–Ö:]⁻ ↔ [:Ö=N–Ö:]⁻
　　|　　　　　　||　　　　　　|
　　:Ö:　　　　　:Ö:　　　　　:Ö:

手順 2: 電子群の配置．N 原子まわりの電子群 3 個は，反発が最小の三角形に配置される．
手順 3: 立体構造．N 原子上に孤立電子対はないから，電子群と同じ三角形になる．

● **類題**　ClO_2^- の立体構造はどうなるか．

[答] 折れ線

表 10・3　簡単な分子の立体構造

電子群	電子群の配置	結合電子対	孤立電子対	結合角	分子の形	例
2 個	直 線	2 個	0 個	180°	直 線	$BeCl_2$
3 個	三角形	3 個	0 個	120°	三角形	BF_3
3 個	三角形	2 個	1 個	< 120°	折れ線	SO_2
4 個	四面体	4 個	0 個	109.5°	正四面体	CH_4
4 個	四面体	3 個	1 個	< 109.5°	三方錐	NH_3
4 個	四面体	2 個	2 個	< 109.5°	折れ線	H_2O

> **練習問題　分子やイオンの形**

10・13 つぎのような分子の形を予想せよ．
① 中心原子（孤立電子対なし）に2個の原子が結合している．
② 中心原子（孤立電子対1個）に3個の原子が結合している．

10・14 つぎのような分子の形を予想せよ．
① 中心原子に4個の原子が結合している．
② 中心原子（孤立電子対2個）に2個の原子が結合している．

10・15 PCl_3 分子では，P原子まわりに電子群が4個あるが，分子は三方錐の形をもつ．電子群の配置と分子の形が違うのはなぜか．

10・16 H_2S 分子では，S原子まわりに電子群が4個あるが，分子は折れ線の形をもつ．電子群の配置と分子の形が違うのはなぜか．

10・17 BF_3 分子と NF_3 分子は形が違う．なぜか．

10・18 CH_4 と H_2O は，結合角は似ているのに形が違う．なぜか．

10・19 つぎの分子の立体構造を予想せよ．
① GaH_3　② OF_2　③ HCN
④ CCl_4　⑤ SeO_2

10・20 つぎの分子の立体構造を予想せよ．
① CF_4　② NCl_3　③ SCl_2
④ CS_2　⑤ $BFCl_2$

10・21 つぎの多原子イオンのルイス構造を描き，立体構造を予想せよ．
① CO_3^{2-}　② SO_4^{2-}　③ BH_4^-　④ NO_2^+

10・22 つぎの多原子イオンのルイス構造を描き，立体構造を予想せよ．
① NO_2^-　② PO_4^{3-}　③ ClO_4^-　④ SF_3^+

一般に非金属元素は金属元素より，電子を強く引き寄せるから電気陰性度が大きい．電気陰性度の値は，最大のフッ素を約4と決め，ほかの元素を相対値にする．周期表の右上に並ぶフッ素 (4.0)・酸素 (3.5) が，全元素のうち1位・2位を占める．かたや電気陰性度が最小 (0.7) のセシウムとフランシウムは，周期表の左下にある (図10・1)．

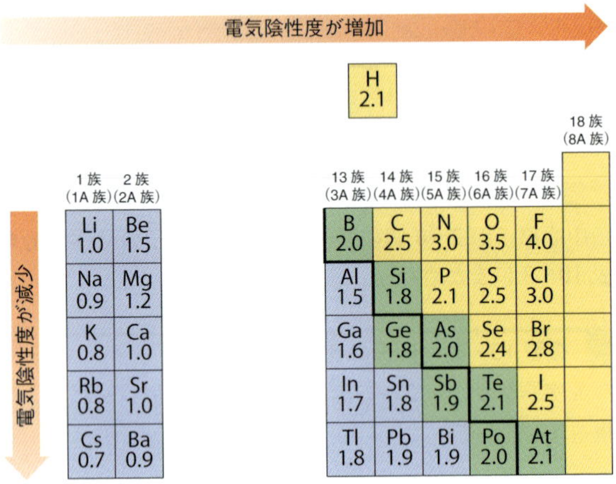

図 10・1 典型元素の電気陰性度．同周期なら右にある元素ほど大きく，同族なら下にある元素ほど小さい．
[考えてみよう] 共有電子を最も強く引き寄せる元素は何か．

原子のサイズは周期表で "左→右" の向きに減る (§5・6 参照)．原子核の正電荷が増え，原子核が電子を強く引っぱるからだ．そのため，同じ向きに原子の電気陰性度 (電子の受け入れやすさ) が増す．

同族元素なら，"上→下" の向きに電子軌道が原子核から遠ざかる．そのため原子核が電子を引く力は弱まり，電気陰性度が減っていく．

一般に遷移元素の電気陰性度は小さい（本書の範囲外）．また，貴ガスの電気陰性度は，化合物をほとんどつくらないので決めにくい[*3]．

10・3 電気陰性度と極性

原子間の結合電子対は，2原子が均等に共有する場合と，そうでない場合がある．同じ元素どうしの結合なら，電子は均等に共有される．しかし異種元素の結合だと，結合電子対はどちらかの原子にかたよる．極端にかたよると，金属原子が価電子をそっくり放出し，それを非金属原子（または原子団）が受取って，イオン化合物ができる．

電気陰性度

結合電子のかたより具合は，化合物の化学的性質を決める．原子が結合電子をどれほど引き寄せるかを，**電気陰性度**という数値で表す．

> **復習 10・5　電 気 陰 性 度**
>
> Cl, F, P, Mg の電気陰性度は，どのような順になるか．図 10・1 の値を見ずに答えよ．
>
> [答] Cl, P, Mg は第3周期にあり，左→右 (Mg → P → Cl) の順に電気陰性度が増す．Cl の上にある F は電気陰性度が最大だから，電気陰性度の順は Mg < P < Cl < F となる．

[*3] 訳注：電気陰性度は，Pauling の提案 (1932年．図10・1の元データ) 以来，10種類以上が発表されてきた．光電子分光という測定のデータを使う最新 (1991年) の電気陰性度は，小数点以下2桁の精度があり，貴ガスの値も決まっている．

結合の極性

おもな原子間結合はイオン結合と共有結合だった（6章）．どんな結合ができるかは，2原子の電気陰性度差から予想できる．H–H結合は，電気陰性度差が0だから，結合電子を均等に共有する．電気陰性度がごく近い2原子は，**非極性共有結合**をつくる．

2原子の電気陰性度差が適度に大きいと，**極性共有結合**になる．その例に，電気陰性度差が$3.0-2.1=0.9$のH–Cl結合がある（図10・2）．

$$\overset{\delta^+}{\text{C}}\!-\!\overset{\delta^-}{\text{O}} \qquad \overset{\delta^+}{\text{N}}\!-\!\overset{\delta^-}{\text{O}} \qquad \overset{\delta^+}{\text{Cl}}\!-\!\overset{\delta^-}{\text{F}}$$

電気陰性度差と結合の型

結合の型は連続的に変わるけれど，おおよその目安はある．電気陰性度差が0〜0.4なら，"非極性共有結合"とみてよい．電気陰性度差が0のH–Hや，$2.5-2.1=0.4$のC–Hがその範囲になる．

電気陰性度差が増えると，電気陰性度の大きい原子が電子を引き寄せ，結合の極性が増す．電気陰性度差が0.4〜1.8の結合を"極性共有結合"とみる．電気陰性度差が$3.5-2.1=1.4$のO–H結合がその例になる．

電気陰性度差が1.8を超えれば，原子から原子へと電子が完全に移り，"イオン結合"になる．電気陰性度差が$3.0-0.8=2.2$のK–Cl結合がその例になる（表10・4）．

いくつかの分子について，結合の型を表10・5にまとめた．

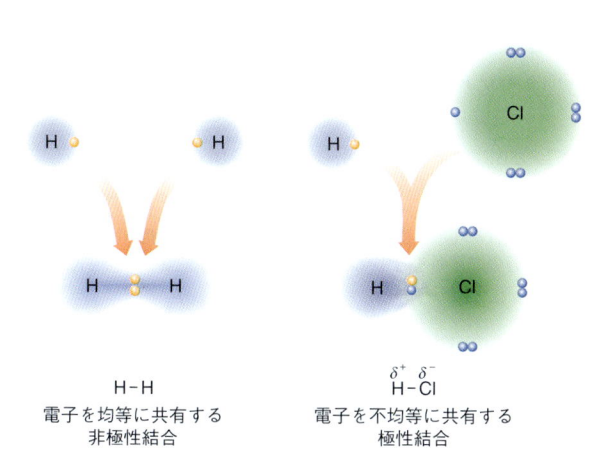

図10・2 電子のかたよりがない非極性共有結合のH₂分子と，結合電子がCl側にかたよった極性共有結合のHCl分子．
[考えてみよう] なぜH₂の結合は非極性，HClの結合は極性なのか．

▌復習10・6 結合の極性

電気陰性度の値を使い，つぎの結合を非極性共有結合，極性共有結合，イオン結合に分類せよ．

O–H　　O–K　　Cl–As　　N–N

[答] つぎのようになる．

結　合	電気陰性度差	結合の型
O–H	$3.5-2.1=1.4$	極性共有結合
O–K	$3.5-0.8=2.7$	イオン結合
Cl–As	$3.0-2.0=1.0$	極性共有結合
N–N	$3.0-3.0=0.0$	非極性共有結合

双極子と結合の極性

結合の**極性**は，電気陰性度差が決める．極性共有結合では，電気陰性度の大きい原子が結合電子を引き寄せる結果，その原子は負の部分電荷をもち，相手原子は正の部分電荷をもつ．電気陰性度差が大きいほど，結合の極性は大きい．

電荷のかたよった結合は，**双極子**とみる．双極子は，正電荷端にδ^+，負電荷端にδ^-を添え，正電荷から負電荷に向かう"⟶"の矢印で表す．

分子の極性

いままでは"結合の極性"を調べた．分子全体の極性はどうなるのだろう．

[**非極性分子**] H₂やCl₂など等核二原子分子は，1本の非極性共有結合そのものだから，非極性分子になる．

極性結合が2本以上ある分子も，双極子が打消し合え

表10・4 電気陰性度差と結合の型

電気陰性度差	0	0.4	1.8	3.3
結合の型 結合電子	非極性共有結合 均等に共有	極性共有結合 不均等に共有 δ^+　δ^-	イオン結合 電荷分離 $+$　$-$	

表 10・5　電気陰性度差と結合の型の具体例

分　子	結　合	結合電子	電気陰性度差	結合の型
H_2	H–H	均等に共有	2.1−2.1 = 0	非極性共有結合
Cl_2	Cl–Cl	均等に共有	3.0−3.0 = 0	非極性共有結合
HBr	$\overset{\delta^+}{H}-\overset{\delta^-}{Br}$	不均等に共有	2.8−2.1 = 0.7	極性共有結合
HCl	$\overset{\delta^+}{H}-\overset{\delta^-}{Cl}$	不均等に共有	3.0−2.1 = 0.9	極性共有結合
NaCl	Na^+-Cl^-	電荷分離	3.0−0.9 = 2.1	イオン結合
MgO	$Mg^{2+}-O^{2-}$	電荷分離	3.5−1.2 = 2.3	イオン結合

ば非極性分子になる．たとえば極性結合が 2 本の CO_2 は，直線分子だから双極子が打消し合い，非極性分子になる．

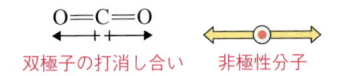

　　　　　O=C=O
　双極子の打消し合い　　　非極性分子

同じような例に四塩化炭素分子 CCl_4 もある．C–Cl は極性結合でも，正四面体の頂点に向かってそれぞれが対称性よく伸びているため双極子が打消し合い，非極性分子になる．

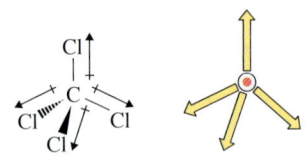

C–Cl 双極子 4 本の打消し合い

[極性分子]　極性分子には，負電荷の端と正電荷の端がある．極性結合の双極子が打消し合わない分子は，極性をもつ．原子 2 個だけの HCl はむろん極性分子だ．

H—Cl

電子群が複数あり，双極子が打消し合わない分子は極性をもつ．たとえば H_2O は折れ線だから，2 本の O–H 双極子が打消し合わず，極性分子になる．

双極子が打消し合わない H_2O 分子　　　負電荷の端／正電荷の端

三方錐の NH_3 分子も，3 本の N–H 双極子が打消し合わないため，極性分子になる．

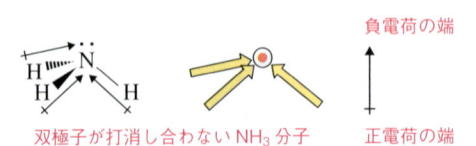

双極子が打消し合わない NH_3 分子　　　負電荷の端／正電荷の端

例題 10・6　分子の極性

つぎの分子は極性か，非極性か．
① BF_3　② CH_3F

[答] ① BF_3 は正三角形だから（p.132）B–F 双極子が打消し合い，非極性分子になる．
② 四面体の CH_3F は，ほぼ非極性の C–H 結合 3 本と，極性の C–F 結合 1 本をもつ．双極子が打消し合わないので極性分子になる．

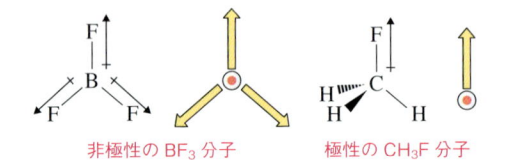

非極性の BF_3 分子　　　極性の CH_3F 分子

● 類題　PCl_3 は極性分子か，非極性分子か．
[答] 三方錐だから，極性分子

練習問題　電気陰性度と極性

10・23　周期表で同周期元素を右にたどると，電気陰性度の値はどう変わるか．

10・24　周期表で同族元素を下にたどると，電気陰性度の値はどう変わるか．

10・25　2 原子の電気陰性度差がおよそいくらなら，非極性共有結合とみてよいか．

10・26　2 原子の電気陰性度差がおよそいくらなら，極性共有結合とみてよいか．

10・27　周期表を参照し，つぎの各元素を電気陰性度の小さいものから順に並べよ．
① Li, Na, K
② Na, P, Cl
③ O, Ca, Br

10・28　周期表を参照し，つぎの各元素を電気陰性度の小さいものから順に並べよ．
① Cl, F, Br
② B, O, N
③ Mg, F, S

10・29　つぎの結合について，正電荷の原子に δ^+，負電荷の原子に δ^- を添えたうえ，双極子を矢印で示せ．

① N-F ② Si-P ③ C-O
④ P-Br ⑤ B-Cl

10・30 つぎの結合について，正電荷の原子に δ^+，負電荷の原子に δ^- を添えたうえ，双極子を矢印で示せ．
① Si-Br ② Se-F ③ Br-F
④ N-H ⑤ N-P

10・31 つぎの結合はイオン結合か，極性共有結合か，非極性共有結合か．
① Si-Br ② Li-F ③ Br-F
④ Br-Br ⑤ N-P ⑥ C-P

10・32 つぎの結合はイオン結合か，極性共有結合か，非極性共有結合か．
① Si-O ② K-Cl ③ S-F
④ P-Br ⑤ Li-O ⑥ N-P

10・33 なぜ F_2 は非極性分子で，HF は極性分子なのか．

10・34 なぜ CBr_4 は非極性分子で，NBr_3 は極性分子なのか．

10・35 以下は極性分子か，非極性分子か．
① CS_2 ② NF_3 ③ Br_2 ④ SO_3

10・36 以下は極性分子か，非極性分子か．
① H_2S ② PBr_3 ③ $SiCl_4$ ④ SO_2

10・37 なぜ CO_2 は非極性分子で，CO は極性分子なのか．

10・38 CH_4 も CH_3Cl も四面体だが，なぜ CH_4 は非極性分子，CH_3Cl は極性分子なのか．

10・4 分子の引き合い

原子どうしはイオン結合や共有結合で結びつき，化合物になる（6章）．以下では液体や固体の中で分子やイオンが引き合う力を調べよう．引き合いが弱い物質ほど，低い融点・沸点で状態を変える．引き合いが強い物質ほど，融点や沸点も高い．

固体も液体も，粒子が引き合うからできる．粒子を引き離すほどの熱を加えたとき，固体は融け，液体は沸騰する．引力が小さい気体の分子は，バラバラのまま飛び交う．

陽イオン-陰イオン間の強い結合を切るには莫大なエネルギーがいる．だからイオン化合物は融点が高く，NaCl は 801 °C でようやく融ける．共有結合分子が集まった固体中で分子間に働く引力は，イオン結晶中のイオン間に働く引力よりずっと弱い．分子間の引力には，"双極子-双極子の引き合い"，"水素結合"，"分散力"がある．

双極子-双極子の引き合いと水素結合

極性分子は双極子とみてよい．隣り合う双極子のプラス端とマイナス端には，**双極子-双極子の引き合い**が働く．たとえば HCl 分子の H 原子（プラス端）は，そばの分子の Cl 原子（マイナス端）と引き合う．

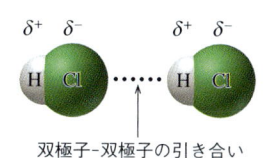

電気陰性度が大きい F・O・N 原子と H 原子を含む極性共有結合分子では，プラス端の H 原子とマイナス端（F・O・N 原子の孤立電子対）が，かなり強い力で引き合う．それを**水素結合**とよぶ．タンパク質や DNA など生体分子の構造と機能には，水素結合が大きな役割を演じる．

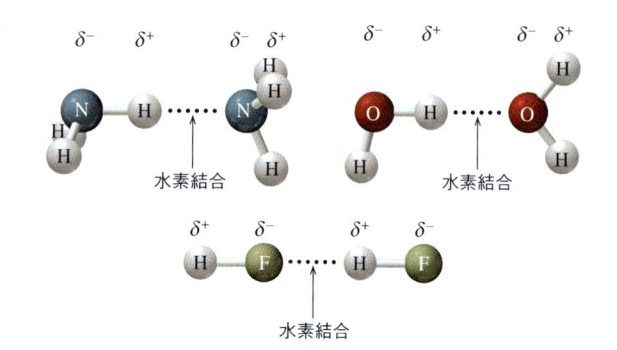

分 散 力

メタン CH_4 のような非極性化合物は，かなりの低温でようやく液体や固体になる．非極性分子どうしは，**分散力**という弱い引力で引き合う．非極性分子の中でも，電子はたえず動いている．ある一瞬をみると，電子の密度が高い場所と低い場所が必ずあり，分子は"一過性の双極子"になっている．一過性の双極子どうしの引き合いが，分散力にほかならない．その弱い分散力が，非極性分子を液体や固体にする．

表 10・6 アルカンのモル質量と沸点

アルカン	化学式		モル質量 ($g\ mol^{-1}$)	沸 点
メタン	CH_4	CH_4	16.04	-162 °C
エタン	C_2H_6	CH_3-CH_3	30.07	-89 °C
プロパン	C_3H_8	$CH_3-CH_2-CH_3$	44.09	-42 °C
ブタン	C_4H_{10}	$CH_3-CH_2-CH_2-CH_3$	58.12	-1 °C

10. 分子やイオンの形と引き合い

表 10・7 引力の分類と強さの比較

引力の種類	粒子の配列	エネルギー (kJ mol^{-1})	例
原子間・イオン間 イオン結合		500〜5000	Na$^+$⋯Cl$^-$
共有結合 (X=非金属)	X:X	100〜1000	Cl—Cl
分子間 水素結合 (X=F, O, N)	δ^+ δ^- δ^+ δ^- H X ⋯ H X	10〜40	δ^+ δ^- δ^+ δ^- H—F⋯H—F
双極子-双極子の引き合い (X, Y=非金属)	δ^+ δ^- δ^+ δ^- Y X ⋯ Y X	5〜20	δ^+ δ^- δ^+ δ^- Br—Cl⋯Br—Cl
分散力 (非極性分子間)	δ^+ δ^- δ^+ δ^- X:X ⋯ X:X (一過性の双極子)	1〜10	δ^+ δ^- δ^+ δ^- F—F⋯F—F

分子の質量と沸点

重い分子ほど電子も多いから,一過性の双極子は強い.そのため,モル質量が大きい(つまり分子のサイズが大きい)物質ほど沸点が高い.炭素数 1〜4 のアルカンについて,モル質量と沸点の関係を表 10・6 にまとめた.

復習 10・7 モル質量と沸点

SiH$_4$, CH$_4$, GeH$_4$ を,沸点の低いものから順に並べよ.沸点の実測値(−89 °C, −112 °C, −162 °C)は,それぞれどの化合物に当たるか.

[答] SiH$_4$, CH$_4$, GeH$_4$ のモル質量(g mol^{-1} 単位)は順に 32.12, 16.04, 77.67 だから,沸点の順は CH$_4$ < SiH$_4$ < GeH$_4$ だろう.実測値を添え,つぎのようになる.
CH$_4$ (−162 °C) < SiH$_4$ (−112 °C) < GeH$_4$ (−89 °C)

粒子間引力の分類と,おおまかな引力の強さを表 10・7 に示す.

粒子間の引力と融点

物質の融点も,粒子間の引力が決める.弱い分散力だけの化合物は,わずかなエネルギーで固体内の結合を切れるため,融点が低い.極性化合物の融解に必要なエネルギーはもっと大きく,水素結合化合物ではさらに大きい(その順に融点が上がる).ただし最高の融点を示すのは,陽イオンと陰イオンが強く引き合うイオン化合物だ.

引力の種類と融点の関係を表 10・8 に示す.

表 10・8 粒子間の引力と融点

引力の種類	物質の例	融点 (°C)
イオン結合	MgF$_2$ NaCl	1248 801
水素結合	H$_2$O NH$_3$	0 −78
双極子−双極子の引き合い	HI HBr HCl	−51 −89 −115
分散力	Br$_2$ Cl$_2$ H$_2$ C$_5$H$_{12}$ CH$_4$	−7 −101 −259 −130 −182

例題 10・7 粒子間の引力

つぎの分子には,双極子-双極子の引き合い,水素結合,分散力のどれが働くか.
① H−F   ② F−F   ③ PCl$_3$

[答] ① 隣り合う分子の H 原子と F 原子が引き合う水素結合.
② 非極性分子間の分散力.
③ PCl$_3$ 分子は極性のある三方錐だから(p.132),双極子-双極子の引き合い.

● 類題 H$_2$O の沸点は H$_2$S より高い.なぜか.
[答] H$_2$S は双極子-双極子の引き合いだけで集まるが,H$_2$O の場合はずっと強い水素結合も働くため.

> **練習問題　粒子間の引力**
>
> **10・39** つぎの物質の粒子間に働くおもな力は何か.
> ① BrF　② KCl　③ CCl$_4$　④ NF$_3$　⑤ Cl$_2$
>
> **10・40** つぎの物質の粒子間に働くおもな力は何か.
> ① HCl　② MgF$_2$　③ PBr$_3$　④ Br$_2$　⑤ NH$_3$
>
> **10・41** つぎの分子が引き合う最強の力は何か.
> ① CH$_3$OH　② H$_2$S　③ CO　④ CF$_4$　⑤ CH$_3$CH$_2$CH$_3$
>
> **10・42** つぎの分子が引き合う最強の力は何か.
> ① O$_2$　② SiH$_4$　③ CH$_3$Cl　④ H$_2$O$_2$　⑤ Ne

10・5　状態変化

物質の三態（気体・液体・固体）は3章で学んだ．粒子どうしの引き合いを想像しながら，**状態変化**（図10・3）で何が起こるのかを見直そう．

固体を熱すれば，粒子の動きが激しさを増す．**融点**に達すると，大きな運動エネルギーを得た粒子が，粒子間の引力（温度にほぼ関係しない力）を振り切るため，固体は**融解**して液体になる．

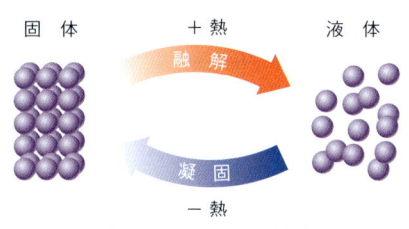

融解 ⇌ 凝固の可逆変化

液体を冷やせば，逆のことが起こる．粒子の運動エネルギーが減って粒子間の引力がまさるとき，液体は**凝固**する．ふつう**凝固点**は融点に等しい．凝固点（融点）は水が0 ℃，金が1064 ℃，窒素が−210 ℃と，物質に固有の値となる．

たとえば固体→液体の変化が進んでいるとき，加えた熱エネルギーは粒子どうしを引き離すのに使われ，粒子の運動エネルギーを上げないため，物質の温度は上がらない．氷点下の氷を熱すると，0 ℃で融け始め，0 ℃のまま液体が増えていく．液体を冷やして0 ℃に達すれば，0 ℃のまま氷が増えていく．

融　解　熱

固体を融かすには，粒子どうしを引き離すための**融解熱**がいる．0 ℃で氷1 gを完全に融かす融解熱は334 J（80 cal）にのぼる．

氷の融解熱は，水1 gを凍らせるのに除くべき熱量に等しい．厳寒の時期，果樹園に水を噴霧することがある．気温が0 ℃を切ると水は凍り始め，そのときに出る熱が果物を凍結から守るのだ．

ある量の氷を融かすのに必要な熱は，氷の質量と融解熱をかけ合わせた値になる．

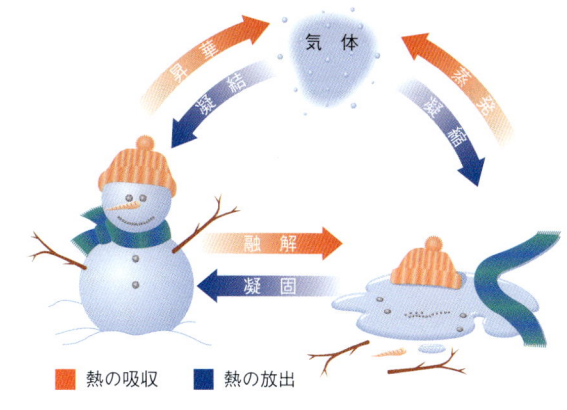

図 10・3 状態変化のあらまし*4.
［考えてみよう］水が凍るのは吸熱変化か，発熱変化か．

> **例題 10・8　融解熱**
>
> ソフトドリンクに0 ℃の角氷26.0 gを入れた．
> ① 0 ℃で氷が融け終わるまでに，何Jの熱が吸収されるか．
> ② 氷を入れた直後から，ドリンクの温度はどう変わるか．理由も述べよ．
>
> ［答］① 融解熱は334 J g^{-1}だから，26.0 gの氷は26.0 g × 334 J g^{-1} = 8680 Jを吸収する．
> ② ドリンクの温度は下がる（融ける氷がドリンクから熱を奪うため）．
>
> ● **類題**　0 ℃の冷水125 gを冷凍庫に入れた．0 ℃のまま全体が凍ると，何kJの熱が奪われるか．
>
> ［答］41.8 kJ

蒸発と凝縮

いつの間にか水たまりは干上がり，ラップをしない食品

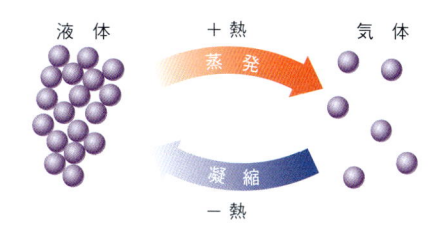

蒸発 ⇌ 凝縮の可逆的変化

---

*4 訳注: 日本では"固体→気体"も"気体→固体"も昇華とよぶが，英語では前者をsublimation，後者をdeposition（日本語なら"凝結"や"析出"）とよんで区別する．なお台湾の教科書は後者に"凝華"を使う．

生体分子が引き合う力

健康と化学

体内で活躍するタンパク質は，さまざまな機能をもつ生体分子だ．軟骨や筋肉，毛髪，爪などをつくる分子や，化学反応の介添えをする酵素分子がある．ヘモグロビンやミオグロビンのように，血液や筋肉中で酸素 O_2 を運ぶ分子もある．

タンパク質は，約20種のアミノ酸分子がつながり合ってできる．どのアミノ酸分子も，中心の C 原子に，電離型のアンモニウム基 $-NH_3^+$ とカルボキシラト基 $-COO^-$，H 原子，アミノ酸の種類を決める側鎖（原子団）R が結合している．

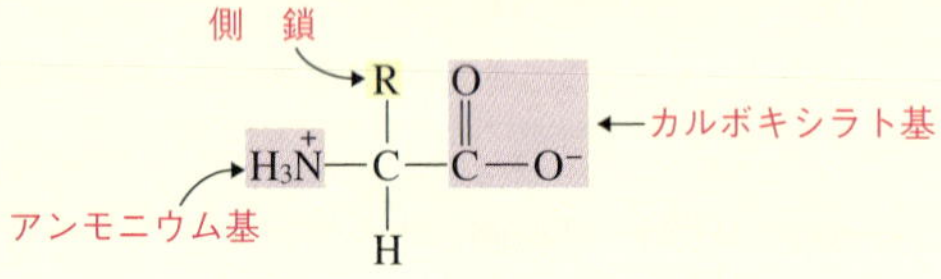

側 鎖
カルボキシラト基
アンモニウム基
遊離型アミノ酸分子

一部のアミノ酸分子は，ヒドロキシ基 $-OH$，カルボキシラト基 $-COO^-$，カルボニル基 $>C=O$，アンモニウム基 $-NH_3^+$ といった官能基（8章）を側鎖にもつ．

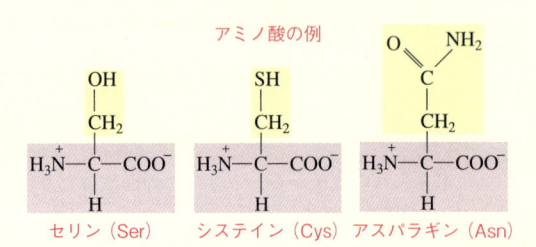

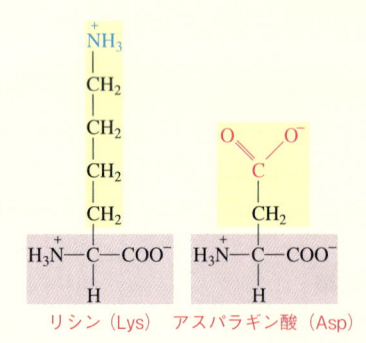

アミノ酸の例
セリン (Ser)　システイン (Cys)　アスパラギン (Asn)
リシン (Lys)　アスパラギン酸 (Asp)

タンパク質の一次構造（アミノ酸の結合順）は，隣り合うアミノ酸分子の $-COO^-$ 基と $-NH_3^+$ 基がアミド結合（タンパク質のアミド結合を特にペプチド結合とよぶ）してできる．アミノ酸がつながった分子を一般にペプチドといい，アミノ酸の数が50以上の分子をタンパク質とよぶ．どのタンパク質も，決まった一次構造と，さらに高次の構造をもち，最終的な立体構造が体内の機能を決める．

二次構造の一つ "αヘリックス" は，分子鎖がらせん状になった部分をいい，アミノ酸の N-H 基と，隣の段の C=O 基が水素結合してできる（右段上図）．

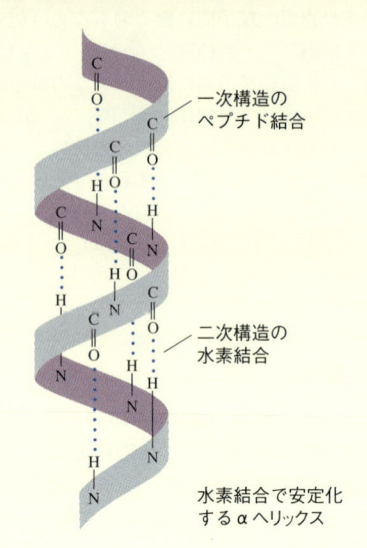

一次構造のペプチド結合
二次構造の水素結合
水素結合で安定化するαヘリックス

タンパク質の形

タンパク質の分子には，ペプチド鎖がからみ合い，球形にまとまった形のものが多い．側鎖 R の官能基が引き合い，鎖がねじれたり曲がったりして，特有の立体構造ができる．

ときには側鎖どうしが水素結合で引き合う．セリン2個の $-OH$ は引き合えるし，セリンの $-OH$ とアスパラギンの $-NH_2$ も引き合える．また，タンパク質分子の表面にある極性基は，まわりにある水分子の $-OH$ や $-H$ と水素結合する（下図）．

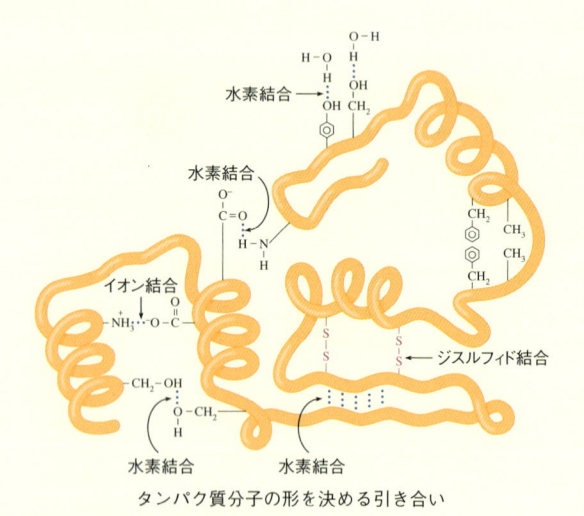

水素結合
水素結合
イオン結合
ジスルフィド結合
水素結合　水素結合
タンパク質分子の形を決める引き合い

リシンの $-NH_3^+$ とアスパラギン酸の $-COO^-$ のように，電荷をもつ側鎖は静電的に引き合う．また，システインの $-SH$ 基2個が近くにあれば，ジスルフィド結合（$-S-S-$）という共有結合ができ，タンパク質の構造を安定化する．

タンパク質の変性

タンパク質は，形が壊れると機能をなくす．分子は熱や酸の作用で形がくずれ（変性），ゆでたスパゲッティのようになる．

温度が上がると，原子が活発に動く結果，水素結合が切れてしまう．多くのタンパク質が 50 ℃ 以上でそうなる．食材の調理では，加熱してタンパク質を変性させているし，手術用の器具や着衣をオートクレーブ（p.155）に入れれば，微生物のタンパク質が変性して殺菌や滅菌になる．

酸や塩基も，水素結合やイオン結合を切る．ヨーグルトやチーズの製造では，微生物のつくる乳酸でタンパク質分子を壊し，カゼインという固体にする．やけどに塗るタンニン酸は皮膚のタンパク質を凝集させ，その膜が体液の漏出を止める．

アルコール（エタノールやイソプロピルアルコール）はタンパク質分子と水素結合し，分子内の結合を切るので殺菌作用を示す．注射の前には皮膚をアルコールで拭き，微生物のタンパク質を壊す[*5]．Ag^+, Pb^{2+}, Hg^{2+} のような金属イオンは，負電荷の側鎖や硫黄原子 S と結合して微生物のタンパク質を変性させる．病院では，約 1 % の硝酸銀 $AgNO_3$ 水溶液で新生児の眼をぬぐい，病気を予防する．

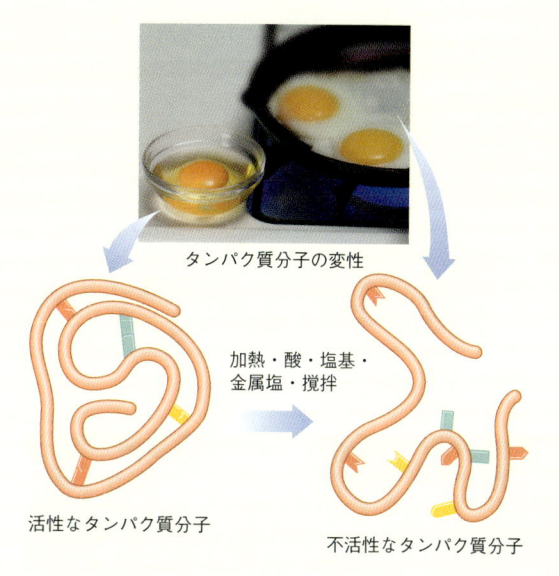

タンパク質は機械的な力でも変性する．クリームや卵白をホイップすると，タンパク質分子が延び，あちこちで分子内の結合が切れる．

タンパク質分子の変性

活性なタンパク質分子 → 加熱・酸・塩基・金属塩・撹拌 → 不活性なタンパク質分子

は干からび，洗濯物は乾く．液体をつくる水分子のうち，エネルギーの十分な分子が液体表面から飛び出す現象を**蒸発**という（図 10・4 左）．"ホットな H_2O 分子"が逃げるので，残った水は冷える．熱を加え続ければ，蒸発する分子が増えていく．**沸点**になると，H_2O 分子間の結合がみな断ち切られて水蒸気に変わる．沸騰中は液体内部にも気泡ができ，表面へと浮上する（図 10・4 右）．

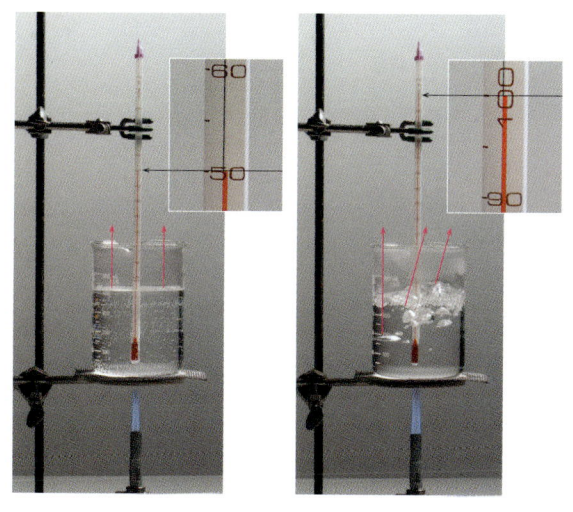

気体から熱を奪えば，逆向きの**凝縮**が進む．気体の H_2O 分子が運動エネルギーを失い，分子間の引力（温度にほぼよらない力）のほうが強くなる結果，液体に変わるのだ．凝縮と沸騰は同じ温度（沸点）で起こる．

熱いシャワーを浴びたとき，鏡に水滴がつく（凝縮）．凝縮する気体は熱を失い，その熱が周囲を温める．大雨が近づくと，水蒸気が凝縮して雨粒になるときに出る熱が，気温を少し上げる．

昇　華

固体が（液体を通らず直接）気体になる現象を**昇華**という．また，気体→固体の変化を**凝結**とよぶ[*6]．昇華と凝結は同じ温度で進む．昇華する水 1 g は 2590 J（620 cal）の熱を吸収する．

固体の二酸化炭素（ドライアイス）は −78 ℃ で昇華する．積雪場所の気温が氷点下なら，雪は融けることなく水

図 10・4　（左）50 ℃．液体の表面で進む蒸発．（右）100 ℃．液体全体で進む沸騰．
［考えてみよう］20 ℃ より 80 ℃ のほうが水は速く蒸発する．なぜか．

[*5] 訳注：皮膚の 1 cm^2 には 10^2〜10^3 個の細菌が棲み，アルコール消毒で 99 % 以上が死ぬ．
[*6] 訳注：*4（p.139）の訳注を参照．

蒸気に変わる．

　冷凍食品を冷凍室に入れておくと水が昇華して抜け，肉は乾燥して縮む（冷凍焼け）．冷凍室の内壁や食品上には，水蒸気が凝結して氷の結晶が育つ．

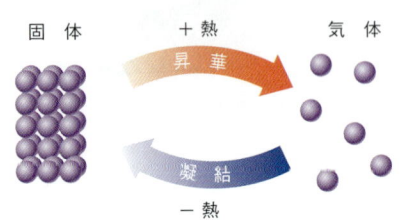

固体 ＋熱 気体
昇華
凝結
－熱

昇華 ⇌ 凝結の可逆的変化

−78 ℃で昇華するドライアイス　低温の固体表面に凝結した水蒸気

　長期保存ができ，キャンプやハイキングに重宝するフリーズドライ食品は，真空の部屋で氷を昇華させてつくる．栄養は抜けないため，水を加えるだけで食べられる．水分がないと微生物も育たないから，フリーズドライ食品は冷蔵しなくても腐敗しない*7．

復習 10・8　状態変化

つぎのことは，三態変化のどれを表すか．
① 体表面の液体分子が気体になって逃げる．
② 液体が固体に変わる．
③ 液体の内部からも気泡が出る．

［答］① 蒸発，② 凝固，③ 沸騰

蒸 発 熱

　液体 1 g の気化に必要なエネルギーを**蒸発熱**という．水の場合，100 ℃での蒸発熱は 2260 J（540 cal）と大きい．蒸発熱と凝縮熱は等しいため，100 ℃で水蒸気 1 g が凝縮すれば，2260 J（540 cal）もの熱が出る．

　融点や沸点と同様，融解熱や蒸発熱も物質に固有の値をもつ（表 10・9）．ふつう，蒸発熱は融解熱よりずっと大きい*8（図 10・5）．

表 10・9　融解熱と蒸発熱の例

物　質	化学式	融点 (℃)	融解熱 (J g^{-1})	沸点 (℃)	蒸発熱 (J g^{-1})
水	H_2O	0	334	100	2260
エタノール	C_2H_5OH	−114	109	78	841
アンモニア	NH_3	−78	351	−33	1380
アセトン	$(CH_3)_2C=O$	−95	98	56	335
水　銀	Hg	−39	11	357	294
酢　酸	CH_3COOH	17	192	118	390

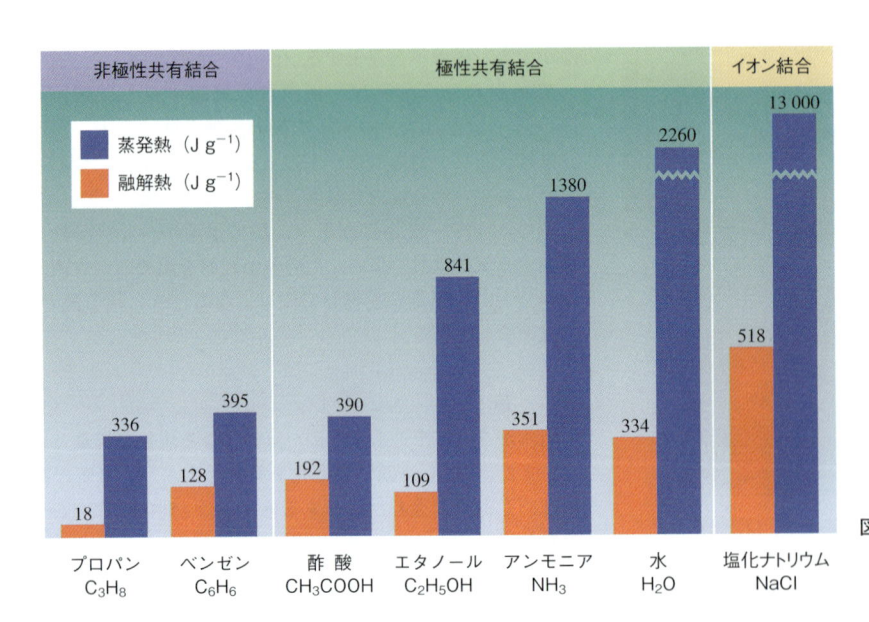

図 10・5　融解熱と蒸発熱の比較．[考えてみよう] 同じ物質で，なぜ蒸発熱は融解熱より大きいのか．

非極性共有結合／極性共有結合／イオン結合

蒸発熱 (J g^{-1})
融解熱 (J g^{-1})

プロパン C_3H_8：18, 336
ベンゼン C_6H_6：128, 395
酢酸 CH_3COOH：192, 390
エタノール C_2H_5OH：109, 841
アンモニア NH_3：351, 1380
水 H_2O：334, 2260
塩化ナトリウム $NaCl$：518, 13 000

---

*7　訳注：燻製食品が日持ちする一因も，表面が脱水状態になっているため．
*8　訳注：融解のとき，分子間の結合は一部しか切れない（蒸発のとき完全に消失）．たとえば 20 ℃の水中には，氷をまとめあげていた水素結合の 60～70 % がまだ残っている．

例題 10・9　蒸発熱

サウナで 100 °C の水 122 g を水蒸気にした．使った熱は何 kJ か．

[答]　水 1 g の蒸発熱は 2260 J＝2.260 kJ だから，122 g では
122 g×2.260 kJ g^{-1}＝276 kJ．

● 類題　台所で湯を沸騰させると，冷たい窓ガラスに水蒸気が凝縮する．100 °C の水蒸気 25.0 g が凝縮したとき，何 kJ の熱が出るか．

[答] 56.5 kJ

加熱曲線と冷却曲線

加熱で進む"固体→液体→気体"の変化を，わかりやすく図解しよう．**加熱曲線**は，加えた熱を横軸，温度を縦軸にして描く（図 10・6a）．

[**加熱曲線**]　左端の右上がり直線は，固体の温度上昇を表す．融点に達したあとしばらくの間，熱は粒子間の結合を切るのに使われ，粒子の運動エネルギーを増やさないから，グラフは水平線をたどる（図 10・6a）．

液体になったあとは，熱が粒子の運動を活発化させて温度を上げる（右上がり直線）．沸点に達すると，熱はまた

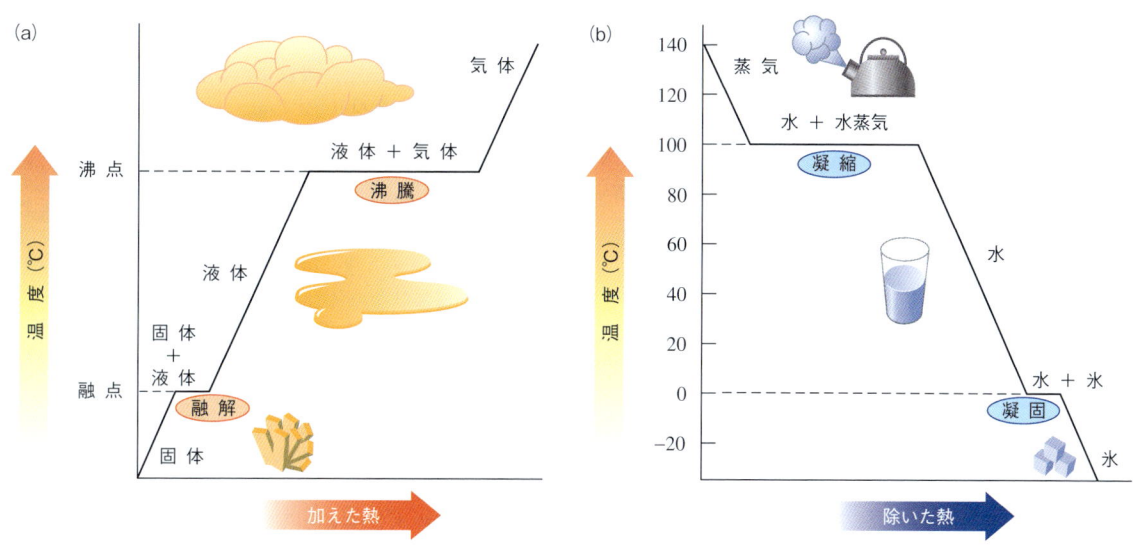

図 10・6　(a) 加熱曲線，(b) 冷却曲線．
[考えてみよう] 冷却曲線で，100 °C の水平線は何を意味するか．

蒸気やけど
健康と化学

100 °C の熱湯が皮膚につけば，やけどをする．けれど，同じ 100 °C でも水蒸気のほうがずっと危ない．

皮膚についた 100 °C の熱湯 25 g が体温（37 °C）まで冷えるとき，出る熱が皮膚の組織を傷める．温度差は 100 °C－37 °C＝63 °C だから，水の比熱容量 4.184 J g^{-1} °C^{-1} を使う計算で，出る熱は 6600 J だとわかる．

25 g × 63 °C × 4.184 J g^{-1} °C^{-1} ＝ 6600 J

同じ 100 °C の水蒸気 25 g ではどうか．1 g の蒸発熱は 2260 J だから，凝縮して熱湯になるとき，2260 J の熱が出る．水蒸気 25 g ならつぎの値になる．

25 g × 2260 J g^{-1} ＝ 57,000 J

100 °C → 37 °C の冷却で出る熱（熱湯と同じ 6600 J）を 57,000 J に足せば約 64,000 J となる．同じ質量の熱湯に比べ，皮膚が受取る熱は 10 倍も多いのだ．

同じ重さの H_2O なら，水蒸気は熱湯の 10 倍も危ない

粒子間の結合切断に使われ，グラフは水平線をたどる．蒸発熱が融解熱より大きいので，融解のときより水平部分は長い．沸騰が終われば，熱は気体の運動エネルギーを増やすから温度が上がる（最後の右上がり直線）．

[冷却曲線]　高温の蒸気を冷やしていくと，温度は**冷却曲線**をたどる．縦軸は加熱曲線と同じ温度だけれど，冷却曲線の横軸は"除いた熱"を表す（図10・6b）．

最初の右下がり直線では気体が熱を失い，温度が沸点まで下がる．以後しばらく温度は沸点のまま水平線をたどり，気体→液体の変化が進む．全部が液体になったあと，液体の温度が下がっていくため，凝固点（融点）までは右下がり直線になる．

凝固点で液体→固体の変化が始まり，全体が凝固しきるまで温度は凝固点のまま変わらない．凝固しきると温度は下がる（最後の右下がり直線）．

温度変化と状態変化（温度一定）の両方が進むときに出入りする熱量は，物質の比熱容量，融解熱，蒸発熱を使って計算する．

例題 10・10　液体の加熱と蒸発

25.0 ℃のエタノール15.0 gを78.0 ℃（沸点）の気体とするには，何Jの熱が必要か．液体エタノールの比熱容量を 2.46 J g^{-1} ℃$^{-1}$，沸点での蒸発熱を 841 J g^{-1} とする．

[答] 考える温度範囲は図のようになる．

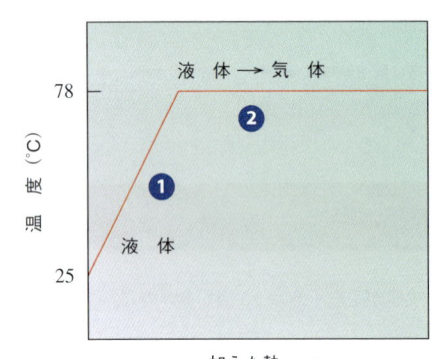

手順1: 液体の加熱（①）には，質量15.0 g，温度差 53.0 ℃，比熱容量 2.46 J g^{-1} ℃$^{-1}$ をかけ合わせた 15.0 g×53.0 ℃×2.46 J g^{-1} ℃$^{-1}$＝1960 Jを要する．
手順2: 蒸発（②）には，質量15.0 gと蒸発熱841 J g^{-1} をかけ合わせた 15.0 g×841 J g^{-1}＝12,600 Jを要する．
手順3: 以上の合計を四捨五入し，必要な熱は 1960 J＋12,600 J＝14,600 Jとなる．

● 類題　75.0 gの水蒸気を100 ℃で凝縮させ，できた液体を 0 ℃に冷やしたあと，全体を凍らせるとき，合計で何kJの熱が放出されるか．

[答] 226 kJ

練習問題　状態変化と熱

10・43　以下のとき，吸収または放出される熱はいくらか．温度は 0 ℃とする．
① 氷 65.0 gを融かす（J単位）
② 氷 17.0 gを融かす（J単位）
③ 水 225 gを凍らせる（kJ単位）
④ 水 50.0 gを凍らせる（kJ単位）

10・44　以下のとき，吸収または放出される熱はいくらか．温度は 0 ℃とする．
① 水 35.2 gを凍らせる（J単位）
② 水 275 gを凍らせる（J単位）
③ 氷 145 gを融かす（kJ単位）
④ 氷 5.00 kgを融かす（kJ単位）

10・45　以下のとき，吸収または放出される熱はいくらか．温度は 100 ℃とする．
① 水 10.0 gを蒸発させる（J単位）
② 水 50.0 gを蒸発させる（kJ単位）
③ 水蒸気 8.00 kgを凝縮させる（J単位）
④ 水蒸気 175 gを凝縮させる（kJ単位）

10・46　以下のとき，吸収または放出される熱はいくらか．温度は 100 ℃とする．
① 水蒸気 10.0 gを凝縮させる（J単位）
② 水蒸気 76.0 gを凝縮させる（kJ単位）
③ 水 44.0 gを蒸発させる（J単位）
④ 水 5.0 kgを蒸発させる（kJ単位）

10・47　水の融解熱，比熱容量，蒸発熱を使い，つぎのエネルギーを計算せよ．
① 15 ℃の水 20.0 gを 72 ℃に温める（J単位）
② 0 ℃の氷 50.0 gを融かしたあと，水を 65.0 ℃に温める（J単位）
③ 100 ℃の水蒸気 15.0 gを凝縮させたあと，水を 0 ℃に冷やす（kJ単位）
④ 0 ℃の氷 24.0 gを融かし，水を 100 ℃に熱して水蒸気にする（kJ単位）

10・48　水の融解熱，比熱容量，蒸発熱を使い，つぎのエネルギーを計算せよ．
① 100 ℃の水蒸気 125 gを凝縮させたあと，水を 15.0 ℃に冷やす（J単位）．
② 0 ℃の氷 525 gを融かしたあと，水を 15.0 ℃に温める（J単位）
③ 100 ℃の水蒸気 85.0 gを凝縮させ，水を 0 ℃に冷やして氷にする（kJ単位）
④ 10 ℃の水 55.0 mL（密度 1.00 g mL^{-1}）を 100 ℃に熱して水蒸気にする（J単位）

10・49　0 ℃の氷 275 g入りの氷嚢で筋肉を冷やした．使い終わったとき，氷嚢の中は 24.0 ℃の水だった．氷嚢が吸収した熱は何kJか．

10・50　火山から出た100 ℃の水蒸気 115 gが上空で冷え，0 ℃の雪となって地上に降った．放出された熱は何kJか．

10章の見取り図

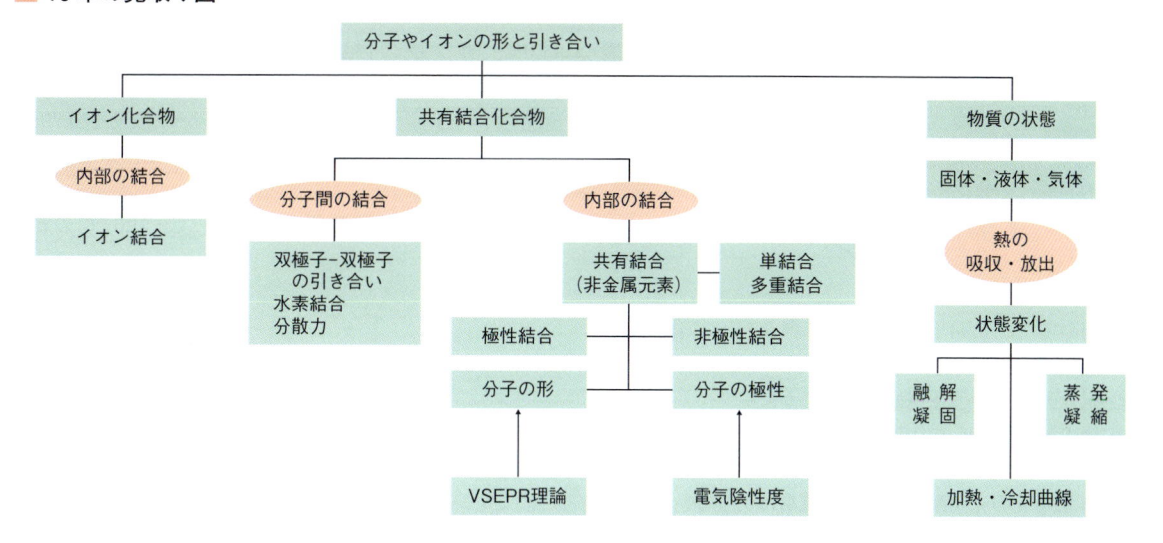

```
                    分子やイオンの形と引き合い
        ┌───────────────────┼───────────────────┐
   イオン化合物          共有結合化合物            物質の状態
        │              ┌───┴───┐                │
    内部の結合       分子間の結合  内部の結合        固体・液体・気体
        │              │         │                │
    イオン結合    双極子-双極子    共有結合 ─ 単結合   熱の
                 の引き合い    （非金属元素）多重結合  吸収・放出
                 水素結合         │                │
                 分散力      ┌────┴────┐         状態変化
                           極性結合  非極性結合   ┌───┴───┐
                              │        │      融解    蒸発
                           分子の形  分子の極性   凝固    凝縮
                              ↑        ↑         │
                          VSEPR理論  電気陰性度   加熱・冷却曲線
```

キーワード

折れ線（形）（bent）
加熱曲線（heating curve）
凝結（deposition）
凝固（freezing）
凝固点（freezing point）
凝縮（condensation）
共鳴構造（resonance structure）
極性（polarity）
極性共有結合（polar covalent bond）
原子価殻電子対反発（VSEPR）理論
　（valence shell electron-pair
　repulsion theory）

三角形（trigonal planar）
三重結合（triple bond）
三方錐（trigonal pyramidal）
四面体（形）（tetrahedral）
昇華（sublimation）
状態変化（change of state）
蒸発（evaporation）
蒸発熱（heat of vaporization）
水素結合（hydrogen bond）
双極子（dipole）
双極子-双極子の引き合い（dipole-
　dipole attraction）

直線（形）（linear）
電気陰性度（electronegativity）
二重結合（double bond）
非極性共有結合
　（nonpolar covalent bond）
沸点（boiling point）
沸騰（boiling）
分散力（dispersion force）
融解（melting）
融解熱（heat of fusion）
融点（melting point）
冷却曲線（cooling curve）

8章～10章の総合問題

総合問題 13 銅片 8.56 g を過剰の酸素と反応させ，酸化銅(II)にした．つぎの問いに答えよ．

① 銅の密度が 8.94 g cm^{-3} なら，銅 8.56 g の体積は何 cm^3 か．
② 銅 8.56 g をつくる銅原子は何個か．
③ 銅の酸化を反応式で書け．
④ 銅の酸化は，どの反応タイプに分類できるか．
⑤ 銅 8.56 g の完全酸化に必要な酸素は何 g か．
⑥ 銅 8.56 g と酸素 3.72 g からできる酸化銅(II)は何 g か．
⑦ 反応収率が 85.0% なら，できる酸化銅(II)は何 g か．

総合問題 14 ガソリン成分の一つオクタン C$_8$H$_{18}$ は，密度 0.803 g cm^{-3}，燃焼の ΔH 値は -5510 kJ mol^{-1} となる．満タン 11.9 gal，燃費 45 mi gal^{-1} のハイブリッド車を想定して，つぎの問いに答えよ．

① オクタンの示性式を書け．
② 反応熱も付記し，オクタンの燃焼を反応式で書け．
③ ガソリンが純オクタンなら，満タン分が燃えて出るエネルギーは何 kJ か．
④ ガソリンが純オクタンなら，満タン分は何個のオクタン分子を含むか．
⑤ ガソリンが純オクタンなら，年間走行（24,500 mi）から出る二酸化炭素は何 kg か．

総合問題 15 NaOH 水溶液に塩素を吹きこめば，次亜塩素酸ナトリウムと NaCl を含む水溶液ができ，それをシミ落とし用の漂白液にする．ある製品は 5.25 質量% の次亜塩素酸ナトリウムを含み，密度は 1.08 g mL^{-1} だった．つぎの問いに答えよ．

① 次亜塩素酸ナトリウムの化学式を書け．モル質量はいくらか．
② 次亜塩素酸イオンのルイス構造を描け．
③ 漂白液 1.00 ガロンは何個の次亜塩素酸イオンを含むか（1 ガロン = 3.785 L）．
④ 漂白液製造で進む変化を反応式で書け．
⑤ 漂白液 1.00 ガロンをつくるのに必要な NaOH は何 g か．
⑥ 275 g の NaOH を含む水溶液に 165 g の Cl$_2$ を通じ，162 g の次亜塩素酸ナトリウムを得た．反応の収率は何 % か．

総合問題 16 トウモロコシなどを発酵させるとエタノール C$_2$H$_5$OH ができる．米国では，体積比エタノール 85.0%，ガソリン 15.0% の燃料 "E 85" を売る．エタノールは融点 -115 °C，沸点 78 °C，融解熱 98.7 J g^{-1}，蒸発熱 841 J g^{-1} を示す．エタノールの密度を 0.796 g mL^{-1}，比熱容量を 2.46 J g^{-1} °C^{-1} として，つぎの問いに答えよ．

① エタノールの加熱曲線を -150 °C～100 °C の範囲で描け．

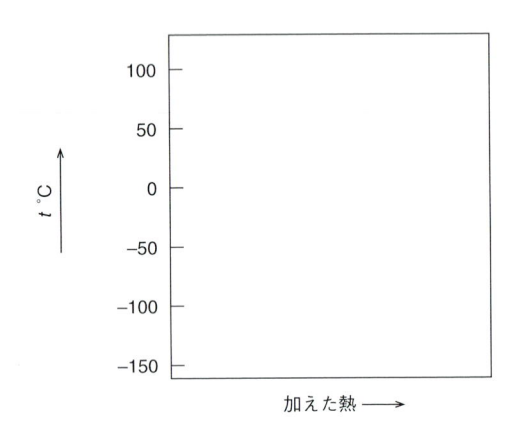

② -62 °C のエタノール 20.0 g を熱し，78 °C で完全に蒸発させた．何 kJ を投入したか．
③ E 85 を満タン（15.0 ガロン）にした．エタノールは何 L を占めるか．
④ エタノールの燃焼を反応式で書け．
⑤ 15.0 ガロンの E 85 が燃えて生じる CO$_2$ は何 kg か．
⑥ 液体のエタノール分子が引き合う最強の力は何か．

総合問題 17 鎮静剤や催眠剤に使う抱水クロラールは，最初の不眠症治療薬だった．融点 57 °C の抱水クロラールは，98 °C でクロラールと水に分解する．下の問いに答えよ．

① 抱水クロラールとクロラールのルイス構造を描け．
② 抱水クロラールとクロラールはどんな官能基をもつか．
③ 抱水クロラールとクロラールの化学式を書け．
④ 抱水クロラール中で Cl の質量% はいくらか．

総合問題 18 密度 1.11 g mL^{-1} のエチレングリコール C$_2$H$_6$O$_2$ は，冷却媒や不凍液に使う．甘いため幼児やペッ

8章～10章の総合問題

トがなめたがるけれど，LD₅₀ は体重 1 kg 当たり 4700 mg だから，毒性がかなり高く，うっかり飲むと腎機能や呼吸に障害が出る．エチレングリコールは体内で代謝され，やはり毒物のシュウ酸 $C_2H_2O_4$ に変わる．つぎの問いに答えよ．

凍結・沸騰防止で車のラジエーターに入れるエチレングリコール

① エチレングリコールとシュウ酸の実験式を書け．
② エチレングリコールは，両端に H 原子 2 個が結合した C-C 単結合をもつ．エチレングリコールのルイス構造を描け．
③ エチレングリコール分子内の極性結合と非極性結合はどれか．
④ 体重 5 kg のネコにとって LD₅₀ 値になるエチレングリコールは何 mL か．
⑤ エチレングリコール分子が引き合う最強の力は何か．
⑥ シュウ酸分子では，C-C 単結合の両端にカルボキシ基が結合している．シュウ酸のルイス構造を描け．
⑦ エチレングリコールと酸素 O_2 からシュウ酸ができる変化を反応式で書け．

総合問題 19 アセトン（2-プロパノン）は刺激臭のある透明な液体で，水とどんな割合でも混ざり，マニキュア落としや塗料，樹脂などに使う．沸点が低く，引火性がたいへん高い．密度を 0.786 g mL⁻¹，燃焼熱を 1790 kJ mol⁻¹ として，つぎの問いに答えよ．

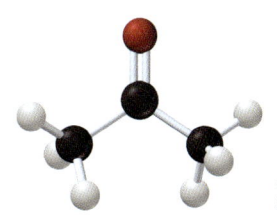

黒い球は C，白い球は H，赤い球は O を表す

① アセトンの示性式を描け．
② アセトンの化学式を書け．モル質量はいくらか．
③ 熱の出入りも付記し，アセトンの燃焼反応式を書け．
④ アセトンの燃焼は発熱反応か，吸熱反応か．
⑤ アセトン 2.58 g の完全燃焼で出るエネルギーは何 kJ か．
⑥ アセトン 15.0 mL を燃やすのに必要な酸素は何 g か．

総合問題 20 ジヒドロキシアセトン（DHA）は，皮膚表面のアミノ酸と反応して皮膚を黒くするため，"太陽光なしの日焼け" に使う．市販のローションは 4.0%(m/v) の DHA を含むとして，つぎの問いに答えよ．

$$H-O-\underset{H}{\overset{H}{C}}-\underset{}{\overset{O}{C}}-\underset{H}{\overset{H}{C}}-O-H$$
DHA

① DHA の示性式を描け．
② DHA はどんな官能基をもつか．
③ DHA の化学式を書け．モル質量はいくらか．
④ 177 mL のローションは何 mg の DHA を含むか．

[答]

総合問題 13　① 0.957 cm³，② 8.11×10²² 個
③ $2Cu(s) + O_2(g) \longrightarrow 2CuO(s)$
④ 結合反応，⑤ 2.16 g，⑥ 10.7 g，⑦ 9.10 g

総合問題 15　① NaOCl，74.44 g mol⁻¹
② $[:\!\ddot{Cl}\!-\!\ddot{O}\!:]^-$　③ 1.74×10²⁴ 個
④ $2NaOH(aq) + Cl_2(g) \longrightarrow$
$\qquad NaOCl(aq) + NaCl(aq) + H_2O(l)$
⑤ 231 g，⑥ 93.6%

総合問題 17
①

:Cl̈: Ö—H　　　　:Cl̈: Ö:
:Cl̈—C—C—Ö—H　　:Cl̈—C—C—H
　　:Cl̈: H　　　　　　:Cl̈:

② 抱水クロラール：ヒドロキシ基（2個），クロラール：アルデヒド基（ホルミル基）
③ 抱水クロラール：$C_2H_3O_2Cl_3$，クロラール：C_2HOCl_3
④ 64.30%

総合問題 19
①
$$CH_3-\underset{}{\overset{O}{C}}-CH_3$$

② C_3H_6O，58.08 g mol⁻¹
③ $C_3H_6O(g) + 4O_2(g) \longrightarrow 3CO_2(g) + 3H_2O(g)$
$\qquad\qquad\qquad\qquad\qquad \Delta H = -1790$ kJ
④ 発熱反応，⑤ 79.5 kJ，⑥ 26.0 g

11 気体

目次と学習目標

11・1 気体の性質
気体の性質は，分子の動きとどう関係するのか．

11・2 気体の圧力
圧力はどんな単位で表すのか．

11・3 圧力と体積の関係（ボイルの法則）
温度が一定のとき，気体の圧力と体積はどんな関係にあるのか．

11・4 温度と体積の関係（シャルルの法則）
圧力が一定のとき，気体の温度と体積はどんな関係にあるのか．

11・5 温度と圧力の関係（ゲーリュサックの法則）
体積が一定のとき，気体の温度と圧力はどんな関係にあるのか．

11・6 圧力・体積・温度の関係
気体の圧力・温度・体積はどう関係し合うのか．

11・7 気体の量と体積（アボガドロの法則）
気体の体積は，気体の量とどんな関係にあるのか．

11・8 理想気体の状態方程式
状態方程式は，どのように活用できるのか．

11・9 化学反応と気体の法則
気体の反応量や生成量は，どう計算できるのか．

11・10 気体の分圧（ドルトンの法則）
気体の圧力は，各成分が示す圧力とどう関係するのか．

　私たちは"大気"という気体の底で生きている．大気の約21%は，動植物の生存に欠かせない酸素O_2が占める．成層圏で紫外線を吸収したO_2からできるオゾンO_3は，生物にとって危険な紫外線を弱めてくれる．大気はほかに，窒素N_2（約78%），水蒸気（0.5〜4.0%），アルゴン（約1%），微量の二酸化炭素CO_2などを含む．燃焼や生物の呼吸で大気に出るCO_2は植物が光合成に使い，その光合成活動から酸素が出る．

　人間活動や自然現象は，少量のメタンやフロン（クロロフルオロカーボン CFCs），一酸化二窒素N_2O，揮発性有機化合物（VOCs）をも大気に入れる．そんな気体が，大気汚染やオゾン層破壊などにつながり，私たちの健康や暮らしに影響する．環境や健康のことを正しく考えるためにも，気体の性質をつかみ，気体の法則を知っておくのが望ましい．

11・1 気体の性質

　周期表に並ぶ元素のうち，室温で単体が気体の元素はH_2, N_2, O_2, F_2, Cl_2と貴ガスしかない．周期表の右上にある非金属元素の酸化物（CO, CO_2, NO, NO_2, SO_2, SO_3）も気体だ．6章で見たとおり，メタン，エタン，プロパン，ブタンとそのアルケン・アルキンなど，軽い有機化合物も室温で気体になる．第1・第2周期にある元素が数原子つながってできた分子は，室温で気体の姿をとると考えてよい．

　気体は液体や固体とずいぶん違う．構成粒子（ふつうは分子）間の平均距離が，液体や固体よりずっと長い（3章）．気体は決まった形をもたず，どんな容器にも隅々まで満ちる．また，気体分子どうしの引き合いはたいへん弱い（10章）．つまり気体は，分子どうしが大きく離れ，液体や固体より密度がずっと小さく，圧縮しやすい．そんな気体の性質は，**気体分子運動論**というモデルを考えると理解しやすい．

気体分子運動論

　気体分子運動論の要点は，つぎのようにまとめられる．

1. **気体の分子は，四方八方に飛び交う．**　だから気体は容器いっぱいに広がる．
2. **分子どうしの引き合いがとても弱い．**　分子間の平均距離がたいへん長い．
3. **分子自体の体積は，気体が占める体積よりずっと小さい．**　気体の体積は容器の体積に等しい．容器内はほとんど真空なので，気体は液体や固体より圧縮しやすい．
4. **気体分子は高速でまっすぐに飛ぶ．**　仲間の分子や容器の壁にぶつかり，そのたびに向きを変える．壁にぶつかって及ぼす力が，気体の圧力になる．衝突の回数や衝撃が大きいほど，気体の圧力は高い．

5. 気体分子の平均運動エネルギーは，絶対温度に比例する． 温度が高いほど，分子が壁にぶつかる回数も，衝突ごとの衝撃も大きくなる結果，圧力が高まる．

気体の性質は，たいてい分子運動論で説明できる．香水の瓶を開けるとたちまち部屋に香りが満ちるのは，におい分子が四方八方に猛スピードで飛ぶからだ．分子の瞬間速度は高温ほど大きく，室温なら 500〜2000 m s^{-1} になる（軽い分子ほど速い）．炎天下のタイヤやボンベが爆発しやすいのは，高温ほど分子の動きが速く，容器の壁にぶつかったときの衝撃が大きいため，容器の内圧が高まるからだ．

ふつう気体の話では，四つの量（圧力，体積，温度，気体の量）に注目する．

圧 力（記号 P） 目に見えない気体分子が高速で飛ぶ．容器の壁にぶつかって壁を押す力が，気体の圧力になる（図 11・1）．暖めると分子の動きが速くなり，壁との衝突回数も，衝突ごとの力も増えて，圧力が上がる．空気の分子（おもに N_2 と O_2）が生む圧力を**気圧**という（図 11・2）．上空では体積当たりの分子数が少なく，気圧も低い．圧力の単位には気圧（atm），mm 水銀柱（mmHg），トール（torr）を使う（1 torr＝1 mmHg）．天気予報では昨今，気圧を SI 単位のヘクトパスカル（hPa）で言うようになった．

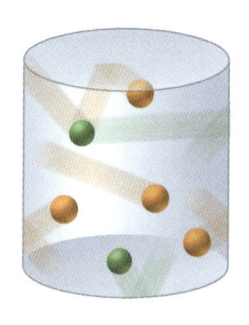

体 積（記号 V） 気体の体積は，容器の体積（容積）に等しい．タイヤやボールに外から気体分子を入れると，内壁にぶつかる分子が増えるのでふくらむ．寒い朝は車のタイヤが少しへこむ．低温では分子の動きが遅く，内壁に及ぼす力が小さくて体積が減るのだ．体積の単位にはリットル（L）やミリリットル（mL）を使う．

温 度（記号 T） 気体の温度は，分子が動き回る勢い（運動エネルギー）を表す．丈夫な容器に入れた 200 K の気体を 400 K に熱すると，運動エネルギーが 2 倍になる結果，圧力も 2 倍になる．気体の話では通常，温度の単位に摂氏（℃）ではなく絶対温度（ケルビン温度，K）を使う．原理的に到達できない絶対零度（0 K）は，分子の運動エネルギーが（つまりは圧力も）0 になる温度をいう．

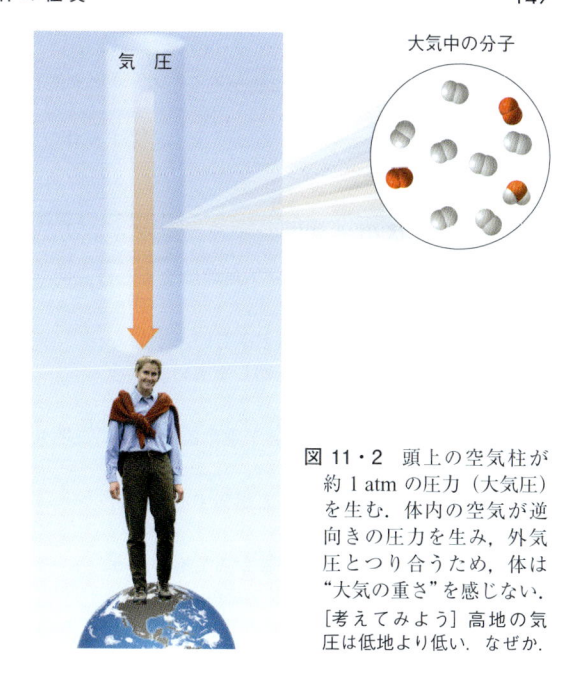

図 11・1 容器内を飛び交う気体分子が壁にぶつかって圧力を生む．
[考えてみよう] 容器を暖めると内圧が上がる．なぜか．

図 11・2 頭上の空気柱が約 1 atm の圧力（大気圧）を生む．体内の空気が逆向きの圧力を生み，外気圧とつり合うため，体は"大気の重さ"を感じない．
[考えてみよう] 高地の気圧は低地より低い．なぜか．

気体の量（記号 n） 自転車のタイヤに空気を入れると，気体の量が増える結果，内圧が上がる．気体の量は質量（g 単位）でも表せるが，たいていの場合，mol 単位の値に換算して理論式に代入する．

以上，四つの量を表 11・1 にまとめた．

表 11・1 気体の性質を表す四つの量

性 質	内 容	単 位
圧 力（P）	分子が容器の壁に及ぼす力	atm, mmHg, torr, Pa
体 積（V）	気体の占める空間	L, mL, m^3
温 度（T）	分子の平均運動エネルギーに比例	K（計算では必須），℃
気体の量（n）	容器に入っている量	mol（計算では必須），g, kg

復習 11・1 気体の性質

どんな気体も容器のサイズと形に従うのはなぜか．分子運動論をもとに説明せよ．

[答] 気体分子は四方八方に高速で飛び，たえず容器の内壁にぶつかるから．

例題 11・1 気体の性質

つぎの性質は，気体のどのような量を表すか．
① 分子の平均運動エネルギーに比例する量
② 分子が容器の内壁にぶつかって及ぼす力
③ 気体が占める空間

[答] ①温度，②圧力，③体積

● **類題** ヘリウムを入れると風船が重くなる．その現象は，気体のどんな性質を表すか．

[答] 気体の量

練習問題　気体の性質

11・1 つぎのことを，気体分子運動論をもとに説明せよ．
① 気体分子の動きは高温ほど激しい．
② 気体は液体や固体より圧縮しやすい．
③ 気体の密度は小さい．

11・2 つぎのことを，気体分子運動論をもとに説明せよ．
① スプレー缶を火にくべると爆発する．
② 熱気球が上昇する．
③ 調理中のニンニクは，遠くからでもにおう．

11・3 以下は，気体の何を表す量か．
① 350 K　　② 気体が占める空間　　③ 2.00 g の O_2
④ 分子が容器の壁にぶつかって及ぼす力

11・4 以下は，気体の何を表す量か．
① 425 K　　② 1.0 atm　　③ 10.0 L
④ 0.50 mol の He

11・2　気体の圧力

容器の壁には無数の分子がたえずぶつかり，それが気体の**圧力**を生む．圧力とは，壁が受ける力を，壁の面積で割った値をいう*[1].

$$ 圧力 (P) = \frac{力}{面積} $$

気圧は気圧計で測る（図 11・3）．**1 気圧**（**1 atm**）は水銀柱 760 mm（760 mmHg）に等しい．1 mmHg を（気圧計の考案者 Evangelista Torricelli にちなみ）1 torr とも書くため，1 atm＝760 torr の関係が成り立つ．

$$ 1 \text{ atm} = 760 \text{ mmHg} = 760 \text{ torr}（正確に） $$

SI 単位では圧力をパスカル（Pa）単位で表し，1 atm＝101,325 Pa（約 10^5 Pa ＝ 0.1 MPa）となる．面倒な指数をなるべく使わないよう，キロパスカル（kPa）やヘクトパスカル（hPa）単位で表すことが多い．

$$ 1 \text{ atm} = 1.01325 \times 10^5 \text{ Pa} = 101.325 \text{ kPa} $$
$$ = 1013.25 \text{ hPa} \fallingdotseq 0.1 \text{ MPa} $$

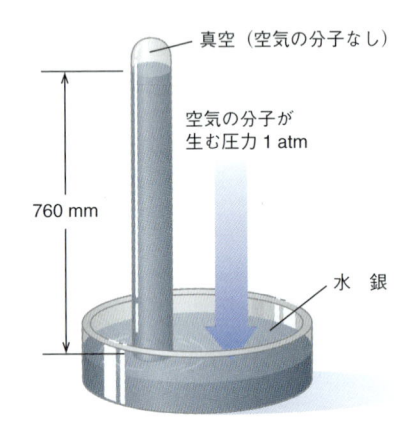

図 11・3 気圧計の原理．空気の分子が押す力が，水銀柱が押す力とつり合う．
[考えてみよう] 水銀柱の高さは日ごとに変わる．なぜか．

米国では，圧力の単位に psi（pounds per square inch: 1 平方インチ当たりのポンド数．単位，lb in.$^{-2}$）をよく使う．1 atm＝14.7 lb in.$^{-2}$＝14.7 psi の関係がある．いろいろな圧力の単位を表 11・2 にあげた．

血圧測定　　　　　　　　　　　　　　　　　　　健康と化学

　健康診断ではよく血圧を測る．ポンプと同じように心臓は，筋肉の収縮時に生まれる圧力を使い，血液を血管に送りこむ．血圧は，収縮したときに最大（収縮期血圧，"上"），弛緩したときに最小（拡張期血圧，"下"）となる．"上" が 100〜120 mmHg，"下" が 60〜80 mmHg なら正常値で，それを "100/80" のように表す．高齢になれば血圧が上がる．140/90 くらいだと，心臓に発作や麻痺，腎機能障害などのリスクがある．かたや低血圧は，脳に酸素が行きにくくなる結果，めまいや卒倒を起こしやすい．

　血圧測定では，腕に巻いたバンドに空気を入れて圧力を上げ，まず血流を止める．空気をじわじわ抜いていくと，収縮期血圧に等しくなったとき，血流が戻って "せせらぎ" の音が出る．さらに空気を抜いていくと，拡張期血圧に等しくなって音が消える．こうした現象を電気信号に変えるのが血圧計だ（昔は聴診器で血流の音を聞き，"上" と "下" の値をつかんだ）．

---

*[1]　訳注: SI 単位の場合，力はニュートン（記号: N），面積は m^2 を単位にする．

表 11・2 圧力の単位

単位の呼び名	単位記号	1 気圧の値
気　圧	atm	1 atm（正確に）
ミリメートル水銀柱	mmHg	760 mmHg（正確に）
トール	torr	760 torr（正確に）
ポンド/平方インチ	psi = lb in.$^{-2}$	14.7 psi
パスカル	Pa	101,325 Pa
ヘクトパスカル	hPa	1013.25 hPa

気圧は天候や海抜で変わる．晴れた暑い日は，同じ底面積の大気柱に含まれる気体分子が多いため，気圧は高い（高気圧）．また，雨の日は気圧が低い（低気圧）．海抜とともに空気の密度が減り，気圧が下がっていく．イスラエル-ヨルダン国境の死海は海面より低いから，平均気圧は 760 mmHg より高い（表 11・3）．

表 11・3 海抜と気圧の関係

場　所	海抜（km）	平均気圧（mmHg）
死　海	−0.40	800
海　面	0	760
ロサンゼルス	0.09	752
ラスベガス	0.70	700
デンバー	1.60	630
富士山	3.78	479
エベレスト山	8.90	253

復習 11・2　圧力の単位

0.50 atm は何 mmHg か．

[答] 1 atm＝760 mmHg だから，0.50 atm＝760 mmHg×0.5＝380 mmHg

練習問題　気体の圧力

11・5　気体の圧力は，どのような単位で表すか．
11・6　つぎのうち，圧力を表すのはどれか．
　① 気体分子が壁に及ぼす力　② 容器内にある分子数
　③ 容器の体積　④ 3.00 atm　⑤ 750 torr
11・7　2.00 atm をつぎの単位に換算せよ．
　① torr　② psi　③ mmHg　④ hPa
11・8　ある山頂の気圧 467 mmHg を，つぎの単位に換算せよ．
　① atm　② torr　③ psi　④ Pa

11・3　圧力と体積の関係（ボイルの法則）

自転車用の空気入れに入れた分子も，たえず壁にぶつかっている．ハンドルを押し下げると何が起こるのだろう？　体積が小さくなって壁の総面積も減り，分子の衝突回数が増す結果，圧力が上がっていく．

つまり圧力 P は体積 V で変わる．測定してみると，P と V は反比例の関係にある（**ボイルの法則**）．くわしくいえば，温度 T と気体の量 n が一定のとき，V と P は反比例する（図 11・4）．

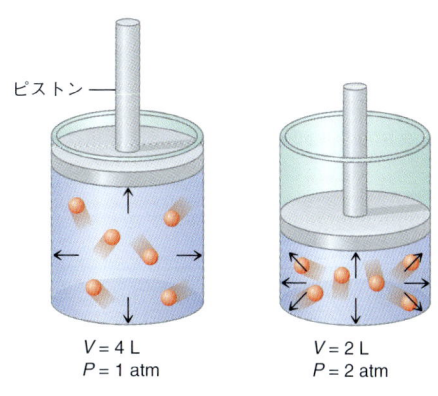

図 11・4　ボイルの法則．体積が減ると，分子が混み合って圧力が上がる．
[考えてみよう] 温度一定で気体の体積を増やすと，圧力はどうなるか．

温度 T と気体の量 n が一定のとき，気体の体積 V や圧力 P を変えても，積 PV は一定にとどまる．つまり次式が成り立つ．

$$\text{ボイルの法則：} P_1V_1 = P_2V_2 \quad (T, n \text{ 一定})$$

復習 11・3　ボイルの法則

T と n が一定のとき，つぎの操作で気体の圧力は上がるか，それとも下がるか．
　① 体積を減らす．　② 体積を増やす．

[答] ① 上がる．② 下がる．

例題 11・2　ボイルの法則

圧力 1.0 atm の水素 5.0 L がある．温度一定のまま体積を 2.0 L に減らすと，圧力は何 atm になるか．

[答] ボイルの法則 $P_1V_1=P_2V_2$ に $P_1=1.0$ atm，$V_1=5.0$ L，$V_2=2.0$ L を入れ，つぎの計算で $P_2=2.5$ atm を得る．

$$P_2 = 1.0 \text{ atm} \times \frac{5.0 \text{ L}}{2.0 \text{ L}} = 2.5 \text{ atm}$$

● 類題　648 torr のヘリウム 312 mL を 825 mL に膨張させると，圧力は何 torr になるか．

[答] 245 torr

例題 11・3　ボイルの法則

12 L のタンクに入れた酸素の圧力が 3800 mmHg だった．温度一定のまま圧力を 0.75 atm にしたとき，体積は何 L になるか．

[答] 1 atm＝760 mmHg の関係より，3800 mmHg は 3800÷760＝5.0 atm に等しい．ボイルの法則 $P_1V_1=P_2V_2$ に $P_1=5.0$ atm, $V_1=12$ L, $P_2=0.75$ atm を入れ，つぎの計算で $V_2=80$ L を得る．

$$V_2 = 12 \text{ L} \times \frac{5.0 \text{ atm}}{0.75 \text{ atm}} = 80 \text{ L}$$

● 類題　25℃・0.600 atm のメタン 125 mL がある．温度一定のまま圧力を 1.50 atm に上げると，体積は何 mL になるか．

[答] 50.0 mL

練習問題　ボイルの法則

（以下，温度 T と気体の量 n は一定とする）

11・9 ダイバーは，息を止めたまま深みから浮上してはいけない．なぜか．

11・10 高い山に登ると，スナック類のビニール袋がふくらむのはなぜか．

11・11 以下は，吸気と呼気のどちらを表すか．
① 横隔膜が縮む（平たくなる）．
② 肺の体積が減る．
③ 肺の内圧が大気圧より低い．

11・12 以下は，呼気と吸気のどちらを表すか．
① 横隔膜がたるむ（胸腔に向けてせり上がる）．
② 肺の体積が増す．
③ 肺の内圧が大気圧より高い．

11・13 ピストンつきの円筒に 650 mmHg の空気 220 mL を入れた．

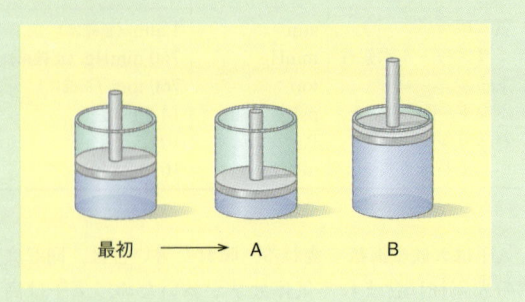

① 空気を加圧したとき，できる状態は A か B か．理由も述べよ．
② 空気の圧力を 1.2 atm にしたとき，体積は何 mL になるか．

11・14 ヘリウムを入れた風船がある．つぎの操作で，風船は A 〜 C のどれになるか．

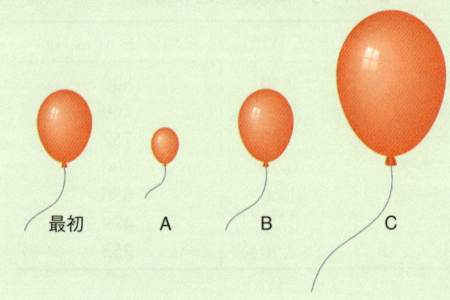

① 上昇距離を伸ばす．
② 同じ気圧の屋内に入れる．
③ 高圧の部屋に入れる．

ボイルの法則と呼吸　　健康と化学

呼吸の仕組みを考えよう．ヒトの肺は，ゴム風船のように弾性があり，"胸腔"という気密の部屋に納まっている．胸腔の底は，やはり弾性のある筋肉でできた横隔膜だ．

吸気　横隔膜が縮んで平たくなると胸郭がふくらみ，胸腔の体積が増して，弾性のある肺もふくらむ．ボイルの法則によって内圧が 1 atm より下がり，肺の中と外界に圧力差ができる．その結果，空気が高圧部（外界）から低圧部（肺）へと流れ，空気が肺に流れこんで（吸気），肺の中も 1 atm になる．

呼気　横隔膜がたるみ，凹んで上方の位置に戻る結果，胸郭の体積が減って肺もしぼむ．そのとき肺の中は外界より高圧になるから，空気が肺から出ていく（呼気）．このように呼吸は，肺の内外に生じる圧力差のせいで起こる．

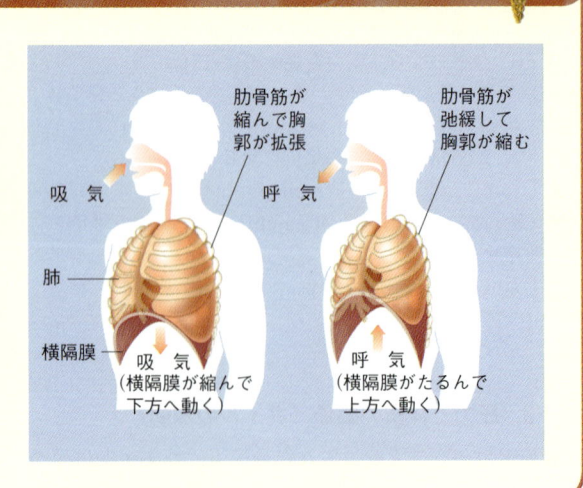

11・15 ピストンつきの密閉容器に 4.0 L の気体を入れた．つぎの操作で，気体の圧力はどう変わるか．
① 2.0 L に圧縮する．
② 12 L に膨張させる．
③ 0.40 L に圧縮する．

11・16 ピストンつきの密閉容器に 2.0 atm の気体を入れた．つぎの操作で，気体の体積はどう変わるか．
① 6.0 atm に加圧する．
② 1.0 atm に減圧する．
③ 0.40 atm に減圧する．

11・17 10.0 L の風船に 655 mmHg のヘリウムを入れた．体積をつぎの値にすると，圧力は何 mmHg になるか．
① 20.0 L　② 2.50 L
③ 13,800 mL　④ 1250 mL

11・18 5.00 L の容器に 1.20 atm の空気を入れた．体積をつぎの値にすると，圧力は何 atm になるか．
① 1.00 L　② 2.500×10^3 mL
③ 7.50×10^2 mL　④ 8.0 L

11・19 全身麻酔に使うシクロプロパン C_3H_6 を，5.0 atm で 5.0 L の容器に入れた．1.0 atm のもとで投与すると，投与量は何 L になるか．

11・20 20.0 L の酸素 O_2 を 15.0 atm で容器に詰めた．全量を 3.00×10^2 L の容器に移すと，圧力はいくらになるか．

11・21 7.60×10^2 mmHg の窒素が 50.0 L ある．つぎの圧力にしたら体積はいくらになるか．
① 1500 mmHg　② 2.0 atm
③ 0.500 atm　④ 850 torr

11・22 0.80 atm のメタン CH_4 が 25 mL ある．つぎの圧力にしたら体積はいくらになるか．
① 0.40 atm　② 2.00 atm
③ 2500 mmHg　④ 80.0 torr

空気の膨張を利用した熱気球

気体の計算に使う温度は，絶対温度（K 単位）だという点に注意しよう．

気体を熱すると，分子の平均運動エネルギーが増す．圧力が一定のままなら，体積が増えなければいけない（図 11・5）．逆に気体を冷やしたときは，同じ圧力に保つため，体積が減らなければいけない．

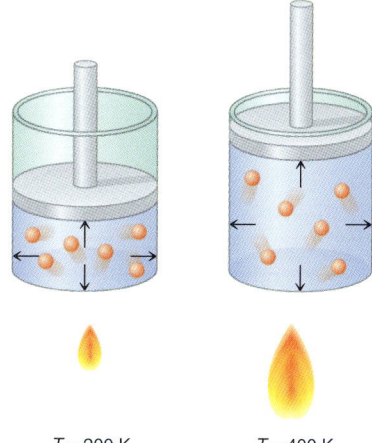

11・4 温度と体積の関係（シャルルの法則）

熱気球に乗るとしよう．操縦士はプロパンのバーナーに点火し，気球内の空気を熱する．熱した空気は膨張し，外気より密度が下がる結果，気球は上昇していく．1787 年にフランスの物理学者 Jacques Charles も気球に乗って，気体の体積が温度で変わるのだと気づいた．くわしく調べると，圧力 P と気体の量 n が一定のとき，体積 V は絶対温度 T に比例する（**シャルルの法則**）．

式ではつぎのように書ける．

$$\text{シャルルの法則}: \frac{V_1}{T_1} = \frac{V_2}{T_2} \quad (P, n \text{ 一定})$$

$T = 200$ K　$T = 400$ K
$V = 1$ L　$V = 2$ L

図 11・5 シャルルの法則．圧力 P が一定のとき，体積 V は絶対温度 T に比例する．熱すると分子の動きが激しくなるので，P を一定に保つために V が増す．
［考えてみよう］圧力一定で温度を下げると，気体の体積はどう変わるか．

復習 11・4 シャルルの法則

P と n が一定のとき，つぎの操作で気体の体積は増すか，それとも減るか．
① 温度を上げる．　② 温度を下げる．

［答］① 増す．② 減る．

例題 11・4 シャルルの法則

15 °C のアルゴン 5.40 L がある．圧力一定のまま 42 °C にすると，体積は何 L になるか．

[答] 摂氏温度を絶対温度 T に直した $T_1=15\ °C+273=288$ K, $T_2=42\ °C+273=315$ K と $V_1=5.40$ L をシャルルの法則 $V_1/T_1=V_2/T_2$ に代入し，つぎの計算で $V_2=5.91$ L を得る．

$$V_2=5.40\ \text{L}\times\frac{315\ \text{K}}{288\ \text{K}}=5.91\ \text{L}$$

● 類題 $-8\ °C$ の戸外で空気 486 mL を吸った．肺の中が 37 °C（体温）なら，肺に入ったあとの空気は何 mL を占めるか．

[答] 569 mL

練習問題　シャルルの法則

（以下，圧力 P と気体の量 n は一定とする）

11・23 つぎの操作で，風船の姿は A ～ C のどれになるか．

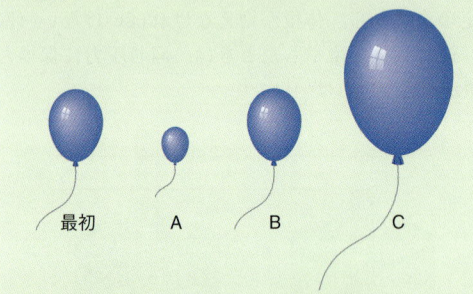

① 温度を 100 K から 300 K に上げる．
② 冷凍室に入れる．
③ 暖めたのち，最初の温度に戻す．

11・24 つぎの操作で，気体の体積は増えるか，減るか，変わらないか．
① $-5\ °C$ の戸外で，$37\ °C$ の肺に空気 505 mL を吸いこむ．
② 熱気球のバーナーを消す．
③ ヘリウム入りの風船を，炎天下の車内に放置した．

11・25 $15\ °C$ のネオン 2.50 L がある．体積をつぎの値にしたとき，ネオンの温度は何 °C になるか．
① 5.00 L　② 1250 mL
③ 7.50 L　④ 3550 mL

11・26 $0\ °C$ の気体 4.00 L がある．体積をつぎの値にしたとき，気体の温度は何 °C になるか．
① 1.00×10^2 L　② 1200 mL
③ 250 L　④ 50.0 mL

11・27 $75\ °C$ のヘリウム 2500 mL を入れた風船がある．温度をつぎの値にしたとき，体積は何 mL になるか．
① $55\ °C$　② 6.80×10^2 K
③ $-25\ °C$　④ 2.40×10^2 K

11・28 $18\ °C$ のシャボン玉 0.500 L がある．温度をつぎの値にしたとき，シャボン玉の体積は何 L になるか．
① $0\ °C$　② 425 K
③ $-12\ °C$　④ 575 K

11・5　温度と圧力の関係（ゲーリュサックの法則）

容器に入れた気体の分子を想像しよう．温度を上げると，分子が容器の壁にぶつかる回数も，衝突のたび壁に及ぼす力も増える．体積が一定なら，圧力が上がっていく．くわしく観察すると，圧力は気体の絶対温度に正比例する（**ゲーリュサックの法則**）．体積 V と気体の量 n が一定のとき，温度 T が上がると圧力 P は直線的に増え，T が下がると P は直線的に減る（図 11・6）．

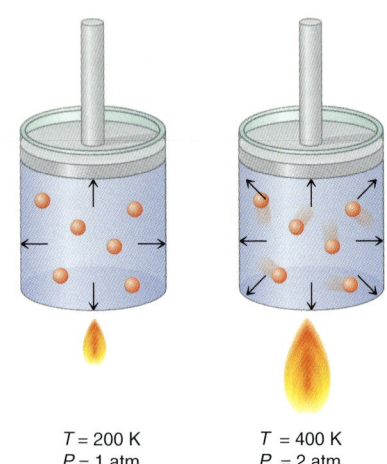

図 11・6　ゲーリュサックの法則．温度 T が 2 倍になると圧力 P も 2 倍になる．
[考えてみよう] 体積一定で温度が下がると，気体の圧力はどう変わるか．

$T=200$ K　$T=400$ K
$P=1$ atm　$P=2$ atm

式ではつぎのように書ける．

ゲーリュサックの法則：$\dfrac{P_1}{T_1}=\dfrac{P_2}{T_2}$　（$V,\ n$ 一定）

復習 11・5　ゲーリュサックの法則

V と n が一定のとき，つぎの操作で気体の圧力は増すか，それとも減るか．
① 温度を上げる．　② 温度を下げる．

[答] ① 増す．② 減る．

例題 11・5　ゲーリュサックの法則

圧力 4.0 atm の気体を詰めた $25\ °C$ のスプレー缶を火にくべたとき，缶内の温度が $402\ °C$ になるとしよう．圧力は何 atm になるか．8.0 atm 以上の内圧で爆発するなら，このスプレー缶は爆発するか．

[答] まず温度を絶対温度 T に直す．$T_1=25\ °C+273=298$ K, $T_2=402\ °C+273=675$ K と $P_1=4.0$ atm をゲーリュサックの法則 $P_1/T_1=P_2/T_2$ に入れ，つぎの計算で $P_2=$

9.1 atm を得る．9.1 atm は 8.0 atm 以上だから，スプレー缶は爆発する．

$$P_2 = 4.0 \text{ atm} \times \frac{675 \text{ K}}{298 \text{ K}} = 9.1 \text{ atm}$$

● 類題　15.0 L の酸素入り容器を 55 ℃ の倉庫に保管中，内圧は 965 torr だった．内圧を 8.50×10^2 torr に下げたい．保管温度を何 ℃ にすればよいか．

[答] 16 ℃

蒸気圧と沸点

液体をつくる分子のうち，運動エネルギーが十分に大きい分子は仲間との引き合いを振切り，気体の分子（蒸気）になって表面から飛び出す（10章）．容器が開放型なら全部がいずれ蒸発するけれど，密閉型だと蒸気は空間にたまり，一定の圧力（**蒸気圧**）を示す．ある温度で，どんな液体も決まった蒸気圧をもつ．温度が上がると，蒸気の量が増えて蒸気圧が増す．水の蒸気圧と温度の関係を表 11・4 にまとめた．

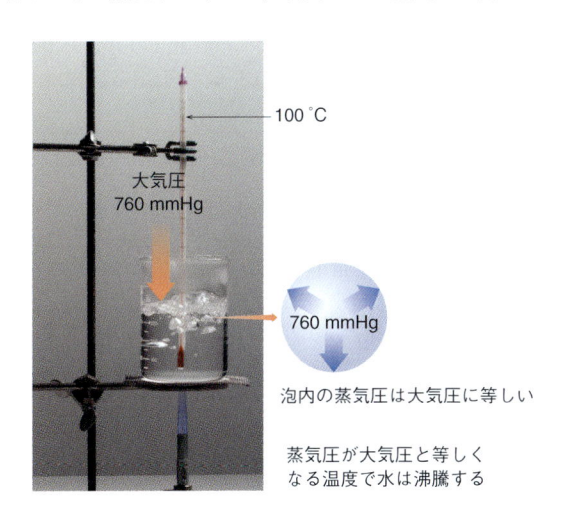

表 11・4　水の蒸気圧

温　度 (℃)	蒸気圧 (mmHg)	温　度 (℃)	蒸気圧 (mmHg)
0	5	50	93
10	9	60	149
20	18	70	234
30	32	80	355
37 (体温)	47	90	528
40	55	100	760

蒸気圧が外気圧に等しくなる温度（**沸点**）で，液体は沸騰を始める．そのとき液体の内部に気泡が生じ，表面のほうへ向かう．たとえば水は，外気圧が 1 atm のとき，蒸気圧が 1 atm (760 mmHg) に届く 100 ℃ で沸騰する．

高地では大気圧が低いため，蒸気圧が 760 mmHg に届かない温度（100 ℃ 以下）で水は沸騰する．つまり水の沸点は 100 ℃ より低い．気圧と沸点の関係を表 11・5 に示す．平均気圧が 630 mmHg のデンバーなら，水の沸点は 95 ℃ になる．

表 11・5　気圧と水の沸点

気　圧 (mmHg)	沸　点 (℃)	気　圧 (mmHg)	沸　点 (℃)
270	70	800	100.4
467	87	1075	110
630	95	1520 (2 atm)	120
752	99	2026	130
760 (1 atm)	100	7600 (10 atm)	180

高地でも，密閉式の圧力鍋を使うと高温の調理ができる．圧力が 1 atm 以上なら，水の沸点は 100 ℃ をこすからだ（表 11・5）．実験室や病院にある"オートクレーブ"も，圧力鍋と同じく密閉容器の内圧を上げ，器具類の高温滅菌に使う．

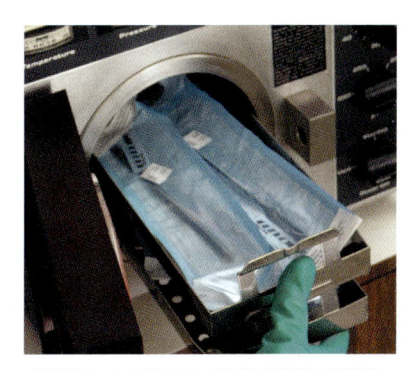

高圧下，100 ℃ 以上で器具を滅菌する装置（オートクレーブ）

練習問題　ゲーリュサックの法則

（以下，体積 V と気体の量 n は一定とする）

11・29　つぎの操作で，気体の圧力は何 mmHg になるか．
① 155 ℃・1200 torr の気体を 0 ℃ に冷やす．
② 12 ℃・1.40 atm のスプレー缶を 35 ℃ に暖める．

11・30　つぎの操作で，気体の圧力はいくらになるか．
① 75 ℃・1.20 atm の気体を −22 ℃ に冷やす．
② −75 ℃・780 mmHg の窒素 N_2 を 28 ℃ に暖める．

11・31　つぎの操作で，気体の最終温度は何 ℃ になるか．

① 25 °C・740 mmHg のキセノンを冷やし，最終圧力を 620 mmHg にする．
② −18 °C・0.950 atm のキセノンを熱し，最終圧力を 1250 torr にする．

11・32 つぎの操作で，気体の最終温度は何 °C になるか．
① 0 °C・250 torr のヘリウムを熱し，最終圧力を 1500 torr にする．
② 40 °C・740 mmHg の空気を冷やし，最終圧力を 680 mmHg にする．

11・33 以下は，蒸気圧・気圧・沸点のどれを表すか．
① 液体の内部に気泡が生じる温度
② 液体の蒸気が示す圧力
③ 空気の分子が地表に及ぼす圧力
④ 液体の蒸気圧が外気圧とつり合う温度

11・34 以下は（気圧・蒸気圧）の組合わせを示す．沸騰するのは①〜⑤のどれか．
① (760 mmHg・700 mmHg)
② (480 torr・480 mmHg)
③ (1.2 atm・912 mmHg)
④ (1020 mmHg・760 mmHg)
⑤ (740 torr・1.0 atm)

11・35 つぎのことが起こる理由を説明せよ．
① 富士山頂だと水は 87 °C で沸騰する．
② 圧力鍋を使うと調理時間が短くてすむ．

11・36 つぎのことが起こる理由を説明せよ．
① 沸騰水は，高地より低地のほうが熱い．
② 外科手術の器具は 2.0 atm・120 °C のオートクレーブに入れて滅菌する．

11・6 圧力・体積・温度の関係

気体の量 n が一定のとき，§11・3〜§11・5 の内容はつぎの関係式にまとめられる．

圧力・体積・温度の関係： $\dfrac{P_1 V_1}{T_1} = \dfrac{P_2 V_2}{T_2}$ （n 一定）

さらに，T, P, V のどれかが一定なら，いままで学んだ三つの法則になる（表 11・6）．

復習 11・6　圧力・体積・温度の関係

気体の量 n を一定として，以下に答えよ．
① 体積を 2 倍，絶対温度を半分にしたら，圧力はどうなるか．
② 圧力を 2 倍，絶対温度を 2 倍にしたら，体積はどうなるか．

[答] ① 体積 2 倍で圧力は半減し，絶対温度の半減でも圧力は半減するから，総合で 4 分の 1 になる．
② 圧力 2 倍で体積は半減し，絶対温度の倍増で体積は 2 倍になるから，総合で体積は変わらない．

例題 11・6　圧力・体積・温度の関係

ダイバーのタンクから，11 °C・4.00 atm の気泡 25.0 mL が出た．その気泡が 1.00 atm・18 °C の海面に達したとき，体積は何 mL になるか．

[答] まず，温度を絶対温度 T に換算する： 11 °C = 284 K, 18 °C = 291 K

関係式 $P_1 V_1 / T_1 = P_2 V_2 / T_2$ より，変化後の体積 V_2 は次式のように書ける．

$$V_2 = V_1 \times \frac{P_1}{P_2} \times \frac{T_2}{T_1}$$

上式に $P_1 = 4.00$ atm, $V_1 = 25.0$ mL, $T_1 = 284$ K, $P_2 = 1.00$ atm, $T_2 = 291$ K を入れ，V_2 がつぎのように計算できる．

$$V_2 = 25.0 \text{ mL} \times \frac{4.00 \text{ atm}}{1.00 \text{ atm}} \times \frac{291 \text{ K}}{284 \text{ K}} = 102 \text{ mL}$$

● 類題　25 °C・685 mmHg のヘリウム 15.0 L を入れた観測気球が −35 °C の上空に昇ったとき，34.0 L にふくらんだ．気球内の圧力はいくらになったか．

[答] 241 mmHg

練習問題　圧力・体積・温度の関係

11・37 圧力・体積・温度の関係を一つの式に書け．その式は，ボイルの法則，シャルルの法則，ゲーリュサックの法則とどう関係するか．

11・38 圧力・体積・温度の関係式を，つぎの形に変形せよ．

表 11・6　気体の法則のまとめ

まとめの式	一定とみる量	関係式	法則名
$\dfrac{P_1 V_1}{\cancel{T_1}} = \dfrac{P_2 V_2}{\cancel{T_2}}$	T, n	$P_1 V_1 = P_2 V_2$	ボイルの法則
$\dfrac{\cancel{P_1} V_1}{T_1} = \dfrac{\cancel{P_2} V_2}{T_2}$	P, n	$\dfrac{V_1}{T_1} = \dfrac{V_2}{T_2}$	シャルルの法則
$\dfrac{P_1 \cancel{V_1}}{T_1} = \dfrac{P_2 \cancel{V_2}}{T_2}$	V, n	$\dfrac{P_1}{T_1} = \dfrac{P_2}{T_2}$	ゲーリュサックの法則

① $T_2 =$ ② $P_2 =$

11・39 25 ℃・845 mmHg のヘリウムが 6.50 L ある．体積と温度をつぎのように変えたとき，圧力は何 atm になるか．
① 1850 mL・325 K
② 2.25 L・12 ℃
③ 12.8 L・47 ℃

11・40 112 ℃・1.20 atm のアルゴンが 735 mL ある．圧力と温度をつぎのように変えたとき，体積は何 mL になるか．
① 658 mmHg・281 K
② 0.55 atm・75 ℃
③ 15.4 atm・−15 ℃

11・41 噴火口の溶岩から 212 ℃・1.80 atm・124 mL の泡が出た．圧力と体積が 0.800 atm・138 mL になったとき，泡の温度は何 ℃ か．

11・42 海底でダイバーが，タンクから 8 ℃・3.00 atm の圧縮空気 50.0 mL を吸った．それが体温 37 ℃ の肺に入り，150 mL に膨張したとき，圧力はいくらになっているか．

11・7 気体の量と体積（アボガドロの法則）

いままでは，気体の量 n（mol 単位）を一定として圧力・体積・温度の関係を調べた．以下，気体の量が変わると何が起こるかを調べよう．

風船に息を吹きこめば，中の空気が増えて体積が増す．風船に小さな穴を開けると，空気が漏れて体積は減る．圧力 P と温度 T が一定なら，気体の体積は分子の数に比例する．1811 年に Amedeo Avogadro が見つけた事実なので，それを**アボガドロの法則**という．気体の量が 2 倍になれば体積も 2 倍になる（図 11・7）．式ではつぎのように書ける．

アボガドロの法則: $\dfrac{V_1}{n_1} = \dfrac{V_2}{n_2}$ （P, T 一定）

例題 11・7 気体の量と体積

観測気球にヘリウム 2.0 mol を入れ，体積を 44 L にした．圧力と温度を一定として，ヘリウム 3.0 mol を追加したら，体積は何 L になるか．

[答] 気体の量が 2.0 mol から 5.0 mol に増えるため，つぎの計算で 110 L だとわかる．

$$V_2 = 44 \text{ L} \times \frac{5.0 \text{ mol}}{2.0 \text{ mol}} = 110 \text{ L}$$

● 類題 8.00 g の酸素が 5.00 L ある．温度と圧力が一定のとき，酸素 4.00 g を加えたら体積は何 L になるか．
[答] 7.50 L

標準状態とモル体積

どんな気体も，温度と圧力が一定のとき，mol 単位の量（つまり分子数）が同じなら同じ体積を示す（アボガドロの法則）．そこで，温度と圧力の**標準状態**を考えると，気体 1 mol の体積が具体的にわかる．通常，気体の標準状態は "0 ℃ (273 K)・1 atm" とする．

標準状態で気体 1 mol は 22.4 L になる[*2]．それを気体の**モル体積**という（図 11・8）．

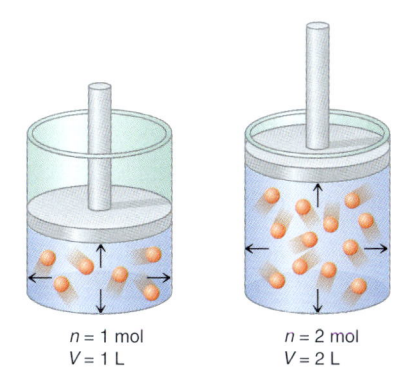

図 11・7 アボガドロの法則．温度と圧力が一定なら，気体の体積は分子数に比例する．
[考えてみよう] 風船に穴を開けたら，体積はどうなるか．

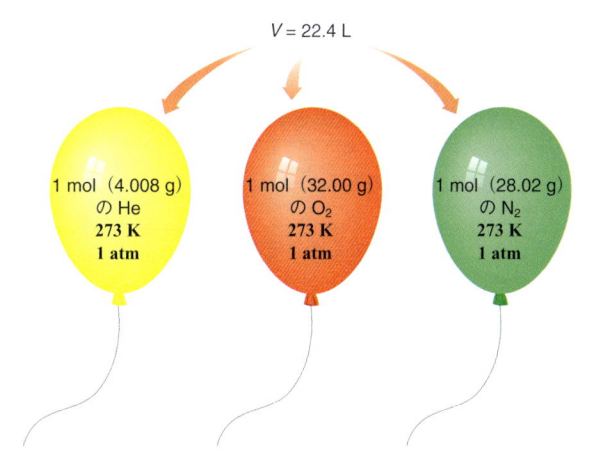

図 11・8 気体 1 mol の体積は標準状態で 22.4 L．
[考えてみよう] 標準状態でメタン 16 g は何 L か．

[*2] 訳注: 27 ℃ (300 K)・1 atm でほぼ正確に 25 L となる（気体 1 m³=40 mol）．そのことを覚えておけば，気体の量を暗算で見積りやすい．

例題 11·8 標準状態とモル体積

64.0 g の酸素 O_2 は標準状態で何 L か.

[答] 酸素 1 mol は 32.0 g だから，64.0 g は 2 mol に等しい．つぎのように計算し，44.8 L を得る．

$$64.0 \text{ g } O_2 \times \frac{1 \text{ mol } O_2}{32.00 \text{ g } O_2} \times \frac{22.4 \text{ L}}{1 \text{ mol } O_2} = 44.8 \text{ L}$$

● 類題 5.10 g のヘリウムは標準状態で何 L か.
[答] 28.5 L

気体の密度

標準状態でどんな気体 1 mol の体積も同じだから，気体の密度 d（g L^{-1} 単位）は，気体の分子量（相対質量）に比例する．たとえば酸素 O_2 は $d=1.43$ g L^{-1}，二酸化炭素 CO_2 は $d=1.96$ g L^{-1} となる．空気の密度は 1.29 g L^{-1} だから，それより重い CO_2 入りの風船は地面に落ち，ヘリウム（$d=0.179$ g L^{-1}）入りの風船は昇っていく．

例題 11·9 気体の密度

窒素 N_2 の密度は標準状態で何 g L^{-1} か.

[答] 窒素 1 mol（28.02 g）が 22.4 L を占めるため，28.02 g ÷ 22.4 L = 1.25 g L^{-1} となる．

● 類題 水素 H_2 の密度は標準状態で何 g L^{-1} か.
[答] 0.0900 g L^{-1}

練習問題 アボガドロの法則

11·43 ポンプで空気を入れたとき，自転車のタイヤやバスケットボールはどうなるか．

11·44 風船をふくらませて手を放すと，風船があちこち飛び回ることがある．そのとき風船内の空気はどうなり，体積はどう変わるか．

11·45 ネオン 1.50 mol を 8.00 L の容器に入れた．圧力と温度が一定のとき，つぎの操作で体積は何 L になるか．
① ネオンの半量を容器から逃がす．
② 容器にネオン 3.50 mol を追加する．
③ 容器にネオン 25.0 g を追加する．

11·46 酸素 4.80 g を 15.0 L の容器に入れた．圧力と温度を一定として，つぎの問いに答えよ．
① 酸素 0.500 mol を足すと，体積はいくらになるか．
② 体積が 10.0 L になるまで酸素を逃がす．逃がした酸素は何 mol か．
③ 容器にヘリウム 4.00 g を追加すると，体積はいく

らになるか．

11·47 つぎの問いに答えよ．気体は標準状態とする．
① 酸素 44.8 L は何 mol か．
② 二酸化炭素 4.00 L は何 mol か．
③ 酸素 6.40 g は何 L か．
④ ネオン 50.0 g は何 mL か．

11·48 つぎの問いに答えよ．気体は標準状態とする．
① 窒素 2.50 mol は何 L か．
② ヘリウム 0.420 mol は何 mL か．
③ ネオン 11.2 L は何 g か．
④ 水素 1620 mL は何 mol か．

11·49 つぎの気体の密度は，標準状態で何 g L^{-1} か．
① フッ素 F_2 ② メタン CH_4
③ ネオン Ne   ④ 二酸化硫黄 SO_2

11·50 つぎの気体の密度は，標準状態で何 g L^{-1} か．
① プロパン C_3H_8 ② アンモニア NH_3
③ 塩素 Cl_2 ④ アルゴン Ar

11·8 理想気体の状態方程式

ボイルの法則，シャルルの法則，ゲーリュサックの法則，アボガドロの法則は，R を比例定数として，つぎの式にまとめられる（**理想気体の状態方程式**）．

$$PV = nRT$$

比例定数 R の値は，標準状態のモル体積（22.4 L）を使い，つぎのように計算できる．

$$R = \frac{PV}{nT} = \frac{1.00 \text{ atm} \times 22.4 \text{ L}}{1.00 \text{ mol} \times 273 \text{ K}}$$
$$= 0.0821 \text{ L atm mol}^{-1} \text{ K}^{-1}$$

この R を**気体定数**という[*3].

例題 11·10 理想気体の状態方程式

22 °C で 0.350 mol の一酸化二窒素 N_2O を 5.00 L の容器に入れた．圧力は何 atm か．

[答] 状態方程式を $P=nRT/V$ と変形する．$T=22$ °C+273 = 295 K とし，n, R, V の値を入れる計算で，つぎの結果を得る．

$$P = \frac{0.350 \text{ mol} \times 0.0821 \dfrac{\text{L atm}}{\text{mol K}} \times 295 \text{ K}}{5.00 \text{ L}} = 1.70 \text{ atm}$$

● 類題 24 °C・865 mmHg で 7.00 L の容器に入れた塩素 Cl_2 は何 mol か．
[答] 0.327 mol

[*3] 訳注: 圧力の単位に Pa（=N m^{-2}=J m^{-3}），体積の単位に m^3 を使う SI 単位系では，$R=8.31$ J mol^{-1} K^{-1} となる．

反応する気体の質量を計算したい場面も多い．そんなときも状態方程式は役に立つ．

例題 11·11　理想気体の状態方程式

25 ℃・715 mmHg で 108 mL のブタン C_4H_{10} は何 g か．

[答]　状態方程式を $n=PV/(RT)$ と変形する．$T=25$ ℃$+273=298$ K，$P=715\div760=0.941$ atm とし，n と V の値を入れる計算で，つぎの結果を得る．

$$n = \frac{0.941 \text{ atm} \times 0.108 \text{ L}}{0.0821 \frac{\text{L atm}}{\text{mol K}} \times 298 \text{ K}}$$
$$= 0.00415 \; (= 4.15 \times 10^{-3}) \text{ mol}$$

ブタンのモル質量は 58.12 g mol^{-1} だから，つぎの計算で 0.241 g になる．

$$0.00415 \text{ mol} \times \frac{58.12 \text{ g}}{1 \text{ mol}} = 0.241 \text{ g}$$

● 類題　8 ℃・724 mmHg で一酸化炭素 1.20 g の体積はいくらか．

[答] 1.04 L

気体のモル質量

気体の質量がわかっていれば，何 mol かを状態方程式で計算し，モル質量の値が出せる．

例題 11·12　理想気体の状態方程式

気体 3.16 g の体積が 45 ℃・0.750 atm で 2.05 L だった．気体のモル質量はいくらか．

[答]　状態方程式を $n=PV/(RT)$ と変形する．$T=45$ ℃$+273=318$ K とし，P, V, R の値を入れる計算で，$n=0.0589$ mol を得る．

$$n = \frac{0.750 \text{ atm} \times 2.05 \text{ L}}{0.0821 \frac{\text{L atm}}{\text{mol K}} \times 318 \text{ K}} = 0.0589 \text{ mol}$$

するとモル質量は，3.16 g $\div$ 0.0589 mol $=53.7$ g mol^{-1} になる．

● 類題　気体 0.488 g の体積が 19.0 ℃・0.0750 atm で 1.50 L だった．気体のモル質量はいくらか．

[答] 104 g mol^{-1}

練習問題　理想気体の状態方程式

11·51　27 ℃で 10.0 L のヘリウム 2.00 mol が示す圧力は何 atm か．

11·52　18 ℃・1.40 atm で 4.00 mol のメタン CH_4 が占める体積はいくらか．

11·53　22 ℃・845 mmHg で 20.0 L の容器に入れた酸素は何 g か．

11·54　25 ℃・575 mmHg で 10.0 g のクリプトンが占める体積はいくらか．

11·55　6.30×10^2 mmHg で 50.0 L を占める窒素 25.0 g の温度は何 ℃か．

11·56　455 mmHg で 525 mL を占める二酸化炭素 0.226 g の温度は何 ℃か．

11·57　つぎのようになる気体のモル質量を計算せよ．
① 標準状態で 0.84 g が 450 mL を占める．
② 標準状態で 1.28 g が 1.00 L を占める．
③ 22 ℃・685 mmHg で 1.48 g が 1.00 L を占める．
④ 24 ℃・0.95 atm で 2.96 g が 2.30 L を占める．

11·58　つぎのようになる気体のモル質量を計算せよ．
① 標準状態で 2.90 g が 0.500 L を占める．
② 標準状態で 1.43 g が 2.00 L を占める．
③ 18 ℃・1.20 atm で 0.726 g が 855 mL を占める．
④ 25 ℃・685 mmHg で 2.32 g が 1.23 L を占める．

11·9　化学反応と気体の法則

反応物や生成物が気体の化学反応は多い．燃料は気体の酸素と反応し，気体の二酸化炭素と水蒸気を生じる．気体の水素と窒素が反応すれば気体のアンモニアができ，気体の水素と酸素は反応して水になる．

ふつう気体の状態は，圧力 P, 体積 V, 温度 T の値で指定する．反応に関係する成分どれかの量（mol 単位）がわかっていれば，状態方程式を使う計算で，ほかの成分の量もわかる．

例題 11·13　化学反応と気体の法則

石灰石（炭酸カルシウム）$CaCO_3$ が HCl と反応すれば，塩化カルシウムと水と気体の二酸化炭素ができる．

$$CaCO_3(s) + 2 \text{ HCl}(aq) \longrightarrow$$
$$CaCl_2(aq) + H_2O(l) + CO_2(g)$$

石灰石 25.0 g が反応するとき，生じる CO_2 は 24 ℃・752 mmHg で何 L か．

[答]　1 mol の $CaCO_3$ が 1 mol の CO_2 になる．$CaCO_3$ の式量は 100.09 で，25.0 g は 25.0 ÷ 100.09 $=0.250$ mol だから，生じる CO_2 の量も 0.250 mol．

また，温度 24 ℃は 297 K，圧力 752 mmHg は 752 ÷ 760 $=0.989$ atm に等しい．

状態方程式 $PV=nRT$ を $V=nRT/P$ と変形し，つぎの計算で 6.16 L を得る．

$$V = \frac{0.250 \text{ mol} \times 0.0821 \frac{\text{L atm}}{\text{mol K}} \times 297 \text{ K}}{0.989 \text{ atm}} = 6.16 \text{ L}$$

● 類題　アルミニウム 12.8 g が HCl とつぎのように反応した．生じる水素 H_2 は，19 ℃・715 mmHg で何 L か．
$$2 \text{ Al}(s) + 6 \text{ HCl}(aq) \longrightarrow 2 \text{ AlCl}_3(aq) + 3 H_2(g)$$

[答] 18.1 L

練習問題　化学反応と気体の法則

11・59 金属 Mg はつぎのように HCl と反応する．下の問いに答えよ．

$$Mg(s) + 2\,HCl(aq) \longrightarrow MgCl_2(aq) + H_2(g)$$

① 反応する Mg が 8.25 g のとき，生じる H_2 は標準状態で何 L か．
② 18 ℃・735 mmHg の水素 5.00 L をつくりたい．必要な Mg は何 g か．

11・60 0.950 atm・350 ℃で硝酸アンモニウム NH_4NO_3 を分解させた．下の問いに答えよ．

$$2\,NH_4NO_3(s) \longrightarrow 2\,N_2(g) + 4\,H_2O(g) + O_2(g)$$

① 25.8 g の NH_4NO_3 が分解したとき，生じる水蒸気は何 L か．
② 酸素 10.0 L をつくりたい．必要な NH_4NO_3 は何 g か．

11・61 ブタン C_4H_{10} の燃焼は次式に書ける．

$$2\,C_4H_{10}(g) + 13\,O_2(g) \longrightarrow 8\,CO_2(g) + 10\,H_2O(g)$$

ブタン 55.2 g の燃焼に必要な酸素は，25 ℃・0.850 atm で何 L か．

11・62 つぎの反応で 50.0 g の硝酸カリウム KNO_3 が分解すれば，生じる酸素 O_2 が 35 ℃・1.19 atm で何 L か．

$$2\,KNO_3(s) \longrightarrow 2\,KNO_2(s) + O_2(g)$$

11・63 酸化アルミニウム Al_2O_3 はつぎの酸化反応で生じる．

$$4\,Al(s) + 3\,O_2(g) \longrightarrow 2\,Al_2O_3(s)$$

アルミニウム 5.4 g の完全酸化に必要な酸素は，標準状態で何 L か．

11・64 二酸化窒素が水と反応すれば，つぎのように酸素とアンモニアが生じる．

$$4\,NO_2(g) + 6\,H_2O(g) \longrightarrow 7\,O_2(g) + 4\,NH_3(g)$$

415 ℃・725 mmHg で 4.00 L の NO_2 が反応したとき，生じる NH_3 は何 g か．

つぎの図のように，2.0 atm のヘリウムを入れたボンベと，4.0 atm のアルゴンを入れたボンベがあるとしよう（容積は共通）．同じボンベに両方を詰めたとき，ボンベ内の圧力は，気体の種類に関係なく，気体分子の総数で決まる．つまりボンベ内の圧力は，ヘリウムとアルゴンがそれぞれ示す値を足し合わせた 6.0 atm になる．

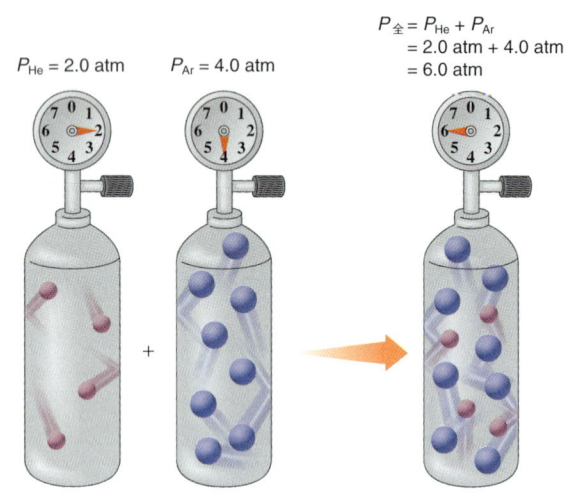

$P_{He} = 2.0$ atm　　$P_{Ar} = 4.0$ atm　　$P_{全} = P_{He} + P_{Ar}$
$= 2.0\,{\rm atm} + 4.0\,{\rm atm}$
$= 6.0\,{\rm atm}$

混合気体の全圧は，各成分が示す分圧の和

復習 11・7　混合気体の圧力

深海潜水用のタンクには，酸素，窒素，ヘリウムの混合高圧ガスを入れる．分圧がそれぞれ 20 atm，40 atm，140 atm のとき，タンク内の全圧は何 atm か．

[答] つぎの計算で全圧は 200 atm になる．
$$P_{全} = P_{酸素} + P_{窒素} + P_{ヘリウム}$$
$$= 20\,{\rm atm} + 40\,{\rm atm} + 140\,{\rm atm} = 200\,{\rm atm}$$

11・10　気体の分圧（ドルトンの法則）

気体には混合物（混合気体）が多い．空気はおもに窒素と酸素の混合気体だ．理想的な混合気体中で各成分は独立に振舞うため，混合気体の全圧は，成分の種類に関係なく，分子それぞれが壁にぶつかるときの衝撃から生まれる．

混合気体中で成分 A が示す圧力は，A だけが容器内にあるときの値になる．それを成分 A の**分圧**という．つまり気体の全圧 ($P_{全}$) は，各成分が示す分圧 (P_1, P_2, …) の和に書ける（**ドルトンの法則**）．

ドルトンの法則：$P_{全} = P_1 + P_2 + P_3 + \cdots$

空気という混合気体

空気は典型的な混合気体だといえる．乾燥空気の平均組成を分圧の形で表 11・7 に示す．

表 11・7　乾燥空気の平均組成[†]

気　体	分圧 (mmHg)	割合 (%)
窒素 N_2	594	78.2
酸素 O_2	160	21.0
アルゴン Ar 二酸化炭素 CO_2 ほか	6	0.8
合　計	760	100

[†] 訳注：現実の空気は 0.5〜4.0 %（平均 2.0 %）の水蒸気 H_2O を含むため，量で第 3 位の成分は H_2O になる．

例題 11·14 気体の分圧

50〜60 m 潜るダイバーは，タンクに入れた全圧 7.00 atm の"O_2 + He"混合気体を吸う．酸素の分圧が 1140 mmHg のとき，ヘリウムの分圧は何 atm か．

[答] 1140 mmHg は 1140÷760＝1.50 atm．$P_全＝P_{O_2}+P_{He}$ だから，つぎの計算で P_{He} は 5.50 atm だとわかる．
$$P_{He} = P_全 - P_{O_2} = 7.00 \text{ atm} - 1.50 \text{ atm} = 5.50 \text{ atm}$$

● **類題** シクロプロパン C_3H_6 と酸素 O_2 の混合気体は，吸入用麻酔剤に使う．全圧が 1.09 atm，C_3H_6 の分圧が 73.0 mmHg のとき，酸素の分圧はいくらか．
[答] 755 mm Hg

水の蒸気圧

実験室でつくった気体は，水を通して集めることが多い（水上置換）．マグネシウム Mg を HCl と反応させ，生じる水素 H_2 を図 11·9 のように集めるとしよう．

$$Mg(s) + 2 HCl(aq) \longrightarrow MgCl_2(aq) + H_2(g)$$

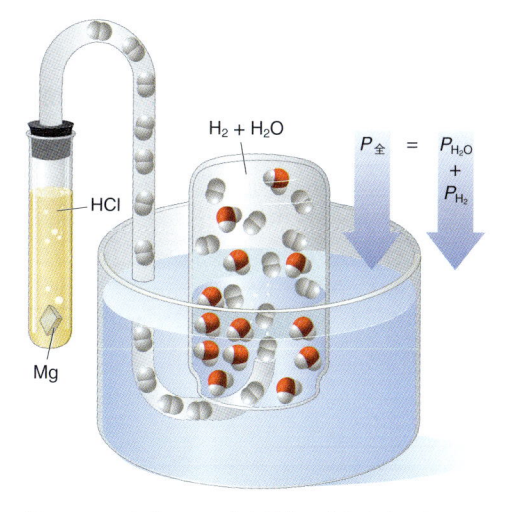

図 11·9 水素 H_2 の水上置換．集気瓶内の全圧は，H_2 の分圧と水蒸気の分圧（水の蒸気圧）を足した値になる．

[考えてみよう] 乾燥気体が示す圧力は，どのように見積るか．

呼吸と分圧　　　　　　　　　　　　　　　健康と化学

細胞はたえず代謝に酸素 O_2 を使い，二酸化炭素 CO_2 を出す．どちらも，肺の中にある肺胞という小さい袋の膜を通る．空気の O_2 が肺を経て血液に入り，細胞の出す CO_2 が肺を経て体外に吐き出される…という形でガス交換が進む．吸う空気（吸気）と吐く気体（呼気），肺胞内の気体について，分圧を表 11·8 にまとめた．体温のもとで水の蒸気圧は 47 mmHg だから，空気が体に入ると水蒸気圧が増す．

海抜 0 m で肺胞内の酸素分圧は約 100 mmHg になる．静脈血の酸素分圧は 40 mmHg なので，酸素は肺胞から，分圧の低い静脈血のほうへと拡散できる．酸素はヘモグロビンと結合し，その酸素化ヘモグロビンが，酸素分圧の低い（30 mmHg 以下の）組織のほうへと酸素を運ぶ．

組織の細胞で進む代謝に酸素が使われて CO_2 ができ，CO_2 の分圧は 50 mmHg を超す．組織内の CO_2 は，分圧の低い血液へ移り，やがて肺に行く．肺に届くと，CO_2 分圧 46 mmHg の静脈血から 40 mmHg の肺胞へと拡散し，体の外に排出される．動脈血，静脈血，組織の中で O_2 と CO_2 が示す分圧を表 11·9 にまとめた．

表 11·8 呼吸に伴う分圧（mmHg）の変化

気体	吸気	呼気	肺胞内
窒素 N_2	594	569	573
酸素 O_2	160	116	100
二酸化炭素 CO_2	0.3	28	40
水蒸気	5.7	47	47
合計	760	760	760

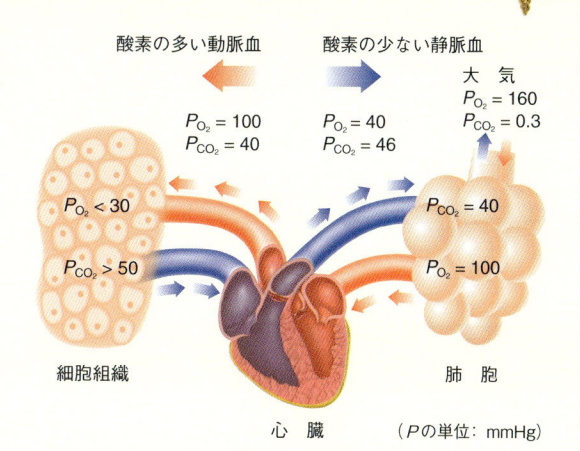

表 11·9 血液と組織中で O_2 と CO_2 が示す分圧（mmHg）

気体	動脈血	静脈血	組織
酸素 O_2	100	40	30 以下
二酸化炭素 CO_2	40	46	50 以上

集気瓶内は水素と水蒸気の混合気体になる．集めた水素の量を計算するには，全圧から水の蒸気圧（表 11・4）を差引かなければいけない．そのあと状態方程式を使い，集まった水素の量を計算する．

例題 11・15 水の蒸気圧

Mg と HCl の反応から生じた水素を水上置換で集めた．集気瓶内の気体は，体積が 355 mL，全圧が 752 mmHg で，温度は 26 ℃ だった．水の蒸気圧が 25 mmHg なら，集めた水素は何 mol か．

［答］絶対温度 T は 26 ℃+273=299 K，水素の分圧は 752 mmHg−25 mmHg=727 mmHg=0.957 atm となる．状態方程式 $PV=nRT$ を $n=PV/(RT)$ と変形し，つぎの計算で H_2 は 0.0138 mol だとわかる．

$$n = \frac{0.957 \text{ atm} \times 0.355 \text{ L}}{0.0821 \frac{\text{L atm}}{\text{mol K}} \times 299 \text{ K}}$$

$$= 0.0138 \ (= 1.38 \times 10^{-2}) \text{ mol}$$

● 類題　酸素を水上置換で集めた．集気瓶内の気体は，体積が 456 mL，全圧が 744 mmHg で，温度は 20 ℃ だった．集めた水素は何 g か．表 11・4 を参照して求めよ．

［答］0.579 g

練習問題　気体の分圧

11・65 熱した塩素酸カリウム $KClO_3$ は，KCl と O_2 に分解する．生じる 24 ℃ の気体を水上置換で集めたら，体積 256 mL，全圧 765 mmHg だった．水の蒸気圧を 22 mmHg として，下の問いに答えよ．

$$2 \text{ KClO}_3(s) \longrightarrow 2 \text{ KCl}(s) + 3 \text{ O}_2(g)$$

① O_2 の分圧はいくらか．
② 集気瓶中には何 mol の O_2 があるか．

11・66 熱した石灰石 $CaCO_3$ は，CaO と CO_2 に分解する．生じる 16 ℃ の気体を水上置換で集めたら，体積 425 mL，全圧 758 mmHg だった．水の蒸気圧を 14 mmHg として，下の問いに答えよ．

$$\text{CaCO}_3(s) \longrightarrow \text{CaO}(s) + \text{CO}_2(g)$$

① CO_2 の分圧はいくらか．
② 集気瓶中には何 mol の CO_2 があるか．

11・67 肺の中の空気は，100 mmHg の酸素，573 mmHg の窒素，40 mmHg の二酸化炭素，47 mmHg の水蒸気からなる．こうした圧力を"分圧"とよぶのはなぜか．

11・68 ヘリウムと酸素の混合気体がある．両者の分圧が等しいとき，両者の分子数にはどんな関係があるか．

11・69 窒素分圧 425 torr，酸素分圧 115 torr，ヘリウム分圧 225 torr の混合気体がある．全圧は何 torr か．

11・70 アルゴン分圧 415 mmHg，ネオン分圧 75 mmHg，窒素分圧 125 mmHg の混合気体がある．全圧は何 atm か．

11・71 酸素，窒素，ヘリウムからなる全圧 925 torr の混合気体で，酸素分圧が 425 torr，ヘリウム分圧が 75 torr のとき，窒素分圧は何 torr か．

11・72 酸素，窒素，ネオンからなる全圧 1.20 atm の混合気体にヘリウムを加え，全圧を 1.50 atm にした．加えたヘリウムの分圧は何 atm か．

高圧治療室
健康と化学

　やけどの患者は高圧治療室に入れ，応急処置と感染防止をする．2～3 気圧の空気を満たした部屋で，患者に 2～3 気圧の純酸素を吸入させる．すると血液と組織に大量の酸素が溶け，酸素に弱い細菌を殺して感染を防ぐ．高圧治療室は，手術や一酸化炭素（CO）中毒の処置，がん治療などにも使う．

　分圧で考えたとき，血液には大気中の酸素の 95 % までが溶ける．酸素圧が 2280 mmHg（3 atm）なら，95 %（2170 mmHg）分が血液に溶け，組織が酸素飽和の状態になる．CO 中毒患者の場合，ヘモグロビンに結合した CO 分子を，溶けた酸素が追い出す．

　高圧治療中の患者は，血中の酸素濃度をゆっくり下げる減圧処置もしなければいけない．急に減圧すると，血中の溶解酸素が気泡になって循環系を狂わせるのだ．

　ダイバーも，ゆっくり減圧しないと"減圧痛"になる．深く潜ったダイバーは，高圧の混合気体を吸う．それが窒素を含むなら，窒素がどっと血液に溶ける．ダイバーが海面に向けて急上昇すると窒素の溶解性が急減するため，窒素の泡ができて血管を詰まらせる．関節や組織の血管が詰まれば激痛がおそう．そうなったダイバーは降圧室に入れ，室内の気圧を上げたのち，ゆっくりと下げる．そのとき血中の溶解窒素は，肺のほうへとじわじわ拡散し，1 atm に達してくれる（p.26，コラム"ダイバー用の空気"参照）．

11章の見取り図

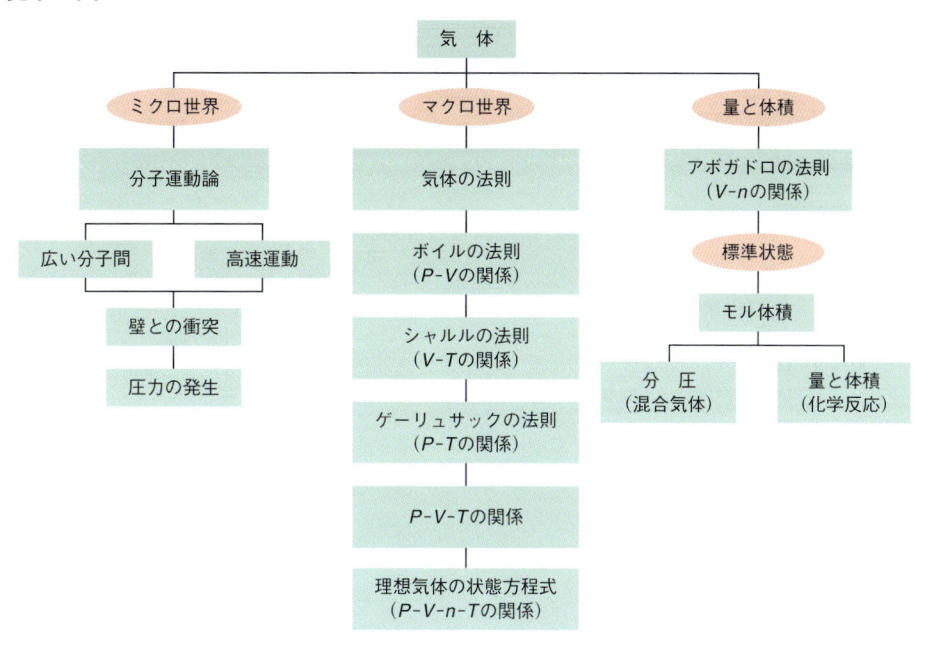

```
                              気 体
         ┌──────────────────────┼──────────────────────┐
    ミクロ世界              マクロ世界              量と体積
         │                      │                      │
     分子運動論              気体の法則          アボガドロの法則
    ┌────┴────┐                 │                (V-nの関係)
  広い分子間  高速運動         ボイルの法則              │
      └────┬────┘              (P-Vの関係)          標準状態
        壁との衝突                │                      │
           │                  シャルルの法則          モル体積
        圧力の発生              (V-Tの関係)        ┌────┴────┐
                                  │               分 圧    量と体積
                             ゲーリュサックの法則 (混合気体) (化学反応)
                                (P-Tの関係)
                                  │
                              P-V-Tの関係
                                  │
                          理想気体の状態方程式
                             (P-V-n-Tの関係)
```

キーワード

圧力 (pressure)
アボガドロの法則 (Avogadro's law)
1 気圧 (1 atm = atmosphere)
気圧 (atmospheric pressure)
気体定数 (gas constant)
気体分子運動論
　(kinetic molecular theory of gases)

ゲーリュサックの法則
　(Gay-Lussac's law)
シャルルの法則
　(Charles's law)
蒸気圧 (vapor pressure)
トール (torr)
ドルトンの法則 (Dalton's law)

標準状態 (standard state; standard
　temperature and pressure: STP)
分圧 (partial pressure)
ボイルの法則 (Boyle's law)
モル体積 (molar volume)
理想気体の状態方程式
　(ideal gas law)

12 溶 液

目次と学習目標

12・1 溶 体
　何かが何かに溶けるとは，どういうことか．
12・2 電解質と非電解質
　電解質と非電解質は，どう違うのか．
12・3 溶解度
　物質の溶けやすさは何が決め，どう表すのか．
12・4 パーセント濃度
　溶けた物質の質量は，どのように計算するのか．
12・5 モル濃度と希釈
　モル濃度は，溶解量の計算にどう使うのか．
12・6 溶液中の化学反応
　反応物や生成物の量はどう計算するのか．
12・7 溶液の性質
　液体の融点・沸点は，溶質が溶けるとどう変わるのか．浸透圧とは何か．

　身近な気体・液体・固体には，何かが何かに溶けた形の混合物が多い．空気は窒素 N_2 に酸素 O_2 が溶けた混合物とみてよい．コーラには二酸化炭素 CO_2 が溶けている．お茶やコーヒーは，熱湯に溶け出た豆や葉の成分を含む．海水には塩化ナトリウム NaCl などが溶け，ヨードチンキはエタノールにヨウ素 I_2 を溶かしてつくる．

溶質（少量成分）
食塩
水
溶媒（多量成分）
液体の溶媒に溶質を溶かして溶液にする

　混合物は，成分が化学結合していないから組成は自由に変わるし，成分の性質をそのまま残している．海水は塩化ナトリウムがしょっぱい味にし，コーヒーの味は抽出成分が出す．
　混合物には，均一なものと不均一なものがある．砂糖を水に溶かしたシロップは，成分（砂糖と水）を目で識別できない均一混合物だ．不均一混合物は，砂・魚・水草・水が混在する水族館の水槽内と同様，成分それぞれを目で識別できる．

12・1 溶 体

　何かが何かに均一に溶けた形の混合物を一般に**溶体**といい，溶媒が液体なら**溶液**とよぶ[*1]．溶けたものを**溶質**，

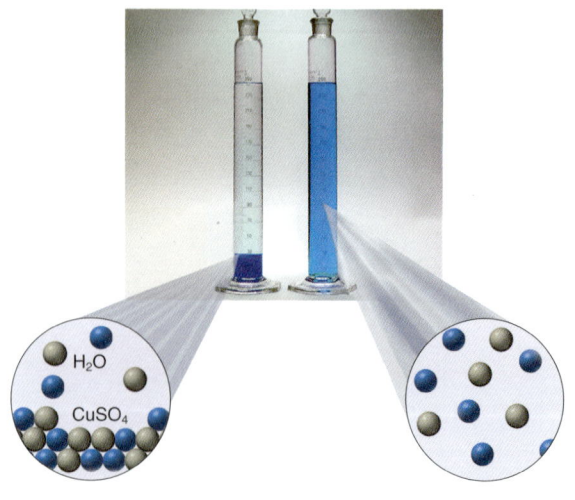

図 12・1 硫酸銅(II) $CuSO_4$ 水溶液．結晶表面を離れた $CuSO_4$ の粒子が Cu^{2+} と SO_4^{2-} に分かれ，溶媒（水）分子のすき間に散らばったもの．
　[考えてみよう] 完成した硫酸銅水溶液は，一様に青い色をしている．なぜか．

[*1] 訳注: 英語では"溶体"も"溶液"も solution という．

溶かす場を**溶媒**という．

ふつう，溶体成分のうち少ないほうを溶質，多いほうを溶媒とみる．溶体の中では，溶媒粒子のすき間に溶質の粒子がまんべんなく散らばっている（図 12・1）．

溶体の種類

溶質にも溶媒にも三態（固体・液体・気体）があり，溶体は溶媒と同じ状態を示す．砂糖が水に溶けた溶体（溶液）は，溶媒が液体なので液体状態をとる．気体の二酸化炭素が液体の水に溶けたソーダ水も液体だ．身近な溶体の例を表 12・1 に示す．

水という溶媒

水は身のまわりのどこにでもある．水分子 H_2O の中では，O 原子 1 個が H 原子 2 個と電子を共有する．O 原子の電気陰性度は H 原子よりずっと大きいから，O−H 間は，O が負の部分電荷（δ^-）を，H が正の部分電荷（δ^+）をもつ極性結合になる．また，水分子は"く"の字に曲がっているため"極性"が高い．

正電荷をもつ H 原子と，電気陰性度の大きい O，N，F 原子は，隣り合った分子間で水素結合をつくる（10 章）．右の図には，H_2O 分子間の水素結合を破線（……）で描いた．水素結合は，共有結合やイオン結合よりだいぶ弱い．ただし，無数の H_2O 分子が水素結合で引き合う結果，水の性質も，タンパク質や DNA など生体高分子の性質も，水素結合が大きく左右する．

表 12・1　溶体の例

溶質 / 溶媒	例	おもな溶質	溶媒
気体状態（気体混合物）			
気体 / 気体	空　気	酸素（気体）	窒素（気体）
液体状態（溶液）			
気体 / 液体	ソーダ水	二酸化炭素（気体）	水（液体）
	アンモニア水	アンモニア（気体）	水（液体）
液体 / 液体	酢	酢酸（液体）	水（液体）
固体 / 液体	海　水	塩化ナトリウムなど（固体）	水（液体）
	ヨードチンキ	ヨウ素（固体）	エタノール（液体）
固体状態（固溶体）			
液体 / 固体	歯科用アマルガム	水銀（液体）	銀（固体）
固体 / 固体	真ちゅう	亜鉛（固体）	銅（固体）
	スチール（鋼）	炭素（固体）	鉄（固体）

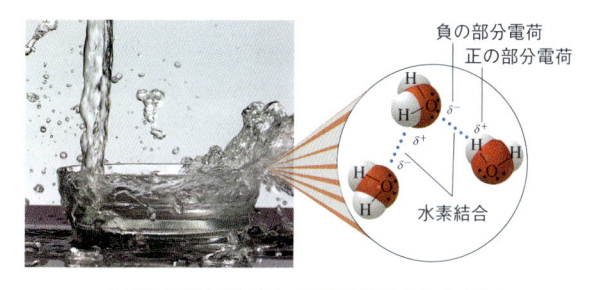

O 原子の孤立電子対と H 原子が引き合う水素結合

体内の水

健康と化学

ヒトの体重は，60％（成人）〜75％（乳児）までが水だ．水の半分以上は細胞内に，残りは細胞外（組織間，血液など）にある．細胞外の水は，細胞間ないし循環器（血管）系で養分や代謝廃物を運ぶ媒体となる．

成人は日に 1500〜3500 mL の水をとる．むろん同量の水を，尿や汗として，あるいは呼吸や排泄のときに出す．体液の 10％ を失うと重い脱水症状になり，20％ も失えば命が危ない．乳児なら，ときに 5〜10％ の水分不足が命にかかわる．

体から出る水分は，飲み水や食物，代謝反応からたえず補給する．食品いくつかの水分含有量を表 12・2 にあげた．

1 日当たりの水の摂取量と排出量

摂取量		排出量	
飲み水から	1000 mL	尿	1500 mL
食品から	1200 mL	汗	300 mL
代謝から	300 mL	呼吸	600 mL
		便	100 mL
合　計	2500 mL	合　計	2500 mL

表 12・2　食品の含む水分

食品	水分（質量％）	食品	水分（質量％）
野菜・果物		**肉・魚**	
ニンジン	88	調理ずみ鶏肉	71
セロリ	94	照り焼きバーガー	60
キュウリ	96	鮭	71
メロン	91	**乳製品**	
オレンジ	86	カテージチーズ	78
イチゴ	90	牛乳（全乳）	87
スイカ	93	ヨーグルト	88

溶液の生成

溶液（一般には溶体）ができるかどうかは，溶質と溶媒の相性で決まる．溶質粒子どうし，溶媒粒子どうしを切り離すには，エネルギーがいる．そのエネルギーよりも，溶質粒子と溶媒粒子が引き合って放出されるエネルギーのほうが大きいなら，溶液ができる．

粒子間の引き合いは，粒子の極性が似ているほど強い．溶質粒子と溶媒粒子が引き合わなければ，エネルギー低下（安定化）が起こらないので，溶液もできない（表 12・3）．

表 12・3 溶液になる"溶質-溶媒"の組合わせ

溶液になる		溶液にならない	
溶 質	溶 媒	溶 質	溶 媒
極 性	極 性	極 性	非極性
非極性	非極性	非極性	極 性

イオンや極性分子が溶けた溶液

NaCl の結晶中では，Na^+ と Cl^- が強く引き合っている．かたや水中では，H_2O 分子が水素結合で引き合う．NaCl を水に入れると，部分電荷が負の O 原子が Na^+ にとりつき，部分電荷が正の H 原子が Cl^- にとりつく（図 12・2）．そのあと液体側に引っ張り出された Na^+ と Cl^- はたちまち水分子に囲まれ，**水和**を受ける．水和が Na^+–Cl^- 間の引力を激減させるから，イオンは安定に存在する．つまり水溶液は，Na^+ や Cl^- と H_2O 分子との強い引力（溶質-溶媒相互作用）が生み出す．

NaCl の溶解を反応式に書くときは，矢印の上に "H_2O" を添え，H_2O が（反応物ではなく）NaCl の電離に必須だということを表す．

$$NaCl(s) \xrightarrow{H_2O} Na^+(aq) + Cl^-(aq) *2$$

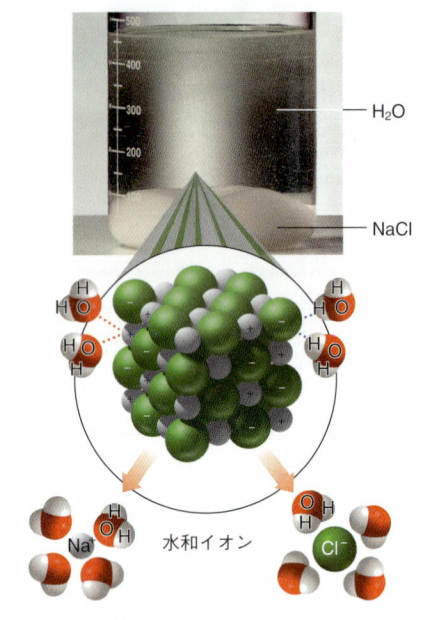

図 12・2 極性の H_2O 分子が NaCl 表面の Na^+ と Cl^- にとりついて，液体側に出てきたイオンをたちまち取囲む．
［考えてみよう］水溶液中で，Na^+ と Cl^- はなぜ合体しないのか．

メタノール CH_3–OH など極性の共有結合化合物も，極性の OH 部分が H_2O 分子と水素結合するため水に溶ける（図 12・3）．極性の溶質は，極性の溶媒と混ざり合って溶液をつくる．"似たものどうし"の世界だといえよう．

溶質が非極性分子の溶液

ヨウ素 I_2 や油の分子は非極性で，極性の H_2O 分子と引き合わないから水に溶けない．溶液は，極性分子どうし，または非極性分子どうしからできる（図 12・4）．

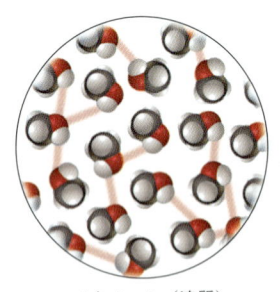

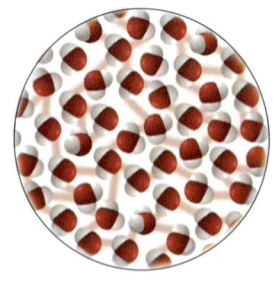

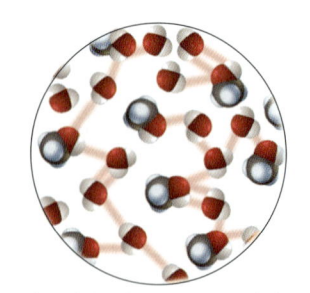

メタノール（溶質）　　水（溶媒）　　水素結合が生むメタノール水溶液

図 12・3 極性のメタノール CH_3OH 分子と極性の水 H_2O が引き合うので溶液になる．
［考えてみよう］メタノール水溶液は，"似たものどうし"の例になる．なぜか．

---

*2 訳注：(aq) は水中の溶質を示す．

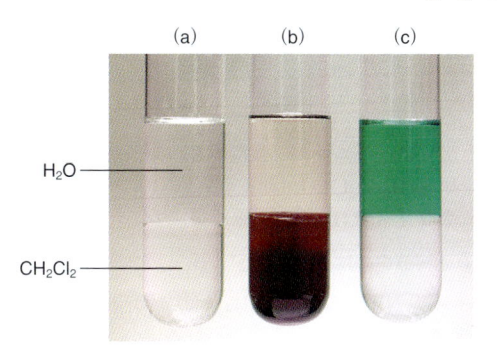

図 12・4 似たものどうし．(a) 2 層に分かれた溶媒（上が水，下がジクロロメタン CH_2Cl_2）．(b) 非極性の I_2（紫）は，非極性の CH_2Cl_2 に溶ける．(c) 極性の硝酸ニッケル(II) $Ni(NO_3)_2$（緑）は，極性の水に溶ける．

［考えてみよう］極性分子のスクロース（ショ糖，砂糖）は，極性・非極性どちらの溶媒に溶けるか．

復習 12・1 溶質の極性・非極性

つぎのうち，水に溶ける物質はどれか．理由も述べよ．
① KCl(s)
② ヘキサン $CH_3-CH_2-CH_2-CH_2-CH_2-CH_3$
③ エタノール CH_3-CH_2-OH

［答］① 溶ける（電離・水和しやすいイオン結晶だから）．
② 溶けない（非極性分子だから）．
③ 溶ける（OH 部分が H_2O と水素結合し，非極性の CH_3-CH_2 部分が十分に小さいから）．

練習問題　溶体

12・1 つぎの溶体で，溶質と溶媒はどれか．
① 1 g の NaCl ＋ 100 g の H_2O
② 50 mL のエタノール ＋ 10 mL の H_2O
③ 0.2 L の O_2 ＋ 0.8 L の N_2

12・2 つぎの溶体で，溶質と溶媒はどれか．
① 50 g の銀 ＋ 4 g の水銀
② 100 mL の水 ＋ 5 g の砂糖（スクロース）
③ 1 g の I_2 ＋ 50 mL のエタノール

12・3 つぎの物質は，水（極性）と四塩化炭素 CCl_4（非極性）のどちらに溶けるか．
① $NaNO_3$（イオン結晶）　② I_2（非極性）
③ スクロース（極性）　　④ オクタン（非極性）

12・4 つぎの物質は，水（極性）とヘキサン（非極性）のどちらに溶けるか．
① 食用油（非極性）　　② ベンゼン（非極性）
③ $LiNO_3$（イオン結晶）　④ Na_2SO_4（イオン結晶）

12・5 KI 水溶液は，どのようにしてできるか．
12・6 LiBr 水溶液は，どのようにしてできるか．

12・2　電解質と非電解質

溶質は，水溶液が電気を通すかどうかで分類できる．**電解質**は水中でイオンに分かれるため，電気を運べる．**非電解質**は水に溶けても分子のままだから，電気を運ばない．

溶液に刺した電極 2 本を電源につなぎ，配線の途中に電球を置けば，溶質が電解質かどうかを判定できる．電圧が十分に大きいと電解反応が進み，陽極液に正電荷，陰極液に負電荷がたまる．電解質の溶けた溶液なら，両極液の余分な電荷を中和しようと正負のイオンが動く結果，全体の回路がつながって電流が流れる．

電解質

電離してイオンに分かれる電解質には，強電解質と弱電解質がある．塩化ナトリウム NaCl のような**強電解質**は，水中でほぼ完全に電離するため，下の写真のような実験をすると電球が明るく光る（写真 a）．

電解質が電離したとき，正電荷と負電荷の和は 0 のま

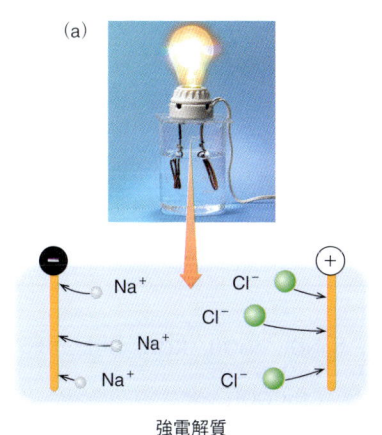

(a) 強電解質　水中でほぼ完全に電離する

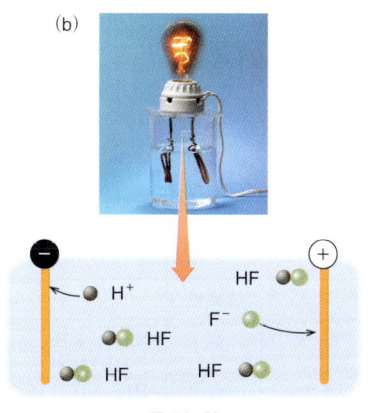

(b) 弱電解質　水中で少しだけ電離する

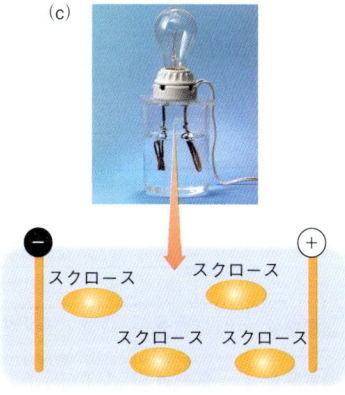

(c) 非電解質　水中で電離しない

まだ．たとえば硝酸マグネシウム $Mg(NO_3)_2$ は，1 単位が電離して 1 個の Mg^{2+} と 2 個の NO_3^- になる（Mg^{2+}-NO_3^- のイオン結合だけが切れ，NO_3^- 内部の共有結合は切れない）．$Mg(NO_3)_2$ の電離はこう書く．

$$Mg(NO_3)_2(s) \xrightarrow{H_2O} Mg^{2+}(aq) + 2NO_3^-(aq)$$

フッ化水素 HF のような**弱電解質**は，水中でごく一部だけ電離し，大部分は未解離の分子のまま溶けている．弱電解質の水溶液は，電球が光っても暗い（写真 b）．

弱電解質 HF を水に溶かすと，ほとんどが HF 分子のままで，ごく一部が H^+ と F^- に分かれる．HF 分子 1 個が電離するたび，H^+ と F^- が再結合して HF 分子 1 個に戻る．こうした変化は，正・逆反応の組合わせでつぎのように書ける．

$$HF(aq) \xrightleftharpoons[再結合]{電離} H^+(aq) + F^-(aq)$$

非電解質

スクロース（ショ糖，砂糖）のような非電解質は電離せず，分子のまま水に溶ける．先ほどの通電実験をしても，電流が流れないから電球はつかない（写真 c）．

$$C_{12}H_{22}O_{11}(s) \xrightarrow{H_2O} C_{12}H_{22}O_{11}(aq)$$

溶媒を水として，表 12・4 に電解質を分類した．

スクロースは水に溶かしても分子のまま

復習 12・2　電解質と非電解質

つぎの溶質を溶かした水溶液は，どんな粒子を含むか．また，溶解反応式を書け．
① 臭化アンモニウム（強電解質）
② 尿素 $(H_2N)_2C=O$（非電解質）
③ 次亜臭素酸 HBrO（弱電解質）

[答] ① 水溶液中の粒子は，NH_4^+，Br^-，水分子 H_2O
$$NH_4Br(s) \xrightarrow{H_2O} NH_4^+(aq) + Br^-(aq)$$
② 水溶液中の粒子は，$(H_2N)_2C=O$ 分子と水分子 H_2O
$$CH_4N_2O(s) \xrightarrow{H_2O} CH_4N_2O(aq)$$
③ 水溶液中の粒子は，大量の HBrO 分子，少量の H^+ と BrO^-，水分子 H_2O
$$HBrO(aq) \xrightleftharpoons{H_2O} H^+(aq) + BrO^-(aq)$$

例題 12・1　電解質と非電解質

つぎの溶質が水に溶けたとき，できるのはほぼイオンだけか，分子だけか，"多量の分子＋少量のイオン"か．
① Na_2SO_4（強電解質）
② プロパノール CH_3-CH_2-CH_2-OH（非電解質）

[答] ① イオンだけ（Na^+ と SO_4^{2-}）． ② プロパノール分子だけ．

● 類題　弱電解質のホウ酸 H_3BO_3 が水に溶けたとき，できるのはほぼイオンだけか，分子だけか，"多量の分子＋少量のイオン"か．
[答] 多量の分子＋少量のイオン（H^+，BO_3^{3-}）

練習問題　電解質と非電解質

12・7　強電解質の KF と弱電解質の HF は，水中の電離がどのように違うか．

12・8　強電解質の NaOH と非電解質の CH_3OH は，水中の電離がどのように違うか．

12・9　つぎの強電解質について，水中の電離反応式を書け．
① KCl　　② $CaCl_2$
③ K_3PO_4　　④ $Fe(NO_3)_3$

12・10　つぎの強電解質について，水中の電離反応式を書け．

表 12・4　電解質の分類

タイプ	電離	水中の粒子	導電性	例
強電解質	ほぼ完全	ほぼイオンだけ	高	NaCl, KBr, $MgCl_2$, $NaNO_3$, NaOH, KOH, HCl, HBr, HI, HNO_3, $HClO_4$, H_2SO_4 など
弱電解質	一部だけ	大半が分子，一部がイオン	低	HF, NH_3, H_2O, 酢酸，CH_3COOH など
非電解質	電離せず	分子だけ	無	メタノール，エタノール，スクロース，尿素 $(H_2N)_2C=O$ など

① LiBr　② NaNO₃
③ CuCl₂　④ K₂CO₃

12・11 つぎの物質が水に溶けたとき，できるのはほぼイオンだけか，分子だけか，"多量の分子＋少量のイオン"か．
① 酢酸（弱電解質）　② NaBr（強電解質）
③ フルクトース $C_6H_{12}O_6$（非電解質）

12・12 つぎの物質が水に溶けたとき，できるのはほぼイオンだけか，分子だけか，"多量の分子＋少量のイオン"か．
① NH₄Cl（強電解質）　② エタノール（非電解質）
③ シアン化水素 HCN（弱電解質）

12・13 つぎの溶解反応式に書ける溶質は，強電解質か，弱電解質か，非電解質か．
① $K_2SO_4(s) \xrightarrow{H_2O} 2K^+(aq) + SO_4^{2-}(aq)$
② $NH_3(g) + H_2O(l) \rightleftharpoons NH_4^+(aq) + OH^-(aq)$
③ $C_6H_{12}O_6(s) \xrightarrow{H_2O} C_6H_{12}O_6(aq)$

12・14 つぎの溶解反応式に書ける溶質は，強電解質か，弱電解質か，非電解質か．
① $CH_3OH(l) \xrightarrow{H_2O} CH_3OH(aq)$
② $MgCl_2(s) \xrightarrow{H_2O} Mg^{2+}(aq) + 2Cl^-(aq)$
③ $HClO(aq) \rightleftharpoons H^+(aq) + ClO^-(aq)$

12・3 溶　解　度

一定量の溶媒に溶ける溶質の量を，**溶解度**という．物質の溶解度は，溶媒の種類と温度で変わる．ふつうは"溶媒 100 g に溶ける溶質の質量（g）"で表す．加えた溶質がまだ溶けるなら，溶解度（最大溶解量）には達していない．そんな溶液を**不飽和溶液**という．

溶質が限界まで溶けた溶液を**飽和溶液**とよぶ．飽和溶液の中では，溶質の溶ける速度と，析出（再結晶化）の速度がつり合い，見かけ上，溶けた溶質の量は変わらない．

$$\text{固体} \underset{\text{析出}}{\overset{\text{溶解}}{\rightleftharpoons}} \text{飽和溶液}$$

飽和溶液をつくるには，溶解度以上の溶質を溶媒に入れる．溶液を撹拌すれば，溶けきらない固体が底に残る．飽和溶液に溶質を加えても，底の固体が増えるだけ．

復習 12・3　飽和溶液

KCl は 20 ℃で水 100 g に 34 g 溶ける．同じ 20 ℃で，水 200 g に 75 g の KCl を入れた．
① 何 g の KCl が溶けるか．
② できるのは飽和溶液か，不飽和溶液か．
③ 飽和溶液の場合，溶けきらずに残る KCl は何 g か．

[答] ① 水 200 g に溶ける KCl は 34 g×(200 g÷100 g)＝68 g となる．
② 75 g は 68 g より多いから，できるのは飽和溶液．
③ 75 g−68 g＝7 g の KCl が溶けきらずに残る．

溶解度と温度の関係

多くの固体は，高温ほど溶解度も大きい．けれど，高温にしても溶解度があまり増えない固体や，高温でむしろ溶解度が下がる固体もある（図 12・5）．

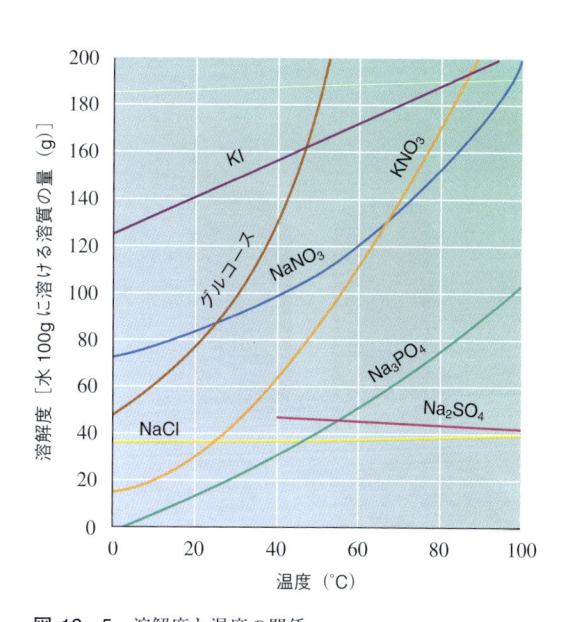

図 12・5　溶解度と温度の関係．
[考えてみよう] 20 ℃と 60 ℃で NaNO₃ の溶解度を比べてみよ．

12. 溶　液

表 12・5　イオン固体の水溶性：一般則

水溶性の塩をつくりやすいイオン		難溶性の塩をつくりやすいイオン
NO_3^-, CH_3COO^-, NH_4^+, Li^+, Na^+, K^+	← 水溶性にする陽イオン	CO_3^{2-}, S^{2-}, PO_4^{3-}, OH^-
Cl^-, Br^-, I^-	難溶性にする陽イオン →	Ag^+, Pb^{2+}, Hg_2^{2+}
SO_4^{2-}	難溶性にする陽イオン →	Ba^{2+}, Pb^{2+}, Ca^{2+}, Sr^{2+}

たとえば砂糖 (スクロース) は，アイスティーには溶けにくいが，ホットティーにはずいぶん溶ける．飽和溶液を注意深く冷やせば，溶解度以上の固体が溶けた"過飽和溶液"になる．過飽和溶液は不安定なので，かきまぜたり微量の固体を入れたりすると，余分に溶けていた溶質がたちまち結晶化し，正常な飽和溶液になる．

一般に気体の溶解度は，高温ほど小さい．温度が上がれば，液体から飛び出せるほど大きいエネルギーの分子が増すからだ．そのため，冷たい炭酸飲料が温まるにつれ，気泡ができる．缶入りの炭酸飲料は，温度が上がりすぎれば，内部にたまる CO_2 の圧力が上がって爆発することがある．川や湖の水温が上がりすぎると，溶けていた酸素 O_2 が抜け出て水が酸欠になり，水の生き物が死んだりする．それを避けるために発電所は，自前の貯水池を冷却水源に使う．

ヘンリーの法則

気体の溶解度は，溶媒に接した空気中の分圧に比例する (ヘンリーの法則)．分圧が高いほど，液体に溶けていく気体分子の勢いが強い．炭酸飲料には高圧の CO_2 を溶かす．常圧で缶を開けると，空気の CO_2 分圧は低いから CO_2 の溶解度が減り，CO_2 が気泡になって逃げ出す．缶の温度が高いほど気泡の発生も激しい．

例題 12・2　溶解度と温度

つぎの量は増えるか，減るか．
① 水の温度を 25 ℃ から 45 ℃ に上げたときの砂糖 (スクロース) の溶解度．
② 湖水が温まったときの酸素 O_2 の溶解度．

[答] ① 増える．② 減る．

● 類題　40 ℃ の水 100 g に KNO_3 は 65 g 溶ける．水温を 80 ℃ に上げたとき，溶ける量は増えるか，減るか．
[答] 増える

水に溶けやすい塩，溶けにくい塩

いままでは水に溶けやすい塩 (イオン化合物) を扱ったが，水に溶けにくい難溶性の塩も多い．

Li^+, Na^+, K^+, NH_4^+, NO_3^-, CH_3COO^- のようなイオンを含む塩は，水に溶けやすい．Cl^- を含む塩はたいてい溶けるが，Ag^+ や Pb^{2+}, Hg_2^{2+} とは難溶性の塩 ($AgCl$, $PbCl_2$, Hg_2Cl_2) をつくる．また，一般に溶けやすい硫酸イオン SO_4^{2-} も，一部の陽イオンと難溶性の塩をつくる (表 12・5)．以上のほかは，難溶性の塩だと考えてよい (図 12・6)．

結晶内で陽イオンと陰イオンが強く引き合っている塩は溶けにくい．H_2O 分子がイオンを引く程度の力では，強いイオン結合が切れないのだ．表 12・5 の一般則を使い，5 種類の化合物の水溶性・難溶性を判断した例を表 12・6 に示す．

表 12・6　一般則 (表 12・5) で判断した化合物の水溶性・難溶性

イオン化合物	水溶性 / 難溶性	判断の理由
K_2S	水溶性	K^+ を含む．
$Ca(NO_3)_2$	水溶性	NO_3^- を含む．
$PbCl_2$	難溶性	Cl^- が Pb^{2+} と結合している．
$NaOH$	水溶性	Na^+ を含む．
$AlPO_4$	難溶性	水溶性のイオンがない．

（図の説明）
高圧の CO_2 ／ 大量に溶けた CO_2 ／ 急な減圧 ／ 発生・脱出する気泡 ／ 低圧下の気体 ／ 少ししか溶けない気体分子 ／ 気体分子 ／ コーラ ／ 大量に溶けた気体分子 ／ コーラ

圧力が下がると気体の溶解度が減る

12・3 溶解度

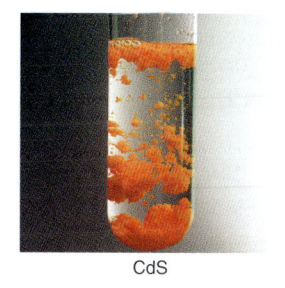

CdS   FeS   PbCrO₄   Ni(OH)₂

図 12・6　水溶液を混ぜて生じる難溶性の沈殿.
[考えてみよう] 4物質の沈殿生成には，どのイオンが効いているか.

難溶性の白い硫酸バリウム $BaSO_4$ は，酸性（pH 1.5 程度）の胃液にもほとんど溶けないうえ，X線を通しにくいため，X線撮影の造影剤に使う（図 12・7）．$BaSO_4$ 以外のバリウム塩たいていは水に溶け，有毒な Ba^{2+} を放出するので使えない．

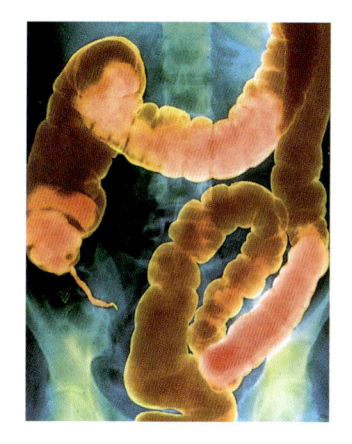

図 12・7　$BaSO_4$ を造影剤にした大腸のX線写真.
[考えてみよう] $BaSO_4$ は水溶性か，難溶性か．

復習 12・4　塩の水溶性

つぎの塩は水に溶けやすいか，溶けにくいか．理由も述べよ.

① Na_3PO_4　　② $CaCO_3$

[答] ① 水溶性（Na^+ を含む）．② 難溶性（CO_3^{2-} の塩は一般に難溶性．Ca^{2+} は水溶性の陽イオンではない）

沈殿の生成

一般則（表 12・5）に注目すると，イオン化合物 2 種類の水溶液を混ぜたとき，固体（沈殿）ができるかどうか予想できる．沈殿は，陽イオンと陰イオンが難溶性の塩をつくって生じる．たとえば $AgNO_3$ 水溶液（$Ag^+ + NO_3^-$）と NaCl 水溶液（$Na^+ + Cl^-$）を混ぜると，難溶性の塩 AgCl が沈殿する．そのことを，順を追って調べよう.

まず反応物を書く．

$$Ag^+(aq) + NO_3^-(aq) + Na^+(aq) + Cl^-(aq) \longrightarrow$$

つぎに，陽イオンと陰イオンの組合わせを調べる．

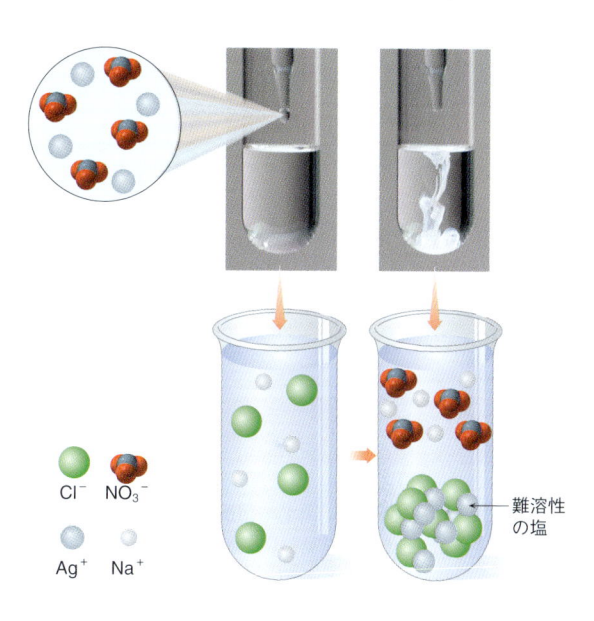

手順1：反応するイオンを書く．

反応物（可能な組合わせ）

$$Ag^+(aq) + NO_3^-(aq)$$
$$Na^+(aq) + Cl^-(aq)$$

手順2：できる塩の水溶性・難溶性を判定する．

反　応	生成物	水溶性
$Ag^+(aq) + Cl^-(aq)$	AgCl(s)	×
$Na^+(aq) + NO_3^-(aq)$	$NaNO_3$	○

手順3：沈殿を AgCl(s) とし，Na^+ と NO_3^- は溶けたままの形で反応式を書く．

$$Ag^+(aq) + NO_3^-(aq) + Na^+(aq) + Cl^-(aq) \longrightarrow$$
$$AgCl(s) + Na^+(aq) + NO_3^-(aq)$$

手順4：溶けたままの Na^+ と NO_3^- を，両辺で相殺する．

$Ag^+(aq) + NO_3^-(aq) + Na^+(aq) + Cl^-(aq) \longrightarrow$
$\qquad AgCl(s) + Na^+(aq) + NO_3^-(aq)$

つまり，正味の反応はつぎのようになる．
$$Ag^+(aq) + Cl^-(aq) \longrightarrow AgCl(s)$$

例題 12・3　沈殿の生成

$BaCl_2$ 水溶液と K_2SO_4 水溶液を混ぜたら，白い沈殿ができた．沈殿する物質は何か．沈殿反応式も書け．

[答] Ba^{2+}, Cl^-, K^+, SO_4^{2-} からできる難溶性の塩は硫酸バリウム $BaSO_4$. 水に溶けたままの Cl^- と K^+ を両辺から消し，沈殿反応式をつぎのように書く．
$$Ba^{2+}(aq) + SO_4^{2-}(aq) \longrightarrow BaSO_4(s)$$

●**類題**　つぎのうち，沈殿を生じる組合わせがあれば，沈殿反応式を書け．
① $NH_4Cl(aq) + Ca(NO_3)_2(aq)$
② $Pb(NO_3)_2(aq) + KCl(aq)$

[答] ① 沈殿なし，② $Pb^{2+}(aq) + 2Cl^-(aq) \longrightarrow PbCl_2(s)$

練習問題　溶解度

12・15　以下は飽和溶液か，不飽和溶液か．
① 固体（溶質）を入れても溶けない溶液．
② 入れた角砂糖が溶けきるコーヒー．

12・16　以下は飽和溶液か，不飽和溶液か．
① 小さじ 1 杯の食塩を入れると溶けきる食塩水．
② 氷を入れると底に砂糖が沈む紅茶．

問 12・17〜12・20 は，つぎのデータを参照して答えよ．

物　質	溶解度（g / 100 g H_2O）	
	20 ℃	50 ℃
KCl	34	43
$NaNO_3$	88	110
$C_{12}H_{22}O_{11}$（スクロース）	204	260

12・17　つぎの操作でできるのは飽和溶液か，不飽和溶液か．温度は 20 ℃ とする．
① 水 100 g に 25 g の KCl を加える．
② 水 25 g に 11 g の $NaNO_3$ を加える．
③ 水 125 g に 400 g のスクロースを加える．

12・18　つぎの操作でできるのは飽和溶液か，不飽和溶液か．温度は 50 ℃ とする．
① 水 50 g に 25 g の KCl を加える．
② 水 75 g に 150 g の $NaNO_3$ を加える．
③ 水 25 g に 80 g のスクロースを加える．

12・19　50 ℃ で水 200 g に 80 g の KCl を溶かした水溶液を，20 ℃ に冷やした．

痛風と腎臓結石

健康と化学

　痛風と腎臓結石には，物質の溶解度がからむ．痛風はおもに 40 歳以上の男性を見舞い，血中の尿酸が溶解度（37 ℃ で 7 mg 100 mL^{-1}）を超えると起こる．尿酸の針状結晶が軟骨や腱など軟組織に析出し，猛烈に痛む．腎臓組織でそうなると腎機能が狂う．尿酸の濃度が上がる原因には，尿酸の合成過多，腎臓の尿酸処理能の低下，代謝で尿酸に変わるプリン系物質の過剰摂取がある．尿酸を増やしやすい食品は，肉類やイワシ，キノコ，アスパラガス，豆類など．お酒も尿酸を増やし，痛風の原因になりやすい．

　痛風は，食生活と投薬で治療する．尿酸値に応じ，腎臓の尿酸排出能を強める薬か，尿酸の生合成を抑える薬を飲む．

　腎臓結石はたいてい尿路内にでき，一部は尿酸の結晶だが，リン酸カルシウムやシュウ酸カルシウムの結晶が大半を占める．ミネラルの多い食事や水分の摂取不足で塩類の濃度が溶解度を超え，沈殿・結晶化する．結石が尿路を通るとき激痛が見舞うため，鎮痛剤を服用し，ときには手術で石を取出す．超音波で結石を破砕する療法もある．結石ができやすい体質の人は，こまめに水を飲んで尿のミネラル濃度を下げよう．

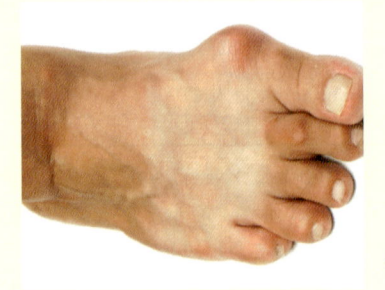

尿酸が溶解度を超えて起こる痛風

リン酸カルシウムが溶解度を超えて生じる腎臓結石

① 20 °C でまだ溶けている KCl は何 g か.
② 20 °C で結晶化する KCl は何 g か.

12・20 50 °C で水 75 g に 80 g の NaNO₃ を溶かした水溶液を, 20 °C に冷やした.
① 20 °C でまだ溶けている NaNO₃ は何 g か.
② 20 °C で結晶化する NaNO₃ は何 g か.

12・21 つぎのようになる理由を説明せよ.
① 砂糖は, アイスティーよりもホットティーにたくさん溶ける.
② 注いだシャンパンを暖かい部屋に放置すると, 風味が消えていく.
③ 開けたときの発泡は, 冷えた缶コーラより, 温かい缶コーラのほうが激しい.

12・22 つぎのようになる理由を説明せよ.
① 開けた缶コーラの発泡は, 冷蔵庫中よりも部屋の中のほうが早くなくなる.
② 水道水を煮沸すると, 消毒の塩素臭が消える.
③ 砂糖が溶ける量は, ホットコーヒーよりアイスコーヒーのほうが少ない.

12・23 つぎの塩は水溶性か, 難溶性か.
① LiCl ② AgCl ③ BaCO₃
④ K₂O ⑤ Fe(NO₃)₃

12・24 つぎの塩は水溶性か, 難溶性か.
① PbS ② NaI ③ Na₂S
④ Ag₂O ⑤ CaSO₄

12・25 つぎの組合わせで沈殿は生じるか. 生じるなら沈殿反応式を書け.
① KCl(aq) + Na₂S(aq)
② AgNO₃(aq) + K₂S(aq)
③ CaCl₂(aq) + Na₂SO₄(aq)
④ CuCl₂(aq) + Li₃PO₄(aq)

12・26 つぎの組合わせで沈殿は生じるか. 生じるなら沈殿反応式を書け.
① Na₃PO₄(aq) + AgNO₃(aq)
② K₂SO₄(aq) + Na₂CO₃(aq)
③ Pb(NO₃)₂(aq) + Na₂CO₃(aq)
④ BaCl₂(aq) + KOH(aq)

12・4 パーセント濃度

一定量の溶媒ではなく, 一定量の溶液が含む溶質の量を, 溶液の**濃度**という.

$$溶液の濃度 = \frac{溶質の量}{溶液の量}$$

質量パーセント濃度

質量パーセント濃度は, 溶液 100 g が含む溶質の質量 (g 単位) をいい, "%" に "(m/m)" を添える (m は mass=質量)*³. 溶液の質量は, "溶質の質量+溶媒の質量" に等しい.

水 (溶媒) 42.00 g に KCl (溶質) 8.00 g が溶けた水溶液の質量パーセント濃度は, 溶液の質量が 42.00 g + 8.00 g = 50.00 g だから, つぎの計算で 16.0%(m/m) となる.

$$質量パーセント濃度 = \frac{8.00 \text{ g}}{50.00 \text{ g}} \times 100\%$$
$$= 16.0\%(\text{m/m})$$

適量の水を入れたビーカーに 8.00 g の KCl を加える　　正確に 50.00 g となるよう水を足す

復習 12・5 質量パーセント濃度

10.0 g の NaBr を水 100.0 g に溶かした. 質量パーセント濃度はいくらか.

[答] 溶質の質量 10.0 g を溶液の質量 (10.0 g + 100.0 g = 110.0 g) で割り, その値に 100 をかけ, 質量パーセント濃度は 9.09%(m/m) となる.

例題 12・4 質量パーセント濃度

30.0 g の NaOH を水 120.0 g に溶かした. 質量パーセント濃度はいくらか.

[答] 溶質の質量 30.0 g を溶液の質量 (30.0 g + 120.0 g = 150.0 g) で割り, その値に 100 をかけ, 質量パーセント濃度は 20.0%(m/m) となる.

● 類題　2.0 g の NaCl を水 56.0 g に溶かした. 質量パーセント濃度はいくらか.

[答] 3.4%(m/m)

体積パーセント濃度

混合気体や混合液体にもっぱら使う**体積パーセント濃度**は, 全体積 100 mL 当たりに存在する少量成分 (溶質) の体積 (mL) をいい, "%" に "(v/v)" を添えることが多い (v は volume=体積).

100 mL 中にエタノール 12 mL を含むワインの体積パーセント濃度は, 12 mL を 100 mL で割り, その値に 100 をかけて 12%(v/v) となる.

---

*3 訳注: 重量 (weight) の w を使って(w/w)と書くことも多い.

例題 12·5　体積パーセント濃度

エタノール 5.0 mL に水を加え，体積を 250.0 mL とした．できたエタノール水溶液の体積パーセント濃度はいくらか．

[答] エタノールの体積 5.0 mL を溶液の体積 250.0 mL で割ったあと 100 をかけ，体積パーセント濃度は 2.0％(v/v) となる．

● 類題　12 mL の臭素 Br_2（液体）を四塩化炭素（液体）に加え，体積を 250 mL とした．溶液の体積パーセント濃度はいくらか．

[答] 4.8％(v/v)

例題 12·6　質量パーセント濃度の応用

抗生物質のネオマイシンを 3.5％(m/m) で含む軟膏がある．軟膏 64 g は何 g のネオマイシンを含むか．

[答] 軟膏 100 g が 3.5 g を含むため，つぎの計算で 2.2 g だとわかる．

$$64\,\text{g 軟膏} \times \frac{3.5\,\text{g ネオマイシン}}{100\,\text{g 軟膏}} = 2.2\,\text{g ネオマイシン}$$

● 類題　8.00％(m/m) の KCl 水溶液 225 g は何 g の KCl を含むか．

[答] 18 g

練習問題　パーセント濃度

12·27　5.00％(m/m) のグルコース水溶液 250 g は，どのようにして調製するか．

12·28　10％(v/v) と 10％(m/m) のメタノール水溶液は，どのように違うか．

12·29　つぎの操作でできる溶液の質量パーセント濃度はいくらか．
① 25 g の KCl を水 125 g に溶かす．
② 8.0 g の $CaCl_2$ を溶かして $CaCl_2$ 水溶液 80.0 g をつくる．
③ 12 g のスクロースを溶かしてスクロース水溶液 225 g をつくる．

12·30　つぎの操作でできる溶液の質量パーセント濃度はいくらか．
① 75 g の NaOH を溶かして NaOH 水溶液 325 g をつくる．
② 2.0 g の KOH を水 20.0 g に溶かす．
③ 48.5 g の Na_2CO_3 を溶かして Na_2CO_3 水溶液 250.0 g をつくる．

12·31　つぎの水溶液をつくりたい．必要な溶質は何 g または何 mL か．
① 5.0％(m/m) の KCl 水溶液 50.0 g
② 4.0％(m/m) の NH_4Cl 水溶液 1250 g
③ 10.0％(v/v) の酢酸水溶液 250 mL

12·32　つぎの水溶液をつくりたい．必要な溶質は何 g または何 mL か．
① 40.0％(m/m) の LiBr 水溶液 150 g
② 2.0％(m/m) の KCl 水溶液 450 g
③ 15％(v/v) のイソプロピルアルコール水溶液 225 mL

12·33　ある口内洗浄液は 22.5％(v/v) のアルコール（エタノール）を含む．洗浄液 355 mL が含むアルコールは何 mL か．

12·34　あるシャンパンは 11％(v/v) のアルコール（エタノール）を含む．750 mL のボトルが含むアルコールは何 mL か．

12·35　つぎの条件に合う水溶液は，何 g または何 mL か．
① 5.0 g の $LiNO_3$ を含む 25％(m/m) の $LiCO_3$ 水溶液
② 40.0 g の KOH を含む 10.0％(m/m) の KOH 水溶液
③ 2.0 mL のギ酸 HCOOH を含む 10.0％(v/v) のギ酸水溶液

12·36　つぎの条件に合う溶液は，何 g または何 mL か．
① 7.50 g の NaCl を含む 2.0％(m/m) の NaCl 水溶液
② 4.0 g の NaOH を含む 25％(m/m) の NaOH 水溶液
③ 20.0 mL のエタノールを含む 8.0％(v/v) のエタノール水溶液

12·5　モル濃度と希釈

化学反応は，原子や分子，イオンが 1 個ずつぶつかって進むため，物質の量は"粒子の個数をそろえて"測るとわかりやすい．そのために使う濃度を**モル濃度**（正確には"体積モル濃度"．単位 mol L^{-1}，略号 M）という．

$$\text{モル濃度 (M)} = \frac{\text{溶質の量 (mol)}}{\text{溶液の体積 (L)}}$$

1.0 mol の NaOH を水に溶かして 1.0 L とすれば，モル濃度 1.0 M の水溶液になる．

12・5 モル濃度と希釈

例題 12・7　モル濃度

60.0 g の NaOH を水に溶かして 0.250 L とした．水溶液のモル濃度は何 M か．

[答]　NaOH の式量は 40.01 だから，60.0 g は 60.0 g÷40.01 g mol^{-1}＝1.50 mol に等しい．水溶液 0.250 L が 1.50 mol の NaOH を含むから，つぎの計算でモル濃度は 6.00 M となる．

$$モル濃度 = \frac{1.50 \text{ mol NaOH}}{0.250 \text{ L 水溶液}} = 6.00 \text{ M NaOH}$$

● 類題　75.0 g の KNO$_3$ を水に溶かして 0.350 L とした．KNO$_3$ のモル濃度は何 M か．

[答] 2.12 M

例題 12・8　モル濃度の応用

水溶液の蒸発乾固で 67.3 g の NaCl を得たい．2.00 M の NaCl 水溶液が何 L 必要か．

[答]　NaCl の式量は 58.44 だから，2 mol の NaCl は 116.88 g に等しい．つまり 2.00 M の水溶液は NaCl を 116.88 g 含むため，つぎの計算で，必要な水溶液は 0.576 L だとわかる．

$$必要な体積 = 67.3 \text{ g} \times \frac{1 \text{ L 水溶液}}{116.88 \text{ g}} = 0.576 \text{ L 水溶液}$$

● 類題　水溶液の蒸発乾固で 4.12 g の HCl を得たい．2.25 M の HCl 水溶液が何 mL 必要か．

[答] 50.2 mL

モル濃度の決まった溶液をつくるときは，溶質の質量 (g) が必要になる．その値は，溶液の体積とモル濃度，溶質のモル質量から計算する．

例題 12・9　モル濃度の応用

2.00 M の KCl 水溶液 0.250 L をつくりたい．溶かす KCl は何 g か．

[答]　1 L に 2.00 mol の KCl を含む水溶液だから，0.250 L ならその 4 分の 1 (0.500 mol) の KCl を溶かせばよい．KCl の式量 74.55 (モル質量 74.55 g mol^{-1}) を使い，つぎの計算で，溶かす KCl は 37.3 g だとわかる．

$$溶かす質量 = \frac{74.55 \text{ g}}{1 \text{ mol}} \; 0.500 \text{ mol KCl} = 37.3 \text{ g KCl}$$

● 類題　4.50 M の炭酸水素ナトリウム NaHCO$_3$ 水溶液 325 mL は，何 g の NaHCO$_3$ を含むか．

[答] 123 g

希　釈

化学や生物学の実験では，濃い水溶液に水を加え，薄い水溶液をつくる場面が多い (**希釈**)．家庭でも，濃縮ジュースは希釈して飲む．

希釈では水 (溶媒) を加えるが，希釈の前後で溶質の量は変わらない (図 12・8)．

$$希釈前の溶質の量 = 希釈後の溶質の量$$

濃度をモル濃度 M で表せば，溶質の量はつぎの計算でわかる．

$$溶質の量 (\text{mol}) = モル濃度 \times 体積 (\text{L})$$

モル濃度を記号 C で書き，希釈前を 1，希釈後を 2 として，つぎの関係が成り立つ．

$$C_1 V_1 = C_2 V_2$$

上式の量 4 個のうち 3 個の値がわかっていれば，残る 1 個の値が計算できる．

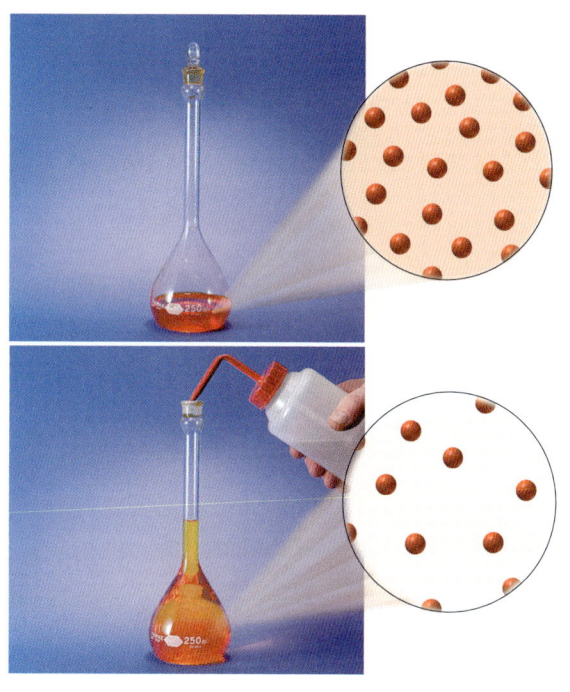

図 12・8　溶液を希釈したとき，溶質粒子どうしが遠ざかっても，粒子の数は変わらない．
[考えてみよう]　6 M の HCl 水溶液を同体積の水で薄めたとき，濃度は何 M になるか．

復習 12・6　希　釈

1.0 M の SrCl$_2$ 水溶液 50.0 mL を 0.20 M に希釈した．体積は何 mL になったか．

[答]　本文の式 $C_1 V_1 = C_2 V_2$ を $V_2 = C_1 V_1 / C_2$ と変形する．C_1＝1.0 M，V_1＝50.0 mL，C_2＝0.20 M を代入する計算で，V_2＝250 mL を得る．

例題 12·10　希釈

4.00 M の KCl 水溶液 75.0 mL を希釈して 0.500 L にした．濃度は何 M になったか．

[答]　本文の式 $C_1V_1 = C_2V_2$ を $C_2 = C_1V_1/V_2$ と変形する．$C_1 = 4.00\ \mathrm{M}$，$V_1 = 75.0\ \mathrm{mL}$，$V_2 = 0.500\ \mathrm{L} = 500\ \mathrm{mL}$ を代入する計算で，$C_2 = 0.600\ \mathrm{M}$ を得る．

● 類題　10.0 M の NaOH 水溶液を希釈して 2.00 M の NaOH 水溶液 600 mL をつくりたい．10.0 M の NaOH 水溶液は何 mL 必要か．

[答] 120 mL

練習問題　希釈

12·37　つぎの水溶液は何 M か．
① 2.00 mol のグルコースを含む水溶液 4.00 L
② 5.85 g の NaCl を含む水溶液 40.0 mL
③ 4.00 g の KOH を含む水溶液 2.00 L

12·38　つぎの水溶液は何 M か．
① 0.500 mol のスクロースを含む水溶液 0.200 L
② 30.4 g の LiBr を含む水溶液 350 mL
③ 73.0 g の HCl を含む水溶液 2.00 L

12·39　つぎの水溶液をつくるのに必要な溶質は何 g か．
① 1.50 M の NaOH 水溶液 2.00 L
② 0.200 M の KCl 水溶液 125 mL
③ 3.50 M の HCl 水溶液 25.0 mL

12·40　つぎの水溶液をつくるのに必要な溶質は何 g か．
① 5.00 M の NaOH 水溶液 2.00 L
② 0.100 M の $CaCl_2$ 水溶液 325 mL
③ 0.500 M の $LiNO_3$ 水溶液 15.0 mL

12·41　つぎの水溶液は何 mL か．
① 12.5 g の Na_2CO_3 を含む 0.120 M 水溶液
② 0.850 mol の $NaNO_3$ を含む 0.500 M 水溶液
③ 30.0 g の LiOH を含む 2.70 M 水溶液

12·42　つぎの水溶液は何 L か．
① 5.00 mol の NaOH を含む 12.0 M 水溶液
② 15.0 g の Na_2SO_4 を含む 4.00 M 水溶液
③ 28.0 g の $NaHCO_3$ を含む 1.50 M 水溶液

12·43　つぎの操作で，最終濃度は何 M になるか．
① 6.00 M の HCl 水溶液 0.150 L に水を加えて 0.500 L にする．
② 2.50 M の KCl 水溶液 10.0 mL に水を加えて 0.250 L にする．
③ 12.0 M の KBr 水溶液 0.250 L に水を加えて 1.00 L にする．

12·44　つぎの操作で，最終濃度は何 M になるか．
① 3.50 M の KNO_3 水溶液 10.0 mL に水を加えて 0.250 L にする．
② 18.0 M のスクロース水溶液 5.00 mL に水を加えて 100 mL にする．
③ 1.00 M の H_2SO_4 水溶液 25.0 mL に水を加えて 200 mL にする．

12·45　つぎの操作で，最終体積は何 mL になるか．
① 12.0 M の NH_4Cl 水溶液 50.0 mL を水で希釈し，2.00 M にする．
② 15.0 M の $NaNO_3$ 水溶液 18.0 mL を水で希釈し，1.50 M にする．
③ 18.0 M の H_2SO_4 水溶液 4.50 mL を水で希釈し，2.50 M にする．

12·46　つぎの操作で，最終体積は何 mL になるか．
① 8.00 M の KOH 水溶液 2.50 mL を水で希釈し，2.00 M にする．
② 12.0 M の NH_4Cl 水溶液 50.0 mL を水で希釈し，2.00 M にする．
③ 6.00 M の HCl 水溶液 75.0 mL を水で希釈し，0.200 M にする．

12·47　つぎの水溶液は何 mL か．
① 0.200 M の HNO_3 水溶液 255 mL をつくるのに必要な 4.00 M 水溶液
② 0.100 M の $MgCl_2$ 水溶液 715 mL をつくるのに必要な 6.00 M 水溶液
③ 0.150 M の KCl 水溶液 0.100 L をつくるのに必要な 8.00 M 水溶液

12·48　つぎの水溶液は何 mL か．
① 0.250 M の KNO_3 水溶液 20.0 mL をつくるのに必要な 6.00 M 水溶液
② 2.50 M の H_2SO_4 水溶液 25.0 mL をつくるのに必要な 12.0 M 水溶液
③ 1.50 M の NH_4Cl 水溶液 0.500 L をつくるのに必要な 10.0 M 水溶液

12·49　3.00 M の HCl 水溶液 25.0 mL を 0.150 M に希釈した．できた水溶液は何 mL か．

12·50　2.50 M の NaCl 水溶液 30.0 mL を 0.500 M に希釈した．できた水溶液は何 mL か．

12·6　溶液中の化学反応

　水溶液中の化学反応で反応物や生成物の量を求めるには，係数の正しい反応式を書いたうえ，成分のモル濃度と溶液の体積を使って計算する．また，物質の量とモル濃度から，水溶液の体積を求める場合もある．

例題 12·11　溶液の体積

　亜鉛 Zn はつぎのように HCl 水溶液（塩酸）と反応し，溶けた $ZnCl_2$ と気体の水素 H_2 を生じる．
$$Zn(s) + 2HCl(aq) \longrightarrow ZnCl_2(aq) + H_2(g)$$
亜鉛 5.32 g とちょうど反応する 1.50 M の HCl 水溶液は何 L か．

12・7 溶液の性質

[答] 亜鉛の原子量 65.41（モル質量 65.41 g mol^{-1}）を使い，5.32 g は 5.32 g÷65.41 g mol^{-1}＝0.08133 mol となる．亜鉛 1 mol が 2 mol の HCl と反応するため，必要な HCl は 0.0813 mol×2＝0.162 mol.

1.50 M の HCl 水溶液は 1 L に 1.50 mol の HCl を含むから，つぎの計算で，必要な体積は 0.108 L だとわかる．

HCl 水溶液の体積
$$= 0.162 \text{ mol} \times \frac{1 \text{ L 水溶液}}{1.50 \text{ mol}} = 0.108 \text{ L 水溶液}$$

● 類題 上記の反応で 0.200 M の HCl 水溶液 225 mL とちょうど反応する亜鉛は何 g か．
[答] 1.47 g

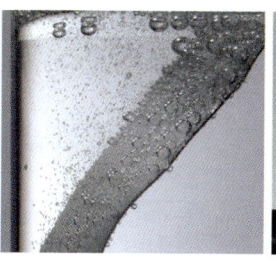

亜鉛と HCl の反応で発生する水素

Na$_2$SO$_4$ 水溶液と BaCl$_2$ 水溶液の反応で生じる BaSO$_4$ の白い沈殿

例題 12・12 溶液の体積

0.160 M の Na$_2$SO$_4$ 水溶液 32.5 mL とちょうど反応する 0.250 M の BaCl$_2$ 水溶液は何 mL か．
Na$_2$SO$_4$(aq) + BaCl$_2$(aq) ⟶ BaSO$_4$(s) + 2 NaCl(aq)

[答] 1 mol の Na$_2$SO$_4$ が 1 mol の BaCl$_2$ と反応する．0.160 M の Na$_2$SO$_4$ 水溶液 32.5 mL は，0.160 mol L^{-1}×32.5 mL÷1000 mL＝0.00520 mol の Na$_2$SO$_4$ を含む．

0.250 M の BaCl$_2$ 水溶液は，1 mL に 0.00025 mol の BaCl$_2$ を含むので，必要な体積は 0.00520 mol÷0.00025 mol mL^{-1}＝20.8 mL となる．

● 類題 上記の反応で 0.216 M の BaCl$_2$ 水溶液 26.8 mL と反応する 0.330 M の Na$_2$SO$_4$ 水溶液は何 mL か．
[答] 17.5 mL

例題 12・13 気体の体積

雨水を酸性化させる原因の一つは，つぎの化学反応だといわれる．
3 NO$_2$(g) + H$_2$O(l) ⟶ 2 HNO$_3$(aq) + NO(g)
0.400 M の HNO$_3$ 水溶液 0.275 L をつくるのに必要な NO$_2$ は，標準状態で何 L か．

[答] 反応式より，3 mol の NO$_2$ から 2 mol の HNO$_3$ ができるため，物質の量でいうと，必要な NO$_2$ は HNO$_3$ の 1.5 倍になる．

0.400 M の HNO$_3$ 水溶液 0.275 L は，0.400 mol L^{-1}×0.275 L＝0.110 mol の HNO$_3$ を含む．すると必要な NO$_2$ は 0.110×1.5＝0.165 mol となる．

気体 1 mol は標準状態で 22.4 L を占めるから，必要な NO$_2$ の量は 0.165 mol×22.4 L mol^{-1}＝3.70 L になる．

● 類題 上記の反応で 1.50 M の HNO$_3$ 水溶液 2.20 L をつくるとき，生じる NO は 100 °C・1.20 atm で何 L か．
[答] 42.1 L

練習問題 溶液中の化学反応

12・51 つぎの反応について，下の問いに答えよ．
Pb(NO$_3$)$_2$(aq) + 2 KCl(aq) ⟶ PbCl$_2$(s) + 2 KNO$_3$(aq)
① 1.50 M の KCl 水溶液 50.0 mL からできる PbCl$_2$ は何 g か．
② 1.50 M の KCl 水溶液 50.0 mL とちょうど反応する 2.00 M の Pb(NO$_3$)$_2$ 水溶液は何 mL か．
③ 0.400 M の Pb(NO$_3$)$_2$ 水溶液 30.0 mL と，20.0 mL の KCl 水溶液がちょうど反応した．KCl 水溶液の濃度は何 M か．

12・52 つぎの反応について，下の問いに答えよ．
NiCl$_2$(aq) + 2 NaOH(aq) ⟶ Ni(OH)$_2$(s) + 2 NaCl(aq)
① 0.500 M の NiCl$_2$ 水溶液 18.0 mL とちょうど反応する 0.200 M の NaOH 水溶液は何 mL か．
② 1.75 M の NaOH 水溶液 35.0 mL と過剰の NiCl$_2$ が反応するとき，生じる Ni(OH)$_2$ は何 g か．
③ 0.250 M の NaOH 水溶液 10.0 mL と，30.0 mL の NiCl$_2$ 水溶液がちょうど反応した．NiCl$_2$ 水溶液の濃度は何 M か．

12・53 つぎの反応について，下の問いに答えよ．
Mg(s) + 2 HCl(aq) ⟶ MgCl$_2$(aq) + H$_2$(g)
① マグネシウム 15.0 g とちょうど反応する 6.00 M の HCl 水溶液は何 mL か．
② 2.00 M の HCl 水溶液 0.500 L と過剰のマグネシウムが反応するとき，生じる水素は標準状態で何 L か．
③ HCl 水溶液 45.2 mL が過剰のマグネシウムと反応し，25 °C・735 mmHg で 5.20 L の水素が発生した．HCl 水溶液の濃度は何 M か．

12・54 つぎの反応について，下の問いに答えよ．
CaCO$_3$(s) + 2 HCl(aq) ⟶
　　　　CaCl$_2$(aq) + H$_2$O(l) + CO$_2$(g)
① 8.25 g の CaCO$_3$ を反応させるのに必要な 0.200 M の HCl 水溶液は何 mL か．
② 3.00 M の HCl 水溶液 15.5 mL と過剰の CaCO$_3$ が反応するとき，生じる CO$_2$ は標準状態で何 L か．
③ HCl 水溶液 200 mL が過剰の CaCO$_3$ と反応し，18 °C・725 mmHg で 12.0 L の CO$_2$ が発生した．HCl 水溶液の濃度は何 M か．

12・7 溶液の性質

溶液の性質は，溶質粒子の振舞いが決める．ふつうの溶液は，溶質粒子が溶媒粒子とまんべんなく混ざってできる．どちらの粒子もたいへん小さく，沪紙や半透膜（細胞膜など）を自由に通る．ただし，見た目は溶液なのに，そ

うでない混合物もある．

コロイド

巨大分子（タンパク質など）や分子集合体が溶質になった溶液をコロイドという．ふつうの溶液と同じ均一混合物だから，時間がたっても分離・沈殿はしない．コロイド粒子は沪紙を通るほど小さいが，半透膜は通れない．コロイドの例を表12・7に示す．

表12・7 コロイドの例

	分散質	分散媒
霧，雲，ミスト	液体	気体
ほこり，煙	固体	気体
クリーム類，せっけんの泡	気体	液体
マヨネーズ，バター，ホモ牛乳	液体	液体
チーズ，バター	液体	固体

食品成分のコロイドは，そのままでは小腸の壁から吸収できない．デンプンやタンパク質など巨大分子は，化学変化（消化）でグルコース（ブドウ糖）やアミノ酸といった小分子に分解されたあと小腸の壁から吸収される．ただし，ヒトはセルロース（食物繊維）の分解酵素をもたないため，セルロースは消化管を素通りする．

懸濁液

泥水のように，沪紙も半透膜も通らない巨大粒子を含む不均一混合物を懸濁液という．かき混ぜてしばらくは均一混合物のように見えても，やがて粒子が液体と分離して沈む．"よく振ってから飲む"薬にも懸濁液が多い．

浄水場では，化学を利用して懸濁液をきれいにする．原水に硫酸アルミニウム $Al_2(SO_4)_3$ や硫酸鉄(III) $Fe_2(SO_4)_3$ を加えると，イオンが浮遊粒子に結合して大きな粒子（"フロック"）ができる[*4]．そのあとフィルターを何度か通して沈殿を除き，きれいな水にする．

表12・8 溶液，コロイド，懸濁液の比較

混合物	粒子の素性	沈殿生成	沪紙・半透膜の通過
溶液	原子・イオン・小分子	しない	沪紙も半透膜も通る．
コロイド	巨大分子，分子集合体	しない	沪紙は通るが，半透膜は通らない．
懸濁液	目に見える巨大な粒子	する	沪紙を通らない．

混合物の分類を表12・8に，溶液，コロイド，懸濁液の図解を図12・9に示す．

- ● 溶液の粒子
- ▲ コロイド粒子
- ■ 懸濁粒子

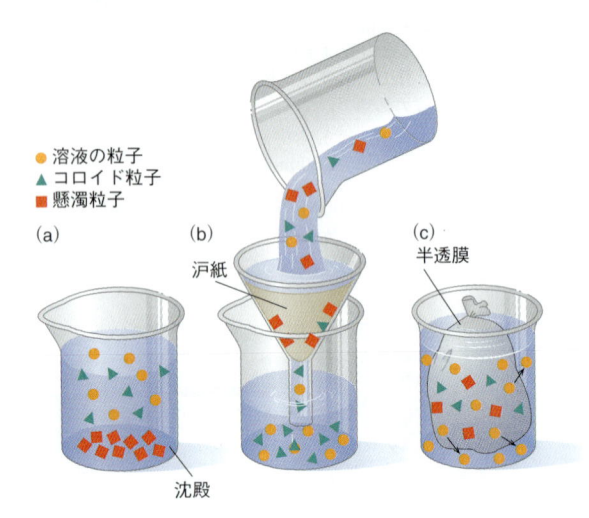

(a)　(b)　(c)
沪紙　半透膜
沈殿

図12・9 混合物3種のイメージ．(a) 粒子が沈殿する懸濁液．(b) 懸濁物を沪紙で分離．(c) 溶液の溶質は半透膜を通るが，コロイド粒子は通らない．
[考えてみよう] 懸濁液の浮遊粒子は沪紙で分離できるが，コロイド粒子を分離するには半透膜を使う．なぜか．

復習12・7　混合物の分類

つぎのものは，溶液，コロイド，懸濁液のどれか．
① 静置すると粒子が沈降・沈殿する混合物
② 粒子が沪紙も半透膜も通る混合物
③ 細胞膜は通らないが沪紙は通る酵素分子

[答] ① 懸濁液，② 溶液，③ コロイド

凝固点降下と沸点上昇

ふつうの溶液に話を戻す．水に溶質が混ざると，凝固点も沸点も変わる．純溶媒に比べて溶液は，凝固点が低く（凝固点降下），沸点が高い（沸点上昇）．温度変化の度合いは，溶質の種類には関係せず，一定体積の溶液が含む溶質の量（粒子数）だけで決まる．そんな性質を**束一的性質**という．

たとえば凍結した路面に塩をまく．食塩の粒子が水分子と結合し，融点が下がって氷が融ける．あるいは，エチレングリコール $HO-CH_2-CH_2-OH$ を車のラジエーター液に混ぜる．OH基が水素結合するエチレングリコールは，水とどんな割合でも混ざり合う．エチレングリコールと水の1:1混合液は，−37 ℃ まで凍らず，+124 ℃ まで沸

[*4] 訳注: 一般に浮遊粒子の表面は正か負の電荷をもつ．そこに逆符号のイオンが結合し，粒子全体が中性（非極性）になって沈殿する．こうした処理に使う化合物（凝集剤）は，重さ当たりでなるべく多くのイオンを生じるものが望ましい．

騰しないため，厳寒の地でも猛暑の地でも，ラジエーターが機能を保つ．

質量モル濃度

凝固点降下や沸点上昇の計算には，溶質の濃度として**質量モル濃度**（記号 m）を使う*5．質量モル濃度は，"溶媒 1 kg が含む溶質は何 mol か"を意味する．

$$\text{質量モル濃度}(m) = \frac{\text{溶質の量(mol)}}{\text{溶媒の質量(kg)}}$$

復習 12・8　質量モル濃度

35.5 g のグルコース $C_6H_{12}O_6$ を水 0.400 kg に溶かした．質量モル濃度はいくらか．

[答]　グルコースの分子量は 180.2 だから 35.5 g は，35.5 g ÷ 180.2 g mol^{-1} = 0.197 mol．すると質量モル濃度 m は，0.197 mol ÷ 0.400 kg = 0.493 mol kg^{-1} になる．

凝固点と沸点の変化幅

水の凝固点降下（記号 ΔT_f）や沸点上昇（ΔT_b）が起こるのは，氷の生成や水蒸気の脱出を，溶質の粒子が妨げるからだ．そのため水溶液は，0 ℃ より低温にしないと凍らない．溶質の濃度が高いほど，凝固点の低下も大きい．

質量モル濃度 m が 1 mol kg^{-1} での凝固点降下 ΔT_f を**凝固点降下定数**といい，記号 K_f（単位 ℃ kg mol^{-1}）で表す．水の場合，K_f 値は 1.86 ℃ kg mol^{-1} になるため，凝固点は，溶質の m が 1 mol kg^{-1} のとき −1.86 ℃，2 mol kg^{-1} のとき −3.72 ℃ に下がる．

沸点上昇も同様に扱う．m が 1 mol kg^{-1} での沸点上昇 ΔT_b を**沸点上昇定数**といい，記号 K_b（単位 ℃ kg mol^{-1}）で表す．水の場合，K_b 値 0.52 ℃ kg mol^{-1} になるため，沸点は，溶質の m が 1 mol kg^{-1} のとき 100.52 ℃，2 mol kg^{-1} のとき 101.04 ℃ に上がる．

凝固点降下も沸点上昇も，溶媒に固有の値をもち，何を溶かしたかに関係なく"溶質粒子の数"だけで決まる（束一的性質）．

エチレングリコール $HO-CH_2-CH_2-OH$ やグルコース $C_6H_{12}O_6$ など非電解質は，溶かす前後で分子の数は変わらない．かたや電解質は電離して粒子の数が増えるため，凝固点降下も沸点上昇も，"電離後の個数"に注目して扱う．

たとえば NaCl は水中でほぼ完全に Na$^+$ と Cl$^-$ に電離するから，1 mol の NaCl を水 1 kg に溶かしたときは m = 2 mol kg^{-1} とみる．また，やはり強電解質の $CaCl_2$ が溶けたときは，1 単位から 1 個の Ca^{2+} と 2 個の Cl$^-$ ができるため，m = 3 mol kg^{-1} とみる．

以上のことを表 12・9 にまとめた．

表 12・9　水の凝固点降下と沸点上昇

	凝固点	沸点
純水	0 ℃	100 ℃
温度変化定数	K_f = 1.86 ℃ kg mol^{-1}	K_b = 0.52 ℃ kg mol^{-1}

水溶液の凝固点降下と沸点上昇

溶液の例（水 1 kg）	溶質の型	溶解後の量	凝固点	沸点
1 mol kg^{-1} エチレングリコール	非電解質	1 mol	−1.86 ℃	100.52 ℃
1 mol kg^{-1} NaCl	強電解質	2 mol	−3.72 ℃	101.04 ℃
1 mol kg^{-1} $CaCl_2$	強電解質	3 mol	−5.58 ℃	101.56 ℃

例題 12・14　凝固点降下

凍結した路面に $CaCl_2$ をまけば氷が融ける．水 500 g に 225 g の $CaCl_2$ を溶かしたとき，凝固点は何 ℃ だけ下がるか．

[答]　$CaCl_2$ の式量は 110.98 だから，225 g は 225 g ÷ 110.98 g mol^{-1} = 2.027 mol．$CaCl_2$ は水に溶けて Ca^{2+} + 2 Cl$^-$ と電離し，1 mol の $CaCl_2$ が 3 mol の溶質粒子になるため，2.027 mol の $CaCl_2$ から溶質 6.08 mol ができる．

溶質 6.08 mol が水 0.500 kg に溶けるから，水 1 kg 当たりだと 12.2 mol になる．こうして水の凝固点降下は，1.86 ℃ kg mol^{-1} × 12.2 mol kg^{-1} = 22.7 ℃ となり，凝固点は −22.7 ℃ だとわかる．

● 類題　エチレングリコール 515 g を水 565 g と混ぜた溶液の沸点上昇と沸点を計算せよ．
　　　　[答]　沸点上昇 ΔT_b = 7.6 ℃，沸点 107.6 ℃

浸透圧

動植物の生命活動は，水を媒質にして進む．生物体内の膜（細胞膜など）には，巨大分子（コロイド）を通さない半透膜が多い．体内の水が膜のどちらへ動くかは，膜の両側にある水溶液の溶質濃度がどうなっているかで変わる．水が半透膜を通り，溶質の薄いほうから濃いほうへ動く現象を，**浸透**という．

浸透を観測する実験では，半透膜の片側に純水を，別の側にスクロース水溶液を置く．水は半透膜を自由に行き来するが，スクロース分子は半透膜を通れない．水分子は，スクロース水溶液を薄めようとして，水溶液側に入ってい

---

*5　訳注：温度が変わると溶液の体積も変わるから，体積モル濃度 C は値が変わる．しかし質量は一定で，質量モル濃度 m の値は変わらないため，温度変化を伴う現象を厳密に扱うには m を使う．

く．そのためスクロース水溶液の液面は上がり，純水の液面は下がる．

水溶液の液面が十分に高くなると，液体中にかかる重力由来の圧力が水の浸入を抑える結果，見かけ上，水の動きは止まる．その圧力を，液面がつり合ったときの水溶液が示す**浸透圧**という．浸透圧の値は，溶質粒子の濃度が高いほど大きい．

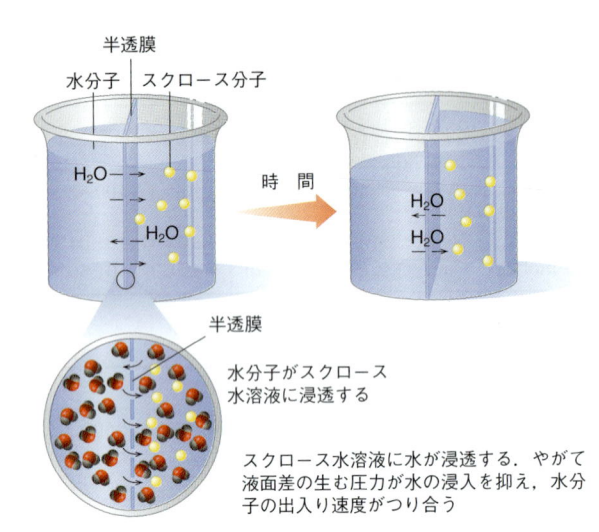

半透膜
水分子　スクロース分子
H₂O→
←H₂O
時間
H₂O
H₂O

半透膜
水分子がスクロース水溶液に浸透する

スクロース水溶液に水が浸透する．やがて液面差の生む圧力が水の浸入を抑え，水分子の出入り速度がつり合う

浸透圧以上の圧力を水溶液にかけると，水の動きが逆になり，水が溶液から押し出されて溶質の濃度が上がる．そうした現象（"逆浸透"）を海水の淡水化に利用する．

復習 12・9　浸透圧

2%(m/m)スクロース水溶液と 8%(m/m)スクロース水溶液を半透膜で仕切る．つぎの問いに答えよ．
① 浸透圧が大きいのはどちらの水溶液か．
② 最初，水はどちら向きに動くか．
③ 水の動きが止まったとき，液面はどちらの水溶液が高いか．

[答] ① 溶媒分子当たりの溶質粒子が多い 8%(m/m)水溶液．
② 溶質の薄い 2%(m/m)水溶液から，濃い 8%(m/m)水溶液へと動く．
③ 8%(m/m)水溶液のほうが高い．

等 張 液

生体内では，細胞膜などの半透膜を通じた浸透がいつも起こっている．血液や組織内液，リンパ液や血漿などの体液は，溶質を含むため一定の浸透圧を示す．静脈注射や点滴には，血液と同じ浸透圧の水溶液（等張液）を使う．等張液の濃度は，"質量/体積パーセント，%(m/v)"，つまり水溶液 100 mL が含む溶質の質量（g）で表す．標準的な等張液に，水溶液 100 g が 0.9 g の NaCl を含む "0.9%(m/v) NaCl" と，グルコース 5 g を含む "5%(m/v) グルコース" がある．溶質は違っても，溶質（NaCl なら Na^+ + Cl^-）の濃度はどちらも 0.3 M に等しい．等張液に入れた赤血球細胞は，血液中の正常な形を保つ（図 12・10 a）．

低張液と高張液

等張液以外の溶液に細胞を入れると，細胞膜の内外で浸透圧が違うため，細胞の形（体積）が激変する．血液よりも溶質が薄い液（低張液）中では，浸透圧差により水が細胞内へ侵入して細胞がふくれ，ときには破裂する（溶血，図 12・10 b）．干しブドウやドライフルーツを水に入れても似たことが起こり，入った水が細胞をパンパンにふくらませる．

10%(m/v) NaCl のように，浸透圧が血液と同じ 0.9%(m/v) NaCl よりも濃い液（高張液）に細胞を入れると，水が細胞から外に出る．そのとき細胞は縮んで"円状突起化"を起こす（図 12・10 c）．梅酒に漬けた梅や，ピクルスなどの漬物がシワシワになるのも，水が環境（高濃度水溶液）に出ていくからだ．

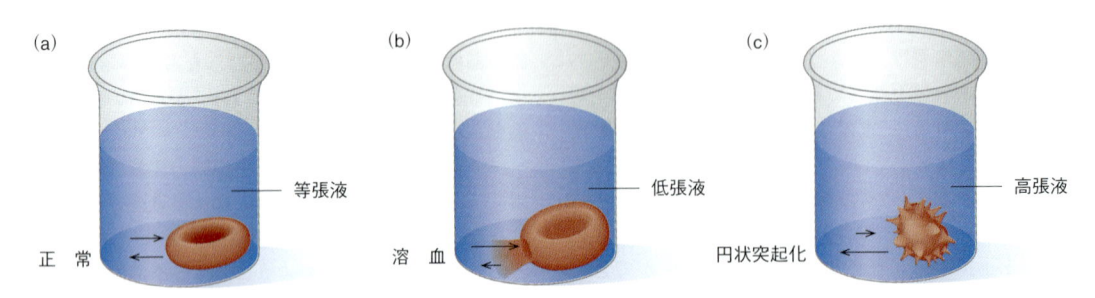

(a) 等張液　正常
(b) 低張液　溶血
(c) 高張液　円状突起化

図 12・10　赤血球細胞の姿．(a) 等張液中．水の出入りがつり合い，正常な形を保つ．(b) 低張液中．細胞に水が入って溶血する．(c) 高張液中．細胞から水が出て円状突起化する．

[考えてみよう] 4% の NaCl 水溶液に入れた赤血球は，どんな変化を示すか．

例題 12・15 等張液・低張液・高張液

つぎの水溶液は，等張液・低張液・高張液のどれか．また，それぞれに赤血球を入れたらどうなるか．
① 5.0%(m/v)グルコース水溶液
② 0.2%(m/v)NaCl水溶液

[答] ① 等張液．細胞は正常なまま．
② 低張液．細胞は溶血する．

● **類題** 10%(m/v)グルコース水溶液は，赤血球にどんな作用をするか．

[答] 円状突起化を起こす

腎臓透析

健康と化学

透析は浸透と似ている．透析には，小分子やイオン，水分子は通しても，コロイド（巨大粒子）は通さない半透膜（透析膜）を使う．

正常な体内では，腎臓にある膜が体液を透析して，代謝廃物や過剰の塩類，水を除く．成人の腎臓は，約200万個のネフロン（腎単位）をもつ．各ネフロンの最上流には，糸球体という動脈毛細血管ネットワークがある．

血液が糸球体に入ると，アミノ酸やグルコース，尿素，水，イオンなど小さい粒子は，毛細血管の膜を通ってネフロン本体に行く．ネフロンを通過するうち，体にまだ役立つ物質（アミノ酸，グルコース，一部のイオンと水の99%）は再吸収される．おもな代謝廃物の尿素は，尿に排泄される．

腎臓の透析能が落ちると，尿素が体にたまって命にかかわる．腎不全の患者は，透析で血液をきれいにする透析装置（人工腎臓）が必要になる．

透析装置は，適切な電解質を溶かした約100 Lの水槽につながっている．透析液（浴）の中に，セルロース管でつくった透析コイル（透析膜）がある．患者の血液が透析コイルを通るうち，高濃度の代謝廃物が透析液のほうに出ていく．透析膜は赤血球など巨大粒子を通さないから，大事な成分は失われない．

透析患者は排尿が少ないため，透析からつぎの透析までの期間，体に水がたまって心臓に負担をかける．だから患者には，1日の水分摂取を小さじ数杯に抑えさせる．透析の際は，透析コイルを通る血液に加圧して水分と小分子を除く．1回の透析で除く水は2〜10 Lにもなる．ふつう透析は週に2〜3回で，そのたびに5〜7時間かかる．最新の装置を使えば時間が短くてすみ，家庭用の透析器もでき，多くの患者が自宅で透析を行っている．

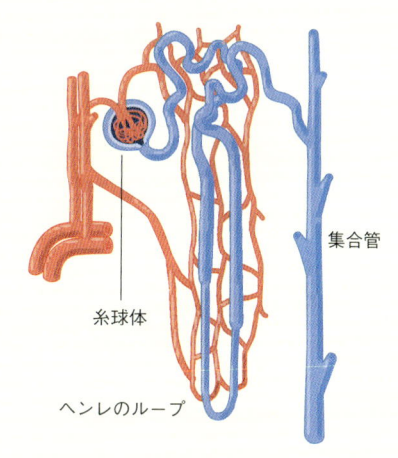

ネフロン（腎単位）の糸球体は，血液から除いた尿素と代謝廃物を尿に排泄する

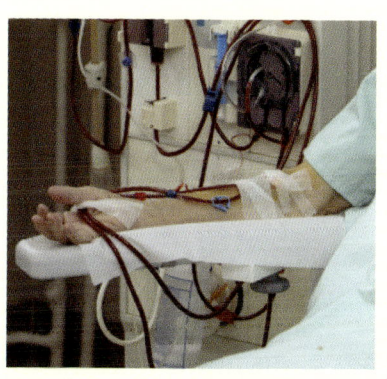

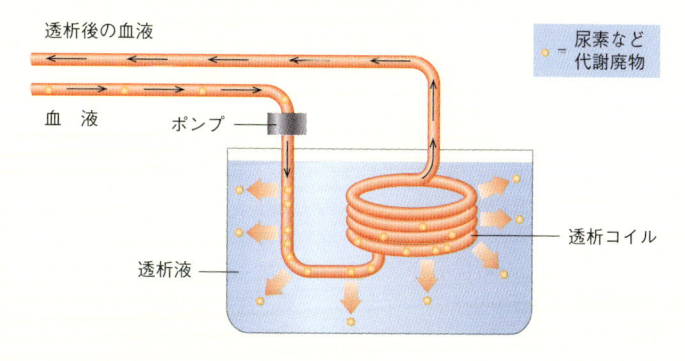

血液中の代謝廃物と水を除く透析装置

練習問題　溶液の性質

12・55 以下は, 溶液, コロイド, 懸濁液のどれをさすか.
① 半透膜で分離できない混合物.
② 静置しておくと沈殿する.

12・56 以下は, 溶液, コロイド, 懸濁液のどれをさすか.
① 半透膜を通らないが沪紙は通る.
② 粒子が目で見える混合物.

12・57 つぎの強電解質を水 1 kg に何 mol 溶かせば, エチレングリコール（非電解質）1.2 mol を溶かした水溶液と同じ凝固点を示すか.
① NaCl　② K_3PO_4

12・58 つぎの物質を水 1 kg に何 mol 溶かせば, エチレングリコール（非電解質）3.0 mol を溶かした水溶液と同じ凝固点を示すか.
① メタノール CH_3OH　② KNO_3

12・59 つぎの溶液の質量モル濃度はいくらか.
① 水 455 g にメタノール CH_3OH（非電解質）325 g を加えた溶液.
② 水 1.22 kg にプロピレングリコール $C_3H_8O_2$（非電解質）640 g を加えた溶液.

12・60 つぎの溶液の質量モル濃度はいくらか.
① 水 0.112 kg にグルコース $C_6H_{12}O_6$（非電解質）65.0 g を加えた溶液.
② 水 1.50 kg にスクロース $C_{12}H_{22}O_{11}$（非電解質）0.320 mol を加えた溶液.

12・61 問い 12・59 の①と②で凝固点はそれぞれ何 °C か. また②の沸点は何 °C か.

12・62 問い 12・60 の①と②で, 凝固点と沸点はそれぞれ何 °C か.

12・63 以下の 2 種類の水溶液を半透膜で仕切った. 体積が増えていくのはどちらか.
① 5.0%(m/v) と 10%(m/v) のデンプン
② 4%(m/v) と 8%(m/v) のアルブミン
③ 10%(m/v) と 0.1%(m/v) のスクロース

12・64 以下の 2 種類の水溶液を半透膜で仕切った. 体積が増えていくのはどちらか.
① 20%(m/v) と 10%(m/v) のデンプン
② 10%(m/v) と 2%(m/v) のアルブミン
③ 0.5%(m/v) と 5%(m/v) のスクロース

12 章の見取り図

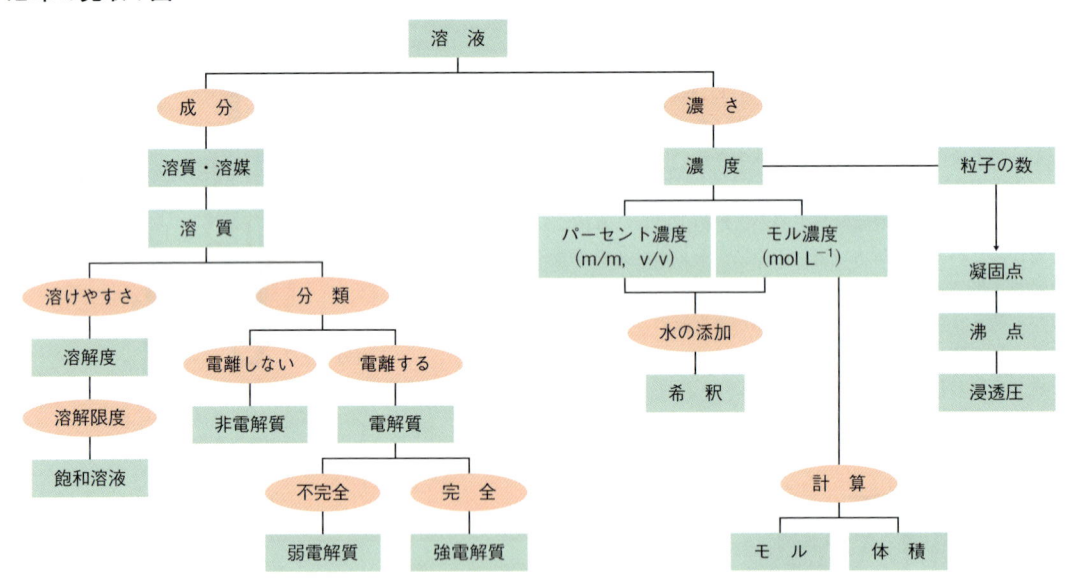

キーワード

希釈（dilution）
強電解質（strong electrolyte）
質量パーセント（mass percent, m/m）
質量モル濃度（molality）
弱電解質（weak electrolyte）
浸透圧（osmotic pressure）
水和（hydration）
水溶性の塩（water soluble salt）

束一的性質（colligative property）
体積パーセント（volume percent, v/v）
電解質（electrolyte）
電離（dissociation）
難溶性の塩（hardly-soluble salt）
濃度（concentration）
非電解質（nonelectrolyte）
不飽和溶液（unsaturated solution）

ヘンリーの法則（Henry's law）
飽和溶液（saturated solution）
モル濃度（molarity, m）
溶液（solution）
溶解度（solubility）
溶質（solute）
溶体（solution）
溶媒（solvent）

13 化学平衡

目次と学習目標

13・1 反応の速度
　　　反応の速度は何が決めるのか．
13・2 化学平衡
　　　平衡とは，どんな状態をいうのか．
13・3 平衡定数
　　　平衡定数とは，何を表すのか．
13・4 平衡定数の利用
　　　平衡定数を使うと何がわかるのか．
13・5 平衡の移動
　　　濃度や体積，温度を変えたら，平衡組成はどう変わるのか．
13・6 固体の溶解平衡
　　　難溶性塩の溶解は，どう表現できるのか．

　化学反応が進むとき，物質の量がどう変わるかを調べてきた．ここからは反応の速度も調べよう．薬を一日に何度飲むかは，薬の効く速さが決める．セメントが速く固まる薬剤を使うと，建設期間が短くてすむ．爆発反応や沈殿反応はたいへん速い．肉やケーキを焼くには時間がかかり，銀の黒ずみも体の老化もずっと遅い（図 13・1）．エネルギーを吸収する反応と，出す反応がある．自動車のエンジン内では，ガソリンの出すエネルギーが推進力になる．物質の濃度で反応速度がどう変わるかにも注目しよう．

　いままで，反応は一方向だけに進むと考えた（正反応）．しかしたいていの場合，生成物の粒子がぶつかり合って結合を組替え，反応物に戻る"逆反応"も進む．正反応と逆反応の速度がつり合えば，見かけ上，反応物と生成物の量は変わらない．それを"化学平衡"の状態という．生成物がごくわずかできて平衡になる反応もあり，反応物のほぼ全部が生成物になって平衡になる反応もある．

13・1 反応の速度

　化学反応のミクロなイメージは，**衝突理論**が教える．反応が起こるには，とにかく反応物の分子が衝突しなければいけない．十分なエネルギーの分子が，お互いぴったりの向き（配向）で衝突したときに，結合の組替えが進む．そうなる確率は一般に低く，莫大な衝突回数のごく一部だけが反応につながる．窒素と酸素の反応を考えよう（図 13・2）．N_2 分子と O_2 分子が適切な向きで衝突したときだ

図 13・1 速い変化と遅い変化．バナナは数日で熟成し，銀は数カ月で黒ずむ．ヒトの成長・老化はゆっくりと進む．
［考えてみよう］糖類の合成（光合成）と消化は，速さにしてどれほど違うか．

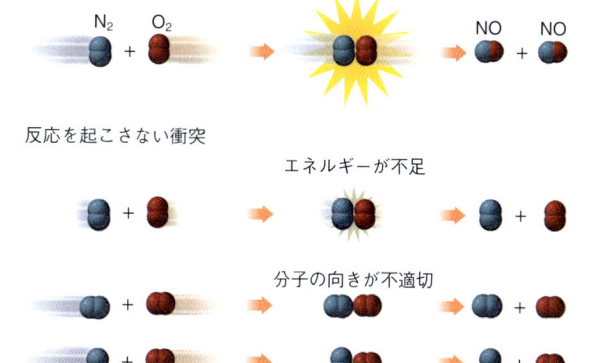

図 13・2 反応は，十分なエネルギーの分子が適切な向きで衝突したときに進む．
［考えてみよう］エネルギーは十分でも衝突の向きが不適切なとき，何が起こるか．

け，生成物の NO ができる．

活性化エネルギー

衝突の向きが適切でもエネルギーが足りないと，反応物の結合は切れない．結合を切るのに必要なエネルギーを**活性化エネルギー**という．反応の進み（図 13・3）は峠越えに似ている．峠の向こうへ行くには，ともかく峠まで登る．峠に着けば，あとは坂を下るだけ．峠に行き着くためのエネルギーが，活性化エネルギーにあたる．

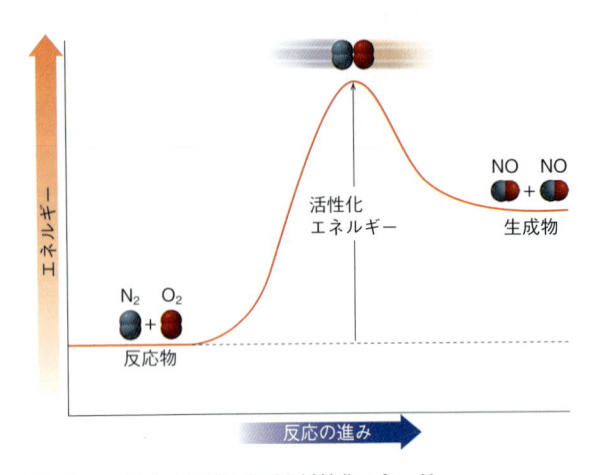

図 13・3 結合の切断に必要な活性化エネルギー．
［考えてみよう］衝突の向きは適切でもエネルギーが足りないとき，何が起こるか．

衝突分子のエネルギーが十分なら，分子集団は"峠"を越えて生成物になる．エネルギーが足りないと，衝突した分子どうしが跳ね返るだけ．つまり反応は，つぎの 3 条件がそろったときに進む．

反応の必須条件
① 分子の衝突：反応物の分子がぶつかり合う．
② 分子の配向：結合が切れるような向きにぶつかり合う．
③ エネルギー：一定値（活性化エネルギー）以上を要する．

反応速度

反応速度（スピード）は，一定時間内になくなる反応物の量か，できる生成物の量に注目し，つぎの式で求める．

$$\text{反応速度} = \frac{\text{濃度の変化量}}{\text{経過時間}}$$

反応速度を決める要因

たいへん速い反応も，たいへん遅い反応もある．反応の速度は，温度，反応物の濃度，触媒で大きく変わる．

［**温　度**］　温度が高いほど，分子は高速で飛ぶ．そのとき分子の平均運動エネルギーは大きく，一定時間内の衝突回数も多い．だから食品の調理時間は高温ほど短くてすむ．体温が高いと脈拍も呼吸も代謝速度も上がる．逆に低温では反応が遅い．冷蔵庫の食品は，腐敗の化学反応が遅いので長くもつ．打ち身の箇所を冷やせば，痛みを生む体内反応が遅くなる．

［**反応物の濃度**］　反応物が濃いほど，分子の衝突回数が増えるから反応は速い（図 13・4）．呼吸障害の患者に酸素を吸入させると，肺の中の酸素分子が増え，酸素とヘモグロビンの結合速度が上がるため，呼吸も楽になる．

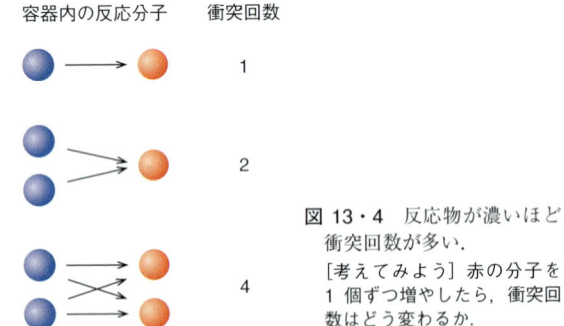

図 13・4 反応物が濃いほど衝突回数が多い．
［考えてみよう］赤の分子を 1 個ずつ増やしたら，衝突回数はどう変わるか．

［**触　媒**］　活性化エネルギーを下げても反応は速まる．活性化エネルギーとは，反応物の結合を切るエネルギーだった．衝突分子のエネルギーが小さいと結合は切れず，分子どうしが跳ね返るだけ．**触媒**は，活性化エネルギーの低い経路を用意して反応を速める[*1]．

活性化エネルギーが減れば，その分だけ小さいエネル

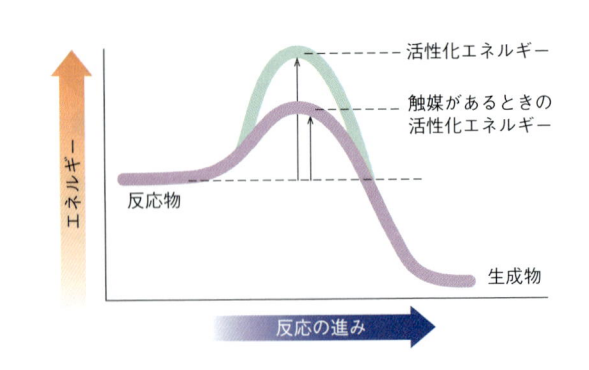

[*1] 訳注：触媒は，原子レベルで反応分子にとりつき，"切るべき結合"を引き伸ばして切れやすくする．触媒が速度を 1 億倍以上にする反応も多い．

ギーの衝突分子も，"峠"を越えて生成物になる．反応の進行中，触媒自身は変化しない．

触媒は化学産業に欠かせない．マーガリンの製造では，食用油に水素 H_2 を結合させる．活性化エネルギーがかなり大きい反応だから，ふつうは進まない．しかし白金 Pt を触媒に使うと速度が何桁も上がる[*2]．

生物体内で進む化学反応のほとんどは，生命活動のペースに合わせ，専用の触媒（酵素）が進める．反応を速める3要因を表 13・1 にまとめた．

表 13・1 反応を速くする要因

要　因	速くなる理由
反応物の濃度増加	衝突回数が増す．
温度の上昇	衝突回数も，衝突分子のエネルギーも増す．
触媒の利用	活性化エネルギーが減る．

復習 13・1　反応速度

反応物を薄めると，反応速度は上がるか下がるか．理由も述べよ．

［答］下がる（反応分子の衝突回数が減るため）．

例題 13・1　反応速度を変える要因

つぎの操作で，反応速度は上がるか下がるか．理由も述べよ．
① 温度を上げる．　② 触媒を使う．

［答］① 上がる（高温では，反応分子の衝突回数も，衝突分子のエネルギーも増すため）．
② 上がる（活性化エネルギーが減った分だけ，"峠越え"できる分子が増すため）．

● 類題　温度を下げると反応速度はどう変わるか．理由も述べよ．

［答］反応速度は下がる（分子の衝突回数も，衝突時のエネルギーも減るため）．

練習問題　反応速度

13・1　① 反応速度とは何か．
② パンは，冷蔵中より室温下のほうがカビやすい．なぜか．

13・2　① 触媒は活性化エネルギーをどう変えるか．
② 呼吸障害の患者には純酸素を吸わせる．なぜか．

13・3　つぎの反応で，$Br_2(g)$ を加えたとき，分子の衝突回数はどう変わるか．
$$H_2(g) + Br_2(g) \longrightarrow 2HBr(g)$$

13・4　つぎの反応で，温度を下げたとき，分子の衝突回数はどう変わるか．
$$2H_2(g) + CO(g) \longrightarrow CH_3OH(g)$$

13・5　下の操作①～④は，つぎの反応の速度をどう変えるか．
$$2SO_2(g) + O_2(g) \longrightarrow 2SO_3(g)$$
① SO_2 を加える．　② 温度を上げる．
③ 触媒を加える．　④ O_2 の一部を除く．

13・6　下の操作①～④は，つぎの反応の速度をどう変えるか．
$$2NO(g) + 2H_2(g) \longrightarrow N_2(g) + 2H_2O(g)$$
① NO を加える．　② 温度を下げる．
③ H_2 の一部を除く．　④ 触媒を加える．

13・2　化学平衡

化学反応が一方向（右向きの"正反応"だけ）なら，反応物がそっくり生成物になる．しかし反応物が1分子も残らず生成物になることはない．生成物が多くなると，生成分子の衝突回数が増え，"逆反応"の勢いが強まる．正・逆両向きに進む反応を可逆反応といい，化学反応のほとんどは可逆変化とみてよい．物理変化でも，固体の融解と液体の凝固は可逆変化だといえる．

可 逆 反 応

可逆反応は，正・逆両向きに進む．すると速度も，正反応の速度と逆反応の速度を考えなければいけない．反応が始まった瞬間は，正反応が逆反応より速い．反応物が減り，生成物が増すにつれて正反応の速度は落ち，逆反応の速度が上がっていく．

平　　衡

やがて，"反応物→生成物" と "生成物→反応物" の速度がつり合う．それが**化学平衡**の状態だ．平衡状態では見かけ上，反応物も生成物も，濃度が時間的に変わらない．

H_2 と I_2 の反応が平衡に向かう様子を眺めよう．最初は H_2 と I_2 しかない．反応が始まると HI ができ，時間とともに増えていく．HI が増えるほどに HI 分子どうしの衝突も増え，逆反応の勢いが増す（図 13・5）．

正反応： $H_2(g) + I_2(g) \longrightarrow 2HI(g)$
逆反応： $2HI(g) \longrightarrow H_2(g) + I_2(g)$

[*2] 訳注：表面上で隣り合う2個の Pt 原子に，H–H 分子の H 原子がそれぞれ結合（吸着）したとき，H–H 間が大きく引き伸ばされて切れやすくなる．

13. 化学平衡

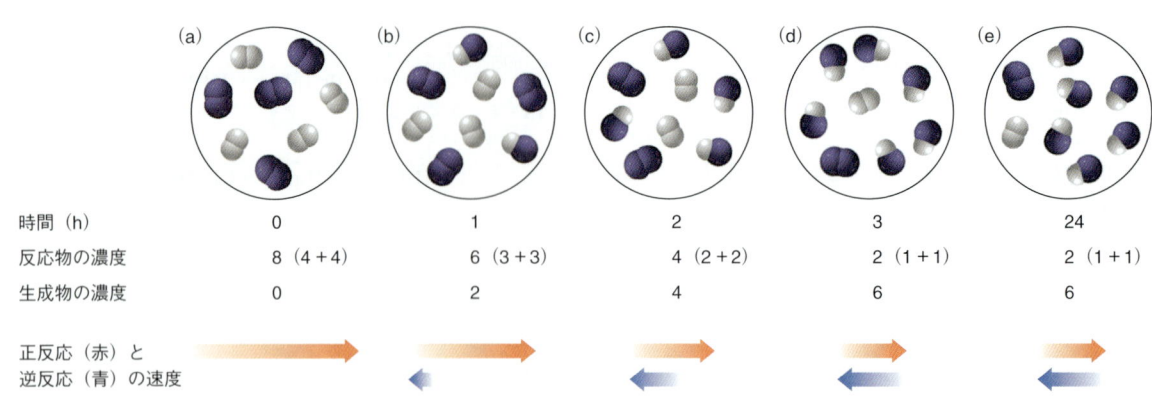

時間 (h)	0	1	2	3	24
反応物の濃度	8 (4+4)	6 (3+3)	4 (2+2)	2 (1+1)	2 (1+1)
生成物の濃度	0	2	4	6	6

正反応（赤）と
逆反応（青）の速度

図 13・5　$H_2(g) + I_2(g) \rightleftharpoons 2HI(g)$ の反応．(a) H_2（白）と I_2（紫）だけの初期状態．(b) 反応が始まって HI ができる．(c) H_2 と I_2 が減り，HI が増えていく．(d) $H_2 \cdot I_2$ の量と HI の量が一定の平衡状態．(e) さらに時間がたっても，平衡状態は変わらない．

［考えてみよう］平衡状態で，正反応の速度と逆反応の速度はどんな関係にあるか．

車の触媒コンバーター

環境と化学

ガソリン車の触媒コンバーター搭載が義務化されて 20 年以上たつ．車の排ガスは高濃度の汚染物質を含む．不完全燃焼由来の一酸化炭素 CO と，未燃焼分のオクタン C_8H_{18} など炭化水素，高温（2000〜2500 ℃）のもと N_2 と O_2 が反応して生じる一酸化窒素 NO だ．CO は猛毒だし，NO は光化学スモッグをひき起こす．

触媒コンバーターは，つぎの 3 反応の活性化エネルギーを下げ，有害な 3 物質を無害な CO_2, N_2, O_2, H_2O に変える．

$$2CO(g) + O_2(g) \longrightarrow 2CO_2(g)$$
$$2C_8H_{18}(g) + 25O_2(g) \longrightarrow 16CO_2(g) + 18H_2O(g)$$
$$2NO(g) \longrightarrow N_2(g) + O_2(g)$$

触媒コンバーターは気体との接触面積が大きいハニカム（蜂の巣）構造をしたセラミックス基材の表面に，粒子触媒の白金 Pt やパラジウム Pd などを乗せてある．かつては炭化水素をきれいに燃やす鉛化合物をガソリンに混ぜたけれど，鉛は触媒の活性を落とすため，いまは使わない．

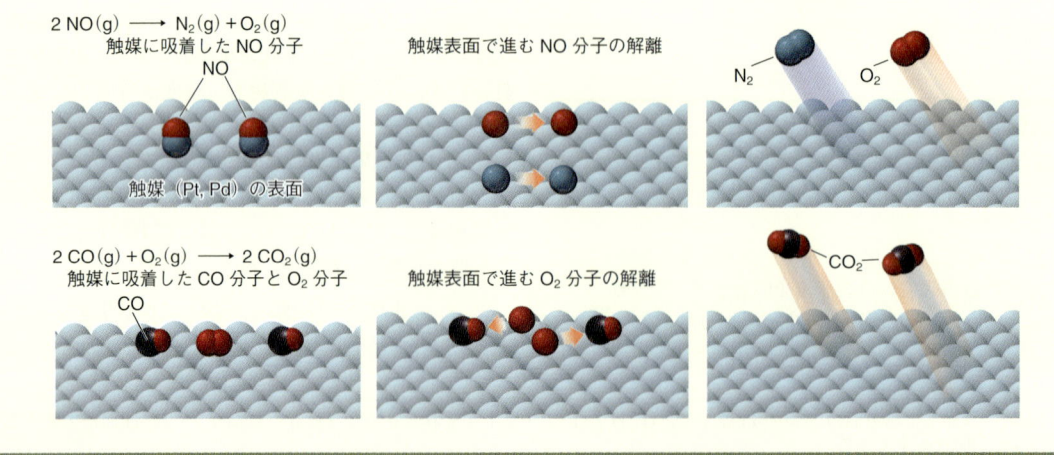

HI が増えるにつれ，逆反応の速度が上がって正反応の速度が落ち，やがて両者は等しくなる（平衡状態）．平衡状態では，正反応と逆反応が同じ速度で進むため，成分の濃度は時間的に変わらない．そのことを，二重矢印を使ってつぎのように書く．

$$H_2(g) + I_2(g) \underset{逆反応}{\overset{正反応}{\rightleftarrows}} 2HI(g)$$

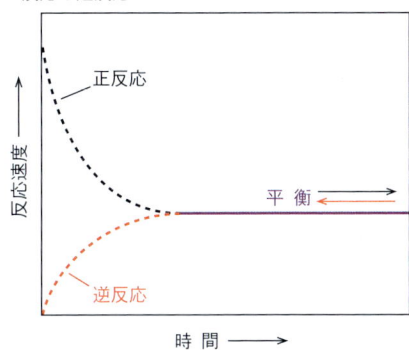

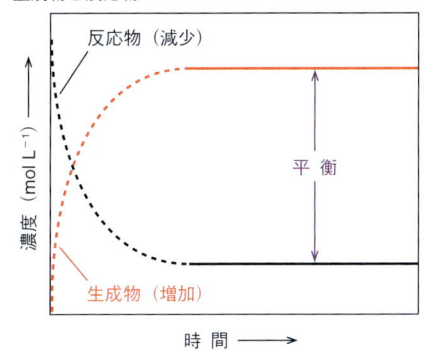

復習 13・2　反応速度と平衡

つぎの [ ] 内で，正しいほうを選べ．
① 平衡に達する前，反応物の濃度と生成物の濃度は [変わる・変わらない]．
② 反応の初期，正反応は逆反応より [速い・遅い]．
③ 平衡になったとき，正反応の速度は逆反応の速度と [等しい・等しくない]．
④ 平衡になったあと，反応物の濃度と生成物の濃度は [変わる・変わらない]．

[答] ① 変わる，② 速い，③ 等しい，④ 変わらない

例題 13・2　可逆反応

つぎの可逆反応を，正反応と逆反応に分けて書け．
① $N_2(g) + 3H_2(g) \rightleftarrows 2NH_3(g)$
② $2CO(g) + O_2(g) \rightleftarrows 2CO_2(g)$

[答] ① 正反応：$N_2(g) + 3H_2(g) \longrightarrow 2NH_3(g)$
　　　逆反応：$2NH_3(g) \longrightarrow N_2(g) + 3H_2(g)$
② 正反応：$2CO(g) + O_2(g) \longrightarrow 2CO_2(g)$
　　　逆反応：$2CO_2(g) \longrightarrow O_2(g) + 2CO(g)$

● 類題　つぎの反応が逆反応となる可逆（平衡）反応式を書け．
$$2HBr(g) \longrightarrow H_2(g) + Br_2(g)$$
[答] $H_2(g) + Br_2(g) \rightleftarrows 2HBr(g)$

練習問題　化学平衡

13・7　可逆反応とはどのような反応か．
13・8　可逆反応が平衡に達するのは，どのようなときか．
13・9　つぎのうち，可逆変化はどれか．
① ガラスが割れる．　② 氷が融ける．　③ 湯を沸かす．
13・10　つぎのうち，平衡状態を表すのはどれか．
① 両向きの反応の速度が等しい．
② 正反応が逆反応より速い．
③ 反応物も生成物も濃度が変わらない．

13・3　平衡定数

化学平衡を定量的に扱おう．どんな化学反応も混合物の姿で進む．各成分は"変化したがる勢い"をもつとみてよい．反応物の総合的な勢いが正反応を促し，生成物の総合的な勢いが逆反応を促す．そして両者の速度がつり合うと，平衡状態になる．

活　量

混合物をつくる全粒子のうち，ある成分の占める割合（単位のない 0～1 の数）を，その成分の**活量**という．ただし，いつも粒子の数を考えるのは面倒だ．また，溶液が含む溶質の量はふつうモル濃度で表し，薄い溶液ならモル濃度は活量に比例する．以上に注目し，混合物成分の活量を，成分の性格に応じてつぎのように約束する．

> **活　量**（物理化学の約束）
> **溶質**：便宜上，活量の代用にモル濃度（$M = mol\ L^{-1}$）を使う．
> **気体**：便宜上，活量の代用に分圧（atm）かモル濃度を使う（本書は後者を採用）．
> **液体**：本来の定義どおり，粒子数の割合を活量とする．薄い水溶液は，溶媒と溶質の全粒子数のうち"ほぼ全部が溶媒粒子"だから，溶媒の H_2O は活量＝1 とみる（ただし気体反応の水蒸気 H_2O には，分圧かモル濃度を使う）．また，反応気体と平衡にある液体も，（つぎの固体と似ているため）活量＝1 とみる．
> **固体**：本来の定義どおり，純粋な固体は活量＝1 と

みる．難溶性塩の溶解平衡（§13・6）で溶け残る固体は，どれほど少なくても"一定量のイオンを供給できるもの"だから，活量＝1のイメージに合う．また，反応気体と平衡にある固体も活量＝1とみる．

平衡定数の表式

成分の活量を（代用の）モル濃度で表し，平衡状態の表現を考える．反応物がAとB，生成物がCとDで，それぞれの係数がa, b, c, dの平衡反応を考えよう．

$$a\text{A} + b\text{B} \rightleftarrows c\text{C} + d\text{D}$$

正反応の勢いは，反応式中の係数を濃度の指数とした$[\text{A}]^a \times [\text{B}]^b$に比例し，逆反応の勢いは$[\text{C}]^c \times [\text{D}]^d$に比例する（くわしい理論は略）．そして$[\text{C}]^c \times [\text{D}]^d$を$[\text{A}]^a \times [\text{B}]^b$で割った値は，温度で決まる一定値となる．活量の代用にモル濃度Mを使うとき，その一定値を**平衡定数**といい，concentration（濃度）の頭文字cを添えてK_cと書く．

平衡定数　　　　　　平衡定数の表式

$$K_c = \frac{\text{生成物の項}}{\text{反応物の項}} = \frac{[\text{C}]^c[\text{D}]^d}{[\text{A}]^a[\text{B}]^b}$$

こうした形の式を，**平衡定数の表式**とよぶ[*3]．

例として，$\text{H}_2 + \text{I}_2 \longrightarrow 2\text{HI}$が正反応の化学平衡を考えよう．

$$\text{H}_2(\text{g}) + \text{I}_2(\text{g}) \rightleftarrows 2\text{HI}(\text{g})$$

生成物の項は，係数2に注意して$[\text{HI}]^2$と書く．また反応物の項は$[\text{H}_2][\text{I}_2]$だから，平衡定数の表式はつぎのようになる．

$$K_c = \frac{[\text{HI}]^2}{[\text{H}_2][\text{I}_2]}$$

復習13・3　平衡定数の表式

つぎの平衡反応を表す平衡定数の表式は，①〜④のどれか．

$$\text{CH}_4(\text{g}) + \text{H}_2\text{O}(\text{g}) \rightleftarrows \text{CO}(\text{g}) + 3\text{H}_2(\text{g})$$

① $K_c = \dfrac{[\text{CO}][3\text{H}_2]}{[\text{CH}_4][\text{H}_2\text{O}]}$　　② $K_c = \dfrac{[\text{CO}][\text{H}_2]^3}{[\text{CH}_4][\text{H}_2\text{O}]}$

③ $K_c = \dfrac{[\text{CH}_4][\text{H}_2\text{O}]}{[\text{CO}][\text{H}_2]^3}$　　④ $K_c = \dfrac{[\text{CO}][\text{H}_2]}{[\text{CH}_4][\text{H}_2\text{O}]}$

[答] 生成物の項を分子，反応物の項を分母に置き，係数を指数にした②が正しい．

例題13・3　平衡定数の表式

つぎの平衡反応を表す平衡定数の表式を書け．
$$2\text{SO}_2(\text{g}) + \text{O}_2(\text{g}) \rightleftarrows 2\text{SO}_3(\text{g})$$

[答] 生成物の項を$[\text{SO}_3]^2$，反応物の項を$[\text{SO}_2]^2[\text{O}_2]$として，つぎの式になる．

$$K_c = \frac{[\text{SO}_3]^2}{[\text{SO}_2]^2[\text{O}_2]}$$

● **類題**　平衡定数の表式が次式になるような平衡反応式を書け．

$$K_c = \frac{[\text{NO}_2]^2}{[\text{NO}]^2[\text{O}_2]}$$

[答] $2\text{NO}(\text{g}) + \text{O}_2(\text{g}) \rightleftarrows 2\text{NO}_2(\text{g})$

不均一系の平衡

いままでは気体の平衡反応を考えた．どの成分も状態（気体・液体・固体）が同じなら，**均一系平衡**という．かたや，反応物や生成物のどれかが違う状態にある平衡を，**不均一系平衡**とよぶ．

たとえば固体の炭酸カルシウムCaCO_3は，加熱で酸化カルシウムCaOと二酸化炭素CO_2に分解する．その逆反応も起こるので，つぎの平衡反応式が書ける（図13・6）.

$$\text{CaCO}_3(\text{s}) \rightleftarrows \text{CaO}(\text{s}) + \text{CO}_2(\text{g})$$

図13・6　一定温度（800℃）ならCO_2の濃度は，固体（CaCO_3とCaO）の量に関係なく同じ．
[考えてみよう] 平衡反応式には[CaCO_3]も[CaO]も書かない．なぜか．

"活量"の項に述べたとおり，固体（CaCO_3とCaO）は活量＝1とみるため，平衡定数の表式には書かない．つまり，生成物CO_2の濃度だけを使い，平衡定数の表式は$K_c = [\text{CO}_2]$となる．

[*3]　訳注：質量作用の法則（mass action law）とよぶこともあるが，少なくとも日本語は好ましくない訳なので，使わないのが望ましい．

復習 13・4　不均一系平衡の平衡定数

つぎの平衡反応を正しく表す平衡定数の表式は，①～③のどれか．

$$CO(g) + 2H_2(g) \rightleftarrows CH_3OH(l)$$

① $\dfrac{[CH_3OH]}{[CO][H_2]^2}$　② $[CO][H_2]^2$　③ $\dfrac{1}{[CO][H_2]^2}$

[答] 液体の CH_3OH（メタノール）は活量＝1 とみて平衡定数の表式に書かない．また反応物の項は $[CO][H_2]^2$ だから，③が正しい．

例題 13・4　不均一系平衡を表す平衡定数の表式

つぎの平衡反応を表す平衡定数の表式を書け．

① $Si(s) + 2Cl_2(g) \rightleftarrows SiCl_4(g)$
② $2Mg(s) + O_2(g) \rightleftarrows 2MgO(s)$

[答] 固体を活量＝1 とみて無視するため，表式はつぎのようになる．

① $K_c = \dfrac{[SiCl_4]}{[Cl_2]^2}$　② $K_c = \dfrac{1}{[O_2]}$

● 類題　FeO（固体）+CO（気体）が，Fe（固体）+CO_2（気体）と平衡にある．平衡反応式と，平衡定数の表式を書け．

[答] $FeO(s) + CO(g) \rightleftarrows Fe(s) + CO_2(g)$，$K_c = \dfrac{[CO_2]}{[CO]}$

平衡定数の計算

可逆反応が平衡にあるとき，反応物と生成物の濃度を測って平衡定数の表式に代入すれば，平衡定数が計算できる．つぎの平衡反応を考えよう．

$$H_2(g) + I_2(g) \rightleftarrows 2HI(g) \qquad K_c = \dfrac{[HI]^2}{[H_2][I_2]}$$

表 13・2 中の実験 1 で平衡濃度は $[H_2]=0.10 M$，$[I_2]=0.20 M$，$[HI]=1.04 M$ だった．それを K_c の表式に入れ，$K_c=54$ を得る（確かめよう）．

実験 2 と 3 では，各成分の実測濃度は違うものの，K_c 値は同じになる（表 13・2）．

表 13・2　反応 $H_2 + I_2 \rightleftarrows 2HI$ の平衡定数 (427 ℃)

実験	$[H_2]$	$[I_2]$	$[HI]$	$K_c = \dfrac{[HI]^2}{[H_2][I_2]}$
1	0.10 M	0.20 M	1.04 M	54
2	0.20 M	0.20 M	1.47 M	54
3	0.30 M	0.17 M	1.66 M	54

本来，平衡定数の表式には活量（単位のない数 0～1）を使うので，平衡定数も単位はない．そのため，活量の代用品（濃度や分圧）も，単位を消して使う．たとえば $[H_2]=0.10 M$ は，標準濃度つまり 1 M で割った結果の数値（0.10）を，K_c の表式に入れるとみなす．

例題 13・5　平衡定数の計算

四酸化二窒素 N_2O_4 と二酸化窒素 NO_2 は，つぎの化学平衡にある．

$$N_2O_4(g) \rightleftarrows 2NO_2(g)$$

100 ℃ の平衡状態では，実測濃度が $[N_2O_4]=0.45 M$，$[NO_2]=0.31 M$ だった．平衡定数はいくらか．

[答] 平衡定数の表式はこう書ける．

$$K_c = \dfrac{[NO_2]^2}{[N_2O_4]}$$

実測濃度を（単位を外して）代入し，K_c 値がつぎのように求まる．

$$K_c = \dfrac{(0.31)^2}{0.45} = 0.21$$

● 類題　アンモニアの分解は，つぎの平衡反応に書ける．

$$2NH_3(g) \rightleftarrows 3H_2(g) + N_2(g)$$

平衡濃度は $[NH_3]=0.040 M$，$[N_2]=0.20 M$，$[H_2]=0.60 M$ だった．平衡定数を計算せよ．

[答] $K_c = 27$

練習問題　平衡定数

13・11 つぎの平衡反応について，平衡定数の表式を書け．
① $CH_4(g) + 2H_2S(g) \rightleftarrows CS_2(g) + 4H_2(g)$
② $2NO(g) \rightleftarrows N_2(g) + O_2(g)$
③ $2SO_3(g) + CO_2(g) \rightleftarrows CS_2(g) + 4O_2(g)$

13・12 つぎの平衡反応について，平衡定数の表式を書け．
① $2HBr(g) \rightleftarrows H_2(g) + Br_2(g)$
② $2BrNO(g) \rightleftarrows Br_2(g) + 2NO(g)$
③ $CH_4(g) + H_2O(g) \rightleftarrows CO(g) + 3H_2(g)$

13・13 つぎの反応は，均一系平衡か，不均一系平衡か．
① $2O_3(g) \rightleftarrows 3O_2(g)$
② $2NaHCO_3(s) \rightleftarrows Na_2CO_3(s) + CO_2(g) + H_2O(g)$
③ $CH_4(g) + H_2O(g) \rightleftarrows 3H_2(g) + CO(g)$
④ $4HCl(g) + O_2(g) \rightleftarrows 2H_2O(l) + 2Cl_2(g)$

13・14 つぎの反応は，均一系平衡か，不均一系平衡か．
① $CO(g) + H_2(g) \rightleftarrows C(s) + H_2O(g)$
② $NH_4Cl(s) \rightleftarrows NH_3(g) + HCl(g)$
③ $CS_2(g) + 4H_2(g) \rightleftarrows CH_4(g) + 2H_2S(g)$
④ $Br_2(g) + Cl_2(g) \rightleftarrows 2BrCl(g)$

13・15 問 13・13 の平衡反応について，K_c の表式を書け．

13・16 問 13・14 の平衡反応について，K_c の表式を書け．

13・17 つぎの反応が平衡になったとき，$[NO_2]=0.21 M$，$[N_2O_4]=0.030 M$ だった．平衡定数 K_c はいくらか．

$$N_2O_4(g) \rightleftarrows 2NO_2(g)$$

13・18 つぎの反応が平衡になったとき，[CO]＝0.20 M，[H₂O]＝0.30 M，[CO₂]＝0.30 M，[H₂]＝0.033 M だった．平衡定数 K_c はいくらか．

$$CO_2(g) + H_2(g) \rightleftharpoons CO(g) + H_2O(g)$$

13・19 つぎの反応が平衡になったとき，[CH₄]＝1.8 M，[H₂O]＝2.0 M，[CO]＝0.51 M，[H₂]＝0.30 M だった．平衡定数 K_c はいくらか．

$$CO(g) + 3H_2(g) \rightleftharpoons CH_4(g) + H_2O(g)$$

13・20 つぎの反応が平衡になったとき，[NH₃]＝2.2 M，[N₂]＝0.44 M，[H₂]＝0.40 M だった．平衡定数 K_c はいくらか．

$$N_2(g) + 3H_2(g) \rightleftharpoons 2NH_3(g)$$

13・4 平衡定数の利用

平衡定数 K_c は，大小さまざまな値をもつ．K_c の値は，平衡が反応物側や生成物側にどれほどかたよっているかを教える．

平衡定数 K_c は，つぎの形に書くのだった．

$$K_c = \frac{生成物の濃度（正しくは活量）の積}{反応物の濃度（正しくは活量）の積}$$

単純な気体反応 $A(g) \rightleftharpoons B(g)$ の場合，K_c の表式はこうなる．

$$K_c = \frac{[B]}{[A]}$$

$K_c > 1$ なら，[B]＞[A]なので平衡は生成物側にかたより，$K_c=1000$ だと生成物が反応物の1000倍も多い．逆に $K_c < 1$ なら平衡は反応物側にかたより，$K_c=10^{-2}$ だと生成物が反応物の100分の1しかない（図13・7）．

K_c 値の大きい平衡

K_c 値が大きい平衡は生成物側にかたより，$K_c \gg 1$ なら正反応がほぼ完全に進む．K_c 値の大きい平衡反応に，SO₂ と O₂ の反応がある．平衡混合物の大半を生成物 SO₃ が占め，反応物（SO₂ と O₂）はずっと少ない．

$$2SO_2(g) + O_2(g) \rightleftharpoons 2SO_3(g)$$

$$K_c = \frac{[SO_3]^2}{[SO_2]^2[O_2]} = \frac{多量の生成物}{少量の反応物} = 3.4 \times 10^2$$

出発点は，反応物（SO₂ と O₂）でも，生成物（SO₃）でもよい（図13・8）．反応物なら多量の SO₃ ができ，生成物なら少し分解して SO₂ と O₂ になる．どちらが出発点でも，SO₃ が "SO₂+O₂" よりずっと多い平衡状態になる（図13・9）．そうなるのは，正反応の活性化エネルギーが逆反応より小さいからだ．

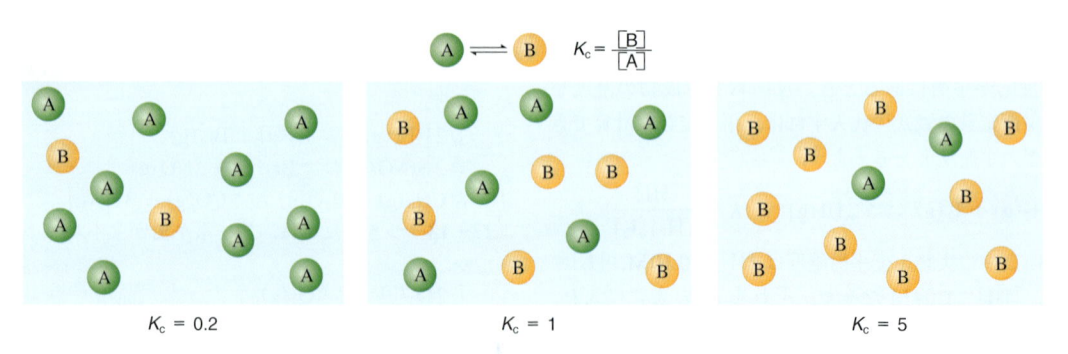

$K_c = 0.2$ ／ $K_c = 1$ ／ $K_c = 5$

図13・7 $K_c<1$ なら生成物が反応物より少なく，$K_c=1$ なら生成物が反応物と等量，$K_c>1$ なら生成物が反応物より多い．
［考えてみよう］平衡濃度が[A]＝10[B]のとき，K_c の値はいくらか．

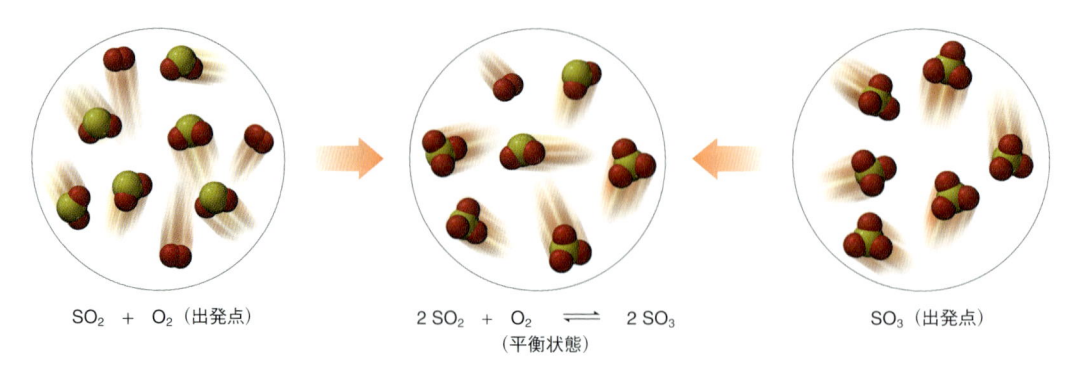

SO₂ ＋ O₂（出発点） ／ 2SO₂ ＋ O₂ ⇌ 2SO₃（平衡状態） ／ SO₃（出発点）

図13・8 反応物（左）から出発しても，生成物（右）から出発しても，SO₃ の多い同じ平衡状態（中央）になる．
［考えてみよう］反応物から出発しても，生成物から出発しても，同じ平衡状態になるのはなぜか．

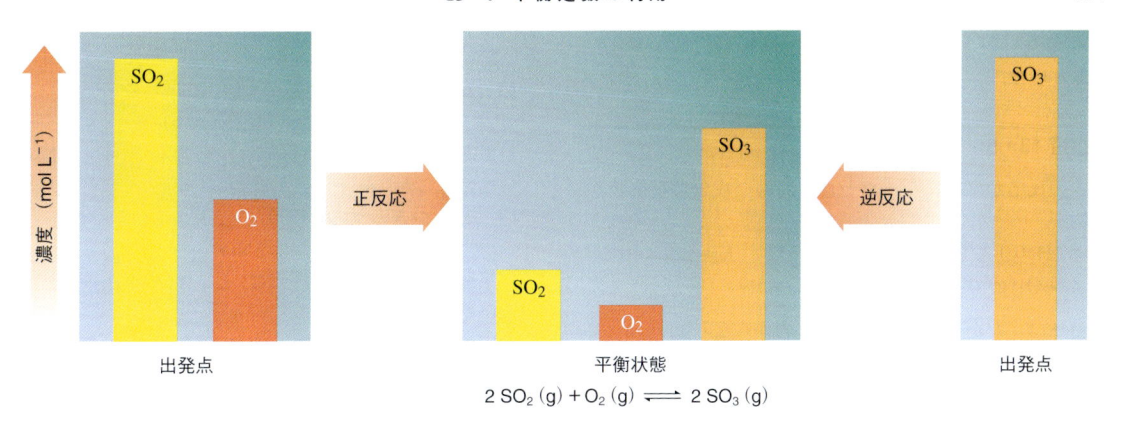

図 13・9 K_c の大きい平衡反応(図 13・8 の棒グラフ化).
 [考えてみよう] 純粋な SO_3 から出発しても平衡混合物ができるのはなぜか.

K_c 値の小さい平衡

K_c が小さいと,平衡組成は反応物側にかたよる.つぎの反応が例になる(図 13・10).

$$N_2(g) + O_2(g) \rightleftharpoons 2NO(g)$$

$$K_c = \frac{[NO]^2}{[N_2][O_2]} = \frac{少量の生成物}{多量の反応物} = 2\times10^{-9}$$

出発点が反応物(N_2 と O_2)でも生成物(NO)でも,少量の NO を含む平衡組成になる.

K_c 値が 1 に近いと,反応物と生成物がほぼ同量の平衡

表 13・3 $K_c \gg 1$, $K_c \ll 1$ となる平衡反応の例

反応物 生成物	K_c	平衡時の主成分
$2CO(g) + O_2(g) \rightleftharpoons 2CO_2(g)$	2×10^{11}	生成物
$2H_2(g) + S_2(g) \rightleftharpoons 2H_2S(g)$	1.1×10^{7}	生成物
$N_2(g) + 3H_2(g) \rightleftharpoons 2NH_3(g)$	1.6×10^{2}	生成物
$PCl_5(g) \rightleftharpoons PCl_3(g) + Cl_2(g)$	1.2×10^{-2}	反応物
$N_2(g) + O_2(g) \rightleftharpoons 2NO(g)$	2×10^{-9}	反応物

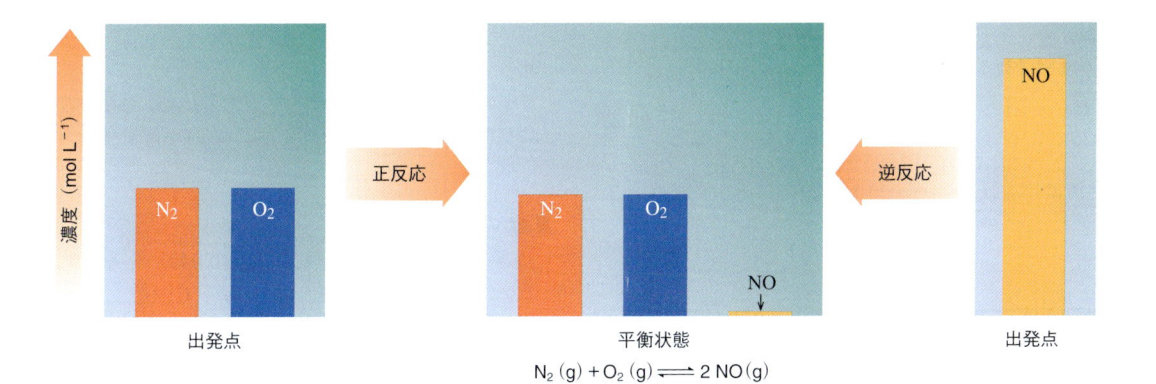

図 13・10 K_c の小さい平衡反応.
 [考えてみよう] 容器に $N_2 + O_2$ を入れた.平衡に向かう途中,正反応と逆反応はどうなっていくか.

$K_c \ll 1$: 反応物側にかたよる / 生成物 ≪ 反応物 / 正反応はほとんど進まない

$K_c \approx 1$: 反応物 ≈ 生成物 / 正反応が適度に進む

$K_c \gg 1$: 生成物側にかたよる / 生成物 ≫ 反応物 / 正反応がほぼ完全に進む

図 13・11 K_c 値と平衡組成・反応進行の関係.
 [考えてみよう] $K_c = 1.2\times10^{15}$ の反応が平衡になったとき,おもな成分は反応物か,生成物か.

復習 13・5 平衡のかたより

つぎの反応が平衡になったとき，おもな成分は反応物か，生成物か．

① $2H_2(g) + O_2(g) \rightleftharpoons 2H_2O(g)$　　$K_c = 2.9 \times 10^{82}$
② $N_2O_4(g) \rightleftharpoons 2NO_2(g)$　　$K_c = 5.9 \times 10^{-3}$

[答] ① $K_c \gg 1$ だから生成物，② $K_c \ll 1$ だから反応物．

平衡濃度の計算

K_c 値がたいへん大きく，正反応がほぼ完全に進む場合，生成物の量は反応式からすぐわかる．しかし，反応物がかなり残るような平衡反応だと，生成物（や反応物）の量は，平衡定数の表式をもとに計算する．

例題 13・6　平衡濃度の計算

つぎの反応で，平衡濃度は $[CO_2] = 0.25\,M$, $[H_2] = 0.80\,M$, $[H_2O] = 0.50\,M$ だった．CO の平衡濃度はいくらか．

$CO_2(g) + H_2(g) \rightleftharpoons CO(g) + H_2O(g)$　　$K_c = 0.11$

[答] 平衡定数の表式はこう書ける．

$$K_c = \frac{[CO][H_2O]}{[CO_2][H_2]}$$

それをつぎのように書き直す．

$$[CO] = K_c \times \frac{[CO_2][H_2]}{[H_2O]}$$

わかっている K_c 値と3成分の平衡濃度を代入し，[CO] = 0.044 M を得る．

● 類題　エチレン C_2H_4 と水蒸気からエタノールができる平衡反応の K_c 値は，327 °C で 9.0×10^3 となる．

$C_2H_4(g) + H_2O(g) \rightleftharpoons C_2H_5OH(g)$

平衡濃度が $[C_2H_4] = 0.020\,M$, $[H_2O] = 0.015\,M$ のとき，エタノールの濃度はいくらか．

[答] 2.7 M

練習問題　平衡定数の利用

13・21　つぎの反応が平衡になったとき，多いのは生成物か，反応物か．

① $Cl_2(g) + 2NO(g) \rightleftharpoons 2NOCl(g)$　　$K_c = 3.7 \times 10^8$
② $2H_2(g) + S_2(g) \rightleftharpoons 2H_2S(g)$　　$K_c = 1.1 \times 10^7$
③ $3O_2(g) \rightleftharpoons 2O_3(g)$　　$K_c = 1.7 \times 10^{-56}$

13・22　つぎの反応が平衡になったとき，多いのは生成物か，反応物か．

① $CO(g) + Cl_2(g) \rightleftharpoons COCl_2(g)$　　$K_c = 5.0 \times 10^{-9}$
② $2HF(g) \rightleftharpoons H_2(g) + F_2(g)$　　$K_c = 1.0 \times 10^{-95}$
③ $2NO(g) + O_2(g) \rightleftharpoons 2NO_2(g)$　　$K_c = 6.0 \times 10^{13}$

13・23　つぎの反応は $K_c = 54$ となる．

$H_2(g) + I_2(g) \rightleftharpoons 2HI(g)$

平衡混合物は 0.030 M の HI と 0.015 M の I_2 を含んでいた．$[H_2]$ はいくらか．

13・24　つぎの反応は $K_c = 4.6 \times 10^{-3}$ となる．

$N_2O_4(g) \rightleftharpoons 2NO_2(g)$

平衡混合物は 0.050 M の NO_2 を含んでいた．$[N_2O_4]$ はいくらか．

13・25　つぎの反応は 100 °C で $K_c = 2.0$ となる．

$2NOBr(g) \rightleftharpoons 2NO(g) + Br_2(g)$

平衡混合物は 2.0 M の NO と 1.0 M の Br_2 を含んでいた．[NOBr] はいくらか．

13・26　つぎの反応が 225 °C で平衡になったとき，$[NH_3] = 0.14\,M$, $[H_2] = 0.18\,M$ だった．

$3H_2(g) + N_2(g) \rightleftharpoons 2NH_3(g)$

平衡定数を $K_c = 1.7 \times 10^2$ として，$[N_2]$ を計算せよ．

13・5　平衡の移動

平衡状態では，正・逆両反応の速度が等しいため，成分の濃度は変わらない．では，混合物が平衡にあるとき，温度や濃度，圧力などを変えたら何が起こるのだろう．

ルシャトリエの法則

平衡状態の系には，特定の成分を加えたり除いたり，体積（圧力）を変えたり，温度を変えたりできる．平衡系に"ストレスをかける"わけだ．そのとき正反応と逆反応の速度に差が生じ，別の平衡状態になる．平衡の変わりかたを，ルシャトリエの法則という．

> **ルシャトリエの法則**
> 平衡系にストレスをかけると，ストレスを和らげる向きに反応が進み，新しい平衡状態になる（平衡が移動する）．

濃度の効果

つぎの平衡反応（250 °C で $K_c = 0.042$）を考えよう．

$PCl_5(g) \rightleftharpoons PCl_3(g) + Cl_2(g)$

温度が一定なら，成分の濃度を変えても K_c 値は変わらない．ある条件のとき，PCl_5 が 1.20 M, PCl_3 が 0.20 M, Cl_2 が 0.25 M だった．K_c 値はむろん 0.042 になる．

$$K_c = \frac{[PCl_3][Cl_2]}{[PCl_5]} = \frac{0.20 \times 0.25}{1.20} = 0.042$$

平衡混合物に，濃度が 2.00 M となるよう PCl_5 を加える．加えた瞬間，PCl_3 と Cl_2 の濃度がそのままなら分数の値は，K_c 値（0.042）より小さい 0.025 になってしまう．

$$\frac{[PCl_3][Cl_2]}{[PCl_5]} = \frac{0.20 \times 0.25}{2.00} = 0.025 < K_c$$

だが K_c 値は一定でなければいけない．平衡系にとって PCl_5 の添加はストレスだから（図 13・12），ルシャトリエの法則に従って PCl_5 を消費する正反応が進み，新しい平衡状態になる．

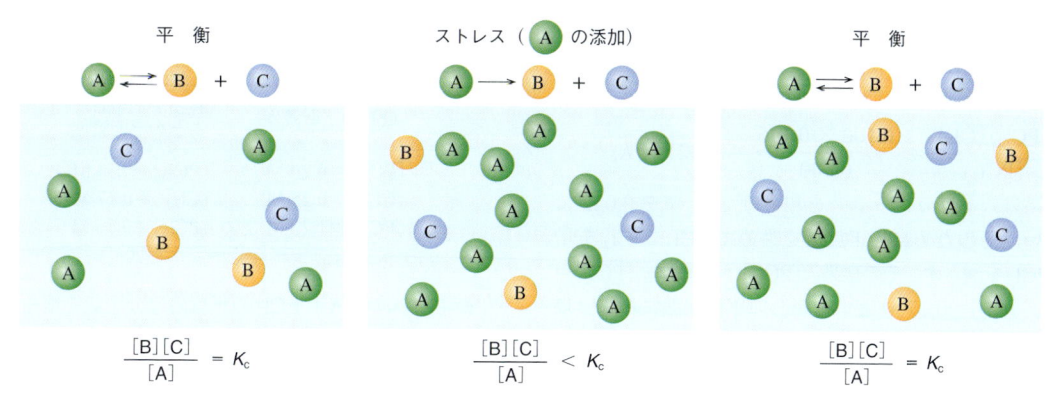

図 13・12 A ⇌ B+C の平衡混合物に A を加えると，そのストレスを解消する正反応が進み，新しい平衡状態になる．
［考えてみよう］平衡系に C を加えたら，平衡はどちら向きに動くか．

実測すると，PCl_5 添加後の平衡濃度は $[PCl_5]=1.94$ M，$[PCl_3]=0.26$ M，$[Cl_2]=0.31$ M だった．つぎのように，やはり $K_c=0.042$ が成り立っている．

$$\frac{[PCl_3][Cl_2]}{[PCl_5]} = \frac{0.26 \times 0.31}{1.94} = 0.042 = K_c$$

成分のどれかを除くのもストレスだから，除いた成分を増やす向きに反応が進み，新しい平衡状態になる．たとえば，瞬間濃度が 0.76 M となるよう PCl_5 を除くと，逆反応 $PCl_3 + Cl_2 \longrightarrow PCl_5$ が進み，$[PCl_5]=0.80$ M，$[PCl_3]=0.16$ M，$[Cl_2]=0.21$ M の組成に変わる（そのときも $K_c=0.042$ となるのを確かめよう）．

ルシャトリエの法則をもとに，いまの反応系をまとめれば表 13・4 のようになる．

表 13・4 平衡反応 $PCl_5 \rightleftharpoons PCl_3 + Cl_2$ とルシャトリエの法則

ストレス	進む反応	添加・除去直後からの濃度変化		
		PCl_5	PCl_3	Cl_2
PCl_5 添加	正反応	減る	増す	増す
PCl_5 除去	逆反応	増す	減る	減る
PCl_3 添加	逆反応	増す	減る	減る
PCl_3 除去	正反応	減る	増す	増す
Cl_2 添加	逆反応	増す	減る	減る
Cl_2 除去	正反応	減る	増す	増す

触媒の効果

触媒は活性化エネルギーを下げて反応を速める．正・逆両反応とも加速され，平衡への到達時間は短くなるけれど，反応物と生成物の量比は変わらない．つまり触媒は平衡定数に影響しない．

> **復習 13・6　濃度の効果**
>
> つぎの平衡が成り立っているとき，①〜⑤の操作で何が起こるか．
>
> $$CO(g) + H_2O(g) \rightleftharpoons CO_2(g) + H_2(g)$$
>
> ① CO を添加　② H_2 を添加　③ H_2O を除去
> ④ CO_2 を除去　⑤ 触媒を使用
>
> ［答］ルシャトリエの法則を基に考える．
> ① 正反応が進む．② 逆反応が進む．③ 逆反応が進む．
> ④ 正反応が進む．⑤ 平衡状態は変わらない．

体積（圧力）の効果

容器内の気体反応を考える．気体は圧力を示す．体積を変えると圧力も変わるけれど（11 章），温度が一定なら平衡定数の値は変わらない．

再び平衡反応 $PCl_5 \rightleftharpoons PCl_3 + Cl_2$ ($K_c=0.042$) について，体積（圧力）の効果を調べよう．先ほどと同様，平衡濃度は $[PCl_5]=1.20$ M，$[PCl_3]=0.20$ M，$[Cl_2]=0.25$ M とする．

$$K_c = \frac{[PCl_3][Cl_2]}{[PCl_5]} = \frac{0.20 \times 0.25}{1.20} = 0.042$$

体積を半分にした瞬間，どの成分も濃度が 2 倍になる．そのまま平衡定数の表式に代入すると，分数式の値が K_c より大きくなってしまう．

$$\frac{[PCl_3][Cl_2]}{[PCl_5]} = \frac{0.40 \times 0.50}{2.40} = 0.083 > K_c$$

平衡混合物は，ストレスを和らげて K_c 値を 0.042 に戻す．それには，逆反応を進めて PCl_3 と Cl_2 を減らし，PCl_5 を増やせばよい．その結果，$[PCl_5]=2.52$ M，$[PCl_3]=0.28$ M，$[Cl_2]=0.38$ M という新しい平衡状態に移る．以上のことを下の表にまとめた．体積が半減したあとも $K_c=0.042$ のままになっている（確かめよう）．

最初の平衡濃度	体積が半減したあとの平衡濃度
$[PCl_3]=0.20$ M	$[PCl_3]=0.28$ M
$[Cl_2]=0.25$ M	$[Cl_2]=0.38$ M
$[PCl_5]=1.20$ M	$[PCl_5]=2.52$ M

かたや体積を 2 倍にすれば，その瞬間，成分の濃度は半分になる．先ほどと同様，そのまま平衡定数の表式に代入すると，分数式の値が K_c より小さくなってしまう．

$$\frac{[PCl_3][Cl_2]}{[PCl_5]} = \frac{0.100 \times 0.125}{0.600} = 0.021 < K_c$$

平衡系は，やはりストレスを和らげて K_c 値を 0.042 に戻したい．そのために，正反応を進めて PCl_3 と Cl_2 を増やし，PCl_5 を減らす．その結果，$[PCl_5]=0.56\,M$，$[PCl_3]=0.14\,M$，$[Cl_2]=0.17\,M$ という新しい平衡状態に移る．以上のことを右の表にまとめた．体積を 2 倍にしたあとも $K_c=0.042$ のままになっている（確かめよう）．

最初の平衡濃度	体積を倍増したあとの平衡濃度
$[PCl_3]=0.20\,M$	$[PCl_3]=0.14\,M$
$[Cl_2]\;\;=0.25\,M$	$[Cl_2]\;\;=0.17\,M$
$[PCl_5]=1.20\,M$	$[PCl_5]=0.56\,M$

平衡 $PCl_5 \rightleftarrows PCl_3 + Cl_2$ の正反応は分子数を増やし，逆反応は分子数を減らす．理想気体の状態方程式 $PV=nRT$

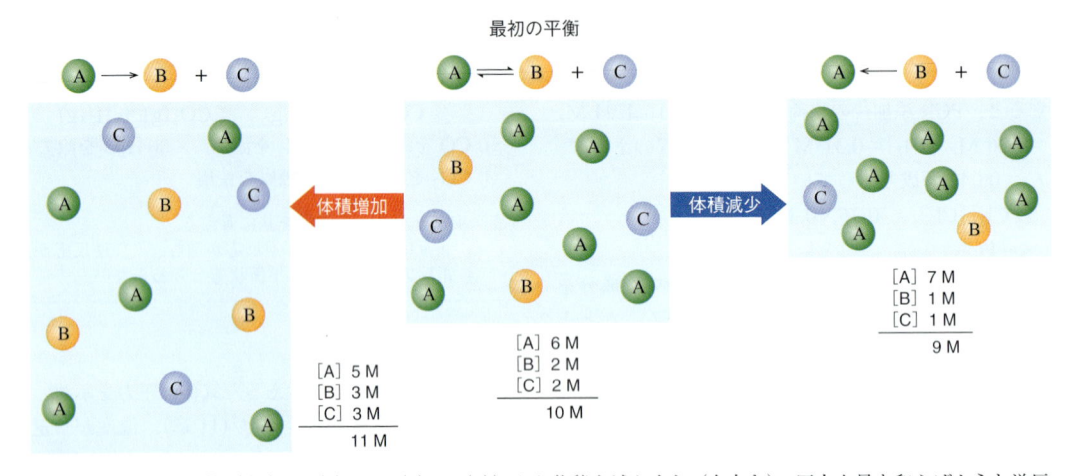

図 13・13 平衡状態（中央：$A(g) \rightleftarrows B(g)+C(g)$）から体積を減らすと（右向き），圧力上昇を和らげようと逆反応が進み，分子数が減る．体積を増やすと（左向き），圧力の低下を和らげようと正反応が進み，分子数が増す．
［考えてみよう］生成物を増やすには，体積を増やせばよいか，減らせばよいか．

酸素-ヘモグロビン間の平衡と低酸素症   健康と化学

体内の酸素輸送には，赤血球のヘモグロビン Hb と酸素 O_2，オキシ（酸素結合）ヘモグロビン HbO_2 の平衡（配位-解離平衡）が関係する．

酸素の濃い肺胞（p.161，コラム"呼吸と分圧"参照）には，酸素と結合した HbO_2 が多い．酸素の薄い組織内では，HbO_2 が酸素を放出して Hb 型になる．平衡定数の表式はこう書ける．

$$K_c = \frac{[HbO_2]}{[Hb][O_2]}$$

常圧下では，肺胞内の酸素分圧が血液（静脈血）より高いため，酸素は血液のほうへ拡散する．海抜 2400 m の場所だと肺胞内の酸素分圧が下がり，血液や組織へ向かう酸素が減る．海抜 5500 m ともなれば，酸素分圧は海面の 29% しかない．体は低酸素症（高山病）になって，脈拍増加，頭痛，知力減退，疲労感，動作不調，吐き気，嘔吐，チアノーゼ（皮膚の青紫色化）が見舞う．肺病歴があって肺胞内の気体拡散が不調な人や，喫煙のせいで赤血球が少ない人も，低酸素症になりやすい．

ルシャトリエの法則が効き，酸素濃度が下がるとつぎの反応が進んで HbO_2 が減り，低酸素症になりやすい．

$$Hb(aq) + O_2(g) \longleftarrow HbO_2(aq)$$

高山病の応急処置には，水分補給や休息と，（できれば）下山をする．低酸素環境への適応には 10 日間ほどかかる．その期間に骨髄が赤血球を増産し，赤血球細胞とヘモグロビンを増やす．高地の住人は，低地の住人に比べ赤血球がときに 50% も多い．ヘモグロビン分子が多いと，つぎの反応で HbO_2 が増えるため，低酸素症の症状も軽い．

$$Hb(aq) + O_2(g) \longrightarrow HbO_2(aq)$$

高地を旅する人は，ときどき休憩して体を慣らそう．むろん最高峰クラスの登山には，酸素ボンベが欠かせない．

より，分子が多いほど圧力は高い．

平衡状態で体積を減らすと圧力が上がる．そのストレスを和らげようと逆反応が進み，圧力を減らす．逆に，体積を増やすと圧力が下がる．そのストレスを和らげようと正反応が進み，圧力を増やす（図 13・13）．

反応物と生成物で分子数がぴったり同じなら，体積（圧力）を変えても平衡は移動しない．つぎの平衡反応（$K_c = 54$，左辺も右辺も 2 mol）が例になる．

$$H_2(g) + I_2(g) \rightleftharpoons 2HI(g)$$

出発点を，$[H_2]=0.060$ M，$[I_2]=0.015$ M，$[HI]=0.22$ M の平衡状態としよう．

$$K_c = \frac{[HI]^2}{[H_2][I_2]} = \frac{0.22^2}{0.060 \times 0.015} = 54$$

体積を半分にすると，どの成分も濃度が 2 倍になるが（下の表），K_c の値は 54 のまま変わらない（確かめよう）．

最初の平衡濃度	体積を半分にしたあとの平衡濃度
$[HI]=0.22$ M	$[HI]=0.44$ M
$[H_2]=0.060$ M	$[H_2]=0.12$ M
$[I_2]=0.015$ M	$[I_2]=0.030$ M

例題 13・7　体積の効果

つぎの平衡反応では，体積を減らしたとき生成物は増すか，減るか，変わらないか．

① $C_2H_2(g) + 2H_2(g) \rightleftharpoons C_2H_6(g)$
② $2NO_2(g) \rightleftharpoons 2NO(g) + O_2(g)$
③ $CO(g) + H_2O(g) \rightleftharpoons CO_2(g) + H_2(g)$

[答] 体積を減らせば圧力が上がる．① 分子数の減る右向きに進み，生成物は増す．② 分子数の減る左向きに進み，生成物は減る．③ 左辺と右辺で分子数は同じだから，生成物の量は変わらない．

● 類題　つぎの反応で生成物の量を増やしたい．容器の体積を増やすべきか，減らすべきか．

$$CO(g) + 2H_2(g) \rightleftharpoons CH_3OH(g)$$

[答] 体積を減らす（圧力を上げ，分子数の少ない生成物側に平衡を移動させる）

温度の効果

温度が変わると，平衡定数 K_c そのものが変わる．ただし K_c の変わる向きは，吸熱反応と発熱反応で逆になる．

表 13・5　吸熱反応に対する温度の効果

K_c の表式	温度変化	K_c 値の変化	成分の変化
$\frac{[NO]^2}{[N_2][O_2]}$	上げる	増　加	生成物が増す
$\frac{[NO]^2}{[N_2][O_2]}$	下げる	減　少	生成物が減る

つぎの平衡反応は，右へ進むと吸熱になる（$\Delta H > 0$）．

$$N_2(g) + O_2(g) \rightleftharpoons 2NO(g)$$

ここでもルシャトリエの法則が効く．外から入った熱（ストレス）を和らげる向き，つまり熱を吸収する右向きに反応は進む（表 13・5）．

つぎの平衡反応は，右へ進むと発熱になる（$\Delta H < 0$）．

$$2SO_2(g) + O_2(g) \rightleftharpoons 2SO_3(g)$$

温度を上げたとき，発熱反応は，熱（ストレス）を和らげる左向きに進む（表 13・6）．

表 13・6　発熱反応に対する温度の効果

K_c の表式	温度変化	K_c 値の変化	成分の変化
$\frac{[SO_3]^2}{[SO_2]^2[O_2]}$	上げる	減　少	生成物が減る
$\frac{[SO_3]^2}{[SO_2]^2[O_2]}$	下げる	増　加	生成物が増す

例題 13・8　温度の効果

温度を上げたとき，つぎの平衡反応は左右どちらに進むか．また，平衡定数 K_c の値はどう変わるか．

① $N_2(g) + 3H_2(g) \rightleftharpoons 2NH_3(g)$　　$\Delta H = -92$ kJ
② $N_2(g) + O_2(g) \rightleftharpoons 2NO(g)$　　$\Delta H = +180$ kJ

[答] ① 熱を吸収する左向きに進む．K_c 値は小さくなる．
② 熱を吸収する右向きに進む．K_c 値は大きくなる．

● 類題　例題と同じ平衡反応は，温度を下げるとどうなるか．
[答] ① 反応物の濃度が下がり，K_c 値は大きくなる．
② 反応物の濃度が上がり，K_c 値は小さくなる．

ルシャトリエの法則をもとに，反応条件を変えたときの結果を表 13・7 にまとめた．

表 13・7　反応条件の変化と平衡の移動

反応条件	変化	平衡の移動
濃　度	反応物を添加	正反応が進む
	反応物を除去	逆反応が進む
	生成物を添加	逆反応が進む
	生成物を除去	正反応が進む
気体の体積	減らす	分子数が減る向きに進む
	増やす	分子数が増す向きに進む
温　度	吸熱反応	
	上げる	正反応が進み，K_c が増大
	下げる	逆反応が進み，K_c が減少
	発熱反応	
	上げる	逆反応が進み，K_c が減少
	下げる	正反応が進み，K_c が増大
触　媒		移動しない（反応速度が増すだけ）

練習問題　平衡の移動

13・27 ① 平衡混合物に反応物を加えた瞬間，"生成物／反応物"の比は K_c より大きくなるか，小さくなるか．
② そのあと，何が起こって新しい平衡状態に移るか．ルシャトリエの法則で説明せよ．

13・28 ① 正反応で発熱する平衡反応の K_c 値は，温度を下げたときどう変わるか．
② その変化は，ルシャトリエの法則でどう説明できるか．

13・29 空気に放電すると，つぎの平衡反応（右向きが吸熱）で酸素からオゾン O_3 ができる．

$$3O_2(g) \rightleftharpoons 2O_3(g)$$

平衡混合物につぎの操作をすると，平衡はどちら向きに動くか．
① O_2 を加える．
② O_3 を加える．
③ 温度を上げる．
④ 容器の体積を減らす．
⑤ 触媒を加える．

13・30 アンモニア NH_3 は，つぎの反応で人工合成する．

$$N_2(g) + 3H_2(g) \rightleftharpoons 2NH_3(g) \quad \Delta H = -92 \text{ kJ}$$

平衡混合物につぎの操作をすると，平衡はどちら向きに動くか．
① N_2 を除く．
② 温度を下げる．
③ NH_3 を加える．
④ H_2 を加える．
⑤ 容器の体積を増やす．

13・31 塩化水素 HCl は，つぎの反応（右向きが吸熱）で合成する．

$$H_2(g) + Cl_2(g) \rightleftharpoons 2HCl(g)$$

平衡混合物につぎの操作をすると，平衡はどちら向きに動くか．
① H_2 を加える．
② 温度を上げる．
③ HCl を除く．
④ 触媒を加える．
⑤ Cl_2 を除く．

13・32 熱した炭素と水が反応すれば，つぎの反応（右向きが吸熱）で一酸化炭素と水素ができる．

$$C(s) + H_2O(g) \rightleftharpoons CO(g) + H_2(g)$$

平衡混合物につぎの操作をすると，平衡はどちら向きに動くか．
① 温度を上げる．
② C を加える．
③ CO を除く．
④ H_2O を加える．
⑤ 容器の体積を減らす．

ホメオスタシス —— 体温の調節

健康と化学

　生体は"ホメオスタシス"（恒常性維持）という仕組み（一種の平衡系）をもち，外界の変化に応じて状態を調節する．体温が上がりすぎたとき，調節の仕組みがないと熱が体内にたまり続け，代謝反応が暴走してしまう．逆に体温が下がりすぎたときは，大切な生化学反応が遅くなって命にかかわる．

　体温の維持には皮膚が大活躍する．外界の温度が上がると，皮膚にあるセンサー分子がそれを検知して脳に信号を伝える．脳の体温調節システムが汗腺に信号を送り，発汗を促す．皮膚から蒸発熱が失われて体温が下がる．

　寒いときはエピネフリン（アドレナリン）という物質を分泌し，体内の代謝速度を上げて発熱を増やす．また，皮膚のセンサーが血管を収縮せよとの信号を脳に届ける．皮膚にある毛細血管の流れを減らして熱を保持し，発汗も減らして放熱を抑える．

血管の拡張
・発汗が増加
・汗が蒸発
・皮膚温の低下

血管の収縮，エピネフリン分泌
・代謝が活発化
・筋肉運動が増加
・体の震え
・発汗の停止

13・6 固体の溶解平衡

いままではもっぱら気体の平衡反応を調べた．水溶液中には，難溶性塩の平衡（溶解平衡）がある．身近では，虫歯や腎臓結石が溶解平衡にからむ．食品成分からの糖類を口内細菌が代謝すると酸ができ，ヒドロキシアパタイト $Ca_5(PO_4)_3OH$ を主成分とするエナメル質をじわじわ溶かす．腎臓結石の成分となるシュウ酸カルシウム CaC_2O_4 *4 やリン酸カルシウム $Ca_3(PO_4)_2$ は，水に溶けにくい塩だ．

腎臓の中で Ca^{2+} と $C_2O_4^{2-}$ の濃度が溶解度を超せば，CaC_2O_4 の固体が析出する．Ca^{2+} と PO_4^{3-} の濃度が溶解度を超しても同様な析出反応が進む．

$$Ca^{2+}(aq) + C_2O_4^{2-}(aq) \rightleftharpoons CaC_2O_4(s)$$
$$3\,Ca^{2+}(aq) + 2\,PO_4^{3-}(aq) \rightleftharpoons Ca_3(PO_4)_2(s)$$

以下，飽和水溶液中の溶解平衡を調べ，生体内や環境中で溶解度が果たす役割を考えよう．

溶解度積

飽和溶液は，限度まで溶けた溶質と，未溶解の固体からなる．飽和溶液中では，固体（イオン化合物）の溶解速度と，溶質の析出（結晶化）速度がつり合う．温度が一定なら，飽和溶液のイオン濃度は決まっている．以下では，固体を左辺に書いて溶解平衡を扱おう．まずはシュウ酸カルシウムの溶解平衡を考える．

$$CaC_2O_4(s) \rightleftharpoons Ca^{2+}(aq) + C_2O_4^{2-}(aq)$$

平衡時，Ca^{2+} と $C_2O_4^{2-}$ の濃度は一定値になる．CaC_2O_4 の溶けやすさ（溶けにくさ）は，溶解平衡の平衡定数（**溶解度積**，記号 K_{sp}，添え字 sp は solubility product の頭文字）で表す．K_{sp} の表式を書くとき，活量＝1 の固体は無視する（p.187）．

$$K_{sp} = [Ca^{2+}][C_2O_4^{2-}]$$

フッ化カルシウム（蛍石）CaF_2 の溶解平衡はつぎのように書ける．

$$CaF_2(s) \rightleftharpoons Ca^{2+}(aq) + 2\,F^-(aq)$$

気体反応と同じく，反応式中の係数"濃度の指数"になるため，溶解度積はこう書く．

$$K_{sp} = [Ca^{2+}][F^-]^2$$

> **復習 13・7　溶解度積**
>
> つぎの塩について，溶解平衡の反応式と溶解度積の表式を書け．
> ① AgBr　② Li_2CO_3
>
> ［答］① $AgBr(s) \rightleftharpoons Ag^+(aq) + Br^-(aq)$
> $$K_{sp} = [Ag^+][Br^-]$$
> ② $Li_2CO_3(s) \rightleftharpoons 2\,Li^+(aq) + CO_3^{2-}(aq)$
> $$K_{sp} = [Li^+]^2[CO_3^{2-}]$$

溶解度積の値

溶解度積 K_{sp} の値は，飽和溶液のイオン濃度からわかる．たとえば，過剰の炭酸カルシウム $CaCO_3$ を水に入れて時間がたつと，$[Ca^{2+}]=[CO_3^{2-}]=7.1\times 10^{-5}$ M の平衡濃度になる．溶解平衡と溶解度積 K_{sp} はこう書ける．

$$CaCO_3(s) \rightleftharpoons Ca^{2+}(aq) + CO_3^{2-}(aq)$$
$$K_{sp} = [Ca^{2+}][CO_3^{2-}]$$

以上から，$K_{sp}=(7.1\times 10^{-5})^2 = 5.0 \times 10^{-9}$ となる．K_{sp} の例を表 13・8 にまとめた．

表 13・8　溶解度積 K_{sp} の例（25 ℃）

物　質	K_{sp}	物　質	K_{sp}
AgCl	1.8×10^{-10}	$Ca(OH)_2$	6.5×10^{-6}
Ag_2SO_4	1.2×10^{-5}	$CaSO_4$	2.4×10^{-5}
$BaCO_3$	2.0×10^{-9}	$PbCl_2$	1.5×10^{-6}
$BaSO_4$	1.1×10^{-10}	$PbCO_3$	7.4×10^{-14}
CaF_2	3.2×10^{-11}		

> **例題 13・9　溶解度積の計算**
>
> フッ化ストロンチウム SrF_2 の飽和溶液では，$[Sr^{2+}]=8.7\times 10^{-4}$ M，$[F^-]=1.7\times 10^{-3}$ M となる．SrF_2 の溶解度積はいくらか．
>
> ［答］溶解平衡と溶解度積 K_{sp} はこう書ける．
> $$SrF_2(s) \rightleftharpoons Sr^{2+}(aq) + 2\,F^-(aq) \qquad K_{sp}=[Sr^{2+}][F^-]^2$$
> 以上から，$K_{sp}=(8.7\times 10^{-4})\times (1.7\times 10^{-3})^2 = 2.5\times 10^{-9}$ となる．
>
> ● **類題**　臭化銀 AgBr の飽和溶液では，$[Ag^+]=[Br^-]=7.1\times 10^{-7}$ M となる．AgBr の溶解度積はいくらか．
> ［答］$K_{sp}=5.0\times 10^{-13}$

溶解度積と溶解度

硫化カドミウム CdS の溶解度積は 1×10^{-24} だとわかっている．CdS の溶解平衡と溶解度積はこう書ける．

$$CdS(s) \rightleftharpoons Cd^{2+}(aq) + S^{2-}(aq)$$
$$K_{sp} = [Cd^{2+}][S^{2-}]$$

溶けた CdS の 1 単位が，同量の Cd^{2+} と S^{2-} になる．CdS の飽和濃度を S(M) と書けば，$S=[Cd^{2+}]=[S^{2-}]$ だから $K_{sp}=S^2$ が成り立ち，$S=\sqrt{K_{sp}}=1\times 10^{-12}$ M だとわかる．

> **例題 13・10　溶解度積と溶解度**
>
> 硫酸鉛 $PbSO_4$ の溶解度積は 1.6×10^{-8} だとわかっている．飽和濃度 S は何 M か．
>
> ［答］溶解平衡は $PbSO_4(s) \rightleftharpoons Pb^{2+}(aq) + SO_4^{2-}(aq)$，$K_{sp}$ は $[Pb^{2+}][SO_4^{2-}]$ と書ける．CdS と同じく $K_{sp}=S^2$ だから，$S=\sqrt{1.6\times 10^{-8}}=1.3\times 10^{-4}$ M になる．

---

*4　訳注：ホウレンソウなど緑色野菜はシュウ酸が多い．鍋物に野菜を入れると，溶け出したシュウ酸と Ca^{2+} が難溶性の CaC_2O_4 をつくる．CaC_2O_4 は密度（2.2 g cm^{-3}）が大きくないので，気泡などに付着して水面に浮く（鍋物の"あく"）．

塩基の対"とみた．プロトンがやりとりされる酸塩基反応には，2組の共役した酸/塩基の対がある．つまり酸 HA は H^+ を出してその**共役塩基** A^- になり，塩基 B は H^+ をもらってその**共役酸** BH^+ になる．逆に右辺から左辺へ向かう反応を見ると，塩基 A^- は H^+ をもらってその**共役酸** HA になり，酸 BH^+ は H^+ を出してその**共役塩基** B になる．そのことは，つぎの反応式にまとめられる．

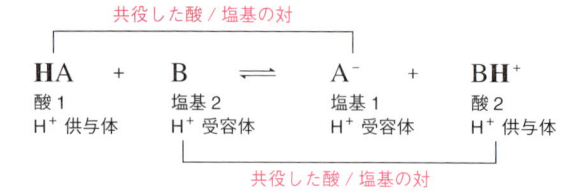

```
      ┌──共役した酸/塩基の対──┐
  HA  +   B  ⇌  A⁻  +  BH⁺
  酸1    塩基2    塩基1    酸2
 H⁺供与体 H⁺受容体 H⁺受容体 H⁺供与体
      └──共役した酸/塩基の対──┘
```

フッ化水素酸 HF (aq) と水の反応を考えよう．可逆反応だから，共役酸 H_3O^+ は，共役塩基の F^- にプロトン H^+ を渡して F^- を酸 HF に戻す．H^+ の授受に注目すれば，HF/F^- と H_3O^+/H_2O が共役した酸/塩基の対になる．

```
         H⁺を失う
      ┌──────────────┐
      │  H⁺を得る    │
      │ ┌───────┐   │
酸      │         共役塩基
(共役酸) │         (塩基)
 HF(aq) + H₂O(l) ⇌ F⁻(aq) + H₃O⁺(aq)
         塩基              共役酸
       (共役塩基)           (酸)
         │ H⁺を得る │
         └─────────┘
            H⁺を失う
```

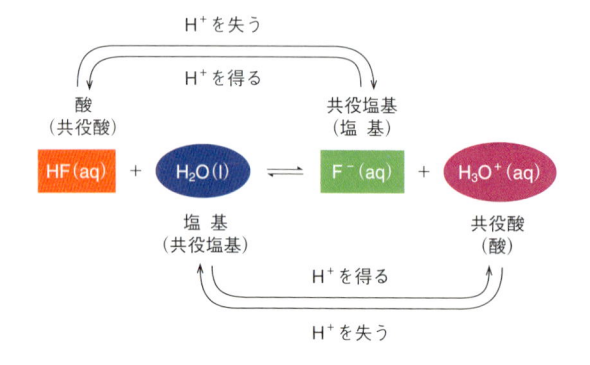

別の例もみよう．アンモニア NH_3 は H_2O の H^+ を奪い，NH_3 の共役酸 NH_4^+ と，H_2O の共役塩基 OH^- をつくる．つまり NH_4^+/NH_3 と H_2O/OH^- が共役した酸/塩基の対になる．

```
       ┌──共役した酸/塩基の対──┐
   NH₃(g) + H₂O(l) ⇌ NH₄⁺(aq) + OH⁻(aq)
              └──共役した酸/塩基の対──┘
```

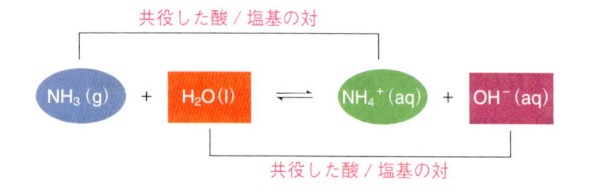

共役した酸/塩基の対の例を表 14・4 に示す．水は酸にも塩基にもなり，その性質を"**両性**"という．酸になるか塩基になるかは，相手の塩基性や酸性が水より強いかどうかで決まる．水は，自分より強い塩基に H^+ を渡し(酸の性質)，自分より強い酸から H^+ をもらう(塩基の性質)．

表 14・4 共役した酸/塩基対の例

酸	共役塩基
強 酸	
過塩素酸 ($HClO_4$)	過塩素酸イオン (ClO_4^-)
硫酸 (H_2SO_4)	硫酸水素イオン (HSO_4^-)
ヨウ化水素酸 (HI)	ヨウ化物イオン (I^-)
臭化水素酸 (HBr)	臭化物イオン (Br^-)
塩化水素酸 (塩酸) (HCl)	塩化物イオン (Cl^-)
硝酸 (HNO_3)	硝酸イオン (NO_3^-)
弱 酸	
ヒドロニウムイオン (H_3O^+)	水 (H_2O)
硫酸水素イオン (HSO_4^-)	硫酸イオン (SO_4^{2-})
リン酸 (H_3PO_4)	リン酸二水素イオン ($H_2PO_4^-$)
フッ化水素酸 (HF)	フッ化物イオン (F^-)
亜硝酸 (HNO_2)	亜硝酸イオン (NO_2^-)
ギ酸 (HCOOH)	ギ酸イオン ($HCOO^-$)
酢酸 (CH_3COOH)	酢酸イオン (CH_3COO^-)
炭酸 (H_2CO_3)	炭酸水素イオン (HCO_3^-)
硫化水素酸 (H_2S)	硫化水素イオン (HS^-)
リン酸二水素イオン ($H_2PO_4^-$)	リン酸水素イオン (HPO_4^{2-})
アンモニウムイオン (NH_4^+)	アンモニア (NH_3)
シアン化水素酸 (青酸) (HCN)	シアン化物イオン (CN^-)
炭酸水素イオン (HCO_3^-)	炭酸イオン (CO_3^{2-})
メチルアンモニウムイオン ($CH_3NH_3^+$)	メチルアミン (CH_3NH_2)
硫化水素イオン (HS^-)	硫化物イオン (S^{2-})
水 (H_2O)	水酸化物イオン (OH^-)

表の上に向かって酸の強さが増し，下に向かって塩基の強さが増す．

> **復習 14・3　共役した酸と塩基の対**
>
> つぎのブレンステッド酸の共役塩基を化学式で書け．
> ① $HClO_3$　② H_2CO_3　③ HCOOH
>
> [答] プロトン H^+ を失った形が共役塩基．
> ① ClO_3^-，② HCO_3^-，③ $HCOO^-$

> **例題 14・3　共役した酸と塩基の対を探す**
>
> HBr と CH_3NH_2 の反応を反応式で書け．共役した酸/塩基の対はどれか．
>
> [答] 酸 HBr が塩基 CH_3NH_2 に H^+ を渡し，共役塩基 Br^- と共役酸 $CH_3NH_3^+$ ができる．
> $HBr(aq) + CH_3NH_2(aq) \rightleftharpoons Br^-(aq) + CH_3NH_3^+$
> つまり HBr/Br^- と $CH_3NH_3^+/CH_3NH_2$ が，共役した酸/塩基の対になる．
>
> ● 類題　つぎの反応で，共役した酸/塩基の対はどれか．
> $HCN(aq) + SO_4^{2-}(aq) \rightleftharpoons CN^-(aq) + HSO_4^-(aq)$
> [答] HCN/CN^- と HSO_4^-/SO_4^{2-}

14・3 酸と塩基の強さ

酸の強さは，酸 1 mol が水中で何 mol の H_3O^+ を生むかで決まり，塩基の強さは，塩基 1 mol が水中で何 mol の OH^- を生むかで決まる．酸も塩基も水中でイオンに**解離**（電離）するけれど，解離の度合いが物質ごとに大きく違う．強酸や強塩基はほぼ完全に解離し，弱酸や弱塩基はごく一部しか解離しない．

強酸と弱酸

強酸はほぼ完全に解離して H^+ を出す（強電解質）．たとえば塩化水素 HCl は下のように解離し，ほぼ H_3O^+ と Cl^- だけが溶けた水溶液になる．ほとんど一方向に進む反応だから，右向き矢印を使って書いてよい．

$$HCl(g) + H_2O(l) \longrightarrow H_3O^+(aq) + Cl^-(aq)$$

強酸は表 14・4 の 6 種とみてよい（ただし硫酸は 1 段目の解離だけ）．

弱酸は一部だけ解離し，H_2O に H^+ を渡す（弱電解質）．溶けた酸よりずっと少ない H_3O^+ しかできず，弱酸の濃度を上げても H_3O^+ の低濃度に変わりはない（図 14・2）．

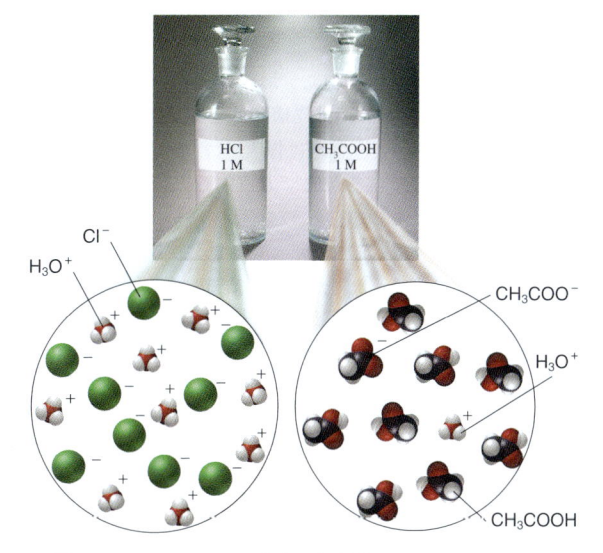

図 14・2 HCl はほぼ完全に解離するが，CH_3COOH は一部しか解離しない．
［考えてみよう］強酸と弱酸はどのように違うか．

炭酸飲料の中では，溶けた CO_2 が炭酸 H_2CO_3 になっているとみなす．弱酸なので解離形（$H_3O^+ + HCO_3^-$）は少なく，大部分が H_2CO_3 分子（または $CO_2 + H_2O$）のまま溶けている．そんな解離は，二重矢印を使って平衡反応式に書く．解離度の小ささを表すために，左向き矢印を長くしてもよい．

$$H_2CO_3(aq) + H_2O(l) \rightleftharpoons H_3O^+(aq) + HCO_3^-(aq)$$

練習問題　ブレンステッドの酸・塩基

14・7 つぎの左辺にある反応物で，酸（H^+ 供与体）と塩基（H^+ 受容体）はそれぞれどちらか．
① $HI(aq) + H_2O(l) \longrightarrow H_3O^+(aq) + I^-(aq)$
② $F^-(aq) + H_2O(l) \rightleftharpoons HF(aq) + OH^-(aq)$
③ $H_2S(aq) + C_2H_5NH_2(aq) \rightleftharpoons HS^-(aq) + C_2H_5NH_3^+(aq)$

14・8 つぎの左辺にある反応物で，酸（H^+ 供与体）と塩基（H^+ 受容体）はそれぞれどちらか．
① $CO_3^{2-}(aq) + H_2O(l) \rightleftharpoons HCO_3^-(aq) + OH^-(aq)$
② $H_2SO_4(aq) + H_2O(l) \longrightarrow H_3O^+(aq) + HSO_4^-(aq)$
③ $CH_3COO^-(aq) + H_3O^+(aq) \rightleftharpoons H_2O(l) + CH_3COOH(aq)$

14・9 つぎの酸の共役塩基を化学式で書け．
① HF　② H_2O
③ $H_2PO_3^-$　④ HSO_4^-
⑤ $HClO_2$

14・10 つぎの酸の共役塩基を化学式で書け．
① HCO_3^-　② $CH_3NH_3^+$
③ HPO_4^{2-}　④ HNO_2
⑤ HBrO

14・11 つぎの塩基の共役酸を化学式で書け．
① CO_3^{2-}　② H_2O
③ $H_2PO_4^-$　④ Br^-
⑤ ClO_4^-

14・12 つぎの塩基の共役酸を化学式で書け．
① SO_4^{2-}　② CN^-
③ $C_2H_5COO^-$　④ ClO_2^-
⑤ HS^-

14・13 つぎの反応式の左辺で，酸と塩基はどれか．また，共役塩基と共役酸はどれか．
① $H_2CO_3(aq) + H_2O(l) \rightleftharpoons H_3O^+(aq) + HCO_3^-(aq)$
② $NH_4^+(aq) + H_2O(l) \rightleftharpoons H_3O^+(aq) + NH_3(aq)$
③ $HCN(aq) + NO_2^-(aq) \rightleftharpoons CN^-(aq) + HNO_2(aq)$
④ $CH_3COO^-(aq) + HF(aq) \rightleftharpoons F^-(aq) + CH_3COOH(aq)$

14・14 つぎの反応式の左辺で，酸と塩基はどれか．また，共役塩基と共役酸はどれか．
① $H_3PO_4(aq) + H_2O(l) \rightleftharpoons H_3O^+(aq) + H_2PO_4^-(aq)$
② $CO_3^{2-}(aq) + H_2O(l) \rightleftharpoons OH^-(aq) + HCO_3^-(aq)$
③ $H_3PO_4(aq) + NH_3(aq) \rightleftharpoons NH_4^+(aq) + H_2PO_4^-(aq)$
④ $HNO_2(aq) + C_2H_5NH_2(aq) \rightleftharpoons NO_2^-(aq) + C_2H_5NH_3^+(aq)$

14・15 塩化アンモニウムが水に溶け，NH_4^+ が水に H^+ を渡す現象を反応式で書け．

14・16 炭酸ナトリウムが水に溶け，CO_3^{2-} が塩基の働きをすることを反応式で書け．

クエン酸[*3]や酢酸などの有機酸も弱酸だ．クエン酸は，レモンやオレンジ，グレープフルーツに多い．酢は約 5% の酢酸を溶かしてつくる．

$$CH_3COOH(aq) + H_2O(l) \rightleftharpoons CH_3COO^-(aq) + H_3O^+(aq)$$

まとめよう．酸を HA と書けば，強酸は水中でほぼ完全に解離し，等量の H_3O^+ と A^- になる．弱酸はごく一部しか解離せず，大部分は HA 分子のまま溶けている．

強酸：$HA(aq) + H_2O(l) \longrightarrow H_3O^+(aq) + A^-(aq)$
　　　　　　　　　　　　　　　　　　　（ほぼ 100% 解離）
弱酸：$HA(aq) + H_2O(l) \rightleftharpoons H_3O^+(aq) + A^-(aq)$
　　　　　　　　　　　　　　　　　　　（ごく一部が解離）

強塩基と弱塩基

強塩基は，水中でほぼ完全に解離して金属イオンと OH^- になる．1 族（1A 族）元素の水酸化物がその典型だといえる．

$$KOH(s) \xrightarrow{H_2O} K^+(aq) + OH^-(aq)$$

ほかにも，LiOH や KOH，NaOH，$Ba(OH)_2$ など，1 族（1A）族・2 族（2A 族）元素のアレニウス塩基がある．NaOH（苛性ソーダ）は，オーブンや排水溝の油落としに使う．高濃度の OH^- は皮膚や眼を傷めるため，家庭や実験室で洗浄剤を使うときは保護メガネをかけるなどして注意したい．酸や塩基が眼に入ったら，流水で 10 分以上洗ったあと医師に診てもらう．

2 族（2A 族）の Ca や 13 族（3A 族）の Al がつくる水酸化物も強塩基だが，水にたいへん溶けにくいため，OH^- が示す刺激性は弱い．

弱塩基は弱電解質で，H^+ 受容能が低く，水中でわずかなイオンしか生まない．窓用洗剤に入れてあるアンモニア NH_3 が典型例となる．NH_3 のごく一部が水中で H_2O から H^+ をもらい，NH_4^+ と OH^- ができる．

$$NH_3(g) + H_2O(l) \rightleftharpoons NH_4^+(aq) + OH^-(aq)$$

酸塩基反応の向き

共役した酸／塩基の対には，わかりやすい関係がある．強酸の共役塩基は，H^+ 受容能が小さいため，弱い塩基だ．つまり，酸が強いほど，共役塩基は弱い．

酸塩基反応では，反応物も生成物も "酸＋塩基" の姿をもつ．酸も塩基も，一方が強く，他方が弱い．反応の向きは，酸と塩基の相対的な強さが決める．たとえば H_2SO_4 は H_2O に H^+ を渡して共役塩基 HSO_4^- になり，水をヒドロニウムイオン H_3O^+ に変える．H_3O^+ が H_2SO_4 より弱い酸，共役塩基 HSO_4^- が H_2O より弱い塩基なのでそうなる．

$$H_2SO_4(aq) + H_2O(l) \longrightarrow$$
　　強い酸　　　強い塩基
$$H_3O^+(aq) + HSO_4^-(aq)$$
　　弱い酸　　　弱い塩基　　生成物側に大きくかたよる

水が炭酸イオン CO_3^{2-} に H^+ を渡し，HCO_3^- と OH^- ができる反応も眺めよう．表 14・4 より，HCO_3^- は H_2O より強い酸，OH^- は CO_3^{2-} より強い塩基だ．反応は "強い塩基＋強い酸 → 弱い酸＋弱い塩基" の向きに進みやすく，"弱い酸＋弱い塩基" の多い平衡になる．

$$CO_3^{2-}(aq) + H_2O(l) \rightleftharpoons$$
　　弱い塩基　　弱い酸
$$HCO_3^-(aq) + OH^-(aq)$$
　　強い酸　　　強い塩基　　反応物側に大きくかたよる

復習 14・4　酸と塩基の強さ

つぎの①と②は，HCO_3^-，HSO_4^-，HNO_2 のどれか．表 14・4 を見て答えよ．
　① 酸として最も強い．　② 共役塩基の塩基性が最も強い．

[答] ① 表 14・4 にある酸のうち，最も上にある HSO_4^-．
　　 ② 表 14・4 にある酸のうち，最も下にある HCO_3^-（その共役塩基 CO_3^{2-} が最も下）．

例題 14・4　酸塩基反応の向き

つぎの平衡は，左右どちらにかたよるか．
$$HF(aq) + H_2O(l) \rightleftharpoons H_3O^+(aq) + F^-(aq)$$

[答] 表 14・4 より，HF は H_3O^+ より弱い酸，H_2O は F^- より弱い塩基．反応は "強い塩基＋強い酸 → 弱い酸＋弱い塩基" の向きに進むため，平衡は左にかたよる．
$$HF(aq) + H_2O(l) \rightleftharpoons H_3O^+(aq) + F^-(aq)$$
　弱い酸　　弱い塩基　　強い酸　　強い塩基

● 類題　硝酸と水の平衡反応は，左右どちらにかたよるか．
　[答] $HNO_3(aq) + H_2O(l) \longrightarrow H_3O^+(aq) + NO_3^-(aq)$
　右（生成物側）にかたよる（HNO_3 は H_3O^+ より強い酸だから）．

練習問題　酸と塩基の強さ

14・17　"強酸の共役塩基は弱い" とは，どういうことか．

14・18　"弱酸の共役塩基は強い" とは，どういうことか．

14・19　つぎのペアでは，どちらの酸が強いか．
　① HBr と HNO_2　　② H_3PO_4 と HSO_4^-
　③ HCN と H_2CO_3

---

*3 訳注：クエン酸のクエンは，レモンを意味する漢語の "枸櫞"．

14・20 つぎのペアでは，どちらの酸が強いか．
① NH_4^+ と H_3O^+
② H_2SO_4 と HCN
③ H_2O と H_2CO_3

14・21 つぎのペアでは，どちらの酸が弱いか．
① HCl と HSO_4^-　② HNO_2 と HF
③ HCO_3^- と NH_4^+

14・22 つぎのペアでは，どちらの酸が弱いか．
① HNO_3 と HCO_3^-　② HSO_4^- と H_2O
③ H_2SO_4 と H_2CO_3

14・23 つぎの平衡は，左右どちらにかたよるか．
① $H_2CO_3(aq) + H_2O(l) \rightleftharpoons H_3O^+(aq) + HCO_3^-(aq)$
② $NH_4^+(aq) + H_2O(l) \rightleftharpoons H_3O^+(aq) + NH_3(aq)$
③ $HCl(aq) + NH_3(aq) \rightleftharpoons Cl^-(aq) + NH_4^+(aq)$
④ $CH_3COO^-(aq) + CH_3NH_3^+(aq) \rightleftharpoons$
　　　　　　　　$CH_3COOH(aq) + CH_3NH_2(aq)$

14・24 つぎの平衡は，左右どちらにかたよるか．
① $H_3PO_4(aq) + H_2O(l) \rightleftharpoons H_3O^+(aq) + H_2PO_4^-(aq)$
② $CO_3^{2-}(aq) + H_2O(l) \rightleftharpoons OH^-(aq) + HCO_3^-(aq)$
③ $HS^-(aq) + H_2O(l) \rightleftharpoons H_3O^+(aq) + S^{2-}(aq)$
④ $HCN(aq) + CH_3NH_2(aq) \rightleftharpoons$
　　　　　　　　$CN^-(aq) + CH_3NH_3^+(aq)$

14・25 アンモニウムイオンと硫酸イオンの平衡反応は左にかたよる．なぜか．

14・26 亜硝酸と水酸化物イオンの平衡反応は右にかたよる．なぜか．

14・4 解離定数

弱酸と水の反応は，一部だけ進んで平衡状態になる．弱酸を HA と書けば，生じる H_3O^+ と A^- が少ないため，平衡は左（反応物側）にかたよる（図14・3b）．

$$HA(aq) + H_2O(l) \rightleftharpoons H_3O^+(aq) + A^-(aq)$$

弱酸と弱塩基の解離定数

酸や塩基の強弱は，解離の度合いで決まる．強酸の解離はほぼ100％だから，水との反応は一方向とみてよい．しかし弱酸は一部しか解離せず，未解離の分子が多い平衡混合物になる．そのため解離を化学平衡（13章）の形で扱い，とりあえず4成分の濃度を使って解離平衡の表式をこう書く．

$$\frac{[H_3O^+][A^-]}{[HA][H_2O]}$$

4成分のうち，水 H_2O は活量＝1として分数式から落とす（13章, p.187）．残る成分の濃度を使った分数式の値を**酸解離定数**といい，記号 K_a で表す（添え字 a は acid）．

$$\text{酸解離定数 } K_a = \frac{[H_3O^+][A^-]}{[HA]}$$

炭酸 H_2CO_3 を考えよう．炭酸はつぎの解離平衡をする．
$$H_2CO_3(aq) + H_2O(l) \rightleftharpoons HCO_3^-(aq) + H_3O^+(aq)$$
酸解離定数 K_a はこう書ける[*4]．

$$K_a = \frac{[H_3O^+][HCO_3^-]}{[H_2CO_3]} = 4.3 \times 10^{-7}$$

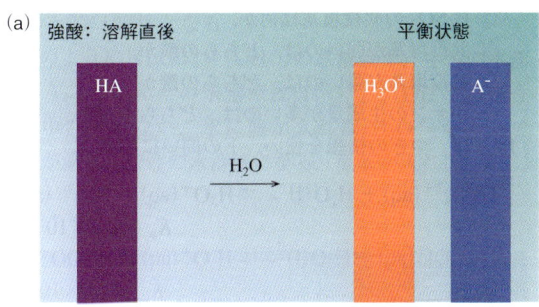

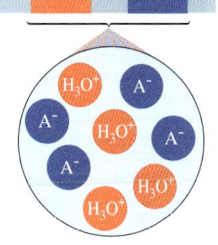

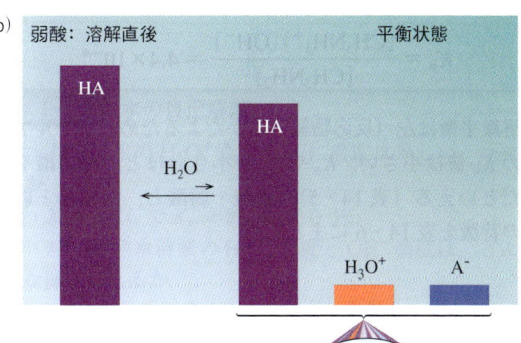

図14・3 酸 HA の解離．(a) 強酸．[HA]とほぼ等しい濃度の H_3O^+ と A^- ができる．(b) 弱酸．H_3O^+ と A^- は少ししかできない．
［考えてみよう］(b) で H_3O^+ と A^- を表す棒の高さは，弱酸の種類ごとに変わる．なぜか．

[*4] 訳注："H_2CO_3 分子は存在しない"とみるなら，溶けた CO_2 の濃度[CO_2]を分母に使う．

③ $[OH^-] = 5.0 \times 10^{-12}$ M
④ $[OH^-] = 4.5 \times 10^{-2}$ M

14・37 $[OH^-]$がつぎの値になる水溶液の$[H_3O^+]$を計算せよ．温度は25 ℃とする．
① コーヒー （1.0×10^{-9} M）
② 石鹸水 （1.0×10^{-6} M）
③ 洗浄剤 （2.0×10^{-5} M）
④ レモンジュース （4.0×10^{-13} M）

14・38 $[OH^-]$がつぎの値になる水溶液の$[H_3O^+]$を計算せよ．温度は25 ℃とする．
① NaOH 水溶液 （1.0×10^{-2} M）
② アスピリン液剤 （1.8×10^{-11} M）
③ マグネシア乳 （1.0×10^{-5} M）
④ 海水 （2.0×10^{-6} M）

14・39 $[H_3O^+]$がつぎの値になる水溶液の$[OH^-]$を計算せよ．温度は25 ℃とする．
① 酢 （1.0×10^{-3} M）
② 尿 （5.0×10^{-6} M）
③ アンモニア水 （1.8×10^{-12} M）
④ NaOH 水溶液 （4.0×10^{-13} M）

14・40 $[H_3O^+]$がつぎの値になる水溶液の$[OH^-]$を計算せよ．温度は25 ℃とする．
① 重曹 （1.0×10^{-8} M）
② オレンジジュース （2.0×10^{-4} M）
③ 牛乳 （5.0×10^{-7} M）
④ 漂白液 （4.8×10^{-12} M）

14・6 pH

$[H_3O^+]$と$[OH^-]$の測定は，医療，食品加工，農業，ワイン醸造業など，さまざまな職業に関係する．肺や腎臓の機能を確かめ，食品中の微生物の増殖を抑え，作物の病害を抑えるのに，酸性度を測り，調節するシーンが多いからだ．

H_3O^+の濃度自体は，指数が負の小さな数だから扱いにくい．そこで pH という尺度を使い，pH=7 を中性，pH＜7 を酸性，pH＞7 を塩基性（アルカリ性）とする（図 14・5）．

ふつう pH は pH メーターで測る．おおまかな値でよいときは，pH で変色する万能試験紙や，pH 指示薬を使う（図 14・6）．

復習 14・6 pH

身近な水溶液の pH はつぎのようだった．下の問いに答えよ．
① 酸性の強い水溶液から順に並べよ．
② $[H_3O^+]$が最大の水溶液はどれか．
③ $[OH^-]$が最大の水溶液はどれか．

水溶液	pH
ルートビール	5.8
台所洗剤	10.9
ピクルスの漬け液	3.5
ガラス洗浄液	7.6
果物ジュース	2.9

[答] ① pH の小さいものから並べる：ジュース（2.9），ピクルス（3.5），ビール（5.8），ガラス洗浄液（7.6），台所洗剤（10.9）．② 酸性が最も高い果物ジュース．③ 塩基性が最も高い台所洗剤．

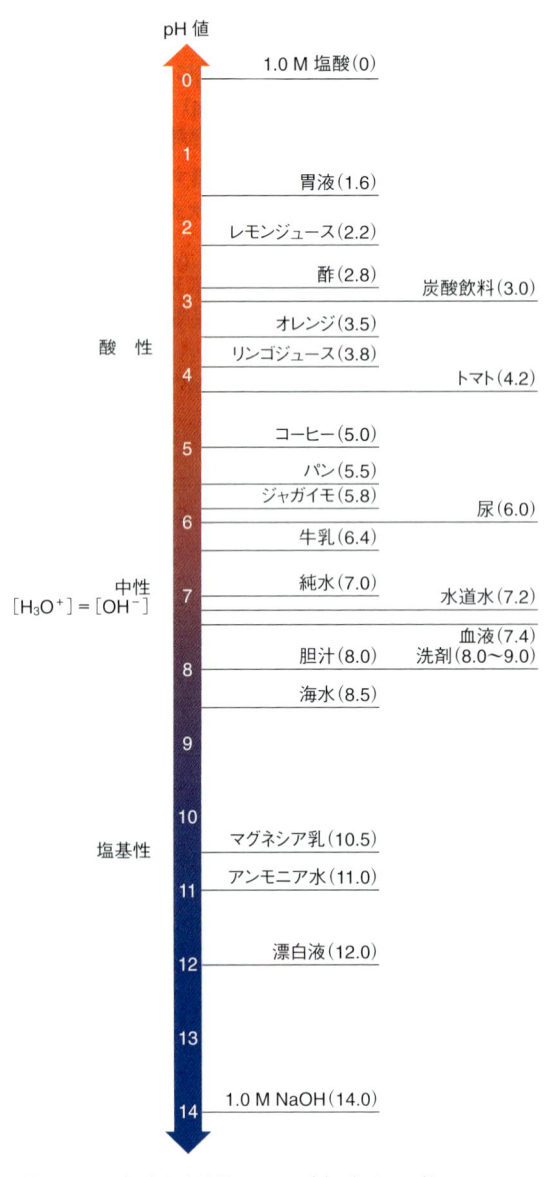

図 14・5 身近な水溶液の pH．（ ）内は pH 値．
［考えてみよう］リンゴジュースは酸性か，塩基性か，中性か．

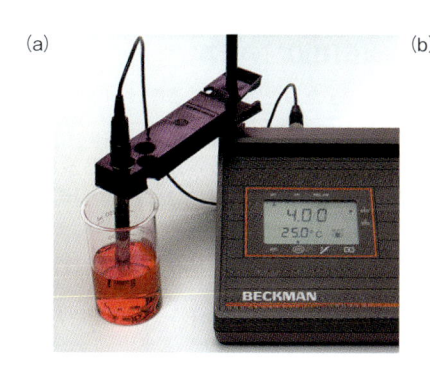

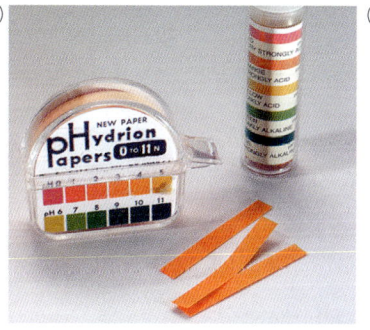

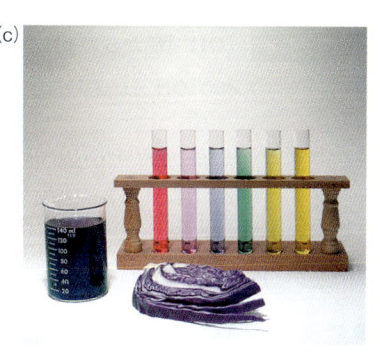

図 14・6 pH 測定用の器具，道具．(a) pH メーター，(b) pH 試験紙，(c) pH 指示薬．
[考えてみよう] pH メーターの読みが 4.00 のとき，水溶液は酸性か，塩基性か，中性か．

pH の計算(1)

pH は，底が 10 の対数（常用対数）を使い，つぎのように定義する．

$$\mathrm{pH} = -\log_{10}[\mathrm{H_3O^+}]$$

対数記号の右側には"ただの数"を置くから，平衡定数の表式と同様（13章，p.189 参照），M 単位の $[\mathrm{H_3O^+}]$ を標準濃度 1 M で割って単位を落とし，数値だけ代入する．$[\mathrm{H_3O^+}]=1.0\times10^{-2}$ M のレモンジュースなら，つぎの計算で pH は 2.00 になる．

$$\mathrm{pH} = -\log_{10}(1.0\times10^{-2}) = -(-2.00) = 2.00$$

$[\mathrm{H_3O^+}]$ が小さい（塩基性が高い）ほど，pH は大きな値になる．

pH の整数部分は"位取り"を表すため，pH の計算では，pH の小数点以下の桁数を，$[\mathrm{H_3O^+}]$ の有効数字の桁数（いまの例だと 2 桁）に合わせる．

$$[\mathrm{H_3O^+}] = \mathbf{1.0}\times10^{-2} \qquad \mathrm{pH} = 2.\mathbf{00}$$

有効数字 2 桁　　　　　小数点以下 2 桁

pH の計算(2)

$[\mathrm{H_3O^+}]$ が 1×10^{-x} M のとき，pH は（有効数字も考えた）x に等しかった．係数が 1 でないときは，関数電卓で pH を計算する．

たとえば $[\mathrm{H_3O^+}]=2.4\times10^{-3}$ M の場合，電卓の $\log_{10}$ キーを押し，2.4×10^{-3} や 0.0024 を入力したあと "+/−" キーを押せば，表示は 2.6197887… となる．小数点以下 2 桁をとって pH=2.62 とする．

例題 14・7　pH の計算(2)

$[\mathrm{H_3O^+}]=5\times10^{-8}$ M のとき，pH はいくらか．

[答] 電卓をたたけば 7.30102999… となる．有効数字（1 桁）に合わせて小数点以下 1 桁までとり，pH=7.3 とする．

● 類題　漂白液の $[\mathrm{H_3O^+}]$ を測ると 4.2×10^{-12} M だった．pH はいくらか．

[答] pH = 11.38

復習 14・7　pH の計算(1)

つぎの pH 計算は正しいか，誤りか．理由も述べよ．
① $[\mathrm{H_3O^+}] = 1\times10^{-6}$ M　　pH = −6.0
② $[\mathrm{OH^-}] = 1.0\times10^{-10}$ M　　pH = 10.00
③ $[\mathrm{H_3O^+}] = 1.0\times10^{-6}$ M　　pH = 6.00
④ $[\mathrm{OH^-}] = 1\times10^{-2}$ M　　pH = 12.0

[答] ① 誤り．pH は正の値になる．
② 誤り．pH は $\mathrm{H_3O^+}$ 濃度から計算する．$[\mathrm{H_3O^+}]=1.0\times10^{-4}$ M だから，pH=4.00．
③ 正しい．小数点以下 2 桁も，濃度の有効数字（2 桁）に合う．
④ 正しい．$[\mathrm{H_3O^+}]=1\times10^{-12}$ M より pH=12.0．小数点以下の桁数も正しい．

胃酸（HCl）　健康と化学

食べ物を見たり嗅いだり，味わったり，想像したりすると，胃にある腺が塩酸（HCl，胃酸）を分泌する．1 日の分泌量は 2000 mL に及ぶ．

HCl は，胃の中でタンパク質を分解する酵素，ペプシンを活性化する．ペプシンの作用に適し，胃壁の損傷（潰瘍化）を起こさない pH（約 2）になるまで HCl が分泌される．ふつうは同時に分泌される大量の粘液が，胃の内壁や酵素を保護する．

例題 14・8　[OH⁻]値からのpH計算

アンモニア水の$[OH^-]$は3.7×10^{-3} Mだった．pHはいくらか．

[答] 計算中は単位を外し，最後の答え（$[OH^-]$）に単位 Mをつける．$[H_3O^+] = K_w/[OH^-]$に$K_w = 1.0 \times 10^{-14}$と$[OH^-] = 3.7 \times 10^{-3}$を入れて出る$[H_3O^+] = 2.7 \times 10^{-12}$を電卓に入力し，表示値（11.56863…）の小数点以下2桁までとってpH=11.57とする．

● 類題　雨の$[OH^-]$は2×10^{-10} Mだった．pHはいくらか．
　　　　　　　　　　　　　　　　　　　[答] pH = 4.3

pOH

pHと似た発想で，OH⁻濃度をもとに "**pOH**" を考える（pHと同様，対数計算には "濃度値から単位Mを外した数" を使う）．

$$pOH = -\log_{10}[OH^-]$$

関係式$K_w = [H_3O^+][OH^-]$全体の対数をとれば，つぎのようになる．

$$-14.00 = -pH - pOH$$
$$つまり\quad pH + pOH = 14.00$$

pH 3.50の水溶液だと，pOH = 14.00 − 3.50 = 10.50となる．

pH値から[H₃O⁺]の計算

$pH = -\log_{10}[H_3O^+]$を変形した$[H_3O^+] = 10^{-pH}$より，pH値を$[H_3O^+]$に換算できる．

$[H_3O^+]$, $[OH^-]$, pH, pOHの関係を表14・8に示す．

表 14・8　$[H_3O^+]$, $[OH^-]$, pH, pOH の関係 (25 ℃)

$[H_3O^+]$	pH	$[OH^-]$	pOH
10^0	0	10^{-14}	14
10^{-1}	1	10^{-13}	13
10^{-2}	2	10^{-12}	12
10^{-3}	3	10^{-11}	11
10^{-4}	4	10^{-10}	10
10^{-5}	5	10^{-9}	9
10^{-6}	6	10^{-8}	8
10^{-7}	7	10^{-7}	7
10^{-8}	8	10^{-6}	6
10^{-9}	9	10^{-5}	5
10^{-10}	10	10^{-4}	4
10^{-11}	11	10^{-3}	3
10^{-12}	12	10^{-2}	2
10^{-13}	13	10^{-1}	1
10^{-14}	14	10^0	0

酸性 / 中性 / 塩基性

例題 14・9　pH値から[H₃O⁺]の計算

重曹水溶液のpHは8.25だった．H_3O^+濃度は何Mか．

[答] 電卓の10^xキーを使い，$x = -8.25$を入力すれば$5.62341… \times 10^{-9}$となる．pHは小数点以下2桁だから$[H_3O^+]$の有効数字を2桁までとり，$[H_3O^+] = 5.6 \times 10^{-9}$ Mとする．

● 類題　ビールのpHは4.50だった．$[H_3O^+]$と$[OH^-]$はそれぞれいくらか．
　　[答] $[H_3O^+] = 3.2 \times 10^{-5}$ M, $[OH^-] = 3.1 \times 10^{-10}$ M

練習問題　pH

14・41　中性の水溶液はpHが7.00になる．なぜか．

14・42　$[OH^-]$値がわかっているとき，pHはどう計算するか．

14・43　つぎの水溶液は酸性か，塩基性（アルカリ性）か，中性か．
① 血液（pH 7.38）　② 酢（pH 2.8）
③ 排水口洗浄剤（pOH 2.8）　④ コーヒー（pH 5.52）
⑤ トマト（pH 4.2）　⑥ チョコレートケーキ（pH 7.6）

14・44　つぎの水溶液は酸性か，塩基性（アルカリ性）か，中性か．
① ソーダ水（pH 3.22）
② シャンプー（pOH 8.3）
③ 洗濯洗剤（pOH 4.56）
④ 雨水（pH 5.8）
⑤ 蜂蜜（pH 3.9）
⑥ チーズ（pH 7.4）

14・45　pH = 3の水溶液は，pH = 4の水溶液より酸性が10倍高いといえる．なぜか．

14・46　pH = 10の水溶液は，pH = 8の水溶液より塩基性が100倍高いといえる．なぜか．

14・47　つぎの水溶液のpHを計算せよ．
① $[H_3O^+] = 1.0 \times 10^{-4}$ M　② $[H_3O^+] = 3.0 \times 10^{-9}$ M
③ $[OH^-] = 1.0 \times 10^{-5}$ M　④ $[OH^-] = 2.5 \times 10^{-11}$ M
⑤ $[H_3O^+] = 6.7 \times 10^{-8}$ M　⑥ $[OH^-] = 8.2 \times 10^{-4}$ M

14・48　つぎの水溶液のpHを計算せよ．
① $[H_3O^+] = 1.0 \times 10^{-8}$ M　② $[H_3O^+] = 5.0 \times 10^{-6}$ M
③ $[OH^-] = 4.0 \times 10^{-2}$ M　④ $[OH^-] = 8.0 \times 10^{-3}$ M
⑤ $[H_3O^+] = 4.7 \times 10^{-2}$ M　⑥ $[OH^-] = 3.9 \times 10^{-6}$ M

14・49　つぎの空欄を埋めよ（"液性" 欄は，酸性・塩基性・中性のどれかを記入）．

$[H_3O^+]$	$[OH^-]$	pH	pOH	液性
	1.0×10^{-6} M			
		3.49		
2.8×10^{-5} M				
			2.00	

14・50 つぎの空欄を埋めよ（"液性"欄は，酸性・塩基性・中性のどれかを記入）．

[H_3O^+]	[OH^-]	pH	pOH	液性
		10.00		
				中性
			5.66	
6.4×10^{-12} M				

14・7 酸と塩基の反応

酸は，金属，塩基，炭酸イオン CO_3^{2-}，炭酸水素イオン HCO_3^- などと反応する．たとえば制酸剤の錠剤が水に溶けると，錠剤中の炭酸イオンとクエン酸が反応して，二酸化炭素の泡，塩，水が生じる．塩とは，NaCl，CaF_2，NH_4Cl のように，解離性の H^+ や OH^- がないイオン化合物をいう．

酸と金属の反応

活性な（電子を出しやすい）金属と酸が反応すれば，水素 H_2 と塩ができる．活性な金属には，カリウムやナトリウム，カルシウム，マグネシウム，アルミニウム，亜鉛，鉄，スズなどがある．酸の水素イオンが金属イオンに置き換わる，とみてもよい．

$$Mg(s) + 2HCl(aq) \longrightarrow MgCl_2(aq) + H_2(g)$$
　　　　金属　　　酸　　　　　　　塩　　　　水素
$$Zn(s) + 2HNO_3(aq) \longrightarrow Zn(NO_3)_2(aq) + H_2(g)$$

炭酸イオン・炭酸水素イオンと酸の反応

酸が炭酸イオンや炭酸水素イオンと反応すれば，二酸化炭素と水，塩ができる．反応生成物の炭酸 H_2CO_3 が，た

"酸 性 雨"
環境と化学

大気に浮かぶ水滴に溶けて酸性を示す気体が CO_2（0.04 体積％）だけなら，つぎの化学平衡が成り立つ結果，雨の pH は 5.6（弱酸性）になる．

　溶解平衡：$CO_2(g) \rightleftharpoons CO_2(aq)$
　酸解離平衡：$CO_2(aq) + 2H_2O(l) \rightleftharpoons$
　　　　　　　$H_3O^+(aq) + HCO_3^-$　（炭酸）

しかし 1970 年代に実測された雨の pH は 4〜5 の範囲だったため，CO_2 以外の酸性物質にも注目する研究者がいた．

工場や発電所が出す二酸化硫黄 SO_2 は，空気中の酸素と反応して三酸化硫黄 SO_3 に変わり，SO_3 は水滴に溶けて硫酸になる．また，車の排ガスに由来する二酸化窒素 NO_2 は，やはり酸化されて硝酸 HNO_3 になる――という"原因論"が 1970 年代に生まれ，"人為起源の酸"が酸性化させた雨を"酸性雨"とよぶようになった．そして，樹木の立ち枯れや湖水の酸性化，石像や銅像の溶解も"酸性雨"のせいにされた．けれど 1980 年代の中期以降，雨の pH に変化はないのに，少なくとも先進国で"酸性雨の被害"はほとんど報告されない．なぜなのだろう？

まず，雨が弱酸性になる理由は，SO_2 の溶解・酸解離平衡だけで説明できるのだ．

　溶解平衡：$SO_2(g) \rightleftharpoons SO_2(aq)$
　酸解離平衡：$SO_2(aq) + 2H_2O(l) \rightleftharpoons$
　　　　　　　$H_3O^+(aq) + HSO_3^-$　（亜硫酸）

大気の SO_2 濃度（4〜5×10^{-7} 体積％）と，溶解・酸解離の平衡定数から計算すれば，水滴の pH は約 4.8 になる．しかも，排ガスの脱硫（硫黄分除去）が進んだいま，

大気中 SO_2 の大部分は，火山や生物活動の出す"天然の SO_2"だとわかっている．日本の環境省が 1983〜2002 年の 20 年間に続けた測定の結果（pH=4.8±0.2）も，"天然の SO_2 が起こす酸性化"にぴったりと合う．つまり雨の pH が本来 5.6 だろうというのが間違いで，人間活動がなくても 4.8 前後になる．むろん測定データはないけれど，縄文時代も江戸時代もそうだったろう．先進国が脱硫を始める 1970 年までは，工場や工業地帯のそばに生えた植物が，排ガス由来の SO_2 を直接気孔から吸っていた．ドイツのシュバルツバルト（黒森）も，日本の足尾銅山近くの森も，そのせいで枯れた．人為起源の SO_2 が森を枯らしたことは事実でも，主因は"酸性雨"ではなかったことになる．真相の判明から 15 年以上たった現在，メディアも"酸性雨"の話を報じない．　　［訳者改訂］

かつて"酸性雨"が原因と考えられた森林枯死（東欧）

$HCl(aq) + NaOH(aq) \longrightarrow NaCl(aq) + H_2O(l)$

14・60 酢酸水溶液 25.0 mL を 0.205 M の NaOH 水溶液で滴定したら,滴下量 29.7 mL で終点に達した.酢酸水溶液の濃度は何 M か.

$CH_3COOH(aq) + KOH(aq) \longrightarrow KCH_3COO(aq) + H_2O(l)$

14・61 硫酸水溶液 25.0 mL を 0.163 M の KOH 水溶液で滴定したら,滴下量 38.2 mL で終点に達した.硫酸水溶液の濃度は何 M か.

$H_2SO_4(aq) + 2KOH(aq) \longrightarrow K_2SO_4(aq) + 2H_2O(l)$

14・62 硫酸水溶液 25.0 mL を 0.162 M の NaOH 水溶液で滴定したら,滴下量 32.8 mL で終点に達した.硫酸水溶液の濃度は何 M か.

$H_2SO_4(aq) + 2NaOH(aq) \longrightarrow Na_2SO_4(aq) + 2H_2O(l)$

14・63 0.0224 M リン酸水溶液 50.0 mL を 0.204 M の NaOH 水溶液で滴定したい.必要な滴下量は何 mL か.

$H_3PO_4(aq) + 3NaOH(aq) \longrightarrow Na_3PO_4(aq) + 3H_2O(l)$

14・64 0.186 M のリン酸水溶液 15.0 mL を 0.312 M の KOH 水溶液で滴定したい.必要な滴下量は何 mL か.

$H_3PO_4(aq) + 3KOH(aq) \longrightarrow K_3PO_4(aq) + 3H_2O(l)$

14・9 塩の水溶液の酸性・塩基性

水に溶けた塩は完全解離するとみてよい.塩の種類に応じ,水溶液は酸性・塩基性(アルカリ性)・中性のどれかになる.ふつう,強酸からの陰イオンと,強塩基からの陽イオンは,水溶液の pH に影響しない.弱酸からの陰イオンや,弱塩基からの陽イオンが,水溶液の酸性・塩基性を決める.

中性の水溶液になる塩

HNO_3(強酸)と NaOH(強塩基)の中和でできる塩 $NaNO_3$ は,水に溶けてつぎのように解離する.Na^+ は OH^- と結合せず,NO_3^- は H^+ と結合しないため,水溶液はほぼ中性(pH=7.0)を示す.

$NaNO_3(s) \xrightarrow{H_2O} Na^+(aq) + NO_3^-(aq)$

同類には NaCl, KCl, KNO_3, KBr などがある.陽イオンと陰イオンの組合わせはつぎのようにまとめられる.

> **中性の水溶液になる陽イオン・陰イオンの組合わせ**
> 強塩基からの陽イオン
>   1 族(1A 族)の Li^+, Na^+, K^+
>   2 族(2A 族)の Mg^{2+}, Ca^{2+}, Sr^{2+}, Ba^{2+}(Be^{2+} 以外)
> 強酸からの陰イオン
> Cl^-, Br^-, I^-, NO_3^-, ClO_4^-

塩基性の水溶液になる塩

HF と NaOH の中和でできる塩 NaF は,水に溶けてつぎのように解離する.

$NaF(s) \xrightarrow{H_2O} Na^+(aq) + F^-(aq)$
　　　　　　　　pH に影響しない　　水から H^+ を奪う

先ほどと同じく Na^+ は pH に影響しない.しかし F^- は,弱酸 HF の共役塩基(強い塩基)だから H_2O の H^+ を奪って OH^- を生み,水溶液を塩基性(pH > 7.0)にする.

$F^-(aq) + H_2O \rightleftharpoons HF(aq) + OH^-(aq)$

同類には NaCN, KNO_2, Na_2S などがあり,陽イオンと陰イオンの組合わせはつぎのようにまとめられる.

> **塩基性の水溶液になる陽イオン・陰イオンの組合わせ**
> 強塩基からの陽イオン
>   1 族(1A 族)の Li^+, Na^+, K^+
>   2 族(2A 族)の Mg^{2+}, Ca^{2+}, Sr^{2+}, Ba^{2+}(Be^{2+} 以外)
> 弱酸からの陰イオン
> F^-, NO_2^-, CN^-, CO_3^{2-}, CH_3COO^-, S^{2-}, PO_4^{3-}

酸性の水溶液になる塩

アンモニア水と塩酸の中和でできる塩 NH_4Cl は,水に溶けてこう解離する.

$NH_4Cl(s) \xrightarrow{H_2O} NH_4^+(aq) + Cl^-(aq)$
　　　　　　　　水に H^+ を渡す　　水の H^+ を奪わない

NaCl の場合と同じく Cl^- は pH に影響しない.しかし NH_4^+ は,弱塩基 NH_3 の共役酸(強い酸)だから,H_2O に H^+ を渡して H_3O^+ を生み,水溶液を酸性(pH < 7.0)にする.

$NH_4^+(aq) + H_2O(l) \rightleftharpoons NH_3(aq) + H_3O^+(aq)$

酸性の水溶液になる陽イオンと陰イオンの組合わせは,つぎのようにまとめられる.

> **酸性の水溶液になる陽イオン・陰イオンの組合わせ**
> 弱塩基からの陽イオン
> NH_4^+, Be^{2+}, Al^{3+}, Zn^{2+}, Cr^{3+}, Fe^{3+}(NH_4^+ 以外は,サイズの小さい多価イオン)
> 強酸からの陰イオン
> Cl^-, Br^-, I^-, NO_3^-, ClO_4^-

NH_4F のように,弱塩基+弱酸の塩もある.NH_4F も水に溶け,NH_4^+ と F^- に解離する.個別にみれば,NH_4^+ は水溶液を酸性にし,F^- は水溶液を塩基性にする.どちら

の勢いが強いかで，最終的な液性が決まる．両方の勢いが同程度なら，水溶液は中性に近い．とはいえ，現実にどうなるかは複雑だから，本書では扱わない．

復習も兼ね，9種類の塩について，水溶液の性質を表14・9にまとめた．

表 14・9 塩の水溶液の液性

塩	イオンのタイプ	液性
NaCl, MgBr$_2$, KNO$_3$	強塩基の陽イオン ＋強酸の陰イオン	中 性
NaF, MgCO$_3$, KNO$_2$	強塩基の陽イオン ＋弱酸の陰イオン	塩基性
NH$_4$Cl, FeBr$_3$, Al(NO$_3$)$_3$	弱塩基の陽イオン ＋強酸の陰イオン	酸 性

復習 14・9　塩の水溶液の酸性・塩基性

シアン化カリウム（青酸カリ）KCN の水溶液は酸性か，塩基性か，中性か．

[答] 水に溶けた塩 KCN はつぎのように解離する．
$$KCN(s) \xrightarrow{H_2O} K^+(aq) + CN^-(aq)$$

強塩基 KOH からの陽イオン K^+ は pH に影響しない．しかし CN^- は弱酸 HCN の陰イオンだから塩基性が強く，H_2O 分子の H^+ を奪って OH^- を生み，水溶液を塩基性にする．
$$CN^-(aq) + H_2O(l) \rightleftharpoons HCN(aq) + OH^-(aq)$$

例題 14・12　塩の水溶液の酸性・塩基性

つぎの塩の水溶液は酸性か，塩基性か，中性か．
① NH$_4$Br　　② NaNO$_3$

[答] ① 水に溶けた塩 NH$_4$Br はつぎのように解離する．
$$NH_4Br(s) \xrightarrow{H_2O} NH_4^+(aq) + Br^-(aq)$$

強酸 HBr の陰イオン Br^- は pH に影響しない．しかし NH_4^+ は弱塩基の陽イオンだから酸性が強く，H_2O 分子に H^+ を渡して H_3O^+ を生み，水溶液を酸性にする．
$$NH_4^+(aq) + H_2O(l) \rightleftharpoons NH_3(aq) + H_3O^+(aq)$$

② 水に溶けた塩 NaNO$_3$ はつぎのように解離する．
$$NaNO_3(s) \xrightarrow{H_2O} Na^+(aq) + NO_3^-(aq)$$

Na^+ は強塩基 NaOH の陽イオン，NO_3^- は強酸 HNO$_3$ の陰イオンで，どちらも H_2O と作用し合わないため，水溶液は中性を示す．

● 類題　リン酸ナトリウム Na$_3$PO$_4$ の水溶液は酸性か，塩基性か，中性か．
　　　　　[答] 塩基性（PO_4^{3-} が H_2O から H^+ を奪い，OH^- と弱酸 HPO$_4^{2-}$ ができるため）

練習問題　塩の水溶液の酸性・塩基性

14・65 強塩基からの陽イオンと弱酸からの陰イオンからできた塩の水溶液は塩基性を示す．なぜか．

14・66 弱塩基からの陽イオンと強酸からの陰イオンからできた塩の水溶液は酸性を示す．なぜか．

14・67 つぎの塩の水溶液は酸性か，塩基性か，中性か．酸性や塩基性なら，その原因となる平衡反応を書け．
① MgCl$_2$　② NH$_4$NO$_3$　③ Na$_2$CO$_3$　④ K$_2$S

14・68 つぎの塩の水溶液は酸性か，塩基性か，中性か．酸性や塩基性なら，その原因となる平衡反応を書け．
① Na$_2$S　② KBr　③ BaCl$_2$　④ NH$_4$I

14・10　緩　衝　液

純水も，水溶液の多くも，少量の酸や塩基が入ればpHが大きく変わる．しかし**緩衝液**という水溶液は，入った酸や塩基をたちまち消費するため，pHがほとんど動かない．

血液はみごとな緩衝液で，pHを7.4前後のせまい範囲に保つ．pHが7.4から少し上下するだけで，血中の酸素濃度や代謝反応が狂い，命にかかわる．酸や塩基は食品成分からくるし，代謝産物として体内でも生じるけれど，体液の緩衝系がたちまち吸収する結果，体液のpHはほとんど動かない（図14・8）．

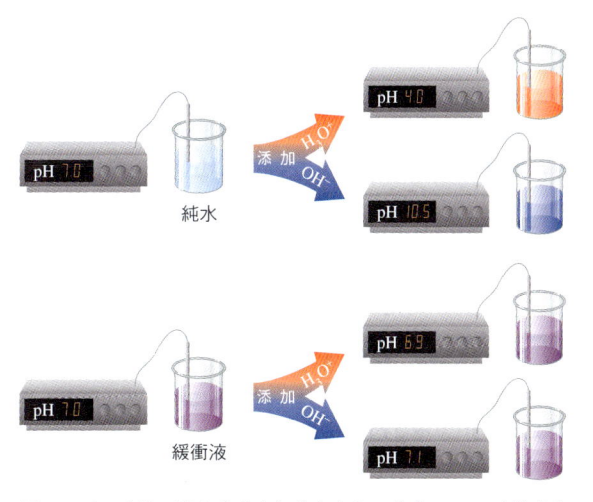

図 14・8　少量の酸や塩基を加えたとき，純水の pH は激変するが，緩衝液の pH はほとんど変わらない．
[考えてみよう] 緩衝液のpHがあまり動かないのはなぜか．

緩衝液中には，入ってきた OH^- を消費する酸と，H_3O^+ を消費する塩基がなければいけない．ただし，酸と塩基が中和し合っては元も子もないから，共役酸／共役塩基の対を使う．緩衝液の多くは，弱酸と，その共役塩基を含む塩を，ほぼ等量ずつ混ぜたものだ（図14・9）．弱塩基と，

14. 酸 と 塩 基

14章の見取り図

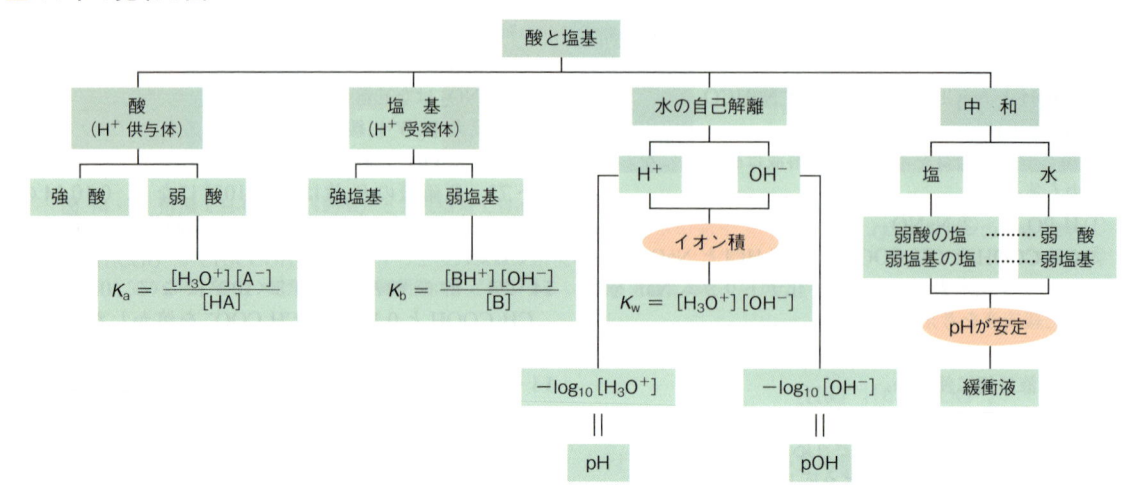

```
                            酸と塩基
        ┌──────────┬──────────┴──────────┬──────────┐
        酸              塩 基           水の自己解離        中 和
    (H⁺供与体)      (H⁺受容体)                        ┌────┴────┐
   ┌───┴───┐      ┌───┴───┐          ┌───┴───┐      塩        水
   強酸   弱酸     強塩基  弱塩基        H⁺      OH⁻    ┌───┴───┐
                                        イオン積      弱酸の塩 …… 弱 酸
                                                    弱塩基の塩 …… 弱塩基
```

$$K_a = \frac{[H_3O^+][A^-]}{[HA]}$$

$$K_b = \frac{[BH^+][OH^-]}{[B]}$$

$$K_w = [H_3O^+][OH^-]$$

pHが安定 → 緩衝液

$-\log_{10}[H_3O^+] = $ pH

$-\log_{10}[OH^-] = $ pOH

キーワード

- 塩 (salt)
- 塩基 (base)
- 塩基解離定数 (base dissociation constant, K_b)
- 解離 (dissociation)
- 緩衝液 (buffer solution)
- 強塩基 (strong base)
- 強酸 (strong acid)
- 共役塩基 (conjugate base)
- 共役酸 (conjugate acid)
- 酸 (acid)
- 酸解離定数 (acid dissociation constant, K_a)
- 指示薬 (indicator)
- 弱塩基 (weak base)
- 弱酸 (weak acid)
- 終点 (end point)
- 中性 (neutral)
- 中和 (neutralization)
- 滴定 (titration)
- pH
- pOH
- ヒドロニウムイオン (hydronium ion)
- ブレンステッド塩基 (Brønsted base)
- ブレンステッド酸 (Brønsted acid)
- 水のイオン積 (ion product constant of water, K_w)
- 両性 (amphoteric)

11章〜14章の総合問題

総合問題 21 メタン（天然ガスの主成分）は暖房や調理に使う．メタン 1 mol が燃えて二酸化炭素と水になるとき，883 kJ の熱が出る．標準状態で密度 0.715 g L^{-1} の気体が，−163 °C に冷やすと密度 0.45 g mL^{-1} の液化天然ガス（LNG: liquefied natural gas）になる．タンカー 1 隻には 700 万ガロン（1 ガロン＝3.785 L）の LNG を積むとしよう．LNG を純メタンとみて，以下の問いに答えよ．
① メタンの化学式を書け．
② タンカー 1 隻が運ぶ LNG は何 kg か．
③ タンカー 1 隻分の LNG は，標準状態の気体にして何 L か．
④ メタンの燃焼反応式を書け．
⑤ タンカー 1 隻分の LNG が完全燃焼するとき，消費される酸素は何 kg か．
⑥ タンカー 1 隻分のメタンが完全燃焼すると，何 kJ のエネルギーが出るか．

総合問題 22 25.0 g の CS_2 と 30.0 g の O_2 を 10.0 L の容器内で 125 °C に熱したところ，反応が起こって二酸化炭素と二酸化硫黄が生じた．つぎの問いに答えよ．
① この気体反応を反応式で書け．
② 生じた CO_2 は何 g か．
③ 反応後，過剰試薬が示す分圧は何 atm か．
④ 反応後，容器内の全圧は何 atm か．

総合問題 23 つぎの平衡反応は，右に進めば発熱する．
$$2H_2(g) + S_2(g) \rightleftharpoons 2H_2S(g)$$
10.0 L の容器内で，H_2S が 68.2 g，H_2 が 2.02 g，S_2 が 1.03 g の平衡組成になった．つぎの問いに答えよ．
① K_c 値はいくらか．
② 平衡混合物に H_2 を加えると，平衡はどちらへ動くか．
③ 温度一定のまま平衡混合物を 5.00 L の容器に移すと，平衡はどちらへ動くか．
④ 5.00 L の容器内で平衡組成は H_2 が 0.300 mol，H_2S が 2.50 mol だった．温度が一定なら，$[S_2]$ は何 mol L^{-1} か．
⑤ 温度を上げると K_c 値は増すか，減るか．

総合問題 24 ワインの醸造では，酸素のない雰囲気でブドウ汁中のグルコース $C_6H_{12}O_6$ を酵母が食べ，エタノール C_2H_5OH と二酸化炭素を出す（アルコール発酵）．750 mL のボトル 1 本はエタノール 135 mL を含む．エタノールの密度は 0.789 g mL^{-1} で，ブドウ 1.5 ポンド（1 ポンド＝453.6 g）は 26 g のグルコースを含む．つぎの問いに答えよ．
① ワインのエタノール濃度は何 %(v/v) か．
② ワインのエタノール濃度は何 M か．
③ アルコール発酵の反応式を書け．
④ ワイン 1 本をつくるには何 g のグルコースが必要か．
⑤ 1 米トン（2000 ポンド）のブドウからつくれるワインは何本か．

総合問題 25 0.420 g の金属 M が 0.520 M の塩酸 34.8 mL と過不足なく反応し，H_2 と MCl_3 が生じた．つぎの問いに答えよ．

① M(s) と HCl(aq) の反応を反応式で書け．
② 生じた H_2 の体積は，24 °C, 720 mmHg で何 mL か．
③ 反応した金属 M は何 mol か．
④ 金属 M のモル質量はいくらか．M は何か．
⑤ 金属の元素記号を使い，HCl(aq) との反応を反応式で書け．
⑥ 金属とその陽イオンの電子配置を書け．

総合問題 26 水酸化コバルト(II)飽和水溶液の pH は 9.36 になる．つぎの問いに答えよ．
① 水酸化コバルト(II)の溶解度積 K_{sp} の表式を書け．

② K_{sp} はいくらか.
③ 水 2.0 L に溶ける水酸化コバルト(II)は何 g か.
④ 0.0100 M の NaOH 水溶液 50.0 mL に溶ける水酸化コバルト(II)は何 g か.

[答]

総合問題 21 ① CH_4, ② 1.2×10^7 kg, ③ 1.7×10^{10} L
④ $CH_4(g) + 2O_2(g) \longrightarrow CO_2(g) + 2H_2O(g)$
⑤ 4.8×10^7 kg, ⑥ 6.6×10^{11} kJ

総合問題 23 ① $K_c = 248$, ② 右に動く, ③ 右に動く, ④ 0.280 M, ⑤ 減る

総合問題 25
① $2M(s) + 6HCl(aq) \longrightarrow 2MCl_3(aq) + 3H_2(g)$
② 233 mL, ③ 6.03×10^{-3} mol
④ 69.7 g mol^{-1}, ガリウム Ga
⑤ $2Ga(s) + 6HCl(aq) \longrightarrow 2GaCl_3(aq) + 3H_2(g)$
⑥ Ga: $1s^2\, 2s^2\, 2p^6\, 3s^2\, 3p^6\, 4s^2\, 3d^{10}\, 4p^1$
   Ga^{3+}: $1s^2\, 2s^2\, 2p^6\, 3s^2\, 3p^6\, 3d^{10}$

15 酸化と還元

目次と学習目標

15・1 酸化還元反応
酸化・還元とは，どのような変化をいうのか．

15・2 酸化数
酸化・還元では，原子の何がどう変わるのか．

15・3 酸化還元の半反応
反応をどう書けば，電子の授受がわかりやすいのか．

15・4 アルコールの酸化
身近なアルコールは，どのように酸化されるのか．

15・5 電気エネルギーを生む反応
おなじみの電池は，どんな仕組みで働くのか．

15・6 電気エネルギーで進む反応
電解とは，どのような現象なのか．

酸化・還元と暮らしの関係は広くて深い．鉄釘のさびも，銀食器の黒ずみも，金属の腐食も酸化反応が生む．かつて"酸化"は文字どおり，単体と酸素との結合を意味した．

鉄の酸化：$4Fe(s) + 3O_2(g) \longrightarrow 2Fe_2O_3(s)$
　　　　　　　　　　　　　　　　　　　　　　鉄さび

車のライトを光らす電気エネルギーは，蓄電池の中で進む酸化還元反応から出る．寒い日に暖炉で木を燃やせば，有機物が酸化されてCO_2とH_2Oになるとき熱が出る．§8・5の"燃焼反応"も酸化還元反応だ．食品のデンプンは，分解（消化）されてグルコース（ブドウ糖）になり，そのグルコースが酸化されるときに出るエネルギーが，私たちの体温を保ち，さまざまな活動を支える．

$C_6H_{12}O_6(aq) + 6O_2(g) \longrightarrow$
　　　$6CO_2(g) + 6H_2O(l) + エネルギー$

逆向きの"還元"はもともと，化合物が酸素を失うことだった．金属の酸化物は，酸素を失って金属になる（元の単体に還る）．鉄も酸化物を炭素で還元してつくる．

酸化鉄(III)の還元：
　$2Fe_2O_3(l) + 3C(s) \longrightarrow 4Fe(l) + 3CO_2(g)$

"酸素の授受"は，"電子の授受"の特別な場合だとわかったため，いま酸化還元反応は，電子のやりとりに注目して扱う．

鉄鉱石を鉄に還元する溶鉱炉

15・1 酸化還元反応

酸化還元反応では物質が電子をやりとりする．電子を失う物質は酸化され，電子をもらう物質は還元されるという．カルシウム Ca と硫黄 S から硫化カルシウム CaS ができる反応も，酸化還元反応の例になる．

$Ca(s) + S(s) \longrightarrow CaS(s)$

CaS の中でカルシウムは，Ca 原子が電子2個を失ったCa^{2+}の姿だから，この反応でカルシウムは酸化された．

Ca の酸化：$Ca \longrightarrow Ca^{2+} + 2e^-$

一方の硫黄は，S 原子が−2価のS^{2-}に還元された．

S の還元：$S + 2e^- \longrightarrow S^{2-}$

以上より，CaS の生成はつぎの反応式に書ける．

$Ca(s) + S(s) \longrightarrow Ca^{2+} + S^{2-} = CaS(s)$

Ca/Ca^{2+}対のうち，電子を出す前の Ca を**還元体**，出したあとのCa^{2+}を**酸化体**という．S/S^{2-}対なら S が酸化体，S^{2-}が還元体になる．

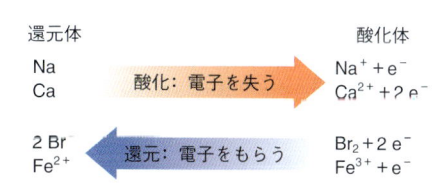

還元体		酸化体
Na	酸化：電子を失う →	$Na^+ + e^-$
Ca		$Ca^{2+} + 2e^-$
2 Br	← 還元：電子をもらう	$Br_2 + 2e^-$
Fe^{2+}		$Fe^{3+} + e^-$

酸化（電子の放出）と還元（電子の受容）

図 15・1 セットで進む酸化（Zn ⟶ Zn²⁺）と還元（Cu²⁺ ⟶ Cu）．
［考えてみよう］この反応で Zn は酸化されるか，還元されるか．

$$Zn(s) + Cu^{2+}(aq) \longrightarrow Zn^{2+}(aq) + Cu(s)$$

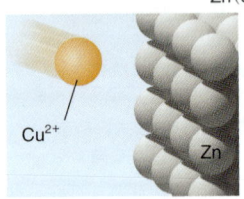

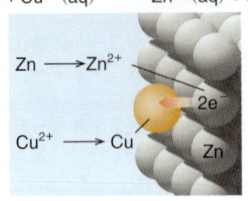

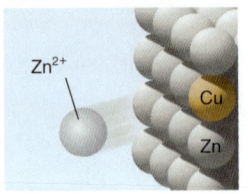

硫酸銅(II)の水溶液に亜鉛板を浸すと，つぎの酸化還元反応が進む（図15・1）．

$$Zn(s) + CuSO_4(aq) \longrightarrow ZnSO_4(aq) + Cu(s)$$

溶けている塩を陽イオンと陰イオンに分解し，反応式を書き直そう．

$$Zn(s) + Cu^{2+}(aq) + SO_4^{2-}(aq) \longrightarrow Zn^{2+}(aq) + SO_4^{2-}(aq) + Cu(s)$$

亜鉛原子 Zn は 2 個の電子を失って Zn^{2+} に酸化され，Cu^{2+} は 2 個の電子をもらって銅原子 Cu に還元された．硫酸イオン SO_4^{2-} は変化していない．

Zn の酸化： $Zn(s) \longrightarrow Zn^{2+}(aq) + 2e^-$
Cu^{2+} の還元： $Cu^{2+}(aq) + 2e^- \longrightarrow Cu(s)$

復習 15・1 電子の授受と酸化還元

つぎの変化は酸化か還元か．
① $Be(s) \longrightarrow Be^{2+}(aq)$
② $Mg^{2+}(aq) \longrightarrow Mg(s)$
③ $2Cl^-(aq) \longrightarrow Cl_2(g)$

［答］① Be 原子が電子を失う酸化
$Be(s) \longrightarrow Be^{2+}(aq) + 2e^-$
② Mg^{2+} が電子を得る還元
$Mg^{2+}(aq) + 2e^- \longrightarrow Mg(s)$
③ Cl^- が電子を失う酸化
$2Cl^-(aq) \longrightarrow Cl_2(g) + 2e^-$

例題 15・1 酸化還元反応

写真フィルムの感光はつぎの反応式に書ける．何が酸化され，何が還元されるか．

$$2AgBr(s) \xrightarrow{光} 2Ag(s) + Br_2(g)$$

［答］AgBr 結晶をつくる Ag^+ と Br^- のうち，Ag^+ が還元される．
還元： $2Ag^+(aq) + 2e^- \longrightarrow 2Ag(s)$
そのとき同時に，Br^- が酸化される．
酸化： $2Br^-(aq) \longrightarrow Br_2(g) + 2e^-$

● 類題 つぎの反応では，何が酸化され，何が還元されるか．
$$2Al(s) + 3Sn^{2+}(aq) \longrightarrow 2Al^{3+}(aq) + 3Sn(s)$$
［答］Al が酸化され，Sn^{2+} が還元される．

練習問題 酸化還元反応

15・1 つぎの変化は酸化か還元か．
① $Na^+(aq) + e^- \longrightarrow Na(s)$
② $Ni(s) \longrightarrow Ni^{2+}(aq) + 2e^-$
③ $Cr^{3+}(aq) + 3e^- \longrightarrow Cr(s)$
④ $2H^+(aq) + 2e^- \longrightarrow H_2(g)$

15・2 つぎの変化は酸化か還元か．
① $O_2(g) + 4e^- \longrightarrow 2O^{2-}(aq)$
② $Al(s) \longrightarrow Al^{3+}(aq) + 3e^-$
③ $Fe^{3+}(aq) + e^- \longrightarrow Fe^{2+}(aq)$
④ $2Br^-(aq) \longrightarrow Br_2(l) + 2e^-$

15・3 つぎの反応では，何が酸化され，何が還元されるか．
① $Zn(s) + Cl_2(g) \longrightarrow ZnCl_2(s)$
② $Cl_2(g) + 2NaBr(aq) \longrightarrow 2NaCl(aq) + Br_2(l)$
③ $2Pb(s) + O_2(g) \longrightarrow 2PbO(s)$
④ $2Fe^{3+}(aq) + Sn^{2+}(aq) \longrightarrow 2Fe^{2+}(aq) + Sn^{4+}(aq)$

15・4 つぎの反応では，何が酸化され，何が還元されるか．
① $2Li(s) + F_2(g) \longrightarrow 2LiF(s)$
② $Cl_2(g) + 2KI(aq) \longrightarrow 2KCl(aq) + I_2(s)$
③ $Zn(s) + Cu^{2+}(aq) \longrightarrow Zn^{2+}(aq) + Cu(s)$
④ $Fe(s) + CuSO_4(aq) \longrightarrow FeSO_4(aq) + Cu(s)$

15・2 酸化数

複雑な反応だと，何が酸化され，何が還元されるかを見分けにくい．しかし原子の**酸化数**というものを考えれば，酸化と還元を見分けやすくなる．酸化数は，原子が実際にもつ電荷ではないけれど，電子のやりとりをつかむのに役立つ．

酸化数を決める規則

原子の酸化数は，表15・1の規則に従って決める．

表15・1の規則から原子の酸化数が決まる．具体例をいくつか表15・2に示す．

表15・1 酸化数の決めかた

1. 電気的に中性の分子で，原子の酸化数の総和は0．多原子イオンの場合，原子の酸化数の総和は，イオンの価数に等しい．
2. 単体の原子の酸化数は0．
3. 単原子イオンの原子の酸化数は，イオンの価数に等しい．
4. 化合物をつくる1族（1A族）元素の酸化数は+1，2族（2A族）元素の酸化数は+2．
5. 化合物をつくるフッ素Fの酸化数は−1．ほかのハロゲン元素なら，OやFと結合していない原子の酸化数は−1．
6. 化合物をつくる酸素Oの酸化数は−2（例外：H_2O_2のOは−1，OF_2のOは+2）．
7. 水素の酸化数は，非金属と結合したHが+1，金属と結合したHが−1．

表15・2 酸化数の決定例

物質	各原子の酸化数	規則（表15・1）の番号
Br_2	Br_2 0	2
Ba^{2+}	Ba^{2+} +2	3
CO_2	CO_2 +4 −2	1, 4
Al_2O_3	Al_2O_3 +3 −2	1, 4
$HClO_3$	$HClO_3$ +1 +5 −2	1, 4, 7
SO_4^{2-}	SO_4^{2-} +6 −2	1, 4
CH_2O	CH_2O 0 +1 −2	1, 6, 7

例題 15・2　酸化数の決定

つぎの物質中で，原子それぞれの酸化数はいくつか．
① NCl_3　② CO_3^{2-}　③ SF_6

[答] ① Clの酸化数は−1（規則5）．分子全体で酸化数の総和は0（規則1）．Nの酸化数をxとすれば，$x+3×(-1)=0$より$x=+3$．以上からN=+3，Cl=−1となる．

② Oの酸化数は−2（規則6）．イオン全体で酸化数の総和は−2（規則1）．Cの酸化数をxとすれば，$x+3×(-2)=-2$より$x=+4$．以上からC=+4，O=−2となる．

③ Fの酸化数は−1（規則5）．分子全体で酸化数の総和は0（規則1）．Sの酸化数をxとすれば，$x+6×(-1)=0$より$x=+6$．以上からS=+6，F=−1となる．

● **類題** つぎの物質中で，各原子の酸化数はいくつか．
① H_3PO_4　② MnO_4^-

[答] ① H=+1, O=−2, P=+5, ② Mn=+7, O=−2

酸化還元反応と酸化数

原子の酸化数から，酸化・還元される物質がわかる．酸化数は，酸化されると増し（正側に動き），還元されると減る（負側に動く）．

還元：酸化数が減る

−7 −6 −5 −4 −3 −2 −1   0   +1 +2 +3 +4 +5 +6 +7

酸化：酸化数が増す

復習 15・2　酸化数

つぎの反応について，下の問いに答えよ．
$$CO_2(g) + H_2(g) \longrightarrow CO(g) + H_2O(g)$$
① 各原子の酸化数はいくつか．
② 何が酸化され，何が還元されるか．

[答] ① Hの酸化数は，H_2で0，H_2Oで+1．Oの酸化数は，CO_2・CO・H_2Oのどれも−2だから，Cの酸化数を未知数としてこう書く．

$$CO_2(g) + H_2(g) \longrightarrow CO(g) + H_2O(g)$$
? −2　　0　　　　　? −2　　+1 −2　　酸化数

中性の化合物は酸化数の総和が0だから，Cの酸化数はつぎのように決まる．

$$CO_2(g) + H_2(g) \longrightarrow CO(g) + H_2O(g)$$
+4 −2　　0　　　　+2 −2　　+1 −2　　酸化数

② $H_2 \rightarrow H_2O$でHの酸化数が増すため，酸化されるのはH_2．$CO_2 \rightarrow CO$でCの酸化数が減るため，還元されるのはCO_2．

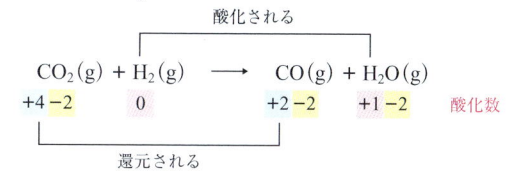

酸化される
$$CO_2(g) + H_2(g) \longrightarrow CO(g) + H_2O(g)$$
+4 −2　　0　　　　+2 −2　　+1 −2　　酸化数
還元される

酸化剤と還元剤

酸化と還元はセットで進む．酸化される物質が出した電子を，還元される物質が受取る．つぎの反応では，還元体のZnが電子2個を出して酸化体Zn^{2+}になり，その電子がCl_2を2個のCl^-に還元する．

$$Zn(s) + Cl_2(g) \longrightarrow ZnCl_2(s)$$

電子を出す物質を**還元剤**，受取る物質を**酸化剤**という．上の反応ではZnが還元剤，Cl_2が酸化剤だ．反応が進むと還元剤は酸化され，酸化剤は還元される．

還元剤Znの酸化：$Zn \longrightarrow Zn^{2+} + 2e^-$

酸化剤Cl_2の還元：$Cl_2 + 2e^- \longrightarrow 2Cl^-$

酸化還元反応にからむ表現を以下にまとめた.

酸化・還元のまとめ

A ← 電子の移動 → B

A:
電子を出す
酸化される
還元剤
酸化数が増す

B:
電子を受取る
還元される
酸化剤
酸化数が減る

例題 15·3　酸化剤と還元剤

つぎの反応では何が酸化され，何が還元されるか．また，酸化剤と還元剤はどれか．

$$PbO(s) + CO(g) \longrightarrow Pb(s) + CO_2(g)$$

[答] 酸素 O の酸化数は -2 だから，鉛 Pb の酸化数は PbO で $+2$，単体の Pb で 0．炭素 C の酸化数は，CO で $+2$，CO_2 で $+4$ になる．つまり CO が酸化され，PbO が還元される．

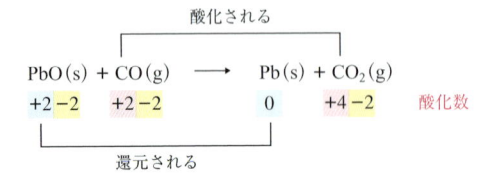

$$\underset{+2\ -2}{PbO(s)} + \underset{+2\ -2}{CO(g)} \longrightarrow \underset{0}{Pb(s)} + \underset{+4\ -2}{CO_2(g)}$$

酸化される（上）／還元される（下）　酸化数

また，酸化剤（電子を受取る物質）は PbO，還元剤（電子を出す物質）は CO．

かつて顔料に使ったが現在は使用禁止の有毒な酸化鉛(II)

● 類題　つぎの反応では何が酸化され，何が還元されるか．酸化剤と還元剤はどれか．
$$Zn(s) + CuCl_2(aq) \longrightarrow ZnCl_2(aq) + Cu(s)$$
[答] Zn（還元剤）が酸化され，Cu^{2+}（酸化剤）が還元される．

酸化数と酸化還元反応式

酸化と還元はいつも同時に進むから，還元剤が出す電子の数と，酸化剤が受取る電子の数は等しい．そこに注目すれば，係数の正しい酸化還元反応式が書ける．

まず，反応物と生成物の全原子に，酸化数をあてはめる．授受される電子の数が等しくなるよう係数をつけると，正しい反応式になる．

例題 15·4　酸化数と反応式

酸化数に注目し，つぎの反応式の係数を決めよ．
$$FeO(s) + C(s) \longrightarrow Fe(s) + CO_2(g)$$

[答] 全原子の酸化数はこうなる.
$$\underset{+2\ -2}{FeO(s)} + \underset{0}{C(s)} \longrightarrow \underset{0}{Fe(s)} + \underset{+4\ -2}{CO_2(g)}$$

Fe $(+2 \to 0)$ と C $(0 \to +4)$ が酸化数を変えている．Fe は還元され，C は酸化された．Fe の化合物と単体の係数を 2 にすれば，授受される電子の数（4個）が合う．つまり係数はつぎのように決まる．
$$2FeO(s) + C(s) \longrightarrow 2Fe(s) + CO_2(g)$$

● 類題　酸化数に注目し，つぎの反応式の係数を決めよ．
$$Li(s) + AlCl_3(s) \longrightarrow LiCl(aq) + Al(s)$$
[答] $3\underset{0}{Li(s)} + \underset{+3\ -1}{AlCl_3(s)} \longrightarrow 3\underset{+1\ -1}{LiCl(s)} + \underset{0}{Al(s)}$

例題 15·5　酸化数と反応式

酸化数に注目し，つぎの反応式の係数を決めよ．
$$Sn(s) + HNO_3(aq) \longrightarrow SnO_2(s) + NO_2(g) + H_2O(g)$$

[答] 全原子の酸化数はこうなる．
$$\underset{0}{Sn(s)} + \underset{+1\ +5\ -2}{HNO_3(aq)} \longrightarrow \underset{+4\ -2}{SnO_2(s)} + \underset{+4\ -2}{NO_2} + \underset{+1\ -2}{H_2O(g)}$$

Sn $(0 \to +4)$ と N $(+5 \to +4)$ が酸化数を変えている．Sn は酸化され，N は還元された．N の化合物（2種）の係数を 4 にすれば，授受される電子の数（4個）が合う．つまり係数はつぎのように決まる．
$$Sn(s) + 4HNO_3(aq) \longrightarrow SnO_2(s) + 4NO_2(g) + 2H_2O(g)$$

● 類題　酸化数に注目し，つぎの反応式の係数を決めよ．
$$Fe_2O_3(s) + C(s) \longrightarrow Fe(s) + CO_2(g)$$
[答] $2\underset{+3\ -2}{Fe_2O_3(s)} + 3\underset{0}{C(s)} \longrightarrow 4\underset{0}{Fe(s)} + 3\underset{+4\ -2}{CO_2(g)}$

練習問題　酸化数

15·5 つぎの物質で，原子の酸化数はいくつか．
① Cu　② F_2　③ Fe^{2+}　④ Cl^-

15·6 つぎの物質で，原子の酸化数はいくつか．
① Al　② Al^{3+}　③ F^-　④ N_2

15·7 つぎの物質について，全原子の酸化数を決めよ．
① KCl　② MnO_2　③ CO　④ Mn_2O_3

15·8 つぎの物質について，全原子の酸化数を決めよ．
① H_2S　② NO_2　③ CCl_4　④ PCl_3

15·9 つぎの物質について，全原子の酸化数を決めよ．
① $AlPO_4$　② SO_3^{2-}　③ Cr_2O_3　④ NO_3^-

15·10 つぎの物質について，全原子の酸化数を決めよ．
① $C_2H_3O_2^-$　② $AlCl_3$　③ NH_4^+　④ $HBrO_4$

15·11 つぎの物質について，全原子の酸化数を決めよ．
① HSO_4^-　② H_3PO_3　③ $Cr_2O_7^{2-}$　④ Na_2CO_3

15·12 つぎの物質について，全原子の酸化数を決めよ．
① N_2O　② LiOH　③ SbO_2^-　④ IO_4^-

15・13 つぎの物質中，下線をつけた原子の酸化数はいくつか．
① H$\underline{N}$O$_3$　② $\underline{C}_3$H$_6$　③ K$_3$$\underline{P}O_4$　④ $\underline{Cr}$O$_4^{2-}$

15・14 つぎの物質中，下線をつけた原子の酸化数はいくつか．
① Zn$\underline{C}$O$_3$　② $\underline{Fe}$(NO$_3$)$_2$　③ $\underline{Cl}$F$_4^-$　④ $\underline{S}_2$O$_3^{2-}$

15・15 つぎの物質は酸化剤か，還元剤か．
① 酸化される物質　② 電子をもらう物質

15・16 つぎの物質は酸化剤か，還元剤か．
① 還元される物質　② 電子を出す物質

15・17 問 15・3 の各反応で，酸化剤と還元剤はどれか．

15・18 問 15・4 の各反応で，酸化剤と還元剤はどれか．

15・19 つぎの各反応で，酸化される物質，還元される物質，酸化剤，還元剤はどれか．
① $2\,\text{NiS(s)} + 3\,\text{O}_2(\text{g}) \longrightarrow 2\,\text{NiO(s)} + 2\,\text{SO}_2(\text{g})$
② $\text{Sn}^{2+}(\text{aq}) + 2\,\text{Fe}^{3+}(\text{aq}) \longrightarrow \text{Sn}^{4+}(\text{aq}) + 2\,\text{Fe}^{2+}(\text{aq})$
③ $\text{CH}_4(\text{g}) + 2\,\text{O}_2(\text{g}) \longrightarrow \text{CO}_2(\text{g}) + 2\,\text{H}_2\text{O}(\text{g})$
④ $2\,\text{Cr}_2\text{O}_3(\text{s}) + 3\,\text{Si} \longrightarrow 4\,\text{Cr}(\text{s}) + 3\,\text{SiO}_2(\text{s})$

15・20 つぎの各反応で，酸化される物質，還元される物質，酸化剤，還元剤はどれか．
① $2\,\text{HgO(s)} \longrightarrow 2\,\text{Hg(l)} + \text{O}_2(\text{g})$
② $\text{Zn(s)} + 2\,\text{HCl(aq)} \longrightarrow \text{ZnCl}_2(\text{aq}) + \text{H}_2(\text{g})$
③ $2\,\text{Na(s)} + 2\,\text{H}_2\text{O(l)} \longrightarrow 2\,\text{Na}^+(\text{aq}) + 2\,\text{OH}^-(\text{aq}) + \text{H}_2(\text{g})$
④ $6\,\text{Fe}^{2+}(\text{aq}) + \text{Cr}_2\text{O}_7^{2-}(\text{aq}) + 14\,\text{H}^+(\text{aq}) \longrightarrow 6\,\text{Fe}^{3+}(\text{aq}) + 2\,\text{Cr}^{3+}(\text{aq}) + 7\,\text{H}_2\text{O(l)}$

15・21 酸化数に注目し，つぎの反応式に正しい係数をつけよ．
① $\text{Cu}_2\text{S(s)} + \text{H}_2(\text{g}) \longrightarrow \text{Cu(s)} + \text{H}_2\text{S(g)}$
② $\text{Fe(s)} + \text{Cl}_2(\text{g}) \longrightarrow \text{FeCl}_3(\text{s})$
③ $\text{Al(s)} + \text{H}_2\text{SO}_4(\text{aq}) \longrightarrow \text{Al}_2(\text{SO}_4)_3(\text{aq}) + \text{H}_2(\text{g})$

15・22 酸化数に注目し，つぎの反応式に正しい係数をつけよ．
① $\text{KClO}_3(\text{aq}) + \text{HBr(aq)} \longrightarrow \text{Br}_2(\text{l}) + \text{KCl(aq)} + \text{H}_2\text{O(l)}$
② $\text{Cu(s)} + \text{HNO}_3(\text{aq}) \longrightarrow \text{Cu(NO}_3)_2(\text{aq}) + \text{NO}_2(\text{g}) + \text{H}_2\text{O(l)}$
③ $\text{C}_2\text{H}_6(\text{g}) + \text{O}_2(\text{g}) \longrightarrow \text{CO}_2(\text{g}) + \text{H}_2\text{O(g)}$

15・3 酸化還元の半反応

酸化還元反応は，両辺で原子数と電荷がつり合った二つの **半反応**（電子を出す反応と，受取る反応）に分解できる．電子数をそろえて二つを足せば，酸化還元反応式になる．まずは簡単な金属／金属イオンの系を，つぎの例題で眺めよう．

例題 15・6 半反応と全反応

半反応に注目して係数を決め，つぎの酸化還元反応式を完成せよ．
$$\text{Al(s)} + \text{Cu}^{2+}(\text{aq}) \longrightarrow \text{Cu(s)} + \text{Al}^{3+}(\text{aq})$$

[答] Al 原子 1 個が電子 3 個を出す Al $\longrightarrow$ Al^{3+} が酸化，Cu^{2+} 1 個が電子 2 個を受取る Cu^{2+} $\longrightarrow$ Cu が還元だから，半反応二つはこう書ける．
酸化：$\text{Al} \longrightarrow \text{Al}^{3+} + 3\,\text{e}^-$
還元：$\text{Cu}^{2+} + 2\,\text{e}^- \longrightarrow \text{Cu}$
電子の数を 6（2 と 3 の最小公倍数）にすれば，2 Al が出す電子 6 個を，3 Cu^{2+} が受取る．つまり反応式はつぎのようになる．
$$2\,\text{Al(s)} + 3\,\text{Cu}^{2+}(\text{aq}) \longrightarrow 2\,\text{Al}^{3+}(\text{aq}) + 3\,\text{Cu(s)}$$

● **類題** 半反応に注目して係数を正しく決め，つぎの酸化還元反応式を完成せよ．
$$\text{Zn(s)} + \text{Fe}^{3+}(\text{aq}) \longrightarrow \text{Zn}^{2+}(\text{aq}) + \text{Fe}^{2+}(\text{aq})$$
[答] $\text{Zn(s)} + 2\,\text{Fe}^{3+}(\text{aq}) \longrightarrow \text{Zn}^{2+}(\text{aq}) + 2\,\text{Fe}^{2+}(\text{aq})$

酸性水溶液中の酸化還元反応式

反応式の両辺では，原子も電荷も数が等しい．酸性水溶液中なら，O 原子の数は H$_2$O を足し，H 原子の数は H$^+$ を足して合わせる（そのとき自動的に電荷数もつり合う）．

例題 15・7 酸性水溶液中の酸化還元

酸性水溶液中で進むつぎの酸化還元反応の反応式を，半反応に注目して完成せよ．
$$\text{I}^-(\text{aq}) + \text{Cr}_2\text{O}_7^{2-}(\text{aq}) \longrightarrow \text{I}_2(\text{s}) + \text{Cr}^{3+}(\text{aq})$$

Cr$_2$O$_7^{2-}$ 水溶液（黄）と I$^-$ 水溶液（無色）からできる Cr^{3+} + I$_2$ 水溶液（赤褐色）

[答] **手順 1**：まず，原子数も電荷数も気にせず，酸化と還元の半反応を書く．
酸化：$\text{I}^-(\text{aq}) \longrightarrow \text{I}_2(\text{s})$
還元：$\text{Cr}_2\text{O}_7^{2-}(\text{aq}) \longrightarrow \text{Cr}^{3+}(\text{aq})$
酸化数を変える原子（I と Cr）の数だけは合う半反応にする．
$2\,\text{I}^-(\text{aq}) \longrightarrow \text{I}_2(\text{s})$
$\text{Cr}_2\text{O}_7^{2-}(\text{aq}) \longrightarrow 2\,\text{Cr}^{3+}(\text{aq})$

手順 2：左辺か右辺に，必要な数だけ電子を足す．I$^-$/I$_2$ 系なら，右辺に 2 e$^-$ を足せばよい．Cr$_2$O$_7^{2-}$/Cr^{3+} 系は，酸化数が "+6 $\longrightarrow$ +3" と減る Cr 原子が 2 個あり，総電荷は "+12 $\longrightarrow$ +6" と 6 だけ減るため，左辺に電子 6 個を足す．
$2\,\text{I}^-(\text{aq}) \longrightarrow \text{I}_2(\text{s}) + 2\,\text{e}^-$ （I$^-$/I$_2$ 系はこれで完成）
$\text{Cr}_2\text{O}_7^{2-}(\text{aq}) + 6\,\text{e}^- \longrightarrow 2\,\text{Cr}^{3+}(\text{aq})$

手順3: $Cr_2O_7^{2-}/Cr^{3+}$ 系は，O原子が左辺に7個あるので，右辺に $7H_2O$ を足す．
$$Cr_2O_7^{2-}(aq) + 6e^- \longrightarrow 2Cr^{3+}(aq) + 7H_2O(l)$$
手順4: すると14個のH原子が右辺に加わるため，左辺に $14H^+$ を足す．
$$Cr_2O_7^{2-}(aq) + 14H^+(aq) + 6e^- \longrightarrow 2Cr^{3+}(aq) + 7H_2O(l)$$
そのとき電荷も，左辺が $-2+14-6=+6$，右辺が $2\times(+3)=+6$ となってつり合う．

手順5: I^-/I_2 系は2電子の授受，$Cr_2O_7^{2-}/Cr^{3+}$ 系は6電子の授受だから，I^-/I_2 系を3倍した半反応 "$6I^-(aq) \longrightarrow 3I_2(s) + 6e^-$" と，$Cr_2O_7^{2-}/Cr^{3+}$ 系の半反応とを足し合わせ，全体の反応式はつぎのようになる．
$$Cr_2O_7^{2-}(aq) + 6I^-(aq) + 14H^+(aq) \longrightarrow 2Cr^{3+}(aq) + 3I_2(s) + 7H_2O(l)$$

● 類題 酸性水溶液中で進むつぎの反応の反応式を，半反応に注目して完成せよ．
$$Cu^{2+}(aq) + SO_2(g) \longrightarrow Cu(s) + SO_4^{2-}$$
[答] $Cu^{2+}(aq) + SO_2(g) + 2H_2O(l) \longrightarrow Cu(s) + SO_4^{2-}(aq) + 4H^+(aq)$

塩基性水溶液中の酸化還元反応式

H^+ がほとんどない塩基性水溶液中の反応では，H^+ を足して H 原子数を合わせてから，両辺に OH^- を加え，"$H^+ + OH^- \longrightarrow H_2O$" と中和した形にする．

例題 15・8 塩基性水溶液中の酸化還元

塩基性水溶液中で進むつぎの酸化還元反応の反応式を，半反応に注目して完成せよ．
$$Fe^{2+}(aq) + MnO_4^-(aq) \longrightarrow MnO_2(s) + Fe^{3+}(aq)$$

[答] 手順1: 酸化数を変える原子（Fe と Mn）の数は，両辺で等しい．授受する電子は，Fe^{2+}/Fe^{3+} 系が1個，MnO_4^-/MnO_2 系が "$+7 \longrightarrow +4$" の3個だから，半反応はこう書ける．
酸化: $Fe^{2+}(aq) \longrightarrow Fe^{3+}(aq) + e^-$
還元: $MnO_4^-(aq) + 3e^- \longrightarrow MnO_2(s)$

手順2: MnO_4^-/MnO_2 系では，右辺に $2H_2O$ を足して O 原子の数を合わせ，$2H_2O$ の H 原子4個を "$4H^+$" として左辺に足せば，つぎのようになる．
$$MnO_4^-(aq) + 4H^+(aq) + 3e^- \longrightarrow MnO_2(s) + 2H_2O(l)$$

手順3: これで原子数も電荷もつり合うが，塩基性水溶液だから，両辺に $4OH^-$ を足す．左辺で $4H^+ + 4OH^- \longrightarrow 4H_2O$ が進むと考え，上式をこう書き直す．
$$MnO_4^-(aq) + 4H_2O(l) + 3e^- \longrightarrow MnO_2(s) + 2H_2O(l) + 4OH^-(aq)$$
両辺から $2H_2O$ を消すと，MnO_4^-/MnO_2 の半反応が完成する．
$$MnO_4^-(aq) + 2H_2O(l) + 3e^- \longrightarrow MnO_2(s) + 4OH^-(aq)$$

手順4: Fe^{2+}/Fe^{3+} 系は1電子を授受し，MnO_4^-/MnO_2 系は3電子を授受するから，Fe^{2+}/Fe^{3+} 系を3倍した "$3Fe^{2+} \longrightarrow 3Fe^{3+} + 3e^-$" を MnO_4^-/MnO_2 系の半反応に足し，全体の酸化還元反応式が完成する．
$$3Fe^{2+}(aq) + MnO_4^-(aq) + 2H_2O(l) \longrightarrow 3Fe^{3+}(aq) + MnO_2(s) + 4OH^-(aq)$$

● 類題 塩基性水溶液中で進むつぎの反応の反応式を，半反応に注目して完成せよ．
$$N_2O(g) + ClO^-(aq) \longrightarrow NO_2^-(aq) + Cl^-(aq)$$
[答] $N_2O(g) + 2ClO^-(aq) + 2OH^-(aq) \longrightarrow 2Cl^-(aq) + 2NO_2^-(aq) + H_2O(l)$

練習問題　酸化還元の半反応

15・23 酸性水溶液中で進むつぎの半反応を完成せよ．
① $Sn^{2+}(aq) \longrightarrow Sn^{4+}(aq)$
② $Mn^{2+}(aq) \longrightarrow MnO_4^-(aq)$
③ $NO_2^-(aq) \longrightarrow NO_3^-(aq)$
④ $ClO_3^-(aq) \longrightarrow ClO_2(aq)$

15・24 酸性水溶液中で進むつぎの半反応を完成せよ．
① $Cu(s) \longrightarrow Cu^{2+}(aq)$
② $SO_4^{2-}(aq) \longrightarrow SO_3^{2-}(aq)$
③ $BrO_3^-(aq) \longrightarrow Br^-(aq)$
④ $IO_3^-(aq) \longrightarrow I_2(s)$

15・25 酸性水溶液中（②だけは塩基性水溶液中）で進むつぎの酸化還元反応を完成せよ．
① $Ag(s) + NO_3^-(aq) \longrightarrow Ag^+(aq) + NO_2(g)$
② $Fe(s) + CrO_4^{2-}(aq) \longrightarrow Fe_2O_3(s) + Cr_2O_3(s)$
③ $NO_3^-(aq) + S(s) \longrightarrow NO(g) + SO_2(g)$
④ $S_2O_3^{2-}(aq) + Cu^{2+}(aq) \longrightarrow S_4O_6^{2-}(aq) + Cu(s)$
⑤ $PbO_2(s) + Mn^{2+}(aq) \longrightarrow Pb^{2+}(aq) + MnO_4^-(aq)$

15・26 酸性水溶液中（②だけは塩基性水溶液中）で進むつぎの酸化還元反応を完成せよ．
① $Sn^{2+}(aq) + IO_4^-(aq) \longrightarrow Sn^{4+}(aq) + I^-(aq)$
② $Al(s) + ClO^-(aq) \longrightarrow AlO_2^-(aq) + Cl^-(aq)$
③ $Mn(s) + NO_3^-(aq) \longrightarrow Mn^{2+}(aq) + NO_2(g)$
④ $C_2O_4^{2-}(aq) + MnO_4^-(aq) \longrightarrow CO_2(g) + Mn^{2+}(aq)$
⑤ $ClO_3^-(aq) + SO_3^{2-}(aq) \longrightarrow Cl^-(aq) + SO_4^{2-}(aq)$

15・4 アルコールの酸化

物質が電子を失うのが酸化，電子をもらうのが還元だった．有機化合物では，O 原子を得る（または H 原子を失う）のを酸化，O 原子を失う（または H 原子を得る）のを還元とみればわかりやすい．C-O 結合の数は酸化で増え，還元で減る．

$$CH_3-CH_3 \underset{還元}{\overset{酸化}{\rightleftarrows}} CH_3-CH_2\text{OH} \underset{還元}{\overset{酸化}{\rightleftarrows}} CH_3-\overset{\text{O}}{\underset{\|}{C}}-H$$

アルカン　　アルコール（第一級）　　アルデヒド

（OH に C-O結合1本，C=O に C-O結合2本）

アルコールの分類

アルコールは，C−OH 部分の C に，何個の C 原子が結合しているかで分類する．1 個なら**第一級アルコール**，2 個なら**第二級アルコール**，3 個なら**第三級アルコール**とよぶ．なお通常，メタノール CH_3OH も（例外的に）第一級アルコールとみなす．

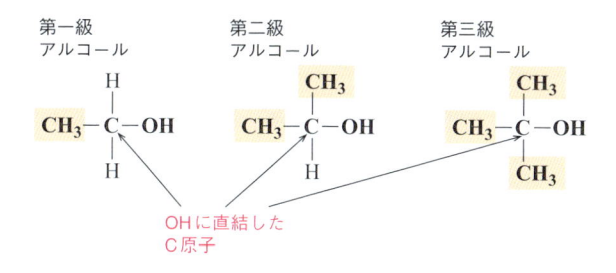

第一級アルコール / 第二級アルコール / 第三級アルコール

OH に直結した C 原子

第一級・第二級アルコールの酸化

アルコール，アルデヒド，ケトンなど，官能基のことを §8・4 で学んだ．第一級アルコールは，酸化されてアルデヒドになる．そのとき，OH 基の H 原子と，C−OH の C に結合した H 原子が外れる．$KMnO_4$ や $K_2Cr_2O_7$ といった酸化剤を記号 [O] で表し，右向き矢印の上に [O] を添えることが多い*1．副産物の水 H_2O は，アルコールの H 原子 2 個と，酸化剤の O 原子からできるとみなす．

メタノール → メタナール（ホルムアルデヒド）+ H_2O

エタノール → エタナール（アセトアルデヒド）+ H_2O

第二級アルコールの酸化では，第一級アルコールと同じ H 原子 2 個が外れる結果，ケトンができる．

2-プロパノール → プロパノン（アセトン）+ H_2O

第三級アルコールは，C−OH の C 上に H 原子がないため，酸化されにくい．

二重結合がつくれない／このC上にH原子がない → 酸化されにくい

第三級アルコール

復習 15・3　アルコールの分類

つぎのアルコールは，第一級・第二級・第三級のどれか．

① $CH_3-CH_2-CH_2-OH$

② $CH_3-CH_2-\underset{CH_3}{\overset{OH}{\underset{|}{\overset{|}{C}}}}-CH_3$

③ $CH_3-\overset{OH}{\underset{|}{CH}}-CH_3$

[答] ① C−OH の C に結合した C 原子が 1 個だから，第一級アルコール．
② C−OH の C に結合した C 原子が 3 個だから，第三級アルコール．
③ C−OH の C に結合した C 原子が 2 個だから，第二級アルコール．

メタノールの毒性　　　　　　健康と化学

車のガラス洗浄液やペンキ除去剤に入れるメタノール CH_3OH は，毒性がたいへん強い．メタノールは小腸の壁から吸収されたあと肝臓に行き，ホルムアルデヒドを経てギ酸に酸化される．そのギ酸が吐き気や腹痛，視力障害を起こす．ホルムアルデヒドやギ酸が網膜に作用し，視覚分子レチナールを壊せば失明だ．排泄されにくいギ酸は血液の pH を下げて体調を狂わせる．メタノールわずか 4 mL で失明，30 mL で昏睡〜死亡に至った例もある．

解毒には，炭酸水素ナトリウム（重曹）の投与でギ酸を中和する．同じアルコールのエタノールを皮下注射してもよい．その場合，肝臓の酵素がメタノールではなくエタノールをとらえて酸化するため，ホルムアルデヒドやギ酸への酸化を逃れたメタノールが，呼気に混じって肺から出る．

---

*1 訳注: 電子 e^- を使う半反応は，"$CH_3OH \longrightarrow HCHO + 2H^+ + 2e^-$" と書ける．

例題 15・9　アルコールの酸化

つぎのアルコールの酸化生成物を構造式で描け．

① CH₃-CH₂-CH(OH)-CH₃　　② CH₃-CH₂-CH₂-OH

[答]　① 第二級アルコールだからケトンができる．

CH₃-CH₂-CO-CH₃

② 第一級アルコールだからアルデヒドができる．

CH₃-CH₂-CHO

● 類題　つぎのアルコールの酸化生成物を構造式で描け．

CH₃-CH(CH₃)-CH(CH₃)-CH₂-CH₂-OH

[答]　CH₃-CH(CH₃)-CH(CH₃)-CH₂-CHO

練習問題　アルコールの酸化

15・27　つぎのアルコールを第一級・第二級・第三級に分類せよ．

① CH₃-CH(CH₃)-CH₂-CH₂-OH
② CH₃-CH₂-CH₂-CH₂-OH
③ CH₃-C(OH)(CH₃)-CH₂-CH₃

15・28　つぎのアルコールを第一級・第二級・第三級に分類せよ．

① CH₃-CH(CH₃)-CH₂-OH
② CH₃-CH₂-CH(OH)-CH₂-CH₃

体内で進むエタノールの酸化

健康と化学

エタノール（通称アルコール）は，最も乱用されるドラッグだ．本来は抑制剤だけれど，少量の摂取は高揚感を生む．肝臓ではアルコールデヒドロゲナーゼという酵素がエタノールをアセトアルデヒドに酸化し，そのアセトアルデヒドが心身をともに傷める．

$$CH_3-CH_2-OH \xrightarrow{[O]} CH_3-CHO \xrightarrow{[O]} 2\,CO_2 + H_2O$$
エタノール　　　　　　アセトアルデヒド

血中エタノール濃度が 0.4% を超せば，昏睡や死に至る確率が高い．血中濃度と症状の関係を表 15・3 にまとめた．アセトアルデヒドは，アルデヒドデヒドロゲナーゼという酵素で酢酸に酸化されたあと，"クエン酸回路"で CO_2 と H_2O に完全酸化される．中間体のアセトアルデヒドが体内にたまると，ひどい頭痛や悪酔い，二日酔いの症状が出る．

体重 70 kg の人なら，ビール 350 mL 分のエタノールを肝臓が始末するのに 1 時間以上かかる．処理時間は酒に強い人と弱い人でずいぶん違う．弱い人は，1 時間に血液 100 mL 当たり 12～15 mg のエタノールしか処理できないが，強い人なら 30 mg も処理できる．アルコール依存症の人は，肝脂肪の増加（"脂肪肝"），胃炎，膵炎，ケト酸血症，アルコール性肝炎，神経障害などになりやすい．

血中エタノールの一部は呼気に出るので，呼気を調べると血中濃度の見当がつく．アルコール検知では，オレンジ色の二クロム酸イオン $Cr_2O_7^{2-}$ 水溶液に息を吹き込む．$Cr_2O_7^{2-}$ が還元されて生じる Cr^{3+} 水溶液（緑色）の濃さから，血中濃度をはじき出す．

$$CH_3-CH_2-OH + Cr_2O_7^{2-} \xrightarrow{[O]} CH_3-COOH + Cr^{3+}$$
エタノール　　オレンジ色　　　　　酢酸　　　緑色

呼気を燃料電池に通じて電流値を測るアルコールセンサーや，エタノール自体の赤外線吸収を測るセンサーもある．

アルコール依存症の治療薬"アンタビュース（別名ジスルフィラム）"は，"アセトアルデヒド→酢酸"の酸化酵素を阻害する．その結果，アセトアルデヒドがたまって吐き気や発汗，頭痛，めまい，嘔吐，呼吸障害などが起きるため，患者は酒を避けたがる．

表 15・3　アルコールの摂取量，血中濃度，症状
（体重 70 kg の成人）

単 位[†]	血中濃度 (%)	症　状
1	0.025	ほろ酔い，発語が増加
2	0.05	気分が高揚，大声や笑いが増加
4	0.10	抑制の消失，言語不明瞭，めまい，"酔っ払い"状態
8	0.20	深酔い状態，感情の異常な高ぶり
12	0.30	意識喪失
16～20	0.40～0.50	昏睡～死亡

† 1 単位はビール 350 mL かワイン 150 mL．

③ $CH_3-CH_2-CH_2-\underset{\underset{CH_3}{|}}{\overset{\overset{CH_3}{|}}{C}}-OH$

15・29 つぎのアルコールの酸化生成物を構造式で描け（酸化されないものもある）．
① $CH_3-CH_2-CH_2-CH_2-CH_2-OH$
② $CH_3-\underset{\underset{CH_3}{|}}{\overset{\overset{OH}{|}}{C}}-CH_2-CH_3$
③ $CH_3-\overset{\overset{OH}{|}}{CH}-CH_2-\overset{\overset{CH_3}{|}}{CH}-CH_3$

15・30 つぎのアルコールの酸化生成物を構造式で描け（酸化されないものもある）．
① $CH_3-\overset{\overset{CH_3}{|}}{CH}-CH_2-CH_2-OH$
② $CH_3-CH_2-\underset{\underset{CH_3}{|}}{\overset{\overset{OH}{|}}{C}}-CH_3$
③ $CH_3-CH_2-\overset{\overset{OH}{|}}{CH}-CH_2-CH_3$

15・5 電気エネルギーを生む反応

酸化還元反応は，電子を授受しながら自発的に進む．半反応それぞれを別の場所で進めたら，どうなるだろう．まず還元剤が電極に電子を渡す．その電子が，導線（外部回路）を通って他方の電極に行き，表面で酸化剤に移る．その仕組みを**電池**という．

電　池

Cu^{2+}を含む水溶液に亜鉛板を浸すと，銀灰色だった表面が赤茶色を帯び，水溶液の青色が薄くなっていく．Znの出す電子がCu^{2+}を還元するのでそうなる．

$Zn(s) \longrightarrow Zn^{2+}(aq) + 2e^-$　　酸化
$Cu^{2+}(aq) + 2e^- \longrightarrow Cu(s)$　　還元

全体の反応はこう書ける．

$Zn(s) + Cu^{2+}(aq) \longrightarrow Cu(s) + Zn^{2+}(aq)$

ZnとCu^{2+}が接していれば，電子がZnからCu^{2+}に移るだけだ．しかし半反応それぞれは，別々の容器（半電池）内でも起こせる．一方の半電池から，導線を通って他方の半電池に電子が流れ，電流が生じる．どちらの半電池でも，電極は水溶液と接している．酸化反応が進む電極を**アノード**，還元反応が進む電極を**カソード**という[*2]．

この例だと，Zn^{2+}（$ZnSO_4$）水溶液に浸した亜鉛板がアノード，Cu^{2+}（$CuSO_4$）水溶液に浸した銅板がカソードになる．両者をつなぐ導線には，"アノード→カソード"向きの電子が流れる（図15・2）[*3]．

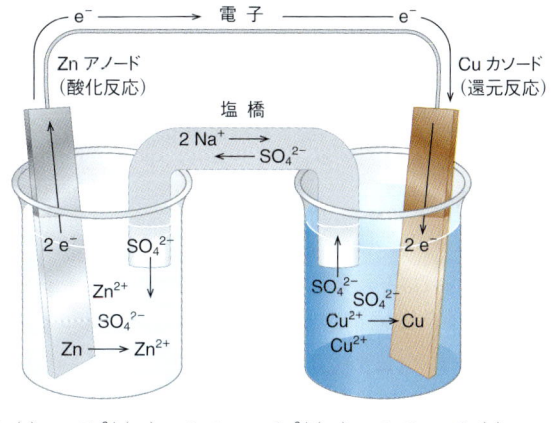

$Zn(s) \longrightarrow Zn^{2+}(aq) + 2e^-$　　$Cu^{2+}(aq) + 2e^- \longrightarrow Cu(s)$
$Zn(s) + Cu^{2+}(aq) \longrightarrow Cu(s) + Zn^{2+}(aq)$

図15・2　Zn/Zn^{2+}系とCu^{2+}/Cu系を組合わせた電池．塩橋内をイオンが流れ，回路が完成する．
[考えてみよう] この電池反応が進むとき，質量が増すのはアノードか，カソードか．

電解質入り寒天などを詰めた管（塩橋）でアノード液とカソード液をつなぐと，電気回路が完成する．塩橋内はNa^+やSO_4^{2-}が流れる．Znアノードで酸化が進むと，電極付近の溶液にZn^{2+}の正電荷が増え，それを塩橋からのSO_4^{2-}が中和する．カソードで還元が進むと，電極付近でCu^{2+}の正電荷が減り，それを塩橋からのNa^+が補う．つまりイオンは，同符号の電荷がたまるのを防ぐ役目をする（次節の電解でも同様）．

外部回路には"アノード→カソード"向きの電子が流れ，水溶液の"内部回路"では，陰イオン（アニオン）がアノードに，陽イオン（カチオン）がカソードに向かう．

> **アノード（負極）**
> 　電子を出す酸化反応： $Zn(s) \longrightarrow Zn^{2+}(aq) + 2e^-$
> **カソード（正極）**
> 　電子を使う還元反応： $Cu^{2+}(aq) + 2e^- \longrightarrow Cu(s)$

電子は"アノード→導線→カソード"と流れる（その逆が"電流"の向き）．反応が進むにつれ，Zn極は軽く，Cu極は重くなる．この電池をつぎのような"電池式"に書く．

[*2] 訳注：日本語では電池のアノードを"**負極**"，カソードを"**正極**"とよぶ．
[*3] 訳注：この電池を日本の高校では"ダニエル電池"とよぶが，海外の教科書で"ダニエル電池"という呼び名はほとんど見ない（"銅-亜鉛電池"が多い）．

$$\text{Zn(s)} | \text{Zn}^{2+}\text{(aq)} \| \text{Cu}^{2+}\text{(aq)} | \text{Cu(s)}$$

アノード半電池を左側，カソード半電池を右側に置く．縦の1本線（|）は固体（電極）と液体（電解液）の境界を表し，2本線（‖）はアノード液とカソード液の仕切り（図15・2なら塩橋）を表す．電子は，外部回路の導線を左から右へと向かう．

電極が反応しない半電池もある．そんな場合は，グラファイト（黒鉛）や白金など，不活性な固体を電極に使う．$\text{Sn(NO}_3)_2$ 水溶液に浸した白金 Pt がアノードとなり，AgNO_3 水溶液に浸した銀 Ag がカソードとなる電池は，つぎの電池式に表す．

$$\text{Pt(s)} | \text{Sn}^{2+}\text{(aq)}, \text{Sn}^{4+}\text{(aq)} \| \text{Ag}^{+}\text{(aq)} | \text{Ag(s)}$$

アノード反応とカソード反応はこう書ける．

アノード反応（酸化）：$\text{Sn}^{2+}\text{(aq)} \longrightarrow \text{Sn}^{4+}\text{(aq)} + 2\text{e}^-$
カソード反応（還元）：$2\text{Ag}^{+}\text{(aq)} + 2\text{e}^- \longrightarrow 2\text{Ag(s)}$

二つをまとめた酸化還元反応（電池反応）はつぎのようになる．

$$\text{Sn}^{2+}\text{(aq)} + 2\text{Ag}^{+}\text{(aq)} \longrightarrow \text{Sn}^{4+}\text{(aq)} + 2\text{Ag(s)}$$

Pt と Ag を導線でつなぎ，Sn^{2+} 水溶液と Ag^{+} 水溶液を塩橋で仕切れば，電池ができる．

例題 15・10　電池式

$\text{Fe(NO}_3)_2$ 水溶液に浸した鉄 Fe がアノード，$\text{Sn(NO}_3)_2$ 水溶液に浸したスズ Sn がカソードの電池について，電池式，酸化・還元の半反応，電池の全反応を書け．

[答] 電池式はつぎのように書ける．
$$\text{Fe(s)} | \text{Fe}^{2+}\text{(aq)} \| \text{Sn}^{2+}\text{(aq)} | \text{Sn(s)}$$
酸化と還元の半反応はこうなる．
アノード反応（酸化）：$\text{Fe(s)} \longrightarrow \text{Fe}^{2+}\text{(aq)} + 2\text{e}^-$
カソード反応（還元）：$\text{Sn}^{2+}\text{(aq)} + 2\text{e}^- \longrightarrow \text{Sn(s)}$

腐食の化学

環境と化学

車体や建材，船体，埋設管などに使う鉄は腐食しやすい．腐食で鉄さびになる変化は，つぎの反応式に書ける．

$$4\text{Fe(s)} + 3\text{O}_2\text{(g)} \longrightarrow 2\text{Fe}_2\text{O}_3\text{(s)}\;\text{さび}$$

腐食には酸素と水の両方が働く．腐食が進むときは，表面のどこかがアノードに，別のどこかがカソードになっている．アノード領域で進む酸化反応は，電子4個の形で書けばこうなる（図15・3）．

アノード（酸化）：$2\text{Fe(s)} \longrightarrow 2\text{Fe}^{2+}\text{(aq)} + 4\text{e}^-$

出た電子は，鉄の内部を通ってカソード領域に達し，溶存酸素を還元する．

カソード（還元）：
$$\text{O}_2\text{(g)} + 4\text{H}^{+}\text{(aq)} + 4\text{e}^- \longrightarrow 2\text{H}_2\text{O(l)}$$

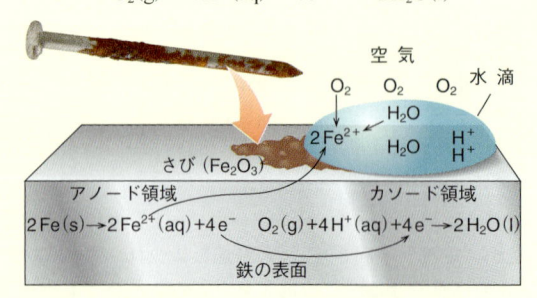

図 15・3　鉄の腐食．アノード領域の酸化反応で出た電子が，カソード領域で酸素を還元する．酸化生成物の Fe^{2+} が "$\text{O}_2+\text{H}_2\text{O}$" と反応してさびになる．
[考えてみよう] 鉄の腐食には O_2 と H_2O の両方が必要．なぜか．

以上をまとめ，つぎの酸化還元反応が進む．

$$2\text{Fe(s)} + \text{O}_2\text{(g)} + 4\text{H}^{+}\text{(aq)} \longrightarrow 2\text{Fe}^{2+}\text{(aq)} + 2\text{H}_2\text{O(l)}$$

酸化生成物 Fe^{2+} がアノード領域から出て，水に溶けた酸素 O_2 と反応し，Fe^{3+} に酸化される．その Fe^{3+} が水 H_2O と反応してできる酸化鉄(III)が，さびの正体だ．

$$4\text{Fe}^{2+}\text{(aq)} + \text{O}_2\text{(g)} + 4\text{H}_2\text{O(l)} \longrightarrow 2\text{Fe}_2\text{O}_3\text{(s)} + 8\text{H}^{+}\text{(aq)}\;\text{さび}$$

さびは，固体の鉄 Fe と酸素 O_2 の反応生成物とみてもよい．消費量と生成量がつり合う H^+ は，全反応には現れない．

鉄の腐食
$$4\text{Fe(s)} + 3\text{O}_2\text{(g)} \longrightarrow 2\text{Fe}_2\text{O}_3\text{(s)}\;\text{さび}$$

アルミニウムや銅，銀も腐食されるが，鉄に比べて腐食速度はずっと小さい．アルミニウムの酸化で生じる Al^{3+} は，空気中の O_2 と反応して Al_2O_3 になる．Al_2O_3 の薄膜は内部をよく保護するため，Al 製品の表面ではそれ以上の酸化（次式）が進みにくい．

$$\text{Al(s)} \longrightarrow \text{Al}^{3+} + 3\text{e}^-$$

屋根やドームなどに張る銅は，つぎの酸化を受けたあと，基本組成が $\text{Cu}_2(\text{OH})_2\text{CO}_3$ の緑青になる．

$$\text{Cu(s)} \longrightarrow \text{Cu}^{2+} + 2\text{e}^-$$

皿や食器の銀は，Ag^+ に酸化されたあと，食品中の硫化物イオン S^{2-} と反応して黒ずむ．

$$\text{Ag(s)} \longrightarrow \text{Ag}^+ + \text{e}^-$$

15・5 電気エネルギーを生む反応

以上をまとめ，電池の全反応はつぎのように書ける．
$$Fe(s) + Sn^{2+}(aq) \longrightarrow Fe^{2+}(aq) + Sn(s)$$

● 類題　つぎの電池式に表せる電池の半反応と全反応を書け．
$$Co(s)|Co^{2+}(aq)\|Cu^{2+}(aq)|Cu(s)$$
[答] アノード反応（酸化）：$Co(s) \longrightarrow Co^{2+}(aq) + 2e^-$
カソード反応（還元）：$Cu^{2+}(aq) + 2e^- \longrightarrow Cu(s)$
全反応：$Co(s) + Cu^{2+}(aq) \longrightarrow Co^{2+}(aq) + Cu(s)$

腐食の防止

金属の腐食は，古くから人類の悩みだった．橋や車，船舶の材料にする鉄や鋼（鉄-炭素合金）の腐食は，莫大な損失をもたらす．建造物が損壊し，船体や埋設パイプに穴が開く．米国では毎年，腐食の防止と修理に数千億円も使う．単純には塗装をして，橋や車や船の鉄材が空気中の H_2O や O_2 と触れないようにする．けれど塗装面が傷つくと腐食が進むため，たびたび塗り直さなければいけない．

亜鉛 Zn やマグネシウム Mg，アルミニウム Al など，鉄より酸化されやすい金属を鉄材に接触させておく方法もある．そうした金属がアノード（犠牲アノード）になって溶け，鉄を腐食から守る．亜鉛めっきしたトタンの鉄は，亜鉛が残っているかぎり溶けない．埋設管や貯蔵タンク，船体も，Mg, Al, Zn の棒や板を溶接またはボルト止めして腐食を防ぐ．犠牲アノードが溶け，O_2 を還元するだけのカソードとなる鉄そのものは腐食しない．

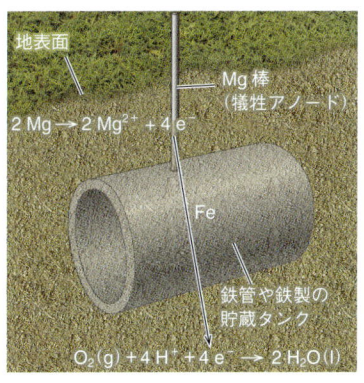

地表面
Mg 棒（犠牲アノード）
$2\,Mg \longrightarrow 2\,Mg^{2+} + 4\,e^-$
Fe
鉄管や鉄製の貯蔵タンク
$O_2(g) + 4\,H^+ + 4\,e^- \longrightarrow 2\,H_2O(l)$

溶接した Mg 棒が "犠牲アノード" となって溶け，鉄管の腐食を防ぐ

電　池

携帯電話や時計，電卓は電池で動く．車の始動やライト点灯にも電池を使う．電池は，化学反応で出るエネルギーを電気に変える．コンパクトで扱いやすい反応物の組合わせが，実用電池につながる．身近な電池の例を眺めよう．

[鉛蓄電池]　車のエンジン始動，ライト点灯，カーラジオには鉛蓄電池（バッテリー）を使う．電池が切れたら車は動かず，ライトもつかない．鉛蓄電池は，2V の単位 6 個を直列につないだもので，12 V の電圧を示す．アノードに鉛 Pb，カソードに酸化鉛(IV) PbO_2 を使い，希硫酸を電解液にする．放電時の半電池反応と全反応はこう書ける．

アノード反応（酸化）：
$$Pb(s) + SO_4^{2-}(aq) \longrightarrow PbSO_4(s) + 2e^-$$
カソード反応（還元）：
$$PbO_2(s) + 4H^+(aq) + SO_4^{2-}(aq) + 2e^- \longrightarrow PbSO_4(s) + 2H_2O(l)$$
全反応：
$$Pb(s) + PbO_2(s) + 4H^+(aq) + 2SO_4^{2-}(aq) \longrightarrow 2PbSO_4(s) + 2H_2O(l)$$

どちらの半電池でも Pb^{2+} が生じ，SO_4^{2-} と結合して難溶性の硫酸鉛(II) $PbSO_4$ になる．放電が進むにつれ，両極の表面を $PbSO_4$ が覆い，電解液の希硫酸が薄くなる．走行中の蓄電池は，エンジン駆動の発電機がたえず充電し，電極の表面を Pb と PbO_2 に戻す．その仕組みがないと電池は切れてしまう．

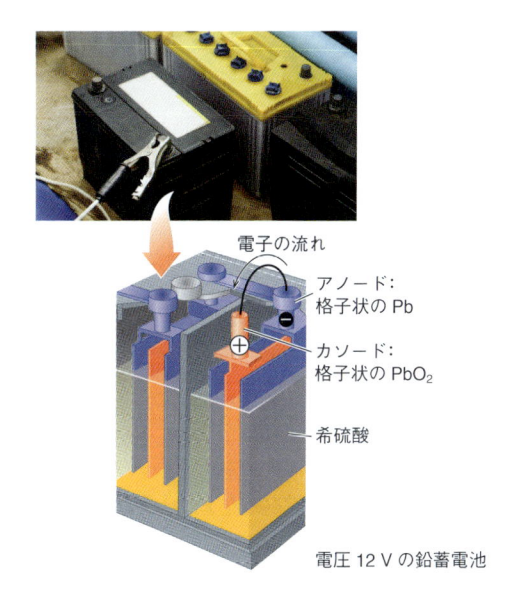

電子の流れ
アノード：格子状の Pb
カソード：格子状の PbO_2
希硫酸

電圧 12 V の鉛蓄電池

[乾電池]　電卓や時計，懐中電灯，玩具には乾電池を使う．水溶液ではなく，ペースト状の電解液を使うため "乾" 電池とよぶ．おなじみのマンガン乾電池には，酸性型とアルカリ型がある．酸性型は，MnO_2, NH_4Cl, $ZnCl_2$, H_2O, デンプンのペーストを亜鉛缶（アノード）に入れ，ペーストにグラファイト（黒鉛）のカソードを挿してある．

電池反応はこう書ける*4.

アノード反応（酸化）：
$$Zn(s) \longrightarrow Zn^{2+}(aq) + 2e^-$$
カソード反応（還元）：
$$2MnO_2(s) + 2NH_4^+(aq) + 2e^- \longrightarrow Mn_2O_3(s) + 2NH_3(aq) + H_2O(l)$$
全反応：
$$Zn(s) + 2MnO_2(s) + 2NH_4^+(aq) \longrightarrow Zn^{2+}(aq) + Mn_2O_3(s) + 2NH_3(aq) + H_2O(l)$$

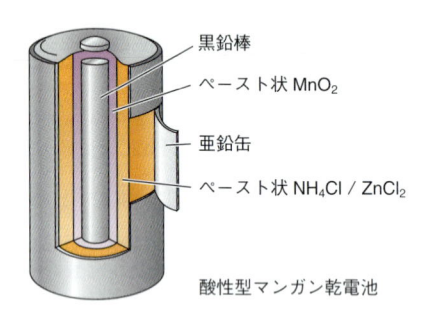

（図：酸性型マンガン乾電池　黒鉛棒，ペースト状 MnO_2，亜鉛缶，ペースト状 $NH_4Cl/ZnCl_2$）

アルカリ型のマンガン乾電池は，NH_4Cl ではなく NaOH か KOH を電解質に使い，アノードの生成物が酸化亜鉛 ZnO になる．酸性型より高価だけれど，物質の充填量が多い分だけ長くもつ．電池反応はつぎのようになる．

アノード反応（酸化）：
$$Zn(s) + 2OH^-(aq) \longrightarrow ZnO(s) + H_2O(l) + 2e^-$$
カソード反応（還元）：
$$2MnO_2(s) + H_2O(l) + 2e^- \longrightarrow Mn_2O_3(s) + 2OH^-(aq)$$
全反応：
$$Zn(s) + 2MnO_2(s) \longrightarrow ZnO(s) + Mn_2O_3(s)$$

［水銀電池とリチウム電池］　どちらもアルカリマンガン乾電池に似ている．水銀電池の場合，アノードはマンガン電池と同じ亜鉛で，カソードに HgO，KOH，$Zn(OH)_2$ の混合物を使う．還元生成物の水銀 Hg は有毒で，環境を汚す恐れがあるから，使用後の廃棄には気をつける．電池反応はこう書ける．

アノード反応（酸化）：
$$Zn(s) + 2OH^-(aq) \longrightarrow ZnO(s) + H_2O(l) + 2e^-$$
カソード反応（還元）：
$$HgO(s) + H_2O(l) + 2e^- \longrightarrow Hg(l) + 2OH^-(aq)$$
全反応：$Zn(s) + HgO(s) \longrightarrow ZnO(s) + Hg(l)$

リチウム電池の場合，アノードには亜鉛ではなくリチウムを使う．リチウムの密度が亜鉛より小さいため電池を小型化でき，出力電圧（約 4V）も高い．

［ニッケル-カドミウム（ニカド）電池］　ニカド電池は充電できる．アノードに金属 Cd，カソードにオキシ水酸化ニッケル(III) NiO(OH) を使う．電池反応はこう書ける．

アノード反応（酸化）：
$$Cd(s) + 2OH^-(aq) \longrightarrow Cd(OH)_2(s) + 2e^-$$
カソード反応（還元）：
$$2NiO(OH)(s) + 2H_2O(l) + 2e^- \longrightarrow 2Ni(OH)_2(s) + 2OH^-(aq)$$
全反応：
$$Cd(s) + 2NiO(OH)(s) + 2H_2O(l) \longrightarrow Cd(OH)_2(s) + 2Ni(OH)_2(s)$$

ニカド電池は高価だけれど，充電-放電の繰返しに強い．充電では放電の逆電流を流し，$Cd(OH)_2$ を Cd に，$Ni(OH)_2$ を NiO(OH) に戻す．

復習 15・4　電 池

マンガン乾電池ではつぎの半反応が進む．
$$Zn(s) \longrightarrow Zn^{2+}(aq) + 2e^-$$
① この半反応は酸化を表す．なぜか．
② この半反応が進む電極はアノードか，カソードか．

[答] ① 亜鉛 Zn が電子を失うので酸化．
② 酸化反応が進むのはアノード．

練習問題　電気エネルギーを出す酸化還元反応

15・31　つぎの電池について，二つの半反応と全体の酸化還元反応を書け．
① $Pb(s)|Pb^{2+}(aq)\|Cu^{2+}(aq)|Cu(s)$
② $Cr(s)|Cr^{2+}(aq)\|Ag^+(aq)|Ag(s)$

15・32　つぎの電池について，二つの半反応と全体の酸化還元反応を書け．
① $Al(s)|Al^{3+}(aq)\|Cd^{2+}(aq)|Cd(s)$
② $Sn(s)|Sn^{2+}(aq)\|Fe^{3+}(aq), Fe^{2+}(aq)|C(黒鉛)$

15・33　つぎの酸化還元反応を半反応に分けて書け．また，電池式も書け．
① $Cd(s) + Sn^{2+}(aq) \longrightarrow Cd^{2+}(aq) + Sn(s)$
② $Zn(s) + Cl_2(g) \longrightarrow Zn^{2+}(aq) + 2Cl^-(aq)$
（カソードは黒鉛）

---

*4　訳注：生成物の Zn^{2+} と NH_3 が反応して錯イオン $Zn(NH_3)_2^{2+}$ になり，放電の逆反応（$Zn^{2+} + 2e^- \longrightarrow Zn$）が進みにくいため，電圧が安定する．

15・34 つぎの酸化還元反応を半反応に分けて書け．また，電池式も書け．
① $Mn(s) + Sn^{2+}(aq) \longrightarrow Mn^{2+}(aq) + Sn(s)$
② $Ni(s) + 2Ag^+(aq) \longrightarrow Ni^{2+}(aq) + 2Ag(s)$

15・35 電気ドリルに使うニカド電池では，つぎの半反応が起こる．下の問いに答えよ．
$$Cd(s) + 2OH^-(aq) \longrightarrow Cd(OH)_2(s) + 2e^-$$
① この半反応は酸化か，還元か．
② 酸化や還元を受ける物質はどれか．
③ この半反応が進む電極はアノードか，カソードか．

15・36 補聴器に使う水銀電池では，つぎの半反応が起こる．下の問いに答えよ．
$$HgO(s) + H_2O(l) + 2e^- \longrightarrow Hg(l) + 2OH^-(aq)$$
① この半反応は酸化か，還元か．
② 酸化や還元を受ける物質はどれか．
③ この半反応が進む電極はアノードか，カソードか．

15・37 ペースメーカーや腕時計に使う水銀電池では，つぎの半反応が進む．下の問いに答えよ．
$$Zn(s) + 2OH^-(aq) \longrightarrow ZnO(s) + H_2O(l) + 2e^-$$
① この半反応は酸化か，還元か．
② 酸化や還元を受ける物質はどれか．
③ この半反応が進む電極はアノードか，カソードか．

15・38 鉛蓄電池では，つぎの半反応が進む．下の問いに答えよ．
$$Pb(s) + SO_4^{2-}(aq) \longrightarrow PbSO_4(s) + 2e^-$$
① この半反応は酸化か，還元か．
② 酸化や還元を受ける物質はどれか．
③ この半反応が進む電極はアノードか，カソードか．

15・6 電気エネルギーで進む反応

電池は，自発的に進む酸化還元反応を利用するものだった．たとえば $Zn(s)|Zn^{2+}(aq)\|Cu^{2+}(aq)|Cu(s)$ の電池では，つぎの自発変化を進ませて電気エネルギーを取出す．

自発変化: $Zn(s) + Cu^{2+}(aq) \longrightarrow Zn^{2+}(aq) + Cu(s)$

金属のイオン化傾向

電池の逆反応は，自発的には進まない．電子の出しやすさ（イオン化しやすさ）が金属ごとに違い，Zn と Cu で

燃料電池

環境と化学

　燃料電池は，発電効率が高く，化石資源の消費が少なく，作動中に汚染物質を出さないところがいい．ほかの電池と同様，燃料電池にもアノード（負極）とカソード（正極）を使う．ただし，反応物（燃料物質）を連続供給するところが，ほかの電池とは違う．

　水素-酸素燃料電池の場合，電池に入れた水素 H_2 は，アノード側の高分子膜に混ぜた白金（触媒）上で酸化され，水素イオン H^+ と電子 e^- になる（図15・4）．

　その電子が導線（外部回路）を通ってカソードに向かう．水素イオンは高分子膜を通り抜けてカソード室に入る．カソードで還元される酸素分子は，H^+ と結合して水になる．つまり全反応は，水素の燃焼に等しい．

$$2H_2(g) + O_2(g) \longrightarrow 2H_2O(l)$$

　燃料電池はスペースシャトルなどの電源に使われた．自動車の動力源にも実用化が始まっている．電池の価格が高いうえ，数年ごとに更新しなければいけないし，水素の製造コストと保管法にも問題が多い．

　携帯電話や DVD プレイヤー，モバイル PC の電源も，いずれ燃料電池になるかもしれない．原理は確立したものの，広く普及するには，製造コストの高さを含め，壁はまだ厚い．

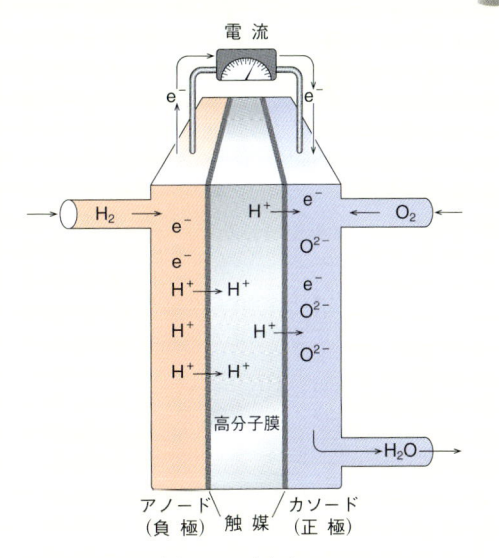

酸 化: $2H_2(g) \longrightarrow 4H^+(aq) + 4e^-$
還 元: $O_2(g) + 4H^+(aq) + 4e^- \longrightarrow 2H_2O(l)$

図15・4　水素-酸素燃料電池のイメージ．
［考えてみよう］ほとんどの電池で，電極はいずれ消耗する．燃料電池でもそうか．理由も述べよ．

15. 酸化と還元

はZn＞Cuとなるからだ．金属（と水素H_2）が電子をどれほど出しやすいか（イオン化傾向）の序列*5はわかっている．一部を表15・4にまとめた．

表15・4では，上にある金属ほど"活性"が高く，電子を出しやすい（最高活性の金属がリチウムLi）．水素H_2より下にある金属は，酸（H^+）と反応しない．

表15・4 金属のイオン化傾向（例）

	金属		イオン
最高活性	Li(s)	⟶	$Li^+(aq) + e^-$
	K(s)	⟶	$K^+(aq) + e^-$
	Ca(s)	⟶	$Ca^{2+}(aq) + 2e^-$
	Na(s)	⟶	$Na^+(aq) + e^-$
	Mg(s)	⟶	$Mg^{2+}(aq) + 2e^-$
	Al(s)	⟶	$Al^{3+}(aq) + 3e^-$
	Zn(s)	⟶	$Zn^{2+}(aq) + 2e^-$
	Cr(s)	⟶	$Cr^{3+}(aq) + 3e^-$
	Fe(s)	⟶	$Fe^{2+}(aq) + 2e^-$
	Ni(s)	⟶	$Ni^{2+}(aq) + 2e^-$
	Sn(s)	⟶	$Sn^{2+}(aq) + 2e^-$
	Pb(s)	⟶	$Pb^{2+}(aq) + 2e^-$
	H_2(g)	⟶	$2H^+(aq) + 2e^-$
	Cu(s)	⟶	$Cu^{2+}(aq) + 2e^-$
	Ag(s)	⟶	$Ag^+(aq) + e^-$
最低活性	Au(s)	⟶	$Au^{3+}(aq) + 3e^-$

イオン化傾向の序列は，"金属／金属イオン"系で進む自発変化の向きを教える．$Zn(s)|Zn^{2+}(aq)\|Cu^{2+}(aq)|Cu(s)$系を考えよう．ZnはCuよりも上にあるため，相対的に高活性のZnが電子を出し，それを低活性のCuのイオンCu^{2+}が受取る向きに自発変化が進む（逆向きの変化は進まない）．

自発変化： $Zn(s) + Cu^{2+}(aq) \longrightarrow Zn^{2+}(aq) + Cu(s)$
　　　　　高活性　　　　　　　　　　　　　　　　低活性

Al^{3+}の水溶液にZn板を浸したビーカーと，Zn^{2+}の水溶液にAl板を浸したビーカーがあるとしよう．AlはイオンBibliography化傾向がZnの上だから，Znより電子を出しやすい．そのため，つぎの半反応と全反応が自発的に進む．

相対的に高活性の金属： $Al(s) \longrightarrow Al^{3+}(aq) + 3e^-$
相対的に低活性の金属： $Zn^{2+}(aq) + 2e^- \longrightarrow Zn(s)$
全反応：
　　$2Al(s) + 3Zn^{2+}(aq) \longrightarrow 2Al^{3+}(aq) + 3Zn(s)$
　　高活性　　　　　　　　　　　　　　　　低活性

それでAlの表面にZnが析出する．Al^{3+}の水溶液にZn板を浸しても変化は進まない．

イオン化傾向の差は，金属片を塩酸（HCl水溶液）に入れてもわかる．Zn片，Mg片，Cu片を浸すと，イオン化傾向がH_2より高いZnとMgは溶け，出た電子がH^+を還元して水素の泡にする．イオン化傾向がH_2より低いCuは反応しない．

銅板

Zn^{2+}水溶液

Zn^{2+}の水溶液に浸した銅板．CuはZnより低活性だから，酸化還元は進まない

復習15・5　自発変化の向き

Ag^+の水溶液にCr片を浸したビーカーと，Cr^{3+}の水溶液にAg片を浸したビーカーがある．自発変化はどちらのビーカーで進むか．また，自発変化を半反応と全反応で書け．

[答] CrのイオンBibliography化傾向はAgより大きいため（表15・4），自発変化は，Ag^+の水溶液にCr片を浸したビーカーで進む．半反応と全反応はつぎのようになる．

相対的に高活性の金属：
　　$Cr(s) \longrightarrow Cr^{3+}(aq) + 3e^-$
相対的に低活性の金属：
　　$Ag^+(aq) + e^- \longrightarrow Ag(s)$

　　$Cr(s) + 3Ag^+(aq) \longrightarrow Cr^{3+}(aq) + 3Ag(s)$
　　高活性　　　　　　　　　　　　　　　　　　低活性

電　解

Cu/Cu^{2+}も共存する条件で，Zn^{2+}をZnに還元したいとしよう．イオン化傾向の序列から，つぎの酸化還元反応は自発的に進まない変化（非自発変化）だとわかる．

非自発変化： $Cu(s) + Zn^{2+}(aq) \longrightarrow Zn(s) + Cu^{2+}(aq)$
　　　　　　低活性　　　　　　　　　　　　　　　高活性

非自発変化を進ませるには，一定値以上の電圧をかけて電流を流す．その操作を**電解**という*6．電解用の**電解セル**では，電気エネルギーを投入して非自発変化を進める．登山にたとえると，電池は"下山"，電解は"山登り"にあたる．

電気エネルギー ⟶

非自発変化： $Cu(s) + Zn^{2+}(aq) \longrightarrow Zn(s) + Cu^{2+}(aq)$

---

*5 訳注：電子授受平衡 $M^{n+} + ne^- \rightleftharpoons M$ が示す"標準電極電位 $E°$"の順（$E°$の説明は本書の範囲外）．$E°$は実測値ではなく，理想条件下の理論値だから，$E°$値の近い金属間だと，イオン化傾向の順が$E°$値どおりになるとは限らない．
*6 訳注：有用な物質を"合成"する場合も多いため，"電気分解"という日本語はあまり適切ではない．

電解では，2本の電極（アノードとカソード）をつなぐ導線の途中に電源をつなぐ．電池と同様，アノードでは酸化反応が進み，カソードでは還元反応が進む*7（図15・5）．

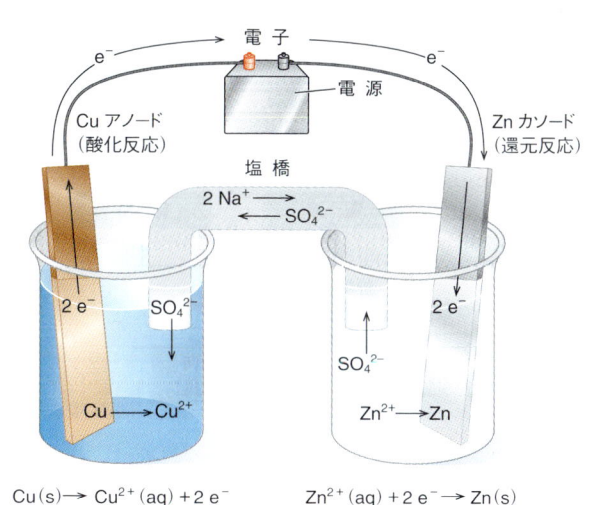

図15・5　電解セル．電源のエネルギーがCu極（アノード＝陽極）からZn極（カソード＝陰極）へと電子を流し，非自発的な酸化還元反応をひき起こす．
[考えてみよう] $Cu(s)$ と $Zn^{2+}(aq)$ を反応させるのに，なぜ電源が必要なのか．

$Cu(s) \longrightarrow Cu^{2+}(aq) + 2e^-$　　　$Zn^{2+}(aq) + 2e^- \longrightarrow Zn(s)$
$Cu(s) + Zn^{2+}(aq) \longrightarrow Zn(s) + Cu^{2+}(aq)$

溶融塩の電解

塩化ナトリウム NaCl は約800°C以上で融け，溶融塩になる．溶融塩を電解すると，陽極では塩素が，陰極では金属ナトリウムが生じる．半反応と全反応はこう書ける．

アノード反応（酸化）： $2Cl^-(l) \longrightarrow Cl_2(g) + 2e^-$
カソード反応（還元）： $2Na^+(l) + 2e^- \longrightarrow 2Na(l)$
全反応： $2Na^+(l) + 2Cl^-(l) \longrightarrow Cl_2(g) + 2Na(l)$
　　　　　　　　　　　　　　電気エネルギー ⇒

1807〜08年ごろ英国のDavyは，イタリアのVoltaが1800年に発明した電池を使って溶融塩を電解し，ナトリウム，カリウム，マグネシウム，カルシウムなど，1族（1A族）・2族（2A族）元素の単体を初めて得た．

電解めっき

電解セルを使い，表面を銀やクロム，白金，金などの薄膜（めっき）で覆った鉄製品が多い．車のバンパーは，クロムめっきしてあるからさびにくい．高級な食器や皿も，銀めっきをして表面を仕上げる*8．

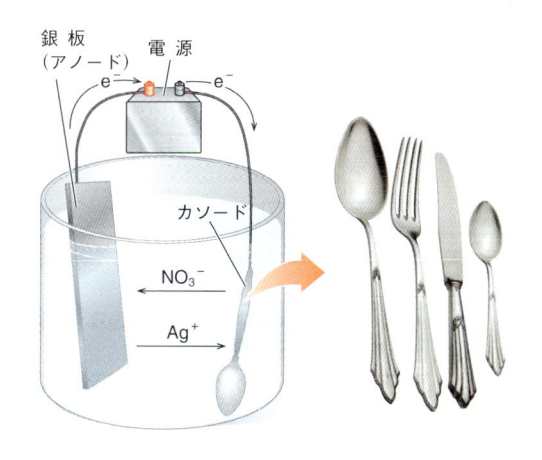

例題 15・11　電解セル

車のホイールキャップは，Cr^{3+} を含む水溶液中で鉄板にクロムめっきする．
① クロムめっきを表す半反応を書け．
② ホイールキャップはアノードか，カソードか．

[答] ① めっきでは Cr^{3+} が Cr に還元される．
　　　　　$Cr^{3+}(aq) + 3e^- \longrightarrow Cr(s)$
② カソード（還元反応を進ませるので）

● 類題　クロムめっきには，なぜ電源（電気エネルギー）が必要なのか．
　　[答] FeはCrよりイオン化傾向が小さいため，Cr^{3+} の還元析出には電気エネルギーを要する．

練習問題　電気エネルギーで進む反応

15・39 缶詰の缶（ブリキ缶）は，鉄の缶とスズ板を電極にした電解（スズめっき）で内面を仕上げる．
① スズめっきの半反応を書け．
② 鉄の缶はカソード（陰極）にする．なぜか．
③ スズ板はアノード（陽極）にする．なぜか．

15・40 イヤリングなどの装飾品には，ステンレスに金めっきしたものが多い．
① Au^{3+} 水溶液を使う金めっきの半反応を書け．
② 電解のとき，ステンレスのイヤリングはアノードか，カソードか．
③ めっきには，なぜ電気エネルギーが必要なのか．

15・41 ブリキ缶（スズめっき鉄缶）は，傷がつくとさびやすい．イオン化傾向をもとに，その理由を説明せよ．

15・42 トタン板（亜鉛めっき鉄板）は，傷がついてもさびにくい．イオン化傾向をもとに，その理由を説明せよ．

---

*7　訳注：日本語では電解のアノードを"**陽極**"，カソードを"**陰極**"とよぶ．電池の"負極"，"正極"と混同しないように．
*8　訳注：銀めっきをする場合，$Ag^+ + e^- \longrightarrow Ag$ の反応だとガサガサの黒い皮膜しかできないため，現実のめっきには $Ag(CN)_2^- + e^- \longrightarrow Ag + 2CN^-$ の反応を使う（右段上の図は原理を示すだけ）．

$$^{131}_{53}\text{I} \longrightarrow {}^{131}_{54}\text{Xe} + {}^{0}_{-1}\text{e}$$

20 mg のヨウ素-131 があるとしよう．8 日後には原子総数（約 9×10^{18} 個）の半分が壊変を終え，10 mg が残る．16 日（半減期の 2 倍）後にはさらに半分の 5 mg になり，24 日（半減期の 3 倍）後には 2.5 mg が残る．

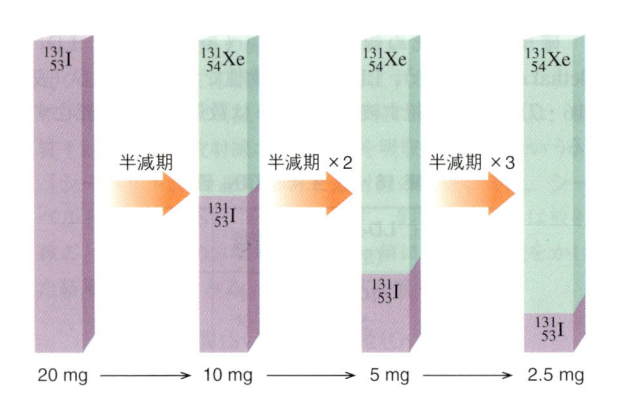

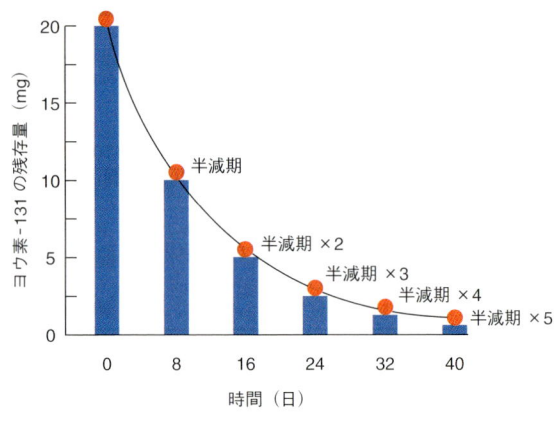

図 16・4 ヨウ素-131 の壊変曲線．
[考えてみよう] 半減期の 2 倍だけ時間がたつと，20 mg だった同位体は何 mg になるか．

残った同位体の量を縦軸，時間を横軸にして壊変を表すグラフを，**壊変（崩壊）曲線**という．ヨウ素-131 の壊変曲線を図 16・4 に描いた．

例題 16・7 半減期

白血病の治療に使うリン-32 は半減期 14.3 日で壊変する．最初の線源強度が 4.0 億 Bq なら，42.9 日後の強度は何 Bq になるか．

[答] 42.9 日は半減期 14.3 日の 3.00 倍だから，強度は最初の $(1/2)^3 = 1/8$ に減る．つまり 42.9 日後の強度は 4.0 億 Bq × 1/8 = 5000 万 Bq になる．

● 類題　鉄-59 は半減期 44 日で壊変する．購入量が 32 μg のとき，176 日後の量は何 μg か．
[答] 2.0 μg

復習 16・5 半減期

乳がんの治療に使うイリジウム-192 は半減期 74 日で壊変する．最初の線源強度が 8 万 Bq なら，74 日後の強度は何 Bq になるか．

[答] ちょうど半減期だけたった時点だから，半分の 4 万 Bq になる．

人体が含む天然の放射性同位体を表 16・8 に示す．体重 60 kg の人は，約 7000 Bq（体重 1 kg 当たり 110 Bq）の"天然放射線源"だといえる*7．

天然の放射性同位体には，半減期が途方もなく長いので誕生（数十億～100 億年前）以来まだ残っている同位体（$^{40}_{19}\text{K}$, $^{238}_{92}\text{U}$, $^{87}_{37}\text{Rb}$）と，自然界でたえず生じるため一定濃度で存在する同位体（$^{14}_{6}\text{C}$, $^{226}_{88}\text{Ra}$）がある．

放射性同位体の半減期に注目すると，生物組織などのできた年代が推定できる．

表 16・8　人体が含む天然の放射性同位体

元素	同位体	体内量	壊変生成物	半減期	放射能（体重 60 kg）
ウラン	$^{238}_{92}\text{U}$	約 0.1 mg	$^{234}_{90}\text{Th}$	45 億年	約 1 Bq
カリウム	$^{40}_{19}\text{K}$	14 mg	$^{40}_{20}\text{Ca}$, $^{40}_{18}\text{Ar}$	13 億年	約 3600 Bq
炭素	$^{14}_{6}\text{C}$	1.8×10^{-8} g	$^{14}_{7}\text{N}$	5730 年	約 3000 Bq
ラジウム	$^{226}_{88}\text{Ra}$	3×10^{-11} g	$^{222}_{86}\text{Rn}$	1600 年	約 1 Bq
ルビジウム	$^{87}_{37}\text{Rb}$	160 mg	$^{87}_{38}\text{Sr}$	480 億年	約 500 Bq

---

*7　訳注：食品は生物の組織やその加工物だから，食品も"約 100 Bq kg^{-1} の天然放射線源"だと心得よう．

例題 16·8　半減期と年代

動物の化石を分析したところ，総炭素中に $^{14}_{6}C$ が占める割合は，現生動物の 4 分の 1 だった．化石になった動物は，およそ何年前に生きていたか．

[答] $^{14}_{6}C$ 濃度が 4 分の 1 になるのは，半減期の 2 倍だけ時間がたった時点だから，5730 年 ×2＝11,500 年前（紀元前 9500 年ごろ）の動物だといえる．

● 類題　古代の住居跡から出土した木片の $^{14}_{6}C$ 量は，現在の 8 分の 1 だった．木片を切り出した樹木は，およそ何年前に生えていたものか．

[答] 17,200 年前

練習問題　半減期

16·29 半減期とは何か．

16·30 半減期の 10 倍だけ時間がたつと，放射能は何分の 1 になるか．

16·31 半減期 6.0 時間で γ 壊変するテクネチウム－99m は，臓器の画像化に使う．原子炉でつくった同位体 80.0 mg は，つぎの時間がたったとき，何 mg に減っているか．
① 半減期だけの時間
② 半減期の 2 倍
③ 18 時間
④ 24 時間

16·32 半減期 15 時間のナトリウム－24 をつくったところ，線源強度は 4.4 億 Bq だった．2.5 日後の線源強度はいくらか．

16·33 骨の画像化に使うストロンチウム－85 は半減期 65 日を示す．線源強度が 4 分の 1 になるまでの時間はいくらか．

16·34 PET（陽電子断層撮影．次節）に使うフッ素－18 は，半減期 110 分を示す．午前 8 時に 100 mg のフッ素－18 を出荷した．午後 1 時半にまだ残っている同位体は何 mg か．

放射性同位体を使う年代測定

環境と化学

地質学，古生物学，歴史学の分野では，遺物の年代測定に放射性同位体法を使う．木や繊維，天然染料，骨，織物，毛皮などの炭素－14（$^{14}_{6}C$）濃度を測る方法が名高い．その方法を 1940 年代に考案した Willard Libby が 1960 年度のノーベル化学賞を受賞している．

$^{14}_{6}C$ は，大気高層で宇宙線の高エネルギー中性子を吸収した ^{14}N 原子からできる．

$$^{14}_{7}N + ^{1}_{0}n \longrightarrow ^{14}_{6}C + ^{1}_{1}H$$
窒素原子　宇宙線の中性子　炭素－14 原子　　陽子

$^{14}_{6}C$ と酸素 O_2 から，放射性の二酸化炭素 $^{14}_{6}CO_2$ ができる．植物は光合成で二酸化炭素を吸収して体をつくり，$^{14}_{6}C$ 化合物を体外にも出すため（環境との炭素交換），体内の炭素は一定の比率（約 1 兆分の 1.2）で $^{14}_{6}C$ を含む．どんな食物も根元は光合成の産物だから，動物組織の $^{14}_{6}C$ 濃度も同じ．しかし植物が死ぬと，環境との炭素交換が止まる．

$^{14}_{6}C$ は次式の β 壊変で安定な窒素に戻るため，植物体の $^{14}_{6}C$ 濃度は一定速度で減っていく（むろん動物の組織内でもそうなる）．

$$^{14}_{6}C \longrightarrow ^{14}_{7}N + ^{0}_{-1}e$$

炭素年代測定では，$^{14}_{6}C$ の半減期（5730 年）に注目し，動植物が死んでからの年数を決める．古い組織ほど $^{14}_{6}C$ 濃度が低い．たとえばインドの遺跡で出土した材木は約 6000 年前のもの，名高い "死海文書" の制作年は約 2000 年前だとわかった．

炭素－14 法で年代が決まった死海文書

さらに古いものの年代測定には，半減期が約 40 億年もあるウラン－238 を使う．ウラン－238 は，数段階の壊変で安定な鉛－206 に落ち着く．そのため，岩が含むウラン－238 と鉛－206 の比から，岩の誕生年代がわかる（古い岩ほど鉛－206 が多い）．アポロ宇宙船が持ち帰った月の石もその方法で調べ，誕生は地球とほぼ同じ約 40 億年前だと判明した．

磁場の方向に並ぶ．磁場と同じ向きの陽子はエネルギーが低く，逆向きの陽子はエネルギーが高い．MRI のスキャンをしながら，ラジオ波のエネルギーに当たる電磁波をパルス状にかける．エネルギーを吸収した陽子は，磁場と逆向きに配置を変える．

体内の H 原子それぞれはミクロな化学環境が違うため，環境の差を反映した振動数に吸収を示す．測ったエネルギー値をカラー画像で表示する．MRI は，水 H_2O が多い軟組織の画像化にとりわけ適する．

練習問題　放射線治療

16・35 骨のおもな成分にはカルシウムとリンがある．
① 骨疾患の診断や治療には，放射性のカルシウム-47 やリン-32 を使う．なぜか．
② 核実験が全盛のころ，生成物のストロンチウム-85 が子どもの骨に有害だといわれた．なぜか．

16・36 ① テクネチウム-99m は γ 線だけを出す．ふつう診断用の画像化には γ 線を使い，β 粒子や α 粒子を出す放射性同位体は使わない．なぜか．
② 赤血球増加症の患者に放射性のリン-32 を投与すると，骨髄の赤血球産生量が減る．なぜか．

16・37 白血病の診断には，セレン-75 を含む水溶液 4.0 mL を投与する．水溶液の放射能が 45 µCi mL^{-1} のとき，何 µCi の線量を与えたことになるか．

16・38 線量 2.0 mCi mL^{-1} のヨウ素-131 溶液がある．甲状腺の検査には 3.0 mCi が必要だという．使う溶液は何 mL か．

16・6　核分裂と核融合

中性子を当てるとウラン-235 の原子核が分裂し，大量のエネルギーが出る現象は 1930 年代に見つかった（**核分裂の発見**）．核分裂（や核融合）で出るエネルギーを原子力という．ウランの核分裂はつぎのイメージになる．

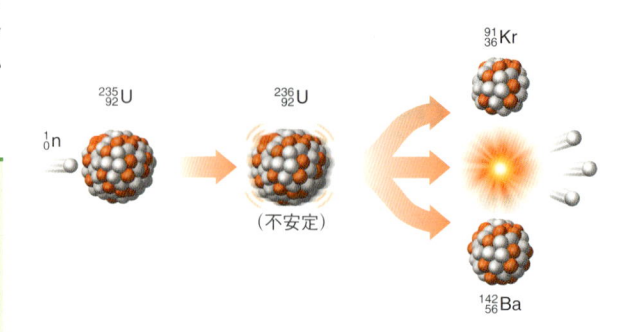

$$^1_0n + {}^{235}_{92}U \longrightarrow {}^{236}_{92}U \longrightarrow$$
$$^{91}_{36}Kr + {}^{142}_{56}Ba + 3\,{}^1_0n + エネルギー$$

反応物と生成物の質量を精密に測れば，生成物のほうがわずかに小さい．質量の差（質量欠損）は，Einstein が発表したつぎの名高い式でエネルギー E と結びつく．

$$E = mc^2$$

m が質量欠損，c が光速（約 3×10^8 m s^{-1}）を表す．質量欠損 m は小さいけれど，光速の 2 乗がかかるため，エネルギーの変化は大きい．1 g のウラン-235 が分裂して出るエネルギーは，石炭 3 トン（単純な重さ比較で 300 万倍）の燃焼熱にあたる．

原子力発電

環境と化学

発電用原子炉では，ウラン-235 を臨界量未満に抑え，連鎖反応を起こさせない．ウランを含む燃料棒のすき間に置いた"制御棒"に高速中性子を吸収させ，核分裂を遅くする．つまり核分裂を制御し，少しずつエネルギーを取出す．その熱で高温の蒸気をつくり，発電機のタービンを回す．米国では総発電量の約 10 % を原子力が占める．

ただし原発には問題も多い．最大の課題は，半減期が長い放射性廃棄物の始末だ．環境を汚さない場所に何百年も（ものによっては 1 万年以上も）保管しなければいけない．

1990 年の初めに環境保護庁（EPA）は，地下 650 m の洞穴を放射性廃棄物貯蔵施設にする計画を承認した．1998 年には，国内の核兵器製造所から廃棄プルトニウムを受入れる準備ができている．当局は貯蔵施設の安全性を保証したけれど，高速道路で放射性廃棄物を運ぶのは危険だと主張する人々が反対運動を起こした．

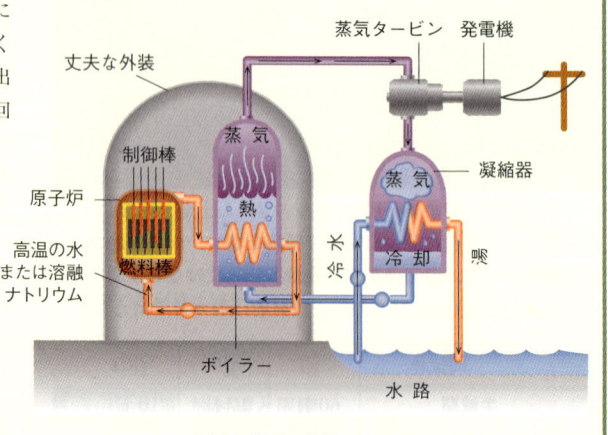

原子力発電の仕組み

連鎖反応

核分裂では，ウランの原子核に中性子をぶつける．中性子を吸収した原子核が不安定化し，小さい原子核に分裂するとき，数個の中性子，大量の γ 線とエネルギーが出る．高エネルギーの中性子は，別のウラン-235 原子核に吸収されて分裂を促す．核分裂 1 回で 3 個の中性子が出れば，核分裂がどこまでも続く**連鎖反応**になる．

ウラン-235 原子核が一定量以上まとまってあれば，1 回の壊変で出た中性子が，ウラン以外の原子につかまる前に，つぎのウラン-235 原子核を分裂させ，連鎖反応が続く（図 16・7）．その一定量を臨界量という．連鎖反応が暴走的に進めば原子爆弾になる．

核融合

核融合では，小さな原子核 2 個が合体し，大きな原子核 1 個になる．核融合でも質量欠損が生じ，核分裂をしのぐ量のエネルギーが出る．しかし核融合を起こすには，原子核をつくる陽子どうしの静電反発に打ち勝つ超高温（約 1 億 °C）が必要になる．

太陽など恒星の内部では核融合が進み，地球に熱と光を恵む．太陽の中では毎秒約 6 億トンの水素が核融合しヘリウムになり，莫大なエネルギーが出る．

核融合炉は放射性廃棄物も少ない．世界中で研究されてはいるものの，超高温プラズマの作成と維持が難しいため，当面は実験段階にとどまる．

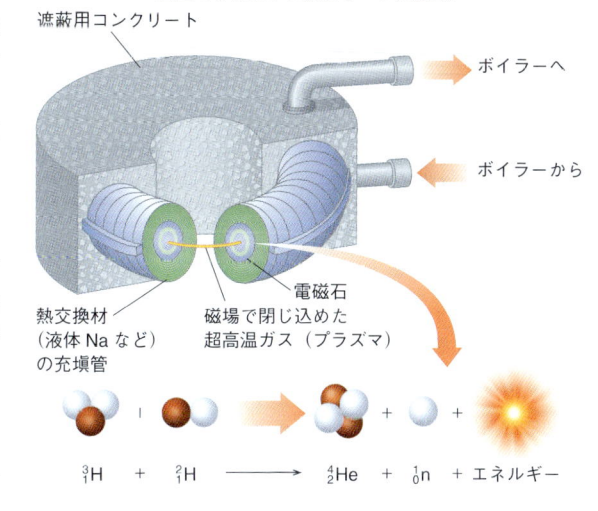

$$^3_1H + ^2_1H \longrightarrow ^4_2He + ^1_0n + エネルギー$$

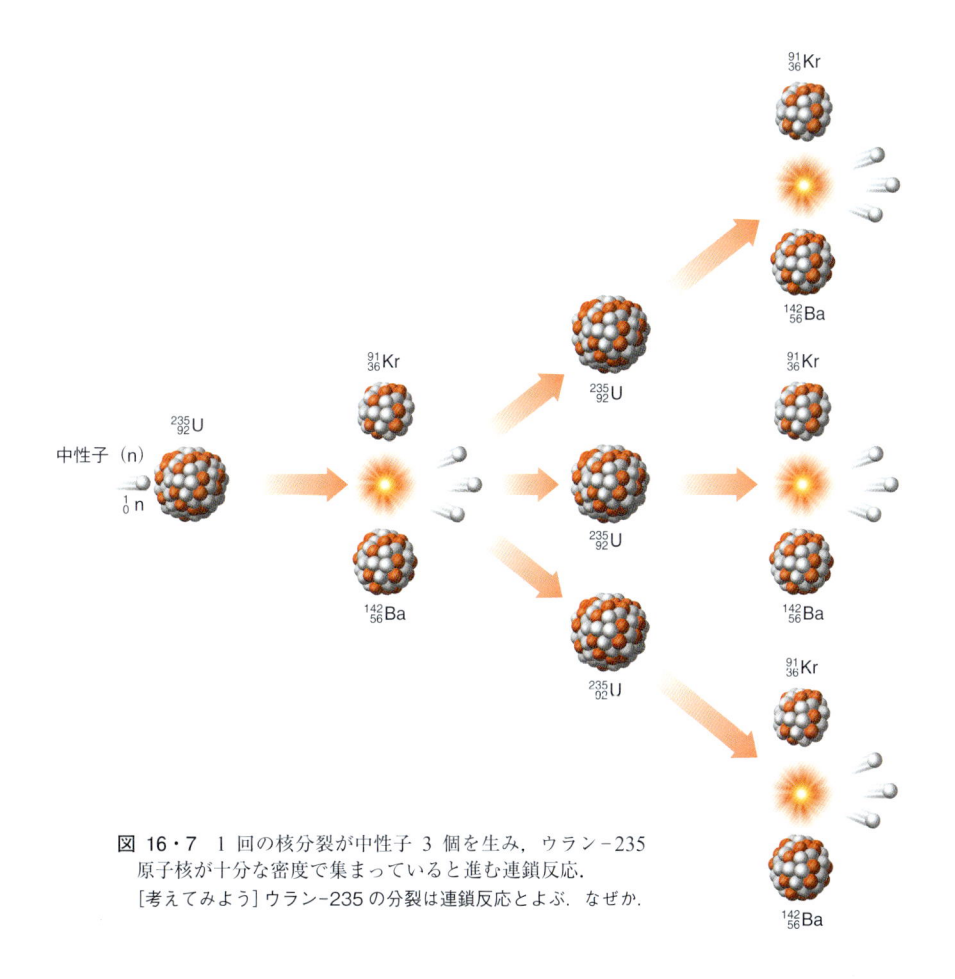

図 16・7　1 回の核分裂が中性子 3 個を生み，ウラン-235 原子核が十分な密度で集まっていると進む連鎖反応．
[考えてみよう] ウラン-235 の分裂は連鎖反応とよぶ．なぜか．

復習 16・6　核分裂と核融合

つぎのことは，核分裂と核融合のどちら（または両方）を表すか．
① 大きな原子核が小さな原子核に分かれる．
② 大量のエネルギーが出る．
③ 反応には超高温が必要．
④ $^{3}_{1}H + ^{2}_{1}H \longrightarrow ^{4}_{2}He + ^{1}_{0}n + $ エネルギー

[答] ① 核分裂，② 両方，③ 核融合，④ 核融合

練習問題　核分裂と核融合

16・39 核分裂とは，どのような現象か．
16・40 核分裂の連鎖反応は，どのようにして起こるのか．
16・41 つぎの核反応式を完成せよ．

$$^{1}_{0}n + ^{235}_{92}U \longrightarrow ^{131}_{50}Sn + ? + 2^{1}_{0}n + エネルギー$$

16・42 ウラン-235に中性子1個をぶつけると，ストロンチウム-94と中性子3個ができる．その核分裂を核反応式に書け．
16・43 つぎのことは，核分裂と核融合のどちら（または両方）を表すか．
① 原子核に中性子をぶつける．
② 太陽の内部で進む核反応．
③ 大きい原子核が小さい原子核に分かれる．
④ 小さい原子核が合体して大きい原子核になる．
16・44 つぎのことは，核分裂と核融合のどちら（または両方）を表すか．
① 反応の開始には超高温を要する．
② 放射性廃棄物が相対的に少ない．
③ 水素の原子核が反応物になる．
④ 大量のエネルギーが出る．

16章の見取り図

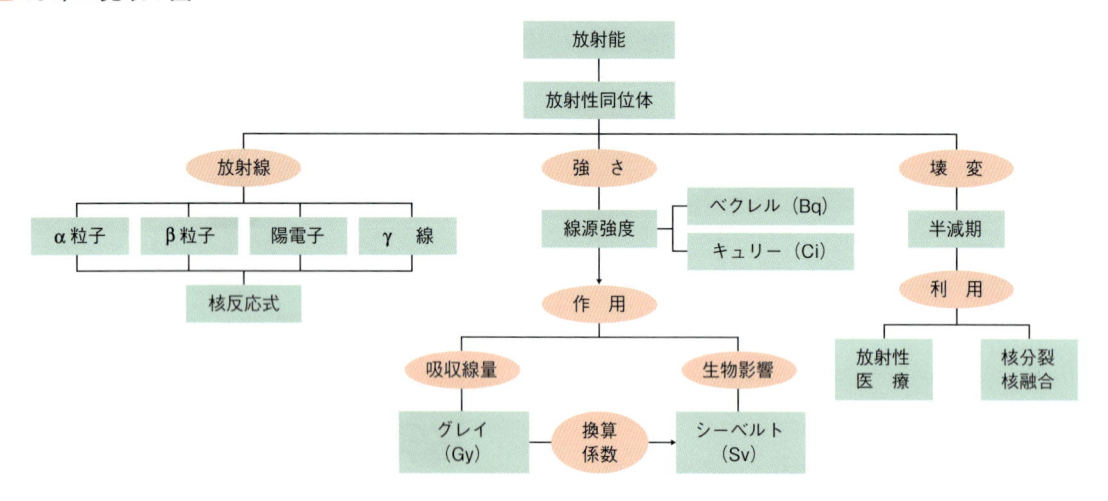

キーワード

α粒子（alpha particle）
壊変（decay）
壊変曲線（decay curve）
核分裂（fission）
核融合（fusion）
γ線（gamma ray）

キュリー（curie, Ci）
グレイ（gray, Gy）
シーベルト（sievert, Sv）
半減期（half-life）
ベクレル（becquerel, Bq）
β粒子（beta particle）

放射壊変（radioactive decay）
放射性同位体（radioisotope）
放射線（radiation）
放射能（radioactivity）
陽電子（positron）
連鎖反応（chain reaction）

15章，16章の総合問題

総合問題 27 酸性水溶液中で，シュウ酸ナトリウム $Na_2C_2O_4$ と過マンガン酸カリウム $KMnO_4$ はつぎの酸化還元反応をする（係数は合わせてない）．下の問いに答えよ．

$$MnO_4^-(aq) + C_2O_4^{2-}(aq) \longrightarrow Mn^{2+}(aq) + CO_2(g)$$

$Na_2C_2O_4$ 水溶液に $KMnO_4$ 水溶液を滴下する酸化還元滴定

① 係数を合わせ，酸化の半反応式を書け．
② 係数を合わせ，還元の半反応式を書け．
③ 係数を合わせた全反応式を書け．
④ 0.758 g の $Na_2C_2O_4$ を含む水溶液は，24.6 mL の $KMnO_4$ 水溶液と過不足なく反応した．$KMnO_4$ 水溶液は何 M か．

総合問題 28 0.150 M の塩酸 6.00 mL にマグネシウムリボンが溶け，塩化マグネシウムと水素が生じた．

塩酸と激しく反応するマグネシウム

係数を合わせる前の反応式はつぎのように書ける．右の問いに答えよ．

$$Mg(s) + HCl(aq) \longrightarrow MgCl_2(aq) + H_2(g)$$

① 反応物・生成物の全原子について酸化数を求めよ．
② 係数を合わせた反応式を書け．
③ 酸化剤は何か．
④ 還元剤は何か．
⑤ 0.150 M 塩酸の pH はいくらか．
⑥ 使った塩酸にはマグネシウムが何 g まで溶けるか．

総合問題 29 22 ℃ の 1.00 M 塩酸 50.0 mL にマグネシウム 0.121 g を入れた．反応が終わったとき，水温は 33 ℃ になっていた．前問で決めた反応式を使い，つぎの問いに答えよ．

① 制限試薬は何か．
② 生じた水素は 33 ℃・750 mmHg で何 mL か．
③ 反応で出た熱は何 J か（塩酸の密度は 1.00 g mL^{-1}，比熱容量は水に同じとする）．
④ 反応熱を，マグネシウム 1 g 当たりの J 単位と，1 mol 当たりの kJ 単位で計算せよ．

総合問題 30 1991 年にオーストリア-イタリア国境の峠で発掘された男性の遺体"アイスマン"には，"エッツィ"の名がついた．毛髪と骨の ^{14}C 濃度は現代人の 50 % だった．^{14}C は半減期 5730 年で β 壊変する．つぎの問いに答えよ．

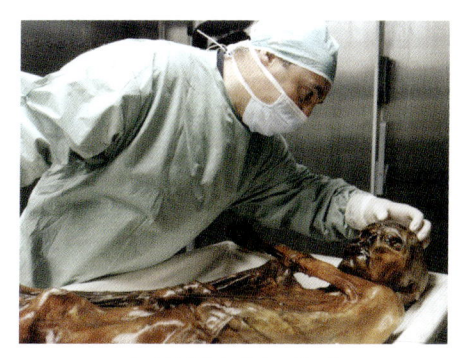

ミイラ化した"エッツィ"

① "エッツィ"は何年前に生きた人か．
② ^{14}C の壊変反応式を書け．

総合問題 31 ケイ素の同位体を表に示す．下の問いに答えよ．

同位体	天然同位体比	原子量	半減期	壊変モード
$^{27}_{14}Si$		26.987	4.9 s	陽電子放出
$^{28}_{14}Si$	92.230	27.977	安定	
$^{29}_{14}Si$	4.683	28.976	安定	
$^{30}_{14}Si$	3.087	29.974	安定	
$^{31}_{14}Si$		30.975	2.6 h	β粒子放出

15章，16章の総合問題

① 表の空欄を埋めよ．

同位体	陽子数	中性子数	電子数
$^{27}_{14}$Si			
$^{28}_{14}$Si			
$^{29}_{14}$Si			
$^{30}_{14}$Si			
$^{31}_{14}$Si			

② ケイ素の完全な電子配置と，簡略形の電子配置を書け．
③ 天然同位体比をもとに，ケイ素の原子量を計算せよ．
④ ^{27}Si と ^{31}Si の壊変反応式を書け．
⑤ SiCl$_4$ のルイス構造を描き，分子の形を予想せよ．
⑥ ^{31}Si 試料の放射能が 16 万 Bq から 2.0 万 Bq へと減るには何時間かかるか．

総合問題 32 人体に必須のカリウムイオン K$^+$ は，ほとんどの食品と代替食塩にも含まれる．半減期が 1.30×10^9 年と長く，天然存在比が 0.012% の安定同位体かと見える放射性の ^{40}K は ^{40}Ca と ^{40}Ar に壊変し，1 g 当たり 259,000 Bq の放射能を示す．つぎの問いに答えよ．

① ^{40}K ⟶ ^{40}Ca と ^{40}K ⟶ ^{40}Ar の壊変反応式を書け．
② それぞれの壊変で放出される粒子は何か．
③ 3.5 オンス（1 オンス = 28.35 g）の KCl は何個の K$^+$ を含むか．
④ 25 g の KCl は何 Bq の放射能を示すか．

総合問題 33 ^{238}U は，安定な ^{206}Pb に向け数段階で壊変する．つぎの核反応式を完成せよ．

① $^{238}_{92}$U ⟶ $^{234}_{90}$Th + ?
② $^{234}_{90}$Th ⟶ ? + $^{0}_{-1}$e
③ ? ⟶ $^{222}_{86}$Rn + $^4_2$He

総合問題 34 貴ガスの ^{222}Rn（ラドン-222）は，地盤から住宅やビルの地下室に入りこむ．岩や土の中で進む ^{226}Ra（ラジウム-226）の壊変で生む ^{222}Rn は，半減期 3.8 日で α 壊変するため，^{222}Rn を吸うと肺がんのリスクが高まる．米国の環境保護庁は室内の ^{222}Rn 基準値を，空気 1 L 当たり 0.15 Bq（0.15 Bq L^{-1}）に決めた．つぎの問いに答えよ．

① ^{226}Ra の壊変反応式を書け．
② ^{222}Rn の壊変反応式を書け．
③ 締め切った部屋のラドン原子数が 24,000 個だった．15.2 日たつと何個に減るか．
④ 基準値ぴったりの ^{222}Rn（0.15 Bq L^{-1}）を含む 4.0 m × 6.0 m × 3.0 m の部屋で，^{222}Rn が出す α 粒子は一日当たり何個か．

[答]

総合問題 27 ① $C_2O_4^{2-}$(aq) ⟶ $2CO_2$(g) + $2e^-$
② MnO_4^-(aq) + $8H^+$(aq) + $5e^-$ ⟶ Mn^{2+}(aq) + $4H_2O$(l)
③ $2MnO_4^-$(aq) + $5C_2O_4^{2-}$(aq) + $16H^+$(aq) ⟶ $10CO_2$(g) + $2Mn^{2+}$(aq) + $8H_2O$(l)
④ 0.0920 M

総合問題 29 ① Mg，② 127 mL，③ 2.30×10^3 J，④ 1.90×10^4 J g^{-1}，462 kJ mol^{-1}

総合問題 31

①

同位体	陽子数	中性子数	電子数
$^{27}_{14}$Si	14	13	14
$^{28}_{14}$Si	14	14	14
$^{29}_{14}$Si	14	15	14
$^{30}_{14}$Si	14	16	14
$^{31}_{14}$Si	14	17	14

② $1s^2\, 2s^2\, 2p^6\, 3s^2\, 3p^2$，[Ne]$3s^2\, 3p^2$，③ 28.09
④ $^{27}_{14}$Si ⟶ $^{27}_{13}$Al + $^{0}_{+1}$e，$^{31}_{14}$Si ⟶ $^{31}_{15}$P + $^{0}_{-1}$e
⑤ 正四面体

$$:\!\ddot{\text{Cl}}\!:\!-\!\text{Si}\!-\!:\!\ddot{\text{Cl}}\!:$$
（Si の上下にも $:\!\ddot{\text{Cl}}\!:$）

⑥ 7.8 h

総合問題 33 ① $^{238}_{92}$U ⟶ $^{234}_{90}$Th + $^4_2$He
② $^{234}_{90}$Th ⟶ $^{234}_{91}$Pa + $^{0}_{-1}$e
③ $^{226}_{88}$Ra ⟶ $^{222}_{86}$Rn + $^4_2$He

練習問題の解答

■ 1章

1・1 ①物質の組成と性質を明らかにする学問.
②物質は決まった元素組成と性質をもつ.

1・3 ビタミン A, B_3, B_{12}, 葉酸など. どれも物質.

1・5 制酸剤：炭酸カルシウム, セルロース, デンプン, ステアリン酸, 二酸化ケイ素. 口内洗浄液：水, エタノール, チモール, グリセリン, 安息香酸ナトリウム, 安息香酸. 咳止め：メントール, β-カロテン, ショ糖（スクロース）, ブドウ糖（グルコース）

1・7 いえない. どの成分も物質だから.

1・9 長所：農作物につく害虫を殺す. 短所：益虫も殺す. また, 農作物に残留してヒトや動物の体に入る.

1・11 ①自然現象をうまく説明できる理屈.
②仮説が正しいかどうか確かめるために十分なデータを集める作業.
③誰が実験しても同じ結果になる仮説.
④身のまわりや自然界で進む現象を調べ, 測定し, 記録すること.

1・13 観察：①, ④, ⑤, 仮説：②, 実験：③, 理論：⑥

■ 2章

2・1 ①長さ, メートル. ②質量, グラム. ③体積, リットル. ④時間, 秒. ⑤温度, 摂氏～度

2・3 ①共通, ②共通, ③どちらでもない, ④共通, ⑤メートル法

2・5 ①メートル法, ②メートル法, ③どちらでもない, ④どちらでもない, ⑤共通

2・7 ① 5.5×10^4 m, ② 4.8×10^2 g, ③ 5×10^{-6} cm, ④ 1.4×10^{-4} s, ⑤ 7.85×10^{-3} L, ⑥ 6.7×10^5 kg

2・9 ① 7.2×10^3 cm, ② 3.2×10^{-2} kg, ③ 1×10^4 L, ④ 6.8×10^{-2} m

2・11 ①12,000 s, ②0.0825 kg, ③4,000,000 g, ④0.0058 m³

2・13 ①小数点第1位, ②小数点第2位, ③小数点第1位

2・15 ①測定値, ②正確な数, ③正確な数, ④測定値

2・17 ①6オンス, ②なし, ③0.75ポンドと350 g, ④なし（定義の数は正確な数）

2・19 ①否, ②有効数字, ③有効数字, ④有効数字, ⑤否

2・21 ①5桁, ②2桁, ③2桁, ④3桁, ⑤4桁, ⑥3桁

2・23 ③(2桁)と④(4桁)

2・25 ① 5.0×10^3 L, ② 3.0×10^4 g, ③ 1.0×10^5 m, ④ 2.5×10^{-4} cm

2・27 答えの有効数字は, 計算に使う測定値の有効数字で決まるから.

2・29 ①1.85 kg, ②88.0 L, ③0.00474 cm, ④8810 m, ⑤ 1.83×10^3 s

2・31 ①56.9 m, ②0.00228 g, ③11,500 s (1.15×10^4 s), ④8.10 L

2・33 ①1.6, ②0.01, ③27.6, ④3.5, ⑤ 1.4×10^{-1} (0.14), ⑥ 8×10^{-1} (0.8)

2・35 ①53.54 cm, ②127.6 g, ③121.5 mL, ④0.50 L

2・37 時速～キロメートル, 時速～マイル

2・39 1000分の1になる.

2・41 ①mg, ②dL, ③km, ④fg, ⑤μL, ⑥ns

2・43 ①0.01, ② 10^{12}, ③0.001, ④0.1, ⑤ 10^6, ⑥ 10^{-9}

2・45 ①100 cm, ② 10^{-9} m, ③0.001 m, ④1000 mL

2・47 ①キログラム, ②ミリリットル, ③cm, ④kL, ⑤ナノメートル

2・49 換算係数の逆数も換算係数だから.

2・51 1 kg = 1000 g

2・53 ① $\dfrac{3\text{ ft}}{1\text{ yd}}$ と $\dfrac{1\text{ yd}}{3\text{ ft}}$, ② $\dfrac{1000\text{ mL}}{1\text{ L}}$ と $\dfrac{1\text{ L}}{1000\text{ mL}}$, ③ $\dfrac{60\text{ s}}{1\text{ min}}$ と $\dfrac{1\text{ min}}{60\text{ s}}$, ④ $\dfrac{1\text{ gal}}{27\text{ mi}}$ と $\dfrac{27\text{ mi}}{1\text{ gal}}$

2・55 ① $\dfrac{100\text{ cm}}{1\text{ m}}$ と $\dfrac{1\text{ m}}{100\text{ cm}}$, ② $\dfrac{1\text{ g}}{1 \times 10^9\text{ ng}}$ と $\dfrac{1 \times 10^9\text{ ng}}{1\text{ g}}$, ③ $\dfrac{1000\text{ L}}{1\text{ kL}}$ と $\dfrac{1\text{ kL}}{1000\text{ L}}$, ④ $\dfrac{10^6\text{ mg}}{1\text{ kg}}$ と $\dfrac{1\text{ kg}}{10^6\text{ mg}}$, ⑤ $\dfrac{(100\text{ cm})^3}{(1\text{ m})^3}$ と $\dfrac{(1\text{ m})^3}{(100\text{ cm})^3}$

2・57 ① $\dfrac{3.5\text{ m}}{1\text{ s}}$ と $\dfrac{1\text{ s}}{3.5\text{ m}}$, ② $\dfrac{0.74\text{ g}}{1\text{ mL}}$ と $\dfrac{1\text{ mL}}{0.74\text{ g}}$, ③ $\dfrac{46.0\text{ km}}{1.0\text{ gal}}$ と $\dfrac{1.0\text{ gal}}{46.0\text{ km}}$, ④ $\dfrac{93\text{ g 銀}}{100\text{ g スターリング銀}}$ と $\dfrac{100\text{ g スターリング銀}}{93\text{ g 銀}}$, ⑤ $\dfrac{29\text{ μg}}{1\text{ kg}}$ と $\dfrac{1\text{ kg}}{29\text{ μg}}$

2・59 単位Aが消去されるよう, 換算係数の分母に置く.

2・61 ①1.75 m, ②5.5 L, ③5.5 g, ④ 3.5×10^{-4} m³

2・63 ①710 mL, ②74.9 kg, ③495 mm,

④ 2.0×10^{-5} in.

2・65 ① 23.8 m, ② 196 m^2, ③ 0.463 s, ④ 53 L

2・67 ① 152 g, ② 0.026 g, ③ 43 g, ④ 50 lb

2・69 鉛, 11.3 g cm^{-3}

2・71 ① 1.20 g mL^{-1}, ② 0.870 g mL^{-1}, ③ 3.10 g mL^{-1}, ④ 4.26 g mL^{-1}, ⑤ 1.42 g mL^{-1}

2・73 ① 1.91 L, ② 88 g, ③ 1.8 kg, ④ 661 g, ⑤ 34.2 kg

■ **3章**

3・1 ① 純物質, ② 混合物, ③ 純物質, ④ 純物質, ⑤ 混合物

3・3 ① 単体, ② 化合物, ③ 単体, ④ 化合物, ⑤ 化合物

3・5 ① 不均一混合物, ② 均一混合物, ③ 均一混合物, ④ 不均一混合物, ⑤ 不均一混合物

3・7 ① 気体, ② 気体, ③ 固体

3・9 ① 物理的性質, ② 化学的性質, ③ 物理的性質, ④ 化学的性質, ⑤ 化学的性質

3・11 ① 物理変化, ② 化学変化, ③ 物理変化, ④ 物理変化, ⑤ 物理変化

3・13 ① 化学的性質, ② 物理的性質, ③ 物理的性質, ④ 化学的性質, ⑤ 物理的性質

3・15 米国では体温を華氏温度で表す. 99.8 °F は 37.7 °C だから微熱程度.

3・17 ① 98.6 °F, ② 18.5 °C, ③ 246 K, ④ 335 K, ⑤ 46 °C, ⑥ 295 K

3・19 ① 41 °C, ② 39 °C なので病院には行かない.

3・21 車が最高位にあるとき, 位置エネルギーが最大. 下降するにつれ位置エネルギーは運動エネルギーに変わり, 最低位では全部が運動エネルギーになる.

3・23 ① 位置エネルギー, ② 運動エネルギー, ③ 位置エネルギー, ④ 位置エネルギー

3・25 ① 22 kJ, ② 5300 cal, ③ 5.3 kcal

3・27 ① 3.5 kcal, ② 99.2 cal, ③ 120 J, ④ 1100 cal

3・29 最小の比熱容量をもつ銅が最高温度になる.

3・31 ① 0.389 J g^{-1} °C^{-1}, ② 0.313 J g^{-1} °C^{-1}

3・33 ① 1380 J, 330 cal, ② 1810 J, 434 cal, ③ −3780 J, −904 cal, ④ −3600 J, −850 cal

3・35 ① 54.5 g, ② 216 g, ③ 686 g, ④ 190 g

3・37 ① 175 °C, ② 11.3 °C, ③ 700 °C, ④ 351 °C

3・39 ① 22.2 kJ, 5.30 kcal, ② 871 kJ, 208 kcal

3・41 ① 480 kJ, 110 kcal, ② 18 g, ③ 530 kJ, 130 kcal, ④ 4050 kJ, 950 kcal

■ **4章**

4・1 ① Cu, ② Pt, ③ Ca, ④ Mn, ⑤ Fe, ⑥ Ba, ⑦ Pb, ⑧ Sr

4・3 ① 炭素, ② 塩素, ③ ヨウ素, ④ 水銀, ⑤ 銀, ⑥ アルゴン, ⑦ ホウ素, ⑧ ニッケル

4・5 ① ナトリウム, 塩素, ② カルシウム, 硫黄, 酸素, ③ 炭素, 水素, 塩素, 窒素, 酸素, ④ カルシウム, 炭素, 酸素

4・7 ① 第2周期, ② 18族 (8A族), ③ 1族 (1A族), ④ 第2周期

4・9 ① アルカリ土類金属, ② 遷移元素, ③ 貴ガス, ④ アルカリ金属, ⑤ ハロゲン

4・11 ① C, ② He, ③ Na, ④ Ca, ⑤ Al

4・13 ① 金属, ② 非金属, ③ 金属, ④ 非金属, ⑤ 非金属, ⑥ 非金属, ⑦ 半金属, ⑧ 金属

4・15 ① 電子, ② 陽子, ③ 電子, ④ 中性子

4・17 原子の中に, 正電荷をもつ微小な粒子 (原子核) があることを見つけた.

4・19 正: ①, ②, ③, 誤: ④

4・21 毛髪とブラシに生じる同符号の電荷が反発し合うから.

4・23 ① 原子番号, ② 両方, ③ 質量数, ④ 原子番号

4・25 ① リチウム Li, ② フッ素 F, ③ カルシウム Ca, ④ 亜鉛 Zn, ⑤ ネオン Ne, ⑥ ケイ素 Si, ⑦ ヨウ素 I, ⑧ 酸素 O

4・27 ① 18個, ② 30個, ③ 53個, ④ 19個

4・29

元素	元素記号	原子番号	質量数	陽子数	中性子数	電子数
アルミニウム	Al	13	27	13	14	13
マグネシウム	Mg	12	24	12	12	12
カリウム	K	19	39	19	20	19
硫黄	S	16	31	16	15	16
鉄	Fe	26	56	26	30	26

4・31 ① 陽子 13 個, 中性子 14 個, 電子 13 個
② 陽子 24 個, 中性子 28 個, 電子 24 個
③ 陽子 16 個, 中性子 18 個, 電子 16 個
④ 陽子 35 個, 中性子 46 個, 電子 35 個

4・33 ① $^{31}_{15}$P, ② $^{80}_{35}$Br, ③ $^{122}_{50}$Sn, ④ $^{35}_{17}$Cl, ⑤ $^{202}_{80}$Hg

4・35 ① $^{36}_{18}$Ar, $^{38}_{18}$Ar, $^{40}_{18}$Ar,
② 陽子数と電子数が共通.
③ 中性子数と質量数が異なる.
④ 天然同位体の質量の加重平均だから.
⑤ ^{40}Ar の相対質量が原子量 (39.95) に近いため, ^{40}Ar の天然存在比が最も高い.

4・37 同位体の相対質量は, 原子それぞれの質量を表す. 元素の原子量は, 同位体の質量の加重平均を表す.

4・39 銅の原子量 (63.55) が 63 に近いため, $^{63}_{29}$Cu が最

も多いとわかる．

4・41 ネオンの原子量（20.18）に近い同位体 $^{20}_{10}$Ne が最も多い．

4・43 69.72

◆ 5章

5・1 紫外線を波とみたとき，山からつぎの山までの距離．

5・3 白色光は，赤や青も含めたあらゆる色の光からなる．

5・5 5.94×10^5 Hz

5・7 6.3×10^{-7} m，630 nm

5・9 マイクロ波の波長は，紫外線やX線より長い．

5・11 X線 ＜ 青色光 ＜ 赤外光 ＜ マイクロ波

5・13 原子スペクトルは飛び飛びの色の帯からなるところ．

5・15 吸 収

5・17 励起電子が $n=3$ 準位へ落ちるとき．

5・19 ①緑の光，②青い光

5・21 ①球形，②2個のローブをもつ形，③球形

5・23 ①球形をしているところ
② $n=3$ 準位に属すところ
③ 3種の p 軌道をもつところ
④ どれも $n=3$ 準位に属し，2個のローブをもつところ

5・25 ①5個，②1個，③1個，④9個

5・27 ①2個，②6個，③32個，④10個

5・29 電子配置は，1sから始め，電子が詰まった副準位と電子数をすべて書く．簡略形の電子配置は，直前の貴ガス元素記号に，残る副準位と電子数を添えて書く．

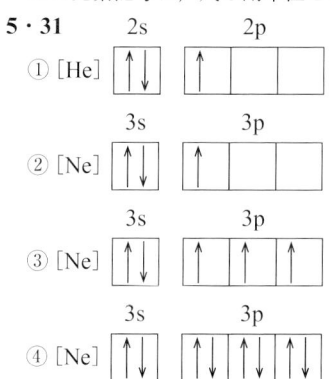

5・31

① [He] 2s ↑↓ 2p ↑ □ □

② [Ne] 3s ↑↓ 3p □ □ □

③ [Ne] 3s ↑↓ 3p ↑ ↑ ↑

④ [Ne] 3s ↑↓ 3p ↑↓ ↑↓ ↑↓

5・33 ① N: $1s^2 2s^2 2p^3$
② Na: $1s^2 2s^2 2p^6 3s^1$
③ Br: $1s^2 2s^2 2p^6 3s^2 3p^6 4s^2 3d^{10} 4p^5$
④ Ni: $1s^2 2s^2 2p^6 3s^2 3p^6 4s^2 3d^8$

5・35 ① Ca: [Ar]$4s^2$
② Sr: [Kr]$5s^2$
③ Ga: [Ar]$4s^2 3d^{10} 4s^1$
④ Zn: [Ar]$4s^2 3d^{10}$

5・37 ① Li，② S，③ Si，④ F

5・39 ① Al，② C，③ Ar，④ Be

5・41 ① As: $1s^2 2s^2 2p^6 3s^2 3p^6 4s^2 3d^{10} 4p^3$
② Fe: $1s^2 2s^2 2p^6 3s^2 3p^6 4s^2 3d^6$
③ Pd: $1s^2 2s^2 2p^6 3s^2 3p^6 4s^2 3d^{10} 4p^6 5s^2 4d^8$
④ I: $1s^2 2s^2 2p^6 3s^2 3p^6 4s^2 3d^{10} 4p^6 5s^2 4d^{10} 5p^5$

5・43 ① Ti: [Ar]$4s^2 3d^2$
② Sr: [Kr]$5s^2$
③ Ba: [Xe]$6s^2$
④ Pb: [Xe]$6s^2 4f^{14} 5d^{10} 6p^2$

5・45 ① P，② Co，③ Zn，④ Br

5・47 ① Ga，② N，③ Xe，④ Zr

5・49 ① 10個，② 6個，③ 3個，④ 1個

5・51 族番号 1A～8A（IUPAC方式: 1, 2, 13～18）の元素は，一の位の値が価電子数を表す．族番号 3B～8B（IUPAC方式: 3～12）の元素は，s副準位とd副準位に電子をもつ．

5・53 ① 2族（2A族），② 15族（A5族），
③ 7族（7B族），④ 16族（6A族）

5・55 ① ns^1，② $ns^2 np^2$，③ $ns^2 np^1$，④ $ns^2 np^3$

5・57 ① 3個，② 5個，③ 2個，④ 7個

5・59 ① 16族（6A族）: ：S̈：
② 15族（5A族）: ：N̈·
③ 2族（2A族）: ·Ca·
④ 1族（1A族）: Na·
⑤ 13族（3A族）: ·G̈a·

5・61 ① Mg, Al, Si，② I, Br, Cl，③ Sr, Sb, I，
④ Na, Si, P

5・63 ① Na，② Rb，③ Na，④ Na

5・65 ① Br, Cl, F，② Na, Al, Cl，③ Cs, K, Na，
④ Sn, Sb, As

5・67 ① Br，② Mg，③ P，④ Xe

5・69 Kが最外殻の電子を失ってK$^+$になるため，K$^+$はKより小さい．

5・71 ① Na，② Cl$^-$，③ S^{2-}

◆ 6章

6・1 ① Na原子が最外殻の電子1個を失うと，内殻の電子配置がオクテットになる．
② 1族（1A族）・2族（2A族）元素は，それぞれ1個・2個の電子を失うと貴ガスの電子配置になるため，イオン化合物をつくりやすい．しかし18族（8A族）元素は価電子がオクテット（Heは2個）だから，ふつうは電子を授受せず，化合物にもなりにくい．

6・3 ① 1個，② 2個，③ 3個，④ 1個，⑤ 2個

6・5 ① ヘリウム，② ネオン，③ アルゴン，④ ネオン，⑤ クリプトン

6・7 ① 2個を放出，② 3個を受容，③ 1個を受容，④ 1個を放出，⑤ 3個を放出

6・9 ① Li$^+$，② F$^-$，③ Mg^{2+}，④ Fe^{3+}，⑤ Zn^{2+}

② 6.00 g, ③ 17.4 g, ④ 137 g

9・19 ① 8台, ② 7台
9・21 ① 水素 5.0 mol, ② 水素 4.0 mol, ③ 窒素 3.0 mol
9・23 ① 2.00 mol, ② 0.500 mol, ③ 1.27 mol
9・25 ① 25.1 g, ② 13.5 g, ③ 26.7 g
9・27 ① 71.0 %, ② 63.2%
9・29 70.9 g
9・31 60.5%
9・33 低い
9・35 ① 発熱, ② 吸熱, ③ 発熱
9・37 ① 発熱, ② 吸熱, ③ 発熱
9・39 579 kJ
9・41 アデノシン三リン酸
9・43 グルコース
9・45 反応 ATP ⟶ ADP+P_i の ΔH が負値(−31 kJ)だから.
9・47 ATP の分解で生じるエネルギーが細胞内の反応をひき起こすから.
9・49 炭水化物が底を突いたときエネルギー源になるから.

10章

10・1 ① 8個, ② 14個, ③ 32個, ④ 8個
10・3 ① HF(8電子) H:F̈: または H—F̈:

② SF_2(20電子) :F̈:S̈:F̈: または :F̈—S̈—F̈:

③ NBr_3(26電子) :B̈r:N̈:B̈r: または :B̈r—N̈—B̈r:
　　　　　　　　　:B̈r:　　　　　　　　:B̈r:

④ BH_4^- (8電子) [H:B:H]⁻ または [H—B—H]⁻
　　　　　　　　　　H　　　　　　　H

⑤ CH_3OH(14電子) H:C̈:Ö:H または H—C—Ö—H
　　　　　　　　　　H　　　　　　　H H

⑥ N_2H_4(14電子) H:N̈:N̈:H または H—N—N—H
　　　　　　　　　H H　　　　　　H H

10・5 孤立電子対を使えば全原子がオクテットになる場合
10・7 同じ分子やイオンで複数のルイス構造が描けるとき, 共鳴構造になる.
10・9 ① CO (10電子) :C::O: または :C≡O:

② H_2CCH_2 (12電子) H:C::C:H または H—C=C—H
　　　　　　　　　　　H H　　　　　　H H

③ H_2CO (12電子) H:C:H または H—C—H
　　　　　　　　　:Ö:　　　　　‖
　　　　　　　　　　　　　　　　O

10・11 ① $ClNO_2$:C̈l—N=Ö: ⟷ :C̈l—N—Ö:
　　　　　　　　　　　‖　　　　　　　‖
　　　　　　　　　　　Ö:　　　　　　Ö:

② OCN^- [:Ö=C=N̈:]⁻ ⟷ [:Ö—C≡N:]⁻ ⟷ [:O≡C—N̈:]⁻

10・13 ① 直線, ② 三方錐
10・15 分子の形は, 孤立電子対を無視したものになるから.
10・17 BF_3 分子は, 原子3個が結合したB原子上に孤立電子対がないため, 三角形になる. NF_3 分子は, 原子3個が結合したN原子上に孤立電子対が1個あるため, 三方錐になる.
10・19 ① 三角形, ② 折れ線(結合角<109.5°), ③ 直線, ④ 四面体, ⑤ 折れ線(結合角<120°)
10・21 ① CO_3^{2-} (24電子) [:Ö—C=O:]²⁻ 三角形
　　　　　　　　　　　　　　　　:Ö:

② SO_4^{2-} (32電子) [:Ö—S—Ö:]²⁻ 四面体
　　　　　　　　　　　　:Ö:
　　　　　　　　　　　　:Ö:

③ BH_4^- (8電子) [H—B—H]⁻ 四面体
　　　　　　　　　　H
　　　　　　　　　　H

④ NO_2^+ (16電子) [:Ö=N=Ö:]⁺ 直線

10・23 大きくなる.
10・25 電気陰性度差がほぼ 0~0.4 のとき.
10・27 ① K, Na, Li, ② Na, P, Cl, ③ Ca, Br, O
10・29 ① $\overset{\delta^+}{N}—\overset{\delta^-}{F}$　② $\overset{\delta^+}{Si}—\overset{\delta^-}{P}$　③ $\overset{\delta^+}{C}—\overset{\delta^-}{O}$
④ $\overset{\delta^+}{P}—\overset{\delta^-}{Br}$　⑤ $\overset{\delta^+}{B}—\overset{\delta^-}{Cl}$

10・31 ① 極性共有結合, ② イオン結合, ③ 極性共有結合, ④ 非極性共有結合, ⑤ 極性共有結合, ⑥ 非極性共有結合
10・33 同種原子は電子を均等に共有し, 異種原子は不均等に共有するから.
10・35 ① 非極性分子, ② 極性分子, ③ 非極性分子, ④ 非極性分子

10・37 CO_2 では双極子が打ち消し合う. CO は双極子そのもの.

10・39 ① 双極子-双極子の引き合い, ② イオン結合, ③ 分散力, ④ 双極子-双極子の引き合い, ⑤ 分散力

10・41 ① 水素結合, ② 双極子-双極子の引き合い, ③ 双極子-双極子の引き合い, ④ 分散力, ⑤ 分散力

10・43 ① 21,700 J（吸収）, ② 5680 J（吸収）, ③ 75.2 kJ（放出）, ④ 16.7 kJ（放出）

10・45 ① 22,600 J（吸収）, ② 113 kJ（吸収）, ③ 1.81×10^7 J（放出）, ④ 396 kJ（放出）

10・47 ① 4800 J, ② 30,300 J, ③ 40.2 kJ, ④ 72.3 kJ

10・49 119.5 kJ

■ 11 章

11・1 ① 温度が高いほど分子の平均運動エネルギーは大きく, 平均速度が大きいから.
② 分子間が大きく離れ, 適度に圧縮しても気体状態のままだから.
③ 分子間が大きく離れ, 単位体積当たりの総質量が小さいから.

11・3 ① 温度, ② 体積, ③ 量, ④ 圧力

11・5 気圧（atm）, mmHg, torr, psi, パスカル（Pa）, hPa など.

11・7 ① 1520 torr ② 24.9 psi, ③ 1520 mmHg, ④ 2030 hPa

11・9 浮上中には外圧が下がっていく. 肺の中にある空気は, 吐き出さないと膨張して肺を傷める. つまり肺の中を外圧に合わせる必要があるため.

11・11 ① 吸気, ② 呼気, ③ 吸気

11・13 ① A（ボイルの法則により, 体積を減らすと気体分子間の距離が減って圧力が上がるため）. ② 160 mL

11・15 ① 2 倍になる. ② 3 分の 1 になる. ③ 10 倍になる.

11・17 ① 328 mmHg, ② 2620 mmHg, ③ 475 mmHg, ④ 5240 mmHg

11・19 25 L

11・21 ① 25 L, ② 25 L, ③ 1.00×10^2 L, ④ 45 L

11・23 ① C, ② A, ③ B

11・25 ① 303 ℃, ② −129 ℃, ③ 591 ℃, ④ 136 ℃

11・27 ① 2400 mL, ② 4900 mL, ③ 1800 mL, ④ 1700 mL

11・29 ① 770 mmHg, ② 1150 mmHg

11・31 ① −23 ℃, ② 168 ℃

11・33 ① 沸点, ② 蒸気圧, ③ 気圧, ④ 沸点

11・35 ① 高地では大気圧（外圧）が低く, 水が 100 ℃ 以下で沸騰するため.
② 鍋の中は圧力が 1 atm より高く, 水が 100 ℃ 以上で沸騰するため.

11・37 $\dfrac{P_1 V_1}{T_1} = \dfrac{P_2 V_2}{T_2}$
ボイルの法則, シャルルの法則, ゲーリュサックの法則をまとめた式.

11・39 ① 4.26 atm, ② 3.07 atm, ③ 0.606 atm

11・41 −33.1 ℃

11・43 気体分子の数が増すため, 体積が増える.

11・45 ① 4.00 L, ② 26.7 L, ③ 14.6 L

11・47 ① 2.00 mol, ② 0.179 mol, ③ 4.48 L, ④ 55,500 mL

11・49 ① 1.70 g L^{-1}, ② 0.716 g L^{-1}, ③ 0.901 g L^{-1}, ④ 2.86 g L^{-1}

11・51 4.93 atm

11・53 29.4 g

11・55 293 ℃

11・57 ① 42 g mol^{-1}, ② 28.7 g mol^{-1}, ③ 39.8 g mol^{-1}, ④ 33 g mol^{-1}

11・59 ① 7.60 L, ② 4.92 g

11・61 178 L

11・63 3.4 L

11・65 ① 743 mmHg, ② 0.0103 mol

11・67 成分それぞれの示す圧力が全圧の "一部分" を占めるため.

11・69 765 torr

11・71 425 torr

■ 12 章

12・1 ① 溶質: NaCl, 溶媒: H_2O
② 溶質: H_2O, 溶媒: エタノール
③ 溶質: O_2, 溶媒: N_2

12・3 ① 水, ② CCl_4, ③ 水, ④ CCl_4

12・5 極性の水分子が KI 結晶から K$^+$ と I$^-$ を引き離し, 水和させる.

12・7 水中で KF は大部分が K$^+$ と F$^-$ に電離する. HF は大部分が HF 分子のまま水に溶け, ごく一部だけ H$^+$ と F$^-$ に電離する.

12・9 ① $KCl(s) \xrightarrow{H_2O} K^+(aq) + Cl^-(aq)$

② $CaCl_2(s) \xrightarrow{H_2O} Ca^{2+}(aq) + 2\,Cl^-(aq)$

③ $K_3PO_4(s) \xrightarrow{H_2O} 3\,K^+(aq) + PO_4^{3-}(aq)$

④ $Fe(NO_3)_3(s) \xrightarrow{H_2O} Fe^{3+}(aq) + 3\,NO_3^-(aq)$

12・11 ① 多量の分子＋少量のイオン
② ほぼイオンだけ
③ ほぼ分子だけ

12・13 ① 強電解質, ② 弱電解質, ③ 非電解質

- 12・15 ① 飽和溶液, ② 不飽和溶液
- 12・17 ① 不飽和溶液, ② 不飽和溶液, ③ 飽和溶液
- 12・19 ① 68 g, ② 12 g
- 12・21 ① 高温ほど溶解度が高い固体だから.
  ② 高温ほど溶解度が低い気体だから.
  ③ 高温ほど溶解度が低く, 缶内の圧力が上がるから.
- 12・23 ① 水溶性, ② 難溶性, ③ 難溶性, ④ 水溶性,
  ⑤ 水溶性
- 12・25 ① 沈殿は生じない
  ② $2 Ag^+(aq) + S^{2-}(aq) \longrightarrow Ag_2S(s)$
  ③ $Ca^{2+}(aq) + SO_4^{2-}(aq) \longrightarrow CaSO_4(s)$
  ④ $3 Cu^{2+}(aq) + 2 PO_4^{3-}(aq) \longrightarrow Cu_3(PO_4)_2(s)$
- 12・27 グルコース 12.5 g を水 237.5 g に溶かす.
- 12・29 ① 17%(m/m), ② 10%(m/m), ③ 5.3%(m/m)
- 12・31 ① 2.5 g, ② 50 g, ③ 25 mL
- 12・33 79.9 mL
- 12・35 ① 20 g, ② 400 g, ③ 20 mL
- 12・37 ① 0.500 M, ② 2.50 M, ③ 0.0356 M
- 12・39 ① 120 g, ② 1.86 g, ③ 3.19 g
- 12・41 ① 983 mL, ② 1700 mL (1.7×10^3 mL),
  ③ 464 mL
- 12・43 ① 1.80 M, ② 0.100 M, ③ 3.00 M
- 12・45 ① 300 mL, ② 180 mL, ③ 32.4 mL
- 12・47 ① 12.8 mL, ② 11.9 mL, ③ 1.88 mL
- 12・49 500 mL
- 12・51 ① 10.4 g, ② 18.8 mL, ③ 1.20 M
- 12・53 ① 206 mL, ② 11.2 L, ③ 9.09 M
- 12・55 ① 溶液, ② 懸濁液
- 12・57 ① 0.60 mol, ② 0.30 mol
- 12・59 ① 22.3 mol kg^{-1}, ② 6.89 mol kg^{-1}
- 12・61 ① 凝固点 −41.5 ℃
  ② 凝固点 −12.8 ℃, 沸点 103.6 ℃
- 12・63 ① 10%(m/v) のデンプン,
  ② 8%(m/v) のアルブミン, ③ 10%(m/v) のスクロース

13 章

- 13・1 ① 一定時間内にできる生成物の量, または消失する反応物の量. ② 室温下のほうが, カビの成長に関係する化学反応の速度が大きいため.
- 13・3 増える
- 13・5 ① 上げる, ② 上げる, ③ 上げる, ④ 下げる
- 13・7 "反応物 ⟶ 生成物" の向きにも "生成物 ⟶ 反応物" の向きにも進む反応.
- 13・9 ② と ③
- 13・11 ① $K_c = \dfrac{[CS_2][H_2]^4}{[CH_4][H_2S]^2}$ ② $K_c = \dfrac{[N_2][O_2]}{[NO]^2}$
  ③ $K_c = \dfrac{[CS_2][O_2]^4}{[SO_3]^2[CO_2]}$
- 13・13 ① 均一系平衡, ② 不均一系平衡,
  ③ 均一系平衡, ④ 不均一系平衡
- 13・15 ① $K_c = \dfrac{[O_2]^3}{[O_3]^2}$ ② $K_c = [CO_2][H_2O]$
  ③ $K_c = \dfrac{[H_2]^3[CO]}{[CH_4][H_2O]}$ ④ $K_c = \dfrac{[Cl_2]^2}{[HCl]^4[O_2]}$
- 13・17 $K_c = 1.5$
- 13・19 $K_c = 260$
- 13・21 ① 生成物, ② 生成物, ③ 反応物
- 13・23 1.1×10^{-3} M
- 13・25 1.4 M
- 13・27 ① 小さくなる. ② "反応物 ⟶ 生成物" の変化が進み, K_c が最初の値に戻る.
- 13・29 ① 右に動く, ② 左に動く, ③ 右に動く,
  ④ 右に動く, ⑤ 変化なし
- 13・31 ① 右に動く, ② 右に動く, ③ 右に動く,
  ④ 変化なし, ⑤ 左に動く
- 13・33 ① $MgCO_3(s) \rightleftharpoons Mg^{2+}(aq) + CO_3^{2-}(aq)$
  $K_{sp} = [Mg^{2+}][CO_3^{2-}]$
  ② $CaF_2(s) \rightleftharpoons Ca^{2+}(aq) + 2 F^-(aq)$
  $K_{sp} = [Ca^{2+}][F^-]^2$
  ③ $Ag_3PO_4(s) \rightleftharpoons 3 Ag^+(aq) + PO_4^{3-}(aq)$
  $K_{sp} = [Ag^+]^3[PO_4^{3-}]$
- 13・35 $K_{sp} = 1.1 \times 10^{-10}$
- 13・37 $K_{sp} = 8.8 \times 10^{-12}$
- 13・39 $[Cu^+] = 1 \times 10^{-6}$ M, $[I^-] = 1 \times 10^{-6}$ M
- 13・41 $[Cl^-] = 9.0 \times 10^{-8}$ M

14 章

- 14・1 ① 酸, ② 酸, ③ 酸, ④ 塩基
- 14・3 ① 塩化水素酸(塩酸), ② 水酸化カルシウム,
  ③ 炭酸, ④ 硝酸, ⑤ 亜硫酸, ⑥ 亜臭素酸,
  ⑦ エタン酸(慣用名: 酢酸)
- 14・5 ① $Mg(OH)_2$, ② HF, ③ HCOOH, ④ LiOH,
  ⑤ NH_4OH, ⑥ HIO_4
- 14・7 ① 酸: HI, 塩基: H_2O, ② 酸: H_2O, 塩基: F^-,
  ③ 酸: H_2S, 塩基: $C_2H_5NH_2$
- 14・9 ① F^-, ② OH^-, ③ HPO_3^{2-}, ④ SO_4^{2-}, ⑤ ClO_2^-
- 14・11 ① HCO_3^-, ② H_3O^+, ③ H_3PO_4, ④ HBr,
  ⑤ $HClO_4$
- 14・13 ① 酸: H_2CO_3, 共役塩基: HCO_3^-, 塩基: H_2O,
  共役酸: H_3O^+
  ② 酸: NH_4^+, 共役塩基: NH_3, 塩基: H_2O, 共役酸:
  H_3O^+
  ③ 酸: HCN, 共役塩基: CN^-, 塩基: NO_2^-, 共役酸:
  HNO_2
  ④ 酸: HF, 共役塩基: F^-, 塩基: CH_3COO^-, 共役酸:
  CH_3COOH

練習問題の解答

14・15 $NH_4^+(aq) + H_2O(l) \rightleftharpoons NH_3(aq) + H_3O^+(aq)$

14・17 強酸は水素イオン H^+ を解離しやすいため, 解離後にできる共役塩基は H^+ を受取る力が弱い.

14・19 ① HBr, ② HSO_4^-, ③ H_2CO_3

14・21 ① HSO_4^-, ② HNO_2, ③ HCO_3^-

14・23 ① 反応物側, ② 反応物側, ③ 生成物側, ④ 反応物側

14・25 NH_4^+ は HSO_4^- より弱い酸, SO_4^{2-} は NH_3 より弱い塩基だから.
$NH_4^+(aq) + SO_4^{2-}(aq) \rightleftharpoons NH_3(aq) + HSO_4^-(aq)$

14・27 ① H_2SO_3, ② HSO_3^-, ③ H_2SO_3, ④ HS^-, ⑤ H_2SO_3

14・29 $H_3PO_4(aq) + H_2O(l) \rightleftharpoons H_3O^+(aq) + H_2PO_4^-(aq)$
$$K_a = \frac{[H_3O^+][H_2PO_4^-]}{[H_3PO_4]}$$

14・31 ある H_2O 分子が別の H_2O 分子に H^+ を渡す結果, 同数の OH^- と H_3O^+ ができるから.

14・33 $[H_3O^+] > [OH^-]$

14・35 ① 酸性, ② 塩基性, ③ 塩基性, ④ 酸性

14・37 ① $1.0×10^{-5}$ M, ② $1.0×10^{-8}$ M, ③ $5.0×10^{-10}$ M, ④ $2.5×10^{-2}$ M

14・39 ① $1.0×10^{-11}$ M, ② $2.0×10^{-9}$ M, ③ $5.6×10^{-3}$ M, ④ $2.5×10^{-2}$ M

14・41 $[H_3O^+] = 1.0×10^{-7}$ M, $-\log_{10}(1.0×10^{-7}) = 7.00$ だから.

14・43 ① 塩基性, ② 酸性, ③ 塩基性, ④ 酸性, ⑤ 酸性, ⑥ 塩基性

14・45 $[H_3O^+] = 10^{-pH}$ により, $[H_3O^+]$ が 10^{-4} M $\rightarrow$ 10^{-3} M (10倍) になるから.

14・47 ① 4.00, ② 8.52, ③ 9.00, ④ 3.40, ⑤ 7.17, ⑥ 10.92

14・49

$[H_3O^+]$	$[OH^-]$	pH	pOH	液性
$1.0×10^{-8}$ M	$1.0×10^{-6}$ M	8.00	6.00	塩基性
$3.2×10^{-4}$ M	$3.1×10^{-11}$ M	3.49	10.51	酸性
$2.8×10^{-5}$ M	$3.6×10^{-10}$ M	4.55	9.45	酸性
$1.0×10^{-12}$ M	$1.0×10^{-2}$ M	12.00	2.00	塩基性

14・51 ① $ZnCO_3(s) + 2HBr(aq) \longrightarrow ZnBr_2(aq) + CO_2(g) + H_2O(l)$
② $Zn(s) + 2HCl(aq) \longrightarrow ZnCl_2(aq) + H_2(g)$
③ $HCl(aq) + NaHCO_3(s) \longrightarrow NaCl(aq) + H_2O(l) + CO_2(g)$
④ $H_2SO_4(aq) + Mg(OH)_2(s) \longrightarrow MgSO_4(aq) + 2H_2O(l)$

14・53 ① $2HCl(aq) + Mg(OH)_2(s) \longrightarrow MgCl_2(aq) + 2H_2O(l)$
② $H_3PO_4 + 3LiOH(aq) \longrightarrow Li_3PO_4(aq) + 3H_2O(l)$

14・55 ① $H_2SO_4(aq) + 2NaOH_2(aq) \longrightarrow Na_2SO_4(aq) + 2H_2O(l)$
② $3HCl(aq) + Fe(OH)_3(s) \longrightarrow FeCl_3(aq) + 3H_2O(l)$
③ $H_2CO_3(aq) + Mg(OH)_2(s) \longrightarrow MgCO_3(s) + 2H_2O(l)$

14・57 濃度が正確にわかっている $NaOH$ 水溶液を使って滴定する.

14・59 0.830 M

14・61 0.124 M

14・63 16.5 mL

14・65 弱酸からの陰イオンが H_2O の H^+ を奪う結果, OH^- ができるから.

14・67 ① 中性
② 酸性: $NH_4^+(aq) + H_2O(l) \rightleftharpoons NH_3(aq) + H_3O^+(aq)$
③ 塩基性: $CO_3^{2-}(aq) + H_2O(l) \rightleftharpoons HCO_3^-(aq) + OH^-(aq)$
④ 塩基性: $S^{2-}(aq) + H_2O(l) \rightleftharpoons HS^-(aq) + OH^-(aq)$

14・69 ②と③が緩衝液になる ("弱酸+弱酸の塩" を溶かした水溶液だから).

14・71 ① pH をほぼ一定に保つため.
② 入ってきた H_3O^+ を共役塩基が中和し, 同じ酸をつくるため.
③ NaF からの F^- が H_3O^+ と反応する.
④ HF が OH^- を中和する.

14・73 pH = 3.35

14・75 0.10 M HF + 0.10 M NaF の緩衝液は pH = 3.14
0.060 M HF + 0.120 M NaF の緩衝液は pH = 3.44

15章

15・1 ① 還元 (Na^+ が電子を得る)
② 酸化 (Ni が電子を出す)
③ 還元 (Cr^{3+} が電子を得る)
④ 還元 (H^+ が電子を得る)

15・3 ① Zn が酸化され, Cl_2 が還元される.
② Br^- が酸化され, Cl_2 が還元される.
③ Pb が酸化され, O_2 が還元される.
④ Sn^{2+} が酸化され, Fe^{3+} が還元される.

15・5 ① 0, ② 0, ③ +2, ④ −1

15・7 ① K +1, Cl −1 ② Mn +4, O −2, ③ C +2, O −2, ④ Mn +3, O −2

15・9 ① Al +3, P +5, O −2
② S +4, O −2
③ Cr +3, O −2

④ N +5, O −2

15・11 ① H +1, S +6, O −2
② H +1, P +3, O −2
③ Cr +6, O −2
④ Na +1, C +4, O −2

15・13 ① +5, ② −2, ③ +5, ④ +6

15・15 ① 還元剤, ② 酸化剤

15・17 ① 還元剤: Zn, 酸化剤: Cl_2
② 還元剤: Br^-, 酸化剤: Cl_2
③ 還元剤: Pb, 酸化剤: O_2
④ 還元剤: Sn^{2+}, 酸化剤: Fe^{3+}

15・19 ① NiS 中の S^{2-} が酸化され, O_2 が還元される. 還元剤: S^{2-}, 酸化剤: O_2
② Sn^{2+} が酸化され, Fe^{3+} が還元される. 還元剤: Sn^{2+}, 酸化剤: Fe^{3+}
③ CH_4 中の C が酸化され, O_2 が還元される. 還元剤: CH_4, 酸化剤: O_2
④ Si が酸化され, Cr_2O_3 中の Cr^{3+} が還元される. 還元剤: Si, 酸化剤: Cr_2O_3

15・21 ① $Cu_2S(s) + H_2(g) \longrightarrow 2Cu(s) + H_2S(g)$
② $2Fe(s) + 3Cl_2(g) \longrightarrow 2FeCl_3(s)$
③ $2Al(s) + 3H_2SO_4(aq) \longrightarrow Al_2(SO_4)_3(aq) + 3H_2(g)$

15・23 ① $Sn^{2+}(aq) \longrightarrow Sn^{4+}(aq) + 2e^-$
② $Mn^{2+}(aq) + 4H_2O(l) \longrightarrow MnO_4^-(aq) + 8H^+(aq) + 5e^-$
③ $NO_2^-(aq) + H_2O(l) \longrightarrow NO_3^-(aq) + 2H^+(aq) + 2e^-$
④ $ClO_3^-(aq) + 2H^+(aq) + e^- \longrightarrow ClO_2(aq) + H_2O(l)$

15・25 ① $2H^+(aq) + Ag(s) + NO_3^-(aq) \longrightarrow Ag^+(aq) + NO_2(g) + H_2O(l)$
② $2Fe(s) + 2CrO_4^{2-}(aq) + 2H_2O(l) \longrightarrow Fe_2O_3(s) + Cr_2O_3(s) + 4OH^-(aq)$
③ $4H^+(aq) + 4NO_3^-(aq) + 3S(s) \longrightarrow 4NO(g) + 3SO_2(g) + 2H_2O(l)$
④ $2S_2O_3^{2-}(aq) + Cu^{2+}(aq) \longrightarrow S_4O_6^{2-}(aq) + Cu(s)$
⑤ $4H^+(aq) + 5PbO_2(s) + 2Mn^{2+}(aq) \longrightarrow 5Pb^{2+}(aq) + 2MnO_4^-(aq) + 2H_2O(l)$

15・27 ① 第一級, ② 第一級, ③ 第三級

15・29 ①
$CH_3-CH_2-CH_2-CH_2-\overset{O}{\overset{\|}{C}}-H$
② 酸化されない
③
$CH_3-\overset{O}{\overset{\|}{C}}-CH_2-\overset{CH_3}{\overset{|}{C}H}-CH_3$

15・31 ① アノード反応: $Pb(s) \longrightarrow Pb^{2+}(aq) + 2e^-$
カソード反応: $Cu^{2+}(aq) + 2e^- \longrightarrow Cu(s)$
電池式: $Cu^{2+}(aq) + Pb(s) \longrightarrow Cu(s) + Pb^{2+}(aq)$
② アノード反応: $Cr(s) \longrightarrow Cr^{2+}(aq) + 2e^-$
カソード反応: $Ag^+(aq) + e^- \longrightarrow Ag(s)$
電池式: $2Ag^+(aq) + Cr(s) \longrightarrow 2Ag(s) + Cr^{2+}(aq)$

15・33 ① アノード反応: $Cd(s) \longrightarrow Cd^{2+}(aq) + 2e^-$
カソード反応: $Sn^{2+}(aq) + 2e^- \longrightarrow Sn(s)$
電池式: $Cd(s) | Cd^{2+}(aq) \| Sn^{2+}(aq) | Sn(s)$
② アノード反応: $Zn(s) \longrightarrow Zn^{2+}(aq) + 2e^-$
カソード反応: $Cl_2(g) + 2e^- \longrightarrow 2Cl^-(aq)$
電池式: $Zn(s) | Zn^{2+}(aq) \| Cl_2(g), Cl^-(aq) | C(黒鉛)$

15・35 ① 酸化, ② Cd が酸化される, ③ アノード

15・37 ① 酸化, ② Zn が酸化される, ③ アノード

15・39 ① $Sn^{2+}(aq) + 2e^- \longrightarrow Sn(s)$
② 鉄の表面でスズを還元・析出させるから.
③ アノードで酸化反応 $Sn \longrightarrow Sn^{2+}$ を起こすから.

15・41 Fe は Sn よりイオン化傾向が大きいため, スズ膜が傷ついて露出した Fe はさびやすい.

16章

16・1 ① 同じ. ② α, ^4_2He
③ 不安定な原子核が壊変するときに出る.

16・3 ① $^{39}_{19}K$, $^{40}_{19}K$, $^{41}_{19}K$
② 共通点: 陽子・電子の数 (19個), 相違点: 中性子の数

16・5

用途	元素記号	質量数	陽子数	中性子数
心臓画像化	$^{201}_{81}Tl$	201	81	120
放射線治療	$^{60}_{27}Co$	60	27	33
腹部画像化	$^{67}_{31}Ga$	67	31	36
甲状腺亢進症	$^{131}_{53}I$	131	53	78
白血病治療	$^{32}_{15}P$	32	15	17

16・7 ① α, ^4_2He, ② n, ^1_0n, ③ β, $^{\ 0}_{-1}e$,
④ $^{15}_{\ 7}N$, ⑤ $^{125}_{\ 53}I$

16・9 ① β または $^{\ 0}_{-1}e$, ② α または ^4_2He, ③ n, ^1_0n,
④ $^{24}_{11}Na$, ⑤ $^{14}_{\ 6}C$

16・11 ① β 粒子は α 粒子よりずっと軽く, 飛行速度も大きいため.
② 体にとって望ましくない化学反応をひき起こす.
③ 線源から遠ざかって被曝を減らすため (通常, 仕切り壁も鉛を入れて防御する).
④ α 粒子と β 粒子からシールドするため.

16・13 ① $^{208}_{\ 84}Po \longrightarrow ^{204}_{\ 82}Pb + ^4_2He$
② $^{232}_{\ 90}Th \longrightarrow ^{228}_{\ 88}Ra + ^4_2He$
③ $^{251}_{102}No \longrightarrow ^{247}_{100}Fm + ^4_2He$
④ $^{220}_{\ 86}Rn \longrightarrow ^{216}_{\ 84}Po + ^4_2He$

16・15 ① $^{25}_{11}Na \longrightarrow ^{25}_{12}Mg + ^{\ 0}_{-1}e$
② $^{20}_{\ 8}O \longrightarrow ^{20}_{\ 9}F + ^{\ 0}_{-1}e$
③ $^{92}_{38}Sr \longrightarrow ^{92}_{39}Y + ^{\ 0}_{-1}e$

④ $^{42}_{19}K \longrightarrow {}^{42}_{20}Ca + {}^{0}_{-1}e$

16・17 ① $^{26}_{14}Si \longrightarrow {}^{26}_{13}Al + {}^{0}_{+1}e$
② $^{54}_{27}Co \longrightarrow {}^{54}_{26}Fe + {}^{0}_{+1}e$
③ $^{77}_{37}Rb \longrightarrow {}^{77}_{36}Kr + {}^{0}_{+1}e$
④ $^{93}_{45}Rh \longrightarrow {}^{93}_{44}Ru + {}^{0}_{+1}e$

16・19 ① $^{28}_{14}Si$, ② $^{87}_{36}Kr$, ③ $^{0}_{-1}e$, ④ $^{238}_{92}U$, ⑤ $^{188}_{79}Au$

16・21 ① $^{10}_{4}Be$, ② $^{0}_{-1}e$, ③ $^{27}_{13}Al$, ④ $^{30}_{15}P$

16・23 ① 放射線が管内の気体をイオン化させるとき流れる電流を検知する. ② ベクレル (Bq) とキュリー (Ci), ③ グレイ (Gy), ④ 1000 Gy

16・25 294 μCi

16・27 高空は空気が薄く, 宇宙からの放射線を十分にシールドできないため.

16・29 壊変する同位体の量が半分になるまでの時間

16・31 ① 40.0 mg, ② 20.0 mg, ③ 10.0 mg, ④ 5.00 mg

16・33 130 日

16・35 ① 骨に組込まれた ^{47}Ca や ^{32}P を観測し, 障害の検出や治療ができるから.
② Ca と同じ 2 族(2A 族)元素の Sr は骨に組込まれる. 子どもの細胞は分裂が速く, ^{85}Sr の害も大きいから.

16・37 180 μCi

16・39 大きくて不安定な原子核が安定化を目指して分裂し, 大量のエネルギーを出す現象.

16・41 $^{103}_{42}Mo$

16・43 ① 核分裂, ② 核融合, ③ 核分裂, ④ 核融合

写真出典

■ 1章
p.1（左段） iStockphoto.
p.1（右段） Pearson Education.
p.2（右段） Pearson Education.
p.2（コラム，左） The Bridgeman Art Library/amanaimages.
p.2（コラム，右） Erich Lessing/Art Resource.
p.3　Photos.com.
p.4　PhotoResearchers/amanaimages.
p.6（コラム） United States Department of Agriculture.

■ 2章
p.8　iStockphoto.
p.9（図2・2） Pearson Education.
p.9（右段上） National Institute of Standards and Technology.
p.9（図2・3）©(Richard Megna) FUNDAMENTAL PHOTOGRAPHS, NYC.
p.10（図2・4） Pearson Education.
p.10（図2・5，左） iStockphoto.
p.10（図2・5，右） PhotoResearchers/amanaimages.
p.20（図2・7） Pearson Education.
p.21（図2・8，左） Pearson Education.
p.21（図2・8，中・右） Pearson Education.
p.23（コラム，左） SPL/amanaimages.
p.23（コラム，右） PhotoResearchers/amanaimages.

■ 3章
p.24　iStockphoto.
p.25（左段上） Shutterstock.
p.25（左段下） Eric Schrader-Pearson Science.
p.25（図3・1，上） Pearson Education.
p.25（図3・1，左下）©田中陵二
p.25（図3・1，右下） Pearson Education/Pearson Science.
p.25（図3・2，左） iStockphoto.
p.25（図3・2，中） Pearson Education.
p.25（図3・2，中） Shutterstock.
p.25（図3・2，右） Pearson Education.
p.26（図3・3，左） iStockphoto.
p.26（図3・3，中） Pearson Education.
p.26（左段左）©(Richard Megna) FUNDAMENTAL PHOTOGRAPHS, NYC.
p.26（左段右） PhotoResearchers/amanaimages.
p.26（コラム） iStockphoto.
p.27　Pearson Education.
p.28（上左） iStockphoto.
p.28（上中） iStockphoto.
p.28（上右） iStockphoto.
p.28（表3・1） Shutterstock.
p.28（図3・5左） iStockphoto.
p.28（図3・5中） iStockphoto.
p.28（図3・5右） iStockphoto.
p.28（図3・5下） PhotoResearchers/amanaimages.

p.29（表3・3） Westend61 GmbH/Alamy.
p.32（図3・7） iStockphoto.

■ 1章～3章の総合問題
p.39　iStockphoto.

■ 4章
p.41（最左） Pearson Education.
p.41（左） Pearson Education.
p.41（中） Pearson Education.
p.41（右） Pearson Education.
p.41（最右） Pearson Education.
p.43（図4・4左） Pearson Education.
p.43（図4・4中） Pearson Education.
p.43（図4・4右） Pearson Education.
p.43（コラム） Mary Ann Sullivan.
p.44（図4・5） Pearson Education.
p.44（コラム左） Shutterstock.
p.44（コラム右） iStockphoto.
p.47（左段） Russ Lappa-Prentice Hall School Division.
p.47（図4・7） IBM Research, Almaden Research Center.
p.48（図4・10） Pearson Education.
p.49（右段左） Pearson Education.
p.49（右段右） Pearson Education.
p.51　Pearson Education.

■ 5章
p.54　iStockphoto.
p.56（左段） iStockphoto.
p.56（右段左） Shutterstock.
p.56（右段右） PhotoResearchers/amanaimages.
p.56（図5・3，上） Pearson Education.
p.56（図5・3，下） Pearson Education.

■ 6章
p.72　iStockphoto.
p.75（図6・1，左上）©田中陵二
p.75（図6・1，右上） Pearson Education.
p.75（図6・1，左下） Pearson Education.
p.75（図6・1，右下） Pearson Education.
p.79（左段左） Pearson Education.
p.79（左段右） Pearson Education.

■ 7章
p.90（左段） Pearson Education.
p.91　Pearson Education.
p.92（図7・1，最左） Pearson Education.
p.92（図7・1，左） Pearson Education.
p.92（図7・1，中） Pearson Education.
p.92（図7・1，右） Pearson Education.
p.92（図7・1，最右） Pearson Education.

写 真 出 典

p.92（左段下）Shutterstock.
p.95（コラム）Pearson Education.

■ 4章〜7章の総合問題
p.99（左段）Eric Schrader-Pearson Science.
p.99（右段上）Shutterstock.
p.99（右段下）iStockphoto.
p.100　iStockphoto.

■ 8章
p.101（左段）Pearson Education.
p.101（右段）Pearson Education.
p.102　Pearson Education.
p.103　Pearson Education.
p.104　©(Richard Megna) FUNDAMENTAL PHOTOGRAPHS, NYC.
p.105（図8・3, 左）Pearson Education.
p.105（図8・3, 中）Pearson Education.
p.105（図8・3, 右）Pearson Education.
p.105（図8・4）Tom Bochsler/Pearson Education.
p.106（左段上左）Pearson Education.
p.106（左段上右）Pearson Education.
p.106（左段下）Pearson Education.
p.108（コラム）iStockphoto.
p.110　Pearson Education.
p.111　Pearson Education.

■ 9章
p.117（下左）Pearson Education.
p.117（下中）Pearson Education.
p.117（下右）Pearson Education.
p.118（下左）Pearson Education.
p.118（下中）Pearson Education.
p.118（下右）Pearson Education.
p.119　iStockphoto.
p.120　Pearson Education.
p.122　NASA.
p.123　©(Richard Megna) FUNDAMENTAL PHOTOGRAPHS, NYC.
p.124（コラム）Pearson Education.
p.127（コラム, 左段左）iStockphoto.
p.127（コラム, 左段右）iStockphoto.
p.127（コラム, 右段上）Custom Medical Stock Photo.

■ 10章
p.130　NASA.
p.141（コラム）Pearson Education.
p.141（図10・4, 左）Pearson Education.
p.141（図10・4, 右）Pearson Education.
p.142（左段左）Helene Canada/iStockphoto.
p.142（左段右）iStockphoto.
p.143（コラム）iStockphoto.

■ 8章〜10章の総合問題
p.147　Eric Schrader-Pearson Science.

■ 11章
p.149　NASA.
p.153　iStockphoto.
p.155（左段）Pearson Education.
p.155（右段）Pearson Education.

■ 12章
p.164（左段）Pearson Education/Pearson Science.
p.164（図12・1）Pearson Education.
p.165　Pearson Education.
p.166（図12・2）Pearson Education.
p.167（図12・4）Pearson Education.
p.167（下左）Pearson Education/Pearson Science.
p.167（下中）Pearson Education/Pearson Science.
p.167（下右）Pearson Education/Pearson Science.
p.168（左段左）Pearson Education.
p.168（左段右）Pearson Education.
p.169（左段左）Pearson Education.
p.169（左段右）Pearson Education.
p.170（左段左）Pearson Education.
p.170（左段右）Pearson Education.
p.171（図12・6, 左）Pearson Education.
p.171（図12・6, 中）Pearson Education.
p.171（図12・6, 中）Pearson Education.
p.171（図12・6, 右）Pearson Education.
p.171（図12・7）PhotoResearchers/amanaimages.
p.171（右段左）Pearson Education.
p.171（右段右）Pearson Education.
p.172（コラム, 左）iStockphoto.
p.172（コラム, 右）iStockphoto.
p.173（右段左）Pearson Education.
p.173（右段右）Pearson Education.
p.174　Pearson Education.
p.175（図12・8, 上）Pearson Education.
p.175（図12・8, 下）Pearson Education.
p.177（左段左）Pearson Education.
p.177（左段右）Pearson Education.
p.181（コラム）iStockphoto.

■ 13章
p.183（図13・1, 上左）Pearson Education.
p.183（図13・1, 上右）Pearson Education.
p.183（図13・1, 中左）Pearson Education.
p.183（図13・1, 中右）Pearson Education.
p.183（図13・1, 下左）Pearson Education.
p.183（図13・1, 下右）Pearson Education.
p.196（コラム, 上）iStockphoto.
p.196（コラム, 下）iStockphoto.

■ 14章
p.201　iStockphoto.
p.205（図14・2）Pearson Education.
p.211（図14・6, 左）Pearson Education.
p.211（図14・6, 中）Pearson Education.
p.211（図14・6, 右）Pearson Education.
p.213（コラム）Michael Fernahl/iStockphoto.
p.215（図14・7, 左）Pearson Education.
p.215（図14・7, 中）Pearson Education.
p.215（図14・7, 右）Pearson Education.

■ 11章〜14章の総合問題
p.221（右段上）Charles D. Winters/Photo Researchers.
p.221（右段下）©(Richard Megna) FUNDAMENTAL PHOTOGRAPHS, NYC.

■ 15章
p.223　Shutterstock.

写真出典

p.224 （図 15・1, 左） Pearson Education.
p.224 （図 15・1, 中） Pearson Education.
p.224 （図 15・1, 右） Pearson Education.
p.226 SPL/amanaimages.
p.227 ©(Richard Megna) FUNDAMENTAL PHOTOGRAPHS, NYC.
p.233 Shutterstock.
p.236 Pearson Education/Pearson Science.
p.237 iStockphoto.

16 章
p.240 iStockphoto.
p.241 （図 16・1） SPL/amanaimages.

p.245 （右段上） Shutterstock.
p.245 （右段下） iStockphoto.
p.246 （コラム） Pearson Education/Pearson Science.
p.249 （コラム） corbis/amanaimages.
p.250 （図 16・5） PhotoResearchers/amanaimages.
p.250 （図 16・6） Getty Images.
p.251 Getty Images.

15 章, 16 章の総合問題
p.255 （左段上） SPL/amanaimages.
p.255 （左段下） ©(Richard Megna) FUNDAMENTAL PHOTOGRAPHS, NYC.
p.255 （右段） Augustin Ochsenreite/AP.

カソード 231
形
　　イオンの—— 132
　　分子の—— 132
活性化エネルギー 184
活　量 187
価電子 66, 128, 131
果　糖 110
加熱曲線 143
過飽和溶液 170
カーボンナノチューブ 44
ガラクトース 110
カルボキシ基 111
カルボニル基 110, 111
カルボン酸 111, 201
カルボン酸アミド 112
カロリー 33
カロリー値
　　三大栄養素の—— 36
　　食品の—— 36
還　元 223
還元剤 225
還元体 223
観　察 4
換算係数 16～19
緩衝液 217, 218
　　——のpH 218
肝　臓 230
乾電池 233
官能基 107, 113
γ　線 55, 240
　　——放出 244

き

気　圧 149
ギ　ガ 15
貴ガス 44, 73
ギ　酸 229
希　釈 175
犠牲アノード 233
気　体 28, 102
　　——の性質 148
　　——の量 149
気体定数 158
気体分子運動論 148
基底状態 57
軌　道 59
　　——の形 59
軌道図 61
ギブズエネルギー変化 125
逆浸透 180
逆スピン 60
吸　気 152
吸熱反応 123.195
キュリー 246
強塩基 206
凝　結 141
凝　固 29, 139
凝固点 139

凝固点降下 179
凝固点降下定数 179
強　酸 205
凝　縮 29, 141
共通イオン効果 198
強電解質 167
共鳴構造 130
共役塩基 204
共役酸 203
共役した酸/塩基の対 203, 204
共有結合 81
共有結合化合物 81
極　性 135
　　結合の—— 135
　　分子の—— 135
極性共有結合 135
極性結合 165
極性分子 136, 166
キロ 15
均一系平衡 188
均一混合物 27
近接照射療法 251
金　属 45
金属イオン 77
筋　肉 126

く

空　気 160
　　ダイバー用の—— 26
グラファイト 44
グリコーゲン 110, 125
グリセリン 87
グリセロール 87
グルコース 110
グルコース6-リン酸 125
グレイ 246
クロロフルオロカーボン 1, 93

け

係　数 102, 103
K_a 207
K_{sp} 197
K_f 179
K_c 188, 190
桁 15
K_w 209
血　圧 150
血　液 219
結合電子対 81, 128
結合反応 105
血中エタノール濃度 230
ケトン 110
K_b 179, 208
ゲーリュサックの法則 154
ケルビン 9, 31
原　子 47
　　——の構成粒子 47
原子価殻電子対反発理論 132

原子核 48
原子質量単位 48
原子スペクトル 56
原子説 47
原子半径 67
原子番号 49
原子量 51
原子力発電 252
元　素 40
元素記号 40, 41
元素名 40, 41
懸濁液 178
原　油 20, 86

こ

高圧治療室 162
高エネルギー化合物 124
光化学オキシダント 108
高山病 194
光　子 56
酵　素 185
構造式 85
光　速 54
高張液 180
抗ヒスタミン剤 111
氷 29
呼　気 152
呼　吸 152
誤　差 12
固　体 28, 102
孤立電子対 81, 128
コールドパック 124
コロイド 178
混合物 25

さ

サイズ
　　イオンの—— 69
　　原子の—— 69
細胞分裂 241
細胞膜 87
酢　酸 111
さ　び 1, 232
サリチル酸 202
酸 200
　　——の名称 200
酸塩基反応 206
酸　化 223
酸解離定数 207
酸化還元反応 223
酸化還元反応式 227, 229
三角形 132
三角錐 132
酸化剤 225
酸化数 224
酸化体 223

索引

三重結合　107, 129
酸性雨　213
酸素アセチレン炎　114
三　態　28, 165
三方錐　132

し

g（気体を表す記号）　102
ジエチルエーテル　109
紫外線　55, 57
時　間　10
磁気共鳴断層撮影　251
仕　事　32
脂　質　87
指示薬　215
四捨五入　13
指　数　10
指数表記　10, 11
ジスルフィド結合　140
示性式　85
実　験　4
実験式　94
実収量　122
質　量　9
質量数　50
質量％　94
質量パーセント濃度　173
質量百分率
　　成分元素の——　94
質量保存則　117
質量モル濃度　179
シーベルト　246
脂肪細胞　127
脂肪酸　87, 109
四面体　132
四面体構造　84
試　薬　3
弱塩基　206
弱　酸　205
弱電解質　168
遮　蔽　241
シャルルの法則　153
十億分率　17
周　期　41
周期表　41, 42, 64
シュウ酸　197
終　点　215
周波数　54
収　率　122
重　量　9
主要4元素　46
主量子数　57
ジュール　32
純物質　24
昇　華　141
蒸気圧　155
　　水の——　161
蒸気やけど　143
脂溶性　87

小線源療法　251
状態変化　139
衝突理論　183
蒸　発　141
蒸発熱　142
触　媒　184
　　——の効果　193
触媒コンバーター　186
食品の放射線処理　246
ショ糖　110
シールド　241
人工甘味料　112
親水性　87
腎臓結石　172
腎臓透析　181
浸　透　179
浸透圧　179
振動数　54

す

酢　111
水　銀　43
水銀電池　234
水蒸気　29
水素結合　137, 140, 165
水素添加　115
水素分子　81
水　添　115
水　和　166
スクロース　110
スチレン　107
ストレス　192
スピン　60
スモッグ　108

せ

正確な数　12
正　極　231
制限試薬　120, 121
制酸剤　214
生成物　102
生体アミン　111
生体分子　140
正電荷　47
生物影響　246, 247
赤外線　55
石　油　87
セッケン　87
摂氏温度　9, 30
絶対温度　9, 30
絶対零度　31
接頭語
　　桁を表す——　15
　　個数を表す——　81
ゼプト　17
セルロース　110

遷移元素　42
センチ　15

そ

双極子　135
双極子-双極子の引き合い　137
走査トンネル顕微鏡　47
相対質量　51
族　42
束一的性質　179
測定値　12
族番号　66
疎水性　87
組成式　76

た

第一級アルコール　229
体　温　31, 196
大　気　148
第三級アルコール　229
体脂肪　127
代　謝　124
体　重　37
体　積　9, 149
　　——の効果　193
体積パーセント濃度　173
体積モル濃度　174
第二級アルコール　229
ダイヤモンド　44
多原子イオン　79, 129
多原子イオン化合物　79
多重結合　129
脱水縮合　111
脱　硫　213
多糖類　110
ダニエル電池　231
単　位　8
炭化水素　84
単原子陰イオン　77
単原子陽イオン　77
炭酸イオン　213
炭酸水素イオン　213
炭水化物　110
炭素-14法　249
単　体　24
単置換反応　106
単　糖　110
タンパク質　140
　　——の変性　141

ち，つ

置換反応　106
窒素酔い　26

中　性　209, 216
中性子　47, 48
中　和　214
中和滴定　215
直　線　132
沈　殿　171

痛　風　172

て

Da　49
d 軌道　59
低酸素症　194
低張液　180
DDT　6
d ブロック　64
デ　シ　15
テ　ラ　15
ΔH　123
テルミット反応　123
電　荷　47, 73
電　解　236
展開形構造式　84
電解質　167
電解セル　236
電解めっき　237
電気陰性度　134
電気エネルギー　231
電気分解　236
典型元素　42
電　子　47, 48
電子雲　67
電子群　132
電子式　67
電子線　47
電子遷移　57
電子ドメイン　132
電磁波　54
電子配置　61, 64, 65
電磁波スペクトル　54
展　性　45
電　池　231
伝導性
　熱や電気の——　45
天然放射線源　248
デンプン　110
電　離　167, 205

と

同位体　51
等価関係　15
糖　質　110
透析膜　181
等張液　180
ドーパミン　111
トランス脂肪酸　115

トール　149
ドルトン　47, 49
ドルトンの法則　160

な, に

長　さ　8
ナ　ノ　15
鉛蓄電池　233
ニカド電池　234
二酸化硫黄　213
二重結合　107, 129
二重置換反応　106
ニッケル–カドミウム電池　234
乳　糖　110
尿　素　112

ね, の

ネオンサイン　56
熱　32, 123
熱エネルギー　32
熱　量　34
熱量計　34
燃焼反応　114
年代測定　249
燃料電池　235
濃　度　173, 184
ノッキング　119
ノルアドレナリン　111

は

肺　胞　194
パウリの排他律　60
麦芽糖　110
パーセント　17
パーセント濃度　173
波　長　54
発熱反応　123, 195
ハロゲン　44
半金属　45
半減期　247, 248
半数致死量　17, 247
反　応
　——の速度　183
　酸と塩基の——　214
　酸と金属の——　213
反応式　102
　係数の正しい——　102
反応速度　184
反応熱　123
反応物　102
半反応　227

ひ

PET　250
pOH　212
皮下脂肪　127
p 軌道　59, 60
非極性共有結合　135
非極性分子　135, 166
非金属　45
ピ　コ　15
ヒスタミン　111
非電解質　167
ヒトの必須元素　46
ヒドロキシ基　108, 110
ヒドロニウムイオン　203
比熱容量　33
ppm　17
ppb　17
p ブロック　64
肥　満　127
百分率　17
百万分率　17
標準状態　157
標準電極電位　236
肥　料　95
微量ミネラル　46

ふ

VSEPR 理論　132
フェムト　15
付加反応　115
不完全燃焼　114
負　極　231
不均一系平衡　188
不均一混合物　27
副　殻　58
副準位　58
腐　食　232, 233
不対電子　62
物　質　2, 24
　——の三態　28
沸　点　138, 141, 155
沸点上昇　179
沸点上昇定数　179
沸　騰　29, 141
物理的性質　28, 29
物理変化　28
負電荷　47
ブドウ糖　110
不飽和脂肪酸　109
不飽和炭化水素　107
不飽和溶液　169
プラム–プリンモデル　48
フラーレン　44
フルクトース　110
ブレンステッド塩基　203
ブレンステッド酸　203